AF464503

MÉTAMORPHOSES

MŒURS ET INSTINCTS

DES INSECTES

PARIS. — IMPRIMERIE DE E. MARTINET, RUE MIGNON, 2

LIBRAIRIE GERMER BAILLIÈRE. IMPR. DE E. MARTINET.

LA PÊCHE AUX INSECTES AQUATIQUES

(*Forêt de Fontainebleau*).

MÉTAMORPHOSES

MŒURS ET INSTINCTS

DES INSECTES

(INSECTES, MYRIAPODES, ARACHNIDES, CRUSTACÉS)

PAR

ÉMILE BLANCHARD

MEMBRE DE L'INSTITUT

Professeur au Muséum d'histoire naturelle

Ouvrage illustré de 200 figures intercalées dans le texte

ET DE 40 PLANCHES TIRÉES A PART

DEUXIÈME ÉDITION

PARIS

LIBRAIRIE GERMER BAILLIÈRE ET Cie

PROVISOIREMENT 8, PLACE DE L'ODÉON

La Librairie sera transférée 108, boulevard Saint-Germain, le 1er octobre 1877

1877

Tous droits réservés.

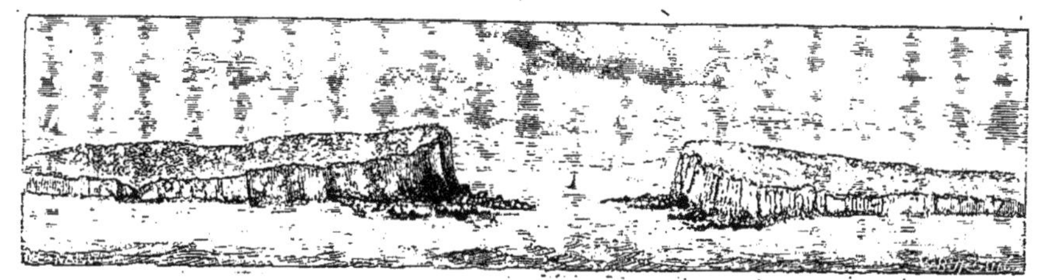

I

LE MONDE DES INSECTES.

Avec une incroyable profusion sont répandus dans la nature les êtres appartenant à la grande division zoologique que l'on nomme les ANIMAUX ARTICULÉS.

Les Animaux articulés, ce sont les Insectes, les Myriapodes, les Arachnides, les Crustacés, tous les animaux que le grand Linné appelait les *Insectes* (*Insecta*).

Les Insectes abondent sur presque toute la surface du globe. Dans les forêts, dans les champs, au milieu des marécages, les Insectes courent, voltigent, bourdonnent. Dans les eaux tranquilles, ils fourmillent et se combattent sans relâche. C'est le mouvement, l'activité, la destruction, la vie, sous les aspects les plus variés.

Sur les terres glacées, sur les glaces elles-mêmes, là où toute existence nous semble impossible, et où, dans la saison la moins rigoureuse, s'aventurent seules quelques familles d'Esquimaux, s'agitent encore des myriades d'Insectes. Leurs espèces ne sont pas nombreuses dans ces régions désolées, mais, par une sorte de compensation, les individus de chaque espèce se montrent en immenses légions. Les plantes et les animaux, par la vague abandonnés sur le rivage, les débris organiques jetés par le flot sur la grève, les débris qui décèlent le passage des hommes, servent à les nourrir.

Sous les tropiques, dans ces contrées où la création se manifeste avec une splendeur éblouissante, la scène est partout animée de la façon la plus saisissante par des multitudes d'Insectes aux élytres plus éclatantes que les métaux, aux ailes diaprées de suaves nuances ou parées de couleurs étincelantes à faire pâlir les pierres précieuses.

Sous nos climats, où rares sont les beaux jours pleins de lumière, les parures des Insectes sont en général fort modestes, et cependant le charme que répandent ces humbles créatures est immense.

Se figure-t-on des prés où ne voltige ni une Mouche, ni un Papillon ; la lisière d'un bois dont toutes les fleurs sont délaissées, où ne se fait entendre le moindre bourdonnement? Ceux qui se laissent captiver par les beaux sites, par les riants paysages, ont-ils jamais songé à l'impression que produirait la campagne la plus verdoyante et la plus fleurie sans la présence de ces milliers de créatures? Rien, souvent, n'appellerait l'attention. Nul mouvement ne viendrait, ou distraire l'esprit d'une préoccupation, ou faire naître une pensée dans l'esprit inoccupé. Les Oiseaux se cachent ou demeurent à grande distance de l'observateur; les Insectes s'offrent partout à ses regards.

Sur les côtes maritimes, des espèces particulières vivent sur la grève mouillée par la vague, s'éloignant à peine du rivage. La mer cependant a peu de véritables Insectes au milieu de ses populations si nombreuses et si prodigieusement variées. Dans les eaux salées, les Crustacés remplacent les Insectes. Les Crustacés abondent sous toutes les latitudes, donnant le spectacle d'habitudes étranges, de surprenantes métamorphoses révélées par des études encore bien récentes.

Le promeneur errant dans la campagne ou dans les allées de la forêt; le philosophe faisant le tour de son jardin, avec la conscience que tout ce qui est du domaine de la nature offre de nobles enseignements à l'esprit humain, est facilement porté à la contemplation de tous ces Insectes, les uns paisibles, les autres pleins d'agitation.

Durant une partie de l'année, l'activité est sans égale dans ce petit monde. Les Chenilles, les larves dévorent avec une avidité incomparable; elles mangent, elles rongent sans cesse, devant grandir dans le moins de temps possible. Les Insectes ailés se recherchent, se poursuivent, pour accomplir au plus vite leur mariage de quelques moments. Les femelles fécondées sont en quête d'un endroit propice au dépôt de leurs œufs. Les espèces laborieuses, tous ces Hyménoptères, ces *Mouches à quatre ailes*, comme le vulgaire les appelle, qui semblent vivre uniquement pour le travail, se montrent occupées comme si elles avaient conscience qu'elles n'ont point un instant à perdre. C'est l'Abeille solitaire creusant le sol ou les murs décrépits, bâtissant des cellules; puis humant le miel, récoltant le pollen des fleurs, et s'empressant de porter ces provisions dans les cellules destinées à recevoir un œuf. C'est le Sphex aux allures vives, enlevant une chenille ou un autre insecte, et se hâtant d'aller l'enfouir dans son nid pour servir de pâture à sa larve. Ailleurs, l'Ichneumon, au corps svelte, aux antennes vibrantes, rencontre une chenille, et lui perçant la peau d'un coup de sa tarière, dépose un œuf dans le corps de l'animal sans défense. Les espèces carnassières, fortement cuirassées et vigoureusement armées, sont à la poursuite des espèces phytophages. Les larves carnassières, à la peau molle et facile à blesser, tendent des piéges avec une habileté incroyable et se tiennent à l'affût pour s'emparer de leur proie.

Sur un autre point, le spectacle est différent. Le cadavre d'un animal est gisant sur la terre, le sol est souillé d'immondices. Des Diptères s'arrêtent sur ces matières dont la présence blesse nos sens; des Coléoptères les fouillent. Bientôt des larves fourmillent au milieu de ces affreux débris, les anéantissent ou les disséminent dans la terre.

Merveilleuse mission de ces Insectes! Ils fertilisent le sol en éparpillant les détritus; ils font disparaître les matières dont les émanations vicient l'atmosphère.

Mais tous ces êtres ne remplissent-ils pas un rôle au sein de la nature? Une plante se propage à l'excès; les Chenilles arrêtent la propagation exagérée de cette plante. Les Chenilles apparaissent en nombre trop considérable; les Ichneumons se multiplient à leur tour, et tuent les Chenilles par milliers. Les espèces phytophages, dont la vie est facile, tendent toujours à accroître leurs populations; les espèces carnassières empêchent cet accroissement.

Ainsi, à travers les siècles, est maintenu l'équilibre dans la création. Des perturbations peuvent se produire : les Sauterelles voyageuses viennent parfois désoler une vaste contrée. Ces perturbations sont plus ou moins passagères.

Si, en Europe, on a continuellement à s'inquiéter des espèces nuisibles, c'est que les immenses cultures ont altéré l'ordre de la nature.

Dans le tourbillon où s'agitent tant de créatures dont la merveilleuse histoire est encore si peu connue de la généralité des hommes, dominent constamment les deux grands instincts dévolus à tous les êtres : l'instinct de la conservation et l'instinct de la reproduction. L'instinct de la conservation donne à l'individu l'art de se procurer sa subsistance, la volonté de fuir, et la ruse pour échapper à des ennemis redoutables ou la hardiesse pour les combattre. L'instinct de la reproduction se traduit chez le grand nombre des animaux par le sentiment qui porte l'individu d'un sexe à s'unir à un individu de l'autre sexe.

Parmi les Oiseaux, l'amour de la progéniture existe chez le mâle comme chez la femelle. Au contraire, dans le petit monde que nous nous préparons à étudier, les mâles ont achevé leur mission dès l'instant qu'ils quittent leurs femelles ; mais les femelles, les mères, n'ont pas fini. A la vérité, beaucoup d'entre elles n'ont plus à remplir qu'un devoir bien limité. Guidées par leur instinct, elles vont déposer leurs œufs dans l'endroit où ces œufs seront le mieux à l'abri des chances de destruction, où les jeunes larves qui doivent naître bientôt se trouveront dans la situation la plus favorable pour rencontrer la subsistance. Après leur ponte, ces femelles meurent ; leur postérité est abandonnée à la Providence, qui ne l'abandonnera pas.

Une des plus grandes merveilles de la création, c'est le spectacle de la perfection organique à tous les degrés chez les êtres. Dans chaque groupe, dans chaque famille de ce monde immense qu'on appelle le Règne animal, il y a des espèces d'une organisation moins parfaite que les autres, ayant des instincts peu développés ; des espèces d'une organisation plus élevée, ayant des instincts admirables, des lueurs d'intelligence plus surprenantes encore.

Des femelles préparent des retraites, construisent des habitations pour leur postérité, emplissent ces demeures de provisions, et ne disparaissent de la scène qu'après avoir assuré l'existence de chaque larve qui sortira de leurs œufs. Quelquefois l'instinct de la maternité se manifeste sous une forme différente : la mère nourrit ses jeunes depuis leur naissance jusqu'au jour de leur métamorphose, n'oubliant jamais le devoir qui lui est imposé.

Ailleurs, c'est une mère vivant sans souci de sa progéniture, mais entourée d'une foule de travailleuses, d'une nuée de nourrices qui suppléent à son insuffisance.

L'instinct de la maternité, avec toutes ses ardeurs sublimes, se montre chez quelques-uns de ces êtres dont nous allons esquisser l'histoire.

Telle Araignée enveloppe ses œufs d'un tissu moelleux, et ne se contente pas de cet abri. Elle ne les quitte pas d'un instant. Obligée de courir à la recherche d'une proie, elle porte constamment son précieux sachet. Le jour où naissent ses petits, ceux-ci sont trop faibles pour être abandonnés; la mère s'en va en chasse, les emportant sur son dos. En présence du danger, cette mère, ordinairement craintive, devient d'une vaillance sans égale quand il s'agit de défendre ses enfants. La crainte de voir sa progéniture enlevée semble lui donner le courage du désespoir.

Tous ces Insectes, tous ces Animaux articulés, les uns menant une vie paresseuse, les autres l'existence la plus laborieuse, les uns ayant le goût de la solitude, les autres le besoin de la société, nous fournissent les modèles d'une infinité d'instruments: instruments de travail, instruments de combat.

Les animaux les plus élevés en organisation, les Mammifères, qui sont les premiers parmi les êtres, peuvent avoir des mains pour saisir, des griffes puissantes pour retenir une proie, des dents pour la déchirer. Les Oiseaux ont un bec et des ongles, et ce sont là les seuls instruments dont ils disposent.

Voyez les Insectes, les Arachnides. Quelle variété d'instruments! quelle diversité infinie dans les modifications de tous les appendices! Les mandibules sont des pinces, des tenailles, des ciseaux, des meules, des lancettes; les mâchoires, des pièces triturantes, des trompes, des suçoirs. La lèvre inférieure est souvent une filière. Les appendices locomoteurs peuvent être adaptés à une foule d'usages : ils deviennent des bêches, des outils propres à fouir, des pinces, des rames; ils portent parfois des râteaux, des fourches, des dévidoirs, des brosses, des corbeilles; tous instruments construits avec une perfection qui laisse bien loin derrière elle la perfection qu'atteignent les plus habiles ouvriers dans la confection des instruments en usage parmi les sociétés humaines les plus civilisées. Ce n'est pas tout encore, cependant. Ne voyons-nous pas des Insectes dont l'abdomen est pourvu à son extrémité d'une pince ou d'une tenaille, d'une tarière, d'une scie, d'un glaive empoisonné ?

Parfois un poëte s'avise de décrire les armes ou les instruments que la nature a mis au service d'un animal. Dominé par la pensée de produire un grand effet, il puise dans son imagination la plus large part de sa description ; il appelle à son aide les expressions les plus retentissantes, les épithètes les plus énergiques. Effort inutile, il demeure loin de la réalité. A celui qui est parvenu à connaître seulement un peu l'organisation de certains êtres, il semble que l'ambition du poëte a été de montrer l'indigence de l'esprit humain dans le domaine des idées créatrices. Rien n'est beau que le vrai, comme l'a si bien dit un des plus grands lettrés de notre siècle.

Constater à peu près les formes et jusqu'à un certain point les usages de tous les instruments des Insectes, si divers en apparence, ce fut l'œuvre des premiers observateurs, des naturalistes du XVIIe et du XVIIIe siècle. L'œuvre des observateurs de notre siècle, ce fut d'étudier les détails avec plus de rigueur, et surtout de reconnaître, dans ces instruments si différents de forme et d'usage, les mêmes organes modifiés de toutes les façons imaginables.

On croyait à l'existence, chez les Animaux articulés, d'une foule d'organes, et surtout d'appendices dissemblables ; tout à coup on découvre dans ces appendices des ressemblances fondamentales complètes. On démontre aussitôt que chez tous les Animaux articulés ce sont invariablement les mêmes organes, les mêmes appendices situés dans des rapports constants, mais modifiés dans leur conformation, dans leur développement, et adaptés ainsi à une infinité d'usages particuliers.

La nature semblait aux premiers observateurs être sans règles ; son étude, un immense dédale. L'investigation habile, la comparaison intelligente, montrent bientôt la nature avec des règles fixes, avec un plan d'organisation commun à tous les représentants de chacune des grandes divisions du Règne animal.

L'étude alors était devenue plus simple; dirigée par une vue philosophique, elle était rendue plus attrayante. Une grande vérité était mise en lumière.

Un demi-siècle s'est écoulé depuis la démonstration de cette vérité. Après ce demi-siècle employé par les investigateurs à déterminer en détail les *homologies* de toutes les parties du corps des Animaux articulés, une vue générale doit compléter l'œuvre des naturalistes qui ont si heureusement constaté les transformations des pièces de la bouche et des organes locomoteurs des Articulés. Tout changement dans la forme d'un appendice sera désormais le signe d'une habitude, d'un instinct spécial, ou au moins d'une particularité dans les conditions d'existence de l'animal.

Les usages des parties extérieures des Insectes, des Arachnides et des Crustacés ont été déjà bien souvent signalés par les observateurs. Leurs observations sont devenues un point de départ, les faits acquis sont devenus nombreux, et à présent on peut montrer partout la relation intime qui existe entre la conformation de l'être et les circonstances au milieu desquelles sa vie doit s'écouler. Étudions les caractères des principaux représentants de la classe des Insectes ou de la classe des Arachnides; apprenons à connaître les mœurs de ces Insectes ou de ces Arachnides, et bientôt il nous sera facile, à la seule inspection d'une espèce vue pour la première fois, d'être assurés des conditions d'existence, des mœurs, des instincts de cette espèce, et même de la nature de son industrie, si elle est organisée pour être habile à certains travaux.

Il y a cinquante ans, Cuvier écrivait : « Donnez-moi un os, » que dis-je, une facette d'os, et je reconstruirai l'animal dans » son entier. » La science s'est agrandie depuis le jour où cette assertion émerveillait, à juste titre. Maintenant l'examen de la mandibule ou de la mâchoire d'un Insecte, ou mieux encore de l'une de ses pattes, peut nous suffire, non-seulement pour concevoir une idée exacte des formes générales de l'être tout entier, mais aussi pour découvrir des indices très-sûrs de son genre de vie.

Est-il rien de plus propre à imposer le sentiment de l'admirable harmonie qui existe dans les œuvres de la nature, que la possibilité, conquise par la science, d'arriver par la considération d'un seul fait à un ensemble de déductions marquées du caractère de la certitude ?

Pour tous les yeux attentifs, c'est un spectacle à la fois étrange et d'une grandeur singulière que celui des Insectes industrieux, déployant dans leurs travaux l'art le plus raffiné. L'instinct porté ainsi au plus haut degré dont la nature offre des exemples, confond la raison humaine. Le trouble de l'esprit augmente, lorsque intervient l'observation patiente et minutieuse de tous les détails de la vie des êtres les mieux doués sous le rapport de l'instinct.

Les individus d'une espèce exécutent toujours les mêmes travaux sans avoir rien appris ; l'instinct, et l'instinct seul, donc, les dirige. Mais, pour l'exécution du travail, des obstacles surviennent, des accidents se produisent ; l'individu tourne l'obstacle, il choisit le meilleur endroit pour l'établissement de sa demeure, il pare à l'accident, il se met en garde contre le danger. Parfois, gagné par la paresse, au lieu de construire un nid, il prend possession d'un vieux nid et le répare. L'Insecte, que l'on veut supposer agissant à la manière d'une machine, donne à chaque instant la pensée qu'il se rend compte de la situation où il se trouve placé, et d'une foule de circonstances fortuites, et par conséquent impossibles à prévoir.

Se rendre compte d'une situation mauvaise et chercher à la rendre meilleure, savoir choisir, concevoir l'idée de s'épargner un travail tout en voulant parvenir au même but, devenir paresseux quand on a été créé pour être laborieux, est-ce de l'instinct ? C'est impossible à admettre. Comment alors se refuser à croire que même de très-petits animaux peuvent être doués d'une certaine dose d'intelligence? Étudions, étudions notre sujet; après avoir bien suivi les actes les plus remarquables qui se passent dans ce monde des Animaux articulés, une conclusion inévitable sera rendue manifeste. C'est que des opérations considérables, poursuivies sous l'empire d'un instinct spécial, sont impossibles sans l'intervention de l'intelligence.

Les phénomènes de la vie des Insectes et des Arachnides sont l'indice d'organisations très-complexes et très-parfaites. Si les formes des parties extérieures, et surtout des appendices des Animaux articulés, ne peuvent manquer de solliciter l'attention d'un observateur, même assez superficiel, l'organisation intérieure de ces créatures, souvent d'une taille fort minime, est bien faite pour exalter l'imagination d'un scrutateur de la nature. Tous ces appareils d'une si étonnante complication : système musculaire, système nerveux, appareil digestif, appareil respiratoire, appareil circulatoire, organes de la génération, fonctionnant dans un corps de quelques millimètres de longueur, et même dans des corps que nos yeux ont peine à apercevoir, semblent parfaitement autoriser cette réflexion mille fois répétée, que la nature est surtout admirable dans les infiniment petits.

Les Insectes ont à offrir d'autres sujets d'étonnement : leurs sens, par exemple. En présence de ces espèces carnassières pleines de ruse, est-il possible de n'être pas émerveillé en voyant avec quelle sûreté elles s'élancent sur leur proie, en remarquant comme elles saisissent sans hésitation leur victime au défaut de la cuirasse? N'est-ce pas la preuve d'une vision très-parfaite? Les yeux des Insectes, souvent d'une dimension énorme, ont une structure étrange. Ce sont des appareils d'optique construits d'après un principe encore inconnu aux physiciens. Nous avons dans ce fait une indication à côté de bien d'autres, que l'étude patiente des animaux est appelée à conduire à des découvertes peut-être susceptibles d'applications de la plus haute importance.

Naturalistes, nous sommes encore fort en peine pour déclarer où est le siége de certains sens chez les Animaux articulés, et pourtant l'existence de ces sens est évidente. On n'a pas réussi à démontrer en quoi consiste l'organe de l'odorat chez les Insectes, mais on voit chaque jour que beaucoup de ces êtres sont attirés de fort loin par les odeurs. Les mâles de plusieurs espèces arrivent de distances énormes et parfois en foule autour d'une femelle. On ne parvient point à se former une idée de la nature du sens qui les dirige. Il y a ici une faculté si éloignée de toutes les facultés de l'Homme, que l'Homme doit demeurer probablement à tout jamais incapable de comprendre un pareil phénomène.

Lorsqu'un être est petit, on est porté à s'imaginer que son organisation doit être très-simple, son intelligence absolument nulle. L'effet du volume est incroyable sur une foule d'esprits. La dimension d'une Baleine, la taille des Reptiles des anciennes périodes géologiques, commandent l'attention, excitent l'intérêt. L'attention s'éveille difficilement s'il s'agit du plus admirable phénomène de l'organisme d'une Mouche. Et cependant les facultés des êtres les plus humbles fournissent des enseignements précieux pour la raison du philosophe.

Dans les sens se trouve l'origine de toutes les idées sur le monde physique. C'est à la perfection des organes des sens que l'Homme doit sa facilité d'acquérir des notions si étendues sur les choses sensibles. Dès l'instant qu'un acte est dirigé par une faculté qui échappe à ses sens, il lui devient impossible de le comprendre, par conséquent de l'expliquer. Personne sans doute n'expliquera jamais comment le Pigeon voyageur retourne sans hésitation à la maison d'où on l'a enlevé, ni comment le Bombyx devine, à la distance de vingt kilomètres, la présence d'une femelle cachée dans un taillis ou placée sur un balcon. La vue, l'odorat, se manifestent avec des qualités remarquables chez des Arachnides, chez beaucoup d'Insectes. On s'imaginerait difficilement des yeux constitués pour voir une foule d'objets chez une créature incapable de se former aucune notion de ces objets; un odorat d'une incroyable subtilité, là où différentes odeurs ne feraient éprouver aucune impression : le sens de l'ouïe chez un être indifférent à tous les sons; des organes de tact d'une certaine délicatesse chez un animal absolument inhabile à juger de toute propriété d'un corps.

Beaucoup d'Insectes, d'Arachnides, de Crustacés, offrent des preuves incontestables de nombreuses perceptions. Il n'est rien dans les circonstances de la vie de ces êtres dont on ne doive chercher la relation avec l'organisme. Par aucune autre voie on n'arriverait à saisir d'une manière aussi complète toute la grandeur de la création.

Les Insectes, par leur nombre prodigieux, par leur infinie dispersion sur la terre; les Crustacés, par leur abondance dans les mers, occupent une place immense dans la nature. Comme s'il avait été besoin pour ces êtres d'une multiplicité poussée aux plus lointaines limites, chaque individu peut revêtir successivement les formes les plus dissemblables, être soumis tour à tour aux conditions d'existence les plus opposées. Les métamorphoses des Insectes ont été dans tous les temps et chez tous les peuples un sujet d'étonnement. Le phénomène est demeuré inexplicable jusqu'au jour où la civilisation moderne s'est élevée par les sciences au-dessus de toutes les civilisations antérieures. Le phénomène a été expliqué par la science. Les transformations sont les phases du développement de l'Insecte.

Le Papillon, nommons-le tout de suite, puisque c'est l'insecte le plus facile à observer dans ses métamorphoses; l'insecte toujours cité comme l'exemple de la plus curieuse et de la plus frappante transformation; le Papillon n'existe avec toutes ses remarquables perfections qu'après avoir vécu sous une autre forme. L'animal naît à l'état d'embryon. L'embryon, c'est la chenille. La chenille formée dans l'œuf a déjà les principaux organes que l'on trouvera chez le Lépidoptère parvenu à l'état adulte; mais ces organes doivent se modifier et se perfectionner, d'autres organes apparaître à une époque plus avancée du développement. Pendant la première période de son existence, l'Insecte, n'ayant d'autre besoin qu'une alimentation abondante, augmente chaque jour de volume, sans qu'il se produise aucun changement dans ses formes extérieures. Il est arrivé au terme de sa croissance, et c'est à peine si dans l'organisme interne on commence à apercevoir les vestiges de nouvelles parties.

L'animal cesse de prendre de la nourriture, se ramasse sur lui-même; sa peau se fend. La peau de la chenille tombe, et alors se montre un corps presque immobile, où la vie ne se décèle que par de légers mouvements. C'est un corps emmaillotté où se trahissent déjà cependant les formes de l'Insecte adulte. C'est un moule où vont se constituer et se solidifier toutes les parties de l'animal. C'est la chrysalide.

Le Scarabée, la Cétoine, toutes les espèces du même ordre, naissent également dans un état d'imperfection extrême, présentant des formes qui n'auraient jamais permis, avant l'observation, de soupçonner les formes des adultes. Ce sont encore des larves, et ces Insectes, suivant les types, plus ou moins avancés dans leur développement au sortir de l'œuf, ont parfois une longue existence avant de se transformer comme le Lépidoptère en une nymphe immobile. L'animal, quittant l'enveloppe de cette nymphe après avoir acquis toute la perfection organique, toutes les beautés que la nature a départies à son espèce, vit l'espace d'un nombre de jours bien limité.

L'Abeille, la Guêpe, la Mouche, commencent leur existence sous les apparences d'un ver, et subissent des transformations analogues à celles du Lépidoptère et du Coléoptère.

La Sauterelle, au contraire, dès sa naissance ressemble à ses parents. Elle en a les formes, les allures, les habitudes; il ne lui manque que les ailes, ces organes qui sont, chez toute espèce d'Insecte, le signe de la condition la plus parfaite qu'elle puisse atteindre. Nous voyons ainsi des Sauterelles sans ailes à côté de Sauterelles ailées; les jeunes ou les larves, et les adultes. Les jeunes changent plusieurs fois de peau pendant la croissance. Après une mue qui doit être l'avant-dernière, les jeunes Sauterelles se montrent avec des rudiments d'ailes emmaillottés : alors on les dit à l'état de nymphes; mais ces nymphes sont actives comme les larves et les adultes.

Ainsi, au sein de ce monde des Insectes, se rencontre, sous tous les rapports, la diversité infinie, avec un plan général dont l'unité est le grand caractère.

Dans les mers, les Crustacés n'offrent pas un spectacle moins curieux que les Insectes répandus sur les terres. Pour le très-grand nombre des espèces, des changements successifs marquent les périodes de leur existence; des métamorphoses nombreuses les font paraître tour à tour sous les formes les plus diverses et dans des conditions d'existence particulières. La Langouste, animal pesant, organisé surtout pour une marche lente au milieu des rochers, est à une époque de sa vie un animal nageur capable de s'aventurer dans les hautes mers. Le Crabe éprouve une série de transformations avant d'être l'animal que l'on voit courir sur toutes les grèves.

En considérant le rôle des Insectes dans la nature, on en vient aisément à distinguer ces animaux en espèces nuisibles et en espèces utiles. N'est-il pas dans le sentiment de l'Homme de tout rapporter à lui-même, de penser que tout a été créé pour son usage? Si les Moustiques et quelques autres vilains parasites étaient habiles à discuter, peut-être, cependant, décideraient-ils que l'Homme a été créé pour les nourrir de son sang. Mais ce sont là des choses d'un ordre bien élevé pour notre faible intelligence, il est prudent de ne pas trop chercher à les approfondir.

L'Homme ayant incontestablement le droit de se défendre, il est nécessaire qu'il cherche à détruire les bêtes qui l'attaquent;

il est juste qu'il s'efforce de ne pas laisser manger ses récoltes. Pour atteindre son but, un moyen simple est à sa disposition : le moyen, c'est d'apprendre à connaître ses ennemis.

Les espèces utiles sont celles qui tuent les espèces nuisibles, et surtout les espèces susceptibles de fournir des produits. N'avons-nous pas les Insectes *tinctoriaux :* le Kermès antique, donnant sa belle couleur cramoisie; la Cochenille du nouveau monde, dont on tire la plus riche couleur; les Cynips, produisant les noix de galle que portent les Chênes de l'Orient, pour nos teintures noires et pour cette encre employée à fixer toutes les pensées bonnes ou mauvaises? De nouvelles investigations feront sans doute connaître un jour d'autres trésors du même genre.

La médecine n'a-t-elle pas trouvé un agent précieux dans la Cantharide? et il y a par le monde entier des espèces qui possèdent les mêmes propriétés que la Cantharide.

Les Abeilles fournissent de la cire destinée à confectionner des logements pour leurs larves; elles amassent du miel pour se nourrir et pour alimenter leur postérité; et n'existe-t-il pas une foule de gens persuadés que les Abeilles amassent du miel et fabriquent de la cire pour le bien de l'humanité?

Des Chenilles, après avoir pris leur entier accroissement, se mettent à filer, et de leur fil à construire un cocon. Le cocon dans lequel s'enferme la Chenille sur le point de subir sa transformation, dans lequel va reposer la chrysalide, c'est l'abri destiné à protéger la chrysalide, l'être incapable de se dérober ou de se défendre contre les dangers extérieurs. Le fil dont est formé le cocon peut être une substance précieuse : le fil du cocon de cette Chenille qu'on appelle communément le *Ver à soie* est, croyons-nous, la plus belle matière textile qui soit au monde.

Ainsi, une Chenille est devenue chez les nations civilisées la source d'un luxe prodigieux, la source d'immenses richesses.

Des produits analogues d'une valeur inférieure, obtenus dans plusieurs parties du monde, et surtout en Asie, tendent à pénétrer en Europe ; ils pourront encore accroître les richesses et étendre le luxe.

Aux yeux d'une infinité de personnes, les animaux vraiment utiles sont les animaux comestibles. Or, les Crustacés : Homards, Langoustes, Écrevisses, Crevettes, Crabes, etc., ne font-ils pas une excellente figure sur nos tables, et ne sont-ils pas une ressource importante pour les habitants des côtes!

A la vérité, dans notre Europe, tous les Insectes sans exception sont dédaignés comme aliment, sans doute à tort. Les Romains faisaient leurs délices d'une larve qu'ils nommaient le *Cossus;* les Hovas de Madagascar, les Chinois, d'autres peuples encore, mangent des chrysalides de Ver à soie. En cela, ils font preuve, suivant toute probabilité, d'un goût plus raffiné que nous ne le supposons. L'Europe a beaucoup emprunté à la Chine; elle agirait peut-être avec sagesse en lui empruntant un usage dont on ne saurait plaisanter, avant d'avoir, comme il convient, formé son opinion par l'expérience.

A Mexico, on recueille dans le lac les œufs de certains Insectes aquatiques, et, quand ces œufs ont été réduits en une sorte de farine, on en confectionne des pains qui se vendent journellement sur les marchés de la ville.

En Afrique, en Asie, en Australie, si les Sauterelles voyageuses causent souvent la dévastation, les peuples savent y trouver quelque dédommagement : ils mangent ces Insectes que leurs téguments coriaces rendent peu attrayants pour la table. Les affamés ne songent pas aux mets délicats.

II

LA SCIENCE AUX PRISES AVEC LE MONDE DES INSECTES.

Les connaissances acquises sur les mœurs, les instincts, l'organisation, le développement des Insectes, des Myriapodes, des Arachnides, des Crustacés, ne remontent pas à une époque bien ancienne. Les plus importantes d'entre elles sont tout à fait modernes.

Dans l'antiquité, les métamorphoses des Lépidoptères, l'industrie des Abeilles, les habitudes de quelques autres espèces, avaient frappé les yeux et même l'imagination d'un petit nombre de contemplateurs de la nature. Ce fut tout. L'étude vraie, la recherche sérieuse, commencent avec le XVIIe siècle.

D'ailleurs, aux yeux des anciens, la transformation de la chenille en Papillon, c'était le changement réel d'un être en un autre être. Dans leur esprit, c'était une véritable métamorphose dans le sens des exemples que donne la Fable.

Aristote avait saisi le caractère extérieur le plus remarquable des Articulés : — un corps divisé par des incisions, ou, pour parler plus exactement, un corps formé d'une suite d'anneaux. Par le nom appliqué à ces animaux, il avait exprimé le caractère. L'appellation hellénique a été littéralement traduite chez les Romains par le mot *Insecta*.

Le grand naturaliste de l'antiquité connaissait fort peu de chose de l'organisation des Insectes : il croyait ces animaux privés de sang; il ne savait à peu près rien de leur mode de reproduction. Cet état d'ignorance, qui persista fort tard, n'embarrassait guère les premiers contemplateurs de la nature. Dès l'instant qu'ils ne réussissaient pas à se rendre compte de l'apparition d'une espèce, ils déclaraient que tous les individus de cette espèce s'étaient engendrés de la matière en décomposition, de la chair corrompue, du limon, etc. Ce procédé simple pour se tirer d'une difficulté, pour paraître instruit d'un sujet sur lequel on ne possède aucune notion, a été à toutes les époques fort goûté de certains auteurs.

Les adeptes des sciences naturelles, et surtout quelques anatomistes, furent les premiers à reconnaître que l'on avait suffisamment disserté sur les œuvres des anciens, et qu'il fallait désormais chercher à s'instruire par l'étude de la nature. Leur influence dans le mouvement intellectuel qui caractérise l'époque de la renaissance a été immense. Bien avant les philosophes, les naturalistes signalèrent la nécessité de l'observation directe, l'utilité de l'expérience, et en montrèrent aussitôt les heureux résultats. C'est en réduisant en préceptes philosophiques leurs idées déjà mises en pratique avec succès, que François Bacon s'est acquis sa plus grande gloire et a le mieux servi la cause du progrès de l'esprit humain.

La recherche était désormais la seule voie indiquée à tous ceux qui avaient l'ambition d'apporter de nouvelles lumières. En 1651, une association était fondée à Florence pour le progrès des sciences, c'était l'Académie de l'expérience (*Accademia del Cimento*). Le désir de tout voir, de tout observer, produisit des naturalistes habiles et ingénieux. L'amour de la recherche, la passion de l'expérience, amenèrent de brillantes découvertes dans le domaine de la nature animée. Les investigateurs étaient récompensés de leurs efforts par d'immenses révélations. Les succès, faciles dans un temps où les ténèbres se dégageaient à peine, devaient remplir leur âme d'enthousiasme pour l'étude, d'une admiration sans bornes pour les merveilles de la vie des êtres.

Aucun sujet n'était capable d'exciter de plus sérieuses préoccupations que le mode de naissance et de propagation de tous ces animaux inférieurs, sur lequel les idées les plus éloignées de la vérité et de la raison étaient restées en crédit depuis l'antiquité. Aussi, de ce côté, les expériences furent poussées avec une extrême résolution.

On vit l'illustre Harvey, immortalisé par la découverte de la circulation du sang, s'adonner à de longues études sur la reproduction des Insectes, et être conduit, par ses laborieuses recherches sur le mode de propagation des Animaux, à se former cette conviction si éloignée des opinions régnantes, que tout ce qui vit provient d'un œuf : *Omne vivum ex ovo*. Harvey, qui naquit à Folkstone le 2 avril 1578, et mourut à Londres le 3 juin 1658, avait gagné auprès des professeurs de l'Italie, Fabrizio d'Acquapendente, Casserio et quelques autres, cet esprit d'investigation qui l'a conduit à de si beaux résultats. Il démontra la présence du sang chez les animaux que les anciens regardaient comme privés de ce fluide. Tout porte à croire que ses observations spéciales sur les Insectes étaient importantes. L'ouvrage ne nous est point parvenu. La maison du médecin de Charles Ier fut incendiée dans un jour de tourmente révolutionnaire, les manuscrits du savant furent détruits : la populace n'a jamais respecté le génie.

L'expérimentateur qui, l'un des premiers, mit en pleine lumière le mode de reproduction de divers Insectes, est ce célèbre médecin d'Arezzo qui naquit en 1626 et mourut en 1698, Francesco Redi. L'amour de l'étude et l'amour du vrai, qui toujours se confondent, animaient l'esprit de cet illustre membre de l'Académie de la Crusca. Redi a laissé un livre contenant le récit de ses expériences relatives à la génération des Insectes. Le livre, accompagné de planches d'une belle exécution, parut à Florence en 1668. Un proverbe emprunté aux Arabes, placé en épigraphe, exprime le sentiment de l'auteur : « Celui qui fait des expériences accroît le savoir; celui » qui est crédule augmente l'erreur », dit ce proverbe.

Parmi les résultats des expériences du médecin d'Arezzo, ceux qui ont été cités le plus souvent, sont relatifs à la naissance des Mouches dont les larves se repaissent de la chair corrompue. N'était-ce pas pour les crédules, gens fort dédaigneux de l'observation patiente, une preuve manifeste de génération spontanée, que la présence des *vers* sur les viandes, sur les cadavres d'animaux? Ces *vers* pouvaient-ils provenir d'ailleurs que de la substance même sur laquelle on les trouvait? Redi s'assura que la chair en putréfaction, toujours envahie par des *vers* pendant la saison chaude si elle est exposée à l'air, est constamment à l'abri de toute atteinte de ces animaux si elle est conservée dans des vases clos. Il vit les *vers* de la viande, ayant pris leur croissance entière, se changer en pupes, d'où sortaient de grosses mouches bleues, vertes, noires à rayures blanches, et il vit de ces mêmes mouches déposer leurs œufs sur la viande, et de ces œufs naître des *vers*, ou, pour parler exactement, des larves absolument semblables aux premières. Ainsi fut démontrée assez facilement l'origine de ces animaux, dont les apparitions constantes semblaient être sans explication possible.

Un contemporain, un compatriote de Redi s'est signalé dans

le même temps par une étude importante d'un autre genre. Marcello Malpighi, docteur de l'université de Padoue, né à Crevalcuore, entre Bologne et Modène, le 10 mars 1628, professeur de médecine tour à tour à Bologne, à Pise, à Messine, puis médecin du pape Clément XII, mort à Rome le 29 novembre 1694, est l'auteur d'un travail bien connu sur le Bombyx du Mûrier, qui fut publié à Londres en 1669.

Le premier, Malpighi voulut connaître l'organisation d'un Insecte sous ses états de larve et d'adulte. En Italie, le Ver à soie, en grande estime pour les biens qu'il procurait au pays, devait être choisi de préférence à toute autre espèce.

Malpighi décrivit et représenta les différents appareils organiques de la Chenille et du Papillon. Il reconnut la disposition des principaux centres nerveux, les particularités essentielles de l'appareil alimentaire, les formes des organes de la reproduction; il fit la découverte de l'appareil respiratoire, si caractéristique chez les Insectes, et du cœur, habituellement désigné sous le nom de vaisseau dorsal. D'un seul coup la science avait fait un grand pas.

A cette époque, où des naturalistes de l'Italie acquéraient dans l'Europe savante une juste renommée, la Hollande avait d'infatigables investigateurs qui devaient également arriver à une haute célébrité. Tout le monde a entendu parler du premier micrographe, Antoine de Leuwenhoeck, dont la carrière fut longue; car, né le 4 octobre 1632, il vécut jusqu'au 6 août de l'année 1723.

Leuwenhoeck avait compris que de nombreuses découvertes étaient réservées à l'observateur qui pourrait étudier les objets à l'aide de grossissements considérables. Il imagina les microscopes simples, consistant en de petites lentilles ou de petits globules de verre enchâssés dans des platines d'argent munies d'une aiguille servant de porte-objet. Le naturaliste s'était fait constructeur d'instruments, et il sut tirer bon parti de son talent manuel. Leuwenhoeck, incessamment préoccupé de l'idée de constater des faits, ne songea guère aux déductions que l'on pouvait en tirer. On se figure, en effet, les impressions de l'homme de recherche, voyant pour la première fois, dans tous les corps soumis à son microscope, des êtres ou des choses dont personne n'a encore soupçonné l'existence; le désir de porter partout son précieux instrument doit s'emparer exclusivement de son esprit. Chaque observation procurait une découverte, une révélation, une conquête. Leuwenhoeck examine du sang, il découvre les globules; le produit des organes mâles, il voit les corpuscules fécondateurs; une goutte d'eau, il en reconnaît les habitants; les êtres qualifiés d'Infusoires, tout un monde. Il étudie sous le microscope les os, les dents, les muscles, le foie, la rate, etc., et il constate les traits les plus frappants de la structure intime de ces parties. Mais on était à une époque où le mode de propagation de divers animaux était beaucoup en discussion ; Leuwenhoeck ne manqua point de fournir sa part d'observations sur un sujet de cette importance. On ne pouvait expliquer, ni les apparitions presque soudaines, ni la prodigieuse multiplication des plus affreux parasites de l'Homme; le savant Hollandais se chargea de l'explication : il avait eu l'épouvantable courage de faire l'expérience sur son propre corps.

Il est un compatriote de Leuwenhoeck qui conservera toujours une grande place dans l'histoire des sciences zoologiques, Jean Swammerdam, le plus habile investigateur de l'organisation et des métamorphoses des Insectes au XVIIe siècle. En Swammerdam apparaissent un amour de la vérité, un talent d'observation, un esprit de recherche que l'on doit estimer d'un ordre bien élevé, quand on s'arrête par la pensée à l'état des connaissances scientifiques au temps où vivait ce naturaliste. Swammerdam, né en 1637, commence sa carrière par la médecine. Des études sur l'Homme et les Mammifères ne l'ayant pas conduit à des résultats bien nouveaux, il songe qu'il existe une classe d'animaux dont l'organisation est encore presque inconnue. Les Insectes s'offrent à ses yeux comme un champ de découvertes ayant pour lui l'immensité. Les métamorphoses et l'organisation intérieure des Insectes l'occupent désormais d'une manière toute spéciale. En 1669 il met au jour une *Histoire générale* de ces animaux. Le but principal de l'auteur est de montrer par des expériences combien sont fausses les idées reçues relativement aux transformations des Insectes. On en était encore aux opinions des anciens.

L'expérimentateur, afin de s'assurer si les parties de la Chenille et du Papillon n'étaient pas parfaitement les mêmes, avait coupé une ou plusieurs pattes sur des Chenilles : les Papillons étaient nés avec autant de pattes qu'on en avait coupé sur les Chenilles. Ainsi, plus de doute sur un point essentiel : l'Insecte, Chenille et Papillon, était un individu à différentes époques de son existence. A la vérité, tout n'était pas éclairci par cette démonstration. L'auteur, avec ses contemporains, croyait que toutes les parties de l'adulte existent déjà *en petit* chez le jeune. Si les formes, pendant le jeune âge, étaient autres que chez l'adulte, c'était un masque, *larva*. Une première vérité était dévoilée ; la vérité entière ne devait apparaître qu'à une époque encore bien éloignée.

En 1675, Swammerdam publie une histoire de l'Éphémère. L'ingénieux naturaliste avait compris l'extrême intérêt attaché à l'étude d'une espèce aux différentes phases de son existence. Il sut montrer les changements les plus notables qui s'opèrent pendant les transformations d'un Insecte des plus remarquables par la diversité de ses conditions biologiques sous les états de larve et d'adulte.

Swammerdam, toujours ardent pour les recherches, continua à poursuivre de magnifiques travaux qui n'ont échappé à la destruction que par une sorte de miracle. Après avoir, comme Malpighi, reconnu l'existence du cœur chez les Insectes et les traits les plus frappants de cet organe; après avoir constaté les caractères généraux des principaux systèmes organiques; ayant exécuté de nombreux dessins et rédigé un vaste ouvrage, véritable monument scientifique, il tomba dans le dénûment. L'esprit de cet homme malheureux, pendant des années en perpétuelle extase devant les merveilles de la création qu'il savait si bien découvrir, se troubla. En 1680, à peine âgé de quarante-trois ans, Swammerdam mourut dans l'isolement et presque ignoré.

Cinquante ans plus tard, Boerhaave, ce médecin parvenu à une des plus hautes renommées et arrivé à une immense fortune, achetait les manuscrits et les dessins de Swammerdam, et bientôt après (1737), il publiait à ses frais le vaste ouvrage que l'auteur avait voulu appeler le Livre de la nature : *Biblia naturæ*. Boerhaave assura ainsi à son pays une de ses gloires les plus nobles.

Les espèces indigènes avaient été le sujet de toutes les études des auteurs dont nous venons de rappeler les principaux titres. Voir les transformations des belles et grandes espèces de l'Amérique du Sud pouvait être une véritable tentation. Cette tentation s'empara de l'esprit d'une femme.

Marie Sibylle de Mérian, née à Francfort le 12 avril 1647, mariée en 1667 à un graveur de Nuremberg du nom de Graff, s'était passionnée dès sa jeunesse pour l'histoire naturelle, et en particulier pour l'observation des métamorphoses des Insectes. Séparée de son mari et établie en Hollande, ce pays où la zoologie était cultivée au XVIIe siècle avec tant de succès, Sibylle de Mérian rêva d'aller peindre les chenilles des brillants Lépidoptères et les larves des grands Coléoptères de Surinam. Le projet fut bientôt réalisé. Accompagnée de ses deux filles, elle partit pour Surinam en 1699, et y fit un séjour de trois années. Le produit de ce voyage a été un beau livre publié en 1705, et intitulé : « *La métamorphose des Insectes de*

» *Surinam*; ouvrage où les chenilles et les vers de Surinam » sont dessinés et décrits dans toutes leurs transformations, » d'après le vivant et représentés avec les plantes sur lesquelles » ils ont été trouvés. »

Sibylle de Mérian mourut à Amsterdam, le 13 janvier 1717.

Son ouvrage, qui eut de nombreux admirateurs, peut encore être consulté de nos jours avec quelque profit.

Des connaissances déjà importantes sur le mode de reproduction et sur l'organisation des Insectes étaient acquises. Sur les mœurs, les instincts, les métamorphoses de la plupart de ces animaux, on n'avait encore que des notions peu étendues. Mais, en 1683, naissait à la Rochelle un homme qui devait contribuer d'une manière éclatante au progrès de l'histoire des Insectes. Cet homme était Ferchault de Réaumur, l'auteur d'une foule de travaux sur les sujets les plus variés.

En 1703, à l'âge de vingt ans, Réaumur vient à Paris, où bientôt, par l'intermédiaire de son parent, le président Hénault, il est mis en relation avec les principaux savants de l'époque. Des études mathématiques occupent d'abord le jeune homme, et la publication de quelques mémoires de géométrie lui ouvre dès 1708 les portes de l'Académie des sciences. Presque aussitôt Réaumur abandonne les mathématiques et semble tout particulièrement attiré vers l'histoire naturelle. Il se livre à des recherches sur l'accroissement des coquillages, sur la soie des Araignées, sur les mouvements des Mollusques et des Zoophytes, sur la formation des perles, etc. Il entreprend des expériences sur la digestion, qui jettent d'assez vives lumières à l'égard de cette fonction, pour faire regretter que l'auteur n'ait pas eu l'inspiration qui, plus tard, devait tant illustrer le nom de Spallanzani.

Au commencement du XVIIIe siècle, l'idée des applications de la science à l'industrie électrisait les investigateurs. Réaumur fut conduit ainsi à s'occuper de l'art du cordier, de l'art du tireur d'or, de la suspension des voitures, à publier un traité sur l'art de convertir le fer en acier, après avoir découvert des procédés de fabrication dont la valeur a été longtemps méconnue [1]. Il fit ensuite un mémoire sur la porcelaine, et il donna un moyen pour faire du verre blanc. En 1731, il avait imaginé la graduation du thermomètre qui, plus que ses magnifiques travaux scientifiques, a rendu son nom populaire.

Cependant ce chercheur infatigable, stimulé par des sujets de tous les genres, s'était épris de l'étude des métamorphoses, des instincts, des mœurs des Insectes. Après avoir inséré quelques mémoires particuliers dans le *Recueil de l'Académie des sciences*, il pensa que ses nombreuses observations sur les Insectes, réunies en un corps d'ouvrage, se montreraient dans leur jour le plus favorable. Six volumes, publiés de l'année 1734 à l'année 1742, composèrent ainsi la vaste publication portant le titre modeste de *Mémoires pour servir à l'histoire des Insectes*. L'auteur avait plus de cinquante ans lorsqu'il commença cette publication, bien faite pour rendre son nom impérissable. Il avait étudié dans le silence, jusqu'au moment où il eut amassé un énorme ensemble de faits intéressants. Réaumur, déjà riche de sa gloire acquise par d'autres travaux, favorisé d'une situation indépendante, n'était sollicité par aucune considération à produire ses brillantes recherches sur les Insectes avant l'heure qu'il avait fixée lui-même.

De nombreuses relations lui procuraient une quantité d'objets d'études, et le naturaliste avait disposé dans son cabinet des boîtes grillées, des cloches, de petites volières, où il pouvait épier aisément les manœuvres et les transformations d'une foule

[1] « Il est inconcevable comment cet habile métallurgiste (Réaumur) a su découvrir » et développer la théorie de l'acier, et l'on ne sait ce que l'on doit le plus admirer, » ou de la sagacité et de la rectitude d'esprit de l'illustre savant, ou de la stupidité » des fabricants d'acier qui sont restés si longtemps sans le comprendre. » (Landrin fils, *Traité de l'acier*, 1859, page 80.)

d'Insectes. Passant une partie de l'année à Conflans, dans le voisinage de Paris, à une époque où les environs de la capitale pouvaient encore être appelés la campagne, il était dans les conditions les plus heureuses pour observer nos espèces indigènes.

Les mémoires de Réaumur ont bien puissamment contribué aux progrès de l'histoire naturelle. On y reconnaît partout la profonde sagacité et la patience inébranlable de l'observateur. Jamais les moindres détails n'avaient été aussi scrupuleusement examinés. Le nombre immense de faits recueillis par un seul homme étonne, et l'étonnement se change en admiration pour l'auteur, quand on s'est rendu compte de la fidélité avec laquelle ils sont exposés. Ici tout est vrai, et l'intérêt du récit est si grand, qu'on croirait pouvoir en faire honneur à l'imagination, si l'on ne savait l'imagination humaine incapable d'atteindre aux merveilleuses réalités de la nature.

Aux yeux de tous ceux qui se sont voués à l'étude, l'ouvrage de Réaumur est un chef-d'œuvre, et l'on se demanderait comment ce chef-d'œuvre, où tant de pages sont consacrées à la narration des phénomènes les plus curieux de la vie des animaux, n'est pas connu de tout le monde; comment de telles pages n'ont pas acquis la popularité des descriptions de Buffon, si l'explication n'était facile. La forme brillante, l'élévation, l'élégance, qui font admirer le style de Buffon, ne se rencontrent pas dans les écrits de Réaumur. Dominé par le désir de tout rapporter avec une extrême exactitude et de n'omettre aucun détail, l'auteur des *Mémoires sur les Insectes* est lent dans son récit, et cette lenteur ne fait pas toujours rayonner la clarté.

Réaumur n'était pas remarquablement pénétré des avantages de la méthode : les espèces dont il raconte l'histoire avec une entière fidélité ne sont presque jamais désignées d'une manière précise; les différentes parties du corps des êtres dont il parle sont signalées par des descriptions quelquefois assez obscures.

La rigueur et la simplicité des termes scientifiques n'étaient pas de son temps.

Si les *Mémoires sur les Insectes* n'eurent pas ce vaste retentissement qu'on nomme la popularité, ils reçurent l'accueil qu'ils méritaient de la part des hommes éclairés; ils excitèrent chez quelques-uns l'admiration et une sorte d'enthousiasme pour les recherches sur les animaux qui offrent le spectacle des instincts les plus curieux. Ainsi, Charles de Geer, maréchal de la cour de la reine de Suède, conçoit l'ambition d'être le continuateur de Réaumur, et il donne une longue suite de mémoires auxquels une grande estime est accordée. Ces mémoires, publiés de 1752 à 1778, ne forment pas moins de sept volumes accompagnés de planches.

Le baron de Geer, né le 10 février 1720, mort le 8 mars 1778, écrivant à une époque où la langue française était souvent employée par les savants étrangers, adopta pour l'exposition de ses recherches la forme et le plan de l'ouvrage de notre illustre compatriote. A son début, il salue en ces termes celui qui a été son guide : « Je ne saurais me dispenser de dire que personne » n'a égalé, dans la science des Insectes, l'illustre M. de Réau- » mur, qui fait l'admiration de toute l'Europe savante, et » qu'un auteur (M. Bonnet) a nommé, à juste titre, l'ornement » de la France et de son siècle. » De Geer était venu glaner à la suite d'un investigateur d'une habileté consommée; ses mémoires ne pouvaient avoir la plupart un intérêt aussi considérable que ceux de son prédécesseur. Il eut le mérite cependant d'apprendre encore un grand nombre de faits sur les métamorphoses et les mœurs des Insectes, de nommer et de décrire plus exactement que Réaumur les espèces qui avaient été l'objet de ses recherches.

Au milieu du XVIIIe siècle, un service éclatant et d'un tout nouveau genre fut rendu à la science. Pierre Lyonnet, né à Maestricht le 21 juillet 1706, secrétaire interprète des États généraux

de Hollande, mort le 7 janvier 1789, s'était épris, comme de Geer, des travaux de Réaumur. Il s'adonna à la poursuite d'observations sur les mœurs et les métamorphoses des Insectes. Mais, après la joie d'avoir constaté des détails encore ignorés, Lyonnet eut la déception de se voir devancé par d'autres, et surtout par de Geer. Il prit alors en dégoût les recherches qu'il avait commencées, et conçut l'idée de faire, dans le silence, un travail que nul sans doute ne songerait à entreprendre, que nul surtout, bien probablement, ne réussirait à exécuter, s'il y avait songé. Convaincu par ses premières études que l'organisation des Insectes présentait une richesse, une complication dont personne n'avait même le soupçon, il se mit à l'œuvre avec la ferme volonté d'en offrir une magnifique démonstration. Lyonnet a pris soin de nous informer du motif qui avait stimulé son ardeur, car, dit-il, « me serais-je imaginé qu'un mouve-
» ment aussi ignoble que celui du dépit eût pu produire cette
» espèce de résolution, et me faire entreprendre et finir un
» ouvrage aussi pénible que celui-ci. C'est pourtant ce qui est
» arrivé. »

L'étude de la Chenille du Saule par Lyonnet a été appelée par Cuvier « le chef-d'œuvre de l'anatomie et de la gravure ». Lyonnet a travaillé avec l'unique ambition de faire connaître l'organisation d'un Insecte jusque dans ses moindres détails. Les parties extérieures, les muscles, les nerfs, les trachées, l'appareil digestif, ont été étudiés avec le soin le plus scrupuleux et toute l'habileté imaginable. Nous sommes loin ici de l'ébauche que Malpighi a donnée de l'anatomie du Ver à soie.

C'était une grande chose pour le progrès de la zoologie, de montrer qu'un Insecte, une Chenille, un animal réputé inférieur, possédait une organisation extrêmement complexe. Un semblable travail portant sur une seule espèce, et sur un seul état de cette espèce, ne pouvait alors, en l'absence de termes de comparaison, conduire à des aperçus généraux.

Toutes les parties de la Chenille du Saule ont été non-seulement décrites, mais encore représentées avec une étonnante perfection. Il est impossible d'être un véritable anatomiste sans avoir acquis quelque habileté dans l'art du dessin. Lyonnet avait cette habileté, et il jugea indispensable d'acquérir un talent d'un autre genre. Il a gravé lui-même les planches magnifiques qui accompagnent son ouvrage. Pendant plusieurs années il s'était livré à des essais qu'il communiquait à divers savants, afin d'avoir leur opinion sur son talent dans l'art de la gravure. C'est après ce pénible apprentissage qu'il exécuta les planches qui n'ont cessé de faire l'admiration des savants et des artistes.

Charles Bonnet, de Genève, philosophe et naturaliste, né en 1720, mort en 1793, occupe aussi une place dans l'histoire du mouvement scientifique du XVIIIe siècle. On lui doit des expériences sur la respiration des Chenilles, sur les appendices de ces insectes, et les recherches plus importantes sur le mode de reproduction des Pucerons. Ces recherches, auxquelles Bonnet doit en grande partie la célébrité de son nom, ont appris l'un des faits les plus singuliers relatifs à la propagation des êtres.

Mais il est encore un observateur que l'on ne saurait oublier : François Huber, de Genève, comme Charles Bonnet, né le 2 juillet 1750, mort le 22 décembre 1831, le célèbre historien des Abeilles. Celui-ci a eu le mérite de constater la plupart des faits remarquables de la vie de l'Abeille, l'insecte intéressant parmi les plus intéressants, mais aussi le plus difficile à observer. Huber a les sympathies entières de ceux qui connaissent son œuvre et son infortune. Il était aveugle depuis sa jeunesse, et une telle affliction ne l'a pas empêché de se consacrer avec un incomparable succès à l'étude d'un sujet demeuré obscur pour les yeux des plus clairvoyants. Il avait trouvé ce qui lui manquait dans la personne d'un domestique dévoué, devenu bientôt un intelligent collaborateur. Huber, possédant un esprit d'investigation peu commun, d'ingénieuses idées pour l'expérience et les yeux d'autrui, a réussi à composer la plus fidèle histoire de ces curieuses sociétés de l'Insecte qui produit le miel et la cire. Son ouvrage (1792) est encore aujourd'hui le *livre* de tous ceux qui s'occupent des Abeilles.

Le fils de l'auteur des ***Nouvelles observations sur les Abeilles***, Pierre Huber, a continué l'œuvre de son père, et à son tour il s'est placé au rang des plus patients et des plus habiles observateurs, par des études sur les mœurs des Bourdons et des Fourmis.

Lorsque l'on songe au nombre prodigieux des Animaux articulés : Insectes, Arachnides, Crustacés, répandus sur notre globe, on imagine à peine qu'on puisse arriver à la connaissance de tant d'animaux. L'étude d'un pareil monde semble devoir effrayer l'esprit le plus ferme et le plus entreprenant. Longtemps on ne crut guère à la possibilité de connaître exactement dans leurs caractères, dans leurs habitudes, dans leurs métamorphoses, dans leur organisation, tous ces êtres, ayant pour la plupart des dimensions fort exiguës. Aujourd'hui cependant on est bien avancé à cet égard, et la difficulté d'acquérir des notions très-précises sur ce monde est devenue moins considérable qu'on ne pourrait le supposer au premier abord.

Pour parvenir à un aussi beau résultat, la coopération d'une foule d'hommes d'aptitudes diverses a été nécessaire; le labeur a dû être immense; le talent de l'ordre le plus élevé a dû souvent se manifester. Rien de cela n'a manqué. La science s'est constituée; les comparaisons ont conduit à de justes appréciations; les généralisations alors ont été possibles : la méthode a été créée.

La méthode imaginée dans le but de bien conduire sa raison, suivant la belle expression de Descartes, en permettant de classer heureusement les faits, de grouper les idées, de distinguer ce qui est général de ce qui est particulier, a fourni le moyen de rendre simple et attrayante l'étude d'un sujet dont l'étendue est sans limites.

En histoire naturelle, s'agit-il d'ordre, de méthode, de classification, le nom de Linné se présente aussitôt, rayonnant d'un éclat que le temps ne saurait diminuer.

Un naturaliste de l'Angleterre, Jean Ray, avait compris la nécessité de distribuer les animaux d'une manière méthodique ; mais Linné, le premier, a disposé par classes, ordres et genres, le Règne animal aussi bien que le Règne végétal. Dans la pensée du célèbre naturaliste suédois, la classification avait pour unique but de conduire aisément à la détermination de chaque espèce. Le caractère le plus apparent, commun à un groupe d'espèces, devait être choisi sans préoccupation de la recherche de caractères pouvant avoir plus d'importance. Linné, classant les végétaux d'après le nombre des étamines, sans s'inquiéter si la conformité dans le nombre de ces organes n'amenait pas le rapprochement de plantes fort différentes sous tous les autres rapports, si la diversité du nombre des étamines ne se rencontrait point chez des plantes très-voisines les unes des autres par l'ensemble de leur structure, avait réalisé son idéal.

Les classifications de ce genre ont reçu le nom de systèmes ou de méthodes artificielles ; mais l'auteur du *Systema naturæ*, n'ayant pas rencontré chez les animaux un caractère simple pour grouper les espèces, il fut souvent conduit, par la force des choses, à les classer selon leur degré de ressemblance, et à se rapprocher ainsi de ce que l'on devait appeler bientôt la méthode naturelle.

Linné a dressé l'inventaire de la nature dans les limites où on la connaissait de son temps ; il a été presque le créateur des classifications, il a su attribuer à chaque espèce une désignation précise ; il a introduit la nomenclature la plus parfaite qui ait été imaginée. L'influence de Linné sur la marche de la science a été immense.

Le naturaliste de la Suède avait à peine achevé son œuvre, que notre illustre botaniste Laurent de Jussieu, élevant sa pensée à une hauteur plus grande, s'attachait à apprécier l'importance relative des caractères fournis par toutes les parties des végétaux, et groupait les espèces d'après la somme de leurs ressemblances. Il fut conduit ainsi à reconnaître les divisions qui réunissent le mieux les représentants des formes typiques; divisions qui ont été appelées les *familles naturelles.*

La méthode qui, au XVIIIe siècle, donna à la botanique un si beau lustre, ne tarda pas à être appliquée en zoologie.

Latreille, qui naquit à Brives le 29 novembre 1762 et mourut le 6 février 1833, membre de l'Institut et professeur au Muséum d'histoire naturelle, disposa les Insectes d'après les principes de la méthode de de Jussieu, dans un écrit publié à Brives en 1796, portant pour titre : ***Précis des caractères génériques des Insectes disposés dans un ordre naturel**, par le citoyen **Latreille.***

C'était un premier essai. Quelques années plus tard, un nouvel ouvrage du même auteur offrit une exposition si exacte des caractères des Insectes, des Arachnides et des Crustacés, et presque toujours une si juste appréciation des affinités naturelles de ces animaux, que les recherches toutes modernes n'ont amené de ce côté qu'à des rectifications d'ordre secondaire[1]. Pour une branche de la zoologie, Latreille est à jamais le véritable auteur de la partie méthodique. Étranger aux études anatomiques et physiologiques, bornant ses recherches aux parties extérieures, il a montré dans la plupart des circonstances une habileté consommée, un tact merveilleux.

Dans la période où les travaux relatifs à la classification et à la méthode avaient, en l'état de la science, une importance du premier ordre, Georges Cuvier est venu apporter une vue qui n'était pas encore entrée dans l'esprit des classificateurs. L'illustre

[1] *Genera Crustaceorum et Insectorum*, 4 vol., 1806-1809.

naturaliste s'est peu occupé des êtres dont nous avons ici à tracer l'histoire, mais ses travaux, ses idées, ont exercé une influence générale sur la zoologie. Cuvier a reconnu que tous les animaux se rattachaient à quatre types principaux [1]; toutes les investigations ultérieures ont fourni des preuves que c'était une vérité. Cuvier a établi ce grand fait, que la classification devait être la représentation fidèle des ressemblances et des dissemblances dans l'organisation entière des animaux : c'était laisser bien en arrière le temps où la classification avait simplement pour objet de conduire à la détermination des espèces.

Au commencement de notre siècle, l'idée d'une unité de plan d'organisation chez les animaux s'était manifestée. Par quelques-uns l'idée fut adoptée avec enthousiasme, comme une nouvelle lumière conduisant à voir la création dans toute sa grandeur. Étienne Geoffroy Saint-Hilaire, occupé particulièrement des Vertébrés, en fut le promoteur principal et l'énergique défenseur, s'appliquant sans relâche à fournir des preuves à l'appui de cette doctrine, les produisant avec plus ou moins de bonheur, mais toujours au profit très-réel de la marche de la science.

Un autre savant, de Savigny, s'empara de l'idée comme bonne, et en fit une admirable application aux Animaux articulés.

De Savigny, né à Provins le 17 avril 1777, se trouva, à l'âge de vingt et un ans, un des membres de cette commission scientifique attachée à l'expédition conduite par le général Bonaparte, qui aborda le 1er juillet 1798 sur la plage d'Alexandrie. Deux zoologistes étaient chargés d'étudier les animaux de cette antique Égypte restée si grande dans le souvenir des peuples, Geoffroy Saint-Hilaire et de Savigny. Le partage des attributions fut bientôt réglé entre les deux jeunes savants : c'était le partage de la nature elle-même. Le premier eut à s'occuper des Vertébrés, le second des Invertébrés.

[1] *Tableau élémentaire du Règne animal*, 1793, et *Règne animal*, 1re édit., 1817 ; 2e édit., 1828-1830.

Lorsque l'empereur Napoléon, qui recherchait pour son pays tous les genres de gloire, conçut la pensée de faire de la relation des travaux exécutés sur la terre d'Égypte un ouvrage d'une magnificence jusqu'alors inconnue, de Savigny observa toutes les parties extérieures des Animaux articulés avec un soin minutieux que nul encore n'avait apporté dans de semblables études. Les représentations qu'il a données des plus petits détails sont de véritables chefs-d'œuvre. Il est impossible, en contemplant ces images si fidèles, de ne pas se trouver pénétré d'admiration pour le talent de l'observateur, de ne pas être saisi d'un sentiment de respect pour l'auteur, dont la conscience ne s'abandonne jamais à la moindre défaillance dans des recherches difficiles, dont personne de son temps peut-être ne comprendra tout le prix.

Si nous avions ici à démontrer que le naturaliste n'arrive à des généralisations vraies, ne s'élève à des vues d'ensemble d'une portée réelle qu'après l'étude et la comparaison de tous les détails, de Savigny devrait être cité en exemple. Le savant, en effet, que nous avons vu animé de la volonté inébranlable de tout reproduire avec une scrupuleuse exactitude, se trouva bientôt frappé d'un grand fait général. Les Insectes, les Crustacés se montrèrent à son esprit comme des animaux toujours construits sur le même plan et pourvus absolument des mêmes appendices.

Tel Insecte, disait-on, a des mandibules et des mâchoires, tel autre a une trompe, tel autre a un suçoir, etc. De Savigny, comparant les pièces dans leurs rapports entre elles, dans leurs connexions, suivant le langage de la science, reconnut dans la bouche de tous les Insectes des appendices en pareil nombre, conservant les mêmes rapports, quelle que soit la diversité de leurs formes et de leurs usages. Les changements qui s'opèrent dans la constitution d'un Lépidoptère passant de l'état de chenille à l'état de Papillon fournirent à l'auteur une nouvelle preuve de l'adaptation d'organes semblables aux conditions biologiques des animaux. La bouche des Crustacés présentant d'ordinaire dans sa composition un nombre de pièces plus considérable que celle des Insectes, cette circonstance le conduisit à reconnaître que des pattes peuvent être converties en mâchoires, et que les appendices de tous les Animaux articulés sont absolument de la même nature.

Les deux mémoires de Savigny, présentés à la première classe de l'Institut en 1814 et 1815, et publiés en 1816, sous le titre de : *Théorie des organes de la bouche des Animaux invertébrés et articulés compris par Linné sous le nom d'Insectes,* marquent véritablement une époque.

En exposant avec une clarté admirable la réalité entière sur les *homologies* et les transformations des appendices des Articulés, de Savigny a servi puissamment le progrès de la science; il a mis en pleine lumière une grande vérité ; il a rendu simple et évident ce qui était rempli d'obscurité et d'embarras pour tous les esprits; il a révélé une belle page de l'histoire de la création.

De Savigny, l'observateur exact et patient, le théoricien brillant, le penseur profond, a été de bonne heure bien tristement arrêté dans la carrière qu'il suivait avec tant d'éclat. Atteint d'une affection des yeux, les vingt-sept dernières années de sa vie se sont écoulées dans une nuit perpétuelle, avec d'horribles souffrances physiques et morales. Marie-Jules-César Le Lorgne de Savigny, membre de l'Institut depuis le 30 juillet 1821, est mort le 5 octobre 1851.

Les idées qui régnaient au XVIIe et au XVIIIe siècle sur les métamorphoses des animaux s'étaient bien modifiées dans l'esprit des naturalistes déjà éclairés par les recherches anatomiques. On n'en était plus à croire que toutes les parties d'un être existaient déjà sous une forme très-réduite, dès les premiers moments de sa formation. On savait positivement que des organes existant à une époque de la vie disparaissaient parfois en totalité, et que se constituaient de nouveaux organes à des périodes plus ou moins avancées du développement de l'animal. Les faits vraiment acquis à la science étaient rares encore, mais tout tendait à pousser les zoologistes vers une voie de recherches qui semblait promettre d'importantes découvertes : l'étude des embryons, l'étude du développement des animaux.

Un professeur de l'université de Marbourg, Moriz Herold, donna en 1815 l'histoire du développement d'un Lépidoptère : la Piéride du Chou. Les changements qui se produisent dans l'organisation de l'Insecte depuis l'état de chenille jusqu'à l'état de Papillon avaient été suivis jour par jour. Dès ce moment il fut possible de concevoir une idée nette de la nature des métamorphoses des Insectes.

On doit au même auteur des recherches plus récentes sur la formation dans l'œuf de l'embryon des Araignées et des Insectes : beaucoup de faits constatés ; beaucoup d'erreurs d'interprétation. Le moment était venu où les investigations sur les premières phases du développement des animaux allaient prendre une extrême importance : les zoologistes avaient appris que chez tous les êtres, les organes apparaissent successivement ; que ces organes subissent bien des changements avant d'être constitués comme on les trouve chez les adultes. Le titre seul d'un mémoire publié en 1817 par un professeur de Munich, C. Pander, suffit à indiquer le mouvement scientifique qui se manifestait. *Histoire de la métamorphose que subit l'œuf de la Poule pendant les cinq premiers jours de l'incubation*, tel était le titre de l'ouvrage.

Deux naturalistes de l'Allemagne, Rathke, professeur à Kœnigsberg, mort en 1860, et M. de Baer, depuis longtemps professeur à Saint-Pétersbourg, ont pris une part immense au mouvement qui, en moins d'un demi-siècle, a donné d'admirables résultats. M. de Baer, guidé par les vues de l'ordre le plus élevé, porta ses investigations sur les principaux types du Règne animal, et reconnut que la marche du développement n'était pas la même dans ces divers types. Au début de la formation embryonnaire, tout semble pareil chez le Vertébré, l'Insecte, le Mollusque, mais des différences essentielles ne tardent pas à se prononcer entre ces animaux. M. de Baer a été conduit, par ses recherches d'embryogénie, à reconnaître dans le Règne animal quatre formes principales. C'était une confirmation éclatante des idées de Cuvier. Les voies avaient été complétement différentes; le résultat était identique.

Les observations de M. de Baer, publiées de 1827 à 1828, n'eurent pas d'abord le retentissement qu'elles méritaient. Mais il y a dans les sciences des instants où une question occupe les esprits, où les chercheurs agissent sous l'empire d'une idée, chacun croyant être seul à la posséder. Ainsi M. Milne Edwards, poursuivant des recherches sur les Crustacés, dans l'ignorance des travaux de M. de Baer, arrivait à des résultats concordants avec ceux de ce savant. M. Milne Edwards s'était assuré que pendant la première période du développement, la ressemblance était à peu près complète entre toutes les espèces appartenant à un même type; qu'entre des espèces fort dissemblables à l'état adulte, les distinctions se manifestent progressivement jusqu'au moment où les individus ont pris d'une manière définitive leur cachet spécifique. C'est en 1829 que M. Milne Edwards a énoncé ce fait d'une haute importance pour la zoologie.

Des connaissances précises sur les premières phases du développement des êtres devaient achever de faire disparaître des idées absolument fausses relativement aux relations des différentes formes du Règne animal. Pendant longtemps on s'était complu dans la croyance à une série de dégradations insensibles et régulières de l'Homme à l'Éponge, l'échelle des êtres de Leibnitz et de Bonnet. De là à imaginer, d'après quelques apparences, que les formes des animaux inférieurs représentaient exactement les formes embryonnaires des animaux supérieurs, il n'y avait qu'un pas. L'étude profonde et comparative de l'organisation des animaux adultes eût été suffisante pour montrer combien ces vues de l'esprit, dans leur généralité, s'accordaient mal avec la réalité ; les recherches sur le développement des principaux types du Règne animal ont obligé à les regarder comme des rêves de l'imagination, et à certains égards comme des résultats d'observations superficielles.

Depuis trente-cinq ans, les zoologistes se sont beaucoup appliqués à observer les Animaux articulés dès le moment de leur naissance, et parfois à les étudier dans l'œuf. Les lumières que ces recherches ont jetées sur les affinités naturelles de plusieurs types sont saisissantes. Les affinités et la condition d'un assez grand nombre de types étudiés seulement dans la forme adulte, ou dans une période de leur existence, avaient été entièrement méconnues. L'observation de ces mêmes animaux au sortir de l'œuf et dans les diverses phases de leur vie a amené souvent une véritable révélation. Les exemples en seront rapportés dans le cours de cet ouvrage ; ce sera l'occasion de mentionner les auteurs de nombreuses découvertes dont nous ne pouvons faire l'énumération dans un simple aperçu historique.

En présence de résultats concluants souvent obtenus par la considération des caractères de l'animal dans son premier âge, d'éminents zoologistes se sont aisément persuadé que l'on était désormais en possession du moyen d'apprécier dans toutes les circonstances, et avec une parfaite certitude, la nature des êtres, les rapports naturels de chaque type. Aussi les classifications présentées d'après cet ordre d'idées ont été nombreuses : MM. Agassiz et van Beneden, entre autres, ont eu d'heureuses inspirations. Nulle part encore l'idéal n'a été atteint. Le développement embryonnaire n'est point connu jusqu'ici d'une manière suffisante dans tous les types du Règne animal, pour fournir les lumières qu'à la vérité nous sommes en droit d'attendre du progrès de la science.

Les phénomènes les plus apparents ne pouvant manquer de fixer tout de suite l'attention des observateurs, les phénomènes difficiles à saisir sont souvent considérés comme étant relativement de peu d'importance. C'est là une cause d'erreur assez fréquente.

Il existe des animaux qui subissent des métamorphoses complètes, d'autres qui n'éprouvent que des changements peu considérables, depuis leur naissance jusqu'à leur état adulte. La différence est frappante; souvent, néanmoins, elle existe entre des types liés entre eux par les plus grandes ressemblances dans l'ensemble de l'organisation.

L'Insecte de l'ordre des Coléoptères, le Hanneton, le Capricorne, naît dans un état embryonnaire très-peu avancé; en naissant, il a l'aspect d'une sorte de ver.

L'Insecte de l'ordre des Orthoptères, la Sauterelle, le Perce-oreille, au sortir de l'œuf, ressemble aux adultes, il ne subit point de véritables métamorphoses. Cependant, par tous les détails de leur organisation, le Coléoptère et l'Orthoptère n'offrent que des différences d'ordre secondaire. Le Coléoptère a des relations bien plus étroites avec l'Orthoptère qu'avec le Lépidoptère, auquel il ressemble par son mode de développement.

Parmi les Crustacés, il y a des exemples de différences analogues dans la marche du développement, et ces exemples sont encore bien plus saisissants.

Certains Crabes, observés vers le moment de leur naissance, s'étaient montrés presque semblables à leurs parents; on avait conclu de ce fait que les Crabes en général ne subissaient pas de métamorphoses. On savait, d'autre part, que l'Écrevisse naît avec les formes de l'adulte; de ce fait, ajouté au précédent, on avait conclu que les Crustacés, au moins les plus élevés en organisation, n'éprouvent aucun changement notable dans le cours de leur existence. C'est le contraire qui est la vérité pour le très-grand nombre des représentants de ce groupe zoologique. Un naturaliste de l'Écosse, John Vaughan Thompson, a le premier apporté une suite d'observations intéressantes sur ce sujet. Des recherches récentes nous ont fait connaître les transformations dans une foule de genres de la classe des Crustacés.

Ces animaux, pour la plupart, passent donc par des formes successives, tandis que quelques-uns d'entre eux présentent à peine de légères modifications dans leurs appendices. Une différence aussi considérable n'est nullement l'indice d'organisations particulières.

La Langouste, dans son premier âge, est un être tout différent de l'adulte ; au contraire, le Homard, en sortant de l'œuf, est un animal presque pareil à ses parents. Néanmoins la Langouste et le Homard, ayant la même organisation générale, demeurent les représentants de deux familles voisines.

Ces faits sont loin de diminuer l'importance que les zoologistes de nos jours attachent à la connaissance des phases du développement des animaux. Ils attestent une chose, la nécessité de se rendre compte exactement de la nature des phénomènes observés.

Tous les animaux d'une même classe, d'un même ordre, quelquefois d'une même famille, ne naissent pas ayant un semblable degré de développement. Chez les uns, le développement s'effectue presque en entier dans l'œuf. Ici il n'y a pas de métamorphoses, pas de transformations, mais seulement un accroissement, et à une époque déterminée l'apparition des organes de la reproduction. Chez les autres, le développement qui s'effectue dans l'œuf s'arrête de bonne heure ; l'animal naît à l'état d'embryon, à l'état de larve, et là, suivant que l'état embryonnaire est plus ou moins avancé, il y a des changements successifs plus ou moins considérables, de véritables métamorphoses. Dans l'étude de deux types, il est donc toujours nécessaire de faire porter les comparaisons sur des individus qui sont dans la même période de leur développement organique, et non pas, d'après leur âge calculé, de l'instant de leur naissance. Ces vues, pour n'avoir encore été nulle part très-clairement exposées, n'en sont pas moins senties de nos jours par divers naturalistes.

Si depuis une quarantaine d'années les études sur le développement des Animaux articulés ont enrichi la science d'un grand nombre de faits d'un haut intérêt, les recherches sur l'organisation de ces mêmes animaux ont fourni des résultats encore plus considérables.

MM. Victor Audouin et Milne Edwards, par leurs travaux sur le système nerveux et la circulation du sang chez les Crustacés, ont apporté, les premiers, des connaissances exactes sur un sujet où les notions précédemment acquises étaient fort imparfaites et souvent entachées d'erreurs.

Un anatomiste consciencieux, patient, et habile à représenter par le dessin les objets qu'il avait étudiés, Straus-Durckheim, né à Strasbourg en 1790, mort à Paris en 1865, l'auteur bien connu d'une magnifique monographie anatomique du Hanneton, publiée en 1828, a découvert la structure dû cœur ou vaisseau dorsal des Insectes, et il a donné les plus belles figures que nous possédions encore des muscles et de l'appareil respiratoire d'un Insecte.

Dans le même temps, un professeur de Dresde, M. Carus, a démontré l'existence de la circulation du sang chez les Insectes.

Un savant, recommandable par ses nombreux travaux sur l'anatomie, sur les mœurs et les métamorphoses des animaux de la même classe, Léon Dufour, né à Saint-Sever (Landes) en 1782, mort le 18 avril 1865, a fourni à la science pendant une période de plus de cinquante années une multitude d'observations intéressantes.

Un des naturalistes de l'époque moderne, dont les recherches ont contribué particulièrement aux progrès récents de nos connaissances sur les Articulés, est George Newport. Les travaux de ce savant portent le cachet d'une finesse d'observation et d'une sagacité rares, d'une justesse d'appréciation saisissante, d'une habileté consommée dans l'art des dissections, d'un amour de la vérité entière élevé à sa plus haute expression.

George Newport, né le 14 février 1803 à Canterbury, est mort à Londres le 8 avril 1854. Médecin par nécessité, naturaliste par goût, il est l'auteur d'une admirable Étude du développement du système nerveux chez un Insecte (le Sphinx de Troëne). C'est Newport qui a révélé les principaux faits relatifs à la structure de cet appareil organique chez les Articulés.

On lui doit une série de mémoires sur l'anatomie, la physiologie et les métamorphoses des Insectes; sur plusieurs sujets, des découvertes d'un intérêt exceptionnel que nous aurons plus tard l'occasion de rappeler, ainsi qu'une importante étude du développement des Myriapodes.

George Newport est certes un des grands savants qu'ait eus l'Angleterre; mais l'Angleterre s'en est peu doutée, surtout tant qu'il a vécu. Aux prises avec les dures nécessités de l'existence, l'homme digne d'occuper une haute position, l'homme auquel auraient dû être procurées toutes les facilités pour l'exécution de ses brillants travaux, n'a pu consacrer qu'une partie de son temps à ses recherches scientifiques. Dans les dernières années de sa vie, qui n'a pas été bien longue, Newport avait reçu de la munificence royale une petite pension. Cette faveur, nous sommes heureux de le dire, était venue à la suite des chaleureuses marques d'estime souvent données aux œuvres du naturaliste anglais par un de nos zoologistes, un des savants les plus illustres de notre époque.

N'ayant guère le droit de parler des résultats des plus récentes investigations entreprises sur le système nerveux et le mode de circulation du sang chez les Insectes, ou des dernières recherches sur l'organisation des Arachnides; ne pouvant, d'autre part, mentionner des centaines de mémoires relatifs à des sujets spéciaux, nous terminerons ici notre aperçu historique. Dans le cours de cet ouvrage, on verra ce que les travaux de la période scientifique actuelle ont apporté de faits intéressants.

Cependant, après avoir jeté un rapide coup d'œil sur les

travaux qui ont particulièrement contribué à élever nos connaissances sur les Animaux articulés au degré qu'elles ont atteint de nos jours; après avoir montré comment ont été découverts successivement les principaux phénomènes de l'organisation et de la vie de ces êtres; après avoir dit comment la classification ou la méthode en zoologie a conduit à comprendre le plan de la nature et à formuler les généralisations qui sont le triomphe de la science, il n'est peut-être pas inutile d'exprimer en peu de mots de quelle façon on est arrivé à enregistrer tous ces Insectes, Arachnides, Crustacés du monde entier, qui forment d'immenses collections.

Tant que les observateurs n'eurent sous les yeux que les espèces de leur pays, ils songèrent peu à donner des descriptions et des figures des espèces indigènes. Mais, après la découverte de l'Amérique, alors que le goût des explorations lointaines gagna les peuples de l'Europe, les navigateurs rapportèrent de leurs expéditions des animaux qui frappaient leur imagination par leur beauté ou leur étrangeté. Les Hollandais et les Anglais recueillirent beaucoup d'Insectes, d'Arachnides, de Crabes remarquables par leur taille, par leurs formes, par leurs couleurs. On commença à former des collections de ces Insectes exotiques. Ces collections eurent bientôt des admirateurs, des enthousiastes. Le désir de peindre et de faire des descriptions des magnifiques Papillons de Java et d'Amboine, ou des Antilles et de l'Amérique du Sud, des énormes Scarabées, des splendides Buprestes, des Araignées géantes des régions tropicales, ne tarda pas à se manifester. Pendant le cours du XVIIIe siècle, on vit ainsi paraître les recueils très-généraux de Seba, de Sloane, de Petiver, le recueil de Drury, spécial aux Insectes, celui de Pierre Cramer, consacré exclusivement aux Lépidoptères, etc.

La zoologie descriptive prit son véritable caractère quand Linné s'appliqua à donner le signalement exact de toutes les espèces qu'il put connaître, et à imposer à ces espèces une nomenclature fixe et précise. Le chemin était tracé, les collections se multiplièrent : chaque jour fournissait l'occasion d'observer des animaux que l'on voyait pour la première fois. Il y eut un grand zèle de la part des collectionneurs pour décrire les espèces nouvelles. Un professeur de l'université de Kiel, Jean Christian Fabricius, pendant plus de trente années (1775-1808), s'est occupé uniquement de nommer, de décrire et d'enregistrer les Insectes de tous les pays, et les ouvrages de cet auteur sont devenus en quelque sorte le point de départ de l'entomologie descriptive.

Depuis 1815, les voyages s'étant multipliés dans toutes les parties du monde, beaucoup de ces voyages ayant été effectués dans le seul but de recueillir les objets d'histoire naturelle d'une contrée, les collections des musées de l'Europe, et même les collections spéciales de certains amateurs, ont pris d'immenses proportions. Il n'était plus possible à un homme de faire un nouvel inventaire des représentants connus de la classe des Insectes, ou même des représentants d'un seul ordre de cette classe; alors les uns se sont livrés particulièrement à l'étude d'une famille, les autres à l'étude d'un genre. On a eu des monographies descriptives.

L'étude des espèces d'une famille est encore un travail long, minutieux. Beaucoup d'amateurs possédant un, deux ou trois Insectes nouvellement obtenus, brûlaient souvent du désir de les faire connaître, de leur donner un nom : des recueils périodiques destinés à recevoir les descriptions et les images des espèces nouvelles furent fondés en Angleterre et en France ; des sociétés se sont constituées dans le but de faciliter la publication de mémoires descriptifs. Et voici comment il existe par le monde des centaines d'entomologistes qui récoltent, classent, déterminent, décrivent des Insectes, et seraient presque désolés d'apprendre quelque chose de l'organisation ou des conditions d'existence de ces êtres qui, placés dans leur collection, sont à leurs yeux autant de joyaux.

On se tromperait beaucoup, du reste, en estimant de peu d'importance ces collections où chaque espèce est soigneusement étiquetée et placée à côté des espèces qui lui ressemblent le plus; on se tromperait encore en n'attachant pas une valeur sérieuse à ces ouvrages, mémoires, notices, consacrés à de pures descriptions. Ces collections et ces publications nombreuses nous ont conduit à connaître les animaux qui peuplent le monde, et à pouvoir désigner ces animaux d'une manière précise. Aujourd'hui on est fort avancé à cet égard. Les explorations lointaines nous fournissent chaque année des espèces nouvelles, mais il est bien rare que ces espèces n'appartiennent pas à des formes déjà parfaitement connues.

Le besoin de déterminer exactement les êtres que l'on étudie dans les manifestations de leur existence est de première nécessité. Des observations de Réaumur et de quelques autres naturalistes ont perdu une grande partie de leur intérêt, par suite de la façon vague dont les espèces ont été désignées. Une connaissance rigoureuse des groupes zoologiques et des plus légères modifications dans les formes extérieures des animaux donne à l'anatomiste et au physiologiste les idées de comparaison sans lesquelles toute généralisation est impossible. Ce sera l'éternel honneur de Georges Cuvier d'avoir montré que le véritable zoologiste, dans l'étude des animaux, ne saurait parfaitement comprendre son sujet, s'il vient à se désintéresser de l'étude de certaines parties.

III

LES CARACTÈRES DES ANIMAUX ARTICULÉS.

Une définition précise des sujets qui sont à traiter est absolument nécessaire pour la clarté de l'exposition. Cette nécessité nous commande, avant d'entrer dans aucune considération spéciale, de déterminer rigoureusement les signes auxquels on reconnaît, entre tous les êtres de la création, ceux dont il s'agit pour nous d'écrire l'histoire.

Autrefois on appelait ***Insecte***, tout animal ayant le corps symétrique, formé d'une suite d'anneaux et pourvu d'appendices ou de membres articulés.

Cette caractéristique s'applique à tous les êtres distingués depuis longtemps déjà sous les noms d'Insectes, de Myriapodes, d'Arachnides et de Crustacés. Les représentants de ces quatre groupes constituent un ensemble parfaitement naturel, qui est l'embranchement ou plutôt le sous-embranchement des Articulés.

Il a été rappelé précédemment que Cuvier avait distingué dans le Règne animal quatre types principaux ; il a été mentionné que toutes les recherches zoologiques et anatomiques exécutées en si grand nombre jusqu'à notre époque avaient montré la valeur de cette distinction ; il a été noté que les études d'embryogénie de M. de Baer étaient venues apporter des preuves de la justesse de vue de notre grand naturaliste.

Les quatre types reconnus par Cuvier ont reçu le nom d'*embranchements*.

Toute connaissance un peu complète se formant par la comparaison, nous devons présenter les caractères du type zoologique ou de l'embranchement dont nous avons à nous occuper, en opposition avec les caractères des autres types ou des autres embranchements.

Les quatre grandes divisions du Règne animal sont les VERTÉBRÉS, les ANNELÉS, les MOLLUSQUES et les ZOOPHYTES.

Les VERTÉBRÉS (Mammifères, Oiseaux, Reptiles, Poissons) ont le cerveau et la moelle épinière, ou le tronc principal du système nerveux, renfermés dans une enveloppe osseuse, cartilagineuse ou fibreuse, qui se compose du crâne et de la colonne vertébrale, le cerveau et la moelle épinière occupant la région supérieure et dorsale de l'animal.

Les ANNELÉS (Insectes, Arachnides, Crustacés, Vers) sont dépourvus de squelette intérieur. Leur système nerveux est composé de centres médullaires placés dans la région supérieure de la tête, représentant le cerveau des Vertébrés, et d'une double chaîne ganglionnaire située au-dessous du tube digestif, et occupant ainsi la région ventrale. Les Annelés sont caractérisés encore, et au plus haut degré, par leur corps parfaitement symétrique, divisé par des incisions, et paraissant de la sorte composé d'une suite d'anneaux.

Les MOLLUSQUES, dépourvus, comme les Annelés, de squelette intérieur, ont également des centres nerveux représentant le cerveau, et des masses médullaires ou ganglions disséminés au-dessous de l'appareil digestif, d'une manière plus ou moins irrégulière, et réunis par des cordons nerveux. Les Mollusques, dont le corps n'offre jamais de divisions annulaires, sont des animaux plus ou moins contournés.

Les ZOOPHYTES, que l'on appelle aussi les Animaux rayonnés, ont un système nerveux d'un volume très-réduit, formant une sorte d'anneau autour d'un axe central. Ces animaux ont les différentes parties du corps disposées comme des rayons autour d'un centre [1].

Ainsi qu'on l'a appris par les observations de M. de Baer, citées dans notre précédent chapitre, les quatre grandes formes principales du Règne animal sont caractérisées dès les premiers temps de la formation embryonnaire.

Chez les Vertébrés, l'embryon offre de très-bonne heure, à la face dorsale, une petite ligne longitudinale que l'on désigne sous le nom de *ligne primitive*. C'est un sillon qui plus tard se soulève et où se constitue la colonne vertébrale. Le vitellus est situé à la région ventrale.

Chez les Annelés, l'embryon ne présente aucune trace de ligne primitive. Le vitellus occupe la région dorsale. Le développement a lieu suivant un axe longitudinal, par deux moitiés latérales.

Chez les Mollusques, l'embryon, massif, sans ligne primitive, présente déjà la torsion caractéristique du type auquel il appartient.

Chez les Zoophytes, l'embryon offre une disposition rayonnée très-apparente dès le moment où il commence à se constituer;

[1] Autrefois, avec Lamarck, on partageait le Règne animal en deux grandes divisions : les Animaux vertébrés et les Animaux sans vertèbres. Aujourd'hui, dans le langage ordinaire, on dit souvent encore les Vertébrés et les Invertébrés. C'est une manière d'opposer les Vertébrés à tous les autres types du Règne animal, mais c'est une expression sans aucune valeur scientifique, car les Annelés, les Mollusques, les Zoophytes, sont autant de groupes aussi nettement caractérisés que les Vertébrés.

les appareils organiques se groupant du centre à la circonférence comme autant de cercles.

Dans cette énumération des quatre grands types du Règne animal, ne figure pas le nom des *Articulés;* celui des *Annelés* le remplace. A ce sujet, une courte explication est nécessaire. Cuvier avait établi l'embranchement des Articulés. Pour l'auteur du *Règne animal,* les Articulés comprenaient les Annélides ou les *Vers à sang rouge*, les Crustacés, les Arachnides et les Insectes. A l'époque à laquelle écrivait ce naturaliste, régnaient encore des idées absolument fausses sur la nature des Vers proprement dits, les Vers parasites et intestinaux par exemple. En l'absence de toute connaissance précise de l'organisation de ces êtres, on s'était imaginé que leur organisation était d'une extrême simplicité. Il n'y a jamais rien aux yeux de celui qui n'a rien su voir. Des esprits de l'ordre le plus élevé n'échappent pas toujours à cette faiblesse. En l'état de la science à cette époque, les Vers inférieurs avaient été rejetés dans l'embranchement des Zoophytes. De Blainville, un zoologiste remarquablement habile à discerner les relations naturelles des Animaux, montra que les Vers intestinaux et les Sangsues, ainsi que les autres Vers à sang rouge, appartiennent au même type. Depuis, la démonstration de ce grand fait a été aussi complète que possible. Si les Annélides sont privés d'appendices comme ceux des Insectes ou des Crustacés, ils ont souvent néanmoins des soies mobiles et des mâchoires; les Vers inférieurs n'en ont pas, mais tous les représentants du groupe ont des caractères communs plus essentiels : par exemple l'annulation du corps et la disposition du système nerveux, qui les rattachent aux Insectes, aux Arachnides, aux Crustacés. Le nom d'*Articulés* ne convenait plus à l'ensemble. Au contraire, le nom d'*Annelés* lui convenait à tous égards. La substitution de l'un à l'autre était donc naturelle et nécessaire.

Mais dans cet embranchement des Annelés, comprenant à la fois les Insectes, les Myriapodes, les Arachnides, les Crustacés, les Annélides et les Vers inférieurs, il était impossible de ne pas reconnaître deux divisions principales. D'un côté, les Insectes, les Myriapodes, les Arachnides, et les Crustacés; tous les animaux à membres articulés. De l'autre côté, les Annélides ou les Vers autrefois nommés, les *Vers à sang rouge*, et les Vers inférieurs, parmi lesquels les *Vers intestinaux* ou *parasites*, aujourd'hui répartis en plusieurs classes, forment la part la plus considérable.

Par cette considération, M. Milne Edwards a été conduit à admettre dans l'embranchement des Annelés deux sous-embranchements : les Articulés et les Vers. Cette séparation exprime heureusement l'existence des deux grands types ou des deux formes principales de la division des Annelés. Ainsi c'est d'une portion seule de l'embranchement des Annelés que nous avons à nous occuper; cette portion est le sous-embranchement des Articulés.

Nous venons de voir ce qui caractérise particulièrement ces derniers; il reste à examiner à quels signes on distinguera aisément, en toutes circonstances, un représentant d'une division primaire du groupe des Articulés d'un représentant des autres divisions du même groupe.

Ces divisions portent le nom de classes, comme toutes les divisions analogues du Règne animal, et ici les classes sont au nombre de quatre : les Insectes, les Myriapodes, les Arachnides et les Crustacés.

Le nombre des appendices locomoteurs qui existent chez les représentants de ces quatre classes fournit le caractère le plus frappant, commun à toutes les espèces de chacune de ces divisions.

Ainsi, chez les Insectes, il y a invariablement trois paires de pattes. Les Insectes sont les animaux à six pattes, les *Hexapodes*, suivant une appellation qui leur a souvent été appliquée. Il arrive parfois que le caractère ne se manifeste pas dès les premiers temps de la vie; chez les adultes, il se montre toujours avec une évidence complète.

Chez les Myriapodes, il y a des pattes en nombre très-considérable. Tous les anneaux du corps, à l'exception du dernier, portent une paire de ces appendices. Le nom vulgaire de ***Millepieds*** fait allusion au caractère le plus apparent de ces animaux.

Les Arachnides ont invariablement quatre paires de pattes. A la vérité, quelques-uns des représentants de cette classe n'ont pas plus de trois paires d'appendices locomoteurs au début de leur existence; mais ces espèces acquièrent toujours, à une époque plus ou moins avancée de leur développement, la quatrième paire de pattes, caractéristique du type auquel elles appartiennent.

Les Crustacés ont en général des pattes au nombre d'au moins cinq paires, souvent de sept paires. Les appendices s'atrophient ordinairement chez les espèces dégradées, et c'est à l'aide de différentes considérations qui seront produites dans la suite, que l'on rapproche ces espèces offrant tous les caractères essentiels de leur type.

Au reste, dès à présent nous pouvons noter que les Crustacés sont conformés pour une respiration aquatique, tandis que les représentants des autres classes, à l'exception de certaines larves d'Insectes, sont conformés pour une respiration aérienne.

Beaucoup de particularités d'organisation conduisent à distinguer entre eux les Insectes, les Myriapodes, les Arachnides et les Crustacés. Cependant ces particularités pouvant faire défaut chez les espèces dégradées de chacune de ces classes, il devient impossible de les énoncer comme des caractères généraux. Après l'indication du fait le plus frappant, la différence dans le nombre des appendices de la locomotion, nous avons tout avantage, pour l'exposition claire du sujet, à nous attacher d'abord à l'étude des représentants d'une classe en particulier. En passant ensuite aux autres classes, les comparaisons se produiront, et feront ressortir les différences aussi bien que les ressemblances et les analogies.

La classe des Insectes viendra ici la première.

Les pattes ou appendices locomoteurs, au nombre de trois paires, ont été signalées comme le caractère le plus général propre à faire distinguer les Insectes des Arachnides et des Myriapodes; mais les Insectes ont pour la plupart, dans leur état adulte, des appendices remarquables dont aucun représentant d'une autre classe d'Articulés n'offre l'exemple. Ces appendices, ce sont les ailes. La présence des ailes est l'indice d'un perfectionnement organique avancé chez les Insectes. Elles n'existent point chez les espèces dégradées, ou en d'autres termes, les espèces qui s'arrêtent de bonne heure dans leur développement, comme les parasites et quelques femelles. Voici comment un caractère des plus saisissants ne peut entrer dans la caractéristique générale des Insectes.

Les Insectes respirent par des orifices percés dans les téguments, et ils ont tous, sans exception connue, un appareil respiratoire diffus, et tellement diffus, qu'il est disséminé dans toutes les parties du corps. Mais le caractère n'est pas exclusif. La même disposition des organes de la respiration existe chez les Myriapodes et chez les Arachnides inférieurs. Les autres systèmes organiques nous offrent des faits du même genre.

Pour comprendre la valeur des généralisations auxquelles conduit l'étude de notre sujet, il est nécessaire de prendre une connaissance sérieuse de l'organisation des principaux représentants de chacune des classes du groupe des Articulés.

Nous arrêtant en premier lieu à la classe des Insectes, il s'agit avant tout de se former une idée nette de l'organisation spéciale à ces animaux, à l'exclusion de ceux des autres classes. Sans cette étude préliminaire, jamais les différents phénomènes du développement ou des métamorphoses des espèces ne pourraient être bien compris; jamais les habitudes, les mœurs, les instincts, les lueurs d'intelligence de nos divers Insectes ne s'offriraient à nos yeux avec leur véritable caractère; jamais les conditions d'existence si diverses de ces Insectes ne sauraient être appréciées, si elles n'étaient considérées dans leurs rapports avec la conformation organique. Sans cette étude préliminaire, le sentiment vrai de la nature ne pourrait s'acquérir; l'esprit philosophique manquerait de son appui le plus ferme pour demeurer dans la vérité, en voulant interpréter les faits dans la grandeur de leur manifestation.

Seulement, avant d'entrer d'une manière intime dans notre sujet, notons, pour n'avoir plus à y revenir, certains points relatifs à la classification et à la nomenclature, sur lesquels il importe d'être fixé.

La classe des Insectes se partage très-naturellement en douze ordres.

Ces ordres sont les Lépidoptères, les Hyménoptères, les Coléoptères, les Orthoptères, les Thysanoptères, les Névroptères, les Hémiptères, les Aphaniptères, les Strepsiptères, les Diptères, les Anoplures et les Thysanures. Ces noms, à l'exception des deux derniers, indiquent que les ailes ont offert pour chaque groupe le caractère le plus apparent, le plus facile à constater; mais c'est en traitant de chaque division en particulier, que nous aurons à signaler tout ce que les ailes présentent de traits caractéristiques.

L'arrangement des ordres que nous venons d'énumérer n'a pas une extrême importance et il y a un intérêt fort médiocre à commencer par un groupe plutôt que par un autre, à moins que l'on ne soit dirigé par une vue spéciale. Il semblerait naturel de s'occuper en premier lieu des espèces les plus parfaites et de passer successivement aux autres formes, de façon que vienne la dernière la forme la plus dégradée. Mais les dégradations ou les arrêts de développement ne se manifestent pas avec la régularité que les philosophes d'une autre époque s'étaient plu à admettre. Dans chacun des ordres, il existe des espèces plus élevées que les autres sous le rapport de leur organisation, et les affinités naturelles de chaque type sont souvent très-multiples. Le naturaliste doit donc s'attacher bien plus à la définition rigoureuse des types qu'à l'ordre dans lequel ils sont énumérés, puisque en aucun cas une série linéaire ne saurait être l'image d'une réalité.

Les divisions qui viennent après les ordres sont les familles, et après les familles les tribus. Autrefois la nomenclature de ces divisions était absolument arbitraire. C'était une foule de noms tirés tantôt d'un caractère, tantôt d'un détail de mœurs. Au grand avantage de l'étude scientifique, ces noms ont pu être supprimés. Il y a une quarantaine d'années, un zoologiste anglais, Swainson, a eu l'heureuse idée de prendre pour le nom de la famille le nom même du genre principal de cette famille, en lui adjoignant une terminaison ou désinence particulière. Comme, en général, on apprend avant tout à connaître les grands types par leur nom, l'appellation de la famille reste aisément dans la mémoire. Les désinences adoptées par les auteurs varient encore, mais le principe est admis aujourd'hui par presque tous les naturalistes.

Un exemple fera comprendre ce système de nomenclature à la fois si simple et si avantageux. Tout le monde, assurément, connaît les noms génériques de Scarabée, de Locuste, d'*Apis* (Abeille); or, les noms de familles : Scarabéides (*Scarabæidæ*), Locustides (*Locustidæ*), Apides (*Apidæ*), indiquent aussitôt qu'il s'agit d'espèces offrant les caractères essentiels des Scarabées, des Locustes ou Sauterelles, des Abeilles.

Les appellations Scarabéines, Locustines, Apines, sont appliquées à des groupes moins étendus, que l'on nomme les tribus. On emploie les dénominations de Scarabéites, Apites, Locustites, pour les groupes plus restreints, qui sont en quelque sorte les grands genres. Parfois les familles sont les divisions les plus importantes que l'on puisse admettre dans un ordre ; mais parfois aussi quelques caractères réunissant plusieurs familles ou séparant l'une d'elles de toutes les autres, il y a alors avantage, pour la précision dans l'énoncé des faits, à adopter une division intermédiaire à l'ordre et à la famille, comme le sous-ordre ou la section. Nous en trouverons des exemples.

IV

LA CHARPENTE EXTÉRIEURE ET LES ORGANES DU MOUVEMENT DES INSECTES.

L'enveloppe extérieure a une consistance très-variable. C'est en général une peau très-résistante, mais flexible. Chez beaucoup d'espèces parvenues à l'état adulte, le tégument est de consistance coriace, mais chez une foule d'Insectes toutes les parties extérieures offrent une grande épaisseur, une solidité extrême, une dureté considérable. C'est jusqu'à un certain point l'apparence de la corne; la ressemblance ne va pas au delà de l'apparence. La corne fond en brûlant; le tégument des Insectes, exposé à la flamme, se carbonise et conserve sa forme. La composition chimique est absolument différente.

Le tégument d'un Insecte, mince et flexible comme la peau du Ver à soie, dur et épais comme l'enveloppe d'un Scarabée ou d'un Charançon, est toujours formé essentiellement d'une substance particulière que l'on désigne sous le nom de *chitine*. Cette substance existe chez tous les Articulés, et même chez les Vers connus sous le nom d'Annélides. Sa présence est caractéristique des animaux de l'embranchement des Annelés, à l'exclusion de beaucoup de Vers inférieurs. La chitine a été découverte en 1823 par un jeune expérimentateur, Auguste Odier, connu seulement par un mémoire sur la composition chimique des *parties cornées* des Insectes, et par l'observation d'une petite Sangsue parasite sur les branchies de l'Écrevisse.

La chitine est extrêmement facile à isoler. On plonge un Insecte tout entier dans une dissolution de potasse caustique, qui doit être renouvelée et maintenue constamment à une température élevée. Tous les organes se détruisent; la matière colorante, les matières grasses, les sels qui peuvent entrer en plus ou moins forte proportion dans la constitution du tégument, disparaissent, et alors on obtient dans toute son intégrité l'enveloppe de l'animal réduite à une sorte de membrane blanche presque transparente. C'est la chitine. Si l'opération a été bien conduite, aucune déchirure ne s'est produite; les formes de l'Insecte sont restées intactes; les appendices, les crochets, les épines, les poils, aussi bien que les anneaux du corps, semblent n'être plus qu'une simple lame vitreuse.

Le tégument est formé de deux couches: l'une, profonde, molle, présentant des cellules simples, et n'offrant aucune trace de chitine; l'autre, extérieure, constituée essentiellement par la chitine, à laquelle s'ajoutent en plus ou moins grande abondance, suivant les espèces et suivant l'état de développement de ces espèces, du pigment ou matière colorante, des sels calcaires, de la matière grasse. La couche profonde est la peau; la couche extérieure ou superficielle est l'épiderme. C'est l'épiderme, et l'épiderme seul, qui se détache complétement à différentes époques chez les Insectes en voie de développement. Tout le monde sait en effet que les larves, les chenilles, le *Ver à soie*, subissent des *changements de peau* qui marquent les périodes de leur existence.

La peau et l'épiderme, ou couche *chitinifiée*, sont en rapport intime l'une avec l'autre. La peau, toujours mince, est une sorte de feutrage de fibres où l'on observe souvent, outre les cellules simples, de petites glandes cutanées en communication avec des canaux plus ou moins gros, qui traversent perpendiculairement l'épiderme et se continuent même dans l'intérieur des poils. L'épiderme, examiné sous un grossissement considérable, offre une surface figurant un assemblage de cellules régulières dont les contours apparaissent avec une extrême netteté, si la matière colorante en trop grande abondance n'intercepte pas la lumière. Un professeur de l'université de Tubingue, qui s'est occupé spécialement de la structure des tissus, le docteur Franz Leydig, pense que l'épiderme des Insectes est formé de lamelles superposées, et que l'apparence de cellules est due à cette superposition de lamelles; mais cette opinion est peu admissible. De minutieuses recherches seront nécessaires pour reconnaître exactement le mode de constitution de l'épiderme des Insectes.

Le caractère général et particulièrement essentiel de l'Animal annelé, c'est d'avoir un corps composé d'une suite d'anneaux que plusieurs auteurs, d'après Moquin-Tandon, désignent sous le nom de *zoonites*.

Ces anneaux, chez diverses larves par exemple, affectent du premier au dernier une uniformité remarquable. La tête cependant est déjà constituée en une seule masse dans l'Insecte sortant de l'œuf.

Dans le corps de tout Insecte adulte, il y a trois portions parfaitement distinctes : la tête, le thorax et l'abdomen. Dans le corps de beaucoup de larves, on distingue la tête des parties qui viennent à la suite; mais si l'on n'aperçoit encore aucun vestige de pattes, comme c'est le cas chez la plupart des larves d'Hyménoptères, de Diptères et même de quelques familles de Coléoptères, il n'y a pas de différence bien appréciable entre les anneaux du thorax et ceux de l'abdomen. On ne saurait alors les déterminer autrement que par la place qu'ils occupent dans la série.

Dans sa plus grande simplicité, ainsi que les larves dont le développement est peu avancé en offrent l'exemple, l'anneau présente un tissu homogène dans toute son étendue ; une dépression transversale sur une ligne où le tissu est aminci, le séparant de l'anneau qui le précède et de l'anneau qui le suit, indique ses limites.

Lorsque l'anneau se perfectionne, des espaces prennent une consistance coriace. D'abord très-restreints, ces espaces s'étendent à la manière des points d'ossification dans le squelette des Animaux vertébrés, finissent par se rapprocher et souvent par s'unir d'une manière intime.

Dans l'anneau ainsi en voie de constitution, on ne tarde pas à distinguer deux arceaux, l'un supérieur, l'autre inférieur, laissant dans leur intervalle, de chaque côté du corps, un espace membraneux plus ou moins étendu. Mais un fait important à noter, c'est que les arceaux se forment constamment par deux moitiés. Une ligne de séparation très-visible entre les deux pièces principales persiste souvent fort tard. Cette séparation, très-visible sur le corps de certaines larves, comme celle du Calosome sycophante que nous offrons en exemple, se montre aussi très–distinctement sur la tête de la plupart des chenilles, et même sur les anneaux de l'abdomen de divers Insectes parvenus à l'état adulte.

On reconnaît ici, avec toute l'évidence possible, le mode de développement si remarquable et si caractéristique chez les Articulés, consistant dans la formation primitive de deux moitiés identiques.

Tous les anneaux du corps sont semblables à leur origine ; mais tous ces anneaux n'arrivent point par les progrès de l'âge au même degré de développement. Il est aisé de s'assurer, par l'examen des trois parties principales du corps, que le perfectionnement s'effectue d'avant en arrière. Chez telle larve, la tête est déjà solidement constituée et pourvue d'appendices ; toutes les autres parties de l'animal sont encore molles et sans vestige d'appendices. Chez telle autre larve, ce n'est plus seulement la tête qui se trouve déjà fort avancée dans son développement, les anneaux du thorax eux-mêmes sont déjà en partie solidifiés, et ils portent chacun une paire de pattes. Au contraire, les anneaux de l'abdomen ont relativement peu de consistance et ils n'ont point d'appendices. Ces différences persistent dans les adultes. Les anneaux de l'abdomen ne portent jamais de membres ; seule, l'extrémité de cette portion du corps est souvent pourvue de pièces solides, en rapport avec les organes de la reproduction.

Ce mode de développement nous conduit à examiner d'abord la partie la plus simple de la charpente extérieure des Insectes, c'est-à-dire l'abdomen. Il deviendra facile ensuite de comprendre les complications qui surviennent dans la constitution des anneaux du thorax.

L'abdomen paraît être formé, à l'origine, de neuf ou dix anneaux. Il est cependant quelques larves où l'on en a compté douze ou même davantage. En comparant les anneaux d'une larve et d'un adulte de la même espèce, on s'aperçoit que le changement éprouvé par les progrès de l'âge ne consiste pas seulement dans le degré de consistance des téguments, mais aussi dans la diminution du nombre des anneaux. Cette diminution, à la vérité, n'est qu'apparente ; il n'y a pas eu d'atrophie de certaines pièces, mais une réunion, une soudure de plusieurs d'entre elles. Ainsi n'est-il pas rare que les premiers anneaux de l'abdomen se soudent au dernier anneau du thorax, que plusieurs des derniers anneaux se réunissent, laissant parfois une légère trace de leur soudure, ou rentrent à l'intérieur, portant les pièces solides dépendantes des organes de la reproduction.

Prenons un exemple. Une espèce de Lépidoptère nous servira

avec avantage pour ce premier examen. Le changement qui s'effectue chez l'animal passant de l'état de chenille à l'état de papillon est, à certains égards, moins considérable que pour beaucoup d'autres Insectes.

Le grand Paon de nuit, à cause de ses grandes dimensions, est particulièrement favorable.

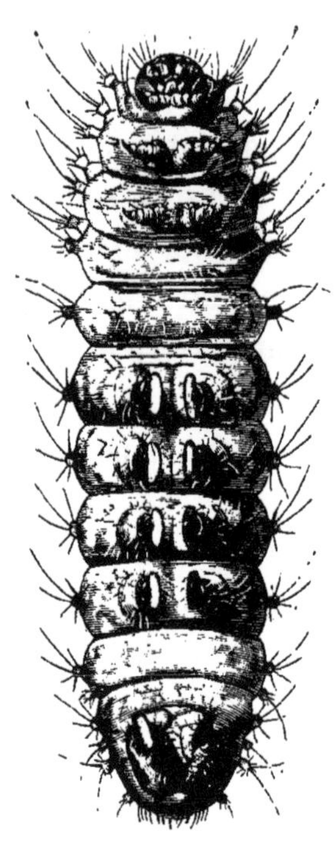

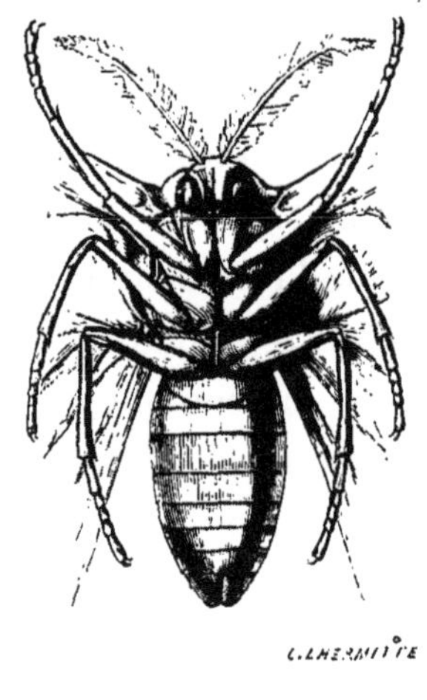

LARVE OU CHENILLE. ADULTE OU PAPILLON.

Le même Insecte (grand Paon de nuit, *Attacus Pavonia major*) à l'état de larve et d'adulte, vu en dessous pour la comparaison des différentes parties du corps.

Chez la chenille, l'abdomen, qui commence avec le quatrième anneau du corps, comme dans tous les autres Insectes, est formé de dix anneaux à peu près d'égale dimension, à l'exception de l'avant-dernier, un peu plus court que les précédents, et du dernier, réduit à un simple tubercule. Ici la consistance est partout la même. C'est une membrane d'un tissu homogène. Le troisième, le quatrième, le cinquième, le sixième et le neuvième anneau, portent à la face ventrale une paire de tubercules garnis d'épines à leur extrémité. Ces tubercules, destinés à disparaître quand l'animal passera à l'état de chrysalide, remplissent pour la chenille l'office de pattes. Ce ne sont pas néanmoins de véritables pattes, mais seulement des prolongements de la peau; de là le nom de *fausses pattes* dont on se sert assez fréquemment pour les désigner. Remarquable exemple de la simplicité des moyens qu'emploie souvent la nature pour adapter certaines parties d'un animal à des conditions d'existence particulières, surtout lorsque ces conditions doivent être transitoires.

Comparons maintenant l'abdomen du papillon à celui de la chenille.

Le nombre des anneaux n'est plus le même. Nous n'en comptons pas plus de sept bien apparents. Le premier s'est réuni au thorax; les deux derniers, rudimentaires et portant de petites pièces, sont rentrés dans l'intérieur de l'abdomen, à la manière des tubes d'une lunette. L'examen des parties, les coïncidences survenues dans le groupement des centres nerveux, ne laissent guère de doute sur la nature de la modification qui s'est opérée par les progrès de l'âge. On désirerait néanmoins une étude de l'enveloppe tégumentaire des Insectes suivie pas à pas jusqu'à sa constitution définitive, mais cette longue étude n'est pas encore faite d'une manière complète.

Le changement dans la consistance des téguments est sensible. Cette consistance reste faible chez le Papillon; cependant, si le corps a été débarrassé des poils dont il était revêtu, nous reconnaissons aisément que la portion dorsale et la portion ventrale ont pris une consistance coriace, tandis que les parties latérales ont conservé leur mollesse primitive. C'est l'anneau avec ses deux arceaux simples bien constitués : l'arceau dorsal et l'arceau ventral.

Beaucoup d'Insectes, au contraire de ce qui se voit chez le

Papillon, ont les téguments de l'abdomen très-durs, très-résistants, et la plupart des larves des Coléoptères carnassiers, qui naissent à un degré de développement déjà fort avancé, ont les

LARVE DU CALOSOME SYCOPHANTE
(*Calosoma sycophanta*).
Très-grossie, vue par la face dorsale et par la face ventrale.

anneaux de l'abdomen en grande partie couverts de plaques solides, dont la disposition est propre à éclairer sur la constitution fondamentale des anneaux. Arrêtons notre attention sur la larve d'un Coléoptère carnassier, le Calosome sycophante, l'une des plus grandes espèces de notre pays.

L'abdomen présente ici, comme dans la Chenille, neuf anneaux bien distincts. Nous en compterons dix, en prenant pour un anneau un tubercule servant de support à la partie postérieure de l'animal. Considérés en dessus, ces anneaux offrent une large pièce dorsale divisée par un sillon indiquant son mode de constitution, et, de chaque côté, une petite pièce répondant à celle des anneaux du thorax qui existe au-dessus de l'insertion des pattes, et que l'on nomme, à raison de cette situation, l'*épimère*. La grande pièce latérale et les deux pièces latérales constituent l'arceau dorsal. Passons à l'examen de l'arceau ventral. Les parties latérales n'occupent encore qu'un espace assez restreint; le développement de l'arceau inférieur n'est pas aussi avancé que celui de l'arceau supérieur. Au centre de l'anneau, on remarque deux séries transversales de pièces solides : la première, formée d'une seule pièce assez large ; la seconde, d'une rangée de quatre très-petites pièces. Par leur coalescence, ces parties viendront constituer la lame ventrale ou sternale, et en y ajoutant les deux pièces latérales répondant aux *episternums* des anneaux thoraciques, nous aurons l'arceau inférieur dans son entier.

L'arceau très-simple de l'abdomen du Lépidoptère se forme par une seule lame commençant par deux points d'*ossification* latéraux [1]; l'arceau plus complexe de notre larve de Coléoptère par deux rangées de pièces. L'anneau le plus parfait d'un Insecte doit se constituer par quatre séries; car, dans les anneaux les plus complets du thorax des adultes, on ne compte pas moins de quatre pièces à la suite les unes des autres.

Le thorax est cette partie du corps que l'on appelle vulgairement le corselet, s'il s'agit d'une Abeille, d'une Guêpe, d'un

[1] A défaut d'un terme spécial consacré, on est obligé d'employer le mot *ossification* pour indiquer la solidification des pièces du système tégumentaire des Articulés.

5

Papillon, d'une Mouche. Le nom de corselet est, du reste, une expression vague ; car, en l'appliquant à un Coléoptère, à une Sauterelle, à une Punaise de bois, on ne désigne point par ce mot le thorax tout entier, mais seulement le premier anneau du thorax.

Dans la classe des Insectes, le thorax est formé invariablement par les trois anneaux placés à la suite de la tête. La position de ces anneaux conduit à les déterminer infailliblement, même chez une larve vermiforme, dont les anneaux du thorax et de l'abdomen sont absolument semblables. Le caractère essentiel des trois anneaux thoraciques est de porter les pattes ; le caractère du second et du troisième anneau est de supporter les ailes, qui existent chez toutes les espèces arrivées à l'état adulte, sans avoir subi manifestement ce que Geoffroy Saint-Hilaire a appelé un arrêt de développement. La présence des pattes, et surtout la présence des ailes, ont rendu nécessaire un développement très-considérable des anneaux thoraciques, et particulièrement des deux derniers. Pour loger les muscles volumineux destinés à mouvoir les appendices de la locomotion, un vaste espace était indispensable, ainsi que des surfaces multipliées pour fournir des points d'attache à ces mêmes muscles.

La composition du thorax des Insectes a été, il y a environ quarante-cinq ans, l'objet d'une fort belle étude de la part de Victor Audouin. Ce naturaliste, guidé par les vues de Geoffroy Saint-Hilaire et de Savigny, a constaté l'uniformité de plan dans la composition des anneaux thoraciques de tous les Insectes, et, afin de donner au sujet toute la précision possible, il a désigné par des noms les différentes pièces qui entrent dans la constitution du thorax [1].

[1] Ce travail a été présenté à l'Académie des sciences en 1820, mais il n'a été publié (sans être totalement achevé) qu'en 1824, dans les *Annales des sciences naturelles* (t. I, p. 97 et 416), sous le titre de *Recherches anatomiques sur le thorax des Animaux articulés et celui des Insectes hexapodes en particulier.* — Victor Audouin, membre de l'Institut et professeur au Muséum d'histoire naturelle, né à Paris, le 2 avril 1797, est mort le 9 novembre 1841.

Cette nomenclature, aujourd'hui adoptée par tous les zoologistes, est fort simple. Un nom particulier distingue d'abord chacun des anneaux thoraciques.

Le premier, avec lequel s'articule la tête, est le prothorax ;

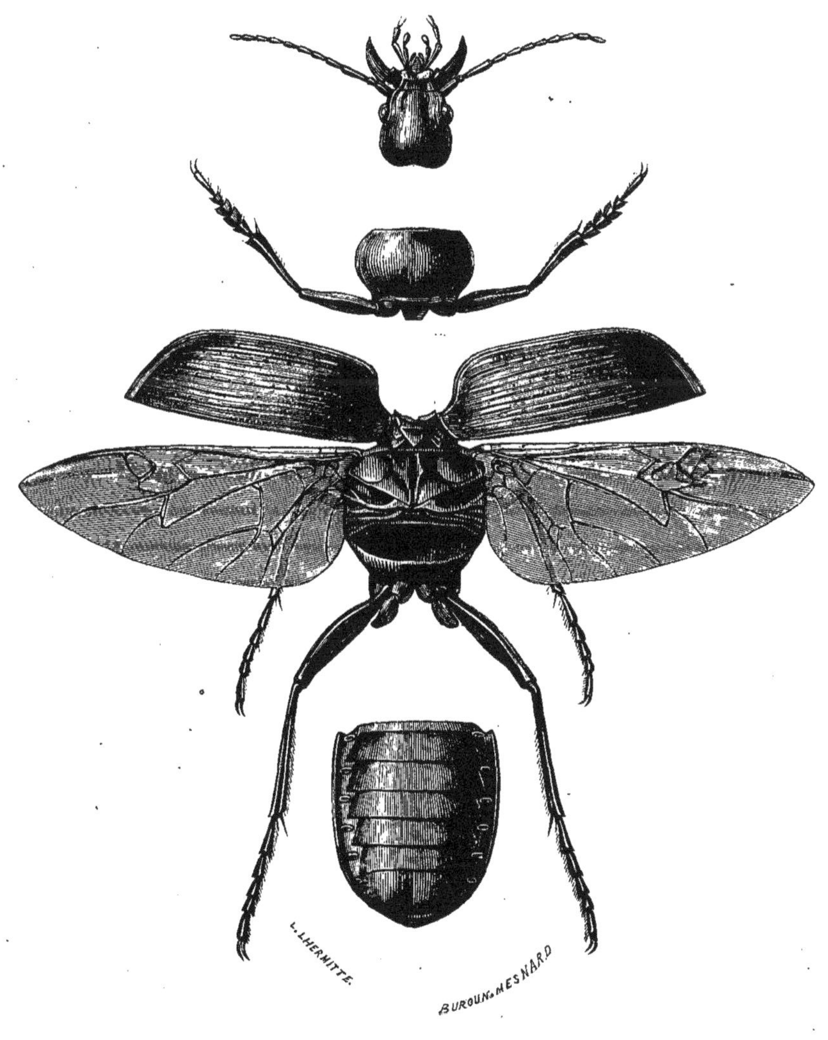

CALOSOME SYCOPHANTE

(*Calosoma sycophanta*).

Insecte adulte grossi, dont les principales parties du corps ont été séparées.

a, la tête ; — *b*, le prothorax ; — *c*, le mésothorax ; — *d*, le métathorax ; — *e*, l'abdomen.

le second, supportant les ailes de la première paire, est le mésothorax; le troisième, supportant les ailes de la seconde paire, est le métathorax.

Le mode de formation des anneaux de l'abdomen ayant été constaté, la constitution exacte des anneaux thoraciques est devenue facile à déterminer. La différence se borne à une complication un peu plus grande dans ces derniers. Les trois anneaux du thorax ayant la même composition, avec la connaissance d'un seul anneau, de celui, par exemple, dont la composition est la plus parfaite, la connaissance des deux autres se trouve également acquise.

Dans la chenille (le Ver à soie), les anneaux du thorax n'offrent encore aucune pièce solide. Par leur texture, par leur dimension, ils ne diffèrent pas des anneaux de l'abdomen. Leur position et la présence des pattes sont les seuls signes caractéristiques qu'ils présentent à l'observateur. Le grand développement du mésothorax et du métathorax du Lépidoptère ne commence que dans la chrysalide, et ce commencement n'a été jusqu'ici l'objet d'aucune étude sérieuse.

La larve du Calosome, sur laquelle s'est déjà arrêtée notre attention, a les parties thoraciques très-cuirassées. En dessus, nous voyons les trois anneaux revêtus, comme les anneaux de l'abdomen, d'une double pièce dorsale, accompagnés de chaque côté de la petite pièce latérale que Victor Audouin a nommée l'*épimère*, à cause de sa position au-dessus de la hanche. Voilà l'arceau supérieur. La pièce dorsale est très-grande, mais elle n'offre aucune division transversale, et cependant, dans l'Insecte adulte, il y aura, aux deux anneaux qui supportent les ailes, quatre parties distinctes, formant une série longitudinale. Des recherches approfondies sur les changements qui se manifestent pendant l'état de nymphe restent à poursuivre.

A la face inférieure, les anneaux thoraciques de notre larve de Calosome sont en grande partie membraneux. Une petite pièce qui apparaît au centre, est la pièce sternale. Très-rudimentaire encore, elle prendra un grand développement chez l'adulte. Sur les côtés de l'arceau inférieur existe la pièce désignée par Audouin sous le nom d'*episternum*, à raison de sa situation au-dessus de la pièce sternale, ou le *sternum* proprement dit. Très-séparées souvent de cette dernière pièce chez les larves, les deux pièces sont toujours en connexion intime chez les adultes.

Dans les Insectes adultes pourvus d'ailes, le mésothorax et le métathorax, qui ont pris de grandes dimensions relativement aux autres anneaux du corps, sont souvent tellement soudés l'un à l'autre, que leur désunion est impossible. Le mésothorax, qui supporte les ailes de la première paire, a presque toujours un développement supérieur à celui du métathorax ; aussi, dans cet anneau, les différentes parties sont en général plus apparentes que dans le suivant.

La pièce dorsale, que nous avons vue simple chez les larves, présente ici quatre divisions transversales marquées par des saillies ou des dépressions. Notre figure du Calosome sycophante permet de les distinguer. Ces pièces, intimement réunies, ont reçu de Victor Audouin les noms de *prescutum*, de *scutum* ou écu, de *scutellum* ou écusson, et de *postscutellum*.

La première, toujours très-rudimentaire, est une petite lame dirigée verticalement au bord de l'anneau et demeurant à l'état membraneux chez une foule d'Insectes. La seconde, qui supporte les ailes, est la plus vaste. L'écusson, souvent très-réduit, est dans beaucoup d'espèces, notamment les Coléoptères, les Hémiptères, une pièce qui s'avance entre les élytres. La dernière pièce, quelquefois cachée dans l'intérieur de l'anneau, souvent réduite à une sorte de bourrelet en arrière de l'écusson, concourt à former l'articulation des ailes.

Le sternum est simple et plus ou moins grand, suivant les types; l'episternum lui est intimement uni, et, dans la plupart des cas, le sternum et l'episternum, aussi bien que les épimères, sont soudés au point de ne plus laisser voir la trace de leur union.

Deux petites pièces latérales, dépendantes du mésothorax, sont très-apparentes chez certains Insectes, les Hyménoptères et surtout les Lépidoptères ; elles s'avancent sur les ailes antérieures, formant des épaulettes, ainsi qu'on les désigne vulgairement. Dans la nomenclature de Victor Audouin, ce sont les *paraptères*.

Dans le métathorax, la lame dorsale antérieure est atrophiée ; l'écusson et le postécusson sont en général confondus et reçus dans une échancrure du scutum, qui conserve toujours une grande ampleur. Dans le prothorax, les pièces dorsales sont parfois indiquées, comme dans plusieurs Orthoptères, par des sillons transversaux. Chez d'autres Insectes, on n'aperçoit que deux parties. On a supposé, dans ce cas, l'atrophie des deux pièces postérieures. Le plus souvent aucune division n'est apparente, et, en l'absence d'observations suffisantes sur le développement du système tégumentaire, il est impossible de déclarer avec certitude s'il y a fusion entre elles de parties primitivement distinctes, ou si, dès l'origine, il y a une formation simple.

Le mode de réunion des pièces du thorax mérite d'être connu. Ces pièces sont des lames plus ou moins épaisses, et une simple juxtaposition des bords n'offrirait qu'une solidité médiocre et ne fournirait pas à l'intérieur de surfaces convenables pour les attaches de tous les muscles. Une disposition très-simple, au contraire, donne la solidité et fournit les attaches nécessaires. Que l'on prenne deux cartes, avec l'intention de les souder l'une à l'autre par un de leurs bords : le moyen d'avoir le meilleur résultat sera de relever à chacune des deux cartes le bord qui doit être soudé, et de coller ensuite l'une à l'autre la portion relevée des deux cartes ; on aura alors une lame verticale qui maintiendra avec la plus grande solidité les surfaces horizontales.

L'union de deux pièces thoraciques ne se fait pas autrement, et donne lieu ainsi à la présence, dans l'intérieur du thorax, de ces lames verticales, qui ont reçu le nom d'*apodèmes*. Les lames qui unissent les pièces sternales prennent souvent un développement énorme, affectant d'ordinaire la forme d'un Y, et servant non-seulement aux attaches musculaires, mais encore à maintenir la chaîne ganglionnaire qu'elles embrassent d'une manière étroite chez les Insectes les plus parfaits. Ces lames, appelées du nom d'*entothorax*, pour exprimer leur situation à l'intérieur du thorax, ont été regardées par Victor Audouin comme des pièces particulières; ce ne sont en réalité que les lames d'union très-développées des pièces sternales, ou, en d'autres termes, les apodèmes.

Pour ne rien omettre d'essentiel dans cette rapide description du squelette tégumentaire des Insectes, nous devons faire mention d'une série de petits cercles plus ou moins épais que l'on voit sur les parties latérales du corps. Ils sont bien apparents chez une infinité de larves : les chenilles lisses, les larves des Scarabées, du Hanneton, le *Ver blanc*, etc. Chaque petit cercle circonscrit l'un des orifices respiratoires; on le nomme le *péritrème*. Ce mot signifie « autour du trou ».

La tête de tout Insecte, avons-nous dit, est formée primordialement de plusieurs anneaux. Le fait est certain ; la démonstration est encore incomplète. Au moment même de la naissance des larves, aucune division annulaire n'existe dans la tête ; mais, sachant que toute paire d'appendices est supportée par un anneau particulier, voyant à la partie inférieure de la tête trois paires d'appendices, les mandibules, les mâchoires et la lèvre inférieure (seconde paire de mâchoires), des naturalistes se sont persuadé que la tête de l'Insecte était, comme le thorax, formée de trois anneaux. Les trois paires de pièces buccales représenteraient donc exactement les pattes du thorax. Il y a une grande probabilité en faveur de la justesse de cette appréciation.

Cependant, comme la tête porte en dessus des appendices : les yeux, les antennes, la lèvre supérieure, deux hypothèses ont pu être produites. En regardant la tête comme formée de trois anneaux, les mandibules, les mâchoires, la lèvre inférieure, étaient considérées comme appartenant aux arceaux inférieurs ; les yeux, les antennes et le labre aux arceaux supérieurs, de même que les ailes pour le thorax. En supposant les appendices supérieurs dépendant d'anneaux distincts de ceux qui portent les pièces buccales, on a été conduit à admettre l'existence primordiale d'un plus grand nombre d'anneaux. La première hypothèse semble plus probable ; l'étude d'embryons très-jeunes, si l'on parvient à faire cette étude, pourra seule lever toute incertitude à cet égard.

Le thorax porte les appendices de la locomotion. Ces appendices sont les pattes, qui appartiennent aux arceaux inférieurs, et les ailes, qui dépendent des arceaux supérieurs.

Les pattes existent souvent dès le jeune âge, mais très-petites alors ; elles ne prennent leur grand développement que chez les adultes et chez les individus déjà assez proches de cette dernière condition.

Les pattes, dès le moment de leur apparition, sont au nombre de trois paires, ainsi qu'on a pu le voir dans la caractéristique des différentes classes du sous-embranchement des Articulés. On distingue les pattes d'après leur position relative. Celles qui sont attachées au prothorax, sont les pattes antérieures ; celles du mésothorax, les pattes intermédiaires ; celles du métathorax, les pattes postérieures.

Les pattes des Insectes, organes locomoteurs pouvant être adaptés à une infinité d'usages particuliers, présentent la plus grande diversité imaginable dans leurs formes et dans leurs adaptations spéciales, et c'est là un des côtés les plus intéressants de l'histoire d'une foule d'espèces. Néanmoins les pattes ont toujours la même composition, quels que soient leurs formes, leurs usages, le degré de leur développement. Elles sont constituées par une suite d'articles insérés à la suite les uns des autres, et que l'on nomme la hanche, le trochanter, la cuisse, la jambe et le tarse. Ces noms ne doivent faire supposer aucune homologie avec les parties qui reçoivent les mêmes appellations chez l'Homme et les Animaux supérieurs. Quelques traits d'analogie seuls ont déterminé cette nomenclature. M. Milne Edwards en a proposé une autre plus rationnelle, et si nous ne l'employons pas ici, c'est afin de ne pas introduire des termes peu connus, que beaucoup d'esprits se résignent difficilement à accepter.

La hanche est la pièce basilaire qui s'articule avec l'anneau thoracique. Le trochanter, la petite pièce qui vient à la suite, articulée de manière à se dresser sur la hanche et paraissant ne former qu'une division de l'article suivant. La cuisse est une tige, ordinairement assez longue, qui se dresse pendant la marche, suivant en cela le mouvement du trochanter. La jambe, insérée dans une échancrure inférieure de la cuisse, forme un angle avec cette dernière en descendant vers le sol. Le tarse est la partie de l'appendice qui pose sur le sol; c'est le pied de l'Insecte, formé d'un seul article chez les chenilles, chez la plupart des larves, divisé en deux, trois, quatre, cinq articles chez les adultes. Le tarse est presque toujours terminé par deux crochets mobiles, rarement par un seul, si ce n'est chez des larves. L'examen des figures représentant la chenille et le papillon du grand Paon de nuit, le Calosome à l'état de larve et d'adulte, donnera l'idée exacte des caractères et du développement des différents articles des pattes.

Les ailes existent chez l'immense majorité des Insectes parvenus à l'état adulte. Elles sont au nombre de quatre, soit de deux paires : l'une attachée au mésothorax, l'autre au métathorax. A la vérité, tous les représentants de l'une des plus grandes divisions de la classe des Insectes sont réputés n'avoir que deux ailes; mais c'est là un fait inexact. Les ailes de la seconde paire ne font pas défaut, elles sont à l'état rudimentaire.

Dans la plupart des Insectes, les ailes se présentent sous l'apparence d'une membrane nue ou couverte d'écailles, soutenue par des lignes saillantes ou baguettes, de consistance coriace, plus ou moins ramifiées, et que l'on appelle les nervures. Chez les espèces d'un ordre entier de la classe des Insectes, les ailes antérieures prennent la consistance des téguments, et forment une sorte d'étui qui enveloppe les parties supérieures du corps.

La membrane alaire, souvent fort mince, paraît simple; cependant il est aisé d'acquérir la preuve qu'elle est double. Au moment de l'éclosion de l'Insecte, à l'instant où il vient de quitter son enveloppe de nymphe ou de chrysalide, l'adhérence entre les deux membranes est encore assez faible pour qu'on puisse sans grande difficulté opérer leur séparation. Cette séparation des deux membranes peut s'effectuer encore chez les Insectes dont les ailes sont fort épaisses, comme les Sphinx parmi les Lépidoptères, en recourant à une immersion un peu prolongée.

Les nervures ne sont autre chose que des tubes de consistance coriace, contenant dans leur intérieur des ramifications trachéennes. Ces nervures se divisent plus ou moins, suivant les types, présentant dans certains groupes des séparations qui permettent aux ailes de se plier. Les nervures des ailes ont été l'objet des observations de divers entomologistes, s'efforçant de trouver, par leur comparaison, des caractères propres à distinguer les genres. Des noms ont été appliqués aux principales nervures par plusieurs auteurs; mais, sous ce rapport, l'entente ne s'est pas établie. Quoi qu'il en soit, on reconnaît dans les ailes trois régions principales, indiquées par les grosses nervures qui naissent de la portion basilaire : une nervure costale, une nervure subcostale, une nervure médiane. Ces nervures, se ramifiant, viennent à se réunir entre elles sur divers points, et de là résultent des cellules nettement délimitées. Dans certaines divisions de la classe des Insectes, outre les véritables nervures, il existe une foule de petites nervures transversales constituant une sorte de réseau. Ces dernières ont été appelées des nervules.

C'est au moyen de petites pièces écailleuses, situées à l'origine des principales nervures, que les ailes sont mises en mouvement par le jeu des muscles. On s'est beaucoup occupé des organes du vol chez les Insectes; un travail de Chabrier (de Montpellier) est souvent cité à ce sujet. Malgré les efforts des naturalistes, une explication satisfaisante du vol n'a pu encore être donnée.

Les appendices de la tête sont de deux sortes : les pièces buccales, que nous examinerons en traitant de l'appareil digestif, et les parties qui appartiennent aux organes des sens, les yeux et les antennes. Nous n'avons à considérer en ce moment que les parties extérieures des yeux.

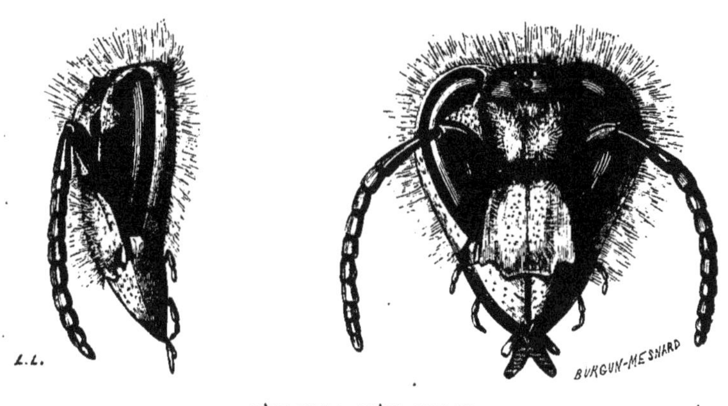

TÊTE DE LA GUÊPE FRELON
(*Vespa crabro*).
Très-grossie, vue de face et de profil, pour montrer les yeux composés, occupant les parties latérales, les ocelles situés sur le front et les antennes.

Ces organes se constituent en général assez tardivement. Beaucoup de larves sont aveugles; d'autres ne possèdent que des yeux dont le développement est peu avancé. Chez les adultes, au contraire, ces organes ont des proportions énormes. Il y en a souvent de deux sortes. Les uns, très-gros, occupent les côtés de la tête : ce sont les yeux composés, que l'on nomme également les yeux à facettes. Les autres, situés sur la région frontale, sont les yeux simples, que l'on appelle habituellement les ocelles, et que plusieurs auteurs nomment les stemmates.

Les yeux composés, très-rarement portés sur des pédicules, ont leur surface, c'est-à-dire la cornée, exactement enchâssée dans le tégument. Elle est transparente et formée d'une substance lamelleuse. Cette cornée est composée d'un assemblage de petites facettes convexes, de forme hexagone, juxtaposées comme les cellules des gâteaux d'Abeilles. Ces facettes, difficiles à distinguer à la vue simple, même chez les plus gros Insectes, sont habituellement désignées sous le nom de cornéules. On considère chaque cornéule comme un œil distinct ; et, dans la plupart des Insectes, il y en a plusieurs milliers dans un œil composé. On en a compté 4000 dans l'œil de la Mouche domestique, 6236 dans celui du Bombyx du Mûrier, 11 300 dans celui du Cossus perce-bois, 12 544 dans celui d'une Libellule, 25 000 dans celui d'un Coléoptère du genre Mordelle. Les cornéules, plus épaisses sur leurs bords que dans leur portion centrale, varient beaucoup sous le rapport de leur dimension, suivant les types. Il est des Insectes, comme l'Abeille, dont les yeux portent des cils implantés sur les bords des cornéules.

Les yeux composés, dont la grosseur est souvent plus considérable chez les mâles que chez les femelles, offrent différentes colorations dues à la présence d'un pigment qui existe au-dessous de la cornée. Les yeux ont fréquemment ainsi les couleurs étincelantes de l'or et des pierres précieuses, parfois des teintes changeantes presque éblouissantes.

Les ocelles apparaissent sur la région frontale, dans l'espace compris entre les yeux composés, sous la forme de petits globules brillants.

Ces yeux simples n'existent pas, à beaucoup près, dans tous les groupes de la classe des Insectes. Dans les espèces qui en sont pourvues, ils sont presque toujours au nombre de trois et disposés en triangle ; mais, à cet égard, il y a des différences assez sensibles. Dans certains Insectes, on n'observe que deux ocelles, plus rarement un seul.

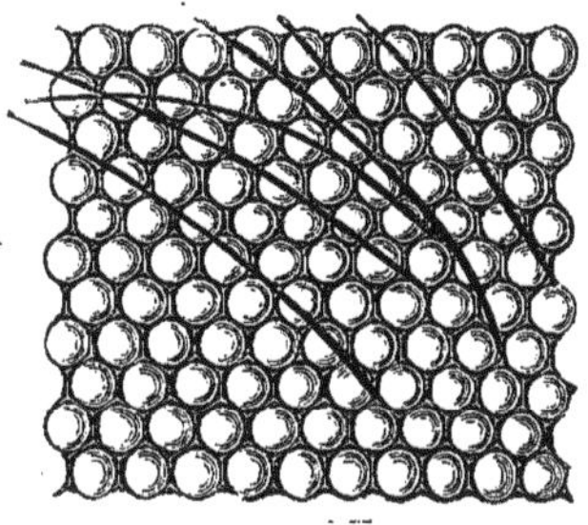

CORNÉULES DES YEUX DE L'ABEILLE (*Apis mellifica*).

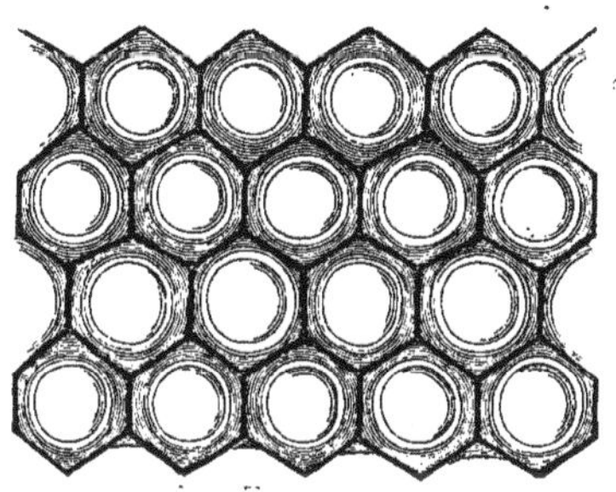

CORNÉULES DES YEUX D'UNE LIBELLULE (*Æschna forcipata*).

Vues sous le même grossissement.

Les antennes sont des appendices mobiles, multiarticulés, offrant toutes les variations imaginables dans leur forme, dans leur longueur. Le vulgaire les appelle des cornes. Elles s'insèrent sur divers points de la tête, tantôt sur les côtés, tantôt en dessus, plus ou moins en avant ou en arrière, par une sorte de bulbe dans une cavité cotyloïde. Les antennes sont toujours très-petites chez les larves ; chez les adultes, elles prennent d'ordinaire un développement considérable, et paraissent jouer un rôle important dans l'existence de l'animal. Dans leur plus grande simplicité, les antennes sont des tiges divisées par des articulations, avec un premier article souvent beaucoup plus grand que les autres et constituant une sorte de pédicule. Mais chez une infinité d'Insectes, les antennes ont des articles élargis, parfois tous leurs articles pourvus de rameaux. C'est dans l'histoire de chaque type que nous chercherons à découvrir le but des différentes formes qu'affectent ces appendices.

Le système tégumentaire des Insectes, sorte de squelette extérieur, fournit toutes les attaches des muscles qui déterminent les mouvements des appendices et des différentes parties du corps.

Les muscles des Insectes sont formés d'une multitude de fibres parallèles ou peu divergentes, ayant des stries transversales bien prononcées, analogues à celles des muscles des animaux supérieurs. Les fibres musculaires, empilées les unes sur les autres, très-peu adhérentes entre elles, présentent, sous le microscope, l'apparence de fines lanières.

Les muscles, d'ordinaire enveloppés par une gaîne fibreuse admirable de délicatesse, en général attachés directement sur les pièces qu'ils sont destinés à mouvoir, quelquefois fixés par des tendons d'origine, se partagent souvent en faisceaux plus ou moins nombreux. Cette division, si fréquente chez les Animaux articulés, a jeté Lyonet, l'auteur de l'*Étude anatomique de la Chenille du Saule*, dans une grave erreur.

Le consciencieux naturaliste compta tous les faisceaux musculaires comme autant de muscles distincts. Il en trouva 4061 chez la Chenille, chiffre bien supérieur à celui des muscles de l'Homme et de tous les Vertébrés. La plus simple réflexion pourtant aurait dû être suffisante, semble-t-il, pour faire apercevoir la réalité. Les mouvements d'une chenille étant très-uniformes, les instruments ne sauraient être aussi multipliés que chez les animaux où la diversité des mouvements est extrême.

En examinant les muscles d'une manière comparative chez des espèces appartenant aux principaux groupes de la classe des Insectes, des dissemblances, très-grandes en apparence, s'offrent aux yeux de l'observateur. Mais bientôt, à son attention, se révèle l'existence d'un fonds commun dont les éléments tantôt se séparent ou se confondent, tantôt prennent un développement considérable ou s'amoindrissent à l'extrême. Les muscles deviennent plus nombreux, si les mouvements doivent être très-variés; seulement, on arrive à reconnaître que l'accroissement du nombre des muscles est dû à de simples divisions. Les fibres se partagent en deux ou trois faisceaux ou même davantage, au lieu d'être réunies en une seule masse.

Dans tous les cas, les muscles qui déterminent les mouvements généraux des appendices, ou les mouvements particuliers des divers articles des membres articulés, sont antagonistes les uns des autres : les extenseurs ou élévateurs en opposition avec les fléchisseurs, abaisseurs ou rétracteurs. Les anatomistes ont modifié les noms, suivant la direction que prennent les pièces mises en jeu. C'est ainsi qu'un fléchisseur devient rétracteur ou abaisseur, selon le caractère de la pièce sur laquelle il doit agir.

Il est remarquable de voir par quel procédé la nature varie les mouvements d'un appendice ou seulement d'une partie de cet appendice. La situation ou l'étendue d'une échancrure, une faible saillie formant un point d'arrêt, suffisent pour modifier les mouvements des appendices. Pour que l'action des muscles se trouve en rapport avec le mode d'articulation des pièces, un léger déplacement des attaches, une variation très-peu apparente dans l'étendue des surfaces, suffisent à produire un effet différent. Si les mouvements d'une pièce ont une course plus grande qu'à l'ordinaire, le muscle, simple lorsque le mouvement est restreint, se décompose en plusieurs faisceaux capables d'agir isolément, de façon à fournir avec une étonnante précision tous les degrés possibles dans le mouvement.

Dans la tête sont logés les muscles qui mettent en jeu les antennes et les pièces buccales; dans le thorax, ceux qui font mouvoir les pattes et les ailes. Ces derniers forment des masses puissantes et très-complexes chez les adultes; ces muscles sont faibles relativement chez les larves, et disposés d'une manière plus uniforme.

Les muscles de l'abdomen sont des bandelettes longitudinales propres à amener la rétraction ou l'extension des anneaux; des bandelettes transversales peu nombreuses, capables de produire un resserrement, et des faisceaux obliques qui permettent aux anneaux de se contourner dans le sens latéral. Si les anneaux de l'abdomen sont privés de mobilité, comme cela se voit chez beaucoup d'Insectes, et en particulier chez les Coléoptères, les muscles abdominaux s'atrophient en grande partie.

Dans tous les temps, les observateurs même assez superficiels ont été frappés de l'énergie des mouvements des Insectes. La force énorme, relativement à leur taille, que déploient ces animaux est parfois saisissante. N'a-t-on pas trop fréquemment sous les yeux l'exemple de la Puce s'élevant, par l'effort de ses pattes postérieures, à une hauteur quarante ou cinquante fois plus considérable que celle de son propre corps? Alors on voit, en imagination, à quels prodiges se livrerait un homme capable de produire, proportionnellement à sa masse, un mouvement aussi énergique que celui de la Puce.

Placez un Escarbot sous un chandelier, et l'Insecte le fera remuer par ses efforts pour se mettre en liberté, disait le plus célèbre des écrivains de l'Écosse; ce qui est la même chose, ajoutait-il, que si l'un de nous ébranlait par de semblables efforts la prison de Newgate.

Des remarques du même genre ont été faites en maintes circonstances. Combien de personnes se sont émerveillées en contemplant de petites Fourmis traînant des fardeaux vingt fois lourds comme elles-mêmes. L'exemple des Fourmis a été cité par Pline, et tant de fois il a été répété, qu'on n'en saurait dire le chiffre. Toujours on s'étonne à la vue de ces Hyménoptères, Sphex et Pompiles, aux formes grêles, portant à leur nid une proie bien plus volumineuse et beaucoup plus pesante que leur propre corps, sans que leur vol cesse d'être rapide et assuré.

On a essayé de compter le nombre des vibrations des ailes d'une Mouche, et le nombre a été trouvé prodigieux. De nos jours, le voyageur emporté par un train lancé à toute vapeur s'amuse souvent à regarder à la portière les Insectes, les *Moucherons*, qui voltigent avec une aisance incomparable. Ces frêles Diptères, malgré l'agitation de l'air, vont, viennent, retournent, s'élèvent et s'abaissent, continuant leur manége des heures entières, comme s'ils avaient à nous montrer que la plus grande vitesse dont nous disposons est insignifiante pour la puissance de leurs ailes délicates.

Récemment, un jeune naturaliste de la Belgique, M. Félix Plateau, a cherché à déterminer rigoureusement la force musculaire d'un certain nombre d'espèces de la classe des Insectes, voulant donner le caractère de la précision à des faits connus jusqu'ici par des observations trop générales.

A l'aide de petits appareils d'une construction assez simple, l'expérimentateur a vu que le Hanneton est capable de tirer un poids de 14 à 15 fois, en moyenne, supérieur à celui de son corps; que le poids tiré a pu être élevé jusqu'à 21 fois celui du corps de l'animal; que le Carabe doré traîne, en moyenne, un poids de 17 fois, et dans les cas extrêmes, de 22 fois celui de son corps; que la force des petites espèces est toujours relativement très-supérieure à celle des plus grosses.

Cette dernière observation s'accorde avec ce qui était déjà établi par le calcul : le poids du corps augmentant suivant le cube, la force motrice mesurée par la section des muscles ne s'élève que suivant le carré.

D'après la moyenne des estimations, un Cheval pesant environ 600 kilogrammes ne traîne pas un fardeau excédant 400 kilogrammes. D'après les calculs de M. Plateau, si le Cheval était doué de la même force relative que certains Coléoptères (les

Donacies), la traction qu'il pourrait exercer pendant quelques instants dépasserait 25 000 kilogrammes.

Les Insectes, avec leurs tarses munis de griffes, ont la faculté de se cramponner, et, par ce moyen, d'exercer un effort beaucoup plus considérable que l'animal privé d'une armature analogue. Cette considération surtout a conduit à douter de l'exactitude rigoureuse des résultats obtenus dans les expériences instituées dans le but de déterminer la force de traction des Insectes. M. Plateau pense avoir suffisamment neutralisé l'avantage des griffes; les surfaces offertes pour la marche aux sujets employés dans les expériences, comme des cartons revêtus de mousseline, semblent cependant être bien favorables à l'usage des griffes ou crochets qui terminent les tarses.

M. Plateau, dirigeant ses expériences sur les Insectes les plus remarquables par la puissance de leur vol, comme des Névroptères et des Diptères, a vu que telle Libellule emportait un fardeau d'un poids équivalent à une fois et demie celui de son corps; que plusieurs Mouches s'envolaient avec un objet ayant presque le double de leur propre poids.

De grandes différences ont été observées dans la force manifestée par des Insectes de la même espèce; aujourd'hui il serait intéressant de rechercher les coïncidences entre la puissance des mouvements et l'activité respiratoire des individus.

V

LE SYSTÈME NERVEUX. — LES ORGANES DES SENS.

En considérant, chez les Insectes, l'appareil qui anime les muscles et tous les organes, c'est-à-dire le système nerveux, on ne doute plus que des animaux pourvus d'un appareil de la sensibilité et du mouvement aussi volumineux et aussi complexe, ne soient doués de facultés d'un ordre déjà bien élevé.

Les parties principales consistent dans une suite de centres médullaires unis entre eux par des cordons. Ce sont les parties qui correspondent physiologiquement au système cérébro-rachidien de l'homme et de tous les Animaux vertébrés. C'est le système nerveux de la vie animale. Il existe primordialement une paire de ganglions dans chaque anneau du corps ; mais, par suite de la centralisation qui s'opère par les progrès du développement, il y a tous les degrés de déplacement et de fusion de certains centres médullaires. Ces degrés de centralisation donnent la mesure précise de l'état de développement, ou mieux de l'état de perfectionnement organique auquel l'espèce est parvenue. C'est là un magnifique résultat acquis par la science.

De tous les noyaux de la chaîne ganglionnaire dérivent les nerfs du mouvement et de la sensibilité. A cette portion du système nerveux s'ajoutent un grand sympathique et un ensemble de petits noyaux, dont les filets nerveux se distribuent aux divers appareils organiques. C'est le système nerveux de la vie végétative ou de la vie organique.

L'examen de la double chaîne ganglionnaire conduit immédiatement à une première distinction : les ganglions placés dans la tête, au-dessus de l'œsophage, et la chaîne sous-intestinale.

Les ganglions logés dans la tête, au-dessus de l'œsophage, sont appelés habituellement les ganglions cérébroïdes, ou, dans leur ensemble, le cerveau.

La tête étant constituée par plusieurs anneaux, il n'est pas douteux qu'il n'existe dans cette partie de l'animal, pendant les premiers temps de la formation embryonnaire, plusieurs ganglions placés à la suite les uns des autres ; mais, chez les plus jeunes larves, la fusion est déjà complète : il y a une seule paire de noyaux.

Dans la larve, ces deux noyaux sont assez petits relativement à la dimension de la tête ; pendant l'état de nymphe, ils augmentent beaucoup de volume ; chez l'adulte, ils occupent souvent la plus grande partie de la cavité céphalique. A cet égard, il y a, entre les types, des différences notables qui permettent encore d'apprécier le degré du perfectionnement organique de l'animal. Dans tous les cas, les ganglions cérébroïdes sont plus ou moins réunis sur la ligne moyenne. L'ensemble est donc une masse bilobée.

Du cerveau naissent les nerfs des yeux, des antennes, de la lèvre supérieure et les cordons qui unissent les ganglions cérébroïdes au ganglion sous-œsophagien, sans compter le système nerveux viscéral, qui réclame un examen particulier.

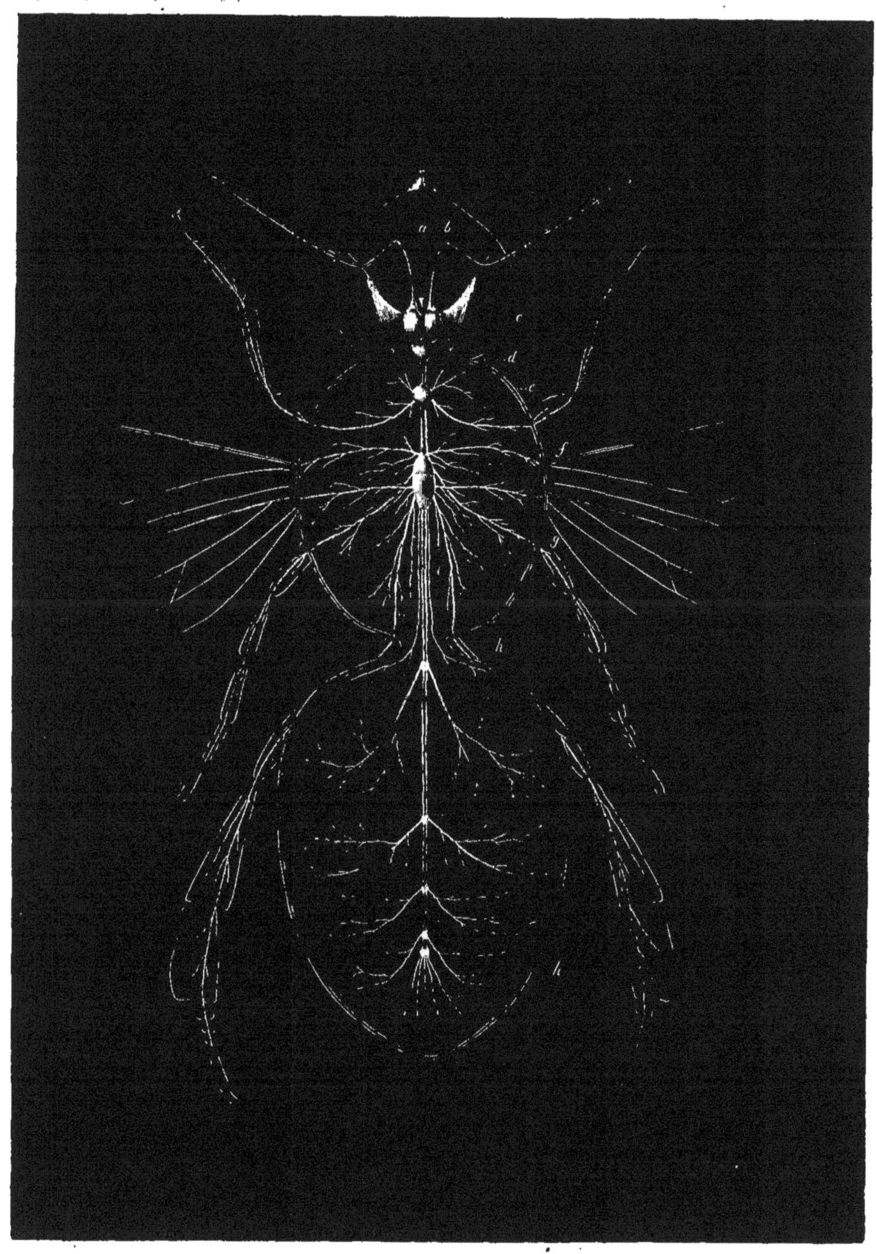

SYSTÈME NERVEUX DE L'ABEILLE (NEUTRE).

a. Cerveau et nerfs optiques médians. — *b*. Nerfs antennaires. — *c*. Nerfs optiques. — *d*. Ganglion sous-œsophagien. — *e*. Ganglion prothoracique. — *f*. Ganglion mésothoracique. — *g*. Ganglion métathoracique. — *h*, *h*: Ganglions abdominaux.

Chez les Insectes, assez nombreux, qui possèdent deux sortes d'organes de vision, c'est-à-dire des yeux simples et des yeux composés, comme l'Abeille par exemple, les yeux simples sont toujours situés sur la portion moyenne de la tête et exactement au-dessus du cerveau. Ces organes reçoivent les nerfs internes, les nerfs de la première paire, qui, dans tous les cas, sont d'une extrême brièveté. Les nerfs de la seconde paire, dans les Insectes pourvus d'yeux simples, deviennent ceux de la première paire chez toutes les espèces où ces organes font défaut. Ils se rendent aux antennes. Très-grêles chez les larves dont les antennes sont fort peu développées, ils prennent un volume assez considérable chez les adultes. Naissant de la face inférieure des ganglions cérébroïdes, les nerfs antennaires présentent d'ordinaire à leur base un petit renflement médullaire qui, parfois, acquiert une assez forte dimension. Les nerfs de la troisième paire sont les nerfs optiques. Leur grosseur est telle chez une foule d'Insectes, qu'on les prendrait aisément pour des prolongements latéraux des ganglions cérébroïdes. Il est cependant beaucoup d'espèces où la dimension des nerfs est relativement médiocre. Ces nerfs ne prennent en général leur développement que pendant l'état de nymphe. Dans les larves encore aveugles, ils sont fort grêles ; dans certaines larves actives où les yeux composés ne sont pas constitués, mais où il existe déjà des yeux simples à la place qu'ils devront occuper, les nerfs optiques sont en même nombre que les yeux. Leur réunion, qui devra s'effectuer par les progrès de l'âge, ne s'est encore opérée que vers l'origine. La larve du Dytique fournit un exemple de ce mode de formation des nerfs optiques. En outre, on remarque deux nerfs grêles qui émergent de la face inférieure des lobes cérébroïdes et vont se distribuer dans les muscles de la lèvre supérieure, et ensuite les deux cordons qui embrassent les côtés de l'œsophage pour s'unir au ganglion inférieur de la tête, le ganglion sous-œsophagien.

En arrivant à l'examen de la chaîne ganglionnaire sous-intestinale, une nouvelle distinction est encore nécessaire. La dis-

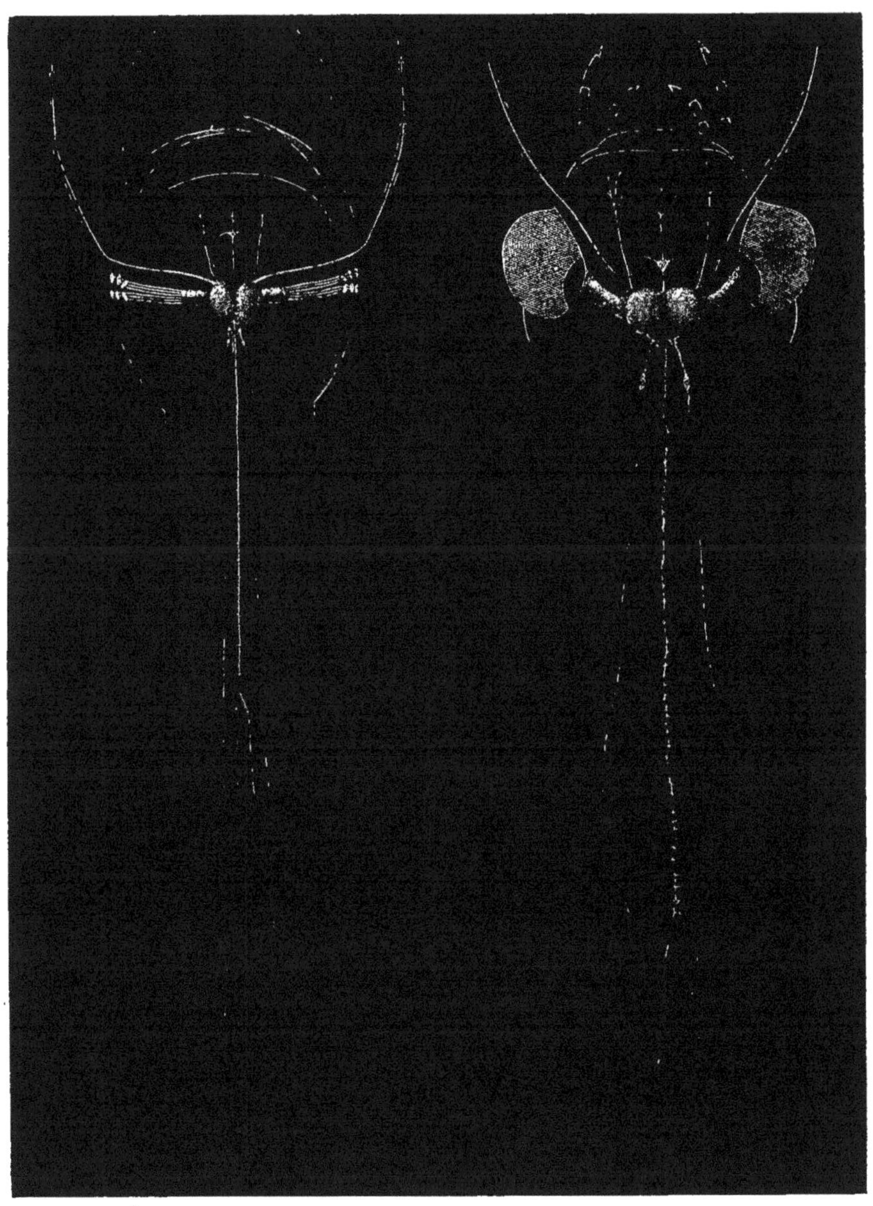

CERVEAU ET SYSTÈME NERVEUX VISCÉRAL DE LA LARVE DU DYTIQUE.

CERVEAU ET SYSTÈME NERVEUX VISCÉRAL DU DYTIQUE ADULTE.

tinction est de la plus grande simplicité ; elle se rapporte aux trois parties principales du corps : la tête, le thorax et l'abdomen. On a ainsi le ganglion sous-œsophagien ou le ganglion de la portion inférieure de la tête, les ganglions thoraciques, les ganglions abdominaux.

Le ganglion sous-œsophagien s'offre d'ordinaire comme une seule masse dont les angles antérieurs, en manière de bras, s'unissent avec les cordons qui entourent l'œsophage. La partie postérieure de cette masse médullaire forme les cuisses, qui se continuent avec les cordons ou connectifs du ganglion prothoracique. Seulement, chez certaines larves, on aperçoit distinctement deux noyaux dans le ganglion sous-œsophagien. En général, leur fusion complète s'effectue de très-bonne heure. Les nerfs des pièces buccales tirent leur origine de ce centre médullaire ; ce sont, de dedans en dehors, les nerfs de la lèvre inférieure, les nerfs des mâchoires, les nerfs des mandibules. La disposition de ces nerfs a une telle fixité chez tous les Insectes, qu'on a pu en tirer une éclatante démonstration de la nature des appendices de divers Animaux articulés. Le volume des nerfs buccaux varie selon le développement des appendices, et, comme il arrive souvent que les pièces de la bouche s'affaiblissent, ou même s'atrophient quand l'animal passe de l'état de larve à l'état adulte, leurs nerfs s'affaiblissent également pendant la marche du développement.

Les ganglions thoraciques sont au nombre de trois paires ; il y en a une paire pour chacune des parties du thorax, le prothorax, le mésothorax et le métathorax. Les deux noyaux composant chaque paire de ganglions se confondent de très-bonne heure ; de la sorte, on ne distingue ordinairement, même chez les larves, qu'une seule masse médullaire dans les trois anneaux thoraciques. Chez toutes les larves, et chez un grand nombre d'adultes, les trois centres nerveux thoraciques demeurent non-seulement très-distincts, mais encore très-séparés l'un de l'autre.

Dans les espèces les plus parfaites, il y a au contraire rappro-

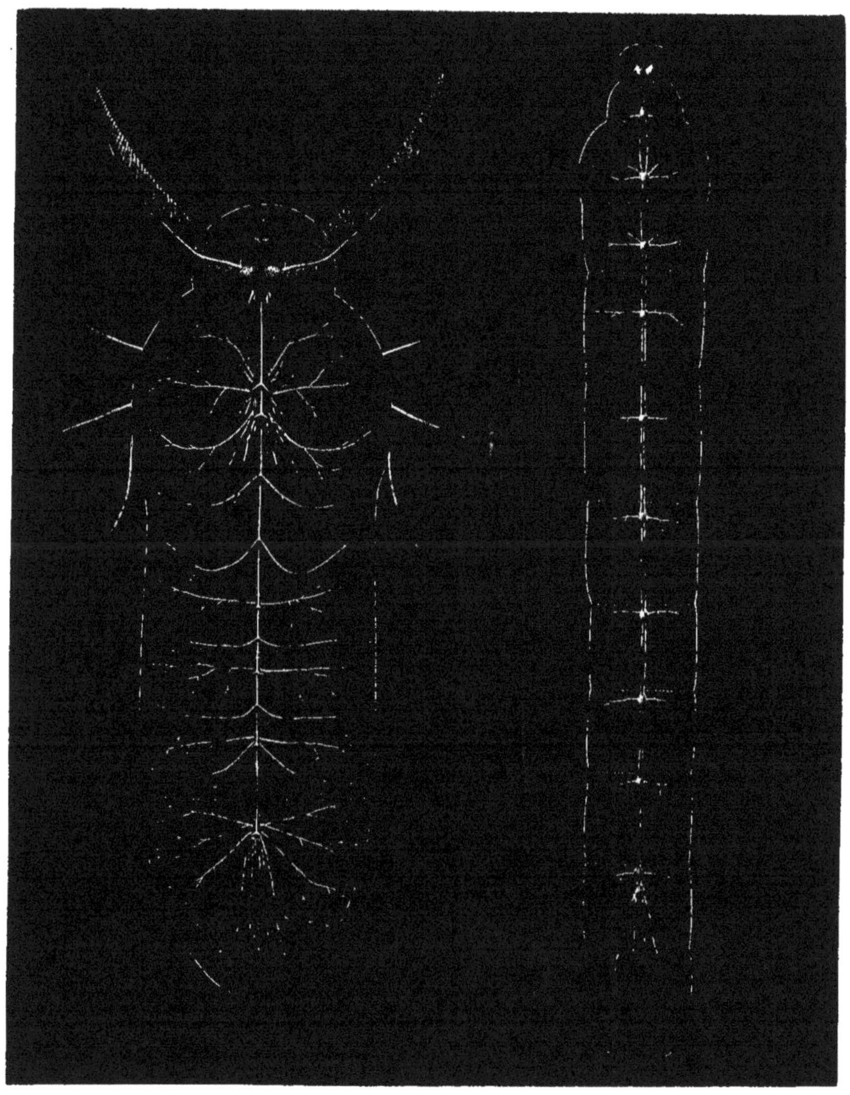

SYSTÈME NERVEUX DU BOMBYX DU MURIER A L'ÉTAT DE PAPILLON.

SYSTÈME NERVEUX DU BOMBYX DU MURIER A L'ÉTAT DE VER A SOIE.

chement et même fusion complète de ces centres nerveux, ou au moins des deux derniers.

Comparons les ganglions thoraciques du Bombyx du Mûrier à l'état de *Ver à soie* et à l'état de papillon, nous aurons un exemple frappant des modifications qui peuvent se produire quand se perfectionne beaucoup l'organisation d'un Insecte.

Le ganglion prothoracique est, dans tous les cas, uni au ganglion sous-œsophagien par des cordons ou connectifs plus ou moins longs, comme sont unis entre eux les centres nerveux de toute la chaîne ganglionnaire. Dans le *Ver à soie*, les trois centres nerveux thoraciques sont petits et espacés de toute la longueur des anneaux. Dans le papillon, ces mêmes centres nerveux, dont le volume a considérablement augmenté, se sont intimement unis, et se trouvent de la sorte ramassés au centre du thorax, c'est-à-dire dans le mésothorax. Il n'y a plus qu'une masse médullaire allongée; mais, à des étranglements assez prononcés, comme à l'origine des nerfs, on reconnaît aisément les limites de chacun des trois centres nerveux.

Chez d'autres Insectes, le ganglion prothoracique reste toujours très-distinct du ganglion mésothoracique. Il en est ainsi chez tous les Coléoptères, les Orthoptères, les Hyménoptères; le ganglion du mésothorax et celui du métathorax se confondent seuls chez les espèces qui atteignent le plus haut degré de perfection.

Dans la larve de l'Abeille, les trois centres nerveux thoraciques sont disposés presque exactement comme chez la chenille du Bombyx du Mûrier; disposition ordinaire, du reste, dans la plupart des larves. Chez l'Abeille adulte, l'accroissement de volume des parties est énorme; mais le ganglion du prothorax a conservé sa place primitive, tandis que les ganglions mésothoracique et métathoracique se sont confondus en une seule masse. La centralisation qui amène la réunion des centres nerveux thoraciques ne se produit, au reste, que dans les types les plus parfaits. Dans le très-grand nombre des Insectes, ces centres nerveux demeurent toujours isolés les uns des autres.

Le ganglion prothoracique fournit les nerfs des pattes de la première paire ; le ganglion mésothoracique, les nerfs des pattes de la seconde paire et des ailes antérieures ; le ganglion métathoracique, les nerfs des pattes de la troisième paire et des

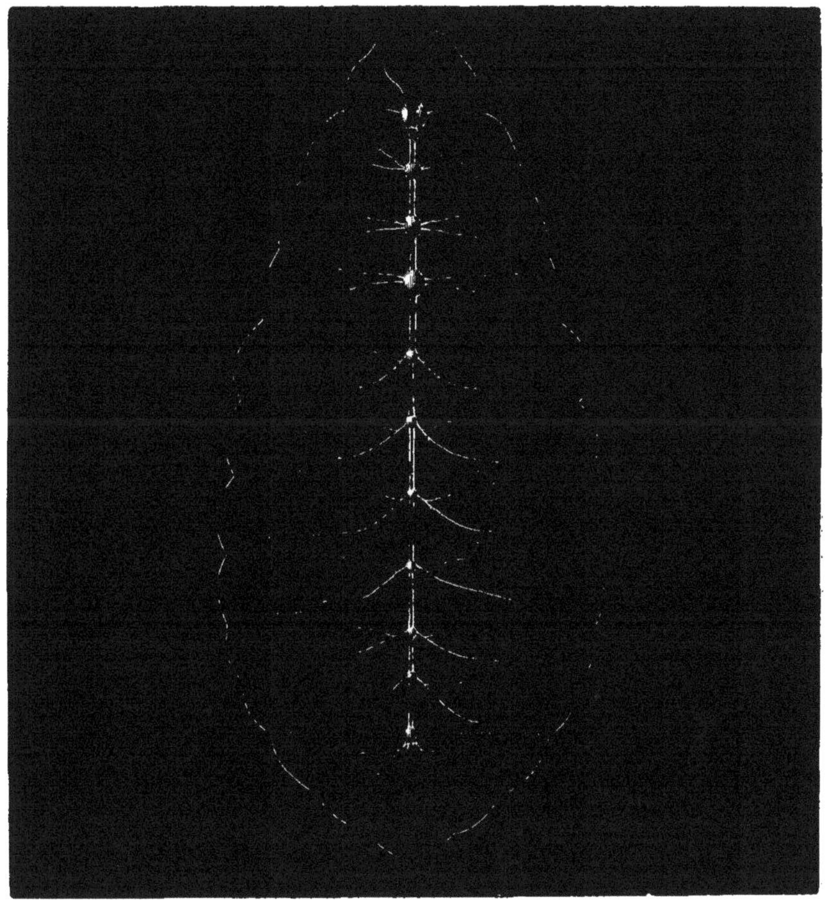

SYSTÈME NERVEUX DE LA LARVE DE L'ABEILLE.

ailes postérieures. Les origines de ces nerfs sont invariables, quel que soit le degré de diffusion ou de centralisation de la chaîne ganglionnaire.

Les ganglions de l'abdomen sont au nombre de neuf paires chez une infinité de larves. Ce nombre persiste parfois jusque dans l'état adulte. Dans les larves où l'on compte dix anneaux à l'abdomen, on n'a jamais observé plus de neuf centres médullaires. La marche du perfectionnement organique d'avant en arrière, que nous avons constatée dans l'étude du système tégumentaire, est bien manifeste aussi pour le système nerveux. Relativement aux centres médullaires du thorax, les ganglions de l'abdomen sont petits; les deux noyaux, presque toujours confondus dans les centres nerveux thoraciques, demeurent souvent distincts dans les ganglions abdominaux. Les ganglions du thorax étant ramassés sur le même point ou tout à fait réunis, les ganglions de l'abdomen, dans la plupart des cas, restent espacés. La centralisation ne se prononce pas au même degré dans la région postérieure du corps que dans la région moyenne, ni dans celle-ci au même degré que dans la région antérieure.

Dans une chenille, le *Ver à soie* par exemple, la chaîne ganglionnaire abdominale présente huit ganglions. Les sept premiers, reliés les uns aux autres par de longs connectifs, sont logés dans les sept premiers anneaux de l'abdomen.

Le huitième ganglion, notablement plus gros que les précédents, a déjà été refoulé vers la partie antérieure du septième anneau. Son volume indique qu'il est le résultat de la fusion d'au moins deux ganglions. Un mouvement vers la centralisation s'est donc prononcé dans la partie postérieure de la chaîne abdominale. En effet, dans d'autres Insectes moins avancés dans leur développement, le huitième et le neuvième ganglion de l'abdomen occupent le huitième et le neuvième anneau.

A peine la chenille est-elle transformée en chrysalide, que la chaîne ganglionnaire offre un changement manifeste : les cordons qui unissent les centres nerveux ont subi une ondulation; bientôt ils se sont raccourcis; les centres nerveux se sont ainsi rapprochés les uns des autres. Chaque jour, les premiers ganglions de l'abdomen se sont portés davantage vers les centres médullaires thoraciques, et les derniers se sont rassemblés. C'est la portion moyenne de la chaîne qui éprouve le moins de changements ou qui éprouve les changements les plus tardifs. Le papillon est éclos : la chaîne abdominale semble formée de quatre ganglions seulement ; les ganglions des deux premiers anneaux de l'abdomen de la chenille ont entièrement disparu, en se confondant avec le centre médullaire du métathorax ; ceux des quatre derniers anneaux se sont réunis en une seule masse. Ce sont là des faits faciles à observer, en étudiant jour par jour le système nerveux sur des chrysalides transformées dans le même temps.

Un autre Insecte, l'Abeille, peut nous fournir l'exemple d'un changement plus considérable que celui qui nous est offert par le Bombyx du Mûrier. La larve de l'Abeille est un être plus imparfait ou moins avancé dans son développement que la chenille ; l'Abeille est un être plus parfait que le Papillon. Dans cet Insecte, trois des ganglions abdominaux sont venus se confondre avec le centre nerveux métathoracique.

Il est un groupe de l'ordre des Coléoptères, la famille des Scarabéides, dont toutes les espèces ont les ganglions abdominaux remarquablement centralisés. Dans la larve du Hanneton, le *Ver blanc*, ces ganglions sont rassemblés vers la partie antérieure du corps et accolés les uns aux autres. Chez le Hanneton adulte, tous ces ganglions ne forment plus qu'une masse allongée, unie au centre nerveux métathoracique.

Chez tous les représentants de la classe des Insectes, les progrès du développement amènent des changements analogues dans le système nerveux. Le développement s'arrête plus tôt ou plus tard, suivant les types ; la centralisation est poussée ainsi plus ou moins loin, portant tantôt davantage sur une portion de l'appareil, tantôt sur une autre portion. Le degré de centralisation donne donc le degré de perfection relative auquel parviennent les différents types.

La centralisation la plus grande étant reconnue dans l'économie animale, on a le signe de l'organisation la plus parfaite. Il y a dans cette connaissance acquise tout un enseignement qui ouvre la carrière à bien des applications.

Les parties qui viennent d'être décrites appartiennent au système nerveux de la vie animale. Le cerveau fournit principalement les nerfs des organes des sens; la chaîne ganglionnaire, les nerfs des mouvements et de la sensibilité.

Nous avons encore à porter une attention spéciale aux parties du système nerveux affectées aux appareils organiques.

C'est le système nerveux de la vie végétative ou de la vie organique. Autour des ganglions cérébroïdes se trouvent groupés de très-petits noyaux médullaires, signalés depuis longtemps par les anatomistes, mais dont les attributions particulières ont été reconnues il y a seulement une vingtaine d'années.

Cet ensemble de petits ganglions, avec les nerfs qui en dérivent, se partage naturellement en trois portions distinctes : les ganglions et les nerfs intestinaux; les ganglions et les nerfs du vaisseau dorsal ou de l'appareil circulatoire; les ganglions et les nerfs des trachées ou de l'appareil respiratoire.

Les noyaux médullaires de ce système, extrêmement petits chez les larves, augmentent notablement de volume chez les adultes, comme on peut le voir sur les figures où ils sont représentés chez le Dytique sous son premier et son dernier état.

Le système nerveux intestinal règne sur la ligne moyenne du tube digestif. Simple ou impair chez le plus grand nombre des Insectes, il est double dans sa partie postérieure chez plusieurs types, notamment dans les Sauterelles. Au devant du cerveau on distingue un petit ganglion ordinairement de forme triangulaire. A raison de sa situation, Lyonet a appelé ce noyau médullaire, le ganglion frontal. Le nom imposé par Lyonet a prévalu. Le ganglion frontal offre de chaque côté un cordon qui, en se recourbant, vient s'unir à la face inférieure des lobes cérébroïdes. En arrière, il émet un seul nerf qui, en se dirigeant sur l'œsophage, passe sous les ganglions cérébroïdes et s'unit aussitôt à un très-petit noyau médullaire. De ce point descend un nerf envoyant sur son trajet des rameaux très-déliés, et atteignant un troisième ganglion placé à l'extrémité du jabot. De ce dernier centre nerveux partent deux ou trois nerfs fort grêles qui s'étendent sur le gésier et l'estomac, où leur ténuité devient telle, qu'il est fort difficile de les suivre davantage. Les ganglions de l'appareil circulatoire situés de chaque côté de l'œsophage, adhérents à la face postérieure du cerveau, reliés l'un à l'autre par une étroite commissure, sont appliqués contre le vaisseau dorsal. Ils fournissent chacun un nerf qui descend sur le côté de cet organe. Chez les Hémiptères, les deux noyaux médullaires passent sous l'aorte et se confondent en une seule masse. Les ganglions de l'appareil respiratoire sont unis aux précédents par un cordon assez court, et, s'appuyant sur les trachées qui pénètrent dans la tête, ils envoient à ces tubes des filets que l'on a réussi à suivre assez loin.

Les anatomistes ont beaucoup cherché à quelle partie du système nerveux des animaux supérieurs il convenait d'assimiler le système nerveux de la vie végétative des Insectes. En considération de ses fonctions, Newport a estimé qu'il répondait aux nerfs pneumogastriques de l'Homme et des Animaux supérieurs. L'appréciation de l'ingénieux anatomiste anglais est évidemment l'expression de la réalité.

Ce n'est pas tout encore. Au-dessus de la chaîne ganglionnaire, on découvre aisément, chez les larves, un nerf tirant son origine du ganglion sous-œsophagien, présentant de distance en distance de petits renflements médullaires, desquels dérivent des filets qui vont s'unir aux nerfs naissant de la chaîne ganglionnaire. Il y a un de ces petits noyaux dans chaque zoonite, mais souvent on cesse de les distinguer nettement vers la partie postérieure du corps. Ces noyaux se sont confondus avec les centres médullaires de l'abdomen. Cependant il arrive que le grand sympathique demeure distinct dans toute sa longueur, même chez des adultes : le Bombyx du Mûrier en offre un exemple. C'est de cette portion du système nerveux principalement qu'émanent les filets qui vont animer les orifices

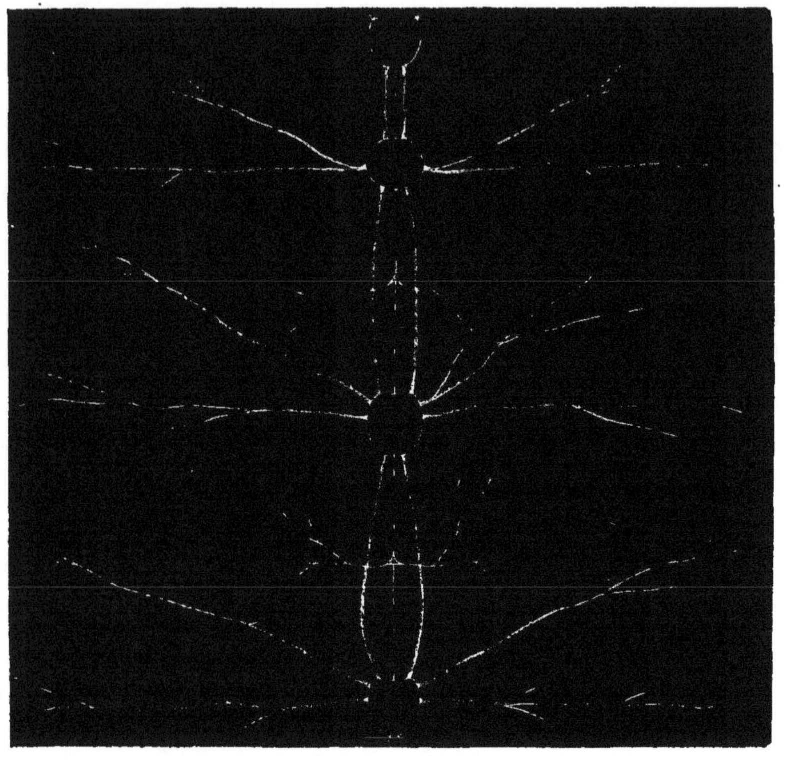

PORTION ANTÉRIEURE DU GRAND SYMPATHIQUE

Régnant au-dessus de la chaîne ganglionnaire, chez le Ver à soie (*Bombyx Mori*).

respiratoires, l'extrémité du tube digestif, les organes de la génération.

Le grand sympathique des Insectes a été vu et signalé pour la première fois par Lyonet dans la Chenille du Saule. Cet anatomiste, n'en ayant nullement apprécié la nature, appela les petits noyaux et les filets qu'il observa au-dessus de la chaîne ganglionnaire, du nom de *brides épinières*. Plus tard, le grand sympathique fut décrit et représenté avec un grand soin dans quelques Insectes, et notamment dans le Sphinx du Troëne, par Newport, qui le nomma *système nerveux surajouté*, sans établir de comparaison avec une portion quelconque du système nerveux des Vertébrés. Il y a une dizaine d'années, sa véritable nature a été démontrée.

Le grand sympathique semble ne pas exister chez le plus grand nombre des Articulés; mais, comme dans plusieurs types il a été possible de le voir s'unir et se confondre graduellement avec la chaîne ganglionnaire, par suite des progrès de l'âge et de la centralisation du système nerveux, il est certain qu'ailleurs son absence apparente est due simplement à son union intime avec la chaîne. Si rien de semblable ne se produit chez les Vertébrés, cela doit être attribué à la colonne vertébrale, qui oppose un obstacle absolu à un rapprochement entre le grand sympathique et la moelle épinière.

Le grand sympathique des Insectes est toujours impair; mais il est évident qu'il doit être double primordialement, comme les autres parties du système nerveux. Si l'on parvient à l'observer chez des embryons, on en acquerra probablement la preuve matérielle. D'ailleurs, si les ganglions se montrent simples dans tous les individus étudiés jusqu'à présent, parfois les cordons sont doubles.

Dans les Articulés, la chaîne ganglionnaire étant tout à fait ventrale, le grand sympathique se trouve occuper un plan supérieur. Dans les Vertébrés, au contraire, la moelle épinière étant tout à fait dorsale, il occupe un plan inférieur. Cette différence est en harmonie avec la position relative des principaux viscères, dans ces deux grands types du Règne animal. Il ne faut pas toutefois attacher à ce dernier fait une trop grande importance, car il ne suffit pas, comme l'ont supposé certains naturalistes, de renverser un Insecte sur le dos pour y découvrir le plan exact de l'animal vertébré. On le sait, chez tout animal articulé, le cerveau et la chaîne ganglionnaire, qui représente la moelle épinière des Vertébrés, sont situés dans des rapports différents.

Tous les faits aujourd'hui connus, touchant le système nerveux des Insectes, conduisent à dire qu'il y a chez les représentants de cette division zoologique : des nerfs de sensibilité spéciale, naissant du cerveau; des nerfs mixtes, sensibles et moteurs, provenant de l'encéphale et de la chaîne ganglionnaire; un système nerveux affecté à la portion antérieure du tube digestif, aux organes respiratoires et aux parties principales de l'appareil circulatoire, remplissant le rôle des nerfs pneumogastriques des animaux supérieurs; et enfin un véritable grand sympathique accompagnant la chaîne ganglionnaire dans toute sa longueur, comme ce nerf accompagne la moelle épinière dans les Vertébrés.

Les ganglions et les nerfs ont en général une assez grande transparence, et parfois cette transparence est telle, qu'on a peine à les distinguer. Les anatomistes sont obligés d'employer, pour leurs dissections, l'alcool, et mieux encore l'essence de térébenthine, qui, en raffermissant toutes les parties du système nerveux, les rendent d'un blanc opaque. Les centres médullaires, blancs chez la plupart des Insectes, sont ordinairement d'une teinte jaunâtre chez les Lépidoptères. En l'état de nos connaissances, cette coloration ne présente aucune signification.

Les noyaux médullaires sont formés de cellules, les unes plus petites, les autres plus grandes, mais leur arrangement n'a pas encore été observé d'une manière rigoureuse.

Depuis les recherches de Newport, on sait qu'il existe dans chaque nerf deux faisceaux de fibres, absolument comme dans les nerfs spinaux des Vertébrés. C'est particulièrement sur la chaîne ganglionnaire que l'on distingue aisément les deux ordres de fibres nerveuses. Les colonnes supérieures passent sur les noyaux médullaires dans toute la longueur de la chaîne, se faisant remarquer par leur couleur plus blanche que celle des parties sous-jacentes, surtout si la préparation a été soumise à l'action de la térébenthine. Les colonnes inférieures sont partout en rapport intime avec les cellules ganglionnaires. Tous les nerfs thoraciques et abdominaux sont formés de fibres provenant des faisceaux supérieurs et des faisceaux inférieurs, auxquels s'ajoutent des filets du grand sympathique. D'après la situation relative des deux ordres de fibres et d'après quelques expériences moins concluantes qu'on ne le souhaiterait, les colonnes supérieures sont formées de fibres motrices, les colonnes inférieures de fibres sensibles.

Des expériences ont été faites dans le but de déterminer le rôle physiologique des différentes parties du système nerveux des Insectes. Mais la difficulté de produire des lésions très-partielles sans occasionner de blessures trop graves sur de petits animaux, étant extrême, ces expériences n'ont pu donner tous les résultats désirables.

Les centres médullaires cérébroïdes ayant une prédominance manifeste sur les autres centres nerveux, par leur volume, par leurs relations directes avec les organes des sens, ne possèdent pas cependant, d'une manière exclusive, les facultés qui appartiennent en propre au cerveau des animaux supérieurs. Si l'on arrache la tête d'un Insecte, en prenant la précaution d'empêcher l'écoulement du liquide sanguin au moyen d'un peu de cire molle, l'animal, pouvant vivre encore assez longtemps, continue à exécuter des mouvements réfléchis. Un éminent professeur de Montpellier, Antoine Dugès, vit une Mante dont il avait enlevé la tête agiter ses pattes de devant comme pour saisir une proie. Un Hanneton, une Abeille, une Sauterelle privée de sa tête ne manque pas de frotter avec la patte la partie de son corps que l'on vient à toucher. On a souvent remarqué que les Criquets et les Sauterelles dont on a pressé le tarse, portent aussitôt leur patte à la bouche et lèchent de leurs palpes la partie qui a été froissée. Plusieurs heures après avoir été décapitée, une Sauterelle, dans les mêmes circonstances, exécute le même mouvement, comme si elle avait encore le pouvoir de se servir de ses palpes.

Ces faits tendent à prouver que toutes les facultés instinctives ne sont pas localisées dans le cerveau, et se retrouvent jusqu'à un certain point dans les centres nerveux de la chaîne sous-intestinale. Néanmoins, lorsqu'on vient à piquer les lobes cérébroïdes en traversant le tégument à l'aide d'une aiguille, ou à l'inciser, l'animal éprouve un trouble considérable; il tombe ordinairement dans une sorte de torpeur. Sous l'influence d'une excitation, il s'agite, mais ses mouvements sont irréguliers, sa démarche mal assurée; souvent il décrit des cercles, soit à droite, soit à gauche : c'est ce que nous avons observé plusieurs fois; c'est aussi ce qui, d'autre part, a été constaté par un naturaliste de la Suisse, Al. Yersin, auteur de recherches sur les fonctions du système nerveux des Insectes.

Il est fort difficile d'enlever l'un ou l'autre des ganglions thoraciques sans déterminer une blessure extrêmement grave, qui occasionne une abondante hémorrhagie et entraîne bientôt la mort. Si l'on fait une forte piqûre à l'un des centres nerveux, il se produit une gêne dans les mouvements des pattes et des ailes suivant le point de la lésion. M. Faivre, aujourd'hui professeur à la Faculté des sciences de Lyon, poursuivant des expériences sur le système nerveux du Dytique, a cru reconnaître que la respiration s'arrêtait d'une manière instantanée dans le cas seul où était pratiquée l'ablation entière du ganglion métathoracique. Cette observation s'accordait peu avec les faits anatomiques; car il est bien démontré que les muscles affectés aux mouvements respiratoires reçoivent leurs nerfs des divers noyaux de la chaîne ganglionnaire et surtout du grand sympathique. L'expérimentateur, agissant sur un Insecte défavorable à cause de la centralisation de son système nerveux et de la dureté de ses téguments, n'aura pas suffisamment tenu compte de la mutilation subie par l'animal. Visiblement préoccupé de l'idée de retrouver chez les Insectes des faits analogues à ceux qui ont été signalés par M. Flourens à l'égard des fonctions des centres nerveux des animaux supérieurs, l'auteur n'a plus songé que la diffusion des organes respiratoires rendait bien improbable une action nerveuse complétement localisée.

En choisissant, pour les expériences, des Insectes préférables au Dytique, comme des Orthoptères, et en particulier la grande Sauterelle verte, on parvient à détruire le ganglion métathoracique sans blesser extrêmement les parties voisines. Il est facile alors de constater que les mouvements respiratoires de l'abdomen persistent en l'absence du dernier ganglion du thorax. Au reste, M. Baudelot a parfaitement montré, par des expériences pratiquées sur des Libellules à l'état adulte et à l'état de larve, que chaque ganglion abdominal est un foyer d'innervation, concourant pour sa part à l'accomplissement de l'acte respiratoire.

C'est encore sur les Orthoptères qu'il a été le plus facile de voir les effets de la section des connectifs entre les divers centres médullaires.

D'après nos observations, comme d'après les recherches de Yersin, si la section de la chaîne ganglionnaire a été opérée, l'activité des centres nerveux persiste d'autant plus qu'ils restent unis en plus grand nombre. La vitalité s'éteint assez rapidement dans les ganglions tout à fait isolés.

Sous le rapport des sens, beaucoup d'Insectes sont admirablement partagés. Aucun doute n'est possible à cet égard. A chaque instant, l'observation nous révèle dans ces créatures l'existence de sens d'une remarquable perfection. Aussi paraît-il désespérant d'être encore, malgré des efforts inouïs de la part des naturalistes, dans une ignorance extrême, ou tout au moins dans une pénible incertitude au sujet du siége de l'ouïe et de l'odorat, au sujet de la véritable structure de l'appareil de la vision, et surtout de la manière dont s'effectue la vision.

Le toucher existe avec plus ou moins de sensibilité, suivant la nature des téguments, et suivant la condition particulière des appendices. Chez les larves à peau molle, toutes les parties du corps sont douées d'une très-grande sensibilité; le plus léger contact suffit à déterminer, sur l'animal, des frémissements, des mouvements de contraction énergiques. La peau est-elle garnie d'épines, de poils, même d'un simple duvet, la sensibilité s'en trouve considérablement augmentée. Les poils ont presque toujours pour usage de donner, à l'animal qui en est pourvu, un tact d'une extrême délicatesse. Le corps est-il revêtu d'un tégument dur et épais, le tact devient certainement plus obtus, mais alors se manifestent d'une façon merveilleuse les ressources de la nature pour suppléer, dans une certaine mesure, à l'inertie d'une cuirasse. Les jambes et les tarses se trouvent garnis de poils, d'épines mobiles, qui au moindre attouchement font tressaillir l'animal. Souvent le dernier article des tarses est muni en dessous de lamelles flexibles, de pelotes, qui permettent à l'Insecte d'éprouver une sensation particulière, selon le caractère des objets sur lesquels il marche. Il y a en outre des organes plus spécialement affectés au toucher : les antennes, les palpes des mâchoires et de la lèvre inférieure. Regardons l'Insecte en quête de sa subsistance, sans cesse nous le verrons toucher de l'extrémité molle et spongieuse de ses palpes tous les objets qu'il aperçoit. Examinons ces Insectes qui s'avancent avec hésitation, comme s'ils éprouvaient une inquiétude, leurs antennes s'agitent en tous sens pour tâter les corps environnants, battant l'air pour apprécier le danger. Observons ces Abeilles ou ces Fourmis qui se rencontrent, elles se touchent de leurs antennes, nous donnant à penser qu'à l'aide de ces organes elles ont le moyen de se reconnaître et même d'entrer en communication intime. Certaines espèces portent à l'extrémité de leur abdomen des filets, des appendices plus ou moins déliés ; ce sont aussi des organes très-propres à l'exercice du toucher.

Le goût est manifeste chez les Insectes, et particulièrement chez les espèces herbivores. On a la certitude qu'il réside dans la cavité buccale, comme chez les Vertébrés. Dans les espèces phytophages, dont le goût semble fort délicat, la petite langue molle, spongieuse, adhérente à la base de la lèvre inférieure, paraît être le siége principal de ce sens. Combien de chenilles vivent sur une seule plante ou sur quelques plantes de la même famille ! Privez-les du végétal qui leur convient en y substituant un autre végétal : pressées par la faim, elles le goûteront; mais, après l'avoir goûté, elles le délaisseront, se laissant mourir d'inanition plutôt que d'y revenir. Pour les carnassiers, en général, le goût n'a certainement pas la même délicatesse, la dureté de toutes les parties de l'appareil buccal en fournit l'explication.

L'odorat est évidemment très-subtil chez une foule d'Insectes. A cet égard, les preuves abondent : de la viande même encore fraîche est-elle exposée à l'air, en peu de moments les Mouches apparaissent dans l'endroit où l'on n'en voyait aucune auparavant; des cadavres d'animaux, des immondices, sont-ils abandonnés sur le sol, qu'aussitôt arrivent, de toutes les directions, les Insectes qui se repaissent de ces matières ou qui y déposent leurs œufs. L'odorat seul les dirige, la vue ne les guide en aucune façon, car si l'objet de leur convoitise est caché, ils n'éprouvent pas le moindre embarras pour l'atteindre. Un exemple remarquable de la puissance de l'odorat chez divers Insectes, exemple bien souvent cité, est celui qui nous est offert par quelques fleurs exhalant une odeur fétide, très-analogue à celle de certaines matières en putréfaction. Dans nos bois, croît une belle plante bien connue, le Gouet ou Pied-de-veau (*Arum maculatum*). La fleur de cette plante, joli cornet de couleur blanche, répandant une odeur pour nous fort désagréable, est très-fréquemment remplie de Mouches, d'Escarbots, de Staphylins, qui recherchent les corps en décomposition. Il est curieux de voir alors ces Insectes en quête de leur nourriture ou d'un endroit convenable au dépôt de leurs œufs. Ils s'agitent en tous sens, si bien trompés par leur odorat, qu'ils semblent ne pouvoir abandonner la fleur pour eux absolument inutile. Les espèces herbivores n'ont pas, bien probablement, un odorat de la même finesse ; pourtant, une chenille jetée dans un champ au milieu de plantes fort diverses trouve la plante qui lui convient. Peut-elle être guidée autrement que par l'olfaction ? A coup sûr elle ne distingue pas le végétal d'après ses caractères botaniques.

Les Insectes ont un odorat, et certains d'entre eux possèdent une incroyable finesse d'odorat ; par l'observation, on en a des preuves continuelles d'une évidence qui défie toute contestation. Mais, où se trouve le siége de ce sens? quel est l'organe susceptible de percevoir les odeurs? A cet égard, les conjectures ont été produites à l'infini, aucune n'est satisfaisante ; les expériences ont été multipliées à l'extrême, aucune n'est concluante.

Réaumur a considéré les antennes comme l'organe de l'odorat. Cette opinion, adoptée par plusieurs naturalistes, a été repoussée par le plus grand nombre. Elle a été repoussée par le motif très-sérieux que l'organe, n'ayant pas de surface humide, ne possède en aucune manière la condition principale nécessaire à l'exercice de la fonction. A la vérité, il y a vingt ans, un entomologiste de l'Allemagne, Erichson, ayant reconnu à la surface des antennes de nombreuses fossettes offrant à l'intérieur une délicate membrane, pensa que là était le véritable siége de l'odorat. Plusieurs observateurs se sont attachés à l'étude de ces pores ou fossettes, et l'un d'entre eux, M. J.-B. Hicks, a vu à chaque pore, en arrière de la membrane décrite par Erichson, un petit sac parfois multiloculaire recevant une branche du nerf antennaire. L'auteur n'a pas osé se prononcer sur le rôle de ces organes. Servent-ils à l'olfaction? servent-ils à l'audition ? L'incertitude est demeurée.

Le sens de l'odorat a été attribué aux palpes. Moins encore cependant que les antennes, les palpes semblent appropriés à l'exercice de la fonction. Se fondant sur l'analogie, c'est-à-dire sur la manière dont s'exerce le sens olfactif chez l'homme, comme chez tous les Animaux vertébrés, divers physiologistes se sont dit : L'air est le véhicule des odeurs; pour percevoir une odeur, une aspiration d'air est indispensable ; dans les Insectes, le siége de l'odorat doit se trouver vers les orifices de l'appareil respiratoire. La thèse a été présentée au siècle dernier en Hollande, par Baster; elle a été admise ou défendue en France, par Duméril, Cuvier, Straus-Durckheim. Seulement, avec l'impossibilité de découvrir une trace d'organe spécial dans le voisinage des orifices respiratoires, on n'a eu à enregistrer qu'une simple hypothèse. D'autres physiologistes, frappés de la connexion qui existe chez nous entre le sens du goût et le sens de l'odorat, ont pensé que, chez les Insectes, l'odorat résidait dans la bouche, tapissée de membranes toujours lubrifiées, remplissant ainsi, au moins l'une des conditions nécessaires à l'exercice de la fonction. Au milieu de ces diverses opinions contradictoires, chacune appuyée sur une considération d'un certain poids, au moins en apparence ; au milieu des résultats d'expériences nombreuses qui ont consisté à soumettre de différentes manières des Insectes aux odeurs les plus pénétrantes, offrant encore plus de contradictions, il faut bien reconnaître une lacune dans la science.

La faculté d'entendre que possèdent les Insectes ne saurait être douteuse pour personne. Un léger bruit suffit souvent pour les effrayer. Beaucoup d'espèces produisent des sons, une stridulation, une musique qui est pour elles un moyen de communication, un cri d'appel. Le Grillon mâle, comme la Sauterelle, exécute au moyen de ses ailes antérieures une stridulation qui résonne au loin, et la femelle du Grillon écoute pour reconnaître d'où provient cette musique, et après avoir écouté, après avoir reconnu la direction vers laquelle elle doit se diriger, elle accourt sans hésitation. De même, la Cigale appelle sa femelle en lançant ses notes aiguës. L'enfant des campagnes qui imite le chant de la Cigale ou du Grillon, réussit à tromper l'insecte, à le faire venir à son appel. Le sens de l'ouïe est donc manifeste. Où est le siége de ce sens? Une probabilité grande nous apparaît, mais pour la science une probabilité est peu de chose.

Les naturalistes, pour la plupart, sont persuadés que les antennes sont les instruments de l'audition. Dès le siècle dernier, cette opinion s'était fortement enracinée dans l'esprit de divers observateurs. On avait remarqué que beaucoup d'Insectes dressent leurs antennes si un bruit vient à éclater. On avait constaté aussi que les Insectes capables d'émettre des sons, ceux qui manifestent le mieux la faculté d'entendre, possèdent en général des antennes très-développées. Les zoologistes modernes ont presque tous admis l'opinion de leurs devanciers.

D'un autre côté, des physiologistes ne pouvant se résigner à voir un appareil auditif où n'existe ni une cavité, ni une membrane tendue, un organe enfin dont la conformation se rapproche à quelques égards de l'oreille des Vertébrés, ont repoussé cette idée. Ils ont cru trouver l'organe de l'ouïe dans tous les petits enfoncements existant à la surface de la tête ou du thorax, parfois dans des taches pâles. Un observateur, M. Lespès, pense un jour avoir découvert tous les caractères d'une oreille interne dans les petits sacs situés en arrière des pores des antennes; mais aussitôt, un zoologiste de Genève, M. Claparède, s'efforce de prouver que ces caractères n'existent pas. Jean Müller, le célèbre professeur de Berlin, considère, sur le métathorax d'un Grillon, deux enfoncements déjà signalés, et il déclare que ce sont probablement les organes de l'ouïe. M. de Siebold étudie davantage les organes placés dans les Orthoptères, sur divers points du thorax; il y voit une conque, un tympan, une capsule remplie d'un fluide transparent qui lui paraît représenter un labyrinthe membraneux, et il estime alors avoir mis hors de doute ce qui était simplement une supposition de la part de J. Müller.

Cependant, à pareil avis, surgissent de bien puissantes objections. Les Orthoptères seuls présentent ces organes, et pourtant ils ne sont pas les seuls en possession de la faculté d'entendre. Ces organes reçoivent leurs nerfs de l'un des ganglions du thorax; or, comment, en l'absence de preuves concluantes, croire que l'appareil auditif n'est pas en rapport avec les lobes cérébroïdes?

L'opinion que les antennes servent à l'audition s'appuie assurément sur des raisons plus fortes. Émise d'abord par des considérations assez vagues, elle a pris une importance réelle par suite des expériences de Savart, notre éminent physicien, expériences qui ont montré la facilité avec laquelle des tiges vibrantes peuvent transmettre les sons. En effet, les antennes sont articulées de manière à ressentir les moindres vibrations de l'air. Même dans les espèces où ces appendices se trouvent réduits, comme chez les Cigales, où ils consistent en une tige extrêmement grêle, avec une portion basilaire massive, on reconnaît encore une disposition heureuse pour une vibration facile. Le nerf qui parcourt les antennes est toujours volumineux, relativement à leur grosseur, et cette circonstance nous indique que ces appendices doivent être le siége d'une sensation spéciale. L'idée que les antennes sont des organes d'audition se trouve encore très-sérieusement justifiée par le fait de l'existence incontestable d'un véritable appareil auditif à la base des antennes des Crustacés. La situation de cet appareil a conduit M. Milne Edwards à regarder les antennes de ces animaux comme des instruments de nature à contribuer, par leur faculté vibrante, à la perception des sons.

Les antennes des Insectes semblent donc être à la fois des organes propres à l'audition et au toucher.

Les observations les plus simples nous montrent que beaucoup d'Insectes sont merveilleusement doués sous le rapport de la vue.

Les organes de la vision sont si apparents et leurs caractères si manifestes, que chacun, sans hésitation, les reconnaît pour des yeux. Leur volume, en général fort considérable, varie à l'infini. Chez les espèces qui passent leur vie dans les ténèbres, les yeux font entièrement défaut. Il y a peu d'années, un savant de l'Écosse, M. Andrew Murray, a présenté une série d'observations à ce sujet.

Il a déjà été noté que souvent les Insectes possèdent à la fois deux sortes d'yeux, des yeux simples et des yeux composés. Les premiers manquent chez les représentants de plusieurs groupes, les seconds existent presque toujours.

Les yeux simples, ocelles ou stemmates, offrent par leur structure quelque ressemblance avec les yeux des Vertébrés inférieurs. Ils se composent d'une cornée arrondie ou ovalaire, plus ou moins convexe; d'un cristallin enchâssé dans cette cornée; d'un corps vitré sur lequel repose le cristallin; d'une rétine, formée par l'épanouissement d'un nerf optique; d'un pigment coloré, entourant en entier le globe de l'œil et remplissant le rôle de la choroïde chez les Animaux vertébrés.

Les ocelles, offrant l'aspect de petits globules, et ayant une réfraction très-grande, sont évidemment construits pour la vision à très-courte distance.

Les yeux composés ou à facettes sont constitués par une multitude d'yeux intimement unis, ainsi qu'on a pu en juger dans la description des parties tégumentaires [1]. A l'extérieur, c'est un assemblage de cornéules de forme hexagone, où l'on peut souvent distinguer une portion circulaire correspondant à la cavité interne. A l'intérieur, ce sont des tubes parfaitement délimités, en rapport avec les facettes. Les anatomistes, Straus-Durckheim, Dugès, Jean Müller, Leydig, etc., ont vu, en arrière de chaque cornéule, un corps conique ou cylindrique plus ou moins allongé, transparent, de consistance gélatineuse. Ce corps est regardé comme jouant le

[1] Page 77.

rôle du cristallin ; toujours rétréci en arrière, il paraît être en connexion directe avec un filet du nerf optique dilaté à l'extrémité de façon à former une sorte de rétine. De même que dans les yeux simples, un pigment coloré, en général d'un brun foncé, remplit tous les intervalles, entourant chaque cristallin et son filet nerveux.

Les cornéules, ordinairement transparentes, comme de petites capsules de verre, laissent apercevoir le pigment qui entoure chaque œil ; de là cette coloration noire que présentent les yeux d'une foule d'Insectes. Parfois aussi les cornéules, en conservant une grande transparence, affectent des teintes assez prononcées ; de là ces yeux brillants, comme des émeraudes, éclatants comme des perles d'or, que l'on admire chez certaines espèces.

Malgré nombre de travaux recommandables, la structure des yeux composés des Insectes est loin d'être connue d'une manière parfaite, tant l'étude approfondie du sujet offre de difficultés. J. Müller a voulu expliquer comment la vision s'effectue au moyen des yeux composés. Il s'est persuadé que chaque œil correspondant à une facette ne peut recevoir l'impression que d'un point très-limité d'une image ; que la vue des Insectes, s'exerçant comme au travers d'un crible, doit être très-confuse. L'observation ne permet pas d'admettre un seul instant une semblable théorie ; mais la vérité est qu'en l'état actuel de la science, nous ne pouvons donner une explication satisfaisante de la manière dont se produit la vision par les yeux composés.

Ces organes sont souvent énormes ; il n'est pas rare qu'ils occupent la plus grande partie de la tête. Chez une infinité d'espèces, leur dimension est plus considérable dans les mâles que dans les femelles. La configuration des yeux subit de curieuses variations qui coïncident avec les circonstances biologiques.

Les yeux apparaissent tardivement chez les Insectes. Beaucoup de larves sont aveugles ; les autres n'ont que des ocelles.

Chez les larves les plus avancées dans leur développement, on trouve de petites agglomérations d'yeux simples. Il y en a six de chaque côté chez la larve du Dytique. On peut donc être assuré que les yeux composés se forment par l'union tout à fait intime d'yeux simples.

M. Claparède a eu l'excellente idée d'étudier ces organes dans leur développement par l'observation des nymphes. Des détails anatomiques ont été constatés. Sur la question principale, aucune lumière nouvelle ne s'est produite.

VI

LES APPAREILS ET LES FONCTIONS DE NUTRITION.

Rien n'est plus joli, plus merveilleux, à une infinité d'égards, que les différents appareils des fonctions de nutrition chez les Insectes.

L'appareil digestif, l'appareil circulatoire, l'appareil respiratoire, présentent des particularités de structure et des dispositions caractéristiques au plus haut degré.

L'appareil digestif et ses annexes ont souvent une complication qui dénote, chez les Insectes, une grande perfection organique.

Les organes de la manducation ou de la succion sont invariablement conformés sur le même plan, ainsi que de Savigny en a donné l'éclatante démonstration. Malgré des différences prodigieuses dans les formes, dans le développement, dans les usages, dans les adaptations de ces organes, il est aisé de s'en former promptement l'idée la plus nette, à raison même de l'unité de plan.

Si nous examinons, en premier lieu, la bouche dans un Insecte qui se nourrit de substances solides, un Insecte broyeur, suivant l'expression adoptée par les zoologistes, nous aurons un point de départ qui rendra fort simple l'étude des pièces buccales de tous les autres Insectes.

La Sauterelle est bien partagée sous le rapport du développement de ses pièces buccales; elle fournira ainsi un exemple très-favorable.

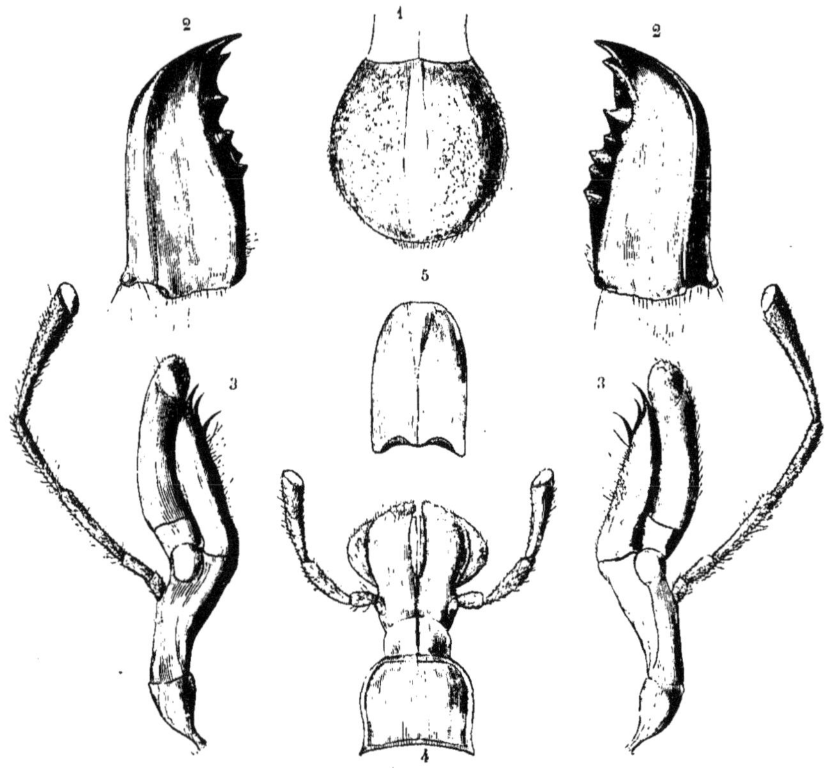

PARTIES DE LA BOUCHE DE LA SAUTERELLE VERTE
(*Locusta viridissima*).

1. Le labre. — 2, 2. Les deux mandibules. — 3, 3. Les deux mâchoires. — 4. La lèvre inférieure. — 5. La langue.

La bouche est pourvue de six pièces articulées : un labre ou lèvre supérieure, deux mandibules, deux mâchoires, une lèvre inférieure.

Le labre, que l'on appelle également la lèvre supérieure, est une lame simple, transversale, articulée dans toute sa largeur avec le bord antérieur de la tête. Cette lame forme la limite supérieure de la bouche. Fréquemment, une échancrure, un sillon médian offre l'indice certain que cette pièce est constituée primordialement par deux portions latérales.

Les mandibules, insérées exactement au-dessous du labre, sont des pièces épaisses, massives, aiguës à l'extrémité, tranchantes et dentées au bord interne. Douées d'un mouvement latéral de dehors en dedans, elles agissent comme des tenailles en se rapprochant, ou à la manière d'une paire de ciseaux, pour diviser les substances alimentaires.

Les mâchoires, articulées en arrière ou au-dessous des mandibules, suivant la position donnée à la tête, sont deux pièces aplaties, terminées par deux lobes, garnies au bord interne de dents ou de pointes acérées, pourvues au côté extérieur d'un palpe, sorte de tige divisée en plusieurs articles. Les mâchoires ont pour usage d'achever la trituration des substances déjà coupées par les mandibules et d'en opérer l'introduction dans la cavité buccale.

Enfin, la lèvre inférieure, qui ferme la bouche en dessous, pièce impaire, articulée avec le menton, divisée dans son milieu, portant un palpe de chaque côté, présente ainsi les caractères de deux mâchoires qui seraient soudées sur la ligne médiane. La lèvre inférieure, seulement un peu mobile de bas en haut, retient les aliments triturés par les mâchoires, aide à la préhension, surtout avec le secours de ses palpes.

Tous les Insectes ***masticateurs*** ou ***broyeurs***, suivant les appellations usitées, ont la bouche pourvue des mêmes pièces toujours fort reconnaissables; ces pièces, insérées dans des rapports invariables, étant seulement un peu modifiées dans leurs formes et dans leurs proportions.

Parfois les mandibules, très-ordinairement les mâchoires et la lèvre inférieure, se montrent formées de plusieurs parties bien distinctes. Une intelligente comparaison de ces parties, poursuivie dans les principaux groupes de la classe des Insectes, a conduit un zoologiste, M. Brullé, à reconnaître un mode de constitution uniforme pour les différents appendices de la bouche.

De grands changements s'effectuent dans les caractères de l'appareil buccal, chez les espèces de certains groupes, si le régime des adultes diffère beaucoup de celui des larves. Les Lépidoptères nous en offrent l'exemple le plus saisissant. La chenille a une lèvre supérieure bien développée, deux fortes mandibules agissant à la manière de celles de la Sauterelle, deux mâchoires libres, et enfin une lèvre inférieure limitant en dessous le cadre buccal. On reconnaît donc sans le moindre effort, dans la bouche de la chenille, les mêmes parties que dans la bouche de l'Orthoptère. Mais voici l'Insecte transformé; il est devenu Papillon. Au premier abord, c'est à croire que rien de l'appareil buccal de l'animal à son jeune âge n'a persisté. Une trompe déliée, et au-dessous de cette trompe deux palpes écailleux, sont les seules parties apparentes. Aussi, pendant longtemps, ne vint à personne l'idée de comprendre le changement opéré par la transformation de la chenille en Papillon. Savigny, on l'a vu, a été sur ce point le véritable clairvoyant.

Portons sur le Papillon l'attention que l'habile naturaliste y porta lui-même. Un premier soin indispensable est de détacher toutes les écailles qui couvrent la partie antérieure de la tête. Alors on distingue au-dessous du front une toute petite lame transversale. La position de cette pièce impaire ne laisse prise à aucun doute, c'est la lèvre supérieure. De chaque côté on remarque une pièce d'une extrême petitesse : ce sont deux pièces situées exactement au-dessous du labre, c'est-à-dire les mandibules, désormais sans usage aussi bien que la lèvre supérieure, et réduites à l'état de vestiges par suite d'une atrophie. Au-dessous des mandibules, nous avons la trompe, formée de deux longues tiges flexibles intimement rapprochées, canaliculées à l'intérieur, de façon à ménager un conduit. Une observation un peu attentive fait apercevoir à la base de chaque tige un palpe rudimentaire, appendice caractéristique d'une mâchoire. Le caractère essentiel et la position des parties montrent clairement

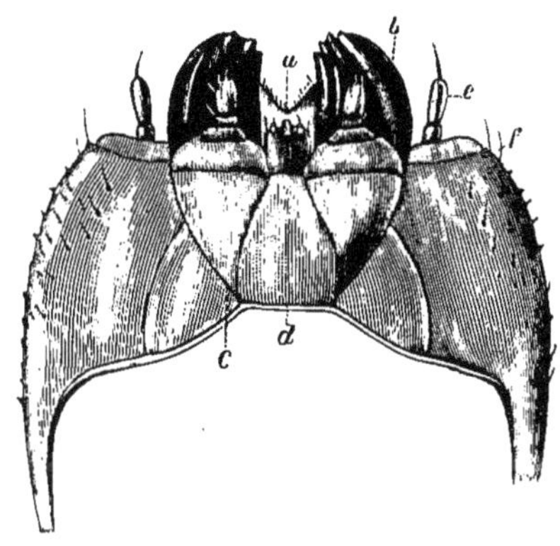

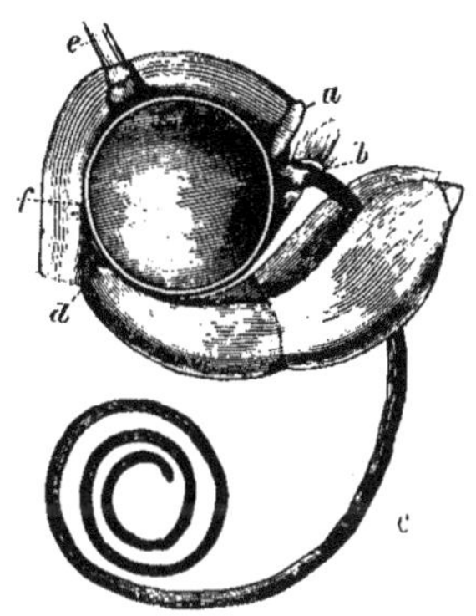

BOUCHE DU MÊME INSECTE.

Le Sphinx du Troëne (*Sphinx Ligustri*) à l'état de larve et à l'état de Papillon.

a, lèvre supérieure. — *b*, mandibules. — *c*, mâchoires. — *d*, lèvre inférieure. — *e*, antennes. — *f*, yeux.

que ce sont les deux mâchoires fort allongées qui constituent la trompe. Enfin, au-dessous de la trompe, se montre, comme dans la bouche des Insectes masticateurs, une pièce impaire portant un palpe de chaque côté. C'est la lèvre inférieure devenue très-petite, bien que ses palpes aient d'assez grandes dimensions.

Les Insectes *suceurs*, Hémiptères, Diptères, etc., dont la bouche est un bec ou un suçoir, ont également un labre, deux mandibules, deux mâchoires, une lèvre inférieure ; seulement ces pièces ou au moins quelques-unes d'entre elles deviennent des stylets, des gaînes, etc. C'est dans l'histoire des différents types de la classe des Insectes que nous examinerons ces intéressantes particularités de formes et en même temps de curieuses adaptations à un genre de vie spécial.

La cavité buccale, tapissée par une membrane lubrifiée par la salive, est d'ordinaire pourvue d'appendices pharyngiens. Ainsi en arrière du labre, on trouve souvent un lobe plus ou moins développé et soutenu par des tiges de consistance coriace; on le désigne, d'après Savigny, sous le nom d'*épipharynx*. A la base de la lèvre inférieure, il existe, dans le plus grand nombre des Insectes masticateurs, une sorte de bouton charnu appelé la *langue* ou l'*hypopharynx*.

Le tube digestif, en continuité de tissu avec la membrane tapissant la cavité buccale, se porte de l'extrémité antérieure à l'extrémité postérieure du corps, tantôt en ligne droite, tantôt en décrivant des circonvolutions. Des renflements et des étranglements successifs marquent les divisions du conduit alimentaire : l'œsophage, l'estomac, l'intestin grêle, le gros intestin. Des glandes complètent le système digestif, les glandes salivaires, et des tubes grêles, désignés par les anatomistes sous les noms de vaisseaux de Malpighi, de canaux biliaires ou de canaux urinobiliaires.

Le canal alimentaire est constitué par plusieurs tuniques superposées. C'est d'abord une enveloppe délicate, homogène, que l'on a comparée à une membrane péritonéale; puis une couche musculeuse formée de fibres transversales et de fibres longitudinales, particulièrement solides aux deux extrémités du canal. Une membrane muqueuse sous-jacente à la couche musculeuse forme la paroi interne, qui est tapissée par un épithélium.

Après la mastication ou après la succion, les aliments ont passé dans la bouche, la salive les imprègne ; ils pénètrent dans l'œsophage.

L'œsophage est un conduit à parois extensibles, traversant le thorax en ligne droite. Ordinairement étroit chez les espèces qui vivent de matières fluides, il acquiert parfois une largeur

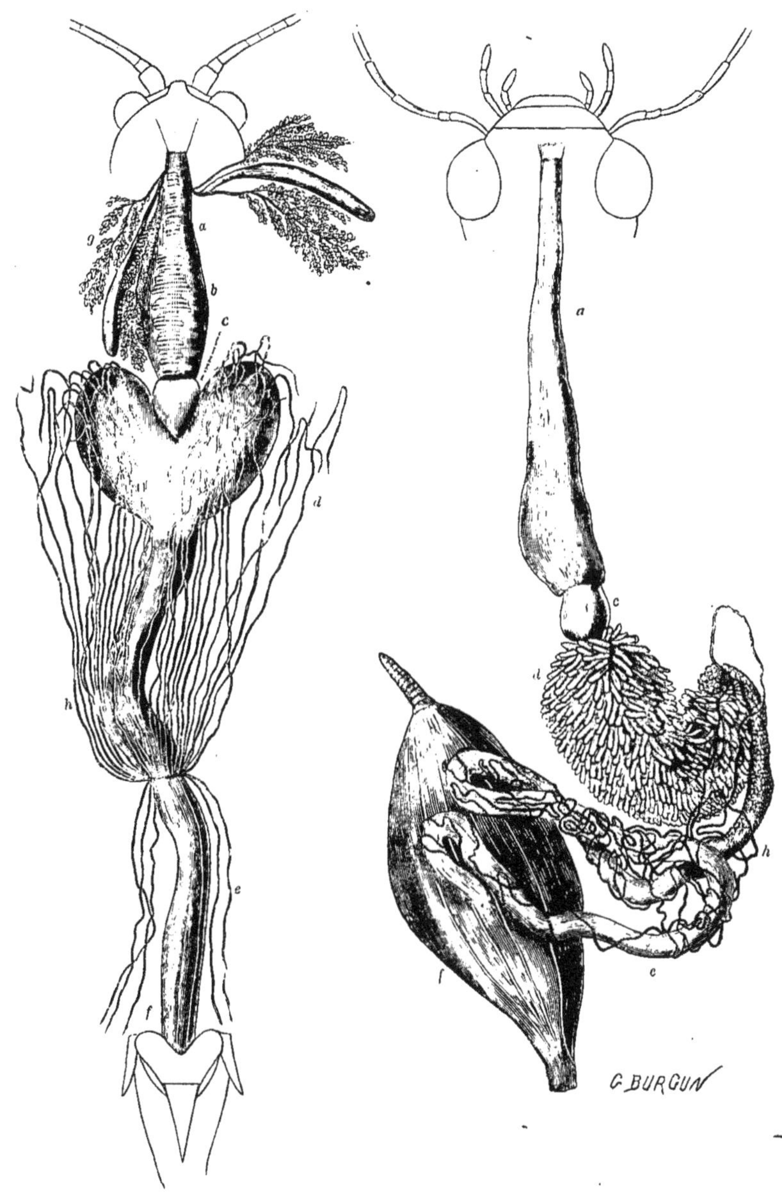

APPAREIL DIGESTIF D'UN INSECTE HERBIVORE
la Sauterelle verte (*Locusta viridissima*).

APPAREIL DIGESTIF D'UN INSECTE CARNASSIER
le Dytique bordé (*Dytiscus marginalis*).

a, l'œsophage. — *b*, le jabot. — *c*, le gésier. — *d*, l'estomac. — *e*, l'intestin grêle. — *f*, le gros intestin ou rectum. — *g*, les glandes salivaires. — *h*, les canaux urino-biliaires.

assez considérable chez les espèces qui se nourrissent de matières solides. Souvent un élargissement très-notable se manifeste à la partie postérieure de l'œsophage. Le nom de *jabot*, emprunté à l'anatomie des Oiseaux, désigne cette portion élargie. Le jabot permet à l'animal d'accumuler, de tenir en réserve une forte quantité d'aliments. Nous le trouvons dans des Insectes herbivores, dans de grands mangeurs, comme les Criquets, les Sauterelles, etc., et surtout dans les Insectes qui font provision de nourriture pour leurs larves. Ces derniers possèdent la faculté de dégorger. De la sorte, l'Abeille dépose dans ses cellules le miel qu'elle a puisé au fond des fleurs. Il y a des espèces chez lesquelles le jabot devient excentrique et se développe de côté, de manière à former une poche ou une panse latérale. Dans quelques groupes, le jabot s'isole entièrement du canal œsophagien, et devient un sac appendiculaire : c'est le cas pour les Lépidoptères. Parfois, comme chez une foule de Diptères, ce sac est pourvu d'un long col grêle, s'ouvrant dans l'œsophage plus ou moins près de la bouche. Ce jabot appendiculaire paraît jouer un rôle dans l'acte de la succion ; cependant le mécanisme de cette pompe aspirante ne nous est pas encore très-bien connu.

Le plus ordinairement, à l'œsophage succède l'estomac ; mais, chez beaucoup d'Insectes, il existe au devant de l'estomac une poche à parois musculeuses, épaisses et résistantes, séparée de l'œsophage par un étranglement ou un bourrelet. C'est un premier estomac, un estomac de trituration analogue au *gésier* des Oiseaux, dont on lui donne le nom. Le gésier, garni à l'intérieur de colonnes charnues ou de pièces dures, a pour usage de faire subir aux aliments une nouvelle trituration avant leur passage dans l'estomac. L'existence du gésier n'était nécessaire que chez les espèces carnassières ou herbivores, qui avalent des substances très-solides. Cette poche fait défaut chez les espèces dont les aliments ne réclament aucune trituration énergique.

L'estomac, en rapport direct tantôt avec l'œsophage, tantôt

avec le gésier, varie dans les plus larges limites. Parfois, comme dans la Sauterelle, c'est un vaste sac un peu cordiforme, terminé en forme de conduit tubuleux, à parois épaisses, présentant une surface extérieure lisse. Plus souvent c'est une partie du tube digestif, allongée, intestiniforme, tantôt lisse à sa surface, tantôt couverte d'une multitude de petites glandes, comme dans le Dytique et beaucoup d'autres Insectes carnassiers. Là s'effectue l'acte principal de la digestion. Les aliments, déjà fort divisés, que reçoit l'estomac, y subissent l'action du suc gastrique. Ce liquide, toujours acide, au moins dans l'état de digestion, possède les mêmes propriétés essentielles que chez les Vertébrés. Il réduit en pulpe, en chyme, les substances ingérées. Le suc gastrique est versé dans l'estomac en plus ou moins grande abondance, selon le régime des espèces. Les glandes qui le sécrètent sont très-développées dans la plupart des Insectes qui vivent de matières animales, les Carabes, les Dytiques, les Bousiers. Les glandes qui couvrent la surface de l'estomac de ces animaux, sous l'apparence de villosités ou de petits cils allongés, affectant la forme de doigts de gant, ont des parois celluleuses remplies d'utricules. Les glandes stomacales d'une foule d'Insectes ne se montrent pas à l'extérieur; on les trouve logées dans l'épaisseur des parois de l'estomac, sous la couche musculeuse. C'est ce que l'on voit chez les Insectes herbivores, qui consomment de grandes quantités de nourriture, et dont les parois de l'estomac sont fort épaisses. De même que dans l'Homme et les Animaux supérieurs, la sécrétion du suc gastrique est provoquée par l'état de plénitude et d'excitation de l'estomac. Dans cette condition, les glandules versent leur produit en abondance, et ce produit possède alors ses propriétés digestives au plus haut degré. Dans l'état de vacuité de l'estomac, le suc gastrique, très-peu abondant, perd son acidité, et parfois même devient alcalin. Le phénomène est analogue à celui qui est observé chez les Vertébrés.

L'intestin succède à l'estomac; son origine est indiqué, à l'extérieur par un étranglement et par l'insertion des canaux urino-biliaires; à l'intérieur par un repli, une sorte de pylore, arrêtant le passage des aliments, tant qu'ils ne sont pas suffisamment digérés. L'intestin varie à l'infini sous le rapport de la longueur : tantôt il est absolument droit, tantôt il décrit quelques sinuosités, tantôt encore il est plusieurs fois replié sur lui-même. Souvent il a été affirmé que l'intestin offrait, selon le régime, des modifications analogues à celles que l'on observe parmi les Mammifères. Des exemples ont été signalés, où il est court chez les espèces carnassières, et très-long au contraire chez les espèces herbivores. En effet, dans la Cicindèle, le Carabe, etc., les plus carnassiers des Coléoptères, l'intestin est à peu près droit; dans le Hanneton, animal essentiellement phytophage, l'intestin forme de nombreux replis, tant sa longueur est considérable relativement à celle du corps. Il n'en fallait pas davantage pour concevoir la tentation de généraliser. Pourtant ici la généralisation était malheureuse. Le Dytique est un animal féroce, exclusivement carnassier; son intestin, quatre fois replié, comme le montre notre figure, a une assez grande longueur. La Sauterelle est un animal herbivore, et son intestin, décrivant à peine quelques ondulations, a peu de longueur. En réalité, la dimension de l'intestin ne permet pas de préjuger le régime d'un Insecte. C'est ailleurs qu'il faudra rechercher le but de la nature, dans ce genre de modification d'une partie de l'appareil digestif, car, actuellement, ce but n'est pas encore découvert.

Parfois l'intestin conserve à peu près le même diamètre depuis son origine jusqu'à l'orifice anal; mais, le plus souvent, sa partie postérieure est marquée par un renflement très-prononcé. On distingue alors l'intestin grêle et le gros intestin ou rectum. Dans beaucoup d'Insectes, le rectum porte des boutons charnus dont l'usage ne nous est pas connu. Cette partie du tube digestif devient quelquefois une poche latérale. Chez le Dytique, cette poche rejetée sur le côté affecte une forme étrange, celle d'une sorte de bonnet.

Les glandes accompagnant le canal alimentaire sont les glandes salivaires et les vaisseaux urino-biliaires.

Les glandes salivaires, placées de chaque côté de l'œsophage, sont des tubes contournés, des poches à parois celluleuses, des grappes d'utricules. Très-ordinairement il y a deux ou trois paires de glandes, et ces glandes en général sont au moins de deux sortes. Dans la Sauterelle, par exemple, où les glandes salivaires sont fort développées, elles consistent en une paire de grappes utriculaires et en une paire de poches ou de sacs de forme allongée. Dans l'opinion de quelques anatomistes, les premières seraient les véritables organes sécréteurs, les secondes les réservoirs ; mais c'est là une erreur. Les unes et les autres ont également des parois celluleuses contenant des utricules qui donnent un produit spécial. Un mélange des liquides provenant des deux sortes de glandes s'effectue dans le canal commun qui conduit la salive à la bouche ou dans la bouche elle-même. L'existence d'au moins deux sortes de glandes salivaires chez un grand nombre d'Insectes est certaine. C'est une complexité qui n'est pas sans analogie avec ce que l'on voit dans les Animaux supérieurs.

La salive est très-franchement alcaline, et tout indique que non-seulement elle sert à faciliter la déglutition en humectant les aliments, mais qu'elle exerce une action chimique comparable à celle de la salive des Vertébrés. Elle a un autre usage chez les Insectes suceurs ; elle agit sur les végétaux et les animaux, de façon à déterminer une excitation propre à amener vers la piqûre une abondance de matière fluide. On en verra des exemples remarquables dans le cours de cette histoire. Il est des cas où les glandes salivaires sont détournées davantage encore de leurs fonctions ordinaires. Dans les chenilles et diverses autres larves, elles deviennent les vaisseaux qui fournissent la soie.

Les glandes intestinales sont des tubes aveugles insérés au point d'union de l'estomac et de l'intestin. Ces tubes, toujours assez longs, entortillés sur le canal digestif, quelquefois fortement accolés à une partie de l'intestin, sont au nombre d'au moins deux paires. C'est le cas pour tous les Coléoptères; mais, chez une foule d'Insectes, les Orthoptères, les Hyménoptères, etc., ils sont en nombre beaucoup plus considérable et très-variable. Framboisés sur leurs bords, souvent d'un jaune verdâtre, comme dans la Sauterelle, parfois d'un brun foncé comme dans le Dytique, les tubes urino-biliaires sont particulièrement caractéristiques de l'appareil digestif des Insectes. Ils ont été appelés canaux ou vaisseaux de Malpighi, du nom de l'auteur qui les a signalés le premier, vaisseaux hépatiques, canaux biliaires, canaux urinaires, canaux urino-biliaires, selon l'idée que l'on s'est formée de leur fonction. Leur produit a été le plus ordinairement considéré comme étant de la bile; ce devait être alors des corps remplissant les fonctions du foie. D'un autre côté, la présence d'acide urique et même de calculs ayant été constatée dans ces tubes, plusieurs physiologistes estimèrent que ces canaux faisaient l'office des reins. D'autres physiologistes ne pouvant douter que ces organes ne soient en même temps le siége d'une sécrétion spéciale très-analogue à la bile, ont vu probablement avec raison, dans les canaux de Malpighi, des organes chargés du double rôle du foie et des reins. De là le nom de canaux urino-biliaires qu'on paraît aujourd'hui préférer à tout autre et qu'il convient sans doute de leur attribuer.

La graisse se forme en grande masse chez les espèces qui hivernent, et surtout chez les Insectes à l'état de larves qui doivent passer un temps assez prolongé à l'état de nymphes. Dans d'innombrables vésicules retenues par des brides de tissu connectif, la graisse s'accumule autour du canal digestif, et finit quelquefois par envahir les interstices de tous les organes et même de toutes les fibres musculaires. On voit cette substance, très-abondante au moment de la métamorphose de la larve, disparaître presque

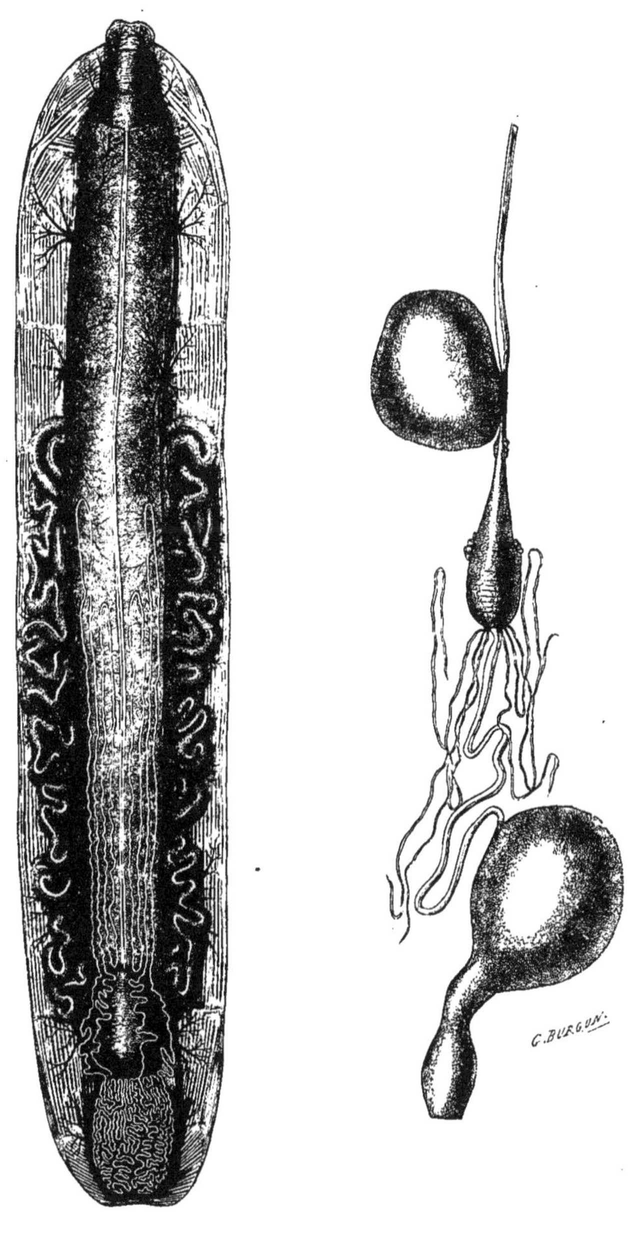

CHENILLE. PAPILLON.

Appareil digestif du Bombyx du Mûrier à l'état de Ver à soie et à l'état de Papillon.

entièrement chez l'adulte. Elle a servi à la nutrition pendant la période d'inactivité de l'animal, la période de nymphe. Chez des larves carnassières, arrivées à l'époque de la transformation, le tissu adipeux devient le siége d'une production d'acide urique; c'est ce qui a été démontré par des expériences de M. Fabre.

Il est curieux aussi de jeter un coup d'œil sur les modifications qui s'effectuent dans l'appareil digestif d'un Insecte passant de l'état de larve à l'état adulte. Prenons le Ver à soie pour exemple. Chez la chenille, l'œsophage est fort court; l'estomac, sorte de long cylindre, forme à lui seul presque tout le tube digestif; l'intestin, dont l'origine est indiquée par l'insertion des canaux urino-biliaires, est d'une remarquable brièveté. Chez le Papillon, l'œsophage s'est allongé, un jabot s'est constitué, l'estomac s'est raccourci, et l'intestin a considérablement augmenté de longueur, le rectum est devenu une vaste poche. Par l'observation des chrysalides, on peut suivre tous les changements qui s'opèrent entre ces deux états, celui de la larve et celui de l'adulte.

Chez les Insectes, il n'y a point de veines pour puiser le chyle contenu dans l'intestin, moins encore de vaisseaux propres pour porter dans le sang les produits de la digestion, c'est-à-dire des vaisseaux chylifères. L'intestin est baigné par le sang veineux, et c'est au travers des parois de l'intestin que passe le produit de la digestion, pour enrichir sans cesse le sang de nouveaux matériaux.

Le sang des Insectes est un fluide coagulable, presque incolore, ayant souvent néanmoins une teinte jaune ou verdâtre très-prononcée : c'est le cas pour les espèces herbivores. La matière verte des feuilles donne au sang cette coloration. L'origine de la teinte verte ou jaune n'est pas douteuse; la teinte existe manifeste dans le sang des chenilles, elle n'existe pas dans le sang des papillons; pendant la période de nymphe ou de chrysalide, la matière colorante est éliminée par l'intermédiaire des vaisseaux urino-biliaires. Certaines expériences ont montré, au reste, avec un caractère absolu d'évidence, comment le sang reçoit de l'intestin les matériaux qui lui sont nécessaires, comment le sang reçoit des matières qui doivent être éliminées de l'économie, et en particulier des matières colorantes. Si l'expérience est faite sur des Vers à soie, on saupoudre les feuilles de Mûrier avec l'indigo ou de la garance; le sang des *Vers* soumis à ce régime devient bleu ou rougeâtre.

Le sang, le fluide nourricier, est formé chez les Insectes comme chez l'Homme lui-même, de deux éléments : une portion liquide et des corpuscules solides, les globules du sang. Ces globules sont en nombre immense, et ils affectent une forme spéciale. Ils sont allongés comme des navettes. Dans le sang des adultes, ils ont un noyau bien distinct; ce noyau manque dans les globules sanguins des larves.

Les caractères physiques du sang nous étant connus, nous devons examiner de quelle façon ce fluide circule dans l'économie, de quelle façon il est porté à tous les organes pour les nourrir; mais auparavant il est indispensable de bien connaître l'appareil d'une fonction intimement liée à la circulation du sang, l'appareil de la respiration.

Rien de plus admirable, de plus ravissant à la vue que l'appareil respiratoire d'un Insecte. On ouvre l'Insecte sous l'eau, comme il est nécessaire de le faire pour toutes les dissections de ces animaux, et alors se montrent de tous côtés des tubes remplis d'air, magnifiques arbuscules ayant l'éclat de l'argent, divisés sur tous les organes, dans tous les muscles, en branches et en rameaux d'une incomparable délicatesse.

Les tubes respiratoires sont habituellement désignés sous le nom de trachées, nom emprunté à la botanique. L'appareil respiratoire, reconnu dans ses caractères généraux par Malpighi, par Swammerdam, n'a été étudié dans sa structure que plus tardivement. Lyonet, qui a décrit et figuré avec un soin minutieux les branches et les rameaux des trachées de la Chenille du Saule, a su découvrir la constitution de ces tubes. En 1815, un professeur de l'université de Halle, Sprengel, dans un mémoire spécial, et plusieurs après lui, se sont occupés de la manière dont ces organes sont constitués. Cette structure est vraiment merveilleuse. Nulle part on n'est plus frappé des incomparables ressources de la nature qu'en observant les trachées des Insectes. C'est la réalisation de la ténuité, de la délicatesse extrême d'un organe avec une extrême élasticité et une force de résistance surprenante.

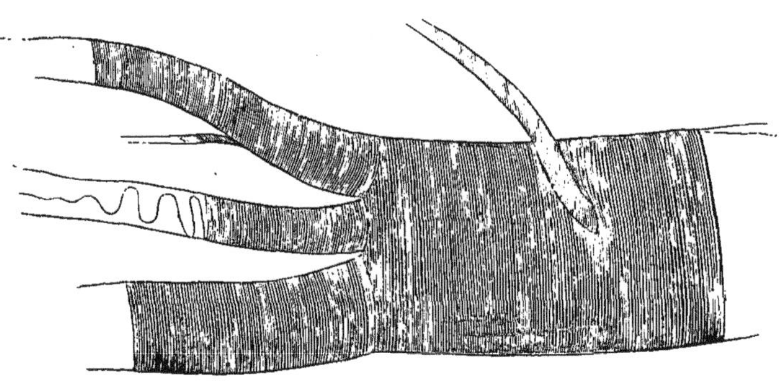

PORTION DE TRACHÉE DU DYTIQUE, TRÈS-GROSSIE.

Une trachée est un tube formé de deux tuniques, entre lesquelles se trouve interposé un fil contourné en spirale. C'est la présence de ce fil spiral, ayant quelque analogie avec celui des vaisseaux des plantes, que l'on appelle les trachées, qui a fait donner le même nom à des organes différents sous tous les rapports, et qui, à une autre époque, a fait croire à l'existence de certaines ressemblances entre les Insectes et les plantes.

L'air pénètre dans l'appareil respiratoire par des orifices en forme de boutonnières, situés le plus ordinairement sur les côtés du corps. Quand on examine des chenilles, des larves dont la peau est lisse et d'une teinte pâle, ces orifices, que l'on désigne sous le nom de stigmates, entourés de leur cercle, de consistance

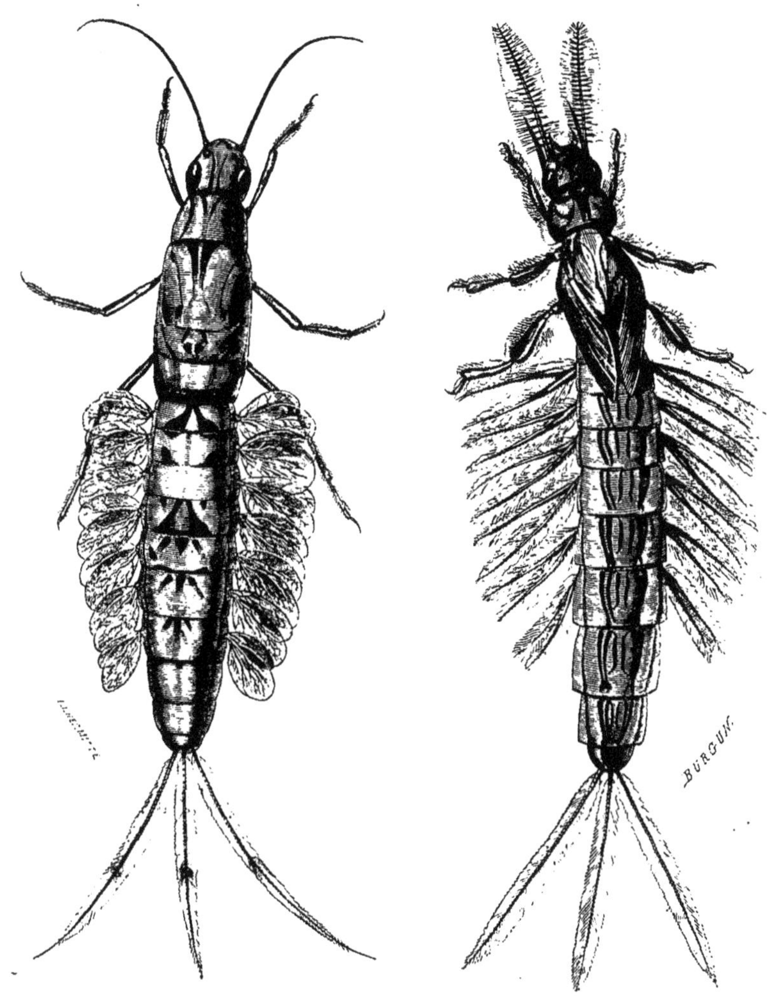

APPAREIL RESPIRATOIRE DES LARVES AQUATIQUES. — ÉPHÉMÈRES.

(*Cloe bioculata.*) (*Ephemera vulgata.*)

dure, de couleur noire, brune ou rougeâtre, apparaissent avec une extrême netteté. La larve du Hanneton en fournit un exemple frappant.

Dans le plus grand nombre des cas, les stigmates sont placés exactement sur les côtés du corps. Il y en a une paire au prothorax, une paire à chacun des huit premiers anneaux de l'abdomen. Jamais il n'existe d'orifices respiratoires, soit au mésothorax, soit au métathorax. Dans les circonstances où l'on a signalé l'existence de stigmates au mésothorax, on paraît avoir été trompé par un chevauchement du prothorax; lorsqu'elle a été constatée au métathorax, c'est que le premier anneau de l'abdomen s'était uni au dernier anneau du thorax. Cette absence d'orifices respiratoires aux deux anneaux qui portent ou qui doivent porter les ailes donne une certaine consistance à l'idée depuis longtemps émise, que les ailes sont en grande partie constituées par des trachées rejetées au dehors et emprisonnées entre deux lames tégumentaires.

La position et le nombre des stigmates varient encore dans une large mesure, avec des conditions biologiques très-particulières. Chez la plupart des Coléoptères, par suite d'un développement inégal des arceaux supérieurs et des arceaux inférieurs de l'abdomen, les stigmates se trouvent refoulés sur la région dorsale : il faut soulever les élytres pour les apercevoir. Cette position leur assure une protection spéciale. Dans la plupart des larves de Diptères, il n'existe qu'une seule paire de stigmates, et ces orifices occupent exactement l'extrémité postérieure du corps. Cette disposition était rendue nécessaire par le genre de vie de ces Insectes. Des larves carnassières s'engagent en entier dans le corps de leur victime, ne laissant au dehors que leur dernier anneau; de la sorte, elles continuent à respirer librement, ce qui eût été impossible si leurs stigmates avaient été placés sur les côtés. Il en est de même pour toutes ces larves de Diptères, avides de substances animales ou végétales en décomposition, qui peuvent s'agiter au milieu de ces matières, sans courir le danger d'avoir leurs orifices respiratoires obstrués. Chez des larves et des nymphes aquatiques, comme il y en a beaucoup parmi les Névroptères, l'appareil trachéen n'a plus d'orifices extérieurs. C'est au moyen de certaines dispositions organiques spéciales que l'air arrive dans les trachées.

Chez les Éphémères, des lamelles minces, larges folioles sim-

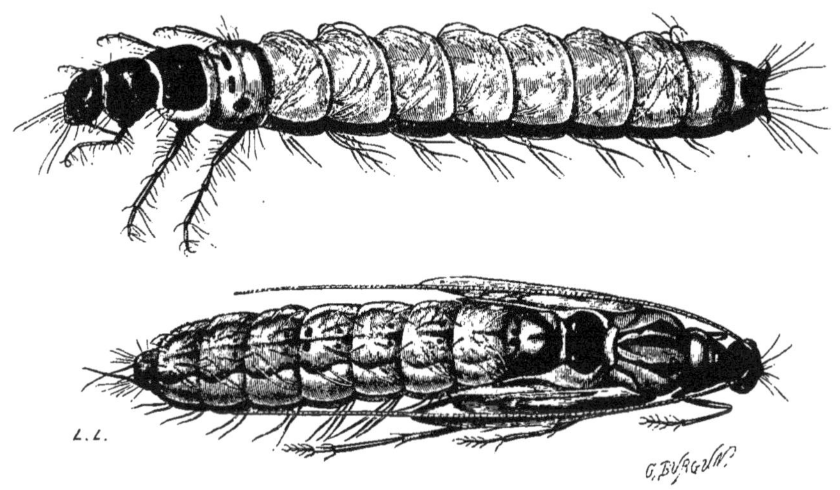

LARVE ET NYMPHE AQUATIQUES. — PHRYGANE

(*Phryganea flavicornis*).

ples ou lames étroites et frangées, formées par des expansions cutanées, sont attachées par paires aux sept premiers anneaux de l'abdomen. Des trachées se ramifient dans l'épaisseur de ces lamelles, et, au travers de leur tissu perméable, puisent le fluide respirable. Chez les Phryganes, larves et nymphes, ce sont des paquets de filaments ou des houppes branchiales qui sont affectés au même mode de respiration.

En considérant d'une manière un peu superficielle les stigmates des Insectes, il vient aisément à la pensée que ces ouvertures doivent être singulièrement exposées à laisser pénétrer des poussières ou d'autres corps étrangers. Mais lorsqu'une attention sérieuse se porte sur le mode de construction des orifices respiratoires, dans les divers groupes de la classe des Insectes, l'admiration pour les infinies ressources de la nature saisit l'observateur.

9

L'Insecte a-t-il une peau très-molle, ce qui est le cas ordinaire pour les larves, les stigmates ont leur bord corné, le *péritrème*, assez large, assez épais, assez dur pour résister à tout froissement, et les deux bords de la boutonnière si bien taillés, qu'en se rapprochant, ils déterminent une occlusion parfaite de l'orifice respiratoire. L'Insecte est-il destiné à vivre dans une condition où ses stigmates se trouvent fort exposés, soit au contact de corps étrangers, soit à l'introduction de poussières, les bords de ces stigmates sont garnis alors de cils, de franges, de plumules, d'une délicatesse sans pareille, affectant la plus merveilleuse disposition pour empêcher l'entrée des plus petits corpuscules.

La vie de l'animal pouvant être mise en danger par l'introduction, dans l'appareil respiratoire, de matières gazeuses, est également protégée par les dispositions organiques les plus curieuses. De petits muscles placés dans diverses directions, et devenant, par cette différence de direction, antagonistes les uns des autres, permettent à l'Insecte d'ouvrir et de fermer complétement ses stigmates. Ces muscles sont sous la dépendance de la volonté de l'animal, comme le montrent toutes les expériences. Tandis que chez l'Homme, que chez les Animaux à sang chaud en général, la respiration peut à peine être arrêtée quelques instants sans amener l'asphyxie, elle peut être suspendue chez les Insectes pendant un temps fort long, sans accident grave.

Il y a plus de quarante ans, un ingénieux physiologiste, William Edwards, remarqua le premier que des Insectes entièrement plongés dans les gaz les plus délétères continuaient à marcher, à agir, sans manifester un grand trouble. Il vit en même temps que des Insectes placés dans un air atmosphérique très-légèrement chargé de vapeurs délétères ne tardaient pas à être asphyxiés. Au premier abord, un pareil résultat devait paraître inexplicable ; mais la connaissance exacte des dispositions organiques des orifices respiratoires devait bientôt conduire à tout expliquer. En effet, l'Insecte plongé dans du gaz acide carbonique, dans de l'hydrogène sulfuré et saisi soudainement par l'impression violente que produit le gaz délétère, ferme ses stigmates et cesse de respirer. Il ne périra alors qu'après un

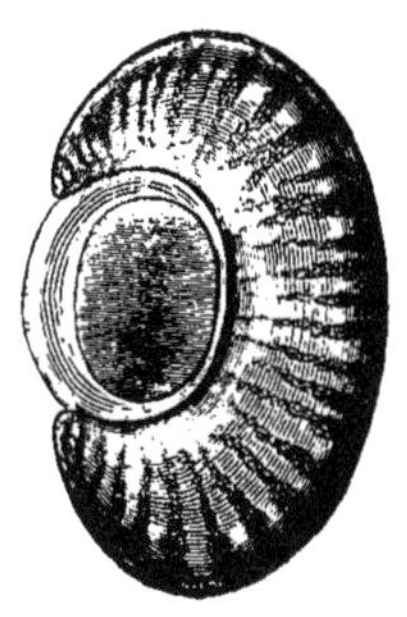

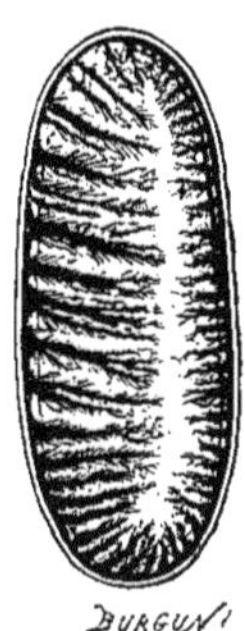

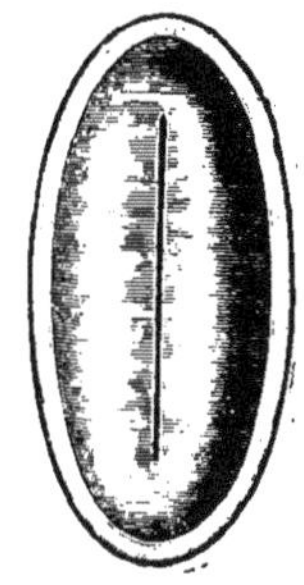

STIGMATES DE DIVERS INSECTES.

1. De la larve du Hanneton. — 2. Du Dytique bordé. — 3. De la chenille du Sphinx du Troëne.

temps assez long, par le défaut de respiration. Au contraire, l'Insecte placé au milieu d'un air vicié continue à respirer, et alors peu à peu les petites quantités de gaz délétère introduites dans l'appareil respiratoire font sentir leur action toxique, amènent l'asphyxie, déterminent la mort. Les résultats sont analogues avec les substances anesthésiques, l'éther, le chloroforme, etc.

Les trachées sont en continuité intime de tissu par leur tunique interne, soit avec les orifices, soit avec les bords des stigmates. Cette membrane, si mince, si délicate, est constituée essentiellement, comme les parties tégumentaires, par la *chitine*. Aussi, comme toutes les parties tégumentaires, elle se renouvelle à chaque âge de l'animal. Quand une larve change de peau, avec la peau abandonnée se trouve abandonnée une dépouille de la tunique interne des trachées. La tunique externe, au contraire, est une membrane celluleuse ne contenant aucune parcelle de chitine; elle n'adhère point aux parties tégumentaires avoisinant l'orifice, elle demeure libre, simplement accolée au fil spiral. Ce dernier règne dans toute l'étendue des trachées, donnant à ces tubes, même les plus déliés, une incroyable résistance relativement à leur ténuité, et ménageant un espace entre les deux tuniques trachéennes. Les trachées représentent donc un tube renfermé dans un tube d'une capacité un peu supérieure, le tube interne séparé du tube externe par un spiral analogue à un ressort *à boudin*.

Dans les larves, les conduits respiratoires sont toujours simples ; dans la plupart des Insectes adultes, ces tubes diffèrent peu de ceux des larves : ce sont toujours des arbuscules infiniment ramifiés. Mais chez les types qui se distinguent par un haut degré de perfectionnement organique, certaines trachées se dilatent et forment des ampoules, de petits ballons plus ou moins volumineux. Les Scarabéides, à l'état adulte, ont ainsi un grand nombre de trachées vésiculeuses. Straus-Durckheim en a donné de magnifiques figures d'après le Hanneton. Des dispositions analogues existent chez divers Orthoptères. C'est parmi les Hyménoptères, cependant, que l'on observe les trachées vésiculeuses les plus remarquables ; à la base de l'abdomen elles forment deux poches immenses d'où partent toutes les branches qui vont se ramifier sur les parties environnantes.

Le procédé par lequel se modifient les trachées tubuleuses de la larve en trachées vésiculeuses chez l'adulte est simple, de cette simplicité grande qui est le caractère des plus beaux phénomènes de la nature. Dans la trachée tubuleuse destinée à devenir une ampoule, une vésicule, une vaste poche, le fil spiral se retire peu à peu, la double paroi de la trachée affaiblie cède dans une certaine mesure sous l'effort de l'air qui la presse, la trachée s'élargit. C'est un véritable anévrysme normal, mais c'est un anévrysme qui s'arrêtera à un point rigoureusement déterminé ; jamais l'affaiblissement de la paroi trachéenne ne sera poussé assez loin pour amener une rupture. Quand le fil spiral a disparu, les deux tuniques de la poche respiratoire se sont rapprochées, ont pris adhérence l'une à l'autre sur certains

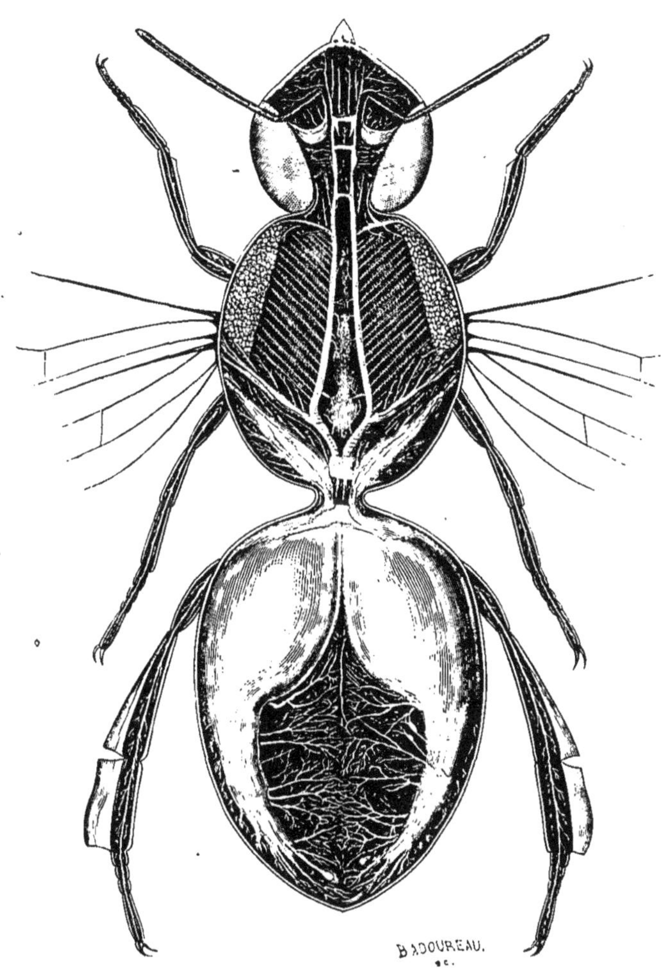

APPAREIL RESPIRATOIRE DE L'ABEILLE

(*Apis mellifica*).

points, mais non pas sur leur surface entière ; des rigoles se trouvent ménagées pour permettre l'introduction du sang.

L'activité de la respiration varie beaucoup chez les Insectes, selon la température, selon l'énergie des mouvements, selon les circonstances dans lesquelles ces êtres sont destinés à vivre. Les inspirations et les expirations d'air peuvent ainsi être très-lentes ou assez fréquentes; le jeu des muscles dilatant et resserrant successivement les parois de l'abdomen et les orifices respiratoires amène tour à tour l'entrée de l'air nouveau et l'expulsion de l'air vicié par le fait de la respiration.

Au repos, surtout à une basse température, les Insectes respirent très-faiblement. Dans leurs moments d'agitation, la respiration s'accélère, comme il est facile de le voir en observant les parois de l'abdomen qui se soulèvent et s'abaissent avec fréquence.

Tel Insecte calme, se traînant sur le sol ou sur le feuillage d'une plante, a peu d'air dans ses trachées. Son corps est-il pesant, il lui devient impossible de s'envoler lorsque son appareil respiratoire est peu rempli; l'Insecte alors soulève ses ailes, fait d'énergiques efforts pour dilater son abdomen et faire entrer autant d'air qu'il sera possible dans toutes ses trachées. Dès le jeune âge on apprend à connaître cette manœuvre en martyrisant des Hannetons. L'animal exécute ses mouvements d'inspiration avec une telle régularité, qu'il semble compter; ce qui fait dire aux enfants que le ***Hanneton compte ses écus***.

Continuellement on cite les voyages des Criquets, on parle des longues colonnes de ces Insectes traversant d'immenses espaces; cependant, lorsqu'on se promène dans les champs, on voit les Sauterelles, les Criquets, sautillant, franchissant à peine quelques mètres, s'ils s'envolent à l'approche d'un danger. Comment donc ces Insectes, lourds, médiocrement agiles, parviennent-ils à certains moments à se soutenir dans l'air pendant de longues heures, des journées entières? Rien de plus facile à comprendre après l'observation de leur appareil respiratoire. Chez la Sauterelle, chez le Criquet presque au repos, toutes les trachées sont aplaties comme des rubans; elles contiennent une toute petite quantité d'air. Au moment du départ pour un long voyage, le Criquet, comme le Hanneton, se gonfle d'air, et son corps se trouve ainsi fort allégé relativement à la masse d'air qu'il déplace.

Une conséquence de la respiration est la production de chaleur. Cette production est en général d'une extrême faiblesse chez tous les Animaux à sang froid, dont la respiration est fort peu active. Il en est ainsi pour tous les Insectes qui s'agitent médiocrement. Mais chez ceux dont les mouvements deviennent très-énergiques et continus, la respiration s'accélère, un dégagement de chaleur parfois assez considérable se produit. Tout le monde sait qu'il règne souvent une température fort élevée dans l'intérieur des ruches d'Abeilles. Newport s'est attaché à déterminer les températures que peuvent atteindre ces Insectes dans les différentes circonstances de leur vie. Mais quelques expériences faites sur des Lépidoptères qui étonnent toujours par la rapidité et la continuité de leur vol, les Sphinx, nous ont fourni la preuve que les Insectes étaient véritablement des Animaux à sang chaud dans leurs instants d'extrême activité. Newport avait reconnu le fait à l'égard du Sphinx du Liseron. Le docteur Breyer, observant la même espèce par une température de 17 degrés, s'assura que la chaleur du corps de l'Insecte s'était élevée à 32 degrés. M. Maurice Girard, qui s'est beaucoup occupé de cette intéressante question, a constaté de son côté une élévation de température très-remarquable chez des ***Sphinx Tête-de-mort.***

Or, après ces faits bien reconnus, lorsque nous reportons notre attention sur les Insectes voyageurs, les Sauterelles, et surtout les Criquets, nous sommes assurés que ces animaux, déployant toute l'énergie de leurs mouvements, consomment alors une assez grande quantité d'oxygène ; que l'air dont ils sont gonflés se trouvant acquérir une forte chaleur, acquiert plus de légèreté sous le même volume. Les Criquets voyageurs deviennent de petites montgolfières, et tout explique comment ces animaux pesants sont rendus capables de traverser d'immenses espaces.

Chez tous les Animaux, le sang, le fluide nourricier, circule avec plus ou moins de régularité, selon le degré de perfection de l'appareil circulatoire. Dans tous les cas, l'appareil se complique ou se dégrade suivant la condition des organes respiratoires. Chez les Insectes, la diffusion des organes respiratoires est extrême; l'appareil de la circulation du sang serait fort dégradé, s'il ne se complétait par un emprunt à un autre système organique.

Il a fallu bien des efforts pour mettre en lumière le mode de circulation du sang chez les Insectes, et encore aujourd'hui il reste quelques détails à éclaircir.

L'histoire des opinions qui ont régné aux diverses époques de la science sur cette fonction physiologique et des découvertes successives est vraiment curieuse.

Malpighi et Swammerdam s'étaient assurés de la présence d'un organe pulsatile situé le long de la ligne dorsale, sous le tégument. C'est un vaisseau doué de mouvements de contraction et de dilatation, ou de systole et de diastole, selon le langage des anatomistes, vaisseau très-facile à apercevoir sur certaines chenilles et d'autres larves dont la peau est lisse. Tout le monde a observé ses battements sur des Vers à soie. Malpighi et Swammerdam n'avaient pas hésité à dire que le vaisseau dorsal est un cœur.

Malpighi et Swammerdam avaient eu raison; cependant ces habiles naturalistes ne parvinrent à acquérir aucune notion sérieuse touchant le phénomène de la circulation du fluide nourricier chez les Insectes. Jusqu'à une époque bien rapprochée du temps actuel, on ne pouvait comprendre la circulation du sang en l'absence d'artères et de veines constituant un appareil vasculaire plus ou moins analogue à celui de l'Homme et des Animaux supérieurs. Malpighi, après avoir reconnu le cœur chez les Insectes, ne réussit pas, par la meilleure des raisons, à découvrir des artères et des veines; mais, considérant la petite taille des Insectes, la difficulté qu'il pouvait y avoir à trouver des vaisseaux d'un diamètre extrêmement minime, ces vaisseaux ne recevant du sang aucune couleur particulière, il resta convaincu de l'existence de vaisseaux qu'il n'avait pu apercevoir.

Lyonet, sans avoir étudié la structure intime du cœur de la Chenille, dont il a fait une si belle anatomie, a donné des figures exactes de cet organe; il a reconnu ses attaches musculaires, auxquelles il a attribué le nom d'*ailes du cœur*, qui est resté en usage. L'habile naturaliste, néanmoins, ne parvint pas plus que ses devanciers à concevoir la moindre idée du mouvement circulatoire chez les Insectes. Vingt ans auparavant, un observateur anglais qui prenait plaisir à examiner toutes sortes d'objets sous le microscope, Baker, avait distingué dans les pattes, au travers des téguments, des courants sanguins; il était demeuré incapable de comprendre la portée de son observation, personne ne l'avait remarquée.

A la fin du siècle dernier, Cuvier, jeune, plein d'ardeur pour les recherches anatomiques, plein de sagacité pour reconnaître où devaient se porter les plus grands efforts afin d'arriver à de notables progrès scientifiques, fit de sérieuses tentatives pour découvrir le mode de circulation du sang chez les Insectes. Il conçut l'espoir de trouver par la dissection les vaisseaux de ces animaux. Peine perdue, il ne trouva point d'autre vaisseau que le vaisseau dorsal. Ne pouvant, avec les idées qui le dominaient, concilier l'existence d'une véritable circulation en l'absence d'un système vasculaire, il se persuada qu'aucun mouvement circulatoire ne se manifestait chez les Insectes, que le fluide nourricier demeurait en repos. Alors, avec l'habileté à tout expliquer du penseur, Cuvier imagina une explication ingénieuse, qui, donnant satisfaction à l'esprit, devait faire accepter aisément et pour longtemps une grave erreur. Le fluide nourricier, disait-il, ne pouvant aller chercher l'air, c'est l'air qui vient le chercher pour se combiner avec lui.

Trente ans s'étaient écoulés depuis la publication du mémoire de Cuvier sur la *Nutrition dans les Insectes*, lorsqu'un professeur de l'université de Dresde, M. Carus, eut l'idée de soumettre à l'examen microscopique de petites larves aquatiques dont la peau a une certaine transparence, des larves d'Éphémères et d'Agrions. L'investigateur reconnut aussitôt une circulation très-rapide; il vit le fluide nourricier traversant le cœur, s'épancher dans la tête, puis revenir d'avant en arrière en baignant tous les organes et en formant des courants très-réguliers. Il distingua en même temps d'une manière parfaite les mouvements du vaisseau dorsal qui coïncident avec la rentrée et la sortie du sang.

La découverte de M. Carus était à peine annoncée, et déjà elle se trouvait confirmée d'une façon éclatante par une découverte d'un autre ordre. On s'était toujours imaginé le vaisseau dorsal un tube simple; l'auteur de l'*Anatomie du Hanneton*, Straus-Durckheim, révélait la véritable structure du cœur des Insectes. Il avait constaté dans le vaisseau dorsal l'existence d'une portion cardiaque et d'une portion aortique; dans la portion cardiaque, l'existence d'ouvertures pour la rentrée du sang, de valvules propres à empêcher son reflux.

La question, éclairée tout à coup d'un jour nouveau, prit, aux yeux des naturalistes, un intérêt extrême; les observations se succédèrent, et sans ajouter rien d'important aux résultats acquis par les recherches de Carus et de Straus-Durckheim, elles mirent ces résultats hors de doute.

Mais quelques années encore, et George Newport, qui ne s'arrête à aucun sujet sans laisser la marque de son passage, reconnaît l'enveloppe du cœur, c'est-à-dire le péricarde, et les canaux assez bien délimités, régnant sous la paroi supérieure de l'abdomen, qui servent à ramener le sang des parties inférieures et latérales du corps jusqu'aux orifices du vaisseau dorsal.

Malgré tout, l'appareil de la circulation du sang chez les Insectes semblait être étrangement dégradé pour des animaux où l'on reconnaissait d'ailleurs une perfection remarquable des autres appareils organiques. La fonction elle-même semblait être plus dégradée encore que l'appareil lui-même. On admettait que le sang pouvait aller nourrir tous les tissus sans être porté à ces mêmes tissus dans un état de division extrême, comme cela se voit chez tous les animaux qui ne comptent point parmi les plus imparfaits. On admettait que le sang pouvait échanger suffisamment l'acide carbonique produit par la combustion organique, contre l'oxygène de l'air introduit dans les trachées, en courant en grande masse sur les parois des organes respiratoires. On croyait enfin à ce qu'il y avait de plus incroyable, dans un temps où les relations de l'appareil circulatoire avec les organes de la respiration étaient déjà parfaitement connues dans la plupart des types du Règne animal; on croyait à l'indépendance des organes de la respiration et de l'appareil circulatoire chez les Insectes. On oubliait qu'un organe respiratoire n'est jamais et ne saurait être jamais qu'une dépendance de l'appareil de la circulation du sang. En effet, un organe respiratoire peut être défini dans sa généralité, une partie quelconque de l'organisme, dans laquelle *s'infiltre* le sang pour se mettre en contact avec le milieu dont il absorbera l'oxygène. Ainsi l'organe respiratoire peut être une poche plus ou moins cloisonnée, recevant dans son intérieur l'air atmosphérique, c'est-à-dire un poumon; il peut être une branchie, un système de tubes rameux, c'est-à-dire des trachées, une expansion des téguments des appendices, de l'abdomen, etc., c'est-à-dire des lamelles comme chez beaucoup de Crustacés, ou même simplement la peau, si cette peau est très-perméable, comme c'est le cas dans une foule d'Animaux inférieurs.

Il y a vingt ans[1], un naturaliste qui avait peine à se persuader que la dégradation de l'appareil circulatoire des Insectes admise par tous les auteurs fût réelle, entreprenait une série d'expé-

[1] Voyez *Comptes rendus de l'Académie des sciences*, t. XXIV, p. 870 (mai 1847), et *Annales des sciences naturelles*, 3e série, 1848, t. IX, p. 359.

riences, avec la volonté ferme d'y porter tout le soin imaginable, toute la persistance possible, pour arriver à reconnaître la vérité. Ainsi qu'à plusieurs de ses devanciers, l'idée de l'existence de vaisseaux artériels s'était offerte à son esprit; les injections de liqueurs colorées montrèrent jusqu'à la plus entière évidence qu'il n'y avait nul vaisseau au delà de l'aorte décrite par Straus, et particulièrement bien observée par Newport. Mais, d'un autre côté, apparut un fait inattendu, l'introduction dans l'épaisseur des parois trachéennes du liquide répandu dans les cavités du corps. Il n'y avait donc pas d'artères proprement dites pour porter le fluide nourricier à tous les organes, mais il y avait un appareil d'*emprunt*, la périphérie des trachées qui remplissait le rôle des artères; il y avait la pénétration du sang dans les organes respiratoires, ce qui est le caractère universel, si étrangement méconnu, de tout organe respiratoire.

Dans les expériences où sur des Insectes vivants on a rempli toute la périphérie des trachées au moyen d'une injection colorée, huileuse, qui ne laisse aucune salissure après les organes, il est merveilleux de voir les trachées, même les plus délicates, se dessinant en innombrables ramuscules rouges ou bleus sur la teinte blanche des muscles et de la plupart des organes. L'injection ne peut rester que dans l'espace où elle est étroitement emprisonnée; la démonstration a un caractère d'évidence qui ne laisse nulle possibilité à l'incertitude. Instruit par l'expérience, en détachant quelque gros tronc trachéen sur un animal plein de vie, il n'est pas très-difficile de retrouver des globules sanguins engagés entre les deux tuniques des tubes respiratoires.

Ces nouveaux résultats acquis à la science, des naturalistes italiens, et particulièrement Carlo Bassi, eurent l'idée de faire manger à des Vers à soie de l'indigo ou de la garance, en saupoudrant les feuilles de Mûrier avec l'une ou l'autre de ces substances. Après quelques jours, ils trouvèrent chez les Insectes soumis à ce régime le sang et les trachées colorés en bleu ou en rose. Le fait, d'abord peu compris, fut étudié de nouveau et bientôt expliqué. Quand un animal dont le sang est incolore absorbe des matières colorantes, ces matières passent dans le sang et lui donnent une teinte plus ou moins prononcée. L'Insecte étant ouvert sous l'eau, le liquide sanguin se trouve retenu dans l'épaisseur des parois trachéennes où il est engagé ; de là cette coloration qui avait fort surpris les premiers observateurs.

Une grande question physiologique venait d'être éclairée d'une nouvelle lumière. Il n'en fallut pas davantage pour chagriner ceux que tout succès révolte, que toute découverte met en fâcheuse humeur. Certains naturalistes déclarèrent que rien n'existait de tout ce qui avait été vu et démontré. Ceux qui se montraient si ardents pour en rester aux notions du passé, tenaient à prouver que leur habileté à ne rien voir était indiscutable. Leur satisfaction dut être complète : sur ce point, ils n'ont jamais été contredits.

Après tous les faits constatés aujourd'hui sur une multitude d'Insectes appartenant aux divers ordres, il est aisé de définir d'une manière générale l'appareil de la circulation du sang dans ce type zoologique.

Chez tous les Insectes, il existe un cœur sous la forme d'un vaisseau dorsal, centre de la circulation, ayant une portion cardiaque enveloppée d'un péricarde d'une grande délicatesse, et une portion aortique.

La portion cardiaque, occupant à peu près toute la longueur de l'abdomen, est fixée des deux côtés par un ensemble de fibres musculaires qui, dans chaque anneau, se rapprochent pour s'unir à un même point d'attache sur les parties latérales de la région dorsale. Ce sont les *ailes* du cœur. Cette portion cardiaque est le plus ordinairement divisée en une suite de compartiments ou de chambres rendues très-apparentes par une légère dilatation, suivie d'un étranglement plus ou moins prononcé. Le nombre des chambres du cœur varie suivant les types; ce nombre est généralement en rapport avec celui des stigmates et des faisceaux trachéens de l'abdomen. Dans les

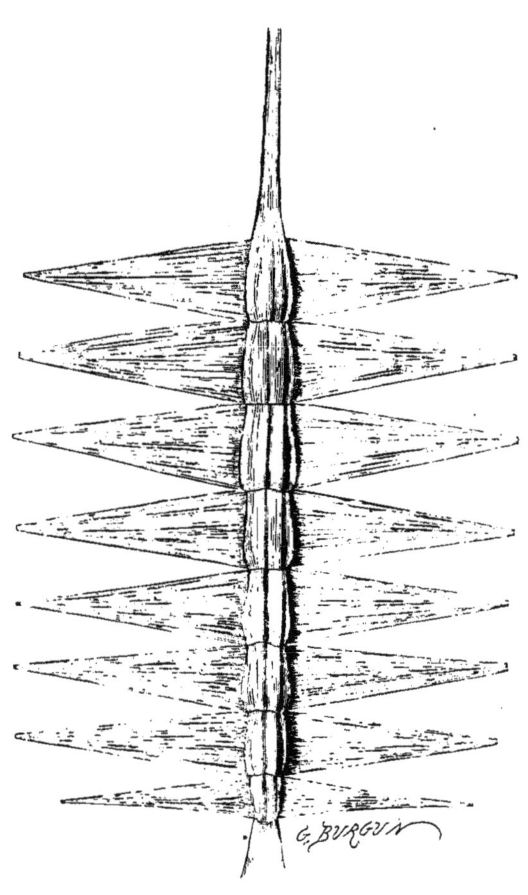

CŒUR OU VAISSEAU DORSAL D'UN INSECTE, D'APRÈS LE DYTIQUE
(*Dytiscus marginalis*).

Lépidoptères, les Coléoptères, les Orthoptères, etc., il y a sept ou huit chambres, dans beaucoup d'Hyménoptères et de Diptères quatre ou cinq, et moins encore chez certains Diptères et chez la plupart des Hémiptères. A chacune des chambres du cœur, il y a une paire d'orifices pour la rentrée du sang. Ce sont de petites fentes en forme de boutonnières, très-faciles à apercevoir. A l'intérieur, un repli de la paroi constitue une valvule qui s'oppose à tout mouvement rétrograde du liquide introduit dans le vaisseau dorsal. Les parois du cœur sont assez épaisses, formées d'une membrane interne et d'une tunique extérieure musculeuse. Ces parois sont souvent renforcées par des bandelettes musculaires très-élastiques, qui donnent à l'organe la puissance de résister à des mouvements fort énergiques.

La portion aortique du vaisseau dorsal est un tube simple qui traverse le thorax, en reposant sur l'œsophage, et qui passe ensuite sous le cerveau, où il se termine en s'élargissant et en perdant ses parois. Le sang est conduit ainsi dans la tête, où il tombe dans les espaces compris entre tous les organes, et revient d'avant en arrière en formant plusieurs courants; l'un de ces courants règne au-dessus de la chaîne ganglionnaire, les deux plus considérables sur les parties latérales et inférieures du corps. Dans ce trajet, le sang, passant en grande masse au voisinage de l'origine des tubes respiratoires, s'engage en partie dans l'espace compris entre les deux membranes trachéennes, maintenu béant par le fil spiral.

Le fluide nourricier est porté de cette manière, dans un état de division extrême, à tous les organes, comme il y est porté chez les Animaux supérieurs, au moyen des vaisseaux artériels. Ainsi introduit entre les deux tuniques constituant les tubes respiratoires, le sang se trouve n'être séparé de la colonne d'air que par une seule membrane fort délicate; il subit la réoxygénation, il s'artérialise pendant son trajet même, pour devenir propre à nourrir les tissus. Les trachées, tubes aérifères dans leur portion centrale, deviennent dans leur périphérie de véritables vaisseaux nourriciers. Le sang s'échappant par les extrémités, comme il s'échappe des extrémités des artérioles chez les animaux qui manquent de veines proprement dites, retombe dans les espaces interorganiques, ce qu'on a appelé le système lacunaire. Dans l'Homme, dans les Animaux supérieurs, il y a une double circulation, la grande circulation et la circulation pulmonaire. Dans les Mollusques, dans les Articulés, les organes respiratoires se trouvent sur le trajet de la grande circulation ; il n'y a donc pas de circulation spéciale pour les organes respiratoires. Chez les animaux où il existe simplement une circulation générale du fluide nourricier, les capillaires et les veines manquent ; ou du moins manquent des capillaires et des veines ayant des parois propres, c'est-à-dire des vaisseaux susceptibles d'être isolés par la dissection. Les capillaires sont d'étroits espaces ménagés entre les fibres musculaires ; les veines, de simples trajets endigués d'une façon plus ou moins irrégulière par les organes voisins, par les parois du corps, par les replis de la peau à la jonction des anneaux. Les dispositions des muscles, la forme particulière des canaux, les mouvements ordinaires du corps, déterminent la marche du sang dans une direction déterminée, et empêchent tout mouvement rétrograde. Ainsi, chez les Insectes, le sang veineux qui court dans les grands canaux des parties latérales du corps, est repris en partie par des vaisseaux afférents au cœur. Ces vaisseaux ou ces canaux occupent les rigoles comprises entre les arceaux supérieurs des anneaux du corps ; un peu de tissu cellulaire circonscrit ces canaux, où l'on ne trouve point de paroi membraneuse. Ces canaux chargés de reporter le sang au cœur sont en continuité de tissu avec le péricarde. Le fluide nourricier arrive donc dans l'espace compris entre le cœur et le péricarde. Cette délicate enveloppe remplit le rôle de l'oreillette dans les Animaux supérieurs. Au moment de la dilatation du cœur ou de la diastole, les orifices des chambres du cœur, les orifices auriculo-ventriculaires, suivant l'appellation généralement adoptée, s'ouvrent et permettent l'entrée du sang, qui va de nouveau parcourir le chemin que nous lui avons vu suivre à travers tous les organes et les tubes respiratoires.

VII

LES SÉCRÉTIONS ET LA REPRODUCTION

Beaucoup d'Insectes donnent des produits particuliers; ils ont des sécrétions spéciales fort intéressantes à étudier, car ces produits jouent ordinairement un rôle considérable dans l'existence des espèces qui les fournissent. Divers organes peuvent être le siége de ces sécrétions. Un simple aperçu un peu général sur ce sujet suffira en ce moment; les détails trouveront leur place dans l'histoire des familles.

Tout le monde a remarqué l'odeur pénétrante que répandent certains Insectes. Si l'on vient à toucher une Coccinelle, le petit animal si connu sous le nom de ***Bête à bon Dieu***, une odeur assez désagréable se manifeste et demeure très-persistante après les doigts; on peut même apercevoir le suintement d'une liqueur jaunâtre sur les côtés du corps, en arrière du prothorax : c'est la liqueur odorante. Ce Coléoptère, d'un vert métallique, que l'on rencontre fréquemment dans nos campagnes, courant avec une extrême agilité, le Carabe doré, laisse échapper une odeur repoussante quand on l'inquiète. Les Coléoptères si abondants dans les mares et les ruisseaux, que l'on appelle les Dytiques, font écouler à la surface de leur corps une liqueur blanche, dès qu'on vient à les saisir; cette liqueur est nauséabonde. Ces sortes d'éjaculations odorantes sont produites par des glandules ou des follicules situés sous le tégument, et dont les conduits, toujours très-courts, s'ouvrent entre les anneaux du corps et parfois entre les articulations des membres.

Les sécrétions de ce genre sont évidemment un moyen de défense; il n'est pas douteux que des animaux voraces renoncent souvent à s'emparer de l'Insecte qui tout à coup répand autour de lui une odeur très-pénétrante. Il est aussi des Insectes qui exhalent une sorte de parfum; quelques Capricornes sont remarquables sous ce rapport. L'odeur de rose qu'ils répandent a sa source également dans de petites glandes sous-cutanées. Nous ignorons si ce parfum est de nature à éloigner les ennemis des Capricornes odorants.

La plupart des Hémiptères répandent une odeur infecte, l'odeur de Punaise, si caractérisée et si bien connue. C'est une sécrétion produite chez les adultes par une sorte de sachet placé à la base de l'abdomen, et s'ouvrant au dehors par deux fentes, dans l'espace compris entre les pattes postérieures. Tant que ces Hémiptères, les ***Punaises de bois***, comme on les nomme vulgairement, ne sont pas arrivés à l'état adulte, tant qu'ils demeurent privés d'ailes, ils ont, à la face dorsale de l'abdomen, deux glandes odoriférantes s'ouvrant chacune au dehors par deux petits pores. Au moment où ces Punaises de bois subissent leur dernière mue, au moment où elles prennent leurs ailes, les glandes dorsales s'atrophient; leurs orifices extérieurs se trouvant cachés sous les ailes, leur sécrétion resterait sans effet. Mais, en même temps que ces glandes s'atrophient, se constitue la glande ou le sachet occupant la région ventrale. La connaissance de ce fait curieux est due aux observations récentes d'un jeune naturaliste, M. Jules Künckel. C'est presque le seul exemple connu jusqu'à présent du remplacement d'un organe par un organe semblable, pour que la fonction puisse s'exercer toujours d'une manière aussi complète que possible dans différentes conditions de la vie.

Beaucoup d'Insectes sont pourvus de glandes logées dans la partie postérieure de l'abdomen. Ces glandes simples ou doubles, souvent accompagnées de réservoirs, sécrètent un liquide âcre, caustique, acide, plus ou moins volatile. Elles ont leur orifice au voisinage de l'orifice anal. Le tissu des conduits éjaculateurs est contractile, et des muscles particuliers venant à agir sur ces conduits, à l'instant même où s'exerce sur les glandes une pression produite par les parois de l'abdomen, l'éjaculation s'effectue. Les glandes anales varient extrêmement sous le rapport de la configuration, et la nature de la liqueur qu'elles sécrètent paraît également varier d'une manière très-notable. Parfois cette liqueur, lancée avec plus ou moins de force, s'écoule en répandant son odeur âcre, pénétrante. La plupart des Coléoptères carnassiers possèdent ainsi la faculté d'effrayer leurs ennemis. Parfois la liqueur est tellement volatile, qu'elle s'échappe brusquement sous forme de vapeur. En soulevant des pierres le long des chemins, au milieu des champs, il est ordinaire de mettre à découvert des groupes de petits Coléoptères au corps rougeâtre, aux élytres bleues. Ces petits Insectes, que l'on nomme des Brachines, fuient en lançant avec explosion leur vapeur acide. Malheur à l'imprudent qui a regardé de trop près! la vapeur, atteignant les yeux, cause une atroce sensation de brûlure. Le même danger est à craindre de la part des Fourmis. L'entomologiste, remuant une fourmilière et examinant de très-près, ne manque guère de recevoir les atteintes de l'acide que ces Insectes émettent au dehors lorsqu'ils sont inquiétés. L'acide particulier que sécrètent les Fourmis a été étudié dans ses propriétés, et les chimistes lui ont appliqué le nom d'*acide formique*.

Dans un grand nombre de familles de l'ordre des Hyménoptères, les femelles sont pourvues d'un appareil analogue, dont la sécrétion a un caractère tout spécial : c'est le venin que l'Abeille, que la Guêpe introduit au moyen d'un aiguillon fort acéré. L'appareil consiste en deux longs tubes simples ou ramifiés, se réunissant d'ordinaire en un canal commun, aboutissant à un réservoir en forme de poche. Un conduit excréteur aboutit à l'aiguillon. C'est dans l'histoire des Hyménoptères, et de l'Abeille en particulier, que nous examinerons tous les détails de la conformation de ce curieux appareil, tant redouté de ceux qui voient s'approcher des Guêpes ou des Abeilles.

Chez les Abeilles et quelques autres Hyménoptères, il existe encore une sécrétion fort remarquable, la cire, qui transsude à travers le tégument et s'accumule, sous forme de lames minces, à la face inférieure du second et du troisième anneau de l'abdomen. Chez beaucoup d'Hémiptères, les Cochenilles, certains Pucerons, des Fulgores, il se produit aussi à travers la peau une exsudation de matière cireuse qui prend sur le corps de l'animal l'aspect d'une efflorescence blanche, et qui est très-propre à le garantir du contact de l'eau pendant la pluie ; parfois cette matière s'échappe en volumineux flocons. Le mode de production de la matière cireuse est loin encore d'avoir été étudié d'une manière satisfaisante ; peu de recherches attentives ont été faites sur ce sujet.

Une autre production curieuse de certains Insectes est celle de la lumière. Tout le monde remarque les Lampyres, habituellement désignés sous le nom vulgaire de *Vers luisants*. En Amérique, de grands Taupins (Pyrophores), dont chacun a entendu parler dans ces dernières années, où plusieurs individus ont été apportés vivants du Mexique, sont l'objet de l'étonnement et de l'admiration des voyageurs. Il en est de même des grands Fulgores de la Guyane et du Brésil, de plusieurs Fulgores de l'Inde et de la Chine. La lumière se montre sur les côtés de l'abdomen chez les Lampyres, sur le prothorax, par deux espaces ovalaires, chez les Élatérides du genre Pyrophore, dans un prolongement de la tête chez les Fulgores. La matière qui produit la lumière, logée dans de petits amas de cellules, est épaisse, granuleuse, et ne présente aucune trace de phosphore, comme l'ont démontré toutes les recherches. De très-nombreuses trachées entourent et pénètrent les cellules. Cette particularité anatomique a conduit à supposer que la lumière est produite par une combustion entretenue par l'oxygène contenu dans les trachées. La lumière s'éteint ou se manifeste avec intensité, selon la volonté de l'animal, ou du moins selon son activité. Il suffit en effet d'exciter l'Insecte dont la lumière a disparu, pour qu'il la fasse reparaître aussi brillante que possible. Le système nerveux agit ainsi tout particulièrement, à n'en pas douter, dans la production de cette lumière, ce qui explique ses intermittences.

La fécondité des Insectes est bien connue, trop connue des agriculteurs, qui ont fréquemment à gémir sur les ravages causés dans leurs plantations. Pour toutes les espèces, il y a des individus des deux sexes, des mâles et des femelles. Certains auteurs, même aujourd'hui, considèrent, il est vrai, les Pucerons vivipares comme des hermaphrodites; mais le fait est loin d'être suffisamment démontré. Dans quelques groupes de la classe des Insectes, il est des espèces vivant en sociétés, dont la plupart des individus demeurent incapables de multiplier. Ce sont ordinairement des femelles chez lesquelles les organes de la reproduction, sous l'influence d'une nourriture particulière, restent dans un état rudimentaire. Personne n'ignore qu'on appelle ces individus stériles qui forment la foule dans les sociétés d'Abeilles et de Fourmis, les neutres ou les ouvrières.

Il y a dans toutes les espèces, entre les organes de la reproduction des mâles et des femelles, une ressemblance générale très-manifeste. Ces organes, toujours symétriques, occupent la partie ventrale de l'abdomen et aboutissent à son extrémité, un peu en arrière de l'orifice anal.

Chez les femelles, les ovaires sont formés de tubes plus ou moins nombreux, amincis graduellement vers le sommet et rapprochés de façon à constituer un faisceau. Dans ces tubes ou ces gaînes ovigères se développent les œufs. Ceux qui occupent la partie inférieure, ordinairement arrivés à maturité au moment où l'Insecte apparaît sous sa dernière forme, ont toute la grosseur qu'ils peuvent acquérir. Les œufs placés au-dessus, souvent moins avancés dans leur développement, ont un plus faible volume, et ceux qui se trouvent à l'extrémité des tubes sont fort petits. Les œufs pressant les parois des gaînes, ces parois s'appliquent exactement à leur surface, de sorte que les œufs, rangés à la suite les uns des autres, figurent une sorte de chapelet. Cette inégalité dans le développement des œufs n'existe, au reste, que chez les espèces capables d'effectuer des pontes successives. Les Insectes dont la vie est très-courte font une seule ponte; tous leurs œufs sont mûrs en même temps. Si les gaînes ovigères contiennent une petite quantité d'œufs, les ovaires demeurent libres, reposant simplement sur la paroi de l'abdomen; si ces gaînes, au contraire, sont nombreuses et fort longues, les ovaires sont maintenus par un ligament suspenseur fixé à la base du thorax.

Les œufs, en se détachant de leurs gaînes, tombent dans une sorte de sac, qui a reçu de Léon Dufour le nom de calice; de là ils passent dans un tube, qui est l'oviducte. Les oviductes des deux ovaires se réunissent en arrière pour former un oviducte commun.

Une poche, d'ordinaire assez vaste, existe chez le plus grand nombre des Insectes, et à son défaut, une dilatation de l'oviducte. Cette poche, communiquant par un conduit avec l'oviducte commun, reçoit pendant l'accouplement la liqueur fécondante. Une autre capsule, s'ouvrant dans l'oviducte, en général un peu au-dessus de la poche principale, quelquefois en arrière, comme chez le Dytique, a été reconnue par les observations de MM. de Siebold et Stein pour un réceptacle de la semence. C'est

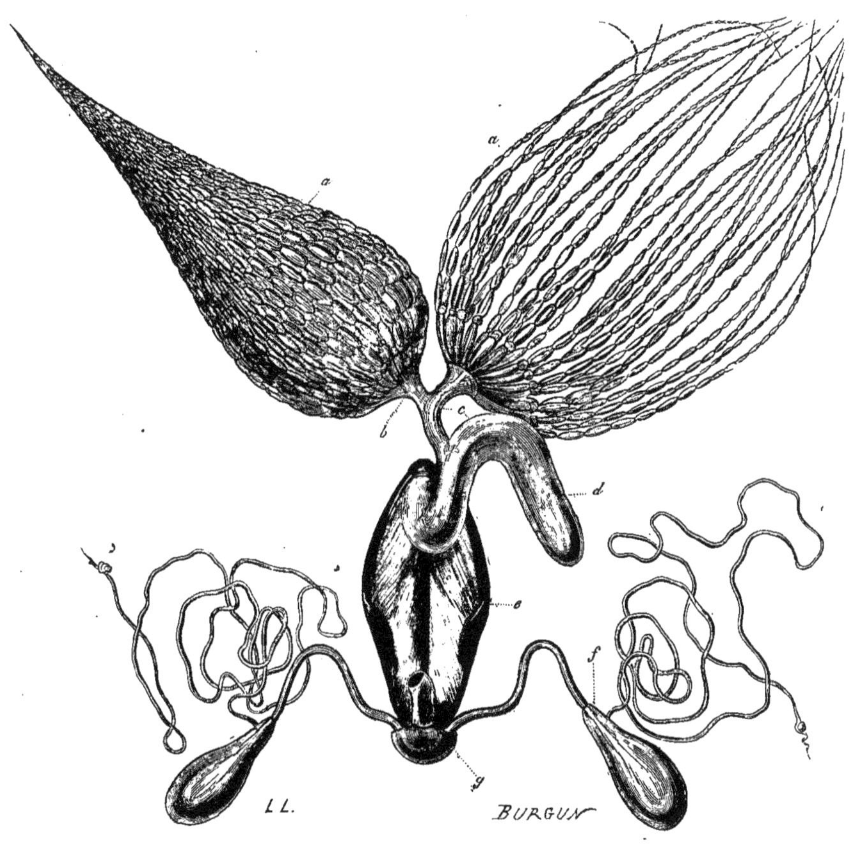

APPAREIL FEMELLE DU DYTIQUE

(*Dytiscus marginalis*).

a. Les ovaires. — *b*. Leur calice. — *c*. Les oviductes. — *d*. La poche copulatrice. — *e*. Gaîne de l'oviducte. *f*. Glandes anales. — *g*. Extrémité du rectum.

dans son passage au devant du col de ce réservoir que l'œuf reçoit l'imprégnation.

Des glandes accessoires complètent d'ordinaire l'appareil femelle. Les œufs, on le sait, sortent du corps des femelles imprégnés d'une matière visqueuse, qui leur fait contracter adhérence entre eux et sur les corps où ils sont déposés. Ce sont des glandes spéciales, s'ouvrant vers l'extrémité de l'oviducte, qui sécrètent cette sorte de vernis. Ces organes simples ou doubles affectent souvent une forme tubuleuse; mais leur configuration varie à l'infini entre les divers groupes. Il y a même des glandes dont le rôle reste pour nous fort douteux. De ce nombre, on peut citer deux glandes ramifiées comme des arbuscules, qui existent chez beaucoup de Lépidoptères. On a pensé que ces organes étaient le siége de la production d'une liqueur odorante propre à dénoter, pour les mâles, la présence des femelles. Rien encore, cependant, n'est bien démontré à cet égard.

L'appareil mâle se compose de deux organes producteurs de la liqueur fécondante, disposés symétriquement comme les ovaires des femelles. Ces organes sont formés, dans divers types, de plusieurs tubes aveugles groupés d'une manière très-analogue aux gaînes ovigères. Souvent ils consistent en un long tube simple, enroulé sur lui-même à la manière d'un peloton de fil. Dans plusieurs familles, notamment chez les Scarabéides, ils sont formés de six, huit ou dix petites capsules, chacune portée sur un pédoncule. Dans la plupart des cas, les organes des mâles ont une enveloppe générale fibreuse.

Les deux canaux déférents représentant les deux oviductes se réunissent comme ces derniers en un canal unique. Vers leur point de jonction, il existe ordinairement des glandes accessoires de forme variable, qui sécrètent une sorte de mucosité : ce sont les glandes *mucipares*.

L'organe d'intromission offre toutes les modifications imaginables. En général, il est recouvert de pièces solides de la nature des parties tégumentaires.

Les corpuscules fécondateurs (spermatozoïdes) affectent en général la forme de fils terminés en pointe extrêmement fine; souvent ils sont repliés en manière de boucle, et parfois on les trouve attachés par une extrémité à une sorte de ruban.

Les œufs des Insectes varient de la manière la plus remarquable sous le rapport des formes extérieures. Il y en a de parfaitement arrondis, d'ovalaires, d'oblongs; les uns avec leur surface lisse, les autres avec leur surface cannelée. Au moment de l'éclosion, il est des cas où les petites larves déchirent l'enveloppe de leur œuf; cette enveloppe est mince. Il est des cas, au contraire, où la *coquille* de l'œuf, dure et épaisse, résisterait aux mandibules de la petite larve. Les œufs présentent alors la plus curieuse conformation. Semblable à un petit barillet, l'œuf a un couvercle qui adhère médiocrement; la jeune larve voulant venir à la lumière presse, et la déhiscence du couvercle s'opère.

Les œufs n'étant imprégnés que pendant leur passage dans l'oviducte, lorsque leur enveloppe solide est parfaitement constituée, il fut longtemps impossible d'expliquer comment s'effectuait la pénétration des corpuscules fécondateurs. Une petite découverte assez récente a fourni l'explication : la *coquille* de l'œuf présente à l'un de ses pôles un ou plusieurs trous, auxquels on donne le nom de *micropyles;* ces ouvertures suffisent pour donner accès aux corpuscules. Les micropyles sont très-diversement caractérisés et en nombre plus ou moins considérable, suivant les types. D'intéressantes observations ont été faites à ce sujet par M. le professeur Rudolph Leuckart (de Giessen).

Dans les circonstances ordinaires, l'œuf, avant d'être fécondé, ne se compose que de la vésicule germinative et du vitellus. Mais, dans quelques circonstances, le travail embryogénique a lieu sans fécondation. En un mot, il est des femelles qui reproduisent sans l'intermédiaire d'aucun mâle. Divers Lépidoptères en fournissent des exemples accidentels; les Pucerons, les Abeilles, etc., des exemples réguliers. Le nom de *parthénogenèse* est employé pour désigner cette reproduction par des femelles vierges.

Les Insectes, pour le plus grand nombre, naissent à un degré de développement encore peu avancé, un état embryonnaire, l'état de larve, suivant l'expression consacrée. De l'instant de leur éclosion jusqu'à la fin de leur croissance, les Insectes, sous leur forme de larves, subissent des mues ou changements de peau, sans éprouver de modifications notables dans leur organisme. Arrivés au terme de leur croissance, ils changent de forme, et ils tombent dans une période d'immobilité, l'état de nymphe ou de chrysalide. C'est en quelque sorte un œuf nouveau, et en même temps c'est un moule dans lequel s'achève le développement de l'animal. En sortant de leur enveloppe de nymphe, les Insectes sont complétement adultes.

Les espèces qui éclosent, n'ayant aucune ressemblance manifeste avec leurs parents, et qui doivent passer par une phase d'immobilité, comme les Lépidoptères, les Coléoptères, les Hyménoptères, sont appelées habituellement : les ***Insectes à métamorphoses complètes.***

Il est des types, les Orthoptères (Sauterelles), les Hémiptères (Punaises), etc., dont le développement organique s'effectue presque en entier dans l'œuf. Ceux-ci naissent avec les caractères des adultes. A l'intérieur, les organes de la reproduction ; à l'extérieur, les organes de vol seuls, ne sont pas constitués. Dans cette première condition, on considère l'Insecte comme une larve, mais c'est une larve peu comparable à celle d'un Lépidoptère ou d'un Coléoptère. A une époque, les ailes se montrent sous l'apparence de moignons emmaillottés : on dit alors l'animal à l'état de nymphe, mais cette nymphe est active comme la larve et l'adulte. On nomme les Orthoptères, les Hémiptères, etc., des ***Insectes à métamorphoses incomplètes.*** Nous verrons des types qui, sous le rapport des phases de leur développement, sont intermédiaires aux premiers et aux derniers.

VIII

LES LÉPIDOPTÈRES.

Les traits essentiels de l'organisation générale des Insectes nous étant connus, nous devons esquisser l'histoire particulière des représentants de chacune des grandes divisions. Il ne s'agit pas seulement de reconnaître les traits caractéristiques des divers types. Nous avons en même temps à examiner chez les espèces les détails de leur conformation qui les obligent à vivre dans des conditions déterminées; nous avons à constater pour quels usages sont construits leurs appendices. Nous avons surtout à suivre ces espèces dans leurs métamorphoses, dans les manifestations de leurs habitudes, de leurs instincts.

Nous commençons cette histoire par celle des Lépidoptères, par la simple raison que les Lépidoptères sont les Insectes dont les métamorphoses ne sont absolument étrangères à personne. Il est d'ailleurs assez indifférent de commencer par les Coléoptères, les Hyménoptères, les Lépidoptères, puisqu'il n'existe pas d'enchaînement régulier entre les divers groupes. Dans les classifications, les types les plus parfaits sous le rapport de leur organisation viennent d'ordinaire les premiers. Les Hyménoptères industrieux occupent ainsi le rang suprême parmi les Insectes; mais les Hyménoptères les plus dégradés sont loin d'être supérieurs à une foule de types appartenant aux autres ordres. Avec le plan que nous avons adopté, les phénomènes les plus simples nous conduiront par une heureuse gradation aux faits les plus complexes.

Les Lépidoptères présentent une physionomie si particulière, que les plus ignorants n'hésitent jamais à reconnaître un Insecte de cet ordre. C'est un Papillon, s'écrie chacun : Papillon de jour, Papillon de nuit. Le doute n'est possible à personne.

Le nom de Lépidoptère, ou le nom plus vulgaire de Papillon, apporte l'idée d'un être aux formes légères et élégantes, aux couleurs vives et variées ou aux teintes délicatement nuancées.

Les ailes, le plus souvent d'une grande ampleur relativement au volume du corps, donnent à la plupart des Lépidoptères les mouvements un peu saccadés qui désignent ces Insectes à l'attention. Les ailes, au nombre de quatre, toujours formées d'une double membrane incolore, parcourues par des nervures diversement disposées suivant les types, sont revêtues d'écailles microscopiques superposées à la manière des tuiles d'un toit.

Les belles couleurs, toujours admirées, que présentent les ailes d'une foule de Papillons, appartiennent aux écailles. Les oppositions de teintes, si violentes qu'elles soient, n'offrent jamais ici aucune découpure, jamais aucun contraste désagréable à l'œil, comme cela se voit ailleurs, si deux couleurs absolument différentes se trouvent rapprochées. Sur l'aile d'un Lépidoptère, une bande rouge, jaune, bleu clair traversant un espace noir, il y a sur les bords des deux parties un enchevêtrement des écailles diversement teintées qui échappe aux yeux, tout en produisant un charmant effet. Combien de peintres gagneraient à observer sur les ailes des Lépidoptères comment la nature procède pour obtenir sans dureté les plus vives oppositions de coloris!

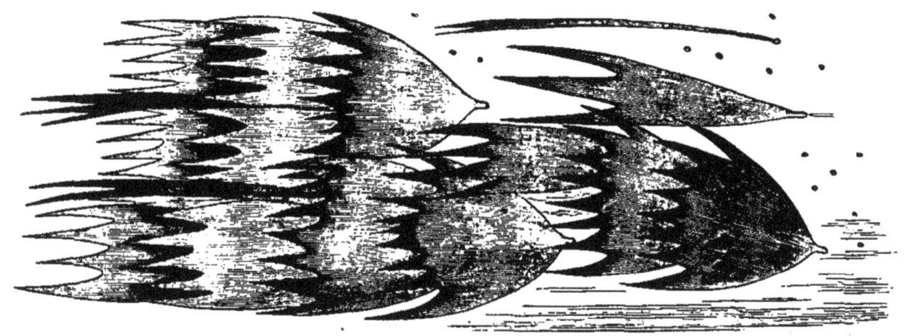

PORTION TRÈS-GROSSIE DE L'AILE ANTÉRIEURE DU GRAND PAON-DE-NUIT
(*Attacus Pavonia-major*)
montrant le mode d'implantation des écailles.

A la vue simple, les écailles des Lépidoptères sont de la poussière, la poussière s'attachant aux doigts qui ont effleuré l'aile d'un Papillon; sous le microscope, ce sont des objets d'une ravissante délicatesse, de formes parfaitement déterminées et pleines d'élégance, d'une structure complexe. Variables selon les genres et les espèces, variables aussi selon les différentes parties de l'aile, les écailles peuvent être plus ou moins allongées, plus ou moins élargies en éventail, arrondies au sommet ou découpées de manière à figurer des dents ou des festons aigus. A la base de chaque écaille existe un pédoncule que l'on prendrait pour un manche ou une poignée, lorsque le microscope donne à l'objet une dimension un peu considérable. C'est la partie implantée dans la membrane alaire. La surface des écailles offre ordinairement plusieurs carènes longitudinales, bien parallèles et également espacées. Entre ces carènes, des arêtes transversales très-rapprochées les unes des autres forment un réseau d'une incroyable délicatesse, d'une admirable netteté.

Ces lignes saillantes sont destinées sans doute à faire contracter aux écailles une sorte d'adhérence entre elles.

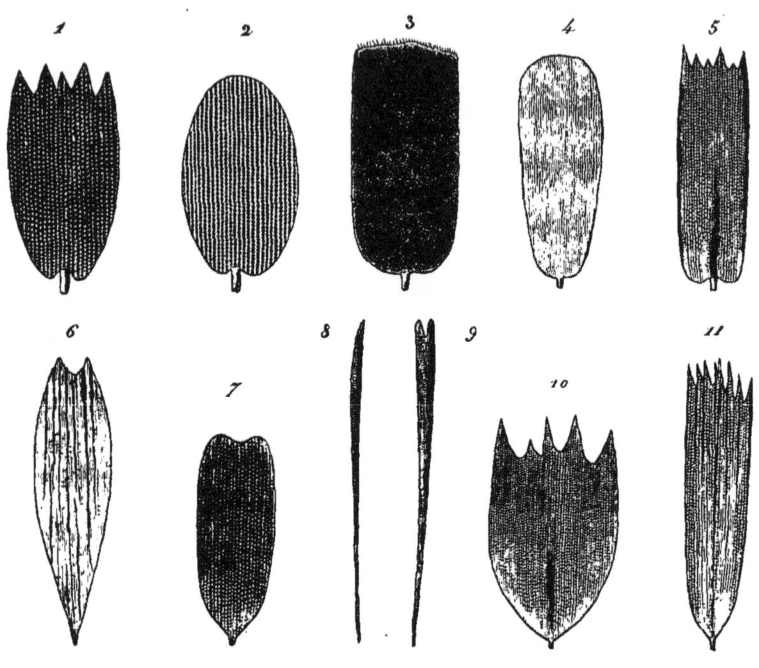

ÉCAILLES DE LÉPIDOPTÈRES DE DIFFÉRENTS GENRES.

1, 2. Papillon Machaon. — 3, 4. Morpho Ménélas. — 5. Hespérie miroir. — 6. Sésie apiforme. — 7. Zygène de la Filipendule. — 8, 9, 10. Sphinx du Troëne. — 11. Ptérophore pentadactyle.

Tous les Lépidoptères ont pour caractère, comme l'exprime leur nom (λεπιδοι, écailles; πτερα, ailes), d'avoir les ailes revêtues d'écailles à la face supérieure et à la face inférieure. Parfois cependant le caractère se dégrade. Il y a des Papillons dont les ailes sont en grande partie transparentes. Les ailes sont transparentes parce qu'elles sont nues; mais encore, chez ces Insectes, les écailles existent toujours sur les bords, sur les nervures, sur quelques espaces. Le caractère ne manque donc jamais.

Quand il s'agit des particularités extérieures des Lépidoptères, il ne faut pas s'arrêter à la seule considération des ailes.

Les pattes sont presque toujours très-frêles, relativement à la masse et au poids du corps. Ces Insectes, en effet, marchent peu pour la plupart, surtout les espèces diurnes. Ils ne font guère usage de leurs pattes que pour se poser. En général, les trois paires de pattes sont également développées, mais dans quelques groupes de Papillons de jour celles de la première paire sont atrophiées. Plus petites que les autres, dépourvues de crochets à leur extrémité, mais très-velues, elles demeurent sans usage, appliquées contre la poitrine.

Les pattes des Lépidoptères sont couvertes de poils et d'écailles; les postérieures portant parfois des faisceaux de longs poils, et dans

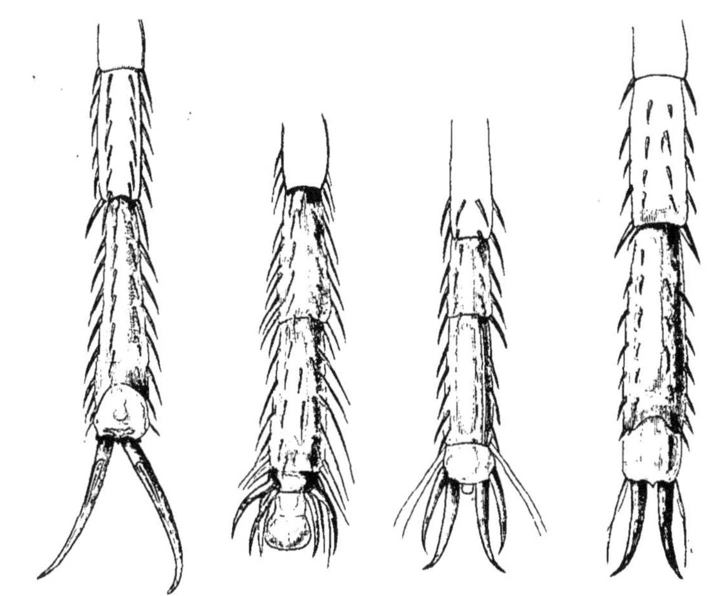

EXTRÉMITÉ DES TARSES DE DIVERS LÉPIDOPTÈRES.

1. Papillon Machaon. — 2. Héliconie apseudès. — 3. Vanesse Paon-de-jour. — 4. Sphinx du Troëne.

la plupart des espèces nocturnes, des pointes auxquelles on donne le nom d'*éperons*. Le rôle de ces pointes, dont le développement est très-variable suivant les genres, n'a pu encore être découvert. Les tarses se terminent par des crochets qui ont toujours la même configuration chez les Nocturnes, mais qui se modifient au contraire d'une façon très-remarquable parmi les Diurnes. Chez certains types, les crochets sont simples et très-longs; chez d'autres, ils sont divisés; chez d'autres encore, ils sont complétement partagés jusqu'à leur origine, et dans leur intervalle il existe une sorte de pelote ou de semelle flexible. Cette curieuse variabilité des crochets dans les Lépidoptères a été signalée par M. Doyère, il y a environ vingt-cinq ans. On s'imagina que l'on pourrait employer les caractères fournis par ces parties à la distinction des genres ou des groupes. On se trompa. Dans le même genre, des espèces voisines peuvent avoir, les unes des crochets simples, les autres des crochets bifides. C'est une simple adaptation à des conditions biologiques. Chaque espèce a des crochets conformés pour se poser sur des fleurs, sur des feuilles, sur des troncs, où il est plus ou moins facile de se maintenir.

La tête des Lépidoptères n'est jamais très-grosse. Les antennes, composées d'une longue suite d'articles, offrent toutes les formes imaginables. Les yeux sont presque toujours assez gros et velus, et souvent il existe sur le front des ocelles dont on s'explique d'autant moins la présence, qu'ils sont ordinairement recouverts par les poils et les écailles de la tête.

Les Lépidoptères ont une bouche conformée d'une façon particulière et adaptée à un genre de vie spécial. La lèvre supérieure et les mandibules n'ont plus aucun usage; ces pièces, nous avons déjà constaté le fait, sont réduites à l'état de vestiges. Des précautions infinies sont nécessaires pour les trouver cachées sous les poils et les écailles qui garnissent la tête. Les mâchoires, au contraire, ont en général un remarquable développement. Minces, étroites, flexibles, extrêmement allongées, intimement rapprochées l'une de l'autre sans être soudées, mais excavées à leur côté interne de manière à former un canal, elles constituent une trompe. Cette trompe a souvent la longueur du corps de l'animal et parfois bien davantage. Son allongement était indispensable au Papillon puisant sa nourriture dans le fond de la corolle des fleurs. Mais la trompe varie beaucoup sous le rapport de sa dimension, selon les espèces. De là un indice certain de la nature des fleurs de prédilection pour l'espèce. Le Papillon butinant sur les fleurs à corolle étalée n'a besoin que d'une petite trompe; il en faut une longue à l'espèce qui préfère les fleurs à corolle en cornet. Il est des Lépidoptères dont la trompe est rudimentaire; ce sont ceux qui ne prennent aucune nourriture. Tout le monde sait que le papillon du Ver à soie ne mange jamais. Des Insectes de divers groupes n'arrivent à l'état adulte que pour se reproduire. Le but étant rempli, ils meurent.

Cette trompe, grande ou petite, si elle n'est pas absolument rudimentaire, est toujours roulée en spirale pendant le repos. De la sorte elle occupe peu de place; elle ne peut en rien gêner les mouvements de l'animal. L'Insecte est-il pris de la tentation de humer le nectar d'une fleur, soudain, par un effort des muscles maxillaires, la trompe se déroule.

Les palpes des mâchoires, si développées chez les Insectes broyeurs, sont ici tout à fait rudimentaires; organes réduits à l'état de vestiges, ils existent comme simples témoins d'organes ayant un rôle important chez une foule de représentants du monde des Insectes. Les palpes de la lèvre inférieure conservent presque toujours, au contraire, des proportions notables; suivant toute probabilité, ils agissent comme organes de tact.

Les Lépidoptères, parmi lesquels nous comptons les Insectes les plus magnifiques entre tous les Insectes, offrent peu de faits remarquables dans leurs habitudes. A l'état de larves ou de chenilles, ils ont encore parfois des instincts curieux; mais à l'état de papillons, ils vivent quelques jours, paraissant n'avoir d'autre rôle à remplir que d'embellir la nature. Ils satisfont à la loi de la reproduction; les femelles pondent leurs œufs dans l'endroit convenable, prenant les soins nécessaires à leur protection avec un instinct qui n'est jamais en défaut, puis tous les individus adultes disparaissent.

On ne saurait, dans l'état actuel, expliquer comment se produit la coloration chez les Lépidoptères des différents groupes. A ce sujet, des faits seulement peuvent être notés. Toutes les espèces de certains genres se trouvent avoir les mêmes nuances. Les espèces les plus brillantes appartiennent aux régions les plus chaudes et les plus humides : l'Amérique du Sud, les îles de la Sonde et les Moluques et certaines parties de l'Inde. La plupart des groupes du Règne animal offrent des exemples analogues qui ont été partout signalés.

Dans le grand genre pour lequel on a réservé le nom de Papillon (*Papilio*), on voit des groupes entiers composés d'espèces dont le système de coloration est uniforme. Des espèces de ce genre, répandues aux Moluques, aux îles de la Sonde, dans l'Inde, dans la Chine méridionale, ont des ailes d'un noir de velours, sablées de bleu ou de vert métallique et ornées de taches ou de bandes de la même nuance. D'autres espèces du genre, propres à l'Amérique du Sud, aux Antilles, au Mexique, se distinguent par des ailes postérieures parées d'une grande tache ou d'une bande d'un rouge écarlate à reflets d'opale sur un fond noir. D'autres encore, et en très-grand nombre, ont les ailes bigarrées de jaune et de noir.

Les Piérides, le grand Papillon du Chou en est le type, ont généralement les ailes blanches; les Coliades, les ailes jaunes; les Argus, de couleur bleu de ciel chez les mâles, brune chez les femelles. Les Danaïdes ont la tête et la poitrine ponctuées de blanc; les splendides Morphos de l'Amérique méridionale ont la plupart les ailes d'un bleu métallique chatoyant.

Il existe ainsi très-souvent une sorte d'uniformité dans le système de coloration d'espèces appartenant à des groupes naturels plus ou moins étendus. Ceci s'applique aux représentants de beaucoup de divisions du Règne animal, mais on en est surtout frappé à l'égard des Lépidoptères et des Oiseaux.

Cherchons-nous les causes de la coloration des Lépidoptères, le but de la nature en attribuant certaines nuances à des espèces, nous demeurons dans l'ignorance. Les causes déterminantes de la coloration d'un animal nous échappent encore d'une manière à peu près complète; c'est l'action seule de la lumière plus ou moins intense dont nous apercevons parfois les effets. Le but de la nature au contraire nous apparaît clairement dans diverses circonstances.

Tel animal vit sur les branches ou sur le feuillage d'un arbre, il aura les teintes sombres du bois ou les nuances vertes des feuilles; c'est une livrée qui dissimule sa présence et le fait échapper à des ennemis. Une infinité de Chenilles en offrent l'exemple. Pour les Lépidoptères diurnes qui recherchent la lumière, paraissant destinés à être l'ornement des campagnes, les couleurs ne sont pas des moyens de dissimulation.

Le docteur Boisduval a cité de nombreux exemples remarquables de Lépidoptères pareillement colorés appartenant à différentes familles. Dans nos campagnes, volent au bord des sentiers les Zygènes et l'Euchélie du Seneçon, ayant également des ailes d'un vert bronzé, ornées de taches rouges comme le plus beau carmin. Dans nos bois, se mêlent les Mélitées ou les *Damiers* avec la Lucine, espèces de genres très-dissemblables, si pareilles par leur coloration, que de loin on ne les distingue pas entre elles. Dans les mêmes lieux, c'est une Phalène toute blanche (*Geometra dealbata*) qui semble vouloir se confondre avec un Papillon de jour, une Piéride (*Pieris Napi*). A la Chine, le voyageur, trompé par la couleur, peut prendre pour des frères, une Phalène (*Phalæna papilionaris*) et des Danaïdes aux ailes tachetées de vert. Dans l'Amérique du Sud, les faits du même genre sont nombreux. A Surinam, une Phalène (*Phalæna osiris*) et un Papillon (*Papilio ammon*) vivent ensemble, portant la même livrée. Au Brésil comme à la

Guyane, ce sont d'élégants diurnes, des Héliconies et des Castnies appartenant à cette division que les anciens naturalistes appelaient les Crépusculaires, d'un aspect tellement semblable, que les yeux les confondent en les voyant voler dans les sombres forêts du nouveau monde.

Les Piérides ont la plupart les ailes blanches, mais quelques-unes sont parées des couleurs jaunes, rouges, noires des Lépidoptères d'une autre famille, les Héliconies. Et ces Lépidoptères, Piérides par tous leurs caractères de chenille, de chrysalide, de papillon, Héliconies par leurs couleurs, voltigent aux mêmes lieux. Un voyageur anglais, habile entomologiste, M. H. Bates, qui a recueilli d'intéressantes observations sur les Lépidoptères de la vallée de l'Amazone, a vu, parmi les Héliconies vivant en immenses troupes, les Piérides qui leur ont emprunté leurs nuances, des espèces de plusieurs autres genres de Diurnes et même des Phalènes toutes si pareilles aux Héliconies par leur coloration, par leurs habitudes, par leur vol, qu'il devient impossible dans cette foule de distinguer les unes des autres. L'auteur anglais pense que la nature, en donnant à la Piéride ou à la Phalène l'aspect des Héliconies, lui a fourni un moyen d'échapper aux animaux insectivores. L'explication ne semble pas heureuse. L'oiseau chasseur aurait-il donc une préférence pour la Piéride sur l'Héliconie?

Parmi les Lépidoptères, les individus des deux sexes sont souvent tout pareils, mais très-fréquemment aussi ils présentent dans leur coloration des dissemblances extrêmes et parfois de très-grandes inégalités dans leur développement. Il est des femelles privées d'ailes; il en est de si imparfaites, qu'on les prendrait aisément pour des larves.

Il n'est pas d'ordre, dans la classe des Insectes, dont les métamorphoses aient été autant observées que celles des Lépidoptères.

Les larves, les chenilles, comme on les appelle habituellement, de la plupart de nos espèces européennes, ont été décrites et figurées. Les chenilles d'un assez grand nombre d'espèces des autres parties du monde ont également été l'objet de représentations plus ou moins fidèles. Il y a une séduction pour l'artiste, pour le peintre, à faire le tableau de l'Insecte aux couleurs ou aux formes étranges, et de la plante qui le nourrit. C'est l'animal et le végétal unis par la puissance créatrice, un poëme de la nature qui attire volontiers un esprit observateur.

Les chenilles, à bien peu d'exceptions près, se nourrissant de végétaux, il est facile et amusant de les élever en captivité, de les voir grossir, puis se métamorphoser. Cette éducation est pleine d'attrait pour les amateurs de Papillons. Ils épient le moment de l'éclosion, et se trouvent posséder des individus qui n'ont pas secoué leurs ailes, qui n'ont pas perdu une écaille, qui enfin sont d'une ravissante fraîcheur.

C'est un but plus sérieux cependant qui a conduit beaucoup de naturalistes à s'occuper des chenilles. Sous leur première forme, les Lépidoptères offrent plus d'intérêt à certains égards que pendant la dernière période de leur existence, où ils se montrent dans tout leur éclat. Les chenilles, du reste, ont aussi leur beauté, et parfois une beauté singulière. Il est impossible de comprendre le sot préjugé, répandu parmi les personnes ignorantes, qui leur fait regarder ces Insectes comme dangereux ou répugnants. En comptant bien, nous ne trouverons guère, en Europe, plus de trois ou quatre espèces dont on doive se méfier, et encore n'y en a-t-il qu'une seule vraiment redoutable. Celles-ci ont des poils aigus qui se détachent avec facilité, pénètrent l'épiderme et causent une démangeaison. Mais toutes les autres chenilles sont des animaux que l'on peut toucher sans le moindre inconvénient, des animaux qui se nourrissent exclusivement des plantes sur lesquelles on les rencontre, et qui ne justifient le dégoût sous aucun rapport.

Dès le moment où l'on commença à observer les larves des

Lépidoptères, l'intérêt s'attacha à leur étude. Tous les Papillons semblent vivre à peu près de la même manière; les chenilles offrent de nombreuses différences dans leurs conditions d'existence. Des espèces de Lépidoptères, assez dissemblables à l'état de papillons, se ressemblent à l'état de chenilles. Des espèces si voisines à l'état de papillons, que leur caractérisation était des plus difficiles, ont des chenilles faciles à distinguer par leur coloration, par la nature de leur régime, par leur séjour de prédilection.

Des rapports manifestes entre les espèces d'un même type pendant leur premier âge s'obscurcissent chez les adultes, comme on en a des exemples frappants aujourd'hui dans toutes les grandes divisions du Règne animal. Le sentiment de cette vérité avait déjà conduit, en 1775, deux amateurs de Vienne, Denis et Schiffermüller, à classer les Lépidoptères d'après les caractères des chenilles.

Les ouvrages spécialement destinés à faire connaître les Lépidoptères sous leurs formes de chenilles et de chrysalides sont nombreux. Même en ne s'occupant pas des anciens livres, dont les figures étaient grossières, on peut énumérer une série de belles publications sur ce sujet. Dans le siècle dernier, un observateur américain, John Abbot, avait décrit et représenté avec une remarquable perfection les chenilles, les chrysalides, les cocons d'un grand nombre d'espèces des États-Unis. Son ouvrage a été publié avec luxe à Londres, en 1797, par Smith. Pour les métamorphoses des Lépidoptères d'Europe, on consulte toujours les planches d'un peintre d'Augsbourg, Jacob Hübner, qui ont paru de 1806 à 1818. En 1832, le continuateur de l'ouvrage bien connu de Godart sur les Papillons de France, Duponchel, commença une publication sur les chenilles des espèces européennes. Dans le même temps, trois entomologistes, MM. Boisduval, Rambur et Graslin, s'associèrent pour un travail du même genre. Ces ouvrages, recommandables à plus d'un titre, n'ont pas été achevés. Certaines chenilles se trouvent partout, mais d'autres sont difficiles à rencontrer, et les recherches infructueuses découragent les investigateurs.

Les métamorphoses des plus petits Lépidoptères occupent aujourd'hui plusieurs observateurs. L'ouvrage le plus considérable et le plus complet qui ait paru sur ce sujet, est celui d'un auteur anglais, M. Stainton.

Depuis quelques années, un entomologiste de Lyon, M. Millière, fait connaître les premiers états encore inobservés de beaucoup d'espèces rares, accompagnant ses descriptions de charmantes figures, dont le naturaliste ne laisse à personne le soin de l'exécution.

Les Lépidoptères étant si bien connus dans leurs métamorphoses, n'aurons-nous donc à présenter à leur sujet que les observations des auteurs spéciaux? Non, certes. Dans ce champ si exploré, mille petites découvertes restent à faire. On a décrit les formes générales et les couleurs des chenilles, les conditions de leur existence, les caractères des chrysalides, les particularités que présentent les cocons. C'est déjà beaucoup, mais il y a davantage à considérer.

Toutes les chenilles ont une tête bien distincte, un corps plus ou moins allongé, composé de douze anneaux, une bouche pourvue de pièces propres à la mastication, avec une filière pratiquée dans la lèvre inférieure, trois paires de petites pattes attachées aux trois premiers anneaux, et que l'on nomme habituellement les *pattes écailleuses*, en outre des pattes membraneuses, le plus ordinairement au nombre de cinq paires. Les premières sont les *vraies pattes;* elles deviendront les pattes du papillon. Les autres sont les *fausses pattes;* constituées par de simples prolongements de la peau garnis de crochets à l'extrémité, elles sont absolument transitoires : l'Insecte adulte n'en conserve aucune trace.

Les pattes et les pièces de la bouche ayant presque la même

configuration chez toutes les espèces, aucun observateur n'a songé à les regarder de bien près. Or, l'examen de ces parties nous conduira à des aperçus d'un réel intérêt. Une vue nouvelle nous montrera l'existence des Lépidoptères dans leur premier âge, sous un aspect qui n'a même pas encore été entrevu. Nous verrons alors combien sont admirables, chez ces êtres, les adaptations des appendices aux conditions d'existence de chaque espèce. L'examen d'une patte suffira à nous apprendre si cette patte appartient à une chenille qui grimpe après les tiges ou qui se tient sur les feuilles, ou qui vit à l'intérieur du bois, ou qui séjourne dans la terre, à la racine des végétaux, ou qui demeure cachée dans l'intérieur des feuilles. L'observation du labre ou lèvre supérieure, cette petite pièce avancée au-dessus des mandibules, nous dira comment l'Insecte prend sa nourriture. En poussant notre investigation à l'intérieur de l'animal, la considération des glandes qui produisent la soie nous permettra de décider sans autre information si nous avons affaire à une chenille devant subir à découvert sa transformation en chrysalide, ou à une espèce qui s'enferme dans un cocon faible ou solide.

Les chenilles, arrivées au terme de la croissance, cessent de prendre de la nourriture; les unes choisissent un endroit convenable pour se fixer par une partie de leur corps ou pour s'enfermer dans une coque soyeuse, les autres s'enfoncent dans la terre. En cet état, la chenille se raccourcit, sa peau se fend, et alors se montre la chrysalide, un être emmaillotté, presque immobile, où se dessinent déjà à l'extérieur les formes générales du papillon.

Les formes des chrysalides sont souvent très-caractéristiques; aussi les classificateurs y ont donné la plus grande attention. Affectant presque toujours des formes anguleuses chez les

(1) Voyez page 114.

espèces diurnes, elles sont oblongues, arrondies et de couleur brunâtre chez les espèces nocturnes.

Il est presque toujours assez facile de distinguer les unes des autres les espèces de Lépidoptères. Les contours des ailes, les détails de leur coloration surtout, fournissent des signes qui n'échappent pas à des yeux attentifs. Mais vient-on à s'efforcer d'établir de grandes divisions, des familles, des genres, dans cette multitude si attrayante, la difficulté se trouve plus grande que dans la plupart des autres ordres. La raison en est simple : l'organisation générale des Lépidoptères varie dans les limites les plus étroites entre les espèces de l'aspect le plus différent. Aussi les classificateurs se sont donné, sinon beaucoup de peine, au moins beaucoup de tracas, pour grouper ces Insectes de la manière la plus naturelle.

Les appendices ne subissent que des modifications assez minimes. Le régime étant partout le même, les organes de la digestion conservent un grand caractère d'uniformité. Le système nerveux n'offre pas cette diversité de degrés de centralisation, si remarquables dans plusieurs des autres ordres. Tous les Lépidoptères ont, à peu de chose près, le même degré de perfection organique. Les Nocturnes, et surtout les Bombyx, ont, sous ce rapport, un léger avantage sur les Diurnes et les Phalènes, mais l'avantage est faible.

Linné n'avait distingué que trois grands genres dans l'ordre entier des Lépidoptères : les Papillons, les Sphinx et les Phalènes. Les trois genres constituèrent, dans la classification de Latreille, les familles des Diurnes, des Crépusculaires, des Nocturnes. Quand le nombre des subdivisions admises commença à être considérable, les trois familles devinrent des sections ou des divisions supérieures aux familles. Puis on s'aperçut que les noms de Diurnes, de Crépusculaires et de Nocturnes ne répondaient pas dans tous les cas à l'idée que l'on devait s'en former et que les trois sections n'étaient pas différenciées par des caractères précis. Tout le monde reconnut qu'il n'y avait que deux grands types dans l'ordre, l'un représenté par les Diurnes, l'autre par l'ensemble des Crépusculaires et des Nocturnes. Les premiers ont tous des antennes terminées en massue; pour eux le nom de Rhopalocères fut inventé par Duméril. Pour les autres, le docteur Boisduval imagina le nom d'Hétérocères, appellation assez peu satisfaisante,

SPHINX DU TROËNE VU EN DESSOUS,

montrant d'un côté le frein de l'aile postérieure engagé dans l'anneau de l'aile supérieure, de l'autre côté le frein dégagé de l'anneau.

puisqu'elle signifie les Lépidoptères aux antennes de toutes les formes. D'autres noms ont été tirés d'une particularité plus importante. Chez les Diurnes, les ailes postérieures ne sont retenues en aucune façon aux ailes antérieures ; leurs mouvements sont indépendants. Chez tous les autres, à peu d'exceptions près, les ailes postérieures sont attachées aux ailes antérieures au moyen d'un frein. Cette différence a conduit à donner à la première grande division le nom d'*Achalinoptères* (ailes sans frein), et à la seconde celui de *Chalinoptères* (ailes pourvues d'un frein).

Rien de plus simple que ce petit appareil. C'est une portion de la nervure costale de l'aile postérieure qui s'isole sous la forme d'un crin très-roide, et s'engage dans un petit anneau de l'aile antérieure qui repose sur la grosse nervure costale.

Tous les Lépidoptères, un peu abondamment répandus dans notre pays, portent des noms qui appartiennent à la langue française. Ces noms, probablement d'une origine assez ancienne, ont été consacrés par les naturalistes du dernier siècle. Geoffroy, auteur d'une ***Histoire des Insectes des environs de Paris***, publiée il y a un peu plus de cent ans, les a presque tous enregistrés. Quelques années après, un moine de l'ordre des Augustins, Engramelle, a également désigné par leurs noms vulgaires les Papillons d'Europe, dessinés par Ernst, un peintre allemand, dont les planches sont encore citées dans les ouvrages spéciaux.

LES LÉPIDOPTÈRES AUX AILES DÉPOURVUES DE FREIN

(*Achalinoptères*).

C'est ici que l'élégance des formes, que toutes les splendeurs du coloris apparaissent comme dans une suprême manifestation. Les ailes des Papillons de jour, ordinairement d'une extrême ampleur, offrent tous les contours imaginables. Nous voyons des ailes dont les bords sont gracieusement arrondis, des ailes dont le bord postérieur porte un prolongement tantôt court et élargi, tantôt grêle et allongé, sorte de queue donnant à l'animal un port vraiment majestueux.

Les Lépidoptères diurnes, toujours remarqués même des plus ignorants, ont reçu une infinité d'appellations vulgaires. N'y a-t-il pas les *Porte-queue*, ceux que Linné avait appelés les Chevaliers (*Equites*)? Le naturaliste suédois, souvent animé d'un sentiment poétique, ne distinguait-il pas les *Chevaliers troyens* et les *Chevaliers grecs*? N'y a-t-il pas les Parnassiens, les Argus, les Sylvains, les Satyres, etc.? Linné n'a-t-il pas nommé les Lépidoptères diurnes aux teintes sombres les ***Papillons plébéiens ruricoles*** et les ***Papillons plébéiens urbicoles***?

Les beaux Lépidoptères que les naturalistes ont longtemps

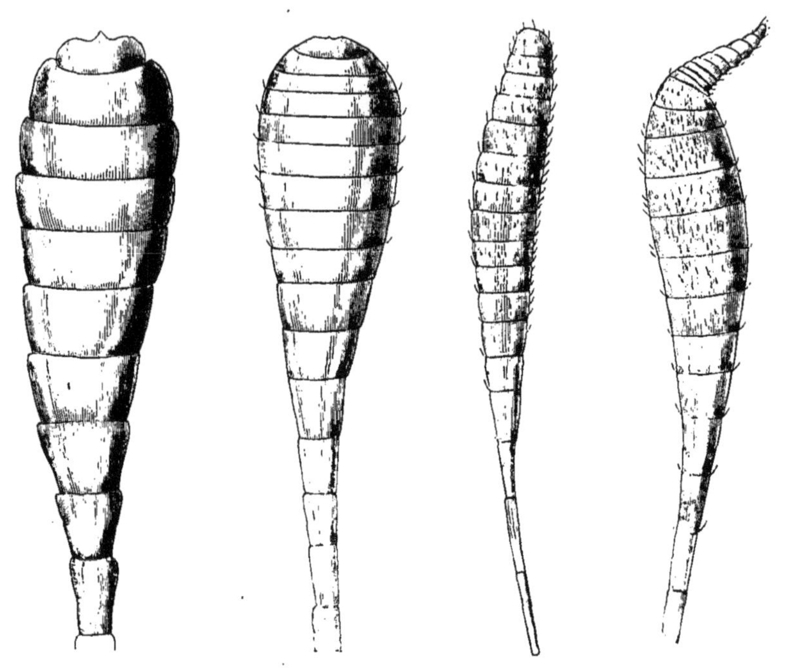

PORTION TERMINALE DE L'ANTENNE DANS DIVERS GENRES.

1. Papillon Machaon. — 2. Argynne Grand-Nacré. — 3. Thécla W blanc. — 4. Hespérie sylvain.

appelé les Diurnes, et que tout le monde appelle les Papillons de jour, n'ayant point les ailes postérieures retenues aux ailes antérieures, ont un vol très-saccadé. Au repos, leurs ailes se redressent contre le corps, ne laissant plus voir que leur face inférieure. Ces Insectes n'emploient leurs pattes grêles, insuffisantes pour la marche, qu'à se poser. Les tarses ont d'admirables petites griffes presque imperceptibles à la vue simple. Ces griffes étant diversement construites suivant les types, on ne saurait douter qu'il n'y ait des griffes disposées pour prendre adhérence sur certains végétaux, d'autres conformées pour se fixer sur d'autres végétaux. De petites particularités dans les habitudes de nos Lépidoptères restent encore à observer.

Toutes les espèces ont des antennes qui se terminent par une massue, tantôt grêle, tantôt très-grosse, arrondie ou aplatie. Les différences que présentent ces appendices servent souvent à caractériser certains groupes.

Ces Insectes semblent devoir être partagés en quatre grandes familles, les *Papilionides*, les *Nymphalides*, les *Erycinides*, les *Hespériides;* auxquelles il convient peut-être d'en ajouter une cinquième, comprenant un fort petit nombre d'espèces de l'Amérique du Sud, des Moluques et des îles de la Sonde, les *Cydimonides*.

Les Papilionides sont caractérisés par des pattes antérieures bien développées, par des palpes entièrement garnis d'écailles et si courts, qu'ils ne dépassent pas les yeux, par des antennes terminées en une massue allongée. Cette famille renferme plusieurs genres dont les espèces, abondamment répandues en Europe, attirent l'attention de tous ceux qui, pendant l'été, se promènent dans les campagnes. C'est le *Flambé* et le *Machaon*, nos représentants du genre Papillon proprement dit; ce sont les Papillons blancs ou les Piérides; les Coliades, que vulgairement on nomme le *Souci*, le *Soufre*, le *Citron*.

Les espèces du genre Papillon, disséminées par la terre entière, peuvent compter parmi les plus beaux ornements de la création animée. Passer la revue de ces espèces dans la collection de notre Muséum d'histoire naturelle, c'est se procurer le spectacle de toutes les élégances imaginables dans les formes, de toutes les merveilles du coloris. Nulle part, en effet, on ne trouverait des ailes mieux découpées. Le prolongement que portent les ailes postérieures, figurant parfois une longue traîne, donne à tout l'animal un air de haute distinction. Sur les ailes de ces Insectes souvent ce sont d'éclatantes couleurs, plus souvent de ravissantes nuances, parfois de délicieux effets de transparence. Les teintes sont-elles modestes, ces teintes sont si agréablement mélangées, qu'elles produisent toujours un charmant effet.

Trois espèces de Papillons porte-queue vivent en France : le Flambé (*Papilio podalirius*), répandu dans toute l'Europe tempérée et méridionale, le nord de l'Afrique et l'Asie Mineure; l'Alexanor (*Papilio alexanor*), qui habite nos départements des Hautes et Basses-Alpes, et enfin le Machaon (*Papilio machaon*), le plus commun, qui vit dans toute l'Europe, dans le nord de l'Asie jusqu'aux montagnes de Cachemire et dans le nord de l'Afrique.

Il est le plus commun, nous le prenons pour type du genre. Inutile de le décrire, il n'est personne qui ne l'ait vu voler dans les champs, où il se pose sur les Ombellifères, sur les Luzernes ou les Trèfles fleuris; personne qui n'ait remarqué sa grande taille, ses ailes jaunes rayées et tachetées de noir, ses ailes postérieures ornées d'une rangée de taches ocellées d'un bleu tendre. Le Machaon paraît une première fois, dans l'année, au mois de mai, une seconde fois au mois de juillet.

Sur les Ombellifères, et particulièrement sur le Fenouil et la Carotte, se montre, pendant les mois de juin et de septembre, une bien belle chenille, longue de 4 à 5 centimètres : c'est la chenille du Machaon. D'une couleur générale verte de la plus grande fraîcheur, elle a pour ornements des anneaux d'un noir de velours et de gros points d'un rouge fauve.

La chenille est-elle au repos, rongeant sa plante hors de toute inquiétude, rien de remarquable ne la distingue des autres chenilles; mais vient-elle à être touchée, que, soudain, elle fait saillir entre la tête et le premier anneau un tentacule fourchu

LIBRAIRIE GERMER BAILLIÈRE. IMPR. DE E. MARTINET.

MÉTAMORPHOSES DU PAPILLON MACHAON

(*Papilio Machaon*).

figurant deux cornes. C'est un moyen sans doute d'effrayer l'ennemi; le moyen est faible pourtant, car aucune liqueur n'est projetée, une odeur désagréable, seule, se trouve répandue. Toutes les chenilles du genre Papillon et celles de quelques genres voisins sont munies du même appareil rétractile.

La chenille du Machaon a une tête assez petite, dont le tégument n'est pas beaucoup plus ferme que celui des autres parties du corps. L'Insecte se nourrit d'un feuillage de peu de résistance; ses mandibules sont assez faibles et leur bord tranchant n'a pas de dentelures. Sa lèvre supérieure est échancrée, mais elle n'est pas fendue, et ceci indique que l'animal ronge des feuilles ou très-petites ou très-découpées, qu'il n'est nul besoin de retenir

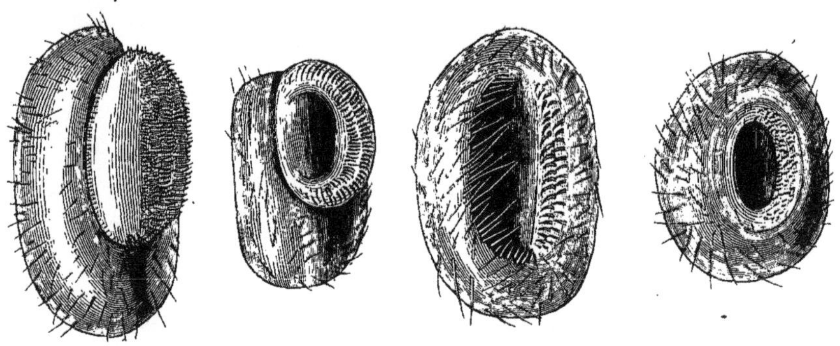

PATTES MEMBRANEUSES DE QUELQUES CHENILLES.

1. Papillon Machaon. — 2. Vanesse Petite-Tortue. — 3. Charaxès Jasius. — 4. Thécla W blanc.

avec force. Les pattes membraneuses de la chenille du Machaon sont celles d'une larve qui grimpe après des tiges herbacées faciles à saisir. Ces pattes se terminent par quelques rangées d'épines au bord interne; le bord externe n'est garni que de petits poils, de cils propres à rendre le toucher fort sensible.

Dans les appendices de la chenille, nous reconnaissons leur usage tout à fait spécial; la comparaison donne à notre appréciation le caractère d'une entière certitude. Dans la Caroline, la Virginie, la Louisiane, il existe un Papillon porte-queue (*Papilio asterias*), dont la chenille, comme celle du Machaon, vit sur les Ombellifères; les parties de la bouche, les pattes, sont semblables à celles de notre espèce indigène. Dans les mêmes contrées, la chenille d'une espèce voisine (*Papilio troilus*) se trouve sur des Lauriers. Elle a un labre plus fendu que celui des autres espèces pour maintenir la feuille qu'elle ronge; elle a les épines des pattes membraneuses sensiblement plus fortes, car le végétal sur lequel elle marche est moins facile à entamer que des Ombellifères. Nous pouvons comparer à ces espèces la chenille d'un beau Papillon porte-queue du Bengale (*Papilio hector*), aux ailes noires, veloutées et tachetées de blanc et de rouge. Celle-ci a une tête revêtue d'une enveloppe très-résistante, un labre profondément échancré, des mandibules fortes, dentelées à la manière d'une scie, des pattes membraneuses pourvues d'épines plus fortes, plus nombreuses que chez les espèces dont il vient d'être question. Évidemment, l'espèce du Bengale grimpe après des tiges difficiles à saisir; elle ronge de grandes feuilles dures. On nous assure qu'elle vit sur des Aristoloches. Cette chenille nous présente ainsi des particularités de conformation dont la signification ne saurait être douteuse, mais elle porte sur le dos deux rangées de tubercules, tandis que la chenille du Machaon est parfaitement lisse. La raison de cette différence nous échappe encore.

Dans le petit groupe auquel appartient le genre Papillon, on distingue quelques genres voisins, fort remarquables à différents égards : les Ornithoptères, les Thaïs, les Parnassiens. Les Ornithoptères, bien reconnaissables à leur grande taille, à leur tête assez forte, à leurs ailes antérieures très-longues, à leurs ailes postérieures dentelées, mais sans aucun vestige de prolongement, sont de magnifiques Insectes qui habitent particulièrement les îles de la Sonde, les Moluques, les Philippines. Le voyageur qui aborde à l'île d'Amboine, ravi du spectacle de la nature, si riche en cette contrée, s'émerveille encore à la vue de l'Ornithoptère Priam (*Ornithoptera Priamus*). Ce Papillon, au port majestueux, a une envergure de 15 à 20 centimètres. Sur les ailes du mâle, le noir de velours et le vert brillant et soyeux produisent de charmants contrastes. La femelle, plus grande que le mâle, est modestement parée; ses ailes sont d'un brun foncé avec des taches blanches.

Les habitants de la Provence, de tout le midi de l'Europe, de l'Asie Mineure, du nord de l'Afrique, voient voltiger, dès le commencement du printemps, de ravissants Papillons de moyenne taille, dont les ailes délicates, gracieusement festonnées, tachetées ou quadrillées de rouge et de noir sur un fond jaunâtre, et bordées d'une ligne noire en feston, offrent un dessin étrange et tout à fait caractéristique. Ce sont les Thaïs. Les chenilles de ces Lépidoptères ont le corps garni de grêles tentacules surmontés de petits poils roides, et des pattes membraneuses armées de solides crochets. Elles vivent sur des Aristoloches. Une espèce de Thaïs, remarquable d'élégance, ayant les ailes postérieures terminées par une longue queue, a été découverte au nord de la Chine. C'est le *Sericinus telamon*.

Dans la plupart des régions du monde où s'élèvent de hautes montagnes, on observe les Parnassiens au corps robuste, aux antennes courtes, aux ailes rigides comme une lame de parchemin, presque dénudées d'écailles au sommet et à la face inférieure. Sur les Alpes, le Jura, le Puy-de-Dôme, les Pyrénées, le Caucase, la Sierra-Nevada, se montre communément en été le Parnassien Apollon (*Parnassius Apollo*), auquel ses grandes ailes blanches, semi-transparentes, tachetées et saupoudrées de noir, et ornées de taches rouge-vermillon cerclées de noir et pupillées de blanc, donnent un aspect gracieux et un peu extraordinaire, qui ne manque guère d'attirer l'attention des touristes.

La chenille du Parnassien Apollon, noire, veloutée, portant des mamelons bleuâtres et des points orangés, se nourrit des

Saxifrages et des Crassulées qui abondent dans les endroits rocailleux des montagnes. Au moment de se transformer en chrysalide, elle s'enveloppe d'un léger réseau de fils soyeux. C'est seulement après s'être construit cet abri, qu'elle s'attache à la fois, comme les autres Papilionides, par l'extrémité du corps et au moyen d'une ceinture.

La plupart des chrysalides des Lépidoptères diurnes demeurent à nu. Quelques-unes au contraire sont enveloppées d'un réseau. Suivant toute probabilité, dans les lieux où elles vivent, elles seraient exposées, sans ce vêtement protecteur, à des dangers dont les autres espèces ne sont pas menacées. La faculté de produire un peu plus de soie qu'il n'est ordinaire pour les représentants du même groupe a été ainsi donnée à certaines chenilles qui, transformées en chrysalides, peuvent avoir des ennemis nombreux.

Sur l'Himalaya, dans les montagnes du Népaul, de la Daourie, de la Sibérie, au Kamtchatka, sur les montagnes Rocheuses dans l'Amérique du Nord, habitent des Parnassiens qui ne se distinguent les uns des autres que par de légères différences. Ces Lépidoptères, disséminés par le monde et dans chaque région, cantonnés sur un espace circonscrit, semblent bien fournir une preuve que la création actuelle est postérieure aux grands phénomènes géologiques qui ont déterminé la configuration de la terre.

Les Ornithoptères, les Thaïs, les Parnassiens, ont des chenilles pourvues, comme celles des Papillons, d'un tentacule fourchu, rétractile. Ces divers genres forment une division naturelle de la famille des Papilionides. Les espèces de l'autre groupe de cette famille n'ont, sous leur première forme, aucune trace d'organe rétractile. Le grand genre de ce groupe est celui des Piérides, les *blanches Danaïdes* de Linné.

Les Piérides, tout le monde en Europe les connaît, et chacun les appelle les Papillons du Chou. En effet, leurs chenilles se nourrissent particulièrement de Crucifères, de Résédas, de Capucines. Elles se font remarquer par leur pubescence et par leur forme atténuée aux deux extrémités. Leurs chrysalides, anguleuses, portent une pointe en avant. Les adultes ont toujours des ailes peu découpées et sans prolongement, des palpes assez longs, hérissés de poils.

Les Piérides, Insectes de moyenne taille, constituent un genre très-nombreux en espèces. Nous en avons quelques-unes en Europe; il y en a en quantité dans les régions intertropicales de l'Afrique et de l'Asie, en Australie.

Le type du genre est le grand Papillon de Chou, de Geoffroy et d'Engramelle (***Pieris brassicæ***), que l'on voit voler pendant la belle saison dans tous les jardins, dans toutes les prairies de l'Europe entière. La Piéride du Chou est répandue également dans l'Asie Mineure, en Égypte, dans tout le nord de l'Afrique, en Sibérie, dans les montagnes de Cachemire et du Népaul, et même au Japon. Sa chenille fait le désespoir de ceux qui jouissent du bonheur de cultiver leurs choux. Qui n'a vu, dans les potagers, cette chenille verdâtre, parée de trois longues lignes jaunes interrompues par de petits tubercules noirs surmontés de poils? Qui n'a vu cette même chenille, arrivée au terme de sa croissance, traversant les chemins, et grimpant après les murailles pour gagner une corniche, une saillie sous laquelle elle va se transformer en chrysalide? Elle marche habituellement sur des feuilles larges, épaisses, impossibles à saisir comme une tige, aussi ses pattes membraneuses ont-elles un cercle de crochets beaucoup plus étendu que celui des espèces du genre Papillon. Les chenilles de la Piéride du Chou vivent par petits groupes, de sorte que le plus beau Chou peut souvent être fort endommagé dans un temps rapide, si rien ne vient les troubler. Ces Insectes sont bien communs, et cependant il y a un petit Hyménoptère (le ***Microgaster glomerator***) qui en détruit d'immenses quantités. Sans ce précieux auxiliaire des cultivateurs, les potagers seraient bientôt mis en fâcheuse condition.

Les autres Piérides de notre pays sont le petit Papillon du Chou (*P. rapæ*); la Piéride du Navet, ou le *Papillon blanc veiné de vert*, de Geoffroy (*P. napi*); la Piéride daplidice, ou le *Papillon blanc marbré de vert*, que l'on ne voit jamais dans les jardins : sa chenille ronge les Résédas et les Crucifères qui croissent dans les champs. Dans les Alpes et les Pyrénées, apparaît une espèce voisine de cette dernière, la Piéride callidice (*Pieris callidice*). Voici deux Piérides qui se ressemblent sous beaucoup de rapports, l'une est l'espèce de la plaine, l'autre l'espèce de la montagne.

Il est encore une autre Piéride fort commune en Europe, c'est le Gazé (*Pieris cratægi*). Pour certains auteurs, le Gazé est le type d'un genre particulier. Sa chenille dévore les Aubépines des haies. Après l'avoir signalée, Linné la traite de *pestis hortorum*. Il n'en faut pas plus pour se convaincre que le célèbre naturaliste devait posséder un jardin.

Certaines Piérides d'assez petite taille, dont les ailes délicates ont le plus ordinairement leur face variée de vert, composent aujourd'hui le genre Anthocharis. Ce nom exprime l'idée que ces Lépidoptères ont la grâce des fleurs, et en effet l'Aurore (*Anthocharis cardamines*), le Papillon si commun au printemps dans les avenues des bois, légitime parfaitement une si belle appellation : le mâle a les ailes antérieures ornées d'une très-grande tache aurore. Dans le midi de la France et dans une grande partie de l'Europe méridionale, il y a l'*Aurore de Provence* (*Anthocharis eupheno*), dont le mâle se distingue par ses ailes entièrement jaunes. Mais, sous le rapport de la coloration, il existe quelque chose de plus curieux chez certains Anthocharis aux ailes blanches en dessus dans les deux sexes. L'*Anthocharis belia* se trouve dans le midi de la France et accidentellement jusqu'aux environs de Paris, dans presque toute l'Europe méridionale, dans le nord de l'Afrique. Il a deux générations par an. Les Papillons éclosent au mois de mars et d'avril de chrysalides qui ont passé l'hiver; leurs ailes postérieures, en dessous d'un vert tendre un peu jaunâtre, sont parées de taches du blanc nacré le plus pur. Ces Papillons donnent naissance à une nouvelle génération; les individus adultes paraissent de la fin de juin au commencement d'août. Ceux-ci, un peu plus grands que ceux du printemps, ont leurs ailes postérieures marquées des mêmes taches, seulement ces taches sont d'un blanc mat. La variété dont les taches blanches ont perdu leur apparence de nacre a été longtemps regardée comme une espèce particulière (*Anthocharis ausonia*). Le docteur Boisduval, le premier, a reconnu la vérité. Une espèce voisine est répandue, au printemps, dans une grande partie de la péninsule ibérique et sur les côtes méditerranéennes de l'Afrique. C'est l'*Anthocharis belemia*. Comme l'*A. belia*, elle a des taches nacrées à la face inférieure des ailes de la seconde paire. Aux mêmes lieux, en été, volent des Anthocharis bien semblables à ceux du printemps, mais les mêmes taches sont mates. C'était l'*Anthocharis glauce*. Or, l'analogie ne saurait laisser aucun doute. Les *Anthocharis belemia* et *glauce* sont de la même espèce, et toujours l'un est la souche de l'autre. Ce fait présente un véritable intérêt, en nous montrant une coloration modifiée par des circonstances extérieures. Nous aurons à en citer un autre exemple plus remarquable encore.

Un Anthocharis aux formes plus robustes que les espèces précédentes avait été observé en Crimée et dans le district d'Orenbourg; à l'état adulte, il semblait n'offrir rien de particulier : mais le docteur Rambur, l'ayant rencontré au pays d'Andalousie, aux environs de Malaga et de Grenade, l'étudia dans ses transformations. La chenille de ce Lépidoptère vit dans les champs, sur des Crucifères. Pour se transformer, elle file, comme les Parnassiens, une légère coque. La chrysalide, assez courte, sans pointes latérales, étranglée au milieu, a une forme très-différente de celle des autres Papilionides. Il n'en fallait pas davantage pour déterminer un entomologiste à voir dans cette espèce le type d'un genre. M. Rambur prit pour le nom générique un souvenir de l'histoire d'Andalousie, et le Lépidoptère de Grenade et de Malaga, qui, par sa coloration, ressemble à l'*Aurore*, s'appelle aujourd'hui le *Zegris eupheme*.

D'autres Papilionides bien connus ont des habitudes et des transformations tout à fait analogues à celles des Piérides et des Anthocharis. Des ailes jaunes, des antennes courtes d'une jolie teinte rosée, font aisément reconnaître ces Lépidoptères, le *Souci*, le *Soufre* de nos campagnes (*Colias edusa* et *C. hyale*), le *Solitaire* et le *Candide* (*C. palæno* et *C. phicomone*) des Alpes. Ils composent le genre *Colias*. Leurs chenilles vivent sur les Trèfles et diverses autres Légumineuses. Le Citron, si remarquable par ses ailes antérieures terminées en pointe aiguë, n'échappe à l'attention de personne. Dans l'hiver même, si par hasard la température vient à s'adoucir et le soleil à se montrer, le Citron se met à voler dans les champs, dans les jardins. Dans nos départements méridionaux, les ailes du mâle se couvrent d'une belle teinte aurore.

Les Papillons de cette espèce hivernent en se réfugiant dans des trous de murailles et des cavités des arbres. Après un séjour de plusieurs mois dans ces sombres retraites, ils en sortent les ailes toutes déflorées et souvent fort déchirées. La chenille de ce Lépidoptère vit sur le Nerprun.

Le Citron (*Rhodocera rhamni*) est devenu le type d'un genre, le genre Rhodocère, dont le nom rappelle une particularité commune aux espèces du groupe des Coliades, les antennes couleur de rose.

Dans les régions intertropicales des deux continents, et surtout en Amérique, il existe des Coliades aux antennes plus effilées que chez les autres (genre *Callidryas*), qui en certaines contrées se montrent par myriades. Un voyageur anglais, Schomburgk, rapporte qu'un jour, en remontant la rivière Essequibo, il vit, de huit heures du matin à cinq heures du soir, sans interruption, de ces Insectes traversant la rivière en nombre incroyable. Les Indiens de quelques localités recueillent leurs chenilles pour s'en nourrir. Après les avoir fait griller, ils les mélangent avec la farine de Manioc, qu'ils tirent de la racine du Cassave (*Jatropha*).

Après les Papilionides viennent les NYMPHALIDES. C'est une belle et nombreuse famille que celle des Nymphalides. On y voit des formes extrêmement diversifiées, des couleurs variées à l'infini, des parures splendides et d'humbles ornements; on y remarque des habitudes assez dissemblables entre les représentants des divers groupes.

Les Nymphalides sont toujours faciles à distinguer des Papilionides. Elles ne se posent que sur quatre pattes. Chez ces Lépidoptères, les pattes antérieures sont en partie atrophiées et impropres à la marche; leurs tarses, dont les derniers articles sont très-petits, manquent de crochets. Ces pattes, très-velues, demeurent immobiles, appliquées sur la poitrine, figurant une sorte de palatine. Les Nymphalides se reconnaissent encore à leurs palpes longs, bien garnis d'écailles jusqu'à l'extrémité.

Il y a de ces Lépidoptères dans toutes les régions du monde, les contrées brûlantes et les pays glacés. Ces Insectes forment néanmoins un ensemble parfaitement naturel, où l'on distingue une multitude de petits groupes particuliers, ou, si l'on aime mieux, de grands genres.

Les Nymphalides présentent entre elles des différences notables, sous leur premier état. Dans certains genres, les chenilles, de forme cylindrique, portent des prolongements charnus; dans d'autres genres, elles sont épineuses; elles ont des épines simples ou des épines rameuses; ailleurs elles sont lisses, amincies en arrière, ici avec une large tête munie de longs tubercules, là avec une tête petite et inerme. Mais si les chenilles offrent entre elles des différences frappantes, les chrysalides se ressemblent toutes par la manière dont elles sont attachées. Les chrysalides des Nymphalides n'ont point, comme celles des Papilionides, un lien, une ceinture propre à les maintenir par le milieu. Fixées seulement par l'extrémité de leur corps, elles demeurent suspendues la tête en bas.

La plupart des chrysalides de cette famille se font remarquer par des taches d'argent et surtout des taches d'or. C'est dans ce fait curieux que se trouve l'origine du nom de *chrysalide*, dérivé du mot grec (χρυσος), qui signifie or. Des amis des biens matériels s'étaient volontiers persuadé qu'il y avait de l'or véritable dans ces petits corps condamnés à l'immobilité. Comme il arrive souvent en toutes choses, l'apparence était prise pour la réalité. Un pigment de couleur blanche, un peu d'air emprisonné sous un tégument jaunâtre et semi-transparent, suffisent pour produire l'effet du précieux métal.

Réaumur a tracé en un long discours les manœuvres de la chenille qui se suspend pour se transformer en chrysalide. Avant lui, bien des observateurs avaient été témoins de ce spectacle de la chenille qui, sous les yeux, devient chrysalide dans l'espace de quelques minutes. Le spectacle est à la portée de tout le monde, mais personne n'avait compris ce qui se passait. La chenille, avec la petite quantité de soie dont elle dispose, s'attache par l'extrémité de son corps. Une fois ce petit travail exécuté, elle se laisse suspendre ; alors elle se raccourcit presque à vue d'œil, sa peau se flétrit, elle se fend sur le dos : la chrysalide apparaît, se contournant pour se débarrasser de sa dépouille de chenille. Bientôt toute la partie antérieure du corps est dégagée, la peau de la chenille est refoulée en arrière. Encore quelques efforts, et cette peau se détache en totalité. Au moment où elle va tomber, la chrysalide, qui est armée à son extrémité postérieure d'hameçons, s'accroche au petit amas de soie déposé par la chenille pour se fixer elle-même.

Dans la famille des Nymphalides, les Danaïdes composent une

division particulière, une tribu, les Danaïdines, composée de quelques genres fort remarquables, dont presque toutes les espèces sont étrangères à l'Europe. Ces Lépidoptères ont le corps allongé, une physionomie un peu particulière; cependant il est assez difficile de formuler un caractère précis, propre à les faire distinguer sûrement des autres Nymphalides. Chez ces dernières, la grande cellule qui occupe le centre ou le disque de l'aile est ordinairement incomplète; dans les Danaïdes et les genres voisins, cette même cellule est toujours complète, étant fermée par une nervure transversale.

Les Danaïdes proprement dites et les Idéas, qui appartiennent au même petit groupe, offrent toutes cette particularité que leur thorax est ponctué de blanc. Leurs chenilles, glabres, portent des prolongements charnus, flexibles, dont l'usage ne nous est pas bien connu, en l'absence d'observations directes. Les chrysalides sont lisses et ornées de larges taches dorées d'un éclat magnifique. Une teinte fauve, plus ou moins irisée, colore les ailes des vraies Danaïdes, teinte relevée par des taches noires et blanches. Ces jolis Lépidoptères sont disséminés dans les régions les plus chaudes du globe, l'Amérique, l'Asie, l'Afrique. Dans les îles de la Grèce, on voit voler parfois une espèce de Danaïde (*Danaïs chrysippus*). Cette même espèce a été prise, assure-t-on, sur les côtes de Calabre; mais poussés par le vent, les papillons peuvent franchir d'énormes espaces, et ceux-là, sans doute, étaient nés sur la côte africaine. Les Idéas de l'Inde et des îles du Pacifique ont des ailes délicates, d'une grandeur énorme, blanches et marquetées de noir.

Les Héliconies, qui se distinguent des Danaïdes par leurs ailes oblongues, souvent assez étroites, sont de charmants Lépidoptères; ils ont l'élégance de la forme, toutes les parures que donne la variété infinie du coloris. En abondance à la Guyane, au Brésil, dans une grande partie de l'Amérique du Sud, ces Lépidoptères sont remarqués de tous les voyageurs. Nous en avons des espèces qui ont les crochets des tarses doubles, d'autres espèces où ces crochets sont simples. A coup sûr, il y a là des adaptations à certaines conditions d'existence, des caractères qui coïncident avec certaines habitudes. L'observation n'a encore été dirigée de ce côté par personne. Les chenilles des Héliconies sont épineuses, et ressemblent, sous ce rapport, à quelques-unes de nos Nymphalides les plus communes.

La seconde tribu de la famille des Nymphalides, celle des Nymphalines, se compose d'une nombreuse suite de genres. Les espèces de plusieurs d'entre eux comptent parmi les plus beaux Lépidoptères de notre pays. Ce sont les Argynnes, aux antennes terminées par une large massue aplatie, aux ailes arrondies, de couleur fauve, parsemées en dessous de taches blanches, brillantes comme l'argent, comme la nacre, comme les perles fines. Vulgairement, les Argynnes s'appellent les ***Nacrés*** : ce nom exprime heureusement leur caractère le plus frappant pour tous les yeux, s'il n'est pas le plus important. Dans les avenues, dans les clairières de nos bois, volent, depuis le mois de mai jusqu'à la fin de juillet, ces papillons recherchés des jeunes amateurs : le Tabac-d'Espagne (*Argynnis paphia*), le Grand-Nacré (*A. aglaia*), le Petit-Nacré (*A. lathonia*), le Collier argenté (*A. euphrosyne*).

Les chenilles des Argynnes ont le corps couvert d'épines rameuses; elles vivent en général sur les Violettes, mais se cachent si bien pendant le jour, qu'il est toujours difficile de les rencontrer. Leurs chrysalides sont anguleuses et ornées de taches métalliques.

On distingue des Argynnes, des Lépidoptères qui leur ressemblent beaucoup par l'aspect général, par la coloration; seulement ceux-ci, de taille toujours très-médiocre, n'ont pas de taches blanches métalliques à la face inférieure des ailes, et la massue de leurs antennes est moins élargie. Leurs ailes sont fauves et quadrillées de noir; de là le nom vulgaire de ***Damiers*** que l'on donne à ces Insectes. Ce sont les Mélitées des naturalistes. Comme les Argynnes, elles se plaisent dans les bois, s'exposant moins que ces dernières au plein soleil. Tout dans leurs allures est plus modeste.

Les chenilles des Mélitées, en général de couleur grise ou noirâtre piquetée de blanc, sont couvertes d'épines courtes, épaisses, ciliées de poils roides. Elles vivent sur des plantes basses. L'espèce la plus commune dans notre pays, la Mélitée athalie (***Melitæa athalia***), se trouve sur le Plantain, la Jacée, la Valériane, etc.

Dans le même petit groupe que les Argynnes et les Mélitées, nous avons les Vanesses, si connues de tout le monde; les Vanesses aux ailes anguleuses ou festonnées, peintes de riches couleurs; papillons qui, pour la plupart, éclosent sous nos yeux, le long des chemins, qui fréquentent les jardins, qui traversent de leur vol sautillant les rues des hameaux. Le ***Paon-de-jour***, le ***Vulcain***, la ***Petite-Tortue***, la ***Belle-Dame***, ne sont-ils pas partout? Leurs images ont été faites plus souvent que celles des hommes les plus illustres ou des plus nobles personnages.

Prenons à part, pour un moment, l'espèce la plus séduisante de cette charmante pléiade de Vanesses, le Paon-de-jour (***Vanessa io***). Il ne lui manque que de venir d'une contrée bien lointaine et peu fréquentée pour valoir cent fois son pesant d'or. Qui n'a admiré ses ailes si élégamment découpées, d'un rouge tirant sur le rouge-brique, d'une incomparable fraîcheur ; chacune portant une large tache analogue à l'œil du Paon, où le noir, le jaune, le bleu tendre violacé figurent une pupille, une prunelle, un iris. Un vieil historien des Insectes, Mouffet, un médecin anglais de la seconde moitié du XVIe siècle, a exprimé son admiration pour la belle Vanesse par cette simple épithète : ***omnium regina***.

Le Paon-de-jour se montre au printemps; il paraît de nouveau en été; souvent il reparaît encore en automne. C'est sur les Orties que vivent ses chenilles. Sous leur premier état, les Vanesses habitent en commun; les individus d'une même ponte ne se séparent guère les uns des autres avant le terme de leur croissance, avant l'époque de la métamorphose. Sur une tige d'Ortie, les chenilles se pressent les unes les autres, rongeant la même feuille. Quand tout est rongé, la troupe entière se porte sur une autre tige. Les chenilles du Paon-de-jour sont d'un noir de velours pointillé de blanc; chacun des anneaux de leur corps, à l'exception du premier, porte six épines rameuses, ou tout au moins ciliées de poils roides. Leurs pattes membraneuses ont un cercle d'épines très-fines; elles sont construites pour grimper sur les tiges peu résistantes d'une plante herbacée. Pour se transformer en chrysalides, ces chenilles se fixent ordinairement aux feuilles de la plante qui les a nourries ou aux plantes du voisinage. Quinze jours après, les papillons éclosent.

Le Paon-de-jour n'est pas la seule Vanesse ayant des chenilles qui mangent les Orties. La plus commune est la Petite-Tortue (*Vanessa urticæ*), dont les générations se succèdent rapidement pendant toute l'année. Le Vulcain (*Vanessa atalanta*), aux ailes noires traversées par une bande d'un rouge écarlate, se nourrit également des Orties au temps de sa première condition. Les chenilles du Vulcain, d'un gris jaunâtre, ont des habitudes plus solitaires que celles des autres Vanesses; presque toujours on les trouve isolées.

La *Belle-Dame* (*Vanessa cardui*), aux ailes rosées, a presque le monde entier pour patrie. D'après plusieurs observations, elle émigre en grandes troupes, parcourant d'immenses espaces, lorsque les vents lui sont favorables ; fait certain, on la rencontre en Europe du nord au sud, en Afrique, dans une grande partie de l'Asie, jusqu'en Australie et même en Amérique. Ses chenilles vivent sur les Chardons, rassemblées en groupes plus ou moins nombreux.

La *Grande-Tortue* (*Vanessa polychloros*) n'est guère moins commune que les précédentes dans notre pays. Ses chenilles

LIBRAIRIE GERMER BAILLIÈRE. IMPR. DE E. MARTINET.

MÉTAMORPHOSES DE LA VANESSE PAON DE JOUR

(*Vanessa io*).

vivent particulièrement sur les Ormes, et dans les localités où on les rencontre, il est ordinaire d'en voir plusieurs milliers réunis sur les mêmes branches.

Le *Morio* (*V. antiopa*) est la plus grande de nos Vanesses; plus grande et beaucoup moins répandue que ses congénères, elle est fort prisée des amateurs. C'est d'ailleurs un fort beau Papillon : des ailes festonnées d'un brun marron avec une bordure jaune clair, précédée d'une série de taches bleues. Le Morio a un vol plus élevé que les autres Vanesses, il est plus difficile à saisir; ce qui fait le désespoir des jeunes chasseurs. Sa chenille vit par groupes plus ou moins nombreux dans les cimes des grands Saules.

Le *Robert-le-Diable* (*Vanessa C. album*), aux ailes fauves marquées de noir, toutes découpées sur le bord terminal, ayant en dessous un petit trait blanc courbé qui figure exactement la lettre *C*, est partout fort commun. Ses chenilles, assez régulièrement teintées de blanc rosé dans leur portion antérieure, vivent sur les Orties et assez fréquemment aussi sur les Ormes. Dans le midi de la France, le Robert-le-Diable est remplacé par une espèce voisine, dont la ligne de la face inférieure des ailes offre la figure d'une *L* (*Vanessa L. album*).

Enfin, dans le même genre, il est encore une très-petite espèce (*Vanessa prorsa*), fort curieuse à raison de la variabilité de sa coloration, variabilité qui avait fait croire à l'existence de deux et même de trois espèces distinctes : c'est la *Carte géographique*. Lorsque vers la fin d'avril et dans les premiers jours de mai, on visite ces bois pleins de fraîcheur, arrosés par de petits ruisseaux faisant entendre leur murmure cher aux poëtes, on voit voltiger, puis se poser sur les Orties, qui, sous l'ombrage et dans la terre humide, poussent verdoyantes, de charmants petits Papillons bien reconnaissables pour des Vanesses, à leur port et surtout à la forme de leurs ailes. Ces ailes si fraîches, qu'elles semblent veloutées, ont une couleur fauve, extrêmement vive, sur laquelle serpentent dans tous les sens des lignes noires, semblables aux lignes d'une carte géographique, ce qui explique le nom vulgaire de l'Insecte. Si l'on retourne aux mêmes lieux pendant le mois de juin, les Vanesses *carte-géographique* ont disparu; les grandes Orties sont chargées çà et là de grappes de petites chenilles noires, finement pointillées de blanc et couvertes d'épines très-rameuses. C'est la progéniture des jolis Papillons du mois d'avril. Ces chenilles, parvenues au terme de leur croissance, s'isolent successivement; chacune va s'attacher à une feuille et bientôt se transformer en chrysalide; chrysalide grisâtre ayant la forme anguleuse de celles des autres Vanesses. Nous sommes au mois de juin, la température est chaude, le développement de nos Lépidoptères marche vite. Deux semaines s'écoulent; arrive le mois de juillet, et les petites Vanesses carte-géographique éclosent. L'observateur qui aurait, comme nous venons de le dire, suivi toute leur existence depuis l'apparition du printemps, serait bien étonné. Les Papillons du mois de juillet ne ressemblent plus du tout par leur couleur à ceux du mois d'avril : leurs ailes sont noires, sillonnées de lignes blanchâtres. Voilà qui est bien étrange. Continuons cependant à suivre cette espèce dans son existence.

Les Vanesses *carte-géographique* aux ailes noires pondent leurs œufs, et dans les mois d'août et de septembre les Orties se trouvent de nouveau rongées par des masses de petites chenilles semblables à celles que nous y avons trouvées au mois de juin. Comme les premières, les chenilles de l'automne se suspendent, se transforment en chrysalides. Si l'automne, par un de ces hasards qui se produisent assez rarement dans notre belle France, prolonge l'été, au mois d'octobre peut-être, quelques Papillons seront éclos : leurs ailes n'auront ni la coloration noire des Papillons du mois de juillet, ni la coloration fauve des Papillons du mois d'avril, mais une coloration intermédiaire. Cette éclosion tardive est très-accidentelle, mais il est facile de la produire à volonté en maintenant des chrysalides dans une atmosphère chaude. La plupart des chrysalides, et le plus souvent toutes les chrysalides, passent l'hiver ; les Vanesses carte-géographique éclosent au printemps. Tous les individus ont des ailes fauves.

C'est en 1827 que le docteur Boisduval, le premier, reconnut que les petites Vanesses, jusque-là considérées comme étant d'espèces distinctes, étaient en réalité de la même espèce. Ainsi toute bonne observation conduit à la vérité.

Quelques Anthocharis, avons-nous vu, présentent, entre leurs deux générations du printemps et de l'été, une différence remarquable dans la nature de leurs ailes blanches ; la différence de coloration est bien autrement considérable chez les Vanesses carte-géographique. C'est un fait des plus curieux et des plus intéressants. Nous ne pouvons donner une explication satisfaisante du phénomène, parce qu'il est isolé, qu'il ne se produit pas chez d'autres espèces. Mais, dans notre exemple particulier, nous voyons la couleur noire apparaître chez les individus qui se sont transformés à une époque à laquelle la lumière est vive, la chaleur forte ; la teinte fauve, teinte affaiblie, en quelque sorte pâlie, chez les individus développés pendant le temps où la chaleur est faible, la lumière souvent pâle.

Les Nymphales constituent un groupe particulier (Nymphalites) dans l'immense famille des Nymphalides. C'est un grand genre où les variétés de forme et de couleur sont à l'infini. Les Nymphalites ont en général un corps robuste pour des Papillons de jour, des ailes postérieures dont le bord interne est une assez large gouttière propre à recevoir l'abdomen, des palpes plus rapprochés l'un de l'autre que chez les Vanesses et les Argynnes. Ces Lépidoptères ont peu de représentants dans notre pays ; ils en ont en foule dans les régions intertropicales, en Afrique, dans l'Amérique du Sud, aux Indes. Les chenilles de ces Insectes ont souvent des teintes vertes d'une extrême fraîcheur ; les unes portent des épines sur tous les anneaux du corps, les autres sont lisses, avec la tête armée de pointes plus ou moins robustes; leurs chrysalides ont des formes assez variées.

Le grand genre des Nymphales a été divisé en une multitude de genres; mais c'est là un détail que nous n'aurions pas cru utile de mentionner, si nous ne voulions faire remarquer qu'il est fort ordinaire de voir de longues suites d'espèces regardées comme des divisions particulières ou des genres, présentant toutes le même système de coloration, presque un uniforme. Dans les parties chaudes de l'Amérique, il existe une foule de mignonnes Nymphalites d'espèces différentes, ayant des ailes rouges plus ou moins marquées de noir, où, semblable à un signe cabalistique, le chiffre 80 ou 88 se trouve inscrit en gros caractère à la face inférieure des ailes de la première paire (genre *Catagramma*).

Parmi les Nymphalites de notre pays, tout le monde connaît les *Sylvains* (*Limenitis*). Leur nom vulgaire est bien choisi, car jamais ils ne volent dans les campagnes, mais seulement à la lisière des bois ou dans les avenues des forêts. Le Petit-Sylvain (*Limenitis sibylla*) est assez commun dans nos bois pendant le mois de juin, quelquefois encore pendant le mois de septembre. Sa chenille, d'un vert clair pointillé de vert plus foncé, portant sur le dos deux rangées d'épines charnues et rameuses, vit sur les Chèvrefeuilles. Les feuilles de ces arbrisseaux sont lisses, assez dures, les petits crochets des pattes en couronne des chenilles du Petit-Sylvain seraient peut-être insuffisants pour s'y fixer avec force. L'inconvénient qui pourrait en résulter pour l'Insecte est conjuré par une faculté et un instinct qu'il partage avec d'autres espèces. La chenille étend à la surface de la feuille des fils soyeux, et la voilà pourvue du moyen de s'accrocher aussi vigoureusement que possible. Sa chrysalide est tout anguleuse, d'un brun verdâtre sombre; elle est ornée de brillantes taches d'argent et d'une large tache d'un vert clair à la partie supérieure de l'abdomen.

Dans nos départements méridionaux, on trouve le Petit-

Sylvain azuré (*Limenitis camilla*), et dans nos grandes forêts, le Grand-Sylvain (*Limenitis Populi*), dont les chenilles se tiennent vers les cimes des Peupliers et quelquefois des Saules. Celui-ci particulièrement a un vol élevé et soutenu, et les amateurs, avec leur filet en main, font souvent des courses furieuses pour s'en emparer. Cependant le chasseur qui reste calme peut profiter aisément d'une habitude singulière de quelques Nymphales. Dans les allées où les chevaux ont laissé des témoins de leur passage, on voit le Grand-Sylvain descendre peu à peu, et finir par se poser sur les fientes, dont il hume la partie liquide avec une sorte d'avidité.

Les vraies Nymphales (*Nymphalis*) ont deux représentants en Europe. Ce sont des Papillons au corps robuste, aux ailes arrondies, aux antennes graduellement renflées en une massue en forme de fuseau. Ces Lépidoptères ont un vol puissant, ce qui s'explique par le grand développement de leur thorax. Leurs chenilles ont un corps lisse, la tête pourvue de deux pointes dirigées en arrière, le dernier anneau muni de deux petits crochets. La plus commune de nos Nymphales est bien connue sous le nom vulgaire de ***Petit-Mars*** ou de ***Mars changeant*** (*Nymphalis ilia*). C'est un grand et beau papillon aux ailes sombres, ayant de magnifiques reflets d'un violet changeant et des taches blanches ou jaunâtres. Il vole près des rangées de Peupliers qui bordent certains cours d'eau, ou à la lisière des bois et des forêts, dans les endroits où se balancent les Trembles. Sa chenille, d'une jolie teinte verte, vit pendant le mois de mai sur les Peupliers, les Saules, les Trembles, se tenant souvent à une hauteur où il est malaisé de l'atteindre. Cette chenille, lente dans sa marche, paraît d'ordinaire comme engourdie ; elle se maintient cependant sans la moindre difficulté sur ces arbres longs et flexibles, que le vent agite parfois avec une violence extraordinaire. Les griffes et les ventouses de ses pattes membraneuses ne lui suffiraient sans doute pas toujours pour s'accrocher assez fortement aux feuilles qui viennent à être secouées dans tous les sens. Tout est prévu par la nature. Ces chenilles, mieux encore que les chenilles des Sylvains, tapissent de soie les feuilles sur lesquelles elles doivent se tenir ou marcher, et de la sorte elles peuvent demeurer indifférentes aux secousses les plus brusques.

Dans les grands bois, on aperçoit dans les mois de juin et de septembre notre seconde espèce de Nymphale, volant jusque vers les cimes des arbres. C'est le *Grand-Mars* (*Nymphalis iris*). Plus grand, plus beau encore, plus rare que son congénère, il est bien plus précieux pour les jeunes amateurs. Sa chenille se trouve au printemps sur les grands Chênes.

Une des singularités de la vie des Nymphales, c'est leur dédain absolu des fleurs, leur goût pour la séve qui s'échappe du tronc des arbres malades, pour les fientes d'animaux. Ces Lépidoptères offrent un contraste étrange : beauté superbe, avec le goût de ce qui, à nos yeux, est repoussant.

Dans le petit groupe des Nymphalites, il existe des espèces de grande taille, au port majestueux, aux ailes postérieures plus ou moins prolongées en une sorte de queue. Ces espèces appartiennent principalement à l'Afrique et aux parties chaudes de l'Asie; on en a fait le genre Charaxès. Ces Lépidoptères ont tous les caractères essentiels de la famille des Nymphalides, et avec cela ils offrent dans leur aspect général, dans la coupe de leurs ailes, une analogie frappante avec des espèces du genre Papillon (*Papilio*), et à côté d'eux les vraies Nymphales, aux ailes arrondies, semblent représenter les Piérides de la famille des Papilionides. C'est un fait remarquable qui se reproduit continuellement entre les espèces de familles appartenant à un même ordre, comme entre les types appartenant à divers ordres. Des caractères essentiels très-prononcés les séparent; des analogies dans l'aspect, dans la coloration, dans les habitudes, semblent les rapprocher. Les analogies sautent aux yeux des moins clairvoyants; les ressemblances importantes, fondamentales, demandent à être sérieusement étudiées. Aussi est-il aisé de comprendre les fautes si fréquentes des classificateurs.

Une espèce de Charaxès habite à la fois une partie de l'Afrique et l'Europe méridionale. C'est le Jasius (*Charaxes jasius*), qui n'est pas bien rare dans notre Provence. Magnifique papillon, à peu près égal en dimension au Machaon et au Flambé, ses ailes brunes en dessus, bordées par une large bande d'un fauve clair, ont en dessous une multitude de raies de presque toutes les nuances imaginables. Sa chenille, verte, finement chagrinée, amincie en arrière, a un port superbe. Sa tête, extrêmement large, ayant des téguments fort durs, indice certain que l'Insecte doit se nourrir d'un feuillage très-résistant, porte quatre prolongements obtus, inclinés en arrière, de la consistance des autres parties : on dirait une sorte de diadème. Est-ce un ornement, une parure? Est-ce un appareil ayant un usage spécial? Nous l'ignorons encore. Les pattes membraneuses de cette chenille sont bien organisées pour saisir avec force; profondément excavées en dessous, elles constituent une ventouse ayant son bord interne garni d'un double rang d'épines, et le côté externe très-couvert de poils roides propres à rendre le tact d'une grande sensibilité. La chenille du Jasius vit sur les Arbousiers ou arbres aux fraises, les jolis arbrisseaux de la Provence, que l'on plante volontiers dans les jardins de Paris et de ses environs, malgré la nécessité de les mettre soigneusement en serre pendant la saison rigoureuse.

Nous avons peu de chose à dire des représentants d'un petit groupe de Nymphalides dont le type est le genre des Morphos. Tous sont étrangers à l'Europe. Ils vivent dans les contrées chaudes et humides de l'Amérique; par l'énorme envergure de leurs ailes, par leur vol élevé et rapide, ils étonnent le voyageur, et l'éblouissent par l'éclat métallique de leurs ailes.

Les Morphos, les plus grands des Papillons de jour, ont des antennes grêles, un corps frêle, avec des ailes arrondies d'une extrême amplitude. Tout le monde voit et remarque, exposé aux vitrines des marchands d'objets d'histoire naturelle ou de curiosité, un splendide Papillon aux ailes d'un bleu d'azur chatoyant et d'un éclat tout métallique. C'est le ***Morpho Menelas***, fort commun au Brésil et à la Guyane. Cet éclat que présentent les âiles de certains Lépidoptères, notamment les Morphos, est dû à un effet de lumière qu'il n'est pas aisé d'expliquer d'une manière satisfaisante, dans l'impossibilité où nous sommes encore de reproduire le même effet. Nous avons étudié la disposition des écailles des ailes métalliques de ces Papillons, nous avons observé ces écailles isolément, ce que personne n'avait fait jusqu'à présent. Ici les écailles ne sont pas superposées comme à l'ordinaire; rangées par files parfaitement droites, un faible intervalle est laissé entre chacune d'elles. Au-dessous des écailles qui paraissent bleues, se trouvent des rangées d'écailles plus petites, transparentes, ondulées à la surface et polarisant la lumière. Ces dernières se montrent en partie dans les intervalles des écailles colorées, et jouent sans doute un rôle fort important dans l'effet produit. Les écailles, qui semblent bleues, prises isolément et observées sous le microscope, ne sont plus bleues. Presque opaques, comme granuleuses dans leur épaisseur, il devient impossible de ne pas les croire brunes.

Un autre Morpho (***Morpho Laertes***), abondant au Brésil, a les formes et la taille du précédent, avec des ailes d'un blanc métallique légèrement bleuâtre, dont le miroitage est également obtenu par la superposition de deux couches d'écailles. Mais, puisque nous parlons ici des Morphos à cause de leurs dimensions et de leur magnificence, il faut citer le Morpho qui dépasse en éclat, en splendeur, tout ce qu'il est possible d'imaginer. Incomparable est le seul terme qui puisse être employé en parlant de ce Lépidoptère, et il faut le prendre dans son acception la plus vraie. Ce Morpho (***Morpho cypris***), particulier à la Nouvelle-Grenade, fréquente les carrières où se fait l'exploitation des émeraudes, comme s'il voulait montrer que la beauté des pierres les plus précieuses est une misère comparativement à sa propre beauté. Que l'on se figure ses grandes ailes d'un bleu éblouissant, traversées par une bande jaunâtre à reflets métalliques d'un charmant contraste; le bleu passant au vert, et surtout au violet, offrant en un moment tous les effets imaginables, selon le jeu de la lumière, tous les éblouissements qui défient la comparaison.

Les femelles de ces splendides Papillons sont en général beaucoup plus modestes, ce qui ne les empêche pas d'être encore extrêmement belles. Leurs ailes ont des tons jaunâtres, roussâtres, qui se mélangent avec quelques parties bleues. En dessous, elles ont à peu près les mêmes couleurs pâles, les dessins, les taches ocellées des ailes des mâles.

Nous en tenant aux affinités naturelles, nous passons sans transition des plus éclatants Papillons du monde aux plus sombres, les Satyres, les *plébéiens* de Linné. Le grand genre des Satyres, ou plutôt le groupe des Satyrites, a le monde pour patrie. En Europe, on rencontre ces Insectes dans toutes les localités, les champs découverts, les plaines arides, le bord des chemins, les bois couverts, les montagnes élevées, froides, neigeuses. Depuis le printemps jusqu'à la fin de l'automne, il est impossible de se trouver dans un endroit quelconque sans voir voltiger des Satyres aux ailes ternes, grises ou brunâtres. Ce sont les Lépidoptères des herbes les plus vulgaires, des herbes qui poussent en tous lieux. Leurs chenilles vivent sur les Graminées; mais si communes qu'elles soient, on ne les voit jamais. Il est besoin de l'art de l'entomologiste le plus exercé pour les découvrir : pendant le jour, elles se cachent au pied de la plante, dont elles ont les teintes vertes, et c'est seulement la nuit qu'elles voyagent un peu en rongeant les feuilles. Papillons de jour, chenilles de nuit; chenilles de jour, Papillons de nuit, tel est le contraste que nous offrent une foule de Lépidoptères.

Les chenilles des Satyrites ont toutes la même forme générale : un corps finement velu, atténué vers l'extrémité comme les Poissons, et le dernier anneau muni de deux petits crochets. Les chrysalides sont courtes, ramassées, sans aucune de ces saillies bizarres qui sont ordinaires aux chrysalides de beaucoup de Nymphalides.

Le grand genre Satyre des entomologistes d'il y a quarante ans a été bien subdivisé. On distingue maintenant les Argés, les Érébies, les Chionobas, les vrais Satyres, sans compter ceux qu'il est inutile de mentionner.

Les Argés sont aisément reconnaissables à leurs antennes minces à peine renflées vers le bout, et surtout à leurs ailes blanches variées de noir. Une seule espèce de ce type se trouve répandue dans les parties centrales et septentrionales de l'Europe. C'est le *Demi-deuil* (*Arge galathea*), fort commun au milieu de l'été, dans les taillis et à la lisière des bois. Sa coloration blanche et noire lui a valu son nom vulgaire, qui est tout à fait expressif. La chenille de ce Satyre vit sur les plus humbles Graminées. Les autres Argés habitent l'Europe méridionale, l'Asie Mineure, le nord de l'Afrique.

Les Érébies (*Erebia*), ou les *Satyres nègres* des auteurs, sont les Satyres des montagnes. Ils abondent sur les Alpes, les Pyrénées, le Caucase, l'Himalaya, les montagnes Rocheuses, etc. Habitants des pays froids, ils se trouvent jusqu'en Laponie. Ce sont de petits Papillons ayant des ailes noires ornées de taches ocellées fauves ou rougeâtres. Sur les plus hautes montagnes et dans les contrées les plus septentrionales de l'Europe et de l'Amérique, l'Islande, le cap Nord, la Sibérie, le Kamtchatka, vivent les Chionobas, ou les *Satyres hyperboréens*. D'un fauve terne ou d'un gris jaune pâle, ces Papillons semblent avoir été teints par les brumes. Une seule espèce du genre (*Chionobas aello*) se montre sur nos Alpes.

Les vrais Satyres sont les habitants de nos plaines. Ayant un

LIBRAIRIE GERMER BAILLIÈRE. IMPR. DE E. MARTINET.

MÉTAMORPHOSES DU SATYRE DEMI-DEUIL

(*Arge Galathea*).

vol bas qui ressemble à un sautillement, des teintes tristes, brunes, grises, ou d'une nuance fauve sans vivacité ; ils paraissent être, au milieu de la foule des espèces parées de belles couleurs, de véritables plébéiens, comme Linné en avait jugé. On les voit partout, depuis le commencement jusqu'à la fin de la belle saison.

Les plus grands sont le Silène (*Satyrus circe*), qui est surtout répandu dans nos départements méridionaux ; le *Sylvandre* (*S. hermione*), se posant habituellement sur les roches. Dans les localités arides et montagneuses, le *Grand-Nègre-des-bois* (*S. phædra*), auquel ses ailes très-sombres, avec des taches ocellées, donnent une assez belle apparence. Parmi les espèces de taille moyenne, volent, dans les endroits arides et rocailleux, le *Faune* (*S. fauna*) et l'*Agreste* (*S. semele*). Les plus communs sont l'*Ariane* d'Engramelle (*S. mœra*) et le *Satyre* de Geoffroy (*S. megæra*), qui voltigent sur les chemins, et surtout le long des murailles ; le *Tircis* (*S. ægeria*) et la *Baccanthe* (*S. dejanira*), qui habitent les bois et se cachent dans les fourrés ; le *Myrtil* (*S. janira*), qui aime les clairières, recherchant les fleurs des Ronces, de même que le *Tristan* (*S. hyperanthus*). Les plus petits, ayant généralement les ailes fauves, d'un ton uniforme, sont l'*Amaryllis* (*S. tithonus*), le *Mélibée* (*S. hero*), le *Céphale* (*S. arcanius*), le *Procris* (*S. pamphilus*), le plus petit et le plus abondant entre tous.

Il est des espèces de Satyrites de l'Amérique du Sud bien différentes des nôtres sous le rapport des contours et de la coloration des ailes. Les *Hætera* du Brésil et de la Guyane ont les ailes festonnées et en partie transparentes. Leurs écailles, presque disséminées, deviennent très-grêles en certains endroits et finissent par être de simples petits poils ; la membrane alaire est irisée : de là de très-jolis effets de miroitage, des teintes mordorées qu'on n'observe pas ailleurs.

Les Érycinides, troisième famille des Lépidoptères diurnes,

pourraient, au premier abord, passer pour des réductions des espèces des deux familles précédentes, Papilionides et Nymphalides. Véritables miniatures, parmi les Papillons de jour, elles sont aussi bien partagées que les grandes espèces sous le rapport des formes, sous le rapport de la variété, de la suavité du coloris. Pour les unes, les formes des espèces du genre Papillon semblent avoir été imitées ; pour les autres, les formes des Nymphales.

Pour des yeux exercés, il est extrêmement facile de reconnaître à première vue une espèce quelconque de la nombreuse famille des Érycinides. Un port particulier, une physionomie spéciale, servent suffisamment à ceux qui ont étudié les collections. Les caractères qui distinguent ces Lépidoptères, soit des Papilionides, soit des Nymphalides sont faibles en réalité. Les pattes antérieures sont fréquemment impropres à la marche, comme chez les Nymphalides., mais il est ordinaire qu'elles atteignent le même développement que les autres chez les femelles. Dans tous les cas, les crochets des tarses sont extrêmement petits. Les antennes sont terminées en massue ovalaire. Les palpes ont le dernier article nu presque dégarni d'écailles.

A l'état de chenilles, les Érycinides sont vraiment remarquables. Leur corps est court, ramassé, large, avec une très-petite tête. C'est l'apparence des Cloportes, par conséquent un aspect très-différent de celui de toutes les autres chenilles. Pour se transformer, elles s'attachent exactement comme les Papilionides, au moyen d'une ceinture et par l'extrémité du corps. Les chrysalides sont courtes, massives, obtuses.

Les Érycinides ont très-ordinairement les ailes postérieures terminées par un prolongement caudiforme d'une longueur très-variable suivant les espèces. Aussi les anciens entomologistes appelaient-ils ces jolis Papillons, les *Petits-Porte-queue*. Cette famille de Lépidoptères se partage d'une manière très-naturelle en deux groupes, les Lycénites et les Érycinites. Les premiers ont des palpes qui dépassent notablement la tête ; les seconds ont ces mêmes palpes tout à fait exigus.

Les Lycénites ont de nombreux représentants en Europe, entre soixante-dix et quatre-vingts, que l'on répartit dans quelques genres faciles à distinguer. Les Théclas, les Polyommates, les Lycénas. Les Théclas ont leurs ailes postérieures prolongées en une petite queue, des antennes avec une massue médiocrement épaisse. Ce sont de petits Papillons brunâtres en dessus pour la plupart, et en dessous d'une teinte claire, avec des lignes ou des dessins caractéristiques des espèces.

Prenons pour exemple l'un des Théclas les plus communs dans notre pays : le ***Porte-queue brun à ligne blanche*** de Ernst, ou Thécla W blanc (***Thecla W album***). Le papillon est tout brun en dessus, avec une ligne blanche près du bord ; il est d'un gris clair en dessous, avec des lignes noires, rouges et blanches, l'une de ces dernières figurant, vers l'extrémité des ailes postérieures, la lettre ***W*** parfaitement reconnaissable : de là le nom adopté pour l'Insecte, et un caractère qui permet de le reconnaître sans difficulté. La chenille de cette espèce vit sur les Ormes et quelquefois sur l'Aubépine. Courte, élargie, déprimée en dessus, comme les autres chenilles de Lycénites, elle a toute l'apparence d'un Cloporte ; cependant elle n'en a pas la couleur. La chenille du Petit-Porte-queue brun est ordinairement d'un vert-pomme qui ne diffère pas beaucoup de la couleur des feuilles de l'Orme, lorsqu'elles ont encore toute leur fraîcheur printanière. Sa tête, très-petite, brunâtre, se retire entièrement dans le premier anneau du corps pendant le repos. Sur chacun de ses anneaux couverts d'une fine pubescence, on remarque deux petites saillies dorsales, et de chaque côté un trait plus obscur que la teinte générale de l'animal. Les pattes écailleuses de cette chenille sont très-petites ; les pattes membraneuses sont également fort courtes, et comme le corps est loin d'être svelte, on peut être assuré que l'Insecte doit être fort lent dans sa marche.

Les épines des pattes membraneuses circonscrivent une cavité

MÉTAMORPHOSES DU THÉCLA W BLANC
(*Thecla W album*).

agissant à la manière d'une ventouse : c'est un indice que la chenille marche sur une surface d'ordinaire plane comme une feuille, qu'elle ne grimpe guère après les tiges. En effet, toutes les chenilles des Lycénites, très-lentes dans leurs mouvements, se déplacent fort peu. Après avoir rongé une feuille, elle se porte sur la feuille voisine, et c'est là leur plus grand voyage. De la couleur du feuillage au printemps et blotties habituellement à la face inférieure des feuilles, ces chenilles sont difficiles à apercevoir. C'est une sauvegarde contre leurs ennemis, tous les insectivores, qui volontiers en feraient leurs délices.

Les chenilles du *Thécla W blanc* se trouvent communément sur les Ormes de nos routes, des parcs, de la lisière des bois; elles se transforment en s'attachant aux feuilles sur lesquelles elles ont vécu. Les chrysalides, légèrement pubescentes, sont d'un gris brun, avec une rangée latérale de points noirs. Comme chez toutes les espèces du groupe, les anneaux de leur abdomen sont immobiles. Le papillon éclôt une quinzaine de jours après la métamorphose de la chenille, et on le voit voler pendant tout le mois de juin. On n'a pas encore observé où il dépose ses œufs, ni sous quelle forme l'Insecte passe l'hiver.

Tous les autres Théclas ressemblent à celui-ci par leur genre de vie comme par leur transformation. Le Thécla du Prunellier (*Thecla Spini*) se montre souvent dans les jardins. Le Thécla du Chêne (*Thecla Quercûs*), dont les ailes sont glacées de bleu violacé, n'est pas rare dans les bois. Le Thécla de la Ronce (*Thecla Rubi*) est commun dans la plupart des taillis où croît la plante qui nourrit sa chenille. Il offre une coloration exceptionnelle chez les Lépidoptères; ses ailes, brunes en dessus, sont en dessous d'un vert clair uniforme. Une espèce de la Californie (*Thecla dumetorum*, Boisd.) en est toute voisine, ayant ses ailes absolument de la même couleur. Il est du reste très-remarquable de voir combien une foule d'espèces de la partie occidentale de l'Amérique du Nord ressemblent aux espèces de l'Europe tempérée.

Le genre des Polyommates se distingue des Théclas par les antennes, dont la massue est plus courte et plus épaisse, et par les ailes postérieures sans prolongement. Le nom de Polyommates, qui signifie *beaucoup d'yeux*, fait allusion aux petites taches cerclées, assez semblables à des yeux, qui ornent la face inférieure des ailes de ces jolis Lépidoptères. En dessus, les ailes des Polyommates sont en général d'un fauve doré et d'un éclat métallique produit à peu près de la même manière que chez les Morphos. Toujours chez les femelles, quelquefois chez les mâles également, ces ailes brillantes sont tachetées de noir.

Pendant leur premier âge, les Polyommates ressemblent extrêmement aux Théclas. L'espèce la plus commune du genre est le *Bronzé* de Geoffroy (*Polyommatus phlœas*). Comme quelques Vanesses, elle a une grande partie du monde pour patrie; elle vole partout sur les chemins, dans les champs rocailleux, dans tous les endroits découverts. Le Polyommate de la Verge-d'or (*Polyommatus virgaureæ*) est le plus étincelant : les ailes du mâle sont d'un rouge doré uniforme. C'est une espèce qui habite les Alpes et qui ne se trouve jamais que dans les pays de montagnes. Le Polyommate chryseis (*Polyommatus chryseis*), ou l'*Argus-satiné-changeant* d'Engramelle, presque aussi beau, mais d'un ton un peu violacé et chatoyant, est parfois abondant dans les grandes forêts. C'est charmant, au mois de juin, de le voir briller au soleil, dans les petites avenues de la forêt de Chantilly.

Sous le nom de Lycéna, on a distingué des Polyommates toutes les petites espèces aux ailes bleues en dessus, quelquefois brunes chez les femelles, et généralement ornées en dessous d'une multitude de taches ocellées. Ce sont de vrais Argus, comme les appelaient les anciens entomologistes, et comme nous voudrions les appeler encore, si le nom d'*Argus* ne désignait, depuis Linné, une espèce en particulier.

A ce genre se rattache le *Porte-queue bleu strié* de Geoffroy (*Lycæna bœtica*), d'un bleu grisâtre en dessus, tout strié en dessous, et orné à l'angle des ailes postérieures de quelques points ocellés, ayant une pupille d'or. C'est un joli petit papillon, auquel la petite queue de ses ailes donne infiniment d'élégance. Il est fort répandu dans l'Europe méridionale, en Afrique et en Asie, et il est devenu commun dans une grande partie de la France, depuis que le Baguenaudier a été propagé dans les parcs et les jardins. Sa chenille vit dans les siliques de cet arbrisseau et en ronge les graines.

La plupart des Lycenas n'ont pas de rayures à la face inférieure de leurs ailes, mais seulement des taches ocellées. Partout, dans les plaines, au milieu des champs de Trèfle, de Sainfoin, de Luzerne, voltige l'Argus bleu (*Lycœna alexis*). Le mâle a les ailes du plus beau bleu de ciel, avec des reflets chatoyants; la femelle a les ailes brunes. Sa chenille vit sur les Légumineuses les plus répandues. L'*Argus bleu céleste* (*L. adonis*), un peu moins abondant que le précédent, est peut-être encore plus joli. L'*Argus bleu nacré* (*L. corydon*) se plaît dans les avenues des bois et dans les plaines arides. Les chenilles de ces espèces vivent sur différentes Légumineuses.

Les Erycinites, dont les variétés de formes sont extrêmes, habitent les régions chaudes du monde. Par leurs premiers états, par leurs métamorphoses, d'après les observations de plusieurs voyageurs, elles diffèrent fort peu des Lycénites. Une seule espèce de ce groupe se trouve en Europe, et cette espèce a la coloration et toute l'apparence d'une petite Mélitée : des ailes fauves quadrillées de noir. C'est la *Lucine* ou le *Fauve à taches blanches* d'Engramelle (*Nemeobius lucina*), Lépidoptère très-commun au mois de mai, dans les clairières des forêts et des grands bois. Sa chenille possède la physionomie des Cloportes, comme celle des autres Erycinides, et sa chrysalide, ramassée, obtuse, est couverte d'une fine pubescence.

Les Hespérides, qui forment notre quatrième famille de l'ordre des Lépidoptères, s'éloignent d'une manière très-notable des types précédents. Ce sont des Diurnes qui déjà se rapprochent des Nocturnes d'une façon saisissante. Ils ont un corps épais; une tête forte, élargie; des antennes renflées en une massue allongée comme un fuseau, et souvent courbée à l'extrémité, à la façon d'un crochet ou d'un hameçon. Leurs pattes sont bien développées, et les postérieures en particulier sont fortes, avec leurs jambes munies de deux paires d'épines. Les ailes de ces Lépidoptères ont une ampleur très-médiocre, relativement au volume du corps; elles ont très-généralement des couleurs grises, brunâtres, fauves.

Les Hespériides étaient mises par Linné au nombre des ***Plébéiens;*** cette classification était justifiée par une taille petite, par des couleurs ternes, par un vol saccadé, lent, humble en quelque sorte. En considération de leur allure incertaine, Geoffroy les nommait les ***Estropiés***.

Ces Lépidoptères voltigent dans les endroits couverts, les étroites allées des bois, les taillis sombres; ils semblent presque confus de se montrer à la lumière. Les Hespériides sont parfaitement des Diurnes, et elles affectent une analogie d'allure surprenante avec certains Nocturnes.

Si les Hespériides, à l'état adulte, diffèrent beaucoup des familles précédentes, elles s'en éloignent aussi sous leur première forme. Leurs chenilles, par leur aspect, par leurs mouvements brusques, rappellent la démarche des Pyrales. Elles ont un corps mince, allongé, une tête grosse, arrondie. Pour dissimuler leur présence, elles se cachent souvent dans les rigoles d'une feuille dont elles retiennent les bords au moyen de quelques fils. Au moment de subir leur transformation, elles établissent avec plus de soin leur retraite, puis elles s'attachent par l'extrémité de leur corps comme tous les autres Diurnes, et s'enlacent en outre avec un certain nombre de fils entrecroisés : c'est une sorte de réseau très-léger. Les chrysalides sont minces, longues, anguleuses.

Les Hespériides ne sont, à proprement parler, qu'un grand

genre ; mais, d'après des particularités ou des détails de faible importance, elles ont été réparties en plusieurs genres. Les espèces étrangères à l'Europe ont une taille moyenne. Ce sont les Eudames, surtout abondants dans l'Amérique du Sud. Quelques-uns d'entre eux se trouvent dans les régions méridionales de l'Amérique du Nord. Leurs premiers états ont été représentés dans le grand ouvrage de Smith et Abbot, et M. Agassiz a étudié les métamorphoses de l'Eudame tityre (***Eudamus tityrus***), dont la

MÉTAMORPHOSES DE L'HESPÉRIE MIROIR

(*Pamphila aracynthus*).

chenille vit sur le Robinier faux-Acacia. Les Hespéries de notre pays sont toutes fort petites. On a donné le nom de Pamphiles à celles qui se plaisent dans les bois couverts. Leur corps est plus mince que celui des autres Hespéries, et leurs antennes, ayant une massue ovalaire, ne se terminent point par un crochet.

Tous les amateurs connaissent et recherchent l'Hespérie miroir (*Pamphila aracynthus*). Le papillon est en dessus d'un brun noirâtre, le mâle presque sans taches, la femelle un peu tachetée de jaunâtre. Dans les deux sexes, les ailes postérieures sont ornées en dessous de taches blanchâtres cerclées de brun, que l'on prendrait volontiers pour autant de miroirs. C'est ce qui a valu à l'Insecte son nom vulgaire, partout en usage. Le *Miroir* vole parfois très-communément dans les grandes forêts, pendant les mois de juin et de juillet. Sa chenille se trouve au printemps sur les Graminées. D'une couleur verte, bien pareille à celle de l'herbe qui la nourrit, se tenant au pied de la plante, elle est difficile à découvrir. Elle se transforme comme nous l'avons dit des Hespériides en général.

Une autre espèce de même genre, plus répandue que la précédente, est appelée l'*Échiquier* par les vieux entomologistes du dernier siècle (*Pamphila paniscus*). Elle a des ailes fauves, avec un treillis noir, figurant assez bien un damier ou un échiquier.

Les Hespéries proprement dites ont un corps robuste et des antennes terminées par un petit crochet. Toutes les espèces ont des ailes d'une teinte fauve uniforme, présentant parfois quelques lignes noires. On les voit voler pendant tout l'été dans les broussailles et à la lisière des bois, comme l'Hespérie *bande-noire* de Geoffroy (*Hesperia linea*), comme l'Hespérie sylvain (*Hesperia sylvanus*).

Les espèces qui ont des ailes festonnées de couleur grise et marquetées de brun ou de noir composent un genre particulier (*Syrichtus*). La plus répandue dans les endroits où croissent des Mauves, des Althæas, est la *Grisette* (*S. malvarum*). On la voit souvent dans les jardins. Sa chenille, pour se mettre à l'abri, roule une partie d'une feuille de la plante dont elle se nourrit.

Le *Point-de-Hongrie* d'Engramelle (*Hesperia tages*—G[re] *Erynnis*), une de nos plus petites Hespéries, dont les antennes sont peu renflées, se montre partout au printemps et à la fin de l'été.

LES LÉPIDOPTÈRES AUX AILES RETENUES PAR UN FREIN

(*Chalinoptères*).

Les Lépidoptères dont les ailes sont ordinairement pourvues d'un frein forment une division infiniment plus considérable que la précédente. C'est un ensemble de types plus nombreux, en général mieux caractérisés, parfois représentés par des multitudes d'espèces à peine distinctes les unes des autres par quelques détails de coloration ou quelques autres particularités de fort peu d'importance. Dans cette vaste division, on observe aussi des habitudes plus diversifiées, des mœurs souvent plus curieuses que chez les Diurnes (***Achalinoptères***).

Tous ces Lépidoptères étaient appelés autrefois les Crépusculaires et les Nocturnes. Encore employés dans le langage vulgaire, ces noms méritent d'être conservés comme des expressions agréables à toutes les oreilles, à raison de leur simplicité et de l'idée générale qu'ils laissent dans l'esprit. Ces noms, cependant, ont dû être abandonnés des naturalistes : aucun caractère précis ne séparait les Crépusculaires des Nocturnes, aucune distinction n'était possible entre les espèces qui volent au crépuscule et les espèces qui volent dans la nuit. Tout dort quand la nuit est complète.

Mais en confondant dans une même grande division les Crépusculaires et les Nocturnes, le nom de Nocturnes ne pouvait-il être conservé pour désigner l'ensemble? Les entomologistes de l'époque actuelle ne l'ont pas pensé. Parmi les Nocturnes, il est beaucoup d'espèces qui volent au grand jour, qui ne volent même que dans le temps où le soleil est dans son éclat. Le nom était capable d'induire en erreur; c'était assez pour le condamner.

Les Lépidoptères crépusculaires et nocturnes ne possèdent en commun aucun caractère aussi général que la présence du frein servant à maintenir les ailes postérieures fixées aux ailes anté-

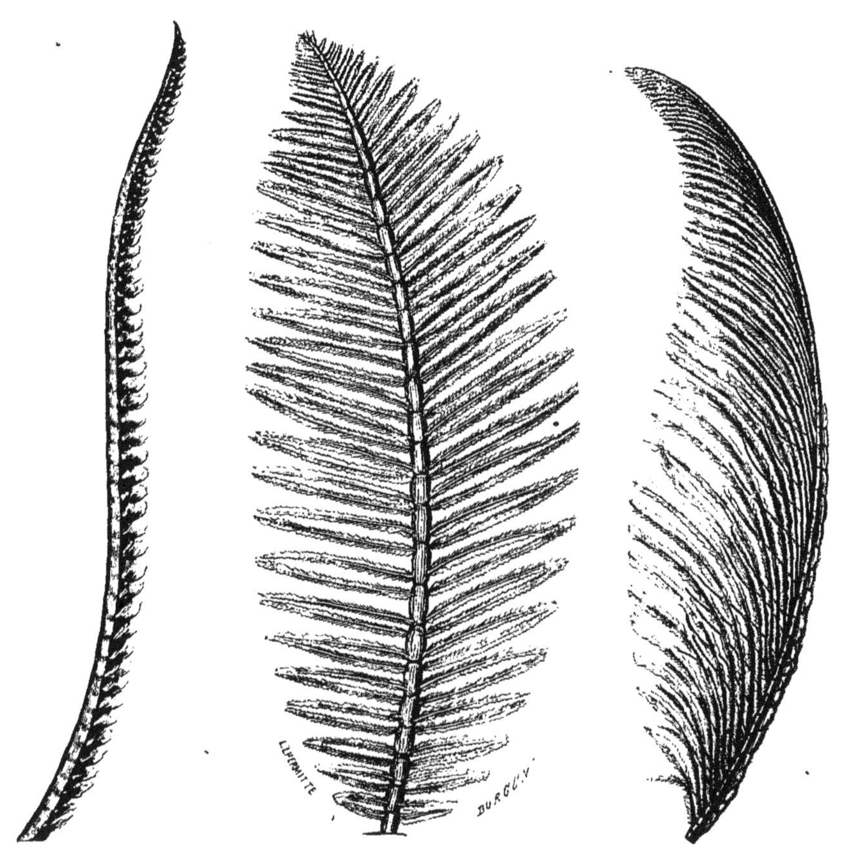

ANTENNES DE QUELQUES LÉPIDOPTÈRES CHALINOPTÈRES.

1. Sphinx du Troëne. — 2. Bombyx cecropia. — 3. Fidonie à plumets.

rieures; néanmoins le caractère disparaît dans quelques genres. Les antennes, conservant chez tous les Diurnes une configuration peu différente, varient ici, au contraire, dans les plus larges limites. Ces appendices affectent très-ordinairement la forme de fils ou de soies, mais souvent aussi ils sont garnis de crénelures, de barbes, de longs rameaux, et dans plusieurs groupes ils sont renflés vers le bout, offrant les formes de massues les plus diverses.

Dans la division des Lépidoptères aux ailes pourvues d'un frein, Crépusculaires et Nocturnes, dominent les teintes grises et brunâtres, teintes de murailles et de troncs d'arbres, teintes tristes de la nuit. Mais il est de ces Nocturnes dont les ailes ont de délicates nuances claires d'une certaine vivacité, seulement elles sont dépourvues du brillant, du chatoyant des ailes des Diurnes. Les *Nocturnes* qui recherchent le grand jour, qui se plaisent au soleil, qui vivent, en un mot, de la vie des Diurnes, ont aussi parfois les couleurs éclatantes de ces derniers, mais le ton est plus mat : c'est le mat des plus belles couleurs que présentent parfois les animaux de la nuit, ou des animaux qui, pendant le jour, préfèrent les endroits les plus sombres des forêts, comme certains oiseaux des mieux parés. Un œil profondément exercé saisit la différence entre les écailles de l'aile d'un Papillon de jour et celle du Papillon de nuit le plus richement coloré ; la différence est impossible à définir, elle échappe presque à toute description.

Chez les Crépusculaires et les Nocturnes, les ailes ne se redressent jamais. Pendant le repos, elles se rabattent sur le corps.

Des Lépidoptères, singuliers par leur aspect sous la forme de papillons, remarquables par leurs habitudes sous la forme de chenilles, constituent le genre des Sésies (*Sesia*), genre qui, à lui seul, est presque une petite famille entière (famille des Sésiides).

Les personnes dont l'œil est peu habitué aux distinctions entre des objets ayant entre eux une vague analogie, prennent aisément les Sésies pour des espèces d'Hyménoptères assez voisines des Guêpes. Un corps élancé, et surtout une coloration particulière, fond noir avec des bandes jaunes, contribuent beaucoup à leur donner l'apparence de ces derniers Insectes. Leurs ailes semblent n'être plus des ailes de Papillons; étroites, en grande partie nues et transparentes, elles n'ont d'écailles que sur les nervures, sur les bords, sur quelques espaces très-limités. Conservant le caractère essentiel des ailes de Lépidoptères, elles offrent presque la physionomie d'ailes d'Hyménoptères.

Il est assez étrange de voir ici des Insectes d'un ordre, revêtant la livrée des Insectes d'un autre ordre, avec lesquels ils semblent n'avoir aucune relation. On s'explique des analogies de cette nature entre certaines espèces vivant aux dépens d'autrui et les espèces destinées à être les victimes de ces dernières. C'est l'uniforme emprunté pour tromper sur sa qualité. Mais entre les Sésies et les Guêpes, les Crabrons, etc., il n'y a rien de pareil.

Les Sésies, aux antennes en fuseau, crénelées surtout chez les mâles, aux jambes de derrière fortement éperonnées, volent en plein jour, d'un vol horizontal et rapide. Souvent elles se posent sur des arbres ou des arbustes; elles viennent y déposer leurs œufs, œufs très-petits et de forme arrondie. Leurs chenilles, au corps allongé, presque cylindrique, vivent dans l'intérieur des troncs d'arbres, des branches, des racines, même de certains fruits. Pâles, décolorées, comme des êtres qui ne s'exposent jamais à la lumière, on les reconnaît aisément pour des larves lignivores. La plupart des Sésies sont de petite taille, mais la plus commune dans notre pays est aussi la plus grosse.

C'est la Sésie apiforme (*Sesia apiformis*) que l'on voit souvent au mois de juin et au commencement de juillet, volant près des Peupliers qui bordent les rivières et les canaux, ou courant avec agilité sur les troncs. Peut-être vient-elle d'éclore ou cherche-t-elle à opérer sa ponte. Ses œufs sont déposés sur l'écorce, à peu de distance du pied; les petites chenilles éclosent, et, rongeant le bois, elles pénètrent à l'intérieur, chacune creusant sa galerie. La vie

LIBRAIRIE GERMER BAILLIÈRE. IMPR. DE E. MARTINET.

MÉTAMORPHOSES DE LA SÉSIE APIFORME

(*Sesia apiformis*).

de ces chenilles paraît être assez longue, deux années; elles deviennent assez fortes et finissent par établir dans un tronc des loges très-spacieuses, au grand dommage de l'arbre. Cependant ces larves semblent s'attaquer exclusivement à des Peupliers qui ont déjà souffert; l'abondance de la séve d'un arbre sain leur serait sans doute nuisible.

Il est curieux d'observer la chenille de la Sésie apiforme dans ses caractères, de remarquer combien tout en elle est admirablement adapté à son genre de vie, de constater combien il lui serait impossible d'être soumise à d'autres conditions d'existence. Ses pattes écailleuses sont plus petites que chez la plupart des autres chenilles; un peu grandes, elles eussent été fort gênantes pour circuler dans une étroite galerie. Ses pattes membraneuses sont également très-courtes et ne sont nullement conformées pour saisir, mais bien pour prendre la plus forte adhérence possible sur une large surface; leurs épines très-acérées forment une couronne complète. La tête de cette Chenille est revêtue d'un tégument rougeâtre fort dur, car elle doit faire un effort considérable lorsque ses mandibules puissantes entaillent le bois. Le labre, n'ayant rien à maintenir, ne présente aucune échancrure. Le corps tout entier de l'Insecte a une peau molle avec de petits tubercules et des poils rares propres à rendre l'animal très-sensible à tous les contacts.

La chenille de la Sésie apiforme sécrète un peu de soie, mais pas en quantité suffisante pour constituer à la chrysalide un abri capable de la bien protéger. Pour que sa coque ait toute la résistance désirable, elle agglutine de la poudre de bois. La coque, rugueuse à l'extérieur, est parfaitement lisse à l'intérieur.

La chrysalide a la forme générale des chrysalides des Nocturnes, mais elle est tout autrement armée que la plupart d'entre elles, et cette armature n'est pas un vain ornement; elle lui permet d'exécuter un mouvement de progression. Le Papillon, à sa naissance, ne saurait traverser à nu une galerie, sans lacérer son corps et ses ailes aux rudes parois. A peine a-t-il dégagé ses pattes, qu'il entraîne avec lui sa dépouille de chrysalide, comme l'escargot emporte sa coquille. Cette enveloppe, garnie d'une rangée d'épines sur chaque anneau de l'abdomen, et de fortes pointes à l'extrémité, ne glisse pas aisément sur le bois ; l'Insecte arrive ainsi protégé jusqu'à l'issue de la galerie. Parvenu au dehors, il se dégage complétement, le voilà libre : la dépouille de la chrysalide, fendue par le dos, reste d'ordinaire accrochée à l'endroit même où elle est devenue inutile. Notre dessin raconte bien mieux, au reste, l'histoire de la Sésie apiforme qu'un long discours.

Les Zygénides, les Lépidoptères qui ressemblent le plus aux Sésies, n'ont pas cependant une parenté fort étroite avec ces dernières. Il y a un certain rapport dans la forme du corps, mais les Zygénides ont des antennes épaissies vers l'extrémité, des jambes postérieures sans ergots, portant tout au plus de très-petites pointes à l'extrémité. Le genre principal de cette famille, qui a beaucoup de représentants étrangers à l'Europe, est le genre Zygène (***Zygæna***). Quels charmants Lépidoptères que les Zygènes. Une taille assez petite ; un abdomen cylindrique ; des ailes étroites, d'un vert ou d'un bleu très-foncé, métallique comme le corps lui-même, ayant de plus des taches ou des bandes d'un rouge carmin ; des antennes grandes, contournées en dehors et renflées en une longue massue, signalent ces Insectes à l'attention. Ils volent en plein jour, en plein soleil, butinant sur les fleurs des plantes basses les plus communes. Le mois de juillet les voit éclore en grand nombre dans toutes les parties centrales et méridionales de l'Europe. On s'étonne de la dimension de leurs antennes sur leur petite tête. C'est ce qui avait le plus frappé les anciens naturalistes, qui appelèrent nos Zygènes les *Sphinx-Béliers*.

Toutes les Zygènes connues ont entre elles les plus grands rapports par l'aspect général, par les proportions et même par

LIBRAIRIE GERMER BAILLIÈRE. IMPR. DE E. MARTINET.

MÉTAMORPHOSES DE LA ZYGÈNE DE LA FILIPENDULE

(*Zygæna Filipendulæ*).

les couleurs, les reflets et l'apparence soyeuse du corps et des ailes, comme par les habitudes. A leur état de larves, elles se ressemblent davantage encore par leurs caractères extérieurs comme par leur genre de vie.

L'espèce la plus répandue dans une grande partie de l'Europe est la Zygène de la Filipendule (*Zygæna Filipendulæ*). Le Papillon, d'une couleur bleu d'acier, orné de taches du plus beau carmin sur les ailes de la première paire, ayant les ailes postérieures rouges, avec une simple bordure presque noire, se montre souvent en abondance vers le milieu de l'été. Rien de plus charmant que de voir de ces jolis Papillons réunis en assez grand nombre, accrochés aux fleurs des Pissenlits, des Chardons, des Scabieuses et autres fleurs des champs.

La Chenille de la Zygène de la Filipendule, un peu boursouflée, garnie de petits faisceaux de poils fins, d'un jaune pâle avec des rangées de taches noires, a une tête fort petite et des mandibules faibles comme la plupart des espèces qui se nourrissent de feuilles tendres. Elle vit non-seulement sur la Filipendule, mais sur beaucoup de Légumineuses. Près de se métamorphoser, elle construit sur les tiges une coque allongée, couleur jaune-paille, d'un tissu mince et ferme comme du parchemin, la soie étant enduite d'une grande quantité de vernis. Les jeunes chenilles éclosent à la fin de l'été, et demeurent engourdies pendant l'automne et l'hiver ; elles se réveillent au printemps, et grimpent après les plantes dont elles doivent se nourrir.

Les Procris, Lépidoptères très-apparentés aux Zygènes, ont des antennes grêles, doublement pectinées chez les mâles, un peu denticulées chez les femelles, et des ailes d'une teinte uniforme. Pour se transformer en chrysalides, les chenilles des Procris, peu différentes de celles des Zygènes, filent entre des feuilles une coque à parois peu résistantes. Le type du genre est la *Turquoise* (*Procris Statices*), bien reconnaissable à ses ailes de la première paire, entièrement d'un beau vert soyeux. Dans quelques parties de l'Europe méridionale, en Italie, aux îles Baléares, etc., les vignobles sont fréquemment dévastés par le Procris de la Vigne (*Procris ampelophaga*). Un naturaliste de Florence, Carlo Passerini, a publié, il y a près de quarante ans, de curieux détails sur cet Insecte.

Nulle famille de l'ordre des Lépidoptères n'est mieux caractérisée que celle des SPHINGIDES. Un corps très-volumineux; des antennes épaisses, prismatiques, crénelées en dessous, particulièrement dans les mâles et terminées dans les deux sexes par une petite pointe; des ailes longues, étroites, très-fortes, donnent aux Sphingides un aspect tout particulier qu'on ne retrouve dans aucun autre groupe du même ordre. Ces Lépidoptères, pour la plupart de grande taille, étonnent par la vivacité de leurs allures. Dans les chaudes soirées de l'été, on peut les apercevoir fendant l'air avec une incroyable rapidité. Leurs ailes robustes, solidement maintenues, leur permettent de planer, de se maintenir sur place par une sorte de frémissement. C'est ainsi que les Sphinx, qui presque tous ont une trompe fort longue, puisent le miel dans le nectaire des fleurs sans jamais se poser. Ils rappellent les mouvements des oiseaux-mouches tant de fois décrits par les voyageurs en Amérique, et c'est aux oiseaux-mouches que plusieurs auteurs ont comparé quelques-uns de nos Sphingides. Ces beaux Lépidoptères aux ailes mates, souvent teintées de fraîches et suaves nuances, sont répandus dans une grande partie du monde; ils disparaissent seulement dans les contrées très-froides. Les Sphingides ont été fort recherchés, et il en existe dans les diverses collections plusieurs centaines d'espèces. Le docteur Boisduval en énumère 341 dans une étude spéciale qui n'a pas encore été mise au jour. En Europe, nous n'en comptons pas moins de trente et quelques espèces.

Les Sphinx, si remarquables à l'état de papillons, sont peut-être plus curieux encore à l'état de larves ou de chenilles. Ce sont de grosses chenilles qui, au repos, prennent fréquemment une attitude des plus singulières. Solidement fixées sur la tige d'une plante au moyen de leurs pattes membraneuses, elles redressent toute la partie antérieure de leur corps, inclinant un peu leur tête enfoncée dans le premier anneau, et conservant, des heures entières, une immobilité absolue. Dès longtemps les observateurs ont été frappés de cette attitude. En imagination, ils ont pu se trouver transportés à Thèbes, et y voir le Sphinx jetant au passant sa terrible énigme. Le nom du monstre fabuleux est devenu le nom des Insectes qui rappelaient une pose étrange. Mais l'homme est en réalité si peu inventif, qu'il est bien à croire aussi que les anciens avaient puisé l'idée dans la nature, ayant remarqué sans doute l'attitude des chenilles de Sphingides, pour la donner au monstre auquel ils attribuaient la tête d'une femme et le corps d'un lion.

Les chenilles des Sphingides ont la peau lisse, presque toujours luisante, le plus souvent ornée de couleurs vives et de charmants dessins. En général, elles sont un peu amincies en avant, et elles portent au-dessus du dernier anneau de leur corps un appendice courbé à la manière d'une corne, mais qui figure parfaitement une sorte de queue. Nous n'avons aucune idée de l'usage d'un semblable appendice qui existe chez des chenilles faciles à observer, fuyant peu la lumière, comme l'indiquent leurs vives et fraîches nuances. Sur le point de se transformer en chrysalides, les chenilles des Sphingides s'enfoncent plus ou moins dans la terre, s'y forment une loge, qu'elles tapissent soigneusement avec la petite quantité de soie dont elles disposent. C'est merveille ici, comme pour toutes les espèces de Lépidoptères qui se métamorphosent en terre, où très-ordinairement elles doivent passer la mauvaise saison entière, de voir de quelle façon l'Insecte, qui produit très-peu de matière soyeuse, réussit à se former un abri. Une chrysalide est dans la terre, enfermée dans une loge dont les parois sont cimentées simplement par un peu de soie ou même par une matière qui, n'étant pas véritablement étirée en fils, ressemble à de la bave. Pour vivre, pour se développer, cette chrysalide a besoin de n'être point pressée par la terre, de n'être point continuellement mouillée. On se demande par quel miracle les parois de sa loge ne vont pas s'affaisser lorsque surviennent les interminables pluies de l'automne, de l'hiver et du commencement du printemps. L'observation et l'expérience apprennent que c'est un miracle bien simple. La matière soyeuse qui retient les molécules terreuses est inattaquable par l'eau. Si mince que soit la couche, elle résiste admirablement à toute pénétration du liquide.

Certaines chenilles de Sphingides se transforment au ras du sol; produisant un peu plus de soie que les autres et agglutinant des corps étrangers, fragments de feuilles, débris d'herbes, elles s'emprisonnent ainsi dans une sorte de coque. Les chrysalides n'offrent aucune particularité notable. De la forme générale des chrysalides de Nocturnes, elles se terminent par une petite pointe, et leur couleur uniforme est d'un brun ou sombre ou un peu rougeâtre.

Pour les Sphingides, si nombreux en espèces, on a admis quelques distinctions génériques. Le nom de Sphinx a été réservé spécialement pour des espèces dont la trompe est plus longue que le corps entier de l'Insecte, et l'abdomen de forme cylindro-conique. Deux espèces du genre sont assez communes dans notre pays : le Sphinx du Troëne (*Sphinx Ligustri*) et le Sphinx du Liseron, ou *Sphinx à cornes de bœuf* (*Sphinx Convolvuli*).

Sur les Troënes aux petites fleurs blanches qui forment les haies des parcs, sur les Lilas de nos jardins, on aperçoit assez communément une magnifique chenille longue de 8 à 10 centimètres, d'un vert tendre, avec des bandes latérales obliques d'une teinte violet clair.

A la fin de juillet ou vers le commencement du mois d'août, la belle chenille descend au pied de l'arbrisseau dont elle a rongé le feuillage, et tout aussitôt s'enfonce dans la terre, y établit sa loge, se transforme en chrysalide, et demeure en cet état jusqu'au mois de juin de l'année suivante. C'est à cette époque que se montre le Papillon.

Le Sphinx à cornes de bœuf, comme l'appelle l'entomologiste Geoffroy (*S. Convolvuli*), vit sur les Liserons. Moins commun en France que le précédent, il est d'une taille un peu supérieure, et sa trompe est d'une extrême longueur.

Sous le nom de Deiléphiles (*Deilephila*), on a distingué des Sphinx dont la trompe n'excède pas la moitié de la longueur du corps et dont l'abdomen a une forme très-conique : ce sont les plus nombreux et les plus beaux entre tous les Sphingides de l'Europe. Les chenilles, pour la plupart, ne le cèdent guère aux Papillons par la variété de leurs couleurs, par la fraîcheur de leurs nuances. L'une des espèces les plus répandues dans notre pays est le Sphinx du Tithymale ou de l'Euphorbe (*Deilephila Euphorbiæ*), qui se montre deux fois chaque année, en juin et en septembre. Sur les Euphorbes, ces plantes élégantes au suc laiteux, que l'on appelle de leur nom vulgaire *Réveil-matin*, plantes des terrains rocailleux, vivent les chenilles de l'un de nos plus jolis Sphinx. Sur une seule tige de l'Euphorbe il n'est pas rare de voir plusieurs chenilles, surtout quand elles sont encore jeunes. Grosses, elles ont besoin de s'éparpiller davantage, car alors elles consomment beaucoup de nourriture. Ces chenilles sont singulièrement parées. Sur leur corps, ordinairement d'un noir profond, courent dans toute la longueur trois lignes rouges comme le carmin, l'une sur le dos, les autres au-dessus des pattes; des points jaunes très-serrés sont disposés sur les anneaux comme des rangées de perles; puis des taches rondes, tantôt jaunes, tantôt rouges, tantôt blanches et rouges, se répètent sur deux files le long des flancs.

Par exception, quelques-unes de ces chenilles, avec les mêmes lignes, les mêmes taches, les mêmes points, ont un fond vert brillant.

C'est à la fin de juillet qu'elles ont pris tout leur accroissement. S'enfonçant en terre, elles se transforment en chrysalides après s'être constitué une loge. Mais c'est pour un temps bien court. Quelques semaines plus tard, éclôt le Sphinx du Tithymale; nous le verrons voler au crépuscule du matin et du soir, butinant parfois sur les fleurs de l'Euphorbe. C'est un charmant Insecte aux ailes antérieures d'un gris rose avec trois taches et une bande ondulée d'un vert foncé, aux ailes postérieures d'un rouge rose avec deux bandes noires.

Les chenilles du Sphinx du Tithymale reparaissent une seconde fois sur les Euphorbes; celles-ci descendent en terre vers la fin de septembre; les chrysalides passent l'hiver.

Presque toujours le voyageur qui, au printemps, parcourt la Calabre, la Sicile, le nord de l'Afrique, s'arrête ravi à l'approche d'un torrent. En certains lieux, le spectacle est magnifique sous un ciel splendide, les montagnes apparaissent éblouissantes; dans un lit rocailleux, raviné, l'eau se précipite avec fracas, et de chaque côté de la rive s'élèvent en masses touffues les Lauriers-roses tout chargés de fleurs. Le naturaliste promène-t-il ses yeux sur les tiges flexibles du charmant arbrisseau qui remplace dans l'Europe méridionale les Saules et les Osiers de l'Europe centrale, il aperçoit, solidement cramponnées aux tiges qui se courbent sous l'effort du vent et se redressent avec force, de grandes chenilles vertes, ornées de chaque côté d'une belle tache bleue. Ce sont les chenilles du Sphinx du Laurier-rose (*Sphinx Nerii*). Il suffit de connaître la nature du végétal sur lequel vivent ces superbes Insectes pour être persuadé qu'on doit leur trouver certaines particularités de conformation. La chenille, destinée à vivre sur des tiges dures souvent secouées avec violence par les vents des côtes de la Méditerranée, a nécessairement des pattes membraneuses pourvues de griffes puissantes. Il est peu de chenilles, en

LIBRAIRIE GERMER BAILLIÈRE. IMPR. DE E. MARTINET.

MÉTAMORPHOSES DU SPHINX DE L'EUPHORBE

(*Sphinx Euphorbiæ*).

effet, dont les pattes possèdent une plus belle armature. La dureté et l'épaisseur du feuillage que ronge la chenille du Sphinx du Laurier-rose nous disent que cette chenille a une tête forte, une lèvre supérieure très-dure et très-largement échancrée pour être en état de maintenir la feuille épaisse, des mandibules extrêmement fortes et denticulées de façon à pouvoir couper cette feuille sans difficulté.

Au milieu de l'été, la chenille du Sphinx du Laurier-rose a pris toute sa croissance ; elle se construit sur la terre une coque composée d'un peu de soie et de débris de végétaux en la protégeant avec des feuilles mortes ; le papillon éclôt en septembre et même en octobre. Le papillon est un des plus beaux Lépidoptères. Une envergure de 10 à 12 centimètres ; des ailes antérieures admirablement nuancées de rose et de vert tendre, avec une tache blanche et un point noir près de leur origine ; des ailes postérieures d'un beau noir dans leur première moitié, d'un vert clair nuancé dans leur seconde moitié, donnent à ce Lépidoptère un aspect ravissant.

Parfois il arrive que le Sphinx du Laurier-rose se montre dans le centre et même dans le nord de la France. En 1839, on en trouva un assez grand nombre de chenilles sur les arbustes en caisse qui décorent les jardins de Paris. Ce fut une joie immense parmi les amateurs qui avaient été assez heureux pour les découvrir. Des Papillons égarés sous notre climat avaient sans doute effectué leur ponte sur les pauvres Lauriers-roses végétant loin de leur beau ciel de la Méditerranée. Cette introduction fortuite, dont on a déjà eu plusieurs exemples, ne s'est pas perpétuée.

Dans les contrées où vit le Sphinx du Laurier-rose, se trouve une espèce voisine plus petite, mais également fort belle : c'est de son nom vulgaire, le *Phénix*, et de son nom scientifique, le *Sphinx celerio*. Sa chenille se nourrit des feuilles de la Vigne ; elle se transforme au ras du sol, en réunissant pour s'abriter plusieurs feuilles au moyen de quelques fils de soie.

D'autres Sphingides de notre pays, appartenant au genre Deiléphile, sont fort remarquables et fort connus, comme le Sphinx de la Vigne, ou le *Grand-Pourceau* (*Deilephila elpenor*), et le Petit-Sphinx de la Vigne, ou le *Petit-Pourceau* (*Deilephila porcellus*). Le Sphinx de la Vigne a un corps rosé rayé de vert tendre; des ailes de cette dernière nuance, avec des bandes du rose le plus frais et le plus velouté; des ailes postérieures de la même teinte, rose, avec leur base noire et leur frange blanche. Cette ravissante espèce se montre deux fois chaque année. Sa chenille épaisse, avec ses trois premiers anneaux amincis et rétractiles, ordinairement brune, quelquefois verte, striée de noir, ornée de deux taches orbiculaires noires, encadrant chacune un cercle d'un blanc violacé, a une apparence boursouflée qui lui a fait donner le nom de Grand-Pourceau. Elle a été trouvée sur la Vigne, mais il est plus ordinaire de la rencontrer dans les endroits humides, sur des Épilobes. Ayant la faculté de produire un peu de soie, elle ne s'enfonce jamais dans la terre, mais elle se construit, à la surface du sol, une coque légère en réunissant de la mousse ou des feuilles sèches.

Le Sphinx *Petit-Pourceau* semble être une réduction du Sphinx de la Vigne, mais ses couleurs sont moins vives et ses ailes ont leurs bords sinueux. Sa chenille, véritable pourceau, à en juger par l'aspect, a la forme et à peu près la coloration de l'espèce précédente; privée d'appendice caudal, elle porte à la place une sorte de verrue. Elle vit ordinairement sur cette plante basse à fleurs jaunes que l'on nomme le Caille-lait (*Galium verum*).

On distingue sous le nom de Macroglosses quelques-uns des plus petits Sphingides, ayant une trompe extrêmement longue, des antennes en massue, l'abdomen large terminé par une brosse de poils. Ces Lépidoptères se montrent habituellement en plein jour en produisant un fort bourdonnement. Ils ont un vol d'une rapidité étonnante; ils pompent le miel des fleurs en planant.

Le plus commun des Macroglosses, le Sphinx du Caille-lait (*Macroglossa Stellatarum*), est brun, avec des raies noires sur les ailes antérieures et les ailes postérieures d'un jaune fauve. C'est le Sphinx qui a été le plus souvent comparé pour son vol aux oiseaux-mouches. D'autres Macroglosses ont les ailes transparentes comme les Sésies (*Macroglossa bombyliformis* et *M. fuciformis*).

Tout le monde a vu ou au moins entendu parler du Sphinx (*Tête-de-mort*), un très-gros Lépidoptère dont la trompe est courte et épaisse, les antennes sans renflement et terminées par un petit crochet. C'est pour les naturalistes modernes le type du genre Acherontia (*Acherontia atropos*). Son corps est noirâtre avec une grande tache pâle sur le prothorax, où se dessinent deux gros points noirs et deux petites lignes figurant à peu près, si l'on y met un peu de bonne volonté, un crâne humain. Ses ailes antérieures, d'un brun noir, sont nuancées de gris et de roux; ses ailes postérieures, d'un jaune fauve, sont traversées par deux bandes noires.

Le Sphinx Tête-de-mort a la facilité d'émettre un son aigu que l'on a comparé à un cri. Ce fait presque unique chez les Lépidoptères a prodigieusement intrigué les observateurs longtemps inhabiles à découvrir l'organe mis en jeu pour la production du bruit. On s'est livré à toutes les suppositions imaginables, et ainsi le sujet a fourni matière à une foule d'écrits. Aujourd'hui, on croit être assuré que cette stridulation est déterminée au moyen d'une petite capsule membraneuse située de chaque côté du corps à la base de l'abdomen, et recouverte par un faisceau de poils susceptibles d'entrer en vibration.

Dans quelques parties de la France, on a vu parfois le Sphinx Tête-de-mort se montrer en assez grande abondance. Le volume considérable de l'Insecte, ses couleurs sombres, le dessin de son thorax, où l'on voulait reconnaître l'image d'une tête de mort, son cri aigu, son apparition nocturne, ont pu frapper l'imagination de personnes ignorantes. L'inoffensif Lépidoptère a été, en certains lieux, considéré comme un présage du plus mauvais augure. On assure qu'en Bretagne, il n'en a pas fallu davantage en plusieurs circonstances pour semer la terreur parmi des populations superstitieuses. Le Sphinx Tête-de-mort n'a qu'un défaut; il aime trop le miel, et son avidité se porte souvent à s'introduire dans les ruches où il cause les plus graves désordres.

La chenille de ce Lépidoptère, la plus grande de toutes les chenilles que l'on rencontre en Europe, est aussi l'une des plus belles, étant d'une teinte verte très-fraîche, avec tous les anneaux, à partir du quatrième, ornés d'une sorte de chevron d'un bleu vif ou d'un violet plus ou moins foncé. Elle vit sur des plantes de la famille des Solanées; on la trouve quelquefois dans les champs de Pommes de terre, ou dans les haies, sur la Douce-amère, sur le Lyciet, etc. Elle s'enfonce dans la terre pour se transformer.

Le Sphinx Tête-de-mort est plus commun en Asie et en Afrique qu'en Europe. M. Boisduval pense que les individus que l'on prend dans notre pays nous viennent des côtes d'Afrique, car, sous notre climat, dit-il, toutes les chrysalides de cette espèce périssent en hiver. Nous avons peine à croire, cependant, que le fait soit général; le Sphinx Tête-de-mort étant surtout fréquent dans nos départements de l'Est et de l'Ouest les plus éloignés des côtes méditerranéennes.

Les plus grands Sphingides connus (genre *Brachyglossa*) habitent l'Australie. Leurs chenilles vivent sur ces jolis arbrisseaux du genre Banksia, au feuillage plein d'élégance, dont on trouve des échantillons dans nos serres.

Quelques Sphingides de l'Europe et de l'Amérique septentrionale ont une trompe rudimentaire, des antennes flexueuses crénelées en dessous dans les mâles, des ailes dentelées. Ce sont les Smérinthes, que leurs caractères rapprochent manifestement des Bombyx. Leurs chenilles sont remarquables par leur tête de forme conique et par leur peau chagrinée. Le Sphinx Demi-Paon (*Smerinthus ocellata*), le Sphinx du Tilleul (*S. Tiliæ*), le Sphinx du Peuplier (*S. Populi*), ne sont pas rares dans notre pays. On trouve leurs chenilles particulièrement sur les Peupliers, mais fréquemment encore sur les Saules, les Bouleaux ou d'autres arbres. Dans le midi de la France, on rencontre le plus grand de nos Smérinthes, le Sphinx du Chêne (*S. Quercûs*).

De toutes les familles de Lépidoptères, il n'en est pas de plus intéressantes que celle des Bombycides. Dans cette famille, le nombre considérable des représentants, les grandes dimensions d'une foule d'espèces, la beauté de beaucoup d'entre elles, les formes étranges de quelques-unes, les curieux instincts de la plupart de ces Insectes, et par-dessus tout les services exceptionnels que le produit de diverses espèces, de l'une en particulier, rend chez tous les peuples civilisés, sont autant de motifs d'attrait ou d'intérêt.

A l'état de papillons, les Bombycides ont généralement un corps épais, massif, sans être robuste comme celui des Sphingides; des ailes d'ordinaire fort amples; des antennes pectinées, souvent semblables à des panaches dans les mâles; une trompe rudimentaire ne pouvant servir à aucun usage; des palpes fort courts.

Chez le plus grand nombre des Bombyx, on constate toujours avec surprise une étrange faculté dont on a peu d'exemples. Les mâles sont attirés par des femelles de leur espèce à d'énormes distances. Une femelle est-elle emportée dans une maison, à l'intérieur d'une ville, loin de toute végétation et placée sur une fenêtre, même à un étage élevé, il est ordinaire que dans la soirée, des mâles arrivent en grand nombre autour de cette femelle, souvent après s'être heurtés aux murailles, aux fenêtres, à tous les obstacles, car la vue ne les dirige en aucune façon. M. Jules Verreaux, dont les voyages ont été extrêmement profitables aux sciences naturelles, nous a rapporté qu'étant en

Australie, il lui arriva un jour de saisir une femelle d'une petite espèce de Bombyx, et de l'emprisonner dans une boîte. La boîte mise dans la poche, il continua son excursion ; des mâles de la même espèce ne cessèrent de voltiger autour de lui, et quand il rentra dans sa demeure, deux cents Papillons l'y suivirent. On a cherché à expliquer cette faculté des Bombycides par la subtilité de l'odorat, mais il nous est difficile de comprendre qu'une odeur insaisissable pour nos sens puisse être reconnue à la distance de plusieurs kilomètres. Nous remarquons seulement ce qui semble n'avoir jamais été remarqué, que les Lépidoptères mâles attirés de loin par leurs femelles, Bombycides et Phalénides, ont tous des antennes rameuses. Il y a au moins un indice dans cette coïncidence ; peut-être une étude approfondie de la structure des antennes de ces Insectes fournira-t-elle une révélation.

Cette grande famille se partage d'une manière naturelle en plusieurs tribus et en une longue suite de groupes secondaires.

La tribu des Bombycines comprend les espèces les plus remarquables ; toutes ayant une trompe presque imperceptible et des palpes très-petits. Ce sont d'abord les Endromites, aux ailes étendues, marquées d'une tache sur leur disque. C'est à ce petit groupe qu'appartient le Bombyx du Mûrier, ou, en d'autres termes, le *Ver à soie*. Le genre Bombyx ayant été infiniment divisé, le Bombyx du Mûrier est devenu le type du genre Séricaire (*Sericaria*). Là l'histoire du genre est l'histoire d'une seule espèce, histoire si souvent faite, si souvent reproduite avec plus ou moins d'agrément, que nous avons peu le désir de la recommencer. A qui il plairait de lire ce que nous savons de l'origine du Bombyx du Mûrier et de son introduction en Europe, nous pourrions renvoyer à une conférence sur la production de la soie que nous avons publiée il n'y a guère plus de deux années[1].

[1] Voyez *Revue des cours scientifiques*, 2e année, page 274.

Nous nous bornons ici à la simple mention des faits qui intéressent notre histoire générale des Lépidoptères. Toute description de l'Insecte adulte, de la larve, du cocon, de la chrysalide, serait superflue; il n'est personne qui ne possède une notion exacte du Bombyx du Mûrier sous ses divers états. Mais comment ne pas rappeler l'étonnant contraste qui nous est offert par cet Insecte? Le Ver à soie, le Bombyx du Mûrier, dont le produit est sans pareil, n'a rien de séduisant, ni par les formes, ni par les couleurs, et il appartient à cet ordre des Lépidoptères où chacun admire les formes les plus gracieuses et toutes les magnificences du coloris. Il y a des chenilles de Bombyx qui ont sur les anneaux de leur corps des perles rouges comme du corail ou des rubis, d'autres qui portent des globules verts comme des émeraudes ou bleus comme des saphirs. Celles-ci fournissent une soie qui n'a ni la finesse ni l'éclat de la soie en usage en Europe. Notre humble *Ver à soie*, le Bombyx du Mûrier, qui donne au monde tant de belles parures, n'en a aucune lui-même. Par cet exemple, nous l'avons dit ailleurs, la nature montre que le plus beau trésor peut se trouver là où l'apparence est la plus modeste.

La comparaison du Ver à soie avec les autres chenilles nous permet d'apprécier les rapports naturels des Bombycides avec les Sphingides. Par sa forme, par la présence d'un tubercule à l'avant-dernier anneau du corps, la chenille du Bombyx du Mûrier ressemble manifestement à certaines chenilles de Sphinx; elle en diffère beaucoup, il est vrai, par l'énorme développement de ses glandes séricigènes. Quand on vient à ouvrir un Ver à soie parvenu au terme de sa croissance, le canal intestinal remplit la plus grande partie de la cavité du corps, et sur les côtés débordent deux gros tubes fort contournés sur eux-mêmes, tant leur longueur est considérable[1]. Ce sont les glandes qui sécrètent la soie, ou du moins la matière visqueuse, qui sera

[1] Voyez page 123.

étirée de façon à constituer des fils soyeux. Ces glandes passent sous le canal alimentaire, et chacune se continue en un tuyau très-grêle, une filière. Les deux filières se réunissent à peu de distance de la tête; il n'y a plus alors qu'un seul canal traversé par deux fils d'une extrême finesse, canal où aboutissent les conduits de deux petites glandes dont le produit est une sorte de vernis qui réunit les deux fils en un seul, donne à ce fil le brillant de la soie et la propriété de résister à l'action de l'eau, c'est-à-dire ses propriétés physiques et chimiques. Le canal dans lequel se constitue le fil soyeux s'engage dans la lèvre inférieure, et se termine à son extrémité dans une petite papille percée d'un trou. Le Ver à soie, comme toute autre chenille, conduit ainsi son fil avec sa tête en contournant son corps de manière à décrire des tours réguliers. Ce qui donne une qualité précieuse à la soie du Bombyx du Mûrier, c'est la facilité avec laquelle son vernis peut être ramolli par l'eau bouillante sans être altéré, et la facilité avec laquelle peuvent être intimement réunis les fils de plusieurs cocons dévidés simultanément pour constituer la *soie grége*.

Les Papillons du Bombyx du Mûrier éclosent environ trois semaines après la transformation en chrysalide. La ponte a lieu, et les œufs n'éclosent qu'au printemps suivant. Il est cependant des races qui donnent deux ou trois générations par an.

Tout le monde sait aujourd'hui comment le Bombyx du Mûrier, originaire de la Chine, a été introduit et s'est répandu en Europe; comment il a été propagé en France par Henri IV, sous l'inspiration du célèbre agronome Olivier de Serres; comment il est devenu la source de l'une des plus immenses industries et du luxe des vêtements et des ameublements que l'on admire chez les nations civilisées.

A diverses époques, l'industrie de la soie a été plus ou moins compromise par des maladies qui ont atteint le Bombyx du Mûrier. Il y a vingt-cinq à trente ans, c'était la *muscardine*, maladie singulière causée par une Mucédinée qui se développait dans le corps des Vers à soie. Depuis longtemps cette affection est devenue rare, mais voilà une suite d'années que les précieux Bombyx sont attaqués par une maladie terrible qui a reçu les noms de *pébrine* et de *gattine*. Un naturaliste de l'Italie, M. Emilio Cornalia, a constaté le premier que l'organisme de tous les individus atteints était rempli de corpuscules d'une forme déterminée. Du reste, la manière dont s'engendrent ces corpuscules n'a pas encore été reconnue, et les altérations successives qu'éprouvent les organes des Insectes malades n'ont été étudiées en aucune façon. En l'absence de minutieuses investigations anatomiques, on est resté dans l'ignorance au sujet de la marche de la maladie, chez les individus affectés. Pour échapper au mal, on recommande les soins hygiéniques dans les éducations, et le choix d'individus sains pour la reproduction. Peut-être ces moyens, à la portée de tous les éducateurs, suffiront-ils à faire disparaître une calamité dont l'industrie a déjà tant souffert.

Le genre Endromis, qui donne son nom au groupe dans lequel nous plaçons le Bombyx du Mûrier, a pour type une espèce d'Europe, le *Versicolor* (*Endromis versicolora*). A l'état de chenille, cet Insecte, qui rappelle beaucoup l'aspect des Sphingides, vit sur les arbres de nos forêts.

Les Bombyx plus particulièrement doués des beautés et des formes curieuses que nous avons signalées, sont du genre des *Attacus* de Linné (groupe des Attacites, genre *Saturnia* de beaucoup d'auteurs). Presque tous de grande taille, avec des ailes d'une ampleur magnifique, ces Insectes ont des antennes effilées vers le bout, portant sur les côtés des rameaux régulièrement disposés qui atteignent une longueur considérable chez les mâles[1]. La tête de ces Papillons se trouve ainsi merveilleusement empanachée. Chez la plupart des Attacus, les ailes sont arrondies sur les bords, mais chez diverses espèces du genre elles ont des bords fes-

[1] Voyez page 210, l'antenne de l'*Attacus cecropia*.

tonnés, et parfois les ailes postérieures ont un prolongement en forme de queue ou de traîne qui autoriserait à dire, si l'on employait le langage de Linné, que ces Lépidoptères sont les *Chevaliers* parmi les Nocturnes, comme les Papillons proprement dits sont les *Chevaliers* parmi les Diurnes. Dans plusieurs Attacus de l'Afrique australe et de l'île de Madagascar, la queue des ailes postérieures est d'une longueur sans pareille et vraiment surprenante. Chez ces Insectes, les ailes aux formes tant diversifiées, avec des teintes douces, comme il convient à des êtres de la nuit ou au moins du crépuscule, ont souvent de fraîches nuances, et presque toujours, sur leur disque, une tache figurant avec plus ou moins d'exactitude les caractères d'un œil, ou un espace transparent, entièrement privé d'écailles et semblable à un miroir.

Les chenilles des Attacus, massives et de forte dimension, sont des plus belles que l'on puisse imaginer. Les unes portent des tubercules vivement colorés surmontés de poils; les autres portent des épines rameuses ou verticillées d'une extrême élégance. Ces chenilles produisent une soie abondante, et pour subir leur métamorphose, elles se construisent entre les feuilles des arbres de volumineux cocons. La soie de plusieurs Attacus est utilisée à la Chine, et dans l'Inde de temps immémorial, et depuis un certain nombre d'années on fait de grands efforts pour introduire et acclimater en Europe plusieurs de ces beaux Insectes.

Les Attacus sont disséminés à peu près par le monde entier.

Le plus commun dans notre pays est le *Grand-Paon de nuit* (*Attacus Pavonia-major*). Le Papillon a des ailes d'un gris nébuleux, parées vers le centre d'une tache ocellée noire, où la prunelle consiste en un espace presque diaphane de la forme d'un croissant, où l'iris est fauve et cerclé de blanc.

La chenille, d'un vert-pomme de la plus grande fraîcheur, a des tubercules d'un bleu d'azur surmontés chacun de sept poils roides, quelques-uns élargis à l'extrémité, comme de petites massues. Elle a des pattes membraneuses, larges, conformées pour saisir les tiges avec force, et garnies d'un cercle d'épines propres à accrocher solidement.

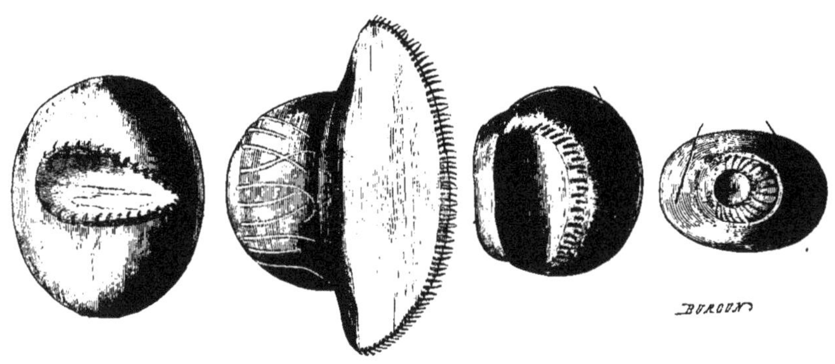

PATTES DE QUELQUES CHENILLES DE NOCTURNES.

1. Sésie apiforme. — 2. Grand-Paon de nuit. — 3. Cucullie du Bouillon-blanc. — 4. Noctuelle des moissons.

La chenille du Grand–Paon de nuit vit sur la plupart des arbres fruitiers; mais elle se trouve en abondance particulièrement sur les Ormes de nos routes. Vers le mois d'août, elle se prépare à subir sa transformation, et quitte l'arbre dont le feuillage l'a nourrie. Sa belle couleur verte a jauni alors; on la voit fréquemment traverser les chemins, et gagner une corniche de muraille ou un endroit quelconque, bien abrité, pour y tisser son cocon. Ce cocon, très–volumineux, dur, fortement imprégné de matière agglutinante, affecte la forme d'une poire. Ouvert par le petit bout, qui est disposé à peu près comme l'entonnoir d'une nasse, le Papillon peut sortir sans grand effort, tandis que l'accès du cocon, de dehors en dedans, demeure impossible pour les Insectes qui voudraient y pénétrer. Cette disposition est expliquée par ce fait, que la chenille du Grand-Paon de nuit, après avoir conduit son fil jusqu'à l'extrémité de sa coque, le replie sur lui-même, au lieu de le tendre sur le côté opposé en décrivant des cercles continus, comme le fait notre Ver à soie et tant d'autres chenilles.

Les autres représentants européens de ce beau genre des Attacus sont le Petit-Paon de nuit (*A. Pavonia-minor*), dont la chenille vit indifféremment sur la plupart de nos arbres; le *Moyen-Paon* (*A. Pavonia-media*), qui est propre à la Hongrie; le *Cécigène* (*A. cæcigena*), une remarquable espèce de la Dalmatie, et l'Attacus d'Isabelle (*A. Isabellæ*), magnifique Bombyx aux ailes d'un vert tendre, avec des rayures pâles, découvert en Espagne par le professeur Graëlls, de Madrid.

Les tentatives faites pour introduire en France de nouveaux Bombyx producteurs de soie sont de date assez récente. Ce fut seulement en 1831 qu'un naturaliste français, au retour d'une exploration dans l'Inde, M. Lamare-Picquot, rapporta des chrysalides d'un magnifique Attacus dont la soie est employée par les Indous pour la confection d'étoffes fort estimées pour leur solidité (*Attacus mylitta*). On eut à Paris l'éclosion des Papillons; on en obtint des œufs, et bientôt des chenilles, qu'on ne réussit pas à élever.

Du reste, à cette époque, personne ne voulut voir autre chose qu'un objet de curiosité dans l'essai que M. Lamare-Picquot se proposait de tenter. Se procurer un nouveau *Ver à soie* quand déjà on en possédait un, semblait une singularité, une rêverie.

Cependant, en 1840, une caisse remplie de cocons provenant de la Louisiane arrive au Museum d'histoire naturelle de Paris. Les cocons, formés d'une soie brune d'apparence assez grossière, sont examinés; tous contenaient une chrysalide vivante. Il s'agissait d'attendre l'éclosion des Papillons; elle ne se fit pas attendre. Dans le cours du mois de mai, on vit naître plus d'une centaine d'individus de l'*Attacus cecropia*, magnifique Papillon d'une dimension supérieure à celle de notre Grand-Paon de nuit. Beaucoup de femelles effectuèrent leur ponte, et quelques jours après on était en possession d'une multitude de petites chenilles. Rien de plus curieux que les changements que ces chenilles éprouvent à chaque mue. A leur naissance, elles sont presque noires, garnies d'épines verticillées qui les font ressembler à de petits Hérissons; au bout de quelques jours, leur teinte générale est un peu éclaircie, les tubercules portant les épines sont devenus plus saillants. Un premier changement de peau étant survenu, le corps est d'un gris verdâtre ou roussâtre, avec tous les tubercules et leurs épines d'un noir brillant. Après une nouvelle mue, l'animal est d'un vert tendre avec cinq rangées de taches noires, deux magnifiques tubercules d'un rouge carmin sur le second et le troisième anneau, et deux tubercules d'un jaune clair sur la partie dorsale de tous les autres anneaux; chaque tubercule porte plusieurs épines verticillées entièrement noires. Une troisième mue a lieu : le corps entier de la chenille, ainsi que la tête, est d'un vert plus vif, passant au bleu azuré sur le dos, avec quelques points noirs sur les parties latérales et sur la tête; les tubercules formant deux rangées dorsales, sont plus gros proportionnellement, surtout les tubercules rouges; tous les autres tubercules se terminent par une seule épine. Enfin, la dernière mue s'est effectuée : l'Insecte est d'un vert pâle, avec tous les tubercules latéraux d'un bleu clair; les tubercules rouges sont devenus orangés, et, comme les autres, ils ne portent plus qu'une seule épine. Chez nulle autre larve, à ses divers âges, on n'a observé de changements de coloration aussi notables.

Plusieurs centaines des chenilles de l'*Attacus cecropia*, élevées au Museum d'histoire naturelle en 1840, filèrent leur cocon vers la fin de l'été. Le cocon de cette espèce est double, en quelque sorte; il a une enveloppe dure, sèche, parcheminée, facile à isoler du véritable cocon intérieur. Celui-ci est composé d'une soie que l'on parvint à dévider, non pas comme les cocons du Bombyx du Mûrier, au moyen d'une simple immersion dans l'eau bouillante, mais à l'aide d'une eau un peu alcaline. Les résultats de cette expérience et de l'éducation de l'espèce américaine furent signalés la même année à l'Académie des sciences par M. Victor Audouin. Tout semblait annoncer que l'Insecte américain ne périrait pas en France. En 1841, on eut en effet l'éclosion des Papillons dont les chenilles avaient été élevées l'année précédente, puis des œufs et de nouvelles chenilles. Depuis cette époque on a fait, à plusieurs reprises, soit au Museum, soit ailleurs, des éducations de l'*Attacus cecropia*, mais la soie fournie par cette espèce étant d'une qualité inférieure à celle de plusieurs autres Attacus, on n'a pas persisté.

Quelques années après la tentative faite dans notre Museum d'histoire naturelle, M. Guérin-Méneville s'efforça d'appeler l'attention sur « quelques Insectes fileurs ou Bombyx dont les produits, pour être inférieurs en qualité à la soie (du Bombyx du Mûrier), n'en seraient pas moins susceptibles d'un emploi utile » (1847).

En 1849, nous signalions, dans un mémoire lu à l'Académie des sciences, la possibilité d'introduire et d'acclimater en France divers Bombyx, ou plutôt divers *Attacus* producteurs de soies pouvant donner lieu à de nouvelles branches d'industrie. Nous pensions devoir recommander plusieurs espèces de l'Inde et de l'Australie, et surtout les espèces de l'Amérique du Nord, dont les chenilles se nourrissent volontiers de nos végétaux indigènes. Deux d'entre elles avaient déjà vécu et s'étaient reproduites en France, les Attacus cecropia et polyphème. Le Polyphème (*Attacus polyphemus*) donne une soie brillante, à peine colorée. Une autre espèce, l'*Attacus luna*, paraissait encore devoir être préférée à raison de la finesse de la soie de son cocon. Cette espèce avait vécu et s'était transformée autrefois chez un naturaliste d'Altona. Depuis, on en a fait à plusieurs reprises des éducations au Museum. Le Luna, que nous présentons ici comme un exemple

LIBRAIRIE GERMER BAILLIÈRE. IMPR. DE E. MARTINET.

MÉTAMORPHOSES DE L'ATTACUS LUNA

(*Attacus luna*).

des Attacus étrangers à l'Europe, est un très-bel Insecte. Le Papillon a des ailes d'un vert tendre, avec une petite tache ocellée vers le centre et une frange blanche ; ses ailes postérieures sont prolongées en forme de queues. La chenille, d'un vert-pomme, avec des tubercules rosés, se trouve habituellement sur le bel arbre de la Floride et de la Caroline que l'on nomme le Liquidambar, mais elle mange aussi volontiers du Saule, du Prunier, du Bouleau, etc. Son cocon est ovalaire et d'une teinte blonde extrêmement pâle.

En songeant à un moyen d'augmenter le bien-être au sein des populations de certaines parties de la France, nous résumions dans les termes suivants les facilités et les avantages que l'on trouverait dans l'introduction de divers Attacus. « Les chenilles de ces Lépidoptères se nourrissent de plantes très-semblables à celles de notre pays, et vivent parfaitement sur les espèces qui croissent en France...., c'est-à-dire que ces animaux peuvent être élevés dans notre pays *sans qu'on soit obligé de leur consacrer aucune culture.* Dans le voisinage des bois, on leur trouverait sans frais une nourriture abondante. Les Aubépines qui servent de clôture seraient également utilisées pour la nourriture de ces Bombyx. Les gens les plus pauvres de nos campagnes, auxquels il serait impossible de se procurer des feuilles de Mûrier, trouveraient autour d'eux la nourriture de leurs nouveaux Vers à soie, et ils obtiendraient ainsi un produit d'une assez grande valeur. Les femmes, les enfants, toutes les personnes incapables de se livrer à un labeur pénible, suffiraient pour s'occuper un peu chaque jour, pendant quelques semaines seulement, des soins à donner à ces chenilles. »

Ces paroles devaient-elles engager les personnes en situation de favoriser l'introduction en France d'une nouvelle branche d'industrie, à faire quelques efforts dans ce but? Nous aimerions pouvoir l'affirmer, mais la vérité est que l'indifférence demeura complète.

En 1854, se fondait la Société d'acclimatation. Nul, plus que son président, Isidore Geoffroy Saint-Hilaire, ne s'était occupé de l'introduction et de la domestication des Animaux utiles ; nul plus que lui n'était capable pour ces questions de faire naître l'intérêt dans l'esprit des plus indifférents.

L'introduction d'Insectes producteurs de soie fut à l'ordre du jour. On songea de nouveau aux Attacus de l'Amérique, mais l'attention se portait bien davantage vers l'Inde et la Chine. M. E. Tastet, qui avait visité la Chine, y avait appris l'existence, dans la province de Su-Tchuen, de *Vers à soie sauvages* se nourrissant de feuilles de Chêne ou de Frêne et donnant un beau produit fort utilisé dans le pays. Au siècle dernier, le père d'Incarville en avait parlé, en notant que leurs cocons étaient gros comme des œufs. La Société d'acclimatation s'empressa de se mettre en rapport avec quelques-uns de nos missionnaires pour obtenir les précieux Vers à soie du Chêne sauvage.

D'un autre côté, deux espèces signalées cinquante années auparavant (1804) par un auteur anglais, le docteur Roxburgh, comme domestiquées dans l'Inde de temps immémorial, les Vers à soie *Tusseh* et *Arrindy*, étaient mises, d'après les rapports récents, au nombre des animaux dont il fallait tenter la naturalisation en France. La première espèce est celle-là même qui fut rapportée en 1831 par M. Lamare-Picquot (*Attacus mylitta*) ; la seconde, une espèce (*Attacus arrindia*) que les entomologistes confondaient avec un Bombyx de la Chine, mais qui fut de suite exactement déterminée au Museum d'histoire naturelle. On avait appris du reste que, depuis plusieurs années, on cherchait en Italie à se procurer l'*Arrindia* de l'Inde qui vit sur le Ricin. MM. Bergonzi et Baruffi faisaient les plus énergiques efforts pour avoir un heureux résultat. Une difficulté inattendue se présentait. Presque tous les Attacus connus dans leurs métamorphoses n'ont qu'une génération par an ; ils demeurent en chrysalides durant huit à neuf mois. Chez l'*Arrindia* ou Attacus du Ricin, au contraire, les générations se succèdent avec rapidité en toute saison. Envoyait-on des œufs, à l'arrivée les chenilles étaient écloses et trouvées mortes, faute de nourriture. Envoyait-on des cocons, les Papillons naissaient immanquablement pendant le voyage, et lorsqu'on ouvrait leur boîte, on les voyait desséchés et les ailes déchirées pour s'être débattus dans leur prison. Le seul moyen de parer à un semblable inconvénient était de ne faire accomplir aux chrysalides qu'une partie du voyage à la fois. L'île de Malte fut choisie comme station intermédiaire, et avec l'assistance du gouverneur, Sir William Reid, une éducation ayant été faite avec succès dans cette localité, l'introduction du Bombyx du Ricin s'effectua bientôt en Italie, en France et sur quelques autres points de l'Europe. Au Museum, les nouveaux *Vers à soie* prospérèrent sans difficulté avec les soins intelligents d'un employé de la Ménagerie, M. Vallée, sous la direction de M. Milne Edwards. M. Guérin-Méneville eut de son côté les plus heureux résultats, ainsi que M. Hardy, à Alger. Les éducations du Bombyx du Ricin ne tardèrent pas à se multiplier de tous côtés. L'Insecte était acclimaté ; il pouvait être propagé en Europe sans difficulté, malheureusement il n'était pas toujours facile de lui procurer sa nourriture de prédilection ; on eut recours à d'autres végétaux que les chenilles mangeaient sans trop de peine, mais il y avait là néanmoins une source de graves embarras.

Quelques années plus tard, une espèce de la Chine très-voisine du Bombyx du Ricin et depuis fort longtemps connue des entomologistes, le Bombyx de l'Ailante (*Attacus cynthia*), fut introduite en Italie par le P. Annibale Fantoni. En 1858, M. Guérin-Méneville, mis en possession de cet Insecte par des savants italiens, a réussi à le propager très-rapidement. Depuis longtemps il l'élève sur une grande échelle au bois de Vincennes, et il s'est attaché, dans une suite de notes et de mémoires, à montrer tout le parti qu'on pourrait tirer de son cocon, évidemment préférable à celui du Bombyx du Ricin. Une foule de personnes ont fait des éducations du Bombyx de l'Ailante. M. Givelet, entre autres, dans un domaine situé à quelques lieues de Paris, a obtenu pendant ces dernières années des quantités si considérables de cocons, qu'on peut concevoir l'espérance d'avoir prochainement un produit assez abondant pour devenir l'objet d'une industrie spéciale[1]. La facilité avec laquelle se cultive l'Ailante dans d'assez mauvais terrains est de nature sans doute à encourager la propagation du Bombyx qui se nourrit du feuillage de cet arbre.

Le *Ver à soie sauvage* du Chêne, dont s'était occupée tout d'abord la Société d'acclimatation, était aussi parvenu en France, grâce au concours de quelques-uns de nos missionnaires, et surtout de monseigneur Perny. A Lyon, il était arrivé des cocons en 1855. M. Jordan obtint des Papillons, puis des œufs et des chenilles, mais là se borna le succès. Peu après, M. Guérin-Méneville, se trouvant en possession de cette espèce, la fit connaître (*Attacus Pernyi*), et réussit à en faire des éducations avec le Chêne de notre pays. Il obtint également l'espèce du Japon (*Attacus yama-maï*), qui n'avait pas encore été observée. Ces deux Bombyx, très-voisins du Bombyx tusseh (*Attacus mylitta*), ont de volumineux cocons formés d'une soie offrant de remarquables qualités comme matière textile. Le Yama-maï semble du reste mériter la préférence sur son congénère. Aussi, depuis quelques années, plusieurs personnes font de grands efforts pour le multiplier. Elles ont eu plus ou moins de succès dans leur entreprise, mais nous n'oserions faire de citations particulières à ce sujet, n'ayant pas la possibilité de tout énumérer [2].

On a parlé souvent des Bombyx de l'Inde et de la Chine comme capables de remplacer, jusqu'à un certain point, le Bombyx du Mûrier. C'est une faute grave. Aucune soie n'est vraiment comparable à la soie ordinaire. Pour dévider les cocons des Attacus,

[1] Un ouvrage de M. Givelet, *l'Ailante et son Bombyx*, a été publié en 1866.

[2] Une publication de M. Personnat (de Laval) sur le *Yama-maï* a été faite en 1866.

les fils ne se détachant pas par l'action seule de l'eau bouillante, on y ajoute de la cendre ou une autre substance alcaline qui permet le dévidage. De la sorte, le *vernis* de la soie est attaqué et les brins de plusieurs cocons ne s'unissent point comme cela a lieu dans le dévidage des cocons du Bombyx du Mûrier. Rien ne prouve, il est vrai, qu'un moyen d'opérer, conduisant au résultat que l'on obtient dans le dévidage de la soie ordinaire, soit introuvable, mais jusqu'ici, à notre connaissance, il n'est pas trouvé. Du reste, en admettant que le même avantage soit réalisable avec les cocons du Bombyx de l'Ailante et du Yama-maï, on n'aurait pas encore une soie comparable, pour l'éclat, à la soie du Bombyx du Mûrier. Il s'agit donc en réalité d'une autre matière textile, très-bonne pour la confection de tissus d'une grande solidité et d'un aspect fort agréable, comme on a pu en juger par des échantillons fabriqués et soumis à diverses teintures.

De nouvelles matières textiles, faciles à produire dans les régions où n'existe pas l'industrie de la soie, rendraient, pensons-nous, d'assez grands services pour que l'on puisse s'en contenter.

Une belle espèce de nos forêts, la *Hachette* d'Engramelle, constitue un genre particulier du groupe des Attacites (*Aglia tau*). Le Papillon a les ailes fauves avec une tache bleue.

Le nom de *Bombyx* a été plus particulièrement réservé pour les espèces qui, avec des antennes très-pectinées dans les mâles et un corps massif, ont des ailes d'une étendue médiocre, comparativement à celles des Attacus. Leurs chenilles ne sont pas tuberculeuses, mais très-velues.

Plusieurs Bombyx fort communs dans notre pays sont intéressants à plus d'un titre ; il en est de si nuisibles à la végétation, qu'il faut plaindre le cultivateur assez malavisé pour ne point s'en préoccuper.

Le Bombyx connu sous le nom vulgaire de *Minime à bande* (*Bombyx Quercûs*), peut être pris pour le type du genre. Le mâle a les ailes d'un brun ferrugineux, avec un point central blanc et une bande transversale jaune; la femelle, les ailes d'un jaune pâle avec le point blanc et une bande très-claire à la même place. Il y a donc une grande dissemblance dans la couleur des individus des deux sexes; il y a également dissemblance dans la taille, car la femelle est beaucoup plus grande que le mâle. Le Minime à bande est répandu à peu près partout, dans les jardins aussi bien que dans les bois. Lorsqu'on possède une femelle nouvellement éclose, si l'on veut attirer une foule de mâles, il suffit de la placer le soir sur une fenêtre ou sur un balcon. Aucune espèce n'est plus favorable pour répéter l'expérience si souvent faite, dont le résultat cause toujours la surprise, tant l'étrange faculté des Bombyx est demeurée inexplicable.

Les Minimes à bande se montrent au mois de juillet; au mois d'août, les femelles pondent leurs œufs sur les feuilles. L'éclosion des chenilles a lieu au bout de peu de jours; mais après leur naissance, elles ne prennent aucune nourriture, elles vont hiverner; hiverner avec la température du mois d'août. C'est un fait singulier dont les Lépidoptères nous offrent plus d'un exemple. A peine écloses, ces chenilles se mettent en quête d'une retraite; chacune va se loger dans une cavité dans la fissure d'une écorce, et elle attendra ainsi le printemps pour sortir de son réduit et aller gagner le feuillage dont elle doit se nourrir. Pendant neuf mois, elle se passera de tout aliment; elle demeurera dans un engourdissement complet, dans une sorte de léthargie, jusqu'à ce que les chaleurs de la saison nouvelle amènent son réveil.

Les chenilles du Minime à bande, d'un gris cendré, avec des raies latérales noires, quelques marques rougeâtres et une ligne jaune de chaque côté, sont couvertes de longs poils soyeux qui ondulent gracieusement quand elles marchent. Dans les bois, elles dévorent les feuilles des Chênes, des Ronces, des Genêts; dans les champs, elles rongent les Groseilliers, les Prunelliers, etc.; dans les jardins, elles mangent les Lilas et les Troënes. Pour se transformer, elles s'établissent, soit entre les branches, soit sous des rebords de murailles, soit dans des excavations, et filent un cocon ovalaire de couleur brune, à parois épaisses, d'un tissu serré et très-tenace.

Les champs de Trèfle sont quelquefois maltraités sur certains points par la chenille d'une espèce voisine, le ***Petit-Minime à bande*** d'Engramelle (***Bombyx Trifolii***). A l'automne, on rencontre, courant à travers tous les chemins, une belle et grande chenille couverte de longs poils d'un roux châtain, ayant des incisions annulaires d'un noir de velours. Alors au terme de sa croissance, elle cherche un refuge pour hiverner, ne devant filer son cocon que l'année suivante. C'est la chenille d'un Bombyx (***B. Rubi***) que l'on appelle vulgairement la ***Polyphage***, à raison de son indifférence dans le choix de sa nourriture.

Un Bombyx de petite taille (***B. neustria***), dont le nom commun s'applique à la chenille, la ***Livrée***, est le plus répandu en Europe. Le Papillon a les ailes d'un jaune fauve ou roussâtre, avec deux raies plus ou moins foncées sur celles de la première paire ; il se montre en juillet, un peu partout, mais surtout dans les vergers. La femelle fait sa ponte d'une manière très-singulière. Les œufs, fortement agglutinés, sont disposés tout autour de petites branches comme des anneaux ou de longs bracelets. Les petites chenilles n'éclosent qu'au printemps ; lorsque les arbres sont dépouillés de leurs feuilles, ces ***bracelets*** s'aperçoivent sans la moindre difficulté, et peuvent être aisément détruits. On ne devrait jamais y manquer, car le Bombyx neustrien n'est pas moins nuisible aux arbres fruitiers que les Liparis, mais le fait n'était sans doute pas à la connaissance des auteurs de la loi sur l'échenillage. Dès leur naissance, les chenilles se réunissent en groupes nombreux, et s'enveloppent d'une toile soyeuse retenue aux branches et au feuillage ; c'est seulement lorsqu'elles ont acquis toute leur taille qu'elles s'isolent. On a conseillé, pour les détruire, de couper les branches qui portent les bourses ; mais il est facile de concevoir combien serait énorme le travail nécessaire pour une semblable opération. Les *Livrées* sont velues, presque noires, avec une raie blanche sur le dos, trois raies fauves et une raie bleue de chaque côté. Elles vivent sur différents arbres, mais ce sont les Poiriers et les Pommiers qui ont le plus à souffrir de leur

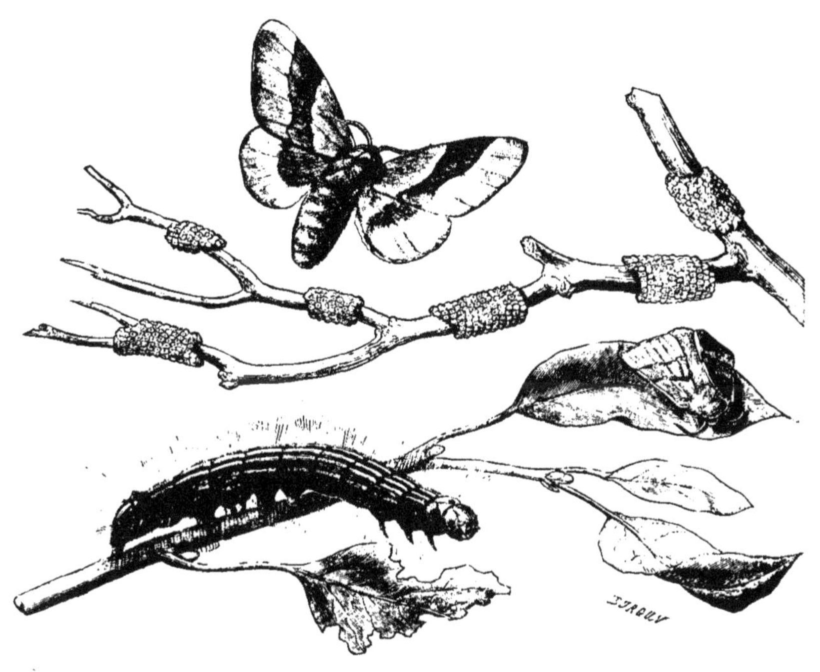

LE BOMBYX NEUSTRIEN OU LA LIVRÉE
(*Bombyx neustria*).
Une petite branche chargée d'œufs. — Le Papillon mâle au repos. — La femelle au vol. — La chenille.

présence. Au moment de se transformer, elles filent une coque mince, saupoudrée d'une poussière jaune ressemblant à de la fleur de soufre.

Les chenilles d'une espèce qui vit sur les Pins (*B. pityocampa*) sont souvent très-préjudiciables aux arbres des forêts de l'Allemagne. Ce Bombyx est aussi très-répandu dans les landes de Gascogne.

Le Bombyx processionnaire (*B. processionea*) est certes le

plus curieux parmi nos espèces européennes. Le Papillon, d'assez petite taille, ayant des ailes grises, très-pâles chez la femelle, traversées par trois bandes obscures, a une apparence bien modeste. Il paraît dans les forêts vers les mois d'août et de septembre. Les femelles déposent leurs œufs en paquets sur le tronc ou sur les grosses branches des Chênes, couvrant leur ponte avec les poils laineux qui garnissent l'extrémité de leur abdomen. Au mois de mai éclosent les chenilles. Celles-ci se groupent au nombre de plusieurs centaines, et filent en commun sur les troncs une toile à mailles lâches et irrégulières, sous laquelle elles demeurent tranquilles pendant le jour. Le soir, elles grimpent dans le feuillage, mangent avidement, et le matin regagnent leur nid ou en contruisent un nouveau. Assez vagabondes dans leur jeune âge, elles conservent plus ordinairement une résidence fixe quand elles ont pris un assez grand développement, mais à chaque muc elles établissent une nouvelle demeure. Un nid couvre parfois une portion considérable d'un tronc, et il consiste alors en plusieurs toiles superposées, difficiles du reste à distinguer à cause de l'enchevêtrement des fils. Les chenilles processionnaires ont frappé d'étonnement tous les observateurs par l'ordre établi dans leurs pérégrinations, et qui justifie leur nom. Si l'on examine un de leurs nids au milieu du jour, tout y est calme, les chenilles sont pressées les unes sur les autres et presque immobiles. Dès que le soleil a passé, un mouvement se produit, puis une agitation générale se manifeste. Une chenille sort du nid et commence à grimper sur le tronc; elle est suivie exactement par une autre chenille, celle-ci par une troisième; cette troisième, par un rang de trois ou quatre individus, qui est suivi à son tour par un rang plus nombreux, et ainsi de suite. Les rangs vont d'abord en s'élargissant d'une manière assez régulière, mais le gros de la colonne finit par former une masse plus ou moins confuse. Au lieu d'une seule chenille au second et au troisième rang, il peut y en avoir deux ou trois, mais invariablement un seul individu ouvre la marche. Après leur excursion nocturne dans le feuillage et après s'être repues, ces chenilles voulant regagner leur retraite, c'est dans le même ordre qu'elles effectuent la descente. Si après avoir épuisé le feuillage d'un arbre, elles se portent sur un autre arbre, c'est toujours dans le même ordre qu'a lieu leur déplacement. On croirait qu'un individu donne le signal du départ et devient le chef reconnu de la troupe entière, mais rien ne distingue la chenille qui marche en tête de celles qui la suivent, et nous ne pouvons ici que constater un instinct assez singulier. Parvenues au terme de leur croissance, les Processionnaires, qui ont renforcé les parois de leur nid avec les dépouilles provenant de leurs mues, demeurent rapprochées, et chacune construit le cocon dans lequel elle va se transformer en chrysalide. Notre dessin montrant les Processionnaires en marche, et attaquées par un gros Coléoptère, le Calosome sycophante et sa larve, a été exécuté au bois de Boulogne avec la plus scrupuleuse fidélité. Le cadre restreint n'a pas permis cependant de représenter le nid dans son entier, ni la colonne de chenilles complétement développée.

Les Chênes du bois de Boulogne ont été fort maltraités dans ces dernières années par les Processionnaires. Le conservateur du bois, M. Pissot, auteur de plusieurs observations intéressantes sur les Insectes, a réussi à détruire d'immenses quantités de ces chenilles au moyen de l'huile lourde de goudron; mais les Chênes du voisinage étant abandonnés à leur sort, les Papillons se répandent partout, et vont déposer leurs œufs dans les endroits que l'on croyait le mieux purgés.

Les chenilles processionnaires ne sont pas dangereuses seulement par les dévastations qu'elles commettent; leurs poils, qu'elles perdent continuellement, pénètrent dans l'épiderme avec une étonnante facilité, y produisent une sorte d'urtication et des démangeaisons insupportables, dont la persistance est fort longue. Il ne faut donc jamais toucher ces chenilles avec les doigts, ni

LIBRAIRIE GERMER BAILLIÈRE. IMPR. DE E. MARTINET.

MÉTAMORPHOSES DU BOMBYX PROCESSIONNAIRE ET DU CALOSOME SYCOPHANTE

(*Bombyx processionnea* et *Calosoma sycophanta*).

observer leurs nids en se plaçant sous le vent, car le visage et les mains recevraient les atteintes de ces poils redoutables. M. Ratzeburg cite des circonstances où des bestiaux et des chevaux, en arrachant les feuilles des arbres, se sont trouvés fort maltraités par les poils des Processionnaires, qui avaient atteint ces animaux au voisinage des yeux, aux narines et à la bouche.

Divers Bombyx vivent en société et confectionnent des nids comme les Processionnaires, lorsqu'ils sont à l'état de chenilles. Il y en a une espèce au Mexique bien connue aujourd'hui (*Bombyx madruno*), qui a été signalée autrefois par Humboldt. Depuis une époque fort ancienne, le Museum d'histoire naturelle possède des nids analogues provenant de Madagascar. Ce sont des poches à parois assez épaisses. M. Ch. Coquerel a étudié et décrit sous leurs différents états les Insectes qui les construisent (*Bombyx Radama* et *B. Diego*).

Des Bombycides que l'on distingue sous le nom de Lasiocampes se signalent à l'attention par leurs palpes très-longs figurant une sorte de bec. Le type du genre est la ***Feuille-morte*** (*Lasiocampa quercifolia*), gros Papillon aux ailes festonnées, d'une couleur fauve, ferrugineuse, qui a valu à l'Insecte son nom vulgaire. Sa chenille, qui acquiert une longueur de 9 à 10 centimètres, est grise, velue et remarquable comme les autres espèces du genre par deux replis de la peau à la partie antérieure du corps, qui s'écartent par moments et laissent voir deux interstices bleus semblables à des colliers. Cette chenille se trouve souvent sur les arbres fruitiers.

Un petit Bombyx de Madagascar, caractérisé par ses ailes coupées obliquement (genre *Borocera*), est l'objet d'une culture particulière dans le pays, comme nous l'a appris M. Vinson. Les Hovas élèvent ses chenilles, qui se nourrissent de l'Ambrevate, une sorte de Cytise, pour la soie de leurs cocons et pour les chrysalides dont ils font un aliment.

A côté des vrais Bombyx se placent les Liparites, ou les genres

Orgyia et *Liparis*. Ceux-ci ont un corps relativement assez mince, au moins les mâles. Les Orgyias sont des Lépidoptères de taille fort médiocre, où nous trouvons des exemples de femelles privées d'ailes, ou plutôt n'ayant que des moignons d'ailes.

Examinons l'espèce la plus commune du genre, l'Orgyia antique, ou l'*Etoilée* de Geoffroy (*Orgyia antiqua*), sous ses diverses formes. Elle est d'autant plus facile à observer dans la nature, que ses générations se succèdent à peu près sans interruption pendant toute la belle saison.

Dès le mois de mai on rencontre sur le feuillage des Peupliers de petites chenilles tout à la fois bien jolies et bien bizarres.

Dans leur plus grande dimension, ces chenilles, garnies de brosses et d'aigrettes, n'ont guère plus de 2 centimètres de longueur; elles sont d'un gris bleuâtre qui passe souvent au brun ou au noir. Sur les deux côtés, leur premier anneau est orné d'un long faisceau de poils inégaux terminés chacun par un petit renflement. Ce sont de charmantes aigrettes dirigées en avant, que l'Insecte agite avec une grâce particulière. Le onzième anneau porte un semblable faisceau de poils incliné en arrière, et sur le cinquième il y en a un de chaque côté, moins long que les autres. Nos chenilles de l'Orgyia étoilée ont encore bien d'autres ornements. Sur la portion dorsale de leurs quatrième, cinquième, sixième et septième anneaux, s'élève une brosse jaune ou blanche taillée avec une entière perfection; une rangée de tubercules rouges, surmontés de petites aigrettes, règne tout le long des flancs.

Pour se métamorphoser, ces chenilles se filent une coque; mais n'ayant à leur disposition qu'une faible quantité de soie, elles y mélangent leurs poils, qui tombent avec facilité au moment de la transformation, et comme les parois de la coque sont encore fort minces, des feuilles maintenues à l'aide de quelques fils sont ordinairement employées à servir d'abri.

Le Papillon éclôt deux à trois semaines après la transformation de la chenille. Le mâle est un Papillon au corps mince, aux

MÉTAMORPHOSES DE L'ORGYIA ÉTOILÉE
(*Orgyia antiqua*).

antennes pectinées, aux ailes d'un brun fauve, avec quelques raies plus sombres et une petite tache blanche; la femelle est un animal gris, privé d'ailes, n'en ayant du moins que des rudiments, de véritables moignons. A l'aide de ses pattes, elle se traîne péniblement, car son ventre, très-gros, est alourdi par la quantité d'œufs qu'il contient. Cette femelle, dépourvue de toute beauté, n'a nul besoin de se déplacer pour rencontrer un mâle. Les mâles la recherchent, et avec l'instinct et l'aptitude ordinaires aux Bombycides, ils savent la trouver même dans l'endroit le plus caché. Aussitôt fécondée, on la voit cheminer sur le tronc de l'arbre, où bientôt elle dépose ses œufs en un paquet. Ces œufs, petits, arrondis, sont agglutinés au moyen de la liqueur visqueuse dont ils sont imprégnés au moment de la ponte.

Les Liparis ont les antennes plus longues que les Orgyies, très-pectinées dans les mâles, mais assez faiblement dans les femelles. Chez ces dernières, l'abdomen est épais et laineux. Les chenilles des Liparis, un peu déprimées, portent des poils roides, souvent disposées en étoiles.

Dans le centre et le nord de l'Europe, ces Lépidoptères sont les plus communs des Bombycides : la plupart des espèces du genre sont fréquemment fort nuisibles à la végétation. Le Zigzag (*Liparis dispar*), le Zigzag à ventre rouge (*Liparis monacha*), l'*Apparent* ou le Bombyx du Saule (*Liparis Salicis*), le Bombyx cul-brun (*Liparis chrysorrhœa*), causent chaque année des dégâts considérables, et dans certaines circonstances, par suite de la plus impardonnable incurie et d'une législation qui contraste étrangement avec les lumières de la science de notre époque, ils deviennent de véritables fléaux pour l'agriculture.

La loi sur l'échenillage, en date du 26 ventôse an IV, demeurée en vigueur jusqu'à présent, est ainsi conçue :

« Art. 1er. Dans la décade de la publication de la présente loi, » tous propriétaires, fermiers, locataires ou autres faisant valoir » leurs propres héritages ou ceux d'autrui, seront tenus, chacun » en droit soi, d'écheniller ou faire écheniller les arbres étant sur

» lesdits héritages, à peine d'amende, qui ne pourra être moindre
» de trois journées de travail et plus forte que dix.

» Art. 2. Ils seront tenus, sous les mêmes peines, de brûler
» sur-le-champ les bourses et toiles qui seraient tirées des arbres,
» haies ou buissons, et ce, dans un lieu où il n'y aura aucun
» danger de communication du feu, soit pour les bois, arbres et
» bruyères, soit pour les maisons et bâtiments.

» Art. 3. Les administrations de département feront éche-
» niller dans le même délai les arbres étant sur les domaines na-
» tionaux non affermés.

» Art. 4. Les agents et adjoints des communes sont tenus de
» surveiller l'exécution de la présente loi dans leurs arrondisse-
» ments respectifs; ils seront responsables des négligences qui y
» seront découvertes.

» Art. 5. Les commissaires du Directoire exécutif près les
» municipalités sont tenus, dans la deuxième décade de la publi-
» cation, de visiter tous les terrains d'arbres, d'arbustes, haies ou
» buissons, pour s'assurer que l'échenillage aura été fait exac-
» tement, et rendre compte au ministre chargé de cette partie.

» Art. 6. Dans les années suivantes, l'échenillage sera fait,
» sous les peines portées par les articles ci-dessus, avant le
» 1er ventôse (20 février).

» Art. 7. Dans le cas où quelques propriétaires ou fermiers
» auraient négligé de le faire pour cette époque, les agents et les
» adjoints le feront faire aux dépens de ceux qui l'auront négligé
» par des ouvriers qu'ils choisiront; l'exécution des dépenses leur
» sera délivrée par le juge de paix, sur les quittances des ou-
» vriers, contre lesdits propriétaires et locataires, et sans que ce
» payement puisse les dispenser de l'amende.

» Art. 8. La présente loi sera publiée le 1er pluviôse (20 jan-
» vier) de chaque année, à la diligence des agents des communes,
» sur la réquisition du commissaire du Directoire exécutif. »

En vertu de cette loi, des affiches sont fréquemment apposées dans la plupart des départements de la France, afin d'engager les populations à ne pas trop négliger leurs intérêts.

De temps à autre, même à Paris et dans le département de la Seine, des affiches rappellent les prescriptions de la loi relative à l'échenillage. Ainsi a été placardé à la fin de janvier 1867 :

« Un arrêté du Préfet de police, en date du 14 de ce mois, pris en conformité de la loi du 26 ventôse an IV et de l'article 471 du Code pénal, qui prescrit la publication à nouveau d'une ordonnance du 25 février 1859, concernant l'échenillage des arbres, bois, haies et buissons d'ici le 20 février prochain.

» On devra, disait cet arrêté, brûler soigneusement les *fourreaux* à chenilles.

» Cette opération, par suite de la multiplication extraordinaire des chenilles dans les environs de Paris, est devenue d'une nécessité absolue.

» La multiplication des chenilles, véritable fléau de l'agriculture, est due à la destruction des oiseaux, destruction à laquelle les propriétaires se livrent avec tant de plaisir et de cruauté, sans en prévoir les tristes résultats pour les récoltes. »

Tous ceux qui ne sont pas absolument étrangers aux plus simples notions d'histoire naturelle s'étonnent à bon droit des termes vagues de la loi du 26 ventôse de l'an IV, qui ne marque aucun progrès sur les prescriptions antérieures.

Nous voyons que cette loi a été édictée uniquement en vue des dégâts qu'occasionne souvent le Liparis cul-brun (*Liparis chrysorrhœa*) dans le nord et le centre de la France, puisqu'il s'agit de nids que l'on peut et que l'on doit détruire pendant l'hiver. Mais cette espèce n'est pas toujours la plus nuisible ; elle ne se trouve pas dans toutes les parties de la France. Il y a beaucoup de chenilles aussi redoutables ou plus redoutables pour la végétation, qui n'éclosent qu'au printemps, et dont la loi ne s'occupe en aucune manière. Celles-là ne font pas de nids ; ce n'est donc pas par les moyens prescrits qu'il est possible d'en opérer la destruction. D'un autre côté, si le but de l'article 2 ne laisse aucun doute, que faut-il penser de l'article 1er, ordonnant l'*échenillage* avant le 20 février. Il n'y a guère de chenilles courant sur les arbres pendant l'hiver.

« L'échenillage, dit M. Merlin, est l'action de détruire les che- » nilles, ou plutôt les nids et enveloppes qui renferment les œufs » de ces Insectes. Ce soin, qui est d'une si grande importance » dans l'intérêt des fruits et récoltes, semble avoir dû être de tout » temps l'un des principaux objets de la police rurale; on cite » cependant, comme ayant introduit en France l'obligation de » l'échenillage, l'arrêt du règlement du Parlement de Paris du » 4 février 1732. On n'avait eu recours jusque-là qu'aux exor- » cismes et aux réquisitoires. »

Un historien du Dauphiné, Chorier, raconte que, vers le commencement du XVIe siècle, les chenilles s'étaient tellement multipliées dans cette province, que le procureur général crut devoir faire un réquisitoire pour *leur enjoindre de déguerpir et vider les lieux*. En 1543, un membre de la municipalité de Grenoble exposait au conseil que les limaces et chenilles commettaient de grands ravages; il demandait en conséquence « qu'on priât M. l'official de vouloir excommunier lesdites bêtes, et procéder contre elles par voie de censure, pour obvier aux dommages qu'elles faisaient journellement et qu'elles feraient à l'avenir ». Le conseil prit un arrêté conforme à cette demande. On pourrait citer beaucoup d'autres documents du même genre[1].

A l'époque à laquelle se rapporte l'arrêt du règlement que nous avons cité, les ravages causés par les chenilles avaient été tels, plusieurs années de suite, qu'il avait été jugé urgent d'y

[1] M. Millet, inspecteur des forêts, a réuni sur ce sujet beaucoup d'informations curieuses, qu'il a bien voulu nous communiquer, mais les limites de notre cadre ne nous permettent pas de les rapporter.

remédier par des mesures générales et plus efficaces. « L'année » 1731, dit Fournel, fut si favorable à la *germination* des œufs, » qu'on vit se renouveler le fléau des sauterelles d'Égypte. » Les feuilles, les fleurs, les boutons des arbres, étaient dévorés » aussitôt leur apparition : en sorte qu'au mois d'août, les bois et » les forêts offraient la même apparence qu'au mois de janvier. » L'exemple d'un pareil malheur provoqua la sollicitude des ma- » gistrats sur les moyens de le prévenir par la suite ; et c'est à » cette époque que fut introduite l'obligation de l'échenillage. »

Partout, on le voit, des expressions vagues, générales, qui dénotent l'absence des notions les plus élémentaires sur le sujet.

Le Liparis cul-brun est ce petit Papillon tout blanc dont l'extrémité du corps est garnie de poils d'un brun doré, que tout le monde connaît. Il se montre à la fin de juin et au commencement de juillet. La femelle pond ses œufs en paquets à la face inférieure des feuilles ou sur les branches, et les recouvre de ses longs poils laineux en frottant son abdomen, de manière à les protéger et à les masquer complétement. Les petites chenilles naissent à la fin d'août ou en septembre, et tout aussitôt elles se fabriquent en commun, sur les hautes tiges, une tente soyeuse qui les met à l'abri des dangers extérieurs. Elles passent ainsi l'hiver. Dès que le feuillage commence à pousser, elles se répandent partout et causent la dévastation parmi les arbres fruitiers et quelquefois sur les arbres des forêts. Elles sont d'un brun noir, garnies de tubercules portant des poils roussâtres en aigrettes, avec des taches rouges sur le dos et deux rangées de taches blanches. Elles se métamorphosent au mois de juin dans une coque à parois minces, entremêlées de poils. Toutes les habitudes de l'Insecte indiquent qu'on peut le détruire facilement pendant l'hiver en enlevant les bourses ou en les arrosant avec des huiles communes.

Le Liparis du Saule, ou l'*Apparent* (*Liparis Salicis*), un peu plus grand que le précédent, a les ailes d'un blanc argenté et le corps tout blanc. La femelle pond ses œufs sur les troncs des Saules et des Peupliers. Ceux-ci, de couleur verdâtre, sont disposés en rosaces et recouverts d'un enduit blanc. Les chenilles éclosent au printemps et dépouillent souvent les arbres de toutes leurs feuilles. D'une couleur grise noire, avec des tubercules surmontés de poils roux, une série de grandes taches dorsales blanches ou d'un jaune très-pâle et deux lignes de la même teinte, elles sont faciles à reconnaître. Pour détruire cette espèce, il y a un moyen fort simple : c'est de barbouiller avec de l'huile, du goudron, ou toute autre substance, les plaques d'œufs que l'on aperçoit sans peine, surtout lorsque les arbres sont dépouillés de leurs feuilles.

Le *Zigzag* (*Liparis dispar*) abonde presque partout, dans les jardins, sur les routes, dans les forêts. Le Papillon mâle a des ailes grises traversées par des raies sinueuses très-foncées; la femelle, beaucoup plus grosse, a des ailes blanches avec des lignes noires. Elle dépose ses œufs en paquets sur les troncs d'arbres et les recouvre avec les poils laineux roussâtres de son abdomen. Les chenilles éclosent au mois de mai et acquièrent vite une assez forte taille; leur peau est noire réticulée de gris et garnie de tubercules, les premiers bleuâtres, les autres ferrugineux, tous surmontés de longs poils roides qui pénètrent aisément l'épiderme et causent d'assez vives démangeaisons. Elles se transforment dans un réseau extrêmement lâche.

Une espèce voisine, le *Zigzag à ventre rouge* (*Liparis monacha*), ayant les mêmes mœurs, est peu répandue en France, mais fort commune en Allemagne, où elle exerce souvent d'immenses ravages dans les forêts. M. Ratzeburg a donné, sur cet Insecte comme sur beaucoup d'autres, d'intéressants détails dans son grand ouvrage sur les Insectes nuisibles aux forêts.

On comprend que ce n'est pas par l'échenillage qu'on peut détruire ces divers Liparis. Ce sont les pontes seules qui peuvent être anéanties pendant l'hiver, sans qu'il en coûte de grands efforts.

Des Lépidoptères ayant d'intimes rapports de conformation avec les Orgyies et les Liparis, mais presque tous parés de vives et fraîches nuances, sont les Arctiites. Les espèces du genre ***Écaille*** proprement dit (*Arctia*) peuvent être citées comme des plus jolies parmi les Lépidoptères nocturnes. L'***Écaille martre*** (*Arctia caja*) est commune par l'Europe entière. Sa chenille est connue de presque tout le monde ; car vivant sur une infinité de plantes basses, elle court continuellement à terre par les chemins et les allées des jardins avec une étonnante rapidité. Assez grosse, de couleur noire, portant des tubercules surmontés de longs poils soyeux, noirs sur le dos, d'un roux vif sur les côtés, elle attire aisément l'attention. Pour se transformer en chrysalide, elle s'établit sous des pierres ou sous des feuilles, et se construit une coque à parois faibles, dans laquelle elle fait entrer une partie de ses poils qu'elle perd au moment où elle commence à filer. Le Papillon éclôt quinze à vingt jours après la métamorphose de la chenille. Ses ailes antérieures, d'une envergure de 6 à 7 centimètres, sont brunes, avec des lignes blanches semblables à des rigoles dirigées dans tous les sens; ses ailes postérieures, d'un beau rouge relevé par six ou sept taches d'un bleu foncé, cerclées de noir.

Les autres Écailles les plus remarquables de notre pays sont l'***Écaille rose*** (*Arctia Hebe*), la ***Grande-Écaille brune*** (*Arctia matronula*) de nos départements de l'Est, l'***Écaille marbrée*** (*A. illica*), l'***Écaille mouchetée*** (*A. purpurea*), la ***Bordure ensanglantée*** (*A. russula*), etc. Certaines espèces de ce genre (*Arctia pudica*) et de quelques genres voisins font entendre une stridulation au moyen d'une petite capsule qu'elles portent de chaque côté du thorax. M. Guénée a publié d'intéressantes observations sur ce sujet.

Les Callimorphes, charmants Lépidoptères dont les formes sont plus grêles, plus élégantes que celles des Écailles, possèdent une trompe assez développée. L'une, l'***Écaille marbrée rouge*** (*Calli-*

morpha dominula), a les ailes antérieures d'un vert bronzé, avec douze à quatorze taches blanches, les ailes de la seconde paire d'un rouge magnifique relevé par trois taches noires; l'autre, la *Phalène chinée* de Geoffroy (*C. hera*), en diffère surtout par ses ailes antérieures traversées par des raies blanches. Chez ces Insectes comme chez diverses Écailles, il arrive parfois que les couleurs rouges des ailes passent au jaune. Certains amateurs sont arrivés, à l'aide d'une évaporation acide, à produire artificiellement un changement de couleur analogue, en se gardant bien d'avertir de leur fraude. Des auteurs ont décrit ces individus dénaturés comme de curieuses variétés, ou, suivant leur langage, comme des *aberrations*. Le mot *aberration* n'est-il pas ici en effet bien choisi?

On distingue sous le nom de Lithosiites de petites espèces d'une texture frêle, ayant des ailes qui enveloppent le corps pendant le repos et souvent des antennes très-minces. Les Lithosies ont des ailes fort étroites et des antennes en forme de soies. La plupart de leurs chenilles se nourrissent des Lichens qui croissent sur les troncs d'arbres. Les Euchélies ont des ailes plus larges et agréablement colorées, et l'une d'elles, bien jolie et bien abondante, est remarquée dans toutes les campagnes d'une grande partie de l'Europe. C'est le *Carmin du Seneçon* (*E. Jacobeæ*), comme l'appelait Geoffroy, le Papillon délicat qui vole et se pose avec les Zygènes, dont il a les couleurs. Ses ailes antérieures, d'une teinte bronzée, ont deux raies et deux taches du carmin le plus vif; ses ailes postérieures, de cette dernière nuance, ont une frange noirâtre. La chenille de cette charmante espèce, noire et annelée de jaune, vit sur les Seneçons qui croissent dans les champs incultes et au bord des chemins. Dans le Midi de la France, et dans les pays dont la Méditerranée baigne les côtes, vole l'été une Euchélie plus gracieuse encore (*E. pulchella*); celle-ci a les premières ailes blanches, parsemées de points noirs et ornées de seize ou dix-sept petites taches d'un rouge écarlate.

Dans cette intéressante famille des Bombycides, il est un grand genre devenu le type d'une tribu particulière. C'est le genre des Psychés. Psyché, tout le monde connaît l'origine de ce mot gracieux; avant d'être le nom de la ravissante princesse antique aux ailes de Papillon, il signifiait l'âme, le souffle. Qu'il convient donc à merveille, ce joli nom de Psyché, aux Papillons auxquels il a été attribué! Une taille toute mignonne; un corps mince couvert de longues soies; des ailes à peine revêtues d'écailles, grises, brunes, noirâtres, et en même temps presque diaphanes; de petites antennes plumeuses, sont les signes extérieurs des Psychés. Ces Lépidoptères, qui réalisent ce que l'on peut imaginer de plus délicat, ont comme les autres Bombycides une trompe toute rudimentaire. Ils n'ont besoin d'aucune nourriture pendant les jours comptés de leur existence.

Mais les Psychés n'appellent point l'attention seulement par le charme et la grâce de leurs formes, elles offrent un intérêt exceptionnel par le genre de vie de leurs larves, par la dissemblance des individus des deux sexes. Les mâles seuls ont toutes les perfections que nous avons indiquées; les femelles sont dans

LA PSYCHÉ DU GRAMEN
(*Psyche graminella*).
La femelle et la chrysalide.

la condition la plus misérable que l'on puisse trouver parmi les Lépidoptères. Nous avons vu chez les Orgyies des femelles se traînant péniblement en secouant leurs moignons d'ailes, les femelles des Psychés ne savent pas même se traîner; elles quittent leur enveloppe de chrysalide, elles éclosent et demeurent immobiles. A considérer leur corps absolument dépourvu d'ailes et semblable à celui des larves, leurs pattes rudimentaires, leur abdomen mou, leurs anneaux thoraciques égaux et écailleux, il serait impossible de croire que l'on a sous les yeux des Lépidoptères adultes, si l'observation n'avait conduit à connaître l'histoire entière des Psychés. Il y en a beaucoup d'espèces en Europe, et comme elles sont toutes fort petites, il est souvent nécessaire, pour se les procurer, d'élever leurs chenilles. On observe assez facilement ces chenilles, car elles vivent constamment dans des fourreaux qu'elles confectionnent avec une certaine quantité de soie et des débris de végétaux disposés avec infiniment d'art. Certaines espèces emploient des fragments de feuilles, d'autres des fétus coupés tous à peu près de la même dimension ou des bûchettes. Quelques-unes fabriquent leur habitation portative avec des brins de Mousse fort bien arrangés. M. Millière en a fait connaître un charmant exemple (***Psyche Gondebautella***). Les fourreaux, si bizarrement construits à l'extérieur, sont tapissés à l'intérieur de la soie la plus fine et la plus douce. Les Psychés portent leur fourreau comme le Colimaçon porte sa coquille; pour se déplacer, elles sortent tout juste la tête et les anneaux thoraciques, afin que leurs pattes écailleuses puissent s'accrocher sur les feuilles ou les tiges des herbes. Veulent-elles se reposer, au moyen d'un peu de soie elles fixent leur habitation et rentrent tout à fait à l'intérieur. Rien de plus singulier que de voir un de ces petits tuyaux remuer et progresser sur les plantes, tandis qu'on n'aperçoit pas l'Insecte qui le fait mouvoir.

Les pattes écailleuses des larves de Psychés sont parfaitement constituées, ces appendices seuls servant à la marche. Les pattes membraneuses, très-petites et pourvues d'une couronne complète de crochets, n'ont d'autre usage que de permettre à l'animal de maintenir fortement sa demeure portative.

Les chenilles, arrivées au temps de leur métamorphose, n'ont besoin, ni de filer une coque, ni de chercher un refuge; leur fourreau est un abri qui a tous les avantages possibles.

L'Insecte attache son fourreau contre une branche, un tronc, une muraille, et le ferme soigneusement. Cette opération achevée, il se retourne de façon à présenter la tête vers l'extrémité du fourreau demeurée libre. A lieu la transformation en chrysalide; le papillon éclôt. Si c'est un mâle, il s'échappe aussitôt de sa prison; si c'est une femelle, elle demeure dans le réduit où elle est née, l'ouvrant assez cependant à l'aide des aspérités de son enveloppe de chrysalide, pour sortir la partie postérieure de son corps. Les mâles, attirés de loin par sa présence, voltigent bientôt en nombre autour d'elle. Là voilà fécondée; sans changer de place, sa ponte est effectuée et reste protégée par son corps. Elle meurt. Ses petites chenilles éclosent à l'abri du danger, et commencent à dévorer le cadavre de leur mère, dont elles épargnent seulement les parties les plus dures. C'est après s'être soumises dans leur premier âge à ce régime bien singulier pour des larves de Lépidoptères, qu'elles se dispersent sur le feuillage et que chacune construit son fourreau.

Un auteur, Bruand d'Uzelle, a passé une longue suite d'années à recueillir les Psychés dans une grande partie de la France, et il en a publié la monographie.

Mais après les traits généraux de l'histoire de ces Lépidoptères que nous venons d'indiquer, il est bon d'arrêter un instant notre attention sur une espèce du genre en particulier. Ce sera la plus grande, la plus facile à rencontrer, la plus commune dans notre pays, c'est-à-dire la Psyché du Gramen (*Psyche graminella*). Le vieil entomologiste Geoffroy, entraîné à une confusion par une sorte d'analogie de mœurs, l'a nommée la *Teigne à fourreau de paille composé.*

Au printemps et au commencement de l'été, il est ordinaire de voir se promener la chenille de la Psyché du Gramen. Assez vagabonde, elle est souvent errante sur les herbes, les Graminées, sur les Bruyères, sur les Genêts, quelquefois sur les murailles. Il est facile de l'apercevoir; lorsqu'elle est grande, son fourreau

LIBRAIRIE GERMER BAILLIÈRE. IMPR. DE E. MARTINET.

MÉTAMORPHOSES DE LA PSYCHÉ DU GRAMEN

(*Psyche graminella*).

n'a pas moins de 2 à 3 centimètres de longueur. Composé de petits morceaux de feuilles, tous taillés à peu près dans les mêmes proportions et artistement imbriqués de façon à figurer comme des falbalas, ce fourreau est ordinairement garni dans sa portion antérieure d'une ou deux rangées de brins de bois ou d'herbes disposés dans le sens longitudinal. Ces brins sont fournis par les plantes que la chenille affectionne, le Genêt, la Bruyère, les Graminées. Nous venons d'examiner ce fourreau lorsqu'il a acquis sa plus grande dimension ; mais quand la chenille était jeune, le fourreau était petit, et cependant c'est toujours le même fourreau.

L'Insecte n'abandonne pas sa demeure devenue trop étroite, pour en confectionner une nouvelle. Quand, par suite de son accroissement, il se trouve resserré, il fait avec ses mandibules une fente à son habitation portative; les bords de la fente s'écartent; une pièce formée d'un peu de soie et de débris de végétaux comblera l'intervalle. Tant de fois l'animal aura besoin de s'agrandir, tant de fois il recommencera la même manœuvre, afin d'augmenter la capacité de son fourreau. Cette chenille, d'un gris pâle, avec sa tête et ses trois anneaux thoraciques d'un brun roux marqués de points et de lignes noires, est sans beauté. Toute parure est inutile à qui doit vivre constamment dans l'obscurité.

Il y a quarante ans, un naturaliste anglais, Lansdowne Guilding, observait les mœurs et les transformations de Lépidoptères d'Amérique très-voisins de nos Psychés, mais d'une taille bien supérieure. Ces Insectes, ayant des ailes plus longues que les vraies Psychés et des antennes terminées en manière de soie, reçurent le nom générique d'*OEceticus*, faisant allusion à la *maison* que les larves portent avec elles. Depuis cette époque, des espèces du même genre ont été rencontrées en diverses parties du monde. L'une des plus remarquables est l'Œcétique de Saunders (*OEceticus Saundersii*), fort commune en Australie.

Le mâle, qui a une envergure de 4 à 5 centimètres, a les ailes enfumées avec des veines transparentes; la femelle, très-massive, longue d'environ 4 centimètres et demi, ressemble par son aspect à celles des Psychés européennes. La chenille construit un fourreau qui atteint la longueur de 15 à 16 centimètres, d'une soie grise, fine et serrée, et dont les parois épaisses sont garnies à l'extérieur de bûchettes espacées. Elle accroche ordinairement son fourreau aux branches d'arbres par de longs fils assez forts pour résister à l'action des vents impétueux qui règnent souvent en Australie. L'espèce décrite par un savant entomologiste de l'Angleterre, M. Westwood, a été observée dans toutes ses habitudes par notre voyageur M. Jules Verreaux.

Divers Bombycides, chez lesquels s'affaiblissent notablement les caractères de la famille, sont rangés dans une tribu particulière, les Hépialines. Ces Lépidoptères ont des antennes courtes, faiblement pectinées ou simplement dentelées, même dans les mâles; un abdomen allongé, avec l'oviducte presque toujours saillant chez les femelles.

Cette division comprend les Hépiales, dont les antennes, fort petites, sont à peine dentelées ou même moniliformes. Ce sont des Insectes peu nombreux en Europe, et au contraire très-répandus dans certaines régions du monde, l'Amérique, l'Afrique, l'Australie en particulier.

Les chenilles des Hépiales, s'attaquant aux racines de divers végétaux, ne se montrent jamais à la lumière; aussi sont-elles minces, allongées, décolorées. La plus grande espèce européenne est l'Hépiale du Houblon (*Hepialus Humuli*), le mâle ayant des ailes blanches, argentées, avec une bordure rougeâtre, la femelle des ailes d'un jaune vif, traversées par deux bandes d'un rouge fauve. Cet Insecte est fort commun dans le nord de l'Europe et dans les montagnes; il abonde dans quelques parties de la Suisse.

L'Australie est la terre des grandes Hépiales. L'une d'elles

(*Hepialus grandis*), aux ailes grises, a une chenille énorme, entièrement blanche, qui vit dans les troncs des Casuarinas, les curieux arbres sans feuillage de la Nouvelle-Hollande. Les pauvres naturels de cette terre déshéritée pour les substances alimentaires recherchent les larves de la grande Hépiale, et la mangent toute vivante, avec une avidité digne de véritables sauvages. Ils se plaisent, nous a rapporté M. J. Verreaux, à humer l'intérieur de ces larves comme s'il s'agissait d'un fruit très-mûr.

Un autre genre de la même tribu est celui des Zeuzères, très-reconnaissables à leur corps épais, à leurs antennes pectinées à la base et terminées en manière de soie, surtout chez les mâles. Le type est bien connu : c'est la Zeuzère du Marronnier d'Inde (*Zeuzera Æsculi*), ou la *Coquette* des vieux entomologistes, un Papillon blanc très-velu, dont les ailes sont couvertes de points ou de petites taches d'un bleu d'acier. Sa chenille vit dans l'intérieur du tronc des Marronniers d'Inde. D'une couleur jaune, avec des points noirs, elle rappelle par son aspect, par sa démarche, les chenilles des Sésies. Il y a des conditions d'existence semblables, les analogies de conformation doivent se manifester. La Zeuzère du Marronnier n'est certainement pas un Insecte indigène; elle nous est venue du pays qui nous a fourni l'arbre aujourd'hui cultivé dans nos parcs et nos grands jardins.

Les Cossus sont voisins des Zeuzères, mais leur corps est plus épais, leurs ailes plus larges, leurs antennes pectinées jusqu'au sommet. L'espèce commune est le Cossus Perce-bois (*Cossus ligniperda*); le Papillon bien reconnaissable à ses ailes grises, nébuleuses, avec des taches et de fines rayures cendrées et blanchâtres; la Chenille d'un rouge vineux, portant quelques poils rares. C'est la *Chenille du Saule*, rendue célèbre par la belle monographie de Lyonet. Dans plusieurs localités, en effet, les Cossus rongent les vieux troncs de Saules; dans notre pays, ils vivent particulièrement dans les troncs d'Ormes. Creusant d'énormes galeries, ils amènent fréquemment la mort de très-grands arbres. La chenille du Cossus fournit un admirable exemple des adaptations à un genre de vie spéciale; ce sont les particularités essentielles des chenilles de Sésies et des Zeuzères, plus prononcées que chez ces dernières. L'Insecte, destiné à ronger un bois dur, est pourvu d'une lèvre supérieure large, épaisse, sans échancrure, et de mandibules dentées d'une extrême puissance. Pour marcher avec facilité, dans les galeries qu'elle a creusées, cette chenille a des pattes membraneuses courtes et garnies d'une véritable couronne de crochets.

Lyonet ayant donné des figures exactes de ces pattes, on s'est imaginé que les crochets formaient à peu près dans toutes les chenilles un cercle complet ; de là le nom de *pattes en couronne*, employé d'une manière générale pour désigner les pattes membraneuses. Dans la plupart des cas, cependant, les crochets n'occupent qu'un demi-cercle; la couronne entière existe seulement chez les espèces qui cheminent, soit dans l'intérieur des tiges ou des troncs, soit dans l'épaisseur des feuilles.

D'autres Bombycides (ceux de la tribu des Notodontides) se rapprochent manifestement des Noctuelles par les proportions de leur corps et de leurs ailes, ayant cependant des antennes pectinées chez les mâles et une trompe rudimentaire, mais bien distincte, moins atrophiée que chez les autres représentants de la famille. A l'état adulte, ces Insectes n'offrent aucune particularité bien frappante; à l'état de larves, au contraire, ils présentent plusieurs singularités, notamment ceux du petit groupe des Notodontides, composé de quelques genres faciles à distinguer.

Le nom de Dicranures a été attribué aux Notodontides caractérisés sous leur forme de Papillons par des antennes un peu contournées et assez fortement pectinées dans les deux sexes, et sous leur forme de chenilles par une curieuse modification des pattes membraneuses de la dernière paire. Entre les diverses espèces du genre, arrêtons un instant notre attention sur la plus commune. C'est de son nom vulgaire : la ***Queue-fourchue*** (***Dicranura vinula***).

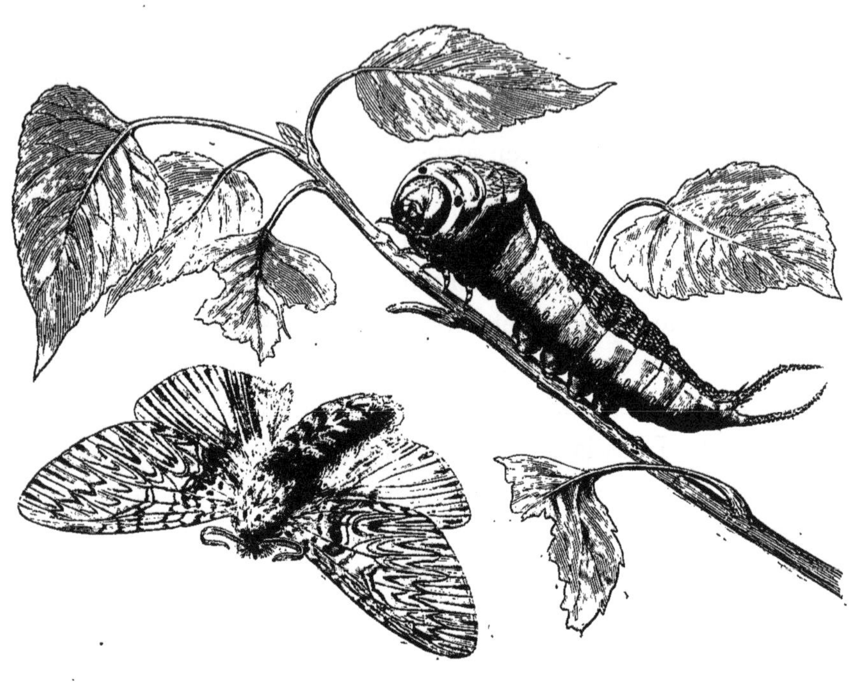

LA QUEUE-FOURCHUE
(*Dicranura vinula*).
Le Papillon femelle et la chenille.

Dès les derniers jours d'avril et pendant tout le mois de mai, se montre fréquemment dans les endroits humides un beau Papillon de nuit très-reconnaissable à sa teinte générale d'un gris presque blanc, avec des points et des raies sinueuses d'un noir assez vif ou d'un gris cendré. Le soir, l'Insecte vole près des Peupliers et des Saules; pendant le jour, il se cache sous le feuillage ou sur le tronc de ces arbres. La femelle a bientôt effectué sa ponte, et dans le mois de juin on trouve les chenilles isolées sur les feuilles des Peupliers. Toutes petites encore, leur couleur est presque noire. Quelques semaines plus tard, elles ont subi plusieurs mues, et leur taille est devenue très-forte. Ces chenilles lisses, avec leur grosse tête susceptible de rentrer dans le premier anneau du corps, avec le troisième anneau élevé et comme bossu, avec leur extrémité postérieure munie de deux prolongements souvent redressés, semblables à deux queues d'où l'on voit saillir à la volonté de l'animal un tentacule flexible, ont un aspect singulier. D'un beau vert tendre, la *Queue-fourchue* présente sur la région dorsale, étendue comme une sorte de manteau, une longue marque en losange d'un brun vineux avec une bordure blanche. Elle a des pattes membraneuses massives pour porter son corps pesant, et ces pattes sont armées de très-longues épines. Les queues, presque blanches, sont garnies de tubercules noirs. La singularité offerte par cette chenille, c'est la transformation des dernières pattes membraneuses en deux appendices, sortes de queues percées pour le passage de tentacules, sans doute attribués à l'animal comme moyen de défense dans des circonstances qui n'ont pas été observées. A l'aide de cet appareil, la chenille parvient peut-être à éloigner les Ichneumons et les Mouches cherchant à introduire leurs œufs dans son corps. Au terme de sa croissance, la *Queue-fourchue*, descendant au pied de l'arbre qui l'a nourrie, file une coque très-épaisse, très-résistante, agglutinant, avec une grande quantité de vernis, des détritus végétaux; l'Insecte passe l'automne et l'hiver à l'état de chrysalide.

Des Notodontides voisins des Dicranures, les Harpyies, aux antennes pectinées terminées par une soie, ont des chenilles plus bizarres encore. Le type du genre est surtout particulièrement remarquable : la Harpyie du Hêtre (***Harpyia Fagi***).

La chenille, que l'on trouve au mois d'août et de septembre dans les forêts et les grands bois, habituellement sur les Hêtres et quelquefois aussi sur les Chênes, les Aunes, les Bouleaux, a un aspect vraiment extraordinaire. D'un brun pâle ou d'une teinte de cuir uniforme, elle n'attire point l'attention par sa couleur, mais elle a des pattes écailleuses de la seconde et de la troisième paire d'une longueur extrême, qui demeurent souvent pendantes. Les anneaux de son corps, du quatrième au septième, présentent deux gibbosités terminées en pointe; du neuvième au

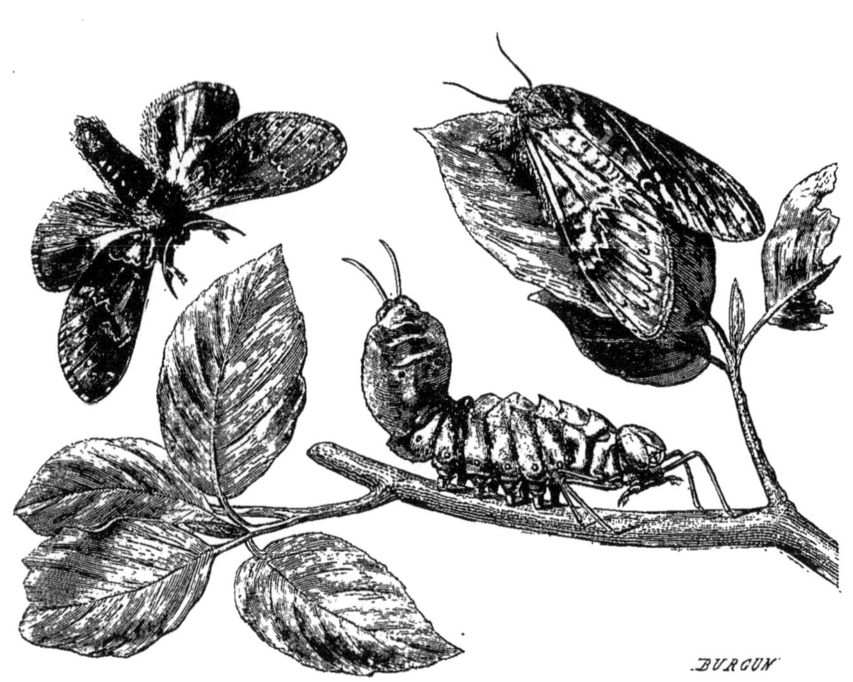

LA HARPYIE DU HÊTRE

(*Harpyia Fagi*).

Le Papillon mâle au vol. — Le Papillon femelle au repos. — La chenille.

dernier, ils ont un élargissement latéral très-considérable, avec des crénelures sur le bord. Les pattes membraneuses postérieures sont converties en deux tubes grêles. Pendant le repos, la chenille de la Harpyïe du Hêtre tient ordinairement redressées les deux extrémités de son corps. La bizarrerie est à la fois dans les formes et dans les attitudes, sans que nous puissions en expliquer jusqu'à présent les causes déterminées par des circonstances biologiques. Ces longues pattes écailleuses n'existent chez aucune autre larve connue de Lépidoptère, et ici leur longueur semble n'offrir aucun avantage à l'animal. Pour se transformer en chrysalide, la Harpyie du Hêtre file une coque légère qu'elle garantit avec des feuilles.

Le genre des Notodontes est, dans le groupe, le plus nombreux en espèces. Le nom fait allusion à un caractère de plusieurs de leurs chenilles, qui ont sur quelques anneaux de leur corps des gibbosités parfois surmontées de pointes. Ces larves lisses, ou garnies de poils très-clairsemés, vivent sur les arbres. Les Papillons se reconnaissent aisément à la présence d'un petit lobe au bord interne des ailes de la première paire. Les Notodontes les plus communs dans notre pays sont le ***Bois veiné*** de Geoffroy (***Notodonta Ziczac***), qui, à l'état de chenille, vit sur les Saules, les Peupliers, les Bouleaux. Le ***Chameau*** d'Ernst (***Notodonta dromedaria***), affectionnant pendant son premier âge les Bouleaux des forêts; la ***Demi-Lune noire*** d'Engramelle (***Notodonta chaonia***), une des nombreuses espèces du Chêne.

Diverses autres espèces de la même tribu ont généralement des ailes plus longues que d'autres Notodontides; on les rattache à quelques genres particuliers, et surtout au genre ***Pygæra***. Leurs chenilles, longues, un peu déprimées, sont plus ou moins garnies de poils. L'une des espèces les plus communes, appelée par Geoffroy la ***Lunule*** (***Pygæra bucephala***), à raison de la forme d'une tache blanche des ailes antérieures, se trouve, dans son premier état, sur la plupart de nos grands arbres, les Chênes, les Ormes, les Hêtres, les Bouleaux, les Tilleuls. C'est une grosse chenille poilue, brune, variée de jaune et ornée de six raies longitudinales d'une teinte pâle. Elle s'enfonce dans la terre pour se métamorphoser. Une espèce plus petite, la ***Hausse-Queue fourchue*** d'Engramelle (***Pygæra anachoreta***), se tient sur les Saules, cachée entre des feuilles qu'elle attache au moyen de quelques fils.

Le plus vaste groupe de l'ordre des Lépidoptères est la famille des Noctuélides. C'est une immense légion d'espèces de tous les pays d'une apparence très-uniforme. Les Noctuélides d'Europe, au nombre de près de huit cents, ont été la plupart étudiées avec soin dans leurs caractères, dans leurs métamorphoses, dans leurs conditions d'existence, et néanmoins les naturalistes faisant les plus grands efforts pour établir parmi ces Insectes des divisions génériques, ne sont arrivés à aucun résultat satisfaisant. En l'absence de véritables caractères pouvant fournir parmi les Noctuélides les distinctions que l'on cherchait, on s'est contenté souvent de détails de coloration, de la préférence des chenilles pour certaines plantes. Malgré tout, il est demeuré impossible de donner un moyen sûr de reconnaître les divers genres établis dans la famille. Aussi il y a un extrême intérêt à étudier cette multitude de Lépidoptères si pareils par tous les détails de leur organisation, et dont les espèces néanmoins sont parfaitement distinctes les unes des autres. En réalité, la très-grande majorité des Noctuélides appartient à un seul genre, le genre Noctuelle (*Noctua*), qui a une foule de représentants.

L'étude comparative de toutes ces espèces voisines fournit un grand enseignement. Voici dix, vingt, trente Papillons ou même bien davantage, dont tous les traits essentiels de l'organisation sont semblables, dont toutes les différences appréciables consistent dans des détails de coloration ; il faut croire qu'ils proviennent d'une souche unique, que leurs faibles caractères distinctifs sont des modifications déterminées par des circonstances extérieures? Certes, si les idées qui se sont fait jour à diverses époques, les idées de Lamarck et de tant d'autres, les idées reprises et développées par M. Darwin, avaient quelques vérités pour fondement, on devrait le penser.

Mais loin de là, on a ici un exemple capable de faire comprendre la valeur de ces idées sur de prétendues modifications continues des espèces. En étudiant ces Noctuelles exclusivement dans leurs caractères, lorsqu'elles sont parvenues à l'état adulte, on serait amené à concevoir les doutes les plus graves sur les distinctions spécifiques; mais en observant ces Insectes dans toutes les phases de leur existence, dans les conditions où elles sont fatalement destinées à vivre, toute incertitude disparaît. Des Papillons presque semblables ont des chenilles offrant des particularités distinctives des plus manifestes. Ces chenilles vivent dans des conditions dissemblables; elles affectionnent des végétaux différents; elles ont des pattes construites pour marcher sur une plante, et se trouveraient mal à l'aise pour grimper après des plantes recherchées par des espèces voisines. Il n'est pas de groupes du Règne animal, enfin, où l'on puisse reconnaître avec plus de sûreté combien chaque espèce organisée pour vivre dans des conditions déterminées est privée de la possibilité de subir d'autres conditions d'existence.

Les Noctuélides se distinguent aisément de tous les Bombycides; elles ont une trompe de moyenne longueur, des palpes saillants, des antennes en forme de soie, simples ou finement denticulées. Ces Lépidoptères, en général de petite taille, atteignent rarement des proportions un peu considérables. Comme l'indique la dimension de leur trompe, ils prennent de la nourriture. Leurs chenilles sont le plus souvent rases.

Il est certaines Noctuélides qui rappellent sensiblement le port des Bombyx; ce sont les Acronyctes et quelques genres voisins (groupe des Acronyctites). Sur les Ormes, les Bouleaux, les Tilleuls, sur la plupart des arbres fruitiers, se trouve communément, à la fin de l'été et en automne, une Chenille noire, ornée d'une bande dorsale jaune, de marques rouges sur les côtés, d'une raie grise au-dessus des pattes, et portant une longue éminence noire sur le quatrième anneau et une forte gibbosité sur le onzième. Au moment de se transformer, l'Insecte descend sur le tronc et s'établit entre les fissures de l'écorce, souvent jusqu'au pied de l'arbre, et aussi abrité que possible, il se forme une coque légère. Le Papillon éclôt vers le mois de juin de l'année suivante. Pendant le jour, on le voit collé sur des troncs ou des murailles. Ses ailes grises, avec des lignes noires, et surtout un signe très-net figurant d'une manière exacte la lettre grecque ψ, le font reconnaître à la première inspection. Le signe caractéristique a valu à l'espèce son nom vulgaire et son nom scientifique, le ***Psi*** (*Acronycta psi*).

Les végétaux de tous les genres nourrissent des Lépidoptères. Les Mousses, les Lichens qui poussent sur les arbres, sur les murailles, même dans nos villes, sur les quais et les parapets des ponts, sont la pâture de petites chenilles sombres très-apparentées aux Acronyctes : ce sont les mangeuses de Mousses, les Bryophiles. Retirées pendant le jour dans des trous ou des crevasses, elles sont difficiles à découvrir; c'est dans leurs petites retraites qu'elles forment leur cocon composé de soie et de Lichen.

Examinons maintenant les vraies Noctuelles sans nous préoccuper de toutes les distinctions génériques admises dans les ouvrages descriptifs. Il est important de les connaître, car plusieurs d'entre elles se multiplient avec une étonnante facilité et causent parfois d'immenses ravages dans les grandes cultures. A l'état de Papillons, les vraies Noctuelles (*Noctua*) ont des antennes ciliées, un peu pectinées dans les mâles et des palpes hérissés de longs poils; à l'état de chenilles, elles sont cylindriques, presque rases, et se nourrissent de plantes basses ou de racines; en général, elles se métamorphosent dans la terre.

Une des espèces les plus communes, les plus curieuses par les habitudes, les plus importantes à connaître pour les cultivateurs, est la *Noctuelle des moissons* (*Noctua segetum* — Genre *Agrotis*) des entomologistes modernes, qu'Engramelle nommait la *Moissonneuse*. Le Papillon a les ailes antérieures brunes ou fauves, un peu plus claires chez les mâles que chez les femelles, marquées à la base d'une double ligne ondulée suivie d'une tache brune, au centre de deux autres taches, l'une ronde bordée de noir, l'autre réniforme, au bord d'une série de taches noires en forme de lunules, et les ailes postérieures d'un blanc opalin.

Les Papillons éclosent dans les derniers jours de mai ou dans les premiers jours de juin, un peu plus tôt ou un peu plus tard, suivant la température. Les femelles déposent ordinairement leurs œufs en petites plaques à la face inférieure des feuilles ou vers l'origine des tiges des plantes à racines pivotantes, les Betteraves, les Chicorées, etc. Les chenilles ne restent jamais sur les feuilles; elles entrent en terre et s'y tiennent cachées constamment pendant le jour; la nuit seulement elles voyagent, mais sans attaquer le feuillage. Rongeant les racines au collet, elles les creusent profondément, et arrivent à les couper, si leur volume n'est pas considérable. Parvenues à leur plus grande dimension dans le mois de juillet, les chenilles de la Noctuelle des moissons ont alors une longueur de 4 centimètres à 4 centimètres et demi. Leur corps, lisse, luisant, d'un gris verdâtre assez sombre, porte sur chaque anneau deux rangées transversales de points verruqueux d'un noir brillant, surmontés d'un poil. Leurs mandibules sont fortes et tranchantes, et ainsi parfaitement constituées pour entamer des racines; leur lèvre supérieure n'a pas d'échancrure, ce qui s'explique avec le genre de nourriture que prennent ces Insectes; leurs pattes membraneuses, très-courtes, présentent à leur extrémité une cavité fort petite, circonscrite par un rebord dur, où les crochets font à peine saillie. La chenille, que les cultivateurs appellent le *Ver gris,* trouve ainsi toute facilité pour marcher dans la terre, mais elle aurait une grande difficulté à grimper, ses pattes n'étant pas construites pour saisir. Nous avons ici un exemple bien frappant des adaptations des organes à des conditions d'existence déterminées pour l'animal.

Les chenilles de la Noctuelle des moissons, arrivées au terme de leur croissance, se façonnent une loge dans la terre à une très-faible profondeur. Ne produisant que très-peu de soie, elles en ont assez cependant pour consolider les parois de leurs cellules et les rendre imperméables à l'eau. Quand la saison est chaude, les Papillons éclosent dès le mois d'août; au moment de sortir, ils entraînent avec eux l'enveloppe de la chrysalide, qui les protége et leur permet de traverser une couche de terre d'une certaine épaisseur. Comme les espèces dont les larves vivent dans le bois, ils n'abandonnent cette dépouille qu'après être au dehors. Lorsque les Noctuelles naissent au milieu de l'été, on voit de nouveau leurs chenilles pendant l'automne; celles-ci se transforment en chrysalides aux approches de l'hiver, mais si elles ne sont pas au terme de leur développement quand les premiers froids se font sentir, elles hivernent et ne subissent leur métamorphose qu'au printemps. Il y a dans la manière dont se succèdent les générations et les transformations de cette espèce des variations dépendantes de la température sur lesquelles se sont mépris la plupart des auteurs qui en ont parlé.

La Noctuelle des moissons, Insecte depuis longtemps réputé des plus nuisibles, devient en certaines circonstances un fléau pour l'agriculture. En 1865, la multiplication de cette espèce dans plusieurs départements de la France, et surtout dans ceux du Nord et du Pas-de-Calais, était prodigieuse, les ravages qu'elle exerça presque incroyables. Au collet de chaque Betterave, sans aucune exception, il y avait une quantité considérable de chenilles; en grattant un peu la terre, entre les lignes de Betteraves, on en mettait à découvert sur tous les points. En certains endroits, il a été possible d'en recueillir plus d'une centaine sur l'étendue d'un décimètre carré.

Certes, quand on étudie les habitudes, les mœurs de l'Insecte, il est facile de comprendre sa multiplication excessive, comme les causes qui peuvent à certains moments le faire disparaître.

L'ameublissement extrême de la terre fournit à la chenille les conditions de séjour les plus favorables, comme l'abondance de la plante qui lui convient lui assure sa subsistance. Que l'on raffermisse la couche superficielle de la terre, ce qui ne semble être en aucune façon nuisible à la végétation, et les chenilles auront peine à vivre; que l'on enlève les plaques d'œufs sur les feuilles des jeunes Betteraves, au commencement de juin, et l'on sera assuré de préserver les champs. Si l'espèce nuisible disparaît plus ou moins, après s'être montrée en abondance, c'est à plusieurs causes qu'il faut attribuer le fait : la multiplication des Ichneumons, qui tuent les chenilles; des pluies continues au moment de la naissance des Papillons, qui empêchent l'accouplement de ces Insectes; les circonstances qui amènent le tassement de la terre. Plusieurs auteurs ont dit que la Noctuelle des moissons attaquait les végétaux les plus différents, notamment les Céréales. C'est là une erreur, comme nous avons pu nous en convaincre par des observations attentives et très-nombreuses.

La *Noctuelle Double-tache* (*Noctua exclamationis*) est également fort nuisible aux plantes potagères. Sa chenille, un peu plus allongée, un peu plus claire que celle de la Noctuelle des moissons, vit de la même manière, aux dépens des racines, sans presque jamais sortir de terre. Le Papillon est facile à reconnaître à ses ailes d'un gris clair, ayant, outre les deux taches centrales ordinaires, deux lignes vers la base, la seconde unie à un trait que l'on a comparé à un point d'exclamation, une raie transversale denticulée de couleur noirâtre, et une ligne pâle près du bord.

La *Noctuelle du Blé* (*Noctua Tritici*) attaque particulièrement les racines des Céréales. Le Papillon, dont les ailes sont d'un gris cendré, avec des taches plus obscures et une raie presque blanche, a été souvent confondu avec d'autres espèces.

Aux États-Unis, des espèces extrêmement voisines des Noctuelles d'Europe (*Noctua messoria, N. devastator*, etc.) vivent dans les mêmes conditions et ne sont pas moins préjudiciables à la végétation. On trouve la description de ces Insectes dans les ouvrages de M. Harris sur les Insectes nuisibles.

On donne le nom de Triphènes à des Noctuelles ayant les antennes simples dans les deux sexes, et les ailes postérieures, en partie au moins, d'un jaune fauve. Leurs chenilles vivent sur des plantes basses et se tiennent presque toujours cachées. La ***Fiancée*** (***Triphæna pronuba***) est un assez grand Papillon que l'on voit communément dans les jardins et parfois jusque dans les maisons. Ses ailes de la première paire sont brunes, variées de gris ; ses ailes de la seconde paire, d'un jaune fauve, avec une large bordure noire. La chenille de cette Noctuélide, grise ou verdâtre, avec des lignes jaunes et des taches noires disposées en séries, dévore les Oseilles, les Laitues, les Choux, rongeant surtout le cœur de la plante. Elle s'enfonce dans la terre à l'automne, et se transforme en chrysalide au printemps. Une espèce plus petite (***Triphæna orbona***) est presque aussi commune.

De nombreuses Noctuélides ayant des antennes simples, le thorax et l'abdomen pourvus de poils et d'écailles relevés en une sorte de crête, sont classées dans un groupe particulier (Hadénites). Leurs chenilles, en général vivement colorées, se nourrissent de différentes plantes, et ne fuient pas la lumière, comme celles des Noctuélites. Citons comme type du genre Hadena, la ***Potagère*** (***Hadena oleracea***), si commune dans les jardins potagers : sa chenille, verte, avec des raies blanches et jaunes quand elle est jeune, souvent brune quand elle a pris toute sa taille, ronge les Oseilles, les Épinards, les Choux. Elle se construit dans la terre une coque formée de particules terreuses liées avec de la soie. Le Papillon a les ailes de la première paire d'un gris roux, présentant au centre un anneau ovale blanchâtre, puis une tache jaune réniforme, puis une raie transversale dentelée, presque blanche. Une autre espèce, la ***Brassicaire*** (***H. Bras-***

sicæ, — genre *Mamestra* de divers auteurs), est un plus grand fléau encore pour les maraîchers. Sa chenille, brune ou d'un vert foncé, est celle que l'on trouve continuellement entre les feuilles ou dans le cœur des Choux. Elle se transforme en chrysalide dans la terre, et le Papillon éclôt au printemps de l'année suivante. Celui-ci a des ailes d'un gris sombre varié de noir.

Dans le même groupe, les Dianthécies se font remarquer par les ailes des Papillons parées de couleurs assez vives et de dessins nettement tracés, comme par les habitudes des chenilles. Celles-ci dévorent les boutons et les fleurs, surtout le calice des Œillets, des Nielles, de la Coquelourde, de la Saponaire, c'est-à-dire, des plantes de la famille des Caryophyllées (*Dianthœcia capsincola, D. conspersa*, etc.).

Les Noctuélides du groupe des Leucaniites se reconnaissent à leurs ailes étroites de couleur pâle, sans dessin marqué, souvent comme veinées, à leurs palpes saillants, à leurs antennes pubescentes ou crénelées. Les chenilles des Leucanies, presque blanches ou d'un gris rosé avec des lignes plus sombres, vivent sur des Graminées et se tiennent toujours cachées. Chenilles et Papillons semblent décolorés; aussi Engramelle nomme-t-il l'espèce la plus commune en Europe, la *Blême* (*Leucania pallens*). D'autres espèces du même groupe composant le genre Nonagrie représentent, par leurs habitudes et par certaines analogies de conformation des appendices, les Cossus et les Hépiales de la famille des Bombycides. Leurs chenilles, fort allongées, à pattes très-courtes, vivent dans l'intérieur des tiges de Graminées et de Cypéracées. Les Papillons ont le corps et surtout l'abdomen très-longs. La Nonagrie de la Massette (*Nonagria Typhæ*) se trouve fréquemment dans les tiges des Massettes, qui croissent dans les étangs et les marais.

Dans cette vaste famille des Noctuélides, il faut distinguer encore quelques petits groupes particuliers, les Xylinites, les Plusiites, les Catocalites. Au premier de ces groupes appartiennent les genres des Xylines et des Cucullies. Les ailes de la plupart de ces Lépidoptères sont veinées comme ces bois recherchés pour la confection des meubles élégants. Aussi est-ce le mot qui, chez les Grecs, désigne le bois, qui a été choisi pour le nom du genre principal du groupe : *Xylina*.

Les Xylines ont le thorax garni de poils et d'écailles formant une sorte de crête, des ailes longues et étroites, des antennes absolument filiformes chez les deux sexes. Dans leur premier âge, elles offrent différentes colorations. Pour se transformer en chrysalides, les chenilles se cachent en terre et filent une coque mélangée de soie et de débris de toute nature. Sur les élégantes Scabieuses, sur les Linaires qui poussent au bord des chemins ou à l'abri des murailles, vivent des chenilles de Xylines (genre *Cleophana*) qui ne craignent pas trop de se montrer à la lumière : elles sont jolies ; leur corps, lisse, d'un vert tendre chez quelques espèces, est orné de lignes blanches ; chez d'autres espèces, il est paré de longues bandes alternativement jaunes et blanches et parsemé de points noirs (la Xyline de la Linaire, *Xylina Linariæ*).

Mais parmi les Xylines, l'espèce la plus charmante est celle que l'on peut observer le plus aisément. Vers la fin de mai, et pendant le mois de juin, voltige souvent, au voisinage des plates-bandes de Pieds-d'alouette, un petit Papillon dont les fraîches nuances s'aperçoivent même au crépuscule. Son corps et ses ailes postérieures sont d'un gris de perle, ses ailes antérieures d'un rose violacé tendre avec des raies plus foncées. C'est la Xyline du Pied-d'alouette (*Xylina Delphinii*, genre *Chariclea*). Bientôt les fleurs et surtout les fruits des Pieds-d'alouette sont rongés par les chenilles de cet Insecte. Ces chenilles, luisantes, d'un blanc rosé ou violacé, ont sur les côtés deux raies jaunes, sur le dos une suite de traits noirs, et sur chaque anneau de gros points également noirs. Elles se transforment dans la terre, où elles fabriquent une coque avec des grains de terre agglutinés au moyen d'un peu de soie.

La Xyline du Pied-d'alouette ne se rencontre jamais, dans notre pays, hors des jardins. Le Pied-d'alouette nous a été apporté de la Perse; l'Insecte est venu avec la plante, il ne l'a jamais quittée. Toutes nos plantes indigènes lui sont indifférentes, même le Pied-d'alouette des champs. A la Louisiane, dans la Géorgie, une espèce de Xyline est particulièrement nuisible aux Cotonniers.

Les Cucullies se rapprochent beaucoup des Xylines, mais on les reconnaît sans difficulté à quelques particularités très-frappantes. Les écailles de leur thorax forment, en avant, une sorte de capuchon (*cucullus*); de là le nom expressif de Cucullie. Sur l'abdomen règne également une crête bien prononcée. Ce sont aussi de belles chenilles que celles des Cucullies. Observons plutôt.

Comme on a voulu le montrer sur la planche voisine, il fait un beau soir d'été; les belles plantes de la famille des Scrophulariées, les Molènes ou Bouillons-blancs, sont en fleur. Des chenilles qui demeuraient cachées et comme engourdies pendant la chaleur du jour, se mettent à grimper et à ronger les feuilles. Leur peau lisse, d'un blanc jaunâtre, a la plus grande fraîcheur; sur la teinte pâle se détachent de gros points noirs. Des chenilles parvenues à leur entier accroissement avant les autres sont descendues au pied de la plante. Elles se sont plus ou moins enfoncées en terre, et pour se transformer en chrysalides, chacune, avec un peu de soie et quelques grains de terre, s'est constitué une coque de chétive apparence. Des Papillons sont déjà éclos; ils voltigent près de la plante qui les a nourris pendant leur premier âge, venant encore parfois humer un peu du miel de ses fleurs. Ce sont d'élégants Nocturnes, dont les ailes antérieures, semblables à ces bois dont on admire les veines, ont une couleur d'un brun roussâtre passant insensiblement à un ton roux d'une certaine vivacité.

LIBRAIRIE GERMER BAILLIÈRE. IMPR. DE E. MARTINET.

MÉTAMORPHOSES DE LA CUCULLIE DU BOUILLON-BLANC

(*Cucullia Verbasci*).

C'est l'histoire entière de la Cucullie du Bouillon-blanc (*Cucullia Verbasci*). Il existe un assez grand nombre d'espèces de ce genre, et plusieurs d'entre elles se ressemblent tellement à l'état de Papillon, qu'il est parfois fort difficile de les distinguer avec certitude. Observées dans toutes les phases de leur existence et dans leurs habitudes, les distinctions spécifiques deviennent manifestes. C'est ce que le docteur Rambur s'est attaché à montrer il y a plus de trente ans.

La Cucullie du Bouillon-blanc (*Cucullia Verbasci*), à l'état de chenille, ronge les feuilles. La Cucullie de la Scrophulaire (*Cucullia Scrophulariæ*), presque pareille à cette dernière à l'état de Papillon, en diffère notablement sous sa forme de chenille par la coloration; elle en diffère aussi par ses habitudes, car elle s'attaque surtout aux fleurs et aux fruits. D'autres espèces de Cucullies présentent des différences du même ordre, ou vivent exclusivement sur certaines plantes. Tout devient précis, quand l'étude est complète.

D'autres Noctuélides ont aussi des antennes simples, un corselet pourvu d'une crête, mais on les reconnaît bien aisément à leur parure. Elles ont seules, parmi les Noctuélides, des ailes ornées de taches d'or, d'argent, d'espaces cuivreux ou sablés d'une couleur métallique. Elles forment le petit groupe des Plusiites, dont le genre principal est celui des Plusies, nom qui signifie richesse. Quelques espèces de ce genre, particulières aux régions alpines, offrent un si heureux mélange de dessins métalliques et de couleurs tendres d'une incomparable délicatesse, que les amateurs les montrent comme les joyaux de leurs collections. Les Plusiites sont remarquables, sous leur forme de chenilles, par le petit nombre de leurs pattes membraneuses; elles n'en ont que deux paires, où toutes les autres larves de Lépidoptères dont nous nous sommes occupés jusqu'à présent en ont quatre. Aussi ces chenilles ont une démarche singulière; elles progressent en repliant leur corps d'une façon qui ressemble aux mouvements des chenilles de Phalénides, ce qui leur a valu l'épithète de *Semi-arpenteuses*.

La plus commune des Plusies dans notre pays, la Plusie gamma (*Plusia gamma*), est très-modestement parée, si on la compare à ses congénères. Ses ailes de la première paire, grises et noirâtres avec des reflets bronzés, portent pour tout ornement une tache d'aspect argenté, ayant à peu près exactement la forme du gamma grec (γ). Sa chenille, couverte de poils épars, comme les feuilles des Orties, est verte, avec six raies blanches et deux raies latérales jaunes. Pour se transformer en chrysalide, elle file une petite coque de soie pure; mais la soie étant peu abondante, la coque est faible. L'instinct de l'animal supplée à ce défaut; à l'aide de quelques fils, la Plusie retient des feuilles qui masquent sa coque et lui font une protection.

La chenille de la Plusie gamma est une bête nuisible dans les années et dans les localités où elle est très-abondante. Assez indifférente sur le choix de sa nourriture, elle s'attaque à une foule de plantes herbacées, et parfois elle exerce d'assez grands ravages dans les potagers. Réaumur lui a consacré un de ses mémoires, sous ce titre : *Des Arpenteuses à douze jambes, ou des chenilles qui ont fait de grands désordres, en* 1705, *dans les légumes du Royaume.* « Il n'est pas aisé, dit Réaumur, de se représenter » la quantité de ces chenilles, qui a paru cette année aux envi- » rons de Paris et dans une grande étendue du Royaume, » comme depuis Paris jusqu'à Tours, en Auvergne, en Bour- » gogne, etc. Elles ont commencé par attaquer les légumes; elles » ont ravagé presque tous les jardins potagers des environs de » Paris, appelés *marais*, à un tel point, qu'on n'y voyait au plus » que des fragments de feuilles; les plantes n'avaient plus que » des tiges et des côtes de feuilles. »

Les dégâts qu'exerce la Plusie gamma ont rarement une pareille gravité, néanmoins les cultivateurs doivent toujours se méfier de cet Insecte. Si les conditions atmosphériques lui sont favorables pendant quelques années, il peut dans un temps se montrer en très-grande abondance, et cela d'autant mieux, que ses générations se succèdent avec une étonnante rapidité durant toute la belle saison.

Si l'on se promène sur les rives plantées de Saules et de Peupliers, par une matinée ou une soirée de la fin d'été, ou par un temps couvert et pluvieux, on voit voler, puis se poser sur les troncs, des Noctuelles d'une taille bien supérieure à celle des autres Noctuélides et d'un aspect très-saisissant par la couleur vive de leurs ailes postérieures. Ce sont les Lichenées (*Catocala*). Les Papillons ont les antennes longues et grêles, le thorax arrondi; les premières ailes grises, nuancées, et les ailes postérieures bleues, rouges ou jaunes. Au repos, les ailes de la première paire étant seules visibles, les Lichenées, fixées, immobiles sur des troncs ou des murailles, sont difficiles à apercevoir. Lorsqu'on les approche de trop près, elles s'envolent et étalent leur beauté, mais c'est toujours pour aller se poser de nouveau dans le voisinage.

Les chenilles de ces Lépidoptères ont des formes très-caractéristiques : très-allongées, arrondies en dessus, aplaties ou concaves en dessous, garnies de poils disposés de chaque côté comme une frange, leur aspect frappe les observateurs les plus superficiels. Habituellement d'une couleur grise, avec des marbrures plus claires, plus foncées, brunes ou verdâtres, souvent blotties dans des crevasses du tronc ou des branches, ces chenilles offrent si bien les teintes de l'écorce et des Lichens, que leur présence est parfaitement dissimulée. Pour leur métamorphose, les Lichenées se contruisent entre les feuilles une coque à réseau lâche. Les chrysalides sont couvertes d'une sorte d'efflorescence qui rappelle celle de certains fruits : des prunes, par exemple.

La Lichenée bleue (*Catocala Fraxini*), la plus grande de nos espèces indigènes, la seule dont les ailes postérieures soient de couleur bleue, n'est pas rare sur les Peupliers. La Lichenée rouge

(*Catocala nupta*) est la plus commune sur les bords des rivières et des canaux.

Nous citerons enfin comme type remarquable de la famille des Noctuélides, les Érèbes (groupe des Érébites), non pas pour leurs métamorphoses, qui sont à peine connues, mais à raison de la taille exceptionnelle de plusieurs d'entre eux. Les Érèbes, pour la plupart, sont des Lépidoptères d'Amérique ayant des couleurs sombres. L'Érèbe chouette (*Erebus strix*), espèce fort commune au Brésil et à la Guyane, et que l'on apporte journellement en Europe, a des ailes d'une envergure de 20 centimètres, d'un gris pâle, avec une multitude de raies ondulées ou dentelées grises ou noirâtres.

On distingue, sous le nom de Phalénides, les représentants d'une grande famille assez bien caractérisée. Les Phalénides ont presque toutes un corps assez frêle, comparativement à celui des Bombycides et des Noctuélides; des ailes très-amples, relativement au volume du corps, ordinairement horizontales pendant le repos; des antennes en forme de soies, très-souvent pectinées ou même flabellées chez les mâles; une trompe rudimentaire, membraneuse, sans usage pour l'animal, et des palpes assez petits. Mais c'est particulièrement sous leur première forme que ces Lépidoptères sont remarquables. Les chenilles des Phalénides, longues, cylindriques comme les tiges d'une plante, n'ont en général que deux paires de pattes membraneuses; il y en a trois dans un petit nombre d'espèces; elles manquent aux anneaux qui, dans toutes les autres chenilles, supportent les trois premières paires de pattes membraneuses. Par suite de ce fait, le mode de progression est fort différent de celui des autres larves de Lépidoptères.

Les chenilles des Phalénides voulant avancer commencent par prendre un appui avec leurs pattes écailleuses; détachant alors la partie postérieure de leur corps et la portant en avant, elles fixent leurs pattes membraneuses; détachant ensuite les pattes écailleuses, elles étendent complétement le corps pour recommencer les mêmes manœuvres.

Dans ce singulier mode de progression, ces chenilles semblent mesurer, arpenter le sol, ce qui leur a valu les noms de ***Géomètres*** et de ***Chenilles arpenteuses***. Ce n'est pas toutefois l'unique singularité de ces Insectes. Doués d'une incomparable puissance

CHENILLES D'UNE PHALÉNIDE DANS LEURS DIVERSES ATTITUDES
(*Ennomos illustraria*).

musculaire, on les voit, le corps dressé, rigide, demeurer fixés pendant des heures entières par leurs pattes postérieures seules. Dans cette attitude, leur immobilité est complète, et leurs couleurs, ordinairement vertes ou brunes, étant précisément celles des végétaux et du bois, il est difficile, sans un examen fort attentif, de ne pas les prendre pour de petites tiges ou pour des morceaux de bois. Il est peu d'Insectes mieux conformés pour dissimuler leur présence. C'est un moyen donné par la nature à des êtres sans défense, d'échapper à leurs ennemis. Lorsque ces chenilles se trouvent inquiétées, elles se dérobent aussitôt en se laissant choir suspendues à un fil, de façon à ne pas se blesser et à pouvoir remonter sans grande difficulté.

La famille des Phalénides est très-nombreuse en espèces, toutes de taille médiocre et vivant à peu près dans les mêmes conditions. On les a réparties dans une longue suite de genres, mais tous ces genres sont séparés les uns des autres par des caractères trop faibles pour qu'on ait avantage à en constituer des groupes d'un ordre plus élevé.

Ces Lépidoptères ne sont pas sans analogie avec les Bombycides : de même que parmi ces derniers, il en est dont les femelles sont privées d'ailes ou n'en ont que des rudiments ; il est aussi une infinité de mâles dont les antennes pectinées ou plumeuses ont l'aspect de véritables panaches.

Les Phalénides mâles étant comme les Bombyx attirées de fort loin par leurs femelles, il y a une double coïncidence nous donnant à penser que le grand développement des antennes a réellement un rapport avec l'aptitude singulière de beaucoup de Bombycides et de Phalénides.

Examinons maintenant les formes principales de la famille des Phalénides ou des Géomètres. Une espèce assez répandue en Europe, remarquable par ses ailes antérieures anguleuses et ses ailes postérieures prolongées en une sorte de queue, comme chez divers Papilionides, est devenue le type du genre Urapteryx, l'Urapteryx du Sureau (*Urapteryx sambucaria*), dont les ailes jaune-soufre sont traversées par des raies brunâtres. Sa chenille, qui est ridée et tuberculeuse, file une coque soyeuse pour y subir sa transformation. Cette coque ayant des parois peu résistantes, l'Insecte la protége au moyen de quelques feuilles et la suspend aux branches par de longs fils.

Les Ennomos, dont la taille est très-inférieure à celle des Urapteryx, ont aussi des ailes dentelées, mais sans prolongement caudiforme. Elles ont des teintes jaunes roussâtres, avec des bandes et une multitude de petits traits d'une nuance plus intense (*Ennomos illustraria*).

On a réservé le nom de Géomètres pour des Phalénides ayant des antennes pectinées, des palpes terminés par un long article dégarni d'écailles, par des ailes larges faiblement dentelées et très-généralement d'un beau vert. La plus grande espèce de nos contrées est la Géomètre papillonaire (*Geometra papilionaria*), qui habite les forêts. Sa chenille, entièrement verte, offrant des gibbosités sur plusieurs anneaux, vit sur les arbres de haute futaie.

Il est de charmantes Phalénides, dont les ailes larges sont presque toujours élégamment peintes, dont les antennes, chez les mâles, ressemblent à des plumes [1]; on les nomme les Fidonies. Elles volent en plein jour, et au repos redressent les ailes comme de véritables Diurnes.

La Fidonie à plumets (*Fidonia plumistaria*), l'une des plus jolies espèces du genre, habite la Provence. Ses ailes fauves, couvertes d'atomes noirs agglomérés en certains endroits, de façon à figurer des taches et des bandes, ont un aspect charmant. La chenille de cette espèce, qui a été observée par M. Millière, vit sur les Légumineuses du midi de l'Europe que l'on appelle les *Dorychium*. La Fidonie du Pin (*F. piniaria*), fort abondante en Allemagne, et quelquefois aussi en France, dans les plantations d'arbres verts, a été signalée en certaines contrées comme nuisible aux Pins.

Une de nos plus remarquables Phalénides est le type du genre Zérène, caractérisé par des antennes simples, des ailes amples et arrondies. Cette Phalénide est la Zérène des Groseilliers ou la *Mouchetée* de Geoffroy (*Zerene grossularia*). A la fin du mois de

(1) Voyez page 210.

mai et dans les premiers jours du mois de juin, les Groseilliers épineux, souvent les Groseilliers rouges ou noirs, et quelquefois les Pêchers et les Abricotiers, ont leurs bourgeons et leurs jeunes feuilles attaqués par les chenilles de cette espèce. Ce sont des Géomètres d'un aspect très-particulier, faciles à apercevoir sur les feuilles et les tiges. Par une singularité presque exceptionnelle, leurs couleurs ressemblent à celles des Papillons et ne servent guère à dissimuler leur présence. Une teinte générale d'un blanc mat un peu jaune, et des séries de taches oranges et noires, leur font un uniforme très-voyant. Des poils noirs, assez roides, très-disséminés, leur donnent un tact très-sensible. Averties d'un danger, ces chenilles se laissent choir au plus vite, suspendues par un fil. Ayant peu de soie, elles établissent leur coque sous des feuilles. Les Papillons éclosent au mois de juillet; près des haies, des champs de Groseilliers, etc., ils se montrent en plein jour. Ne sont-ils pas parés comme des Diurnes? Les écailles de leurs ailes, il est vrai, sont mates, mais leurs nuances sont vives. Le corps de ces Papillons est fauve et tacheté de noir. Leurs ailes sont d'un blanc un peu roux et chargées de gros points noirs; sur celles de la première paire, il y a en outre deux raies fauves

Les Phalénides qui volent en plein jour sont assez nombreuses. Ainsi on voit continuellement, au printemps et à la fin de l'été, dans tous les endroits un peu humides, une espèce assez voisine de la Zérène des Groseilliers, et que sans doute on devrait placer dans le même genre. Ses ailes, d'un beau jaune, sont tachetées de noir : c'est la ***Phalène panthère*** de Geoffroy (***Melanippe macularia***). On remarque également pendant tout l'été, sur les champs de Luzerne, la ***Phalène aux barreaux*** (*Acidalia clathrata*), petit Papillon aux ailes d'un jaune pâle, ornées de raies et de taches noires figurant une sorte de grillage.

Nous avons réservé le nom générique de Phalène pour des espèces qui diffèrent beaucoup de toutes les précédentes par leur corps robuste. Véritables Lépidoptères de nuit, elles ont des ailes

MÉTAMORPHOSES DE LA ZÉRÈNE DES GROSEILLIERS
(*Zerene grossularia*).

étroites, avec des teintes grises; un thorax très-velu, comme laineux ; des antennes pectinées dans les mâles ; une apparence enfin qui rappelle beaucoup celle des Bombyx. Plusieurs de ces Phalènes ont aussi, comme certains Bombyx, des femelles dont les ailes sont à l'état rudimentaire. Le type de ce genre Phalène, restreint à des limites étroites, est la Phalène du Bouleau (*Phalæna betularia*). La chenille, une des plus grosses *arpenteuses*, de couleur verte ou brunâtre et couverte de petites verrues, vit sur les grands arbres des forêts, et particulièrement sur les Bouleaux, les Trembles, les Peupliers. Au mois de septembre, quand elle a acquis toute sa taille, elle descend dans la terre, s'y forme une loge ovalaire, et se transforme en chrysalide. Le Papillon éclôt au mois de mai ou de juin de l'année suivante ; son corps, ses ailes d'une teinte grise, presque blanche, sont parsemés d'une multitude de petites taches et d'atomes confus d'un gris sombre. Les plus grands individus de cette espèce ont une envergure de plus de 5 centimètres.

Sous le nom de Nyssies (*Nyssia*), on distingue des vraies Phalènes des espèces à antennes plumeuses chez les mâles, à thorax épais, revêtu de longs poils soyeux, dont les femelles ne portent que de petits moignons d'ailes tout fripés. Les Hibernies, ainsi nommées à cause de leur apparition pendant les mois d'hiver, ont le corps moins robuste, les antennes finement pectinées, les ailes larges ; les femelles n'ont que des rudiments d'ailes, et quelques-unes même sont complétement aptères. L'Hibernie effeuillante (*Hibernia defoliaria*), aux ailes d'un jaune terne, avec de petites lignes et deux raies brunes, est commune dans les jardins comme dans les bois. Sa chenille vit indifféremment sur les arbres fruitiers et sur les arbres des forêts.

La dernière grande division de l'ordre des Lépidoptères que nous ayons à signaler est la famille des Pyralides. C'est la foule des petits Lépidoptères ; aussi n'est-ce pas autrement que les désignent souvent les entomologistes : les *Microlépidoptères*. Les Pyralides, répandues en nombre immense par le monde entier, ont très-vivement excité l'intérêt des naturalistes modernes. Extrêmement variés sous le rapport des formes typiques, ces Lépidoptères sont aussi des plus remarquables par la diversité de leurs habitudes. Malgré l'exiguïté de leur taille, ils peuvent compter parmi les mieux partagés sous le rapport des ornements, et ils comptent parmi les plus curieux sous le rapport des habitudes, des mœurs, des transformations. Cependant, malgré des différences notables entre les principaux types, il ne semblerait pas heureux de séparer nos Pyralides en plusieurs familles ; des types intermédiaires rapprochent ceux que l'on peut regarder comme les plus éloignés, comme les Pyralines ou *Tordeuses*, d'une part, et les *Teignes* ou Tinéines, d'autre part.

Dans leur ensemble, les Pyralides sont caractérisées par un corps assez frêle, des ailes amples, une trompe généralement bien développée, des palpes labiaux, toujours longs et souvent d'une très-grande dimension. Dans la première phase de leur existence, ces Insectes sont pourvus, comme la plupart des chenilles, de cinq paires de pattes membraneuses. Les chenilles des Pyralides n'ont jamais que des poils épars. D'une agilité sans égale parmi les chenilles, à cause de la grande flexibilité de leurs téguments, elles avancent ou reculent sans plus de difficulté. Fuyant la lumière, demeurant cachées, ayant à redouter des chutes qui les blesseraient, la nature leur a donné le moyen de se soustraire au danger. Pourvues de glandes soyeuses assez développées, ces chenilles laissent continuellement échapper des fils, et si un choc vient à les faire tomber, elles se trouvent suspendues, de façon à pouvoir remonter au moyen de la corde qu'elles ont fixée à l'instant même de leur chute.

Toutes les Pyralides sont d'une taille fort exiguë, c'est à peine si quelques-unes de leurs espèces atteignent l'envergure des petites Noctuelles. On sait combien tous ces petits Lépidoptères sont attirés par les lumières : le nom de Pyrale est tiré du mot grec qui signifie le feu.

Il y a deux types principaux parmi les Pyralides : les Pyrales ou Tordeuses, et les Teignes. Pendant longtemps les petites espèces, qui ont fourni à notre Réaumur le sujet de quelques-uns de ses plus intéressants mémoires, furent étudiées d'une manière assez superficielle : il y avait tant de difficultés à les recueillir sans les endommager, tant de difficultés à les préparer pour mettre en évidence tous leurs caractères ; il fallait une telle patience pour les suivre dans leurs habitudes et dans leurs métamorphoses, qu'on les délaissait. Mais dès le moment où l'attention s'est portée de leur côté, un intérêt nouveau a saisi les amis de la nature ; on ne s'imaginerait pas combien alors ces Insectes ont été recherchés. Le jour où l'on s'est mis à recueillir les Pyrales, et surtout les Teignes, à en faire des collections, à les décrire, à les représenter par le dessin, à observer leurs mœurs, l'engouement pour ces mignonnes créatures a gagné beaucoup d'entomologistes en Allemagne, en France, en Angleterre.

Dans cette nombreuse famille, nous distinguons d'abord une première tribu (*Botynæ*), dans laquelle les naturalistes placent des types qui peut-être ne sont pas tous unis par des affinités bien étroites. Chez tous ces Lépidoptères, néanmoins, les antennes, longues et minces, sont ciliées et quelquefois pectinées dans les mâles ; les palpes, de formes très-diversifiées, dépassent la tête ; les ailes, plus ou moins larges, sont presque horizontales pendant le repos.

Des espèces de cette division présentent un peu l'aspect de certaines Noctuélides (groupe des Herminites). Les Hypènes ont les ailes de la première paire aiguës, les ailes de la seconde paire larges, la trompe courte, les palpes droits. Leurs chenilles, ayant une extrême vivacité, sont remarquables par l'absence de la première paire de pattes membraneuses. Les deux espèces les plus communes du genre (*Hypena proboscidalis* et *H. rostralis*) vivent sur les Orties et le Houblon. Les Herminies ont des palpes recourbés au-dessus de la tête. Leurs chenilles sont courtes et épaisses; elles filent une coque dans des feuilles repliées. L'Herminie barbue (*Herminia barbalis*) est commune dans tous nos bois.

De petits Lépidoptères de la même tribu (Aglossites) sont très-curieux par le genre de vie de leurs larves. Les papillons ont des ailes luisantes, des palpes assez courts, une trompe toute rudimentaire; on en voit fréquemment dans nos maisons. Les chenilles, comme vernissées, à pattes membraneuses fort courtes, se nourrissent de matières animales ou de matières végétales desséchées; elles se transforment dans de petites coques soyeuses. L'Asopie de la farine (*Asopia farinalis*), que chacun a remarquée parfois dans les appartements, est ce petit papillon aux ailes antérieures d'un brun vineux, avec toute la partie centrale teintée de fauve et de gris. Sa chenille, encore fort peu observée, paraît vivre de débris de cuisine. L'Aglosse de la graisse (*Aglossa pinguinalis*), que l'on rencontre dans les mêmes lieux, a les premières ailes d'un fauve clair saupoudré de noir, traversées par des lignes ondulées noirâtres. Sa chenille, de couleur brune, avec la tête et des plaques écailleuses sur les anneaux thoraciques plus obscures, se nourrit de matières grasses, ce qui semble bien étrange pour une larve de Lépidoptère. Cette chenille s'enfonce dans la graisse, sans inconvénient, sans danger pour ses organes respiratoires; les stigmates sont recouverts par des plis de la peau qui les garantissent de toute atteinte. Il est toujours admirable de voir par quels moyens simples la nature donne à certains êtres la possibilité de vivre dans des conditions spéciales.

Dans cette tribu de la famille des Pyralides, les Botys constituent le grand genre, et avec diverses formes voisines un groupe particulier (Botytes). Ces Lépidoptères ont une trompe longue, des ailes un peu lancéolées, brillantes, agréablement nuancées. Leurs chenilles, de forme allongée, sont d'une extrême vivacité; elles contournent les feuilles au moyen de quelques fils, de façon à pouvoir se cacher; leurs pattes, membraneuses, sont construites pour marcher sur une surface unie, mais non pour grimper; elles ont une couronne d'épines entière. Sur les Orties, on remarque souvent des feuilles pliées; ces feuilles logent une chenille verte, qui recule avec vivacité en se voyant inquiétée, et qui se laisse choir en se suspendant à un fil : c'est le Botys de l'Ortie (*Botys urticalis*). L'Insecte adulte est un joli petit papillon bien commun presque partout où il y a des Orties; ses ailes sont d'un blanc de nacre, avec deux rangées de taches noires; son abdomen est noir, avec l'extrémité jaune : de là le nom français attribué à l'espèce par Geoffroy, la *Queue jaune*. Une autre espèce fort commune dans les jardins est le Botys du Sureau (*B. sambucalis*).

Mais, de tous les Lépidoptères du groupe dont il est ici question, les plus extraordinaires par le genre de vie de leurs larves sont les Hydrocampes. Il est aisé de comprendre la signification de leur nom, sans être un helléniste consommé : les *Hydroçampes*, cela signifie les *Chenilles d'eau*. Au premier abord on peut être surpris. Y a-t-il des Insectes qui semblent plus terrestres, plus aériens que les Lépidoptères? Se figure-t-on leurs chenilles, toutes si peu différentes les unes des autres dans leur organisation, vivant, respirant dans l'eau? La vérité pourtant est qu'il y a des chenilles aquatiques. Il est facile de les observer dans les mares et même dans les rivières où croissent les Nénuphars, les Potamogétons, les Lenticules, etc. Réaumur a fait les premières bonnes observations sur ces Insectes; de Geer, Lyonet, divers naturalistes modernes, en ont ajouté de nouvelles; mais ce qui manque encore à leur sujet, c'est une étude complète de leur respiration. Les Hydrocampes ont des stigmates comme les autres chenilles; on ne s'est pas rendu compte de la manière dont s'effectue leur occlusion. Ce qui est certain, c'est qu'elles portent toujours quelques filaments, que l'on prendrait volontiers pour des poils, dans lesquels pénètrent des trachées. Ces filaments sont des organes de respiration aquatique analogues à ceux de certaines larves de Névroptères, comme les Phryganes. Il est une espèce du groupe cependant (*H. stratiotalis*), chez laquelle les filaments charnus, étant très-développés, ont été reconnus par tous les observateurs comme des *branchies*. L'Hydrocampe du Potamot (*Hydrocampe potamogalis*) est la plus commune dans notre pays. A l'état de chenille, elle vit sur le Potamot nageant, et s'enferme dans un fourreau mobile d'une construction fort simple. Elle coupe deux morceaux de feuilles à peu près égaux et de forme ovalaire, les réunit par leurs bords, les cousant en quelque sorte avec un peu de soie, et ne ménageant qu'une ouverture pour passer la tête et les premiers anneaux du corps. Assez fréquemment, cette chenille abandonne son habitation portative et va prendre une demeure fixe; taillant un morceau de feuille, elle le fixe contre la face inférieure d'une autre feuille, et se tient blottie pendant plusieurs jours dans ce petit réduit. Cette chenille, se promenant parfois à la surface des Potamogétons, paraît profiter de sa situation momentanée hors de l'eau pour faire entrer une provision d'air dans son fourreau. Quand est venu pour elle le moment de se transformer en chrysalide, elle attache son fourreau, en le fermant bien complétement, soit aux plantes, soit aux pierres du voisinage. Le papillon éclôt : sa ressemblance avec les Botys est frappante; il a des ailes d'un blanc nacré, avec des parties brunes qui circonscrivent comme des taches les espaces blancs.

L'espèce dont les filaments respiratoires sont bien développés (*H. stratiotalis*) ne construit pas de fourreau; elle se nourrit de différentes plantes aquatiques, la Stratiote, les Étoiles d'eau (*Callitriche*), etc. L'Hydrocampe de la Lenticule (*H. lemnalis*) mange les Lentilles d'eau, et se forme un fourreau avec de la soie et de petites feuilles.

Les Pyralines sont tous les Lépidoptères auxquels les anciens naturalistes ont donné le nom de *Tordeuses*, qui exprime l'habitude de la plupart des chenilles de cette tribu, de plier, de contourner ou de tordre les feuilles pour se constituer un abri. Quelques espèces, il est vrai, ne plient pas les feuilles, mais les réunissent en paquets au moyen de leurs fils soyeux; d'autres vivent dans l'intérieur des fruits. Toutes ces chenilles, malgré des différences dans leur genre de vie, ont la même conformation; leur peau est lisse, luisante, comme il est ordinaire chez les larves qui, vivant cachées, se frottent continuellement à des parois. Elles portent seulement des poils épars de nature à les rendre fort sensibles à tous les contacts. Les Tordeuses en général se transforment en chrysalides dans les cornets, les tuyaux ou les paquets qu'elles ont construits, après avoir barré les orifices avec des fils soyeux. Celles qui rongent ou des fruits, ou des Conifères, filent une coque. Les papillons ont des antennes simples dans les deux sexes, des palpes obtus à l'extrémité, une trompe rudimentaire; des ailes assez larges, en toit pendant le repos, figurant, d'après le sentiment des anciens auteurs, une sorte de *chape*.

Les représentants de la tribu des Pyralines qui atteignent les plus grandes dimensions appartiennent au genre Halias. Les papillons ont une trompe plus développée que les autres espèces du groupe et des ailes antérieures coupées obliquement à leur extrémité; ils se distinguent aussi par leur coloration d'un vert clair. L'Halias du Chêne, ou la *Chape verte à bande* de Geoffroy (*Halias quercana*), est la plus grande du genre. La chenille, d'un vert gris, roule les feuilles de Chêne, et se transforme en chrysalide dans une coque de la forme d'un petit bateau renversé. Le papillon a sur ses ailes, d'un joli vert clair, deux raies blanches. Une autre espèce beaucoup plus petite, l'Halias verte (*H. viridana*), vit également sur le Chêne, dont elle roule les feuilles de façon à former des tuyaux assez réguliers, dans lesquels s'effectue sa métamorphose. Cette Tordeuse est si abondante en certaines années dans les bois et les forêts, que les Chênes ont parfois presque tout leur feuillage détruit.

Les Tordeuses proprement dites (*Tortrix*) forment un très-grand genre qui a été fort subdivisé par les auteurs modernes.

MÉTAMORPHOSES DE L'HALIAS DU CHÊNE

(*Halias quercana*).

La plupart des végétaux sont attaqués par des espèces de ce groupe. Dans nos jardins, les Rosiers se trouvent fréquemment maltraités par diverses Tordeuses.

Le nom de Pyrales est réservé aujourd'hui à des espèces qui, dans l'état adulte, se distinguent aisément des Tordeuses par leurs palpes très-longs et arqués. Le type du genre est la Pyrale de la Vigne (*Pyralis vitana* ou *P. pilleriana*), Insecte dont tout le monde a entendu parler; Insecte qui, à différentes époques, a causé des ravages presque indescriptibles et a porté la désolation dans les pays de vignobles. Le papillon, de la taille de la plupart des Tordeuses, a les ailes jaunes, avec des reflets verdâtres et dorés et des bandes brunes plus ou moins marquées. Il se montre au mois de juillet; la ponte a lieu bientôt après à la face supérieure des feuilles, sous la forme de petites plaques très-faciles à apercevoir. Au mois d'août, éclosent les petites chenilles. Celles-ci, malgré la température élevée, ne prennent aucune nourriture; chacune se suspend à un fil, attendant que l'agitation de l'air lui fasse atteindre le cep ou l'échalas. Ces chenilles pénètrent alors entre les fissures du bois ou de l'écorce, et commencent leur hivernage, qui doit durer jusqu'au printemps. Au retour de la belle saison, elles grimpent sur les pousses de la Vigne, et enlacent feuilles et grappes naissantes de fils soyeux, qui les réunissent en paquets. Elles rongent, elles dévorent ainsi, parfaitement à l'abri des dangers extérieurs; dans l'espace de quelques semaines les Vignes attaquées par un grand nombre d'individus sont mises dans la condition la plus pitoyable, toute récolte est perdue. A la fin du siècle dernier, des naturalistes, Bosc, l'abbé Roberjot, etc., furent amenés à s'occuper de la destruction de cet Insecte, sans l'avoir assez étudié dans ses habitudes pour obtenir un vrai résultat. De 1835 à 1840, les ravages exercés par la Pyrale de la Vigne devinrent si effroyables dans plusieurs départements, et surtout dans Saône-et-Loire, que le gouvernement s'émut de toutes les plaintes qui lui parvenaient à ce sujet. M. Victor Audouin fut chargé d'étudier l'Insecte et de chercher le moyen de conjurer le mal. L'étude du savant professeur fut complète, comme l'atteste son bel ouvrage sur les Insectes nuisibles à la Vigne. L'abbé Roberjot avait indiqué l'usage des feux pour prendre les papillons, moyen insignifiant. On avait parlé d'échenillage, opération absolument impraticable. M. Audouin montra qu'il était facile d'anéantir les œufs en enlevant les feuilles chargées de plaques bien visibles pour tout le monde; il avait reconnu en même temps les stations d'hiver des jeunes chenilles, et cette observation ne devait pas tarder à être mise à profit. L'enlèvement des œufs exigeait en effet une main-d'œuvre assez considérable. On eut l'idée de procéder pendant l'hiver à un échaudage des ceps et des échalas; c'était la certitude d'atteindre toutes les chenilles sans exception. Le succès fut complet, et aujourd'hui jamais les Vignes n'ont à souffrir de la présence de la Pyrale, si cette simple précaution n'est pas négligée.

Les Pyralines qui rongent les fruits ont été distinguées des Tordeuses sous le nom de *Carpocapsa*. Les poires et les pommes sont fréquemment rongées à l'intérieur par une petite chenille que chacun a eu l'occasion d'observer : c'est la Carpocapsa des pommes (*Carpocapsa pomonana*). Quand elle a acquis toute sa croissance, elle perce le fruit, qu'elle abandonne complétement, et file une petite coque soyeuse pour subir sa transformation en chrysalide. Le papillon est charmant; ses ailes, d'un gris de fer, sont ornées de raies et de taches d'une brillante teinte de bronze. Une espèce du même genre (*C. splendana*) vit dans les fruits du Châtaignier, les marrons que l'on fait rôtir pendant l'hiver. Certaines chenilles de Carpocapsa s'agitent parfois beaucoup dans l'intérieur des fruits ou des graines qu'elles habitent. M. Lucas a possédé, il y a quelques années, de grosses graines d'Euphorbes provenant du Mexique, qui sautaient jusqu'à une hauteur de 5 à 6 millimètres lorsque la température s'élevait. Le fait semblait difficile à comprendre; l'observation conduisit à reconnaître que ces mouvements des graines déjà desséchées étaient dus à l'agitation d'une chenille de Carpocapsa.

Les Tinéines sont les plus petits parmi les petits Lépidoptères, mais ce sont les plus variés dans leurs habitudes. Elles ont des ailes étroites, bordées d'une longue frange soyeuse, de longs palpes plus ou moins redressés au devant de la tête.

LA TEIGNE DES TAPISSERIES
(*Tinea tapezella*).

Une couverture attaquée par des Teignes. — Des fourreaux suspendus pour la transformation des chrysalides. — Le Papillon de grandeur naturelle. — Une Chenille à nu, grossie. — Chenilles dans leur fourreau, très-grossies.

Les Teignes proprement dites (*Tinea*) ont les palpes beaucoup plus courts que les autres Tinéines et en même temps peu courbés. Plusieurs d'entre elles sont un véritable fléau dans nos habitations. Se nourrissant de substances animales, elles attaquent tous les tissus de laine, les fourrures, les plumes, les crins et les réduisent en poudre. Bien industrieuses sont les chenilles des Teignes; faibles, ayant des téguments mous, elles savent s'habiller et s'habillent avec infiniment d'art. Réaumur a payé un large tribut d'admiration à ces Insectes.

La Teigne des tapisseries (*Tinea tapezella*), que Geoffroy appelait la ***Teigne bedeaude à tête blanche***, est l'une des plus redoutables. La petite chenille rongeant les étoffes de laine se construit avec de petits brins, qu'elle tisse d'une manière fort habile, un fourreau à peu près cylindrique. Obligée, par suite de sa croissance, d'avoir une demeure plus spacieuse, elle l'allonge au moyen de fils ajoutés à chacun des bouts. Voulant élargir le fourreau, elle le coupe dans toute sa longueur et y adapte une pièce de la largeur convenable. Que l'on s'amuse à prendre de jeunes chenilles, et, à de courts intervalles, à les transporter sur des morceaux de drap de différentes couleurs, les Teignes auront bientôt un véritable habit d'arlequin, qui permettra de suivre la façon dont s'exécute leur travail. Au moment de la transformation, elles attachent leur fourreau par une extrémité, et se retournent ensuite pour que les papillons trouvent une issue par le bout demeuré libre. Ceux-ci ont les ailes brunes à la base, d'un blanc gris dans le reste de leur étendue.

La Teigne des pelleteries (*Tinea pellionella*) se fabrique un fourreau avec de la soie et de petits morceaux de poils coupés de la même taille. Cette espèce est un fléau pour les fourrures. Le papillon a les ailes grises avec trois points noirs.

La Teigne du crin (*Tinea crinella*) a les mêmes mœurs que les précédentes, mais elle attaque exclusivement les crins, les plumes, les peaux. Elle est fort à redouter pour les meubles. Le papillon a les ailes d'un fauve pâle uniforme.

On éloigne ces Insectes avec différentes odeurs : poivre, camphre, etc. ; mais le plus sûr est de remuer, d'agiter souvent et d'exposer à la lumière les objets que l'on tient à conserver.

La Teigne des grains (*Tinea granella*) est considérée à juste titre comme une véritable calamité. Elle vit aux dépens des céréales amassées dans les greniers, l'orge, le seigle, le blé plus encore. Avec une fine soie blanche, elle réunit plusieurs grains, s'établit entre eux dans un petit tuyau de soie, et poursuit ainsi son œuvre de destruction.

Des Tinéides ayant de longs palpes garnis de grands poils et des ailes un peu en forme de faux, étant à l'état de chenilles, vivent sur diverses plantes, et se font remarquer par la perfec-

COQUES DE TINÉIDES DU BRÉSIL.

tion des coques qu'elles construisent pour se transformer en chrysalides : ce sont les Alucites. On trouve communément dans nos jardins l'Alucite de la Julienne (*Alucita porectella*); sa coque est un délicieux réseau ordinairement caché à la face inférieure des feuilles. Mais des espèces du Brésil de plus grande taille nous fournissent ce qu'on peut voir de plus ravissant, d'autant mieux que ces réseaux si réguliers, si parfaits, sont d'une jolie couleur violette, d'une teinte rougeâtre, etc.

Certaines espèces, par le genre de vie, par les habitudes de leurs larves, représentent, parmi les Tinéines, les Psychés de la famille des Bombycides. On les appelle des Coléophores, ce qui veut dire *porte-étui* ou *porte-tuyau*. Les papillons ont des palpes très-ascendants et des ailes longues, étroites, presque pointues, garnies d'une longue frange. Ces petits Lépidoptères se cachent sur les arbres pendant le jour ; avec des habitudes nocturnes, ils ont des couleurs éteintes.

Les papillons paraissent en juillet; leurs œufs pondus, les chenilles éclosent, et, à peine nées, s'introduisent dans une feuille ou dans une graine, et commencent à miner. Abandonnant leur vie complétement sédentaire dès qu'elles ont acquis une certaine grosseur, elles coupent les deux épidermes de la partie de la feuille qui a été rongée, et cousant avec un peu de soie les deux morceaux, se trouve façonné un fourreau portatif, qui leur permettra de se promener en restant protégées. Les Coléophores fabriquent leur demeure avec tant de facilité, qu'elles ne se donnent pas la peine de l'agrandir quand elle est devenue trop petite, ni de la raccommoder quand elle a subi des avaries ; elles la délaissent et en confectionnent une nouvelle, après avoir été ronger le parenchyme d'une feuille. D'autres, après avoir mangé tout l'intérieur d'une graine, trouvent dans l'enveloppe un fourreau parfaitement à leur convenance.

Dans son ouvrage spécial sur les Teignes, M. Stainton énumère 126 espèces de Coléophores observées sur les végétaux de l'Europe centrale. Parmi les espèces les plus faciles à rencontrer, on peut citer celles de l'Orme (*Coleophora fuscedinella*), du Rosier (*C. gryphipennella*).

Pendant l'été et mieux encore en automme, si l'on porte le regard sur les haies, sur les arbrisseaux des jardins, sur les arbres de la lisière des bois ou des avenues des forêts, et même sur une foule de plantes herbacées, on aperçoit, à la surface des feuilles, des plaques sombres plus ou moins étendues, des raies diversement contournées, étranges comme des dessins hiéroglyphiques. Sur les feuilles vertes, ces raies et ces plaques se dessinent nettement; elles ont pris une coloration brunâtre, car l'espace est flétri et bientôt desséché. C'est l'œuvre de certaines chenilles de Teignes. Ces chenilles, à peine écloses, pénètrent dans l'épaisseur d'une feuille, rongent le parenchyme, respectant l'épiderme; elles demeurent ainsi à l'abri d'une foule de dangers extérieurs, si redoutables pour des êtres privés de tout moyen de défense. Réaumur, toujours préoccupé de l'idée d'appeler l'attention sur un trait de mœurs, les a nommées les *Chenilles mineuses*.

Les chenilles de ces Tinéines, trop faibles pour couper les feuilles, se contentent de ronger; leur lèvre supérieure n'a rien à maintenir, cette lèvre n'est point fendue. Dans les circonstances au milieu desquelles s'écoule la vie de l'animal, les pattes membraneuses, n'ayant aucune tige, aucune feuille à saisir, sont réduites à de très-petits tubercules garnis d'une véritable couronne de crochets ténus, capables de se fixer sur une surface peu résistante.

Des Teignes mineuses d'un genre particulier semblent vivre exclusivement sur les Graminées et les Cypéracées. On en a fait le genre des Élachistes. A l'état adulte, ce sont des papillons pleins d'activité à certaines heures, se réunissant presque toujours comme des essaims, ayant des ailes parées de dessins élégants ou marquées de taches d'or et d'argent, des palpes minces, longs, recourbés. Les chenilles des Elachistes, assez semblables à celles des autres mineuses, quittant leur retraite aux approches du froid, vont chercher un abri plus sûr pour passer l'hiver et se transformer au printemps.

D'autres Teignes mineuses se métamorphosent dans un plus court espace de temps. Par exemple, les Lithocolletis, que l'on voit voler surtout au mois de juillet et au mois de septembre. Petits papillons à la tête poilue et aux palpes droits et pendants, ils ont des antennes, sorte de soies grêles, qui souvent s'agitent avec rapidité; des ailes aux couleurs variées, très-fréquemment ornées de taches égales en éclat à l'or et à l'argent,

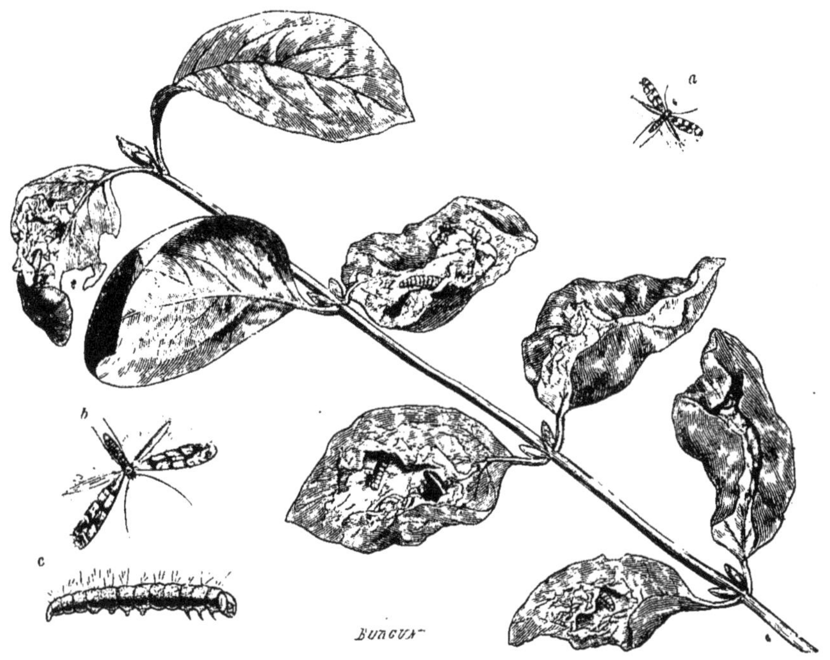

UNE BRANCHE DE CHÈVREFEUILLE DES HAIES DONT LES FEUILLES SONT OCCUPÉES PAR DES CHENILLES DE LITHOCOLLETIS

(*Lithocolletis emberizæpennella*).

En plusieurs endroits, l'épiderme a été déchiré pour mettre des chenilles et chrysalides à découvert.

a. Papillon de grandeur naturelle. — *b*. Papillon grossi. — *c*. Une chenille grossie.

avec des franges splendides, et ces ailes, entièrement déployées, mesurent une envergure de quelques millimètres.

On n'a pas découvert en Europe beaucoup moins d'une centaine d'espèces de Lithocolletis. Chaque espèce affectionnant d'ordinaire un végétal particulier, sa détermination devient assez facile, si l'on connaît ses mœurs.

Entre ces divers Lithocolletis, nous en citerons un plus particulièrement, le Lithocolletis aux ailes de Bruant (*Lithocolletis emberizæpennella*), à cause d'une vague analogie avec la coloration du plumage de l'oiseau qui porte ce nom.

Au printemps et à la fin de l'été, c'est-à-dire deux fois dans le cours d'une année, sur les haies où croissent les Chèvrefeuilles sauvages, se montre bien souvent un tout petit papillon aux ailes d'un brun safrané, ornées de bandes et de taches blanches et bordées d'une fine et longue frange soyeuse.

La chenille de ce joli papillon vit sur le Chèvrefeuille des haies ; elle mine les feuilles par leur face inférieure, rongeant la partie charnue. La feuille attaquée se contourne irrégulièrement, et sous le moindre effort pour la tendre, l'épiderme se déchire ; la petite chenille est mise à nu. Celle-ci, d'un blanc verdâtre, pâle, semi-transparente, étiolée, comme un animal dont la vie se passe dans l'ombre, avance ou recule avec agilité lorsqu'on l'inquiète. Ses pattes membraneuses sont très-petites, et celles de la quatrième paire font entièrement défaut. Au terme de sa croissance, la chenille, sans quitter la feuille dont elle s'est nourrie, file une coque soyeuse assez épaisse, ordinairement d'un vert sombre et s'y transforme en chrysalide.

Examinons les feuilles des Ormes, des Peupliers, des Saules, des Cerisiers, des Aunes, de la plupart de nos arbres et de beaucoup de plantes herbacées, nous y rencontrerons des chenilles mineuses, des chenilles de Lithocolletis, ayant chacune sa manière propre de miner ; les papillons ayant chacun ses caractères distinctifs dans la coloration de ses ailes et dans les détails de ses formes extérieures.

Ces Lithocolletis, si petits parmi les Lépidoptères, ne sont pas encore cependant les plus petits ; il y a les Teignes que les entomologistes appellent les Nepticules. Chez ces dernières, l'envergure des ailes ne dépasse pas 5 à 6 millimètres. Dans les jardins, on voit souvent voltiger des Nepticules, papillons aux teintes sombres, aux ailes couvertes de grandes écailles. Leurs chenilles sont des mineuses comme les Lithocolletis, seulement elles minent d'une façon particulière. Dans l'épaisseur d'une feuille, elles creusent une véritable galerie tortueuse, parfois pleine de détours. Tout le monde remarque sur les Rosiers des feuilles qui montrent à leur surface une large ligne brune ondulée, serpentante : c'est la galerie de la chenille de la Nepticule du Rosier (*Nepticula anomalella*). Les Ronces, les Osiers, les Ormes, les Pruniers, les Cerisiers, les Chênes, et tant d'autres plantes, ont aussi leur Nepticule spéciale.

Deux genres encore de cette grande tribu des Teignes méritent d'être considérés à raison d'un singulier caractère de leurs ailes : les Ptérophores et les Ornéodes. Nous y remarquons une singulière dégradation des organes du vol, qui devient, pour ces petits Insectes, une beauté délicate et étrange. Leurs ailes sont coupées dans le sens de la longueur en plusieurs branches, et ces branches, garnies d'une longue frange de la plus incroyable délicatesse, ont toute l'apparence de jolies plumes réduites aux plus mignonnes proportions.

Chez les Ptérophores, les ailes de la première paire sont divisées en deux parties, les ailes de la seconde paire en trois parties. Ces Lépidoptères ont une longue trompe et de grandes pattes postérieures munies d'ergots. Ils voltigent pendant le jour, ne parcourant jamais qu'un bien petit trajet à la fois. Des ailes découpées ne permettent point un vol soutenu. Le Ptérophore pentadactyle, ou le Ptérophore blanc, comme l'appelait Geoffroy, est dans notre pays le plus commun et aussi le plus joli entre tous les Ptérophores. Tout entier d'un blanc pur, il se fait admirer sur les haies et les charmilles, où la blancheur de son corps et de ses ailes se dessine sur la teinte des feuilles. La chenille de cette espèce, rayée de vert, de blanc, et de jaune, vit sur les Liserons, Liserons des haies, Liserons des champs. Arrivée à son entier accroissement, elle abandonne la plante qui la nourrissait, afin de s'établir sous un abri, tel qu'une encoignure de muraille, où elle se transforme en une chrysalide, attachée comme une Piéride par une ceinture et un lien à l'extrémité du corps.

Les Ornéodes ont leurs ailes bien autrement découpées que

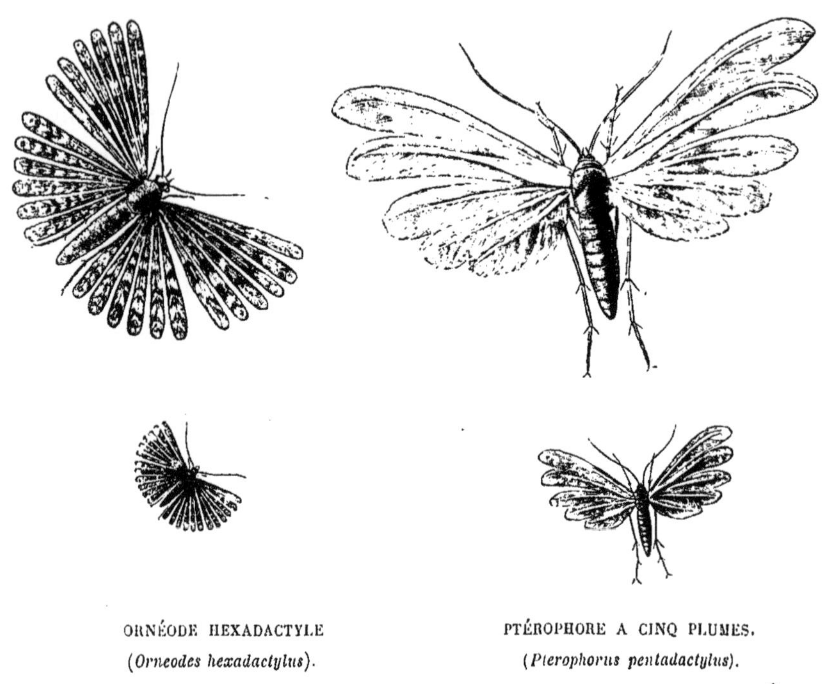

ORNÉODE HEXADACTYLE (*Orneodes hexadactylus*). PTÉROPHORE A CINQ PLUMES. (*Pterophorus pentadactylus*).

Grossis et de grandeur naturelle.

les Ptérophores. Chaque aile offre l'image de six petites plumes bien frangées. C'est douze plumes de chaque côté, vingt-quatre plumes que porte le papillon. Au repos, elles se superposent comme les branches d'un éventail. Les Ornéodes n'ont qu'un vestige de trompe; ils déposent leurs œufs isolément sur les fleurs des Chèvrefeuilles des haies. La petite chenille s'introduit dans le calice et en ronge l'intérieur. Quand tout est dévoré, elle va s'attaquer à une autre fleur; puis elle cherche un abri pour subir sa transformation, et se file une petite coque.

IX

LES HYMÉNOPTÈRES.

En écrivant l'histoire si curieuse des Insectes qui peuplent le monde, on s'arrête avec une indicible satisfaction au chapitre relatif aux Hyménoptères. Il ne s'agit plus ici de formes élégantes, de couleurs magnifiques, d'ornements splendides; les Hyménoptères, pour la plupart, sont de taille assez minime: en général, ils ont les parures les plus modestes. Quelques-uns d'entre eux brillent beaucoup, il est vrai, mais ils constituent l'exception, et encore sont-ils très-petits.

En observant les Hyménoptères, on ne songe plus à rencontrer la beauté; un intérêt d'un ordre plus élevé saisit l'esprit. Voici un Lépidoptère admiré pour la richesse de ses couleurs, pour les formes de ses ailes majestueusement déployées; un Coléoptère qui éblouit par l'éclat de ses élytres plus étincelantes que les métaux ou les pierres fines; mais ce Lépidoptère ou ce Coléoptère qui étale une orgueilleuse opulence est l'être dont

20

l'existence désœuvrée est presque sans attrait. Un Hyménoptère butine sur les fleurs. Il a des teintes grises, des nuances sombres; son extérieur est la simplicité même. L'Insecte qui n'attire l'attention par aucune parure devient bientôt, pour l'observateur attentif, l'objet d'une sorte de surprise, puis d'une séduction extrême, puis d'une admiration à peu près sans limites. Des mouvements agiles, une ardeur infatigable, des allures fières, dénotent chez l'Hyménoptère une véritable supériorité.

Contraste merveilleux dans la nature que celui du splendide Papillon ou du magnifique Bupreste avec l'Abeille solitaire. D'un côté, tout l'éclat extérieur imaginable dans une existence vide. De l'autre côté, une charmante simplicité extérieure dans une existence occupée par le travail, par les soins maternels, où se déploient toutes les admirables ressources de l'instinct poussé au degré suprême, les qualités brillantes de l'intelligence.

Au milieu de la création, les contrastes de ce genre abondent, et, comme les moyens infinis de la nature conservent partout leur grandiose caractère d'unité, des contrastes analogues se reproduisent entre les espèces d'une même classe, entre les espèces d'une même famille, et nous pourrions ajouter avec la même vérité, s'il nous était permis de sortir de notre sujet, entre les individus d'une même espèce, d'une même société.

Chez les Lépidoptères, on observe presque en tout l'uniformité; l'uniformité dans les formes extérieures, dans les caractères organiques, dans les phases du développement, dans les conditions d'existence, dans la nature des instincts. Il y a des nuances infinies, aucune différence considérable.

Chez les Hyménoptères, les différences entre les principaux types sont saisissantes. A l'état adulte, ces Insectes se nourrissent généralement de substances végétales; mais pendant leur période de larves, les uns vivent sur les plantes, les autres demeurent renfermés dans des excroissances qu'ils produisent sur les tiges, sur les feuilles, sur les racines; les autres, absolument carnassiers, habitent le corps de toutes les espèces d'Insectes; les autres, êtres voués à l'immobilité, sont approvisionnés par leurs parents, ou de proie vivante, ou d'une pâtée composée avec le miel et le pollen des fleurs. C'est la plus grande variété, aussi grande qu'on peut l'imaginer, sous le rapport du régime, sous le rapport des conditions d'existence.

Entre ces larves d'Hyménoptères, les dissemblances sont grandes aussi dans la conformation et dans l'état de développement. Celles d'une famille entière éclosent étant assez bien organisées pour se suffire à elles-mêmes; elles vivent à découvert, elles marchent, elles sont comparables à des chenilles. Il en est dont l'existence est cachée, qui se passent de tout secours étranger, parce qu'elles doivent vivre dans l'endroit où ont été déposés les œufs d'où elles sont sorties, sans jamais éprouver le besoin de se déplacer. Il en est qui naissent privées de tout moyen de locomotion, et si faibles, qu'elles sont absolument incapables de prendre leur nourriture. A celles-là il faut des mères ou des nourrices prévoyantes et industrieuses pour leur fournir des abris et des subsistances.

Beaucoup d'Hyménoptères ne peuvent, comme presque tous les autres Insectes, abandonner leurs œufs. La nécessité de prendre des soins particuliers de leur progéniture leur a été imposée par la nature. Une semblable obligation ne saurait exister sans le travail, sans une industrie, sans l'amour maternel, souvent sans le goût de la famille, sans des instincts variés, parfois sans une certaine intelligence. L'intelligence, ou seul l'instinct très-développé ne se rencontre qu'avec une organisation très-parfaite. Pour accomplir un travail, pour exercer une industrie, des instruments sont indispensables, et des instruments d'une grande perfection ne sont attribués qu'aux êtres assez intelligents pour les utiliser. Il y a des coïncidences inévitables, bien faites pour appeler les méditations du philosophe. Les Hyménoptères sont les mieux organisés de tous les

Insectes, et ils naissent dans la plus misérable condition. N'en est-il pas de même dans les autres classes du Règne animal. Les Oiseaux les mieux doués, lorsqu'ils viennent à la lumière, ne peuvent vivre sans les soins de leurs parents; les Oiseaux les plus ineptes, comme les Gallinacés, les Palmipèdes, en sortant de leur coquille, savent courir après leur nourriture.

Malgré les différences considérables qui existent entre les principaux types de l'ordre des Hyménoptères; différences dans les caractères extérieurs des larves et des adultes; différences dans l'organisation interne; différences dans la marche du développement, dans le genre de vie, dans le régime, dans les conditions d'existence des espèces, tous les Insectes de cette grande division zoologique ont des traits communs faciles à constater.

Les Hyménoptères ont quatre ailes membraneuses (ὑμὴν, membrane; πτερα, ailes) nues, parcourues par des nervures plus ou moins nombreuses, mais toujours sans réticulation. Ces ailes, d'une dimension médiocre relativement au volume du corps, sont très-ordinairement d'une parfaite diaphanéité; fréquemment aussi elles ont une teinte enfumée, quelquefois une couleur violacée. Les ailes caractérisent parfaitement les Hyménoptères, tous les Insectes que les anciens auteurs appelaient, et que le vulgaire appelle aujourd'hui encore les ***Mouches à quatre ailes***.

Les Hyménoptères ont une tête assez forte, avec des yeux très-gros occupant les côtés de la tête. En outre, il existe d'ordinaire sur le front trois ocelles ou yeux lisses. Les antennes offrent de nombreuses modifications, non-seulement d'une famille à l'autre, mais encore entre les espèces d'une même famille. La bouche de ces Insectes est conformée pour broyer ou triturer, et en même temps, chez la plupart des espèces, pour humer ou lécher. Toutes les pièces sont libres et bien développées : les mandibules sont toujours puissantes, mais diversement construites, suivant les usages auxquels elles sont particulièrement destinées; les mâchoires et la lèvre inférieure, assez courtes dans la plupart des cas, s'allongent chez les espèces qui pompent le miel; les mâchoires et la lèvre se rapprochant, constituent une sorte de trompe pouvant se replier sous la tête et le thorax, mais non pas se rouler comme celle des Lépidoptères.

Les Hyménoptères ont un thorax bombé et solidement cuirassé, les muscles qui donnent aux ailes leurs mouvements énergiques étant très-volumineux. Les pattes sont d'une force médiocre : les Hyménoptères, bien autrement capables de marcher que les Lépidoptères, ne sont cependant, en général, ni des Insectes marcheurs, ni des Insectes coureurs. Ils possèdent dans leurs ailes les meilleurs instruments de locomotion, et, dans les circonstances où ils ont un faible espace à franchir, s'ils courent, s'ils marchent, ils accélèrent leur mouvement en se soutenant avec leurs ailes. Les seuls Hyménoptères vraiment marcheurs sont ceux qui demeurent privés d'ailes, comme les Fourmis neutres; chacun connaît la mesure de leur agilité. Ce que les pattes de beaucoup d'espèces présentent de plus remarquable, ce sont les dispositions particulières les rendant propres à l'exécution de certains travaux; mais ici rien ne se prête à la généralisation, et c'est dans l'histoire des familles que doivent être consignés les faits de ce genre les plus notables.

Dans la plupart des types, l'abdomen a une extrême mobilité, étant attaché au thorax par une portion fort rétrécie, constituant un véritable pédicule : la *taille* de Guêpe est quelquefois prise comme terme de comparaison. Dans les femelles, l'abdomen porte toujours à son extrémité un instrument qui joue un rôle très-considérable dans la vie de ces animaux : la tarière ou l'aiguillon. Cette armure, formée invariablement des mêmes parties dans tous les Insectes, ainsi que l'a démontré, il y a une quinzaine d'années, un habile zoologiste, M. Lacaze-Duthiers, à l'état rudimentaire parmi les représentants de certains ordres, les Lépidoptères, par exemple, conserve une grande importance chez toutes les espèces d'Hyménoptères, en subissant des modifications fort curieuses et assez multipliées.

Les Hyménoptères ont des métamorphoses complètes. Les larves de la plupart d'entre eux, molles, entièrement blanches, absolument privées de pattes, ont l'apparence de *vers;* les larves des autres portent de petites pattes écailleuses et des pattes membraneuses analogues à celles des chenilles, et presque toutes, arrivées au terme de leur croissance, s'emprisonnent dans une coque au moyen de la matière soyeuse qu'elles peuvent sécréter, et se transforment ensuite en une nymphe emmaillottée.

Les principaux types de l'ordre des Hyménoptères étant parfaitement caractérisés, la classification de ces Insectes est assez simple; ces types sont autant de familles. Diverses particularités de conformation ou de mœurs nous permettent de rapprocher plusieurs d'entre elles d'une façon avantageuse pour notre exposition.

LES HYMÉNOPTÈRES PORTE-SCIE

(*Tenthrédides et Siricides*).

Le célèbre entomologiste Latreille avait distingué de tous les autres Hyménoptères ceux dont l'abdomen ou le ventre est attaché au thorax dans sa largeur entière. Si le caractère n'a pas une importance de premier ordre, il a l'avantage d'être facile à saisir, et cette circonstance nous détermine à le signaler.

Les espèces présentant cette conformation se rattachent à deux familles, l'une extrêmement nombreuse, l'autre, au contraire, fort petite. La grande famille est celle des Tenthrédides; la petite famille, celle des Siricides.

Les Tenthrédides, abondantes dans presque tous les pays, ont été nommées vulgairement les ***Mouches à scie***, partout où elles ont été observées. Il est facile, en effet, de les observer, car on les voit se promener, voler et travailler, non-seulement dans les bois, dans les campagnes, mais aussi dans les jardins.

Un aspect très-particulier, des allures qui n'appartiennent

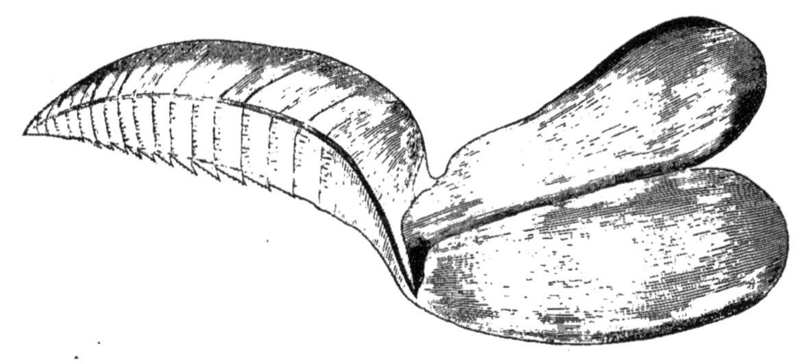

TARIÈRE DE L'HYLOTOME DU ROSIER
(*Hylotoma Rosæ*).
Très-grossie.

qu'à ces Insectes, les dénoncent aux yeux des moins clairvoyants. Leur corps est court, ramassé, avec les côtés le plus souvent très-parallèles. Ils ont des mandibules longues, aplaties, tranchantes; des mâchoires courtes, assez faibles, munies de palpes divisés en six articles; des antennes tantôt filiformes, tantôt épaissies vers le bout, tantôt garnies de rameaux. Les Tenthrédides se distinguent en outre par un caractère des plus frappants. L'abdomen des femelles est pourvu d'une tarière mobile dentelée, dont la ressemblance avec une scie est saisissante.

C'est le plus joli petit instrument dont on puisse concevoir l'idée : une double scie, dont la longueur varie de 2 à 3 millimètres, suivant les espèces, où sur cette longueur il y a quinze, vingt dents ou même davantage, taillées avec une régularité absolue, une perfection incomparable. La petite scie de la Tenthrédide n'est pas toujours aussi simple pourtant que la scie d'un menuisier ou d'un charpentier; ses dents, parfois, ont elles-mêmes des dents secondaires. Ce sont des dents dentelées. N'y a-t-il pas dans ce fait une indication pour créer un instrument d'un nouveau genre, ou pour donner un perfectionnement à l'un des instruments le plus en usage dans l'industrie humaine.

La double scie correspond aux stylets de l'aiguillon du Frelon et de l'Abeille. Les deux valves sont maintenues par un support fixé à une écaille adhérente aux parois de l'abdomen. Le gorgeret qui enveloppe les stylets de l'aiguillon se retrouve ici à l'état membraneux, cette enveloppe n'ayant plus d'importance chez les Tenthrédides.

Les Tenthrédides, aux mouvements agiles, ont des couleurs variées, le corps très-lisse et luisant; consommant peu de nourriture à l'état adulte, elles paraissent s'attaquer de préférence à des fruits, qu'elles entaillent sans peine avec leurs mandibules tranchantes.

Les larves ressemblent à des chenilles par leurs formes extérieures comme par leur genre de vie. Depuis longtemps l'épithète de *fausses chenilles* leur a été attribuée. Plus d'un observateur, en effet, a pu s'y laisser tromper. Des amateurs de Papillons ont nourri, soigné des larves de Tenthrédides, dans l'espérance d'avoir une espèce de Lépidoptère à mettre dans leur collection, et se sont trouvés confus en voyant naître des ***Mouches à scie***. Malgré l'apparence, la confusion est impossible, si l'on y regarde de près. Nous avons vu que les chenilles n'ont jamais plus de cinq paires de pattes membraneuses; les larves des Tenthrédides en ont, en général, sept ou huit paires, et jamais moins de six. Ces pattes, du reste, ont des cercles de crochets, de même que chez les chenilles. La tête est toujours plus arrondie, plus globuleuse, avec des yeux déjà très-distincts, ce qu'on ne voit guère dans les larves des Lépidoptères.

Les *fausses chenilles* ont en outre des mouvements qui leur sont propres : ainsi elles ont la faculté de s'enrouler en spirale, et pendant la chaleur du jour il est ordinaire qu'elles conservent cette position des heures entières. Ensuite elles prennent une attitude singulière, si elles se croient menacées; relevant brusquement la partie postérieure de leur corps, elles semblent chercher de la sorte à effrayer l'ennemi. Rongeant le feuillage d'une foule de végétaux, ces Insectes, souvent réunis en groupes plus ou moins nombreux, occasionnent des dégâts fort appréciables. Au moment de se transformer, les larves des Tenthrédides filent une coque soyeuse, parcheminée par suite de l'abondance de la matière, comparable à un vernis, qui agglutine tous les fils. Les unes établissent leur coque entre les tiges et les feuilles, les autres s'enfoncent dans la terre. Ces dernières, ne produisant que peu de soie, emploient presque toujours des grains de terre pour renforcer les parois de leur coque.

La chenille qui a achevé son cocon subit aussitôt sa transformation en chrysalide; la larve de Tenthrédide, au contraire, demeure toute ramassée, absolument inerte, sans éprouver d'autre changement pendant une période qui peut avoir la durée de plusieurs mois.

Toutes les Tenthrédides, croyons-nous, passent l'hiver enfermées dans leurs coques, à l'état de larve ou à l'état de nymphe. Adultes au retour de la belle saison, nous les voyons s'agiter au soleil, puis se poser fréquemment sur le feuillage ou les tiges des arbrisseaux. Si l'attention est portée sur une femelle, on remarque qu'elle fait saillir l'instrument qu'elle porte à l'extrémité du corps. La Mouche à scie est en quête d'un endroit propice pour effectuer sa ponte. Pour elle, il s'agit d'une opération grave, car elle ne se contentera pas, comme le Papillon, de déposer simplement ses œufs dans un endroit un peu caché du végétal sur lequel doivent vivre ses larves.

La Tenthrède doit mettre plus de soin dans son opération. A l'aide de la petite scie dont elle est pourvue, elle pratique une série d'entailles dans le pédicule d'une feuille, dans la tige d'un arbrisseau, et dans chaque entaille dépose un œuf au fond de la petite cavité, en le recouvrant d'un enduit qui sert à le fixer et à le protéger. Certaines Tenthrédides s'attaquent simplement au pétiole des feuilles; d'autres, au contraire, à des tiges ligneuses quelquefois fort dures. Chaque espèce a un outil adapté à l'usage qu'elle doit en faire. Telle grosse Tenthrède porte une scie toute petite, car elle ne doit entailler que le tissu assez tendre des feuilles; telle autre espèce, d'une taille bien inférieure à la première, est munie d'une scie large, forte, sur-dentelée; elle doit pratiquer des fentes dans un tissu fort dur. Ainsi, d'après une observation de mœurs, le naturaliste peut se douter de quelle nature est l'instrument dont l'Insecte dispose, comme d'après la considération de l'instrument il peut dire quelles sont les habitudes de l'espèce.

Toutes les Tenthrédides sont unies par les affinités naturelles les plus étroites. Quelques caractères extérieurs faciles à saisir ont permis cependant d'admettre des genres assez nombreux dans cette famille et de répartir ces genres en plusieurs groupes et en deux tribus.

La tribu des Tenthrédines, dont toutes les espèces ont le corps court et massif, forme la très-grande partie de la famille. Nous y reconnaissons quatre groupes : les Cimbicites, les Hylotomites, les Tenthrédites et les Lydites.

Les Cimbicites sont les plus grosses Tenthrédides. Ces Insectes ont un corps épais et des antennes renflées vers le bout en une forte massue, auxquelles on ne trouve jamais plus de huit articles distincts. Leur vol est lourd et s'annonce par un bourdonnement. Les larves de ces Hyménoptères, très-reconnaissables à leur peau chagrinée, n'ont pas moins de neuf paires de pattes membraneuses.

Le genre Cimbex a pour type une grande espèce commune dans les forêts de l'Allemagne et de nos départements de l'Est, le Cimbex jaune (*Cimbex lutea*). Chez cette Tenthrédide, les différences entre les deux sexes sont telles, que pendant longtemps tous les auteurs ont pris les mâles et les femelles pour des Insectes d'espèces absolument dissemblables. Le mâle est d'une forme un peu allongée avec les pattes très-grosses, et d'une couleur générale brune, à l'exception d'une tache sur le premier anneau de l'abdomen d'un jaune clair; la femelle est d'une forme arrondie et d'une teinte jaune, avec les parties antérieures du corps plus ou moins noirâtres. L'Insecte adulte se montre au mois de mai. Les femelles, malgré leur forte taille, n'ont qu'une tarière assez petite; mais leur instrument n'exigeait pas une grande puissance, car les Cimbex entaillent non pas des tiges ligneuses, comme le font beaucoup de Tenthrédides, mais simplement les pédicules des feuilles.

Les larves de ces Hyménoptères sont d'une belle teinte verte, avec une raie dorsale noirâtre; on ne les voit jamais redresser la partie postérieure de leur corps, mais, pendant le repos, elles se contournent en dedans, et ressemblent par leur attitude, de l'avis de M. Ratzeburg, au chat qui dort.

De petites Tenthrédides se font remarquer par leurs antennes un peu renflées, où l'on ne distingue pas plus de trois à sept articles; elles composent le groupe des Hylotomites. Le genre Hylotome est le plus important du groupe. Ses espèces, abondamment répandues en Europe, ont la plupart le corps jaune, avec des parties noires et des antennes dont tous les articles, à l'exception des deux premiers, forment une tige sans divisions. Dans l'impossibilité de passer en revue la série entière de ces Hyménoptères, nous signalerons en particulier l'espèce la plus répandue dans notre pays, l'espèce dont chacun peut observer les habitudes sans beaucoup se déranger, l'Hylotome du Rosier (***Hylotoma Rosæ***). On le voit à peu près dans tous les jardins pour la confusion des amateurs de roses, qui ne connaissent guère leur ennemi.

Nous sommes dans un beau jardin par une belle matinée du mois de mai. Tout est verdoyant, les Rosiers semblent devoir bientôt étaler leur magnifique parure de fleurs; le soleil jette ses premiers rayons de la journée; de divers côtés voltigent des ***Mouches à scie*** d'une extrême vivacité, qui viennent fréquemment se poser sur les Rosiers. Les gentils Hyménoptères ont 7 à 8 millimètres de longueur, et, quand ils volent, l'envergure de leurs ailes n'excède pas 12 à 15 millimètres. Leur corps, lisse, poli, luisant, est d'un jaune roux, avec la tête, les antennes, le dos et la poitrine noirs, ainsi que l'extrémité des jambes et les articles des tarses : ce sont les Hylotomes du Rosier. Jusqu'ici rien de notable ne s'est manifesté dans les allures de nos Tenthrédides, mais depuis plusieurs jours ces Insectes se montrent en abondance; les mâles et les femelles se sont rapprochés; le temps de la ponte est arrivé : c'est à présent que l'intérêt commence et qu'il faut être attentif pour bien voir les manœuvres de l'Hyménoptère. Voici un Rosier de belle apparence, un Hylotome que nous reconnaissons pour une femelle à sa démarche alourdie par son ventre chargé d'œufs, parcourt les tiges en marchant; il monte, il descend, sa préoccupation est visible; il explore, il choisit un endroit à sa convenance. On peut l'examiner de près, il ne fuira pas, si de grands mouvements ne viennent l'effrayer, tant il est à sa besogne. Enfin, notre Tenthrède s'arrête sur une tige et s'y cramponne fortement avec ses pattes, la tête tournée en bas; soudain sa tarière se détend, et se montre en entier, semblable à un large glaive. Du bout, l'Hylotome pique le bois, et les deux lames qui constituent l'instrument se retirent pour étendre leur action; chaque lame agit alors dans un sens différent pour agrandir l'entaille. Ce n'est pas tout, les lames de cette tarière, outre leurs dents de scie, sont pourvues au côté externe d'aspérités fonctionnant à droite et à gauche à la manière de râpes. En quelques minutes, la fente est devenue assez grande pour l'objet auquel elle est destinée. L'entaille achevée, il y a un instant où la Mouche à scie est tranquille, sa tarière immobile; puis les deux lames de la tarière s'écartent doucement, et un œuf descend avec une certaine lenteur. L'œuf est déposé dans la fente qui vient d'être pratiquée. Tout n'est pas fini encore : les fibres du bois sciées et écartées se rapprocheraient, le trou viendrait presque inévitablement à se fermer; l'œuf serait emprisonné, écrasé peut-être, la jeune larve serait détruite avant d'être née. Oui, mais tout est admirablement prévu pour parer à un si grave accident. A peine l'œuf a-t-il pris sa place, qu'un liquide mousseux se répand autour; des glandes spéciales fournissent ce produit. L'action du liquide ne tarde pas à se manifester sur le tissu végétal; la tige s'épaissit, les fibres ligneuses s'écartent, se durcissent, noircissent autour de la plaie; l'œuf reste libre et adhérent à la faveur de la substance dont il a été imprégné.

Nous venons de voir le travail de notre Hylotome pour déposer un œuf; ce travail est poursuivi pour un second, un troisième, un quatrième œuf. Sur les tiges des Rosiers, on remarque ainsi des lignées d'œufs logés dans une suite d'entailles. Quelquefois on en compte seulement trois ou quatre, quelquefois dix à quinze ou même davantage. Une femelle pond un nombre d'œufs beaucoup plus considérable, mais elle n'en dépose pas la totalité en un seul jour. Dans tous les cas, après s'être attachée à la tige d'un arbuste, elle va chercher une nouvelle tige sur un autre arbuste. Un instinct curieux semble avertir l'Insecte qu'il ne doit pas confier à un frêle arbrisseau sa postérité entière; le feuillage ne suffirait pas à nourrir toutes les larves de l'Hylotome.

Les œufs viennent d'être fixés aux tiges des Rosiers; huit à dix jours s'écoulent, et les jeunes larves éclosent; celles-ci se répandent sur les feuilles et commencent à les ronger. Leur croissance est rapide, leurs mues se succèdent, sans amener de changements notables, soit dans leur forme, soit dans leurs couleurs. Le corps de ces larves, d'un jaune plus ou moins foncé, suivant les individus, avec les côtés verts, est parsemé dans toute sa longueur de nombreux tubercules noirs et luisants surmontés de poils. La tête est jaune avec deux taches noires entourant les yeux, qui sont de la même couleur.

Ces fausses chenilles, si semblables d'aspect aux chenilles, principalement lorsqu'elles marchent, en diffèrent par les attitudes étranges et caractéristiques qu'elles prennent fréquemment. Souvent fixées aux feuilles par leurs pattes écailleuses seules, elles redressent en entier la partie postérieure de leur corps. Vient-on à les inquiéter, elles exécutent ce mouvement avec une étonnante rapidité, comme si, par ce moyen, elles voulaient menacer. Dans d'autres circonstances, elles contournent en dedans les derniers anneaux de leur corps, sans jamais cependant se rouler en spirale, comme le font tant d'autres larves de Tenthrédides.

Vers la fin de juin, les fausses chenilles de notre Mouche à scie sont parvenues au terme de leur croissance. La plupart d'entre elles abandonnent alors le feuillage, et se cachent en terre sans beaucoup s'enfoncer. Quelques-unes s'arrêtent sur des murs, sur des troncs d'arbres, même, ce qui n'est pas ordinaire, sur les tiges de l'arbrisseau sur lequel elles ont vécu. Dans tous les cas, à l'endroit où elles se sont arrêtées, elles se construisent une coque ovalaire composée d'une soie fortement mêlée de matière agglutinante, mais toujours exempte de terre ou de tout autre corps étranger.

Les coques de l'Hylotome du Rosier, d'un jaune terreux, ont une structure singulière déjà signalée au siècle dernier par

Réaumur. A l'extérieur, leur tissu élastique, capable de résister à d'assez fortes pressions, est un réseau qui, examiné à l'aide d'une loupe, a, suivant une comparaison de Réaumur, l'apparence du réseau d'une raquette. C'est une première enveloppe; il y a une coque sous-jacente d'un tissu mince, serré, flexible et moelleux, sans adhérence avec la coque extérieure.

On a lieu sans cesse d'admirer l'étonnante perfection des œuvres de la nature. L'Insecte a besoin d'une loge douce et soyeuse pour attendre le moment de sa transformation; il aura cette loge aux parois moelleuses, mais comme cette enveloppe délicate serait insuffisante pour le protéger contre les dangers extérieurs, il sait se construire une enveloppe assez solide pour garantir efficacement la première.

Quand l'Hylotome, débarrassé de la peau de la nymphe, doit venir à la lumière, il déchire avec ses mandibules la double paroi de sa prison, élargissant l'ouverture jusqu'à ce qu'elle soit assez grande pour lui livrer passage.

Vers la fin de juillet et le commencement d'août, paraissent les Hylotomes de la seconde génération de l'année. Ils produisent bientôt, et leurs larves se montrent sur les Rosiers pendant tout l'automne. Celles-ci, avant les derniers beaux jours, s'enfoncent dans la terre et y construisent leurs coques; on n'en verra aucune demeurer sur les arbres et les murailles. N'ont-elles pas besoin, cette fois, d'être complétement à l'abri? elles doivent passer l'hiver; les Insectes adultes n'écloront qu'au printemps. Les larves, bien enfermées dans leurs loges, ne se métamorphoseront point alors; leur transformation en nymphes n'aura lieu qu'au retour de la belle saison. Si l'Hylotome du Rosier est un véritable fléau pour les horticulteurs, ceux-ci, connaissant les habitudes et le séjour de l'Insecte à toutes les époques de sa vie, peuvent facilement le détruire. Pendant l'hiver, il suffit de racler un peu la terre autour des arbres pour atteindre les coques et les anéantir. Un autre moyen de destruction est encore très-possible. Il suffit d'épier le moment où nos Tenthrédides effectuent leur ponte. On découvre aisément leurs œufs sur les tiges; avec une matière visqueuse, un enduit quelconque, il suffit de remplir la fente dans laquelle les œufs sont logés, pour empêcher les larves d'éclore.

Les larves d'une espèce du Brésil (*Hylotoma formosa*) offrent cette singularité qu'elles construisent un nid en commun. La connaissance de ce fait curieux est due au docteur Sichel.

Les Tenthrédites forment le groupe le plus nombreux de la famille. Ce sont toutes les espèces dont les antennes sans renflement n'ont pas moins de neuf à quatorze articles distincts. Elles ont des mœurs, des transformations très-analogues à celles des Hylotomes. Nous n'aurons à mentionner à leur égard que des particularités dans leurs caractères extérieurs et dans leurs conditions de séjour.

Les Athalies, toutes de petite taille, ont à peu près la coloration de la plupart des Hylotomes, mais leurs antennes ne permettent pas la confusion. Finement pectinées chez les mâles, elles n'ont pas moins de neuf à dix articles bien distincts dans les deux sexes. L'Athalie de la Cent-feuilles (*Athalia Centifoliæ*) est l'une des plus communes. Ses larves, d'un noir verdâtre, pourvues de huit paires de pattes membraneuses, se montrent parfois en abondance sur les plantes potagères et causent la dévastation. Réunies en groupes nombreux sur chaque plante, elles rongent tout le feuillage et même les tiges les plus tendres. Une espèce voisine (*Athalia spinarum*) s'attaque aux Crucifères, et occasionne également, en certaines années, de très-grands dégâts.

Les larves de ces petites Tenthrédides se transforment dans la terre; ne produisant pas de soie en quantité suffisante pour se construire une véritable coque, elles se forment simplement une cellule dont elles solidifient les parois en agglutinant les particules terreuses.

Les Sélandries, dont les antennes, de neuf articles, sont un peu épaissies vers le bout, ont des larves de l'aspect le plus singulier. Des pattes extrêmement courtes, le corps enduit d'une substance visqueuse, donnent à ces larves l'aspect de petites Limaces. Réaumur les avait observées et les avait désignées sous le nom de *larves Limaces*. Souvent très-communes sur les Cerisiers, les Poiriers et d'autres arbres à fruits, les larves de la Sélandrie noire (*Selandria æthiops*) deviennent fort nuisibles. Immobiles pendant la chaleur du jour, la tête retirée dans le premier anneau du corps, protégées par la matière visqueuse qui suinte à la surface de leur peau, on a peine à les reconnaître pour des Insectes. Le soir ou la nuit, elles se mettent en mouvement et rongent le feuillage.

Les Tenthrédides, aux antennes composées d'un grand nombre d'articles, constituent le petit groupe des Lydites. Ce sont les Tenthrèdes du Nord, les espèces des arbres des sombres forêts de Pins, de Mélèzes et de Sapins.

Les Lophyres ont un corps épais et des antennes doublement pectinées, en panache dans les mâles. Il y a plusieurs espèces de ce genre assez semblables les unes aux autres, pour qu'on soit obligé d'examiner la disposition des nervures de leurs ailes, si l'on veut les distinguer avec certitude. L'espèce la plus répandue est le Lophyre du Pin (*Lophyrus Pini*). Le mâle est tout noir; la femelle, en grande partie jaune, marquetée de noir. L'Insecte adulte se montre pendant l'été; les femelles déposent leurs œufs sur les tiges des Pins, par les procédés ordinaires aux Tenthrédides. Les jeunes larves vivent toujours réunies en groupes très-nombreux; mangeant d'abord les jeunes pousses, elles finissent par s'attaquer au feuillage le plus dur.

Les arbres qu'elles dévorent sont bientôt mis dans la pire condition. Il y a peu d'années, dans les Vosges et en Alsace, beaucoup d'arbres ont été fort maltraités par le Lophyre du Pin. Les larves des Lophyres ne s'enfoncent jamais dans la terre comme tant d'autres Tenthrédides, elles construisent leurs coques sur les branchages mêmes où elles ont vécu. Au moment

MÉTAMORPHOSES DU LOPHYRE DU PIN

(*Lophyrus Pini*).

de l'éclosion, les Lophyres sortent de leur loge en coupant régulièrement toute la partie supérieure de la coque, qui se détache alors comme un couvercle.

Les Lydas se distinguent très-aisément des Lophyres : leurs antennes sont grêles et en forme de soies; leur corps est déprimé, leur tête fort large. Les larves de ces Hyménoptères, souvent très-abondantes sur divers arbres de nos forêts, les Conifères particulièrement, et sur des arbres fruitiers, deviennent parfois assez nuisibles.

Comme certaines chenilles vivant en commun sur des tiges en nombre plus ou moins considérable, elles se protégent au moyen d'un réseau soyeux. M. Ratzeburg a donné d'intéressantes figures de ces Insectes. La Lyda des forêts (*Lyda sylvatica*) est l'une des plus répandues en France. La Lyda du Poirier (*L. Piri*) se montre quelquefois en abondance dans nos jardins.

Les représentants de la seconde tribu de la famille des Tenthrédides, les Céphines, ont le corps grêle. Sous leur forme de larves, ils vivent à l'intérieur des végétaux, c'est la condition d'existence de plusieurs chenilles; nous devons rencontrer ici des modifications analogues, la décoloration, un moindre développement des appendices locomoteurs. Chez les Céphines, l'avortement des pattes membraneuses dépasse ce que nous avons vu chez les chenilles, il est presque total; l'animal, dans son ensemble, est plus vermiforme.

Les espèces du genre Cèphe ont un abdomen comprimé; la tarière des femelles à peine saillante, les antennes un peu renflées à l'extrémité et composées de vingt et un articles. Le type du genre, le Cèphe pygmée (*Cephus pygmæus*), petit Insecte de 9 millimètres de long, noir, avec une bordure jaune au troisième, quatrième et septième anneau de l'abdomen, est très-nuisible aux Céréales.

A l'époque où les Blés approchent de leur maturité, si dans le champ où les épis encore verts et déjà lourds sont inclinés vers la terre, on découvre des épis blanchis s'élevant au-dessus des autres, on peut être assuré que les épis sont vides, que le chaume renferme une ou plusieurs larves de Cèphe pygmée.

En fendant la tige, on trouvera la petite larve blanche au

milieu de la poudre provenant des résidus de la plante rongée et des déjections de l'Insecte. Ayant pris son entier accroissement, la larve descend jusque auprès des racines, se file une coque et hiverne dans cette situation, où la faux des moissonneurs ne l'atteindra pas.

La famille des Siricides est de beaucoup moindre importance que la précédente. Ses représentants, peu nombreux, ont le corps allongé, les mandibules courtes et épaisses, les antennes filiformes. Le genre principal est celui des Sirex. Les femelles de ces Insectes ont une tarière droite assez longue garnie de quelques dentelures. Les Sirex sont peu communs dans notre pays, mais on les trouve en abondance dans les forêts de Pins de l'Allemagne, de tout le nord de l'Europe et de l'Amérique septentrionale. Le Sirex géant (*Sirex gigas*) est un grand et bel Insecte : la femelle, noire et jaune, a plus de 3 centimètres de long, sans compter sa tarière, qui a la moitié de cette longueur. La larve vit dans l'intérieur des troncs de Pins, de Mélèzes, etc. Les Sirex, que certains auteurs appellent aussi du nom d'Urocères, ont causé, il y a quelques années, l'étonnement de beaucoup de personnes. Ces Hyménoptères avaient rongé du plomb. Ainsi, M. le maréchal Vaillant, un colonel russe, M. Motschulsky, le directeur du Musée de Vienne, M. Kollar, ont signalé le fait de balles de plomb de l'armée française trouées par des Sirex (*Sirex juvencus*) pendant la campagne de Crimée. Ces Insectes, très-certainement sortis des parois de caisses ou de caissons confectionnés avec des bois encore verts, s'étaient trouvés engagés au milieu des balles en cherchant une issue, et leurs puissantes mandibules leur avaient permis d'entailler le métal.

On rattache à la famille des Siricides, mais sans doute à tort, les Orysses, Hyménoptères rares, encore inconnus dans leurs transformations, remarquables par la tarière des femelles, mince et repliée sous l'abdomen. Le type (*Oryssus coronatus*) se rencontre quelquefois dans le midi de la France.

LES HYMÉNOPTÈRES PRODUCTEURS DE GALLES

(*Cynipsides*).

Les Hyménoptères qui produisent des galles sur les végétaux, appelés par Latreille les *Gallicoles*, forment un groupe à part. Ce sont de très-petits Insectes parfaitement caractérisés, déterminant sur une infinité de plantes des excroissances volumineuses bien connues sous les noms de *galles*, de *noix de galle*, de *pommes de Chêne*, etc. Ces productions bizarres n'échappent à l'attention de personne, mais les êtres qui se sont développés à l'intérieur de ces excroissances, et qui les ont quittées aussitôt arrivés à l'état adulte, échappent pour ainsi dire à tous les yeux. Un Insecte ailé dont le corps mesure 2 ou 3 millimètres de longueur n'est pas toujours facile à apercevoir, et moins encore à saisir dans la foule des *Moucherons* de toute nature.

Ces petits Hyménoptères appartiennent à une seule famille, la famille des Cynipsides, qui comprend le genre Cynips et quelques formes voisines.

Les CYNIPSIDES ont un corps oblong, très-convexe, avec l'abdomen attaché au thorax par un mince pédicule, et ressemblant ainsi, dans sa portion basilaire, à une clochette. Mais un des traits les plus curieux de leur organisation, c'est la tarière des femelles. Cet instrument, fort long et des plus déliés, est contourné pendant le repos, et logé en entier dans une rainure de l'abdomen. Par le jeu des muscles, il est étendu au moment où l'Insecte pratique une incision sur une plante.

Dès le printemps et pendant l'été, les Cynipsides sont répandus partout. Au moment de la ponte, les femelles explorent les végétaux à leur convenance, choisissent un endroit favorable, et de leur longue tarière piquent une tige ou une feuille, et dans la plaie déposent un œuf, quelquefois un assez grand nombre d'œufs. En piquant le végétal, l'animal verse certainement dans la plaie un liquide occasionnant une excitation qui amène le développement de l'excroissance. Il y a une infinité de plantes attaquées où chaque espèce de Cynips détermine une galle d'une forme caractéristique. Beaucoup de ces productions ont été décrites. MM. Hartig, Westwood, Giraud, etc., en ont signalé de très-curieuses, mais ici nous ne pouvons que choisir quelques exemples.

Les Chênes nourrissent diverses espèces de Cynips; ni leurs feuilles, ni les pédicules de leurs feuilles, ni leurs tiges, ni leurs racines, ne sont épargnés.

Lorsqu'on se promène à la fin de l'été, et surtout à l'automne, dans une forêt, l'attention est souvent éveillée par le nombre des corps arrondis attachés aux feuilles de Chêne, les uns tout petits, les autres assez gros : ce sont des galles produites par des Cynips. Volontiers on les prendrait pour des fruits. Ce sont, en miniature, des pommes vertes et rouges; aussi les nomme-t-on vulgairement des pommes de Chêne. Les grosses sont toujours placées à la base des feuilles. A l'intérieur, il n'existe qu'une loge dans laquelle vit une seule larve. Elle y demeure engourdie pendant l'hiver, et se transforme en nymphe au printemps. L'Insecte adulte éclos dans cette étroite cellule est obligé, pour en sortir, de se frayer un passage en rongeant le tissu avec ses mandibules. C'est le Cynips des baies de Chêne (*Cynips Quercûs baccarum*), dont le corps est entièrement d'un brun clair.

Les petites galles qui existent souvent en quantité à la face inférieure d'une feuille appartiennent à une autre espèce : le Cynips des feuilles (*Cynips Quercûs folii*).

Dès le printemps, on trouve quelquefois des branches de Chêne chargées d'énormes nodosités un peu irrégulières, dont la surface est lisse, de couleur verte, tendre, passant au rouge en certains endroits. Il est ordinaire que plusieurs de ces galles, sur

LIBRAIRIE GERMER BAILLIÈRE. IMPR. DE E. MARTINET.

LES GALLES DU CYNIPS TERMINAL

(*Cynips terminalis*).

une même tige, soient contiguës les unes aux autres. Bien différentes des galles de feuilles, elles offrent au centre douze à quinze cellules, ou même davantage, qui sont les logements d'autant de larves. Les Cynips éclosent au milieu de l'été, et il semble probable que l'espèce a deux générations annuelles. On l'a nommée, à raison de la coloration de la femelle, le Cynips terminal (*Cynips terminalis*). Les deux sexes diffèrent beaucoup entre eux : le mâle,

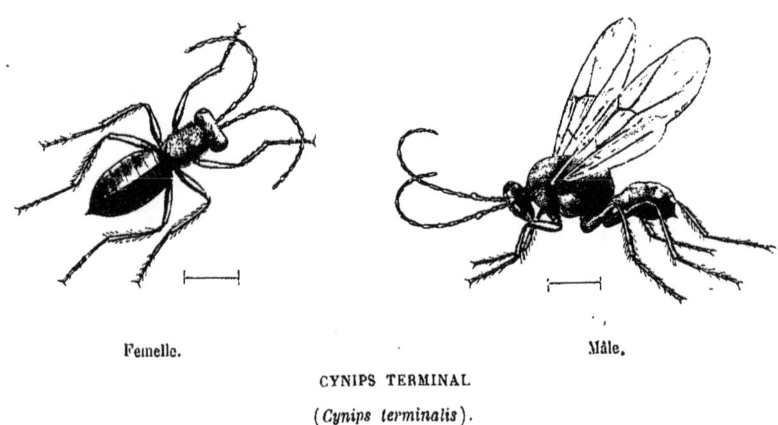

Femelle. Mâle.

CYNIPS TERMINAL

(*Cynips terminalis*).

pourvu de grandes ailes diaphanes, a le corps d'une teinte fauve assez claire et uniforme; la femelle, absolument privée d'ailes, est plus brune, avec la partie postérieure de son abdomen d'un noir luisant.

Chez l'un des plus gros Cynips connus, les ailes manquent dans les individus des deux sexes (*Cynips aptera*). Cette espèce produit des galles volumineuses sur les racines des Chênes.

Personne n'ignore, pensons-nous, que les *noix de galle* du commerce, employées à la confection de l'encre et des teintures noires, sont dues également à la piqûre d'un Cynips, le Cynips des galles à teinture (*Cynips gallæ tinctoriæ*). Ces galles, particulières à un Chêne de l'Orient (*Quercus infectoria*), sont d'une remarquable dureté, de forme arrondie, avec quelques tubercules à leur surface; elles ne renferment jamais plus d'un habitant. La cellule étant médiocrement spacieuse, les parois ont ainsi une extrême épaisseur, et cependant le petit Cynips les perfore sans grande difficulté pour venir à la lumière.

Les noix de galle font l'objet d'un commerce qui n'est pas sans importance. En 1865, d'après le Tableau officiel, il en a été importé en France 739 881 kilogrammes, représentant une valeur de 2 891 662 francs.

Une des galles les plus singulières est celle du Cynips du bédégar (*Cynips bedegaris*), que l'on observe communément sur les charmants Églantiers qui poussent le long des haies et à la lisière des bois.

L'Insecte adulte, long de 4 à 5 millimètres, la taille ordinaire des Cynips, est d'un noir luisant, avec les pattes et l'abdomen, sauf l'extrémité, d'un brun ferrugineux, et les ailes diaphanes légèrement enfumées.

A la fin de mai ou vers le commencement de juin, les Cynips pondent leurs œufs; les galles se forment, grossissent d'abord avec lenteur, puis avec une certaine rapidité; lorsque vient l'automne; quand arrive la saison froide, elles sont tout à fait développées.

Les galles du Cynips de l'Églantier sont des plus étranges parmi toutes les galles connues : quelquefois arrondies, plus souvent élargies, et plus ou moins irrégulières, elles rappellent la forme des nèfles, dont elles ont, du reste, à peu près le volume. Ces galles semblent toutes moussues; on les croirait composées d'une multitude de filaments rameux, rapprochés les uns des autres : de là le nom de *galles chevelues*, qui leur a été appliqué. Cette dénomination pourtant n'est pas la plus habituellement employée, celle de *bédégars* a été presque partout adoptée.

A la fin de l'été, les bédégars, ou galles du Cynips du Rosier, présentent des nuances vertes et rouges entremêlées, dont l'effet est charmant. Portés, comme ils le sont, sur une sorte de pédicule, on penserait volontiers avoir sous les yeux des fruits d'un genre inconnu. En hiver, les galles chevelues perdent leurs riches teintes, et deviennent d'un ton brunâtre uniforme.

A ne considérer que la surface de nos bédégars, on se douterait peu de leur dureté; cette mousse qui les revêt, si fine et si douce, semble les constituer en totalité. Il faut essayer de couper ces galles pour apercevoir jusqu'à quel point les larves des Cynips sont bien protégées. En effet, la partie ligneuse du bédégar a une grande épaisseur et un tissu fort serré.

Une de ces galles étant fendue perpendiculairement par le milieu, on voit les loges assez irrégulières qui occupent l'intérieur. Chaque loge est habitée par une larve qui, dans l'espace le plus resserré du monde, se développe et subit toutes ses transformations.

Les larves des Cynips de l'Églantier sont, comme nous avons dépeint d'une manière générale les larves de Cynips, blanchâtres, avec les yeux seuls colorés. Une fois qu'elles ont pris tout leur accroissement, ces larves passent par un long temps de repos; elles se raccourcissent, se ramassent sur elles-mêmes, et demeurent à peu près immobiles depuis la fin de l'automne jusqu'au printemps suivant. A cette époque, s'effectue la métamorphose en nymphe. Les Cynips ne vivent guère plus de dix à quinze jours sous cette forme : les Insectes adultes éclosent; mais si la température est froide encore, ils restent dans les loges étroites où ils viennent de naître, attendant, pour sortir, que le temps chaud se fasse sentir pour tout de bon. Quand on ouvre des bédégars au printemps, il est très-fréquent de voir les Cynips sur le point de percer la paroi de leur prison pour s'échapper.

Les seules galles en usage dans l'industrie sont les *noix de galle,* et cependant d'autres peut-être seraient susceptibles de fournir des produits utiles. M. Weddell a vu dans les Cordillères des Indiens tirer une belle couleur verte d'une galle particulière. Il serait à désirer que des essais fussent entrepris avec nos espèces indigènes.

En Orient, dans quelques parties de l'Europe méridionale, en Afrique, des Cynips vivant dans les figues sont employés à hâter la maturité ou *caprification* de ces fruits. On attache des figues contenant des Cynips sur les Figuiers tardifs ; les Insectes en sortent, s'introduisent couverts de poussière fécondante dans l'intérieur des nouvelles figues, et hâtent la maturité des fruits en fécondant les graines. Ce sujet a donné lieu à une foule d'écrits de la part de de la Hire, de Tournefort, de Linné, etc., dans le siècle dernier; de Westwood, de Lœw, etc., dans le siècle actuel.

LES HYMÉNOPTÈRES PARASITES

(*Ichneumonides, Chalcidides, Proctotrupides*).

C'est un monde bien particulier que l'ensemble des Hyménoptères ici réunis sous le nom de ***Parasites***. Monde immense d'êtres ayant tous les mêmes mœurs, les mêmes métamorphoses, les mêmes instincts. Ces Hyménoptères, c'est l'armée qui, dans la nature, a pour fonction d'empêcher la multiplication excessive des espèces phytophages. Chaque Parasite, mû par un instinct indéfinissable, attaque, en particulier, une espèce déterminée ou des espèces voisines, et chaque espèce est exposée aux atteintes de plusieurs Hyménoptères parasites. Ce fait seul suffit à donner une idée du nombre prodigieux de ces Insectes dans la nature.

Ces Hyménoptères appartiennent à trois types parfaitement distincts ; mais ces trois types ont pour caractères communs la présence, chez les femelles, d'une tarière droite, mince, aiguë à son extrémité, et la forme des pattes, celles-ci toujours longues, grêles, simples, c'est-à-dire dépourvues de toute armature. A l'état adulte, les Parasites sont des Insectes de proportions élégantes, doués d'une vivacité et d'une agilité presque sans égales. Dans leur premier âge, ce sont des créatures incapables de se mouvoir, absolument privées de moyens de locomotion, dont les téguments sont mous, faciles à déchirer. Les larves de ces Hyménoptères, d'apparence vermiforme, naissent et arrivent au terme de leur croissance dans un état de développement organique très-peu avancé. Au reste, le contraste entre la faiblesse des nouveau-nés et la puissance des adultes, déjà si prononcé chez les Parasites, deviendra beaucoup plus frappant encore chez les Hyménoptères industrieux.

Tous les Parasites recherchent la chenille, la larve, l'Insecte qui leur convient, pour introduire un œuf dans son corps. De l'œuf du Parasite naît une larve qui d'abord se nourrit du sang, de la graisse de sa victime, respectant d'une manière absolue tous les organes essentiels à la vie, car la mort de la victime amènerait fatalement sa propre mort ; c'est seulement lorsqu'elle approche du terme de sa croissance, de l'époque de sa transformation en nymphe, que, n'ayant plus besoin de rien épargner, elle dévore en entier les parties internes de l'Insecte aux dépens duquel elle a vécu. La peau, l'enveloppe tégumentaire seule est respectée, et cette dépouille souvent servira à la protection de la nymphe du Parasite.

Il n'est pas d'Insectes qui ne soient exposés aux attaques de plusieurs Hyménoptères parasites. On voit souvent des chenilles lisses, de couleurs claires, ayant sur la peau un point noir : c'est la cicatrice de la petite plaie produite par la tarière de l'Hyménoptère introduisant un œuf. Quand les entomologistes rencontrent de ces chenilles ainsi marquées, ils reconnaissent qu'elles ne subiront pas toutes leurs métamorphoses, car elles sont rongées par un Parasite; dans leur langage, ces chenilles sont *ichneumonées*. Il est des chenilles qui sont détruites à peu près vers le temps où leur croissance est achevée; il en est d'autres qui se transforment en chrysalides, mais là est le terme de leur existence. Que l'on se figure la surprise, la stupéfaction des premiers observateurs, en voyant sortir d'une chrysalide de Lépidoptère un Hyménoptère : ils ne savaient rien encore de la vie des Parasites; le fait dont ils étaient témoins demeurait pour eux sans explication possible.

Les Hyménoptères parasites, dont nous connaissons aujourd'hui toutes les conditions d'existence, ne sont pas cependant sans être pour nous un sujet d'étonnement par les manifestations de leurs instincts. Quand nous voyons l'Hyménoptère rencontrant une chenille vivant à découvert, nous imaginons qu'il la découvre comme nous la découvririons nous-mêmes; mais quand nous constatons qu'il atteint sans la voir une larve logée dans un fruit, dans une branche d'arbre, dans un tronc, nous nous demandons par quelle faculté l'Insecte parvient à ce résultat, et nous n'avons pas de réponse satisfaisante à nous faire.

On met volontiers cette faculté sur le compte d'un odorat très-subtil, mais c'est une simple supposition n'ayant pour elle qu'une certaine vraisemblance. Un autre instinct de ces Hyménoptères n'est pas moins curieux. Le Parasite de grande taille dépose un seul œuf sous la peau d'une chenille ou d'un autre Insecte; car une seule de ses larves destinées à devenir grosses épuisera en entier sa victime; s'il y avait deux ou trois larves, la victime serait anéantie longtemps avant la fin de leur croissance, et elles périraient faute d'aliments. Au contraire, si le Parasite de taille moyenne s'attaque à une espèce d'assez forte dimension, il introduit dans son corps deux ou trois œufs, et s'il est d'une taille exiguë, il fera sa ponte entière, cinquante, soixante œufs dans le même Insecte. Ne dirait-on pas que l'Hyménoptère parasite est en état d'apprécier, de *calculer*, d'après le volume de sa victime, combien celle-ci pourra nourrir de larves de son espèce?

Tous les Insectes ne sont pas au même degré exposés aux attaques des Parasites : ceux qui savent se construire des abris le sont moins que ceux qui vivent à découvert; les chenilles très-poilues, épineuses, moins que celles qui sont rases. Ces longs poils touffus, ces épines rameuses, couvrant leur corps, paraissent être des instruments capables de les protéger contre les atteintes des Ichneumons. Par les mouvements qui leur sont imprimés, poils et épines gênent l'Hyménoptère cherchant un point vulnérable, et parfois l'Hyménoptère échoue dans son entreprise. Il a besoin de lutter d'adresse avec l'Insecte dominé par l'instinct de la conservation. La lutte dans la vie est la loi de la nature pour tous les êtres.

Les Hyménoptères parasites recherchent surtout des larves pour opérer le dépôt de leurs œufs, et c'est là une nécessité facile à comprendre. La vie de la plupart des Insectes adultes étant fort courte et exposée à une foule de hasards, l'existence des larves parasites serait bien incertaine. Des Insectes adultes, dont la vie est assez longue, se trouvent seuls en butte aux atteintes des Ichneumons. Des Coléoptères tout cuirassés, tels que des Charançons, ne sont pas épargnés ; l'agile Hyménoptère les pique de sa tarière au défaut de la cuirasse, c'est-à-dire entre les articulations.

S'il est des Parasites d'assez grande taille, il s'en trouve des quantités prodigieuses dont la dimension est d'une extrême exiguïté. Plusieurs de ces Hyménoptères peuvent se développer à la fois dans le corps d'un Puceron, dans l'intérieur d'un œuf d'Insecte. Les œufs de divers Lépidoptères sont fréquemment détruits de la sorte.

Presque tous les Hyménoptères parasites introduisent leurs œufs sous la peau de leurs victimes, leurs larves ainsi ne se montrent jamais au dehors ; mais on en connaît cependant qui collent simplement leurs œufs sur la peau de certaines chenilles ou d'autres Insectes. Les larves, venant à éclore, entament la peau de l'animal avec leurs mandibules, enfoncent dans son corps la partie antérieure de leur tête, et sucent son sang en restant suspendues à l'extérieur.

Tous les Hyménoptères parasites ayant à peu près le même

genre de vie, on peut être assuré de ne rencontrer parmi eux que d'assez légères différences de conformation. Il est une différence cependant de nature à être remarquée, elle est dans la longueur de la tarière des femelles. Les femelles qui déposent leurs œufs dans le corps des chenilles ou des larves se tenant à découvert ont une tarière fort petite; celles qui attaquent des larves enfoncées dans la terre ou protégées par certains abris ont une tarière plus longue, afin de les atteindre dans leurs retraites; celles qui recherchent les larves enfouies dans les troncs d'arbres ont une tarière énorme pour arriver jusqu'à elles. Ainsi, d'après la longueur de la tarière d'un Ichneumon, on sait à quelle sorte de larves s'en prend l'Hyménoptère.

Les Parasites jouent un rôle considérable dans la nature : ils empêchent la propagation indéfinie d'une foule d'Insectes; ils contribuent d'une manière incessante à maintenir dans de certaines limites la diffusion des espèces. En étudiant les Insectes les plus nuisibles à nos grandes cultures, on est singulièrement frappé de l'importance des services que peuvent rendre les Hyménoptères parasites. Les progrès de la culture ont favorisé à l'excès la multiplication de différents Insectes. L'abondance du végétal dont ils se nourrissent leur a été fournie; les conditions les plus favorables ont été créées, pour les espèces qui rongent les racines, par un extrême ameublissement de la terre. De là ces apparitions immenses d'Insectes qui dévorent la Vigne, les Oliviers, les Céréales, les Colzas, les Betteraves, les plantes fourragères et potagères, etc., menaçant parfois de tout anéantir sur de vastes étendues. Le cultivateur s'en prend naïvement à la pluie, à la sécheresse, à la direction du vent qui a régné, et s'attend à voir disparaître le fléau avec un changement atmosphérique. Il se rappelle, en effet, qu'à une autre époque, les champs avaient été dévastés par les mêmes Insectes, et que ces derniers ont à peu près disparu après avoir fait beaucoup de mal. Le cultivateur se lamente et appelle à son secours la Providence.

La Providence ici se manifeste sous la forme des Hyménoptères parasites. Chacun imagine bien que l'Ichneumon, déposant un seul œuf dans le corps d'une chenille, ne parvient pas toujours, dans les circonstances ordinaires, à rencontrer soixante ou quatre-vingts chenilles de l'espèce qui lui convient pour effectuer le dépôt de tous ses œufs; il périt alors, laissant une postérité bien restreinte. Mais dans les circonstances où notre Hyménoptère trouve partout à sa portée les individus qui lui sont nécessaires, presque aucun de ses œufs n'est perdu. Un seul Ichneumon frappera mortellement une légion de chenilles, et l'année suivante les Parasites seront si nombreux, que l'œuvre de destruction marchera avec une étonnante rapidité. Voilà les Insectes nuisibles à la végétation devenus rares : les Hyménoptères abondent au contraire et se trouvent dans l'impossibilité d'assurer le dépôt de leurs œufs; ils périssent la plupart sans laisser de postérité, et alors l'espèce phytophage recommence à se multiplier en paix.

C'est ainsi que se produisent, dans un grand nombre de circonstances, les apparitions et les disparitions successives de certains Insectes. L'explication a bien des fois déjà été donnée, mais les vérités, si simples qu'elles soient, ne se répandent qu'avec des peines infinies.

Pendant longtemps les naturalistes attachés à l'étude des Hyménoptères parasites se contentaient de les recueillir au hasard et de donner des descriptions de leurs formes et de leurs couleurs. C'était se contenter de peu; mais il est dans la nature des plus grandes choses d'avoir d'humbles origines. Maintenant les observateurs se préoccupent de savoir aux dépens de quelles espèces vivent ces Parasites. Dans un intéressant ouvrage sur les Insectes nuisibles, M. Goureau, un colonel du génie aujourd'hui en retraite, investigateur sagace et ingénieux, s'est appliqué à faire connaître les Parasites de chacune des espèces dont les agriculteurs ont à s'inquiéter.

L'épithète de Parasites a été acceptée d'une manière générale pour qualifier les Hyménoptères dont les larves vivent dans le corps d'autres Insectes, et, en l'absence d'un autre terme précis, nous sommes à notre tour obligés de l'accepter ; elle est cependant vicieuse. Un entomologiste auquel on doit des observations de mœurs, et particulièrement des travaux descriptifs sur les Hyménoptères, le comte Lepelletier de Saint-Fargeau, s'est efforcé de prouver qu'il fallait employer le mot de Parasites dans une acception beaucoup plus restreinte que ne le font d'ordinaire les naturalistes. Se fondant sur la vraie signification du mot, il a dit : le parasite est l'individu qui vit aux dépens d'autrui en mangeant son bien, et non pas en mangeant l'hôte lui-même. Or, parmi les Hyménoptères, il existe en nombre, nous le verrons bientôt, des espèces qui dévorent les provisions que d'autres Hyménoptères ont amassées pour leurs larves, sans jamais attaquer ces dernières. Ces espèces seules devraient s'appeler des Parasites, d'après le sentiment de Lepelletier de Saint-Fargeau, d'accord avec cette définition du Dictionnaire de l'Académie française : « Le parasite est celui qui fait métier d'aller manger à la table d'autrui. » Malgré la justesse de la remarque, la pauvreté de la langue nous oblige à continuer de qualifier de parasites les Hyménoptères dont les larves vivent de la propre substance d'autres Insectes.

Nous avons dit que ces Hyménoptères appartiennent à trois types très-faciles à reconnaître. Ils forment ainsi trois grandes familles : les Ichneumonides, les Proctotrupides, les Chalcidides.

Les Ichneumonides ont presque toujours un corps long, mince, des pattes grêles ; des ailes relativement assez grandes, très-veinées, les nervures formant des cellules complètes ; des antennes vibratiles, longues, filiformes, rapprochées à leur insertion et composées d'une longue suite d'articles ; des mâchoires pourvues de longs palpes.

Tout, dans la conformation des Ichneumons, dénote l'agilité :

le corps souple, d'un poids très-faible, les pattes propres à la course et les ailes puissantes. Les yeux saillants, et surtout les antennes, dans un état de vibration continue, donnent à ces Insectes une physionomie vive et animée. Quand on veut les saisir, ils s'échappent avec une prestesse merveilleuse, et les femelles que l'on maintient entre les doigts cherchent à se défendre avec leur tarière, instrument du reste peu dangereux, vu l'absence de tout appareil vénénifique.

Dans cette immense famille des Ichneumonides, nous distinguerons les représentants de deux tribus et de quelques groupes ou grands genres. Les deux tribus sont les Ichneumonines et les Braconines. Chez les premiers, on compte quatre articles aux palpes de leur lèvre inférieure; chez les seconds, trois seulement.

Commençons notre examen par les espèces auxquelles a été réservé plus spécialement le nom d'Ichneumons (groupe des Ichneumonites), appliqué autrefois à tous les représentants de la famille des Ichneumonides. Ceux-ci, en général d'une assez grande taille, ont l'abdomen arrondi sur les côtés et une tarière fort petite, qui, dans l'état de repos, ne fait nullement saillie à l'extrémité du corps. Les Ichneumonites introduisent leurs œufs dans le corps de chenilles ou d'autres larves vivant à découvert.

Les espèces composant le genre Ichneumon des entomologistes de l'époque actuelle ont l'abdomen assez épais, attaché au thorax par un assez long pédicule. Ces Insectes, aux formes élancées, sont ordinairement parés de bandes et de taches jaunes ou rougeâtres qui se détachent sur un fond noir.

Les Pimplites sont des Ichneumonides dont l'abdomen est peu rétréci à son origine et dont la tarière est toujours fort saillante. Chez les Pimplas, et particulièrement chez les espèces que les auteurs ont distinguées sous le nom d'Ephialtès, la tarière des femelles a une longueur beaucoup plus considérable que tout le corps de l'Insecte. Prenons pour exemple le type du genre, un

Hyménoptère fort commun dans le centre et le nord de l'Europe, l'Ephialtès noir (*Ephialtes manifestator*), que l'on voit pendant l'été dans les avenues des bois, se posant sur les fleurs ou courant sur le tronc des arbres.

Son corps en entier est d'un noir luisant; ses ailes transparentes sont légèrement enfumées, ses pattes longues et grêles, d'un roux vif avec les jambes et les tarses de derrière rembrunis. Le mâle est grêle et de taille médiocre, la femelle très-grande comparativement et beaucoup plus robuste.

Dans son premier état, cette espèce est parasite des larves de Buprestes et de Capricornes vivant dans l'intérieur des troncs. Rien de plus intéressant à voir que l'Ephialtès en quête d'une larve ou en travail pour opérer le dépôt d'un œuf. Par un beau temps, lorsque le soleil surtout est dans son éclat, il semble plein d'une indescriptible animation. Ses antennes, en perpétuelle vibration, s'agitent en divers sens; ses ailes frémissent; il parcourt un tronc avec une étonnante rapidité; par moments, il s'arrête, il explore, puis, rapide comme un trait, il se porte sur un autre point, renouvelant son exploration. Cent fois les mêmes manœuvres se répètent. Soudain, l'Insecte paraît prendre position en un endroit; il a reconnu la présence d'une larve à sa convenance, celle d'un Capricorne si c'est dans nos forêts, d'un Bupreste (*Chalcophora mariana*) si c'est dans les Landes ou dans les sombres forêts de Pins de l'Allemagne; il s'est assuré de l'existence d'une fissure qui lui permettra d'introduire sa tarière et d'atteindre sa proie. Alors, la tête dirigée en bas, fortement accroché avec ses pattes, il soulève son abdomen, ramène sa tarière par une vigoureuse contraction, la fait pénétrer par l'étroite fissure, et atteint la larve qui, renfermée dans son obscure galerie, semblait à l'abri de tout danger venant de l'extérieur. Dans ce mouvement, les deux valves de la tarière s'écartent, se courbent, prêtant un appui aux stylets qui pénètrent en droite ligne. Notre dessin montre l'Ephialtès pendant sa grave opération, le tronc coupé, afin de faire voir comment se trouve piquée la larve du Capricorne. Tout est sujet de surprise pour nous dans l'acte de l'agile Hyméno-

LES ICHNEUMONIDES DU GENRE PIMPLA.

Un Ephialtès noir (*Ephialtes manifestator*) mâle au vol — Un individu femelle de la même espèce introduisant un œuf dans le corps d'une larve de Capricorne. — Un Ephialtès persuadant (*Rhyssa persuasoria*) femelle.

ptère; il reconnaît malgré l'épaisseur du bois la présence d'une larve, et il ne peut voir cette larve; il a l'instinct de chercher et de trouver une fissure pour le passage de sa tarière, car cet instrument long, mince et flexible, est impuissant à perforer un tissu ligneux.

Un autre Pimpla (le ***Rhyssa persuasoria***) beaucoup plus joli que l'Ephialtès commun, les différentes parties de son corps étant ornées de petites taches ou de petites lignes jaunes, a des habitudes analogues.

Les Cryptes (***Cryptus***) sont des Pimplites ayant le métathorax épineux, l'abdomen pédiculé, la tarière de longueur médiocre. Il en existe beaucoup d'espèces ayant chacune ses préférences pour tel ou tel genre d'Insectes.

Les Ichneumonides du groupe des Ophions (Ophionites) se reconnaissent, au premier coup d'œil, à la forme toute particulière de leur abdomen. Cet abdomen, arqué et comprimé latéralement, ressemble à une faucille. Les Ophionites ont une petite tarière; ils déposent leurs œufs dans le corps de larves vivant à découvert, ou les fixent simplement sur la peau de ces larves. Les œufs de ces Insectes ayant une forme assez étrange, plusieurs observateurs se sont attachés à les faire connaître. Ils sont oblongs avec un long pédicule un peu contourné, fixé par la femelle sur la peau de l'Insecte destiné à être dévoré. Les jeunes larves de l'Hyménoptère brisent leur coquille et passent la tête par le côté opposé au pédicule, en laissant leur corps engagé dans la coque de l'œuf. Elles attaquent ainsi leur victime, en restant protégées quelque temps par cette enveloppe. Assez fréquemment on a observé des Ophionites qui, ayant péri au moment de la ponte, portaient des œufs attachés à l'extrémité de leur abdomen, et l'on a vu parfois aussi les larves éclore et celles-ci se mettre à manger le cadavre de leur mère en l'absence de toute autre proie.

Les espèces du genre Ophion proprement dit ont des antennes grêles et filiformes, des pattes minces, un abdomen dont la portion basilaire constitue un assez long pédicule. La plupart d'entre elles sont de grande taille et très-généralement d'une couleur fauve. L'Ophion jaune (*Ophion luteus*) est très-commun en Europe.

Les Braconines forment la foule des Ichneumonides; leurs espèces, prodigieusement multipliées, sont pour la plupart d'une taille fort exiguë.

Les Bracons (groupe des Braconites), qui ont les mandibules pourvues de dentelures courbées et les antennes longues et grêles, se rencontrent continuellement sur les fleurs pendant la belle saison; ils attaquent particulièrement des Coléoptères. Les Alysiites (genre *Alysia*, etc.), qui diffèrent surtout des précédents par les dentelures de leurs mandibules, sont parasites des Diptères de la grande famille des Mouches (*Muscides*).

Les Agathites, distincts des Braconites par le bord de la tête sans l'échancrure qui existe chez ces derniers, sont de très-petits Insectes. Les Microgasters, les plus répandus de ce groupe, Hyménoptères longs de 2 à 3 millimètres, caractérisés par leurs yeux velus et leurs antennes composées de dix-huit articles, déposent leurs œufs en masse dans le corps de diverses espèces de chenilles. Les larves des Microgasters arrivant au terme de leur croissance, rongent tous les viscères de leur victime, lui percent la peau pour en sortir, et chacune en particulier se file au dehors un petit cocon soyeux. L'un de ces Ichneumonides, le Microgaster aggloméré (*Microgaster glomeratus*), qui est noir avec les pattes fauves, peut être observé bien facilement. Les chenilles la Piéride du Chou (*Pieris Brassicæ*) sont souvent tuées par ce petit Hyménoptère ; il est des années et des localités où, sur une centaine de ces chenilles, on en trouverait difficilement deux ou trois individus épargnés. Au moment de se transformer en chrysalide, elles grimpent sur les murailles; c'est alors que beaucoup d'entre elles cessent de vivre, les larves de Microgasters quittent la dépouille de ces chenilles, et tout à l'entour filent leurs cocons; elles se métamorphosent, et dans l'espace de peu de jours, éclosent les Insectes adultes. Les cocons du petit Hyménoptère, ordinairement réunis ou agglomérés en paquets, d'une forme parfaitement ovalaire, composés d'une soie fine, de couleur jaune pâle, ont l'apparence des cocons du Ver à soie réduits aux plus minimes proportions.

Les Hybrizonites, les plus petits des Ichneumonides, font la guerre aux Pucerons. Le type du genre Hybrizon a reçu de Linné le nom d'Ichneumon des Pucerons (*I. Aphidum*). Celui-ci dépose ses œufs dans le corps des Pucerons du Rosier.

Les Proctotrupides se distinguent bien aisément des Ichneumonides. Leur corps est oblong; leurs ailes n'offrent qu'une seule nervure bifurquée; leurs antennes, de médiocre longueur, filiformes ou un peu épaissies à l'extrémité, n'ont jamais plus de dix à quinze articles; leurs mâchoires ont des palpes longs et pendants.

Les Proctotrupides sont tous d'une taille tellement exiguë, qu'il est nécessaire de se servir d'une bonne loupe, sinon du microscope, pour bien reconnaître leurs caractères, leurs teintes bronzées, leurs ponctuations variées à l'infini, l'irisation de leurs ailes. Les formes de ces Hyménoptères étant très-diversifiées, beaucoup de genres ont été admis dans la famille, mais l'histoire des espèces est loin d'être faite. Les auteurs se sont contentés la plupart du temps de décrire ces Insectes sans se préoccuper le moins du monde des conditions dans lesquelles ils vivent. Quelques-uns, il est vrai, ont noté d'où provenaient certaines espèces.

Dans cette famille des Proctotrupides, il y a deux types très-distincts, et ainsi deux tribus. Les espèces du premier type (Proctotrupines) ont les ailes d'une dimension ordinaire relativement au volume du corps; les espèces du second type (Mymarines) ont des ailes extrêmement étroites, quelquefois linéaires et élargies à l'extrémité comme de petites spatules.

Dans la première division, on compte les Diapries (groupe des Diapriites), où l'abdomen pédiculé affecte la forme d'une Campanule. Les Diapries proprement dites sont de charmants Insectes;

leurs mâles se font remarquer par leurs antennes noueuses, ornées de bouquets de poils fort élégants. Ces petits Hyménoptères attaquent des larves de Diptères, et surtout des larves de Cécidomyies.

Les Proctotrupes, que l'on sépare des Diapries à raison de leur abdomen assez large à sa base et ainsi à peine pédiculé, déposent également leurs œufs dans le corps des larves de Tipulides. C'est ce qui a été démontré par quelques trop rares observations.

Nous distinguons sous le nom de Platygastérites des Proctotrupides bien reconnaissables à leur abdomen déprimé, sans pédicule. Les Platygasters, dont les antennes n'ont que dix articles, ont rarement plus de 2 millimètres de longueur ; leurs espèces, fort nombreuses, attaquent principalement des larves de Diptères du groupe des Cécidomyies. Leurs larves se filent de petits cocons sous la dépouille de leur victime. D'autres Platygastérites, les Téléas, aux antennes composées de douze articles et aux pattes propres au saut, ont encore une taille bien inférieure à celle des précédents ; aussi plusieurs de leurs larves peuvent vivre et se développer dans l'œuf d'un Papillon. Le Téléas des œufs (*Teleas ovulorum*), le plus commun d'entre eux, attaque les œufs de plusieurs de nos Lépidoptères nocturnes ; il n'a pas plus d'un demi-millimètre de long.

Quant aux espèces du genre Mymar et de la tribu des Mymarines, rendues fort singulières par l'étrange dégradation de leurs ailes, nous ne savons rien de précis sur leurs métamorphoses.

Les Chalcidides, très-faciles à distinguer des Ichneumonides et des Proctotrupides, à leurs palpes très-petits, à leurs antennes coudées, n'ayant pas plus de douze à treize articles, à leurs ailes ne présentant qu'une seule nervure bifurquée, constituent certainement la plus immense légion parmi les Parasites. Presque tous d'une taille fort exiguë, ils vivent aux dépens de toutes les espèces d'Insectes et même des espèces parasites. Les genres ont été très-multipliés dans cette famille. Ne pouvant les énumérer, nous citerons les formes les plus typiques.

Les Chalcides comptent parmi les plus grandes; elles ont des

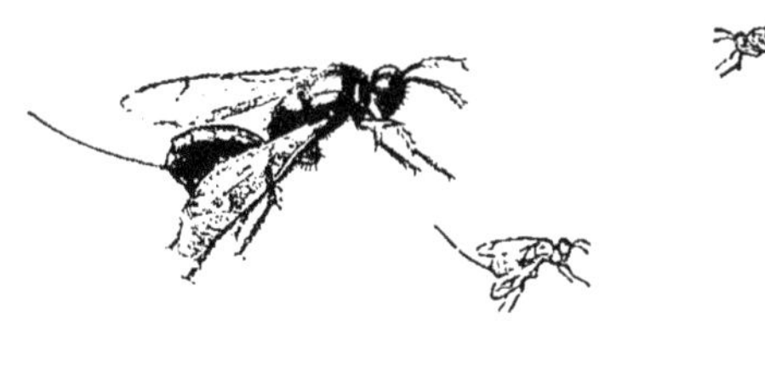

DIPLOLÉPIS DU BÉDÉGUAR

(*Diplolepis Bedeguaris*).

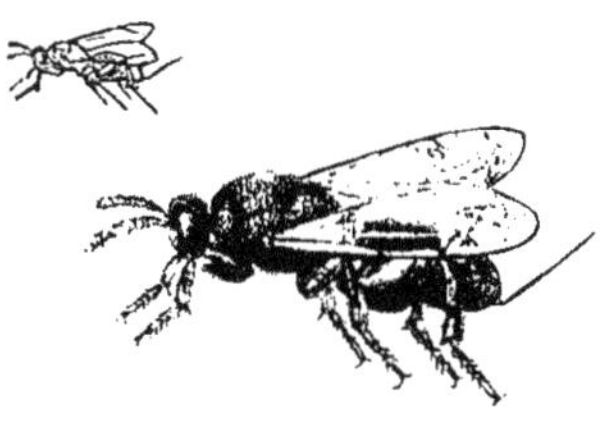

CHALCIDE PETITE

(*Chalcis minuta*).

antennes épaissies à l'extrémité, des cuisses postérieures très-renflées, une tarière saillante. La Chalcide petite (*Chalcis minuta*), fort commune en certains endroits, dépose ses œufs dans le corps de diverses chenilles. La Pyrale de la Vigne, d'après les observations de V. Audouin, est souvent attaquée par cet Hyménoptère. Les Diplolépis, au corps plus svelte et ordinairement d'une couleur verte dorée, éclatante, ont une très-longue tarière. Les femelles, en général, recherchent les larves des Cynips enfermées dans leurs galles. Souvent les Cynips de l'Églantier sont atteints par le Diplolépis du Bédéguar. Les Périlampes, qui appartiennent au même groupe que les Diplolépis, mais qui ont une tarière assez petite, paraissent rechercher spécialement les Coléoptères. On en voit fréquemment sur les vieilles boiseries vermoulues; ils sortent, après avoir vécu aux dépens des Vrillettes (*Anobium*).

Les Ptéromales, au corps aplati, infestent les chenilles. Il n'est pas rare d'en voir sortir une légion d'une chrysalide de Vanesse. Les Eulophes sont des plus petits parmi les Chalcidides. Pour eux, un millimètre est déjà une grande taille; malgré leur petitesse, ils sont charmants. Ils ont des ponctuations régulières, des couleurs bronzées ou verdâtres, brillantes ; le plus souvent les mâles portent des antennes garnies de longs rameaux. Les Eulophes attaquent des chenilles, des larves de Diptères, des œufs de Lépidoptères.

LES HYMÉNOPTÈRES CUIRASSÉS

(*Chrysidides*).

Voici une petite famille d'Hyménoptères que nous ne pouvons associer à aucune autre. Les Chrysidides ont été désignées sous le nom vulgaire de ***Guêpes dorées***, et en effet, par leur forme générale, par leurs allures, ces Insectes offrent une certaine ressemblance avec de petites Guêpes, car jamais leur taille n'atteint à la moitié ou au tiers de celle de nos Guêpes ordinaires. Ce qui frappe surtout, à un premier examen, chez les Chrysidides, c'est leur éclat, l'éclat des plus belles pierreries, de l'or, du feu. Certaines espèces ont le corps d'un vert doré magnifique ; d'autres sont en partie d'un splendide bleu d'outremer, avec leur abdomen d'un rouge de feu scintillant. De gros points enfoncés, des sortes de ciselure, se voient en différents points du corps, principalement sur le thorax, et produisent de charmants effets de lumière. Aussi est-il merveilleux de voir les Chrysidides au plein soleil; leurs couleurs, alors plus éblouissantes que jamais, ont d'admirables reflets. Si ces Insectes avaient un volume un peu considérable, on serait en extase devant leur beauté ; mais ils sont petits, et alors on est moins frappé de leurs parures.

Les Chrysidides, pourvues de téguments d'une grande épaisseur et d'une extrême dureté, possèdent la faculté de replier leur corps en forme de boule, particularité dont nous n'avons pas d'exemples chez les autres Hyménoptères ; elles ont plusieurs caractères qui les séparent très-nettement de toutes les autres familles. Leur abdomen, très-convexe en dessus, concave en dessous, attaché au thorax par un pédicule fort court, est composé d'anneaux rentrant les uns dans les autres à la façon des tubes d'une lunette. Chez les femelles, l'abdomen porte un aiguillon dont la piqûre est très-douloureuse.

Les Chrysidides ont des antennes coudées, filiformes, composées de treize articles; de longues mandibules; des mâchoires courtes portant un palpe formé de cinq articles; une lèvre inférieure saillante, de consistance membraneuse et ainsi propre à lécher; des ailes médiocrement veinées; des pattes assez grêles.

Pendant la chaleur du jour, sous un brûlant soleil, ces Insectes montrent une activité inouïe; sans cesse en mouvement, ils volent, se posent sur les fleurs, en partent avec rapidité pour y revenir tout de suite. Dans le midi de l'Europe, où les Chrysidides sont beaucoup plus abondantes que dans les pays du Nord, c'est en certains endroits un spectacle ravissant que celui de ces petits Hyménoptères voltigeant dans toutes les directions. On croirait voir des perles de feu traversant l'espace. Les Chrysidides n'ont aucune industrie, elles n'ont pas de tarière leur permettant d'introduire un œuf dans le corps d'un Insecte. Leurs larves cependant ne vivent que de proie vivante, et dans leur état de faiblesse, elles doivent être logées dans des conditions où elles auront toute chance d'échapper aux bêtes carnassières; les brillantes Chrysidides, incapables de rien édifier elles-mêmes, ont l'instinct d'aller faire leur ponte dans les nids des Hyménoptères fouisseurs et mellifères. Elles violent audacieusement le domicile des espèces qui travaillent pour leur progéniture, sans trop redouter ces espèces plus grandes, plus fortes qu'elles-mêmes. Ici encore il faut s'arrêter à l'admirable conformation de l'animal, pour atteindre un but, pour réaliser le vœu de la nature. La Chrysidide s'introduisant dans le nid de l'Hyménoptère fouisseur ou de l'Abeille solitaire, peut être surprise par le vigilant Insecte armé d'un re-

LES CHRYSIDIDES

des genres Chryside, Stilbe et Parnope.

(*Chrysis ignita*, *Stilbum calens*, *Parnopes carnea* et son cocon enfermé dans le cocon de la larve d'un Bembex.)

doutable aiguillon. Une pareille rencontre n'est pas de nature à beaucoup effrayer la petite Chrysidide. N'avons-nous pas vu que ses téguments lui constituent une épaisse cuirasse, qu'elle a la faculté de se rouler en boule de façon à ne présenter aucune partie vulnérable? Vous apercevez le Crabron ou l'Abeille solitaire trouvant une Chrysidide dans son nid; le propriétaire légitime s'élance sur l'intrus, faisant des efforts inouïs pour le piquer d'un coup d'aiguillon, mais l'aiguillon est impuissant à percer la cuirasse de la Chrysidide.

Les larves des Chrysidides s'attachent aux flancs des larves de l'espèce nidifiante et la dévorent; au terme de leur croissance, elles filent une coque pour y subir leur transformation en nymphe. La vie des larves de nos petits Hyménoptères dorés n'a pas encore été étudiée cependant avec toute la rigueur désirable.

Les Chrysides proprement dites, surtout caractérisées par la forme ovalaire de l'abdomen et par les palpes de la lèvre presque aussi longs que ceux des mâchoires, forment le principal genre de la famille. La Chryside enflammée (*Chrysis ignita*), l'espèce la plus commune, qui est d'un vert bleu, avec l'abdomen d'un rouge de feu étincelant, dépose ses œufs dans les nids de divers Fouisseurs : Crabrons, Cercéris, Odynères.

Les espèces du genre Hédychre, qui diffèrent des Chrysides par l'abdomen presque hémisphérique et par les palpes des mâchoires beaucoup plus longs que ceux de la lèvre, sont aussi de charmants Insectes. Lepeletier de Saint-Fargeau rapporte avoir vu un Hédychre royal (*Hedychrum regium*) entrant dans le nid d'une Osmie et surpris par la légitime propriétaire. La scène fut curieuse. L'Osmie, s'élançant sur l'Hédychre, le saisit avec ses mandibules, mais celui-ci, s'étant contracté en boule, était invulnérable. Après l'avoir vigoureusement secoué, l'Osmie ne pouvant faire mieux, lui coupa les ailes et s'en retourna aux champs. Malgré son accident, la Chrysidide revint pondre son œuf dans le nid d'où elle avait été violemment expulsée.

Les Stilbes, faciles à reconnaître à leur abdomen très-voûté, à leur thorax prolongé en épine et à leurs palpes égaux, se rencontrent seulement dans les régions chaudes. Le Stilbe brillant (***Stilbum calens***) n'est pas rare dans le midi de la France.

Les Parnopes, qui se distinguent de toutes les autres Chrysidides à leurs palpes très-petits, n'ayant que deux articles, sont représentées en France par une jolie espèce verte, avec l'abdomen couleur de chair, la Parnope rosée (***Parnopes carnea***). Celle-ci dépose ses œufs dans les nids des Bembex.

LES HYMÉNOPTÈRES HÉTÉROGYNES

(*Formicides*).

Les Hyménoptères ainsi qualifiés, ce sont les Fourmis; la qualification, empruntée à Latreille, n'a en réalité aucune importance, et si nous la mentionnons, c'est à défaut d'un autre terme général plus heureux, pouvant être opposé à ceux de Parasites, de Fouisseurs, etc. Le mot ***hétérogynes*** signifie des femelles de plusieurs sortes; il s'applique justement aux Fourmis, mais il s'appliquerait aussi bien aux Guêpes, aux Bourdons, aux Abeilles.

Les Fourmis, on n'a qu'à les nommer pour être certain de n'avoir à redouter de méprise de personne. Connues dans l'univers entier sont les Fourmis, mais non pas connues partout bien avantageusement. On les cite comme des Insectes d'un contact désagréable, comme des Insectes destructeurs, envahisseurs au suprême degré. En un mot, c'est une mauvaise réputation que les Fourmis portent avec elles en tout pays; seuls, les observateurs et les philosophes leur accordent un véritable tribut d'admiration.

C'est qu'aussi c'est un monde des plus merveilleux de tout le

Règne animal. Les Fourmis, qui constituent une grande famille de l'ordre des Hyménoptères, ont été remarquées dans tous les temps. Les anciens en ont parlé en se montrant très-émerveillés de leurs travaux, sans comprendre ce qu'il y a d'admirable dans les sociétés que chacun appelle des *fourmilières*. En l'absence d'observations sérieuses, l'imagination se donnait carrière, mais sur de tels sujets l'imagination est pâle à côté de la réalité. Ce qui, dans l'antiquité, excitait surtout l'intérêt à l'égard des Fourmis, c'était l'idée fausse, encore peut-être entretenue aujourd'hui, que ces Insectes amassaient des provisions et se distinguaient par le goût des richesses et d'une sage économie. On verra comment s'était formée cette croyance.

Il a fallu les investigations modernes pour apprendre à connaître un peu les sociétés des Fourmis. Swammerdam, le premier, s'assura de la véritable nature des habitants d'une fourmilière; ses études anatomiques le conduisirent à voir que les ouvrières sont des femelles chez lesquelles demeurent atrophiés les organes de la reproduction, en un mot, des individus neutres. Plus tard, de Geer, Linné, Latreille, consignèrent quelques observations particulières sur les mœurs de ces Insectes. Mais le véritable historien des Fourmis est du commencement de ce siècle ; c'est Pierre Huber (de Genève), le fils de François Huber, le célèbre historien des Abeilles. Son ouvrage, publié en 1810, a été une révélation. Il restera toujours un modèle de patience soutenue, de sagacité profonde ; l'exposition des faits porte dans tous les détails un cachet de vérité du plus grand charme, et la simplicité de l'expression n'empêche pas l'enthousiasme de l'auteur de se manifester pour le petit monde qu'il a si bien étudié.

Les Fourmis, comme tous les Insectes qui exécutent en commun des travaux considérables, les Guêpes, les Abeilles, etc., ont semblé constituer des sociétés ayant beaucoup d'analogie avec les sociétés humaines. L'analogie est moins grande sans doute qu'on ne l'a supposé. Un concert de tous les instants, le fait est certain, s'établit entre les individus de la population, et l'œuvre commune se poursuit, s'achève avec le concours de tous ou au moins du plus grand nombre. C'est merveilleux, mais on ne trouve là rien de semblable à ce qui est inévitable dans toute société humaine: une hiérarchie, des individus qui commandent et des individus qui obéissent. Dans les sociétés des Insectes, suivant toute apparence, la plus parfaite égalité règne entre tous les individus; aucun ne commande en laissant ou en faisant travailler les autres, tout le monde travaille, tout le monde s'entend et s'aide mutuellement, chacun dominé par l'*instinct du devoir*. Voilà au moins ce qui paraît être la vérité. Beaucoup d'auteurs se sont imaginé que les Insectes industrieux qui vivent en commun obéissaient à des chefs, en un mot, avaient un gouvernement. Une semblable opinion est fondée uniquement sur ce qui se passe parmi les hommes; tous les faits bien constatés parmi les animaux tendent à prouver que dans les sociétés des Fourmis comme dans celles des Guêpes et des Abeilles, tous les individus prennent une part égale au gouvernement, les prétendus *rois* et les prétendues *reines*, objets de soins particuliers, n'ont aucune autorité; s'ils ne travaillent pas, ils n'ont à s'occuper en aucune façon des travaux du peuple.

Les Fourmis, comme presque tous les Hyménoptères, naissent à un degré de développement très-peu avancé, et dans une condition plus imparfaite que beaucoup d'autres encore. Les larves, ayant des pièces buccales très-petites et très-faibles, sont même incapables de prendre les aliments qui se trouveraient à leur portée. Elles ont besoin qu'on leur mette leur nourriture à la bouche; en un mot, elles réclament des soins de tous les instants. Ces soins leur sont donnés avec une étonnante sollicitude par les ouvrières, véritables nourrices, et en même temps architectes pleins d'habileté pour édifier des logements spacieux et commodes.

Entre les différents Hyménoptères, les Fourmis, dont toutes

les espèces réunies constituent la famille des Formicides, se font aisément reconnaître. Une tête de forme triangulaire; des antennes coudées, dont le premier article, toujours très-long, figure une sorte de tige; une lèvre supérieure large, des mandibules fortes, des mâchoires et une lèvre inférieure courtes; des pattes grêles et longues; un abdomen ovale attaché au thorax par un pédicule court et assez mince, sont autant de particularités caractéristiques des Fourmis.

Ces Insectes, au reste, ont un aspect propre tellement spécial, que personne n'hésite à les reconnaître sans examen. Il est vrai de dire cependant que les Fourmis les mieux connues de tout le monde sont les ouvrières, les individus neutres, les individus au thorax étroit, toujours privés d'ailes, qui courent par les chemins, par les sentiers, sur les plantes, que l'on rencontre partout. Les mâles et les femelles ne se montrent qu'à certaines époques de l'année, et se distinguent des ouvrières par leur thorax beaucoup plus large, portant des ailes.

Les espèces aujourd'hui connues de cette grande famille des Fourmis sont nombreuses, et comme, entre elles, il existe dans les formes extérieures et dans quelques particularités organiques, des différences assez importantes, tous les auteurs ont admis des genres et de petits groupes très-reconnaissables à des caractères faciles à constater. Les groupes sont les Formicites, les Ponérites et les Myrmicites. Chez les premiers et les seconds, l'anneau basilaire de l'abdomen forme un seul nœud, mais les femelles et les ouvrières des Ponérites ont un aiguillon et celles des Formicites n'en ont pas. Les Myrmicites ont un aiguillon de même que les Ponérites, mais le premier anneau de leur abdomen forme deux nœuds.

Parmi les Formicites, nous reconnaîtrons les espèces pour lesquelles a été réservé plus spécialement le nom générique de Fourmis (***Formica***) à leurs mandibules triangulaires, très-dentées. Ces mandibules sont des instruments de travail.

Toutes les espèces de Fourmis ayant leurs habitudes propres, il est bon, pour la précision, de commencer par examiner l'une d'elles en particulier. La Fourmi à laquelle nous voulons donner notre principale attention n'est pas rare. Pour peu que l'on fréquente les bois, les taillis, on est certain de la rencontrer par-

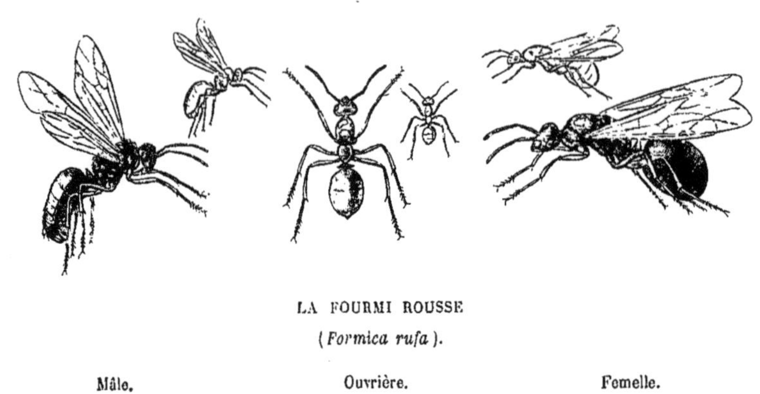

LA FOURMI ROUSSE
(*Formica rufa*).

Mâle. Ouvrière. Femelle.

tout sur son chemin. Il n'est assurément personne, dans l'Europe centrale, qui ne l'ait vue et remarquée en maintes circonstances, qui n'ait remarqué tout au moins les ouvrières, sans cesse en excursion. Notre Fourmi est la Fourmi rousse (***Formica rufa***) ; le nom ne convient qu'à l'ouvrière, mais l'ouvrière surtout mérite notre intérêt. Son corps est d'un roux ferrugineux, avec une tache noire sur la tête et quelquefois sur le thorax, l'abdomen noirâtre en dessus, à l'exception du pédicule. La femelle, ayant la même teinte générale que l'ouvrière, est luisante et comme polie, avec les parties supérieures de la tête, du thorax et de l'abdomen d'un beau noir et les ailes un peu enfumées à la base. Le mâle, presque de la taille de la femelle, est tout noir et couvert d'une très-fine pubescence.

Examinons les demeures de notre Fourmi rousse. Nous sommes dans un bois, là, où le fourré n'est pas très-épais ; au pied des Chênes apparaissent des monticules peu élevés, mais d'une étendue parfois très-considérable. A la surface, c'est un amas de petits morceaux de bois, de brins de chaume, de cailloux, de grains de blé ou d'avoine, et de terre. Au premier abord, on ne se doute pas de la manière intelligente dont ces matériaux, entassés confusément en apparence, ont été disposés. Nous donnons un coup de pioche dans ce nid, voilà une partie de la toiture brisée; les pauvres Fourmis, fort inquiètes, arrivent en foule du côté où la brèche a été pratiquée : on les voit aussitôt s'occuper de réparer le dégât; l'activité qu'elles apportent à ce travail est inouïe. Mais avant que la toiture ait été reconstruite, nous avons le temps de reconnaître les dispositions intérieures de l'édifice. Quelquefois l'habitation descend à une assez grande profondeur; les Fourmis ont exécuté successivement des travaux de déblai, de façon à agrandir le domicile quand la population s'est accrue. Partout c'est un enchevêtrement de morceaux de bois, tous à peu près de la même dimension, que l'on pourrait croire empilés au hasard. En y regardant avec attention, on voit que ces bûchettes sont disposées de façon à circonscrire des chambres, des couloirs, des avenues un peu irrégulières, il est vrai, mais réunissant tous les avantages pour une circulation facile dans toutes les parties de l'édifice. Une inspection attentive fait bientôt reconnaître que les petits morceaux de bois sont placés avec une singulière habileté; étayés les uns par les autres, ceux de la partie profonde de la fourmilière enfoncés dans la terre, soutenus enfin de manière à ne jamais s'affaisser les uns sur les autres, à moins d'un choc très-violent. En différents endroits, les intervalles que laissent entre elles les bûchettes sont remplis par certains matériaux, des brins d'herbes desséchés, de la terre, des graines. C'est la présence des graines employées par les Fourmis comme matériaux de construction qui a donné à croire que ces Insectes amassaient des provisions. Les Fourmis ne mangent pas de blé; leur nourriture consiste en matières fluides ou au moins assez molles; elles vivent au jour le jour, la prévoyance dont on les a trop

Rabyy
G. BURGUN.

généreusement gratifiées ne leur est pas nécessaire. Comme la plupart des Insectes, quand vient la saison rigoureuse, elles s'engourdissent et n'ont plus besoin d'aliments.

Si l'on observe un nid de Fourmis rousses à différentes heures de la journée, on est frappé des changements qui s'opèrent continuellement. Est-il de grand matin, tout semble dormir encore dans l'habitation, il n'y a pas d'ouvertures visibles; tout au plus quelques interstices permettent de soupçonner que les Fourmis ont la possibilité de sortir par ces espaces resserrés. Quelques individus commencent à se montrer et à courir sur le dôme de la fourmilière. Il semble que ce sont les premiers individus éveillés. Peu à peu ils deviennent plus nombreux, et l'on voit des Fourmis emportant des bûchettes, déblayant des passages. Si le temps est beau, plusieurs ouvertures spacieuses communiquant avec les principaux passages de l'habitation sont bientôt établies; alors toute la population est en activité, chaque individu au travail. Quand arrive le soir, les laborieux Insectes ferment les issues; ils tiennent à passer la nuit tranquilles, en se garantissant contre les envahisseurs. Dans le cas où survient une pluie, les Fourmis, craignant de voir l'eau pénétrer dans leur demeure, se hâtent de clore les ouvertures; toutes s'empressent vers le même but et apportent des matériaux, de sorte qu'en peu d'instants elles se sont mises à l'abri du danger. Ces opérations si curieuses sont faciles à observer, pour peu que l'on y mette de la patience, et cependant Pierre Huber a été le premier à signaler ces actes qui sembleraient ne pouvoir être que du domaine de la raison. Aussi, avec le bonheur de celui qui a vu ce que les autres n'ont pas su voir, l'excellent naturaliste raconte en détail comment les Fourmis apportaient de petites poutres auprès des galeries dont elles voulaient diminuer l'entrée, et les plaçaient au-dessus de l'ouverture, comment elles allaient en chercher de moins grosses à mesure que l'ouvrage avançait. Enfin, après avoir rapporté toutes les manœuvres dont il a été témoin en cette circonstance,

Huber s'écrie : « N'est-ce pas là, en petit, l'art de nos charpen- » tiers, lorsqu'ils établissent le faîte du bâtiment ? La nature » semble avoir partout devancé les inventions dont nous nous » glorifions. » Huber a raison, si d'habiles observateurs avaient existé dans les sociétés primitives, les connaissances que des peuples civilisés ont mis des siècles à acquérir eussent été bien vite obtenues.

Nous avons décrit les nids de la Fourmi rousse, tels que nous les trouvons quand ils ont une nombreuse population, comme celui dont nous donnons ici l'image, exécutée au bois d'Aunay, près Paris, par un artiste de talent; mais ces nids ont eu leur commencement, et ce commencement mérite d'être signalé.

Le jour où des émigrants abandonnent une habitation surchargée d'habitants, ils choisissent un emplacement pour fonder une colonie, presque toujours le pied d'un arbre. Les Fourmis ont avant tout à exécuter un travail de mineurs ; elles creusent le sol avec leurs mandibules, et après un labeur longtemps soutenu, elles ont une cavité. C'est alors que les bûchettes et les autres matériaux de construction sont apportés, enfoncés dans le sol, maintenus avec de la terre, enchevêtrés avec une habileté digne de l'art de l'ingénieur. Les chambres, les salles plus ou moins vastes, les galeries, se construisent dans la partie basse, les étages se superposent ensuite.

Aux premiers jours du printemps, si nous ouvrons sans pitié une des vastes demeures de la Fourmi rousse, nous n'y trouverons point d'individus ailés, mais la foule des ouvrières et quelques femelles privées d'ailes ; malgré l'absence d'organes de vol, ces dernières se font reconnaître à leur thorax épais, à leur coloration. Toutes les femelles des Fourmis naissent avec des ailes; peu de temps après leur naissance, elles quittent le domicile en compagnie de nombreux mâles. Aussitôt fécondées, soit qu'elles se trouvent ramenées à la fourmilière où elles sont nées, soit qu'elles se fixent ailleurs, elles arrachent leurs ailes; si des ouvrières les entourent, celles-ci leur prêtent leur concours dans cette opération. Ces femelles auront désormais une vie toute sédentaire ; les organes du vol sont devenus inutiles, autant s'en débarrasser. Au moins est-ce ici la loi de la nature. Les ailes des Fourmis femelles ont les nervures divisées à la base, de façon à se couper exactement par un effort peu considérable, sans que l'Insecte puisse en ressentir aucune souffrance.

Les femelles fécondes commencent à pondre dès les premiers beaux jours de l'année. Leurs œufs, blancs, extrêmement petits, grossissent sensiblement dans le temps qui s'écoule depuis la ponte jusqu'à l'éclosion des larves. Les ouvrières en prennent les plus grands soins : elles les placent dans des chambres spéciales, elles semblent par moments les lécher ; elles les transportent alternativement aux étages supérieurs et aux étages inférieurs de l'habita-

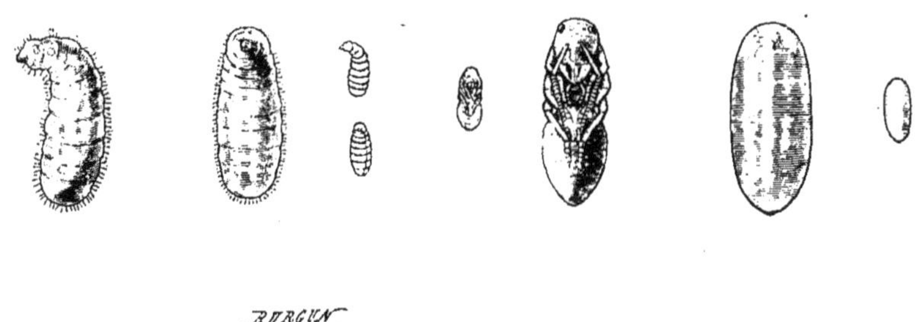

LARVES ET NYMPHES DE LA FOURMI ROUSSE

(*Formica rufa*).

La larve vue de dos et de profil, grossie et de grandeur naturelle. — La nymphe vue en dessous, grossie et de grandeur naturelle. — La coque de la nymphe grossie et de grandeur naturelle.

tion. Ceci dans le but de les exposer à une certaine chaleur ou de les garantir d'une chaleur trop forte. Les larves éclosent, surcroît de besogne pour les laborieux Insectes. Les Fourmis que nous avons vues architectes habiles, sont appelées à exercer la profession de nourrices; nulle part on ne trouverait de nourrices plus attentives, plus vigilantes, plus dévouées. Les petites larves, vermiformes, incapables de se déplacer, ont juste l'instinct de redresser un peu la tête, et d'écarter leurs petites pièces buccales pour recevoir leur subsistance de la bouche des nourrices.

Ces nourrices agissent comme les oiseaux donnant la becquée à leurs petits. Ce n'est pas pour elles seules que les Fourmis sont avides de liqueurs sucrées, de miel, de jus de fruits, c'est plus encore pour les larves, auxquelles il faut apporter la subsistance.

Les goûts des Fourmis sont connus de tout le monde. A la campagne, chacun se plaint des visites continuelles des Fourmis; elles se montrent partout où il y a des fruits, des sirops, des substances sucrées. On les voit aussi sur les fleurs où elles vont lécher le miel; on les voit encore presque incessamment sur les tiges des plantes chargées de Pucerons. Loin de faire aucun mal à ces Pucerons, elles les frottent doucement, au contraire, avec leurs antennes, et ceux-ci, après cette excitation, font perler à l'extrémité des deux petits tubes situés à l'extrémité de leur abdomen une gouttelette de liqueur sucrée. C'est tout ce que veulent les Fourmis; elles s'empressent de humer cette liqueur. On croirait volontiers que les Pucerons ont été créés pour leur fournir un aliment, car jusqu'à présent on n'en a pas reconnu l'usage pour les Pucerons eux-mêmes.

Dès qu'un endroit favorable à la picorée a été reconnu par une Fourmi, on peut être assuré que des bandes de Fourmis viendront continuellement visiter la place. L'observation mille fois renouvelée a fourni la preuve que ces industrieux Insectes savent se comprendre et se communiquer des idées. On les voit fréquemment s'aborder et se toucher de leurs antennes, ce qui a conduit la plupart des naturalistes à la conviction, que ces appendices étaient pour eux les instruments d'un langage. On les voit se mettre à plusieurs pour secourir un individu blessé et le ramener à la fourmilière. On les voit combattre avec un ordre et un ensemble inimaginables, lorsque les habitants de deux fourmilières trop voisines se rencontrent souvent et se gênent dans leurs opérations.

Nos Fourmis en campagne, revenant à l'habitation gorgées d'aliments, cèdent une partie de la nourriture tenue en réserve dans leur jabot aux individus demeurés au logis, et surtout aux larves.

Il est admirable de suivre les Fourmis dans les soins qu'elles donnent aux larves d'une manière à peu près incessante. Elles les nettoient en les frottant avec leurs palpes ; elles les portent aux étages supérieurs du nid, dans la matinée, pour leur faire sentir une douce chaleur ; elles les remportent aux étages inférieurs quand le soleil trop ardent pourrait griller ces frêles créatures. Ces transports se répètent plus ou moins souvent, suivant les circonstances atmosphériques. On pourrait s'étonner en voyant l'adresse déployée par les Fourmis saisissant entre leurs dures mandibules ces larves si molles ; jamais un accident n'arrive à ces larves, jamais une blessure produite par une pression exagérée ou par un choc contre les parois des chambres ou des longs corridors de la fourmilière. Les larves de la Fourmi rousse, ayant pris tout leur accroissement, s'enferment dans une coque soyeuse pour y subir leur transformation en nymphes. Les coques sont parfaitement ovalaires, si bien ovalaires, que le monde, en général, les appelle des *œufs de Fourmis*. Ainsi, dans notre siècle de lumières, une foule de personnes éclairées croient imperturbablement que les Fourmis pondent des œufs plus gros qu'elles-mêmes, et ceci ne leur cause aucune surprise. Ne parle-t-on pas sans cesse des *œufs de Fourmis* que l'on recueille pour nourrir les jeunes Faisans ? et ces œufs sont les coques renfermant les nymphes ; ce sont aussi des larves, car on n'y regarde pas de bien près. Les nids de la Fourmi rousse, si nombreux dans les bois et les forêts, sont particulièrement exploités pour les besoins des faisanderies. Dans les cantons où l'on a eu la maladresse de les détruire, on commence à s'apercevoir que les Fourmis peuvent être des Insectes utiles.

Les nymphes, si parfaitement logées dans leur tissu de soie, ne réclament aucune description; elles sont blanches, présentant les formes de l'adulte, comme emmaillottées. Elles, de même que les larves, sont portées successivement par les ouvrières dans les chambres hautes et dans les chambres basses, pour être soumises à une chaleur convenable. Quand les Fourmis éclosent, elles se trouvent trop faibles pour déchirer le tissu soyeux de leur coque. Privées de secours, elles périraient dans leur prison; mais les vigilantes ouvrières ne les perdent pas de vue : s'apercevant qu'il leur est né une compagne, elles s'empressent d'ouvrir sa coque avec leurs mandibules et de la délivrer.

Les Fourmis nouvellement écloses ne sont pas tout de suite en état de se suffire à elles-mêmes et de prendre part aux travaux de la communauté; les anciennes ne doivent pas encore les abandonner : elles commencent par leur présenter de la nourriture ; ensuite elles les accompagnent dans les différentes parties de l'habitation, paraissant avoir à les initier à leur vie nouvelle. C'est une éducation qui marche vite; au bout de peu de temps, les jeunes individus sont en situation de partager les travaux des anciens. En même temps que naissent des ouvrières en grand nombre, naissent aussi des mâles et des femelles. Mâles et femelles ne manifestent qu'un désir, celui de s'envoler. C'est au grand air que les unions doivent se consommer. Le moment arrive où s'échappent les Fourmis ailées. Quelques-unes ne vont pas loin, et les femelles capables de devenir mères sont recueillies par les ouvrières : la plupart, au contraire, se transportent à d'énormes distances; divers auteurs parlent d'essaims de Fourmis ailées qu'ils ont pu suivre franchissant d'immenses espaces. La destinée des mâles est de mourir bientôt après avoir satisfait à leur unique mission; pour les femelles, c'est autre chose, leur rôle de mères va commencer.

Volontiers on avait cru que les femelles fécondées revenaient à l'habitation où avait été leur berceau. P. Huber, dont le sens était si droit, n'admettait rien sans constatation précise. Il voulut savoir ce que devenaient ces femelles emportées au loin, doutant fort de leur habileté à retrouver leur point de départ. L'ingénieux investigateur ne tarda pas à reconnaître la vérité. Sous ses yeux, des femelles isolées étaient tombées sur le sol après leur fécondation. Qu'allaient-elles donc devenir, hors de la vue, et ainsi de tout secours possible de la part des ouvrières ? Ces pauvres Insectes étaient-ils condamnés à mourir obscurément? L'observation apprit ce que l'on n'aurait jamais supposé. Une femelle parfaitement seule s'enfonce dans une petite cavité, se débarrasse de ses ailes, et se faisant ouvrière, elle construit un petit nid, pond une petite quantité d'œufs, et devenant mère et nourrice à la fois, elle élève ses larves. C'est une génération d'ouvrières; adultes, celles-ci agrandiront l'humble demeure, elles exécuteront tous les travaux, et, à partir de ce moment la mère se reposera. Huber ne s'est pas contenté de voir ce qui se passait dans les bois ou dans la campagne ; pour plus de certitude, il a fait l'expérience en emprisonnant une seule femelle dans une cage.

En nulle circonstance, on ne peut mieux apprécier l'activité et l'intelligence des Fourmis que lorsqu'un accident survient à leur demeure. Dans le moment où nous faisions exécuter le dessin du nid de la Fourmi rousse, une brèche ayant été ouverte dans une de ces habitations, dans le but d'examiner certains points, les larves et les nymphes qui étaient placées dans les chambres supérieures vinrent à rouler les unes sur les autres en grand nombre. Quelques ouvrières se trouvant sur le terrain même du désastre se précipitent au secours des victimes. Chaque ouvrière emporte une larve ou une nymphe entre ses mandibules. En un clin d'œil l'alarme est donné dans la fourmilière, des centaines d'individus arrivent à la fois sur le théâtre de l'accident, et tout aussitôt larves et nymphes sont emportées dans les profondeurs de l'habitation. Ce premier devoir rempli, on procède sans retard à la réparation du nid ; les Fourmis reprennent les bûchettes amoncelées et les emploient à reconstruire. Tout marche si bien et si vite, qu'une heure après il était difficile d'apercevoir les traces du dégât.

Si la plupart des espèces de Fourmis se ressemblent par leurs habitudes, par leurs instincts, par l'intelligence, chaque espèce affectionne une situation particulière, établit ses constructions d'après un plan spécial, et présente toujours quelques détails de mœurs qui lui sont propres.

Huber a qualifié de Fourmis maçonnes les espèces qui n'emploient pas d'autres matériaux que la terre. Il y en a deux, fort communes en France et dans une grande partie de l'Europe : la Fourmi noir-cendrée (***Formica fusca***) et la Fourmi mineuse (***Formica cunicularia***). Chez la première, les individus neutres sont d'un brun noirâtre, avec une fine pubescence cendrée, les antennes et les pattes roussâtres ; les femelles d'un noir brillant, les mâles un peu cendrés avec les pattes fauves. Chez la seconde, les ouvrières sont d'un roux ferrugineux, avec le dos plus brun ainsi que les pattes, la femelle à peu près de la même nuance, et les mâles noirs avec les pattes testacées. La Fourmi noir-cendrée creuse le sol et dispose, à l'intérieur d'une grande cavité, des loges, des couloirs, des avenues plus ou moins spacieuses ; des étages sont superposés quelquefois en nombre considérable, et le nid forme à l'extérieur une sorte de voûte. La Fourmi mineuse construit à peu près de la même façon, mais jamais sa demeure ne s'élève au-dessus du sol. Ces Insectes pétrissent la terre avec leurs mandibules, en forment des piliers, des colonnes, des cloisons, ne négligeant pas de remplir les fentes, de faire disparaître les inégalités, agissant enfin comme le feraient d'habiles constructeurs.

Huber décrit minutieusement les opérations qu'il a observées, et puis en quelques lignes il trace le tableau de l'ensemble : « Cette foule de maçonnes, dit le patient naturaliste, arrivant de

» toutes parts avec la parcelle de mortier qu'elles vouloient ajou-
» ter au bâtiment, l'ordre qu'elles observoient dans leur opéra-
» tion, l'accord qui régnoit entre elles, l'activité avec laquelle
» elles profitoient de la pluie pour augmenter l'élévation de leur
» demeure, offroient l'aspect le plus intéressant pour un admi-
» rateur de la nature. »

Ces Fourmis maçonnes ne peuvent travailler pendant la sécheresse ; elles n'auraient aucun moyen de pétrir la terre. Huber rapporte qu'un jour les Fourmis en observation n'eurent pas le temps de finir un étage commencé, la pluie cessa avant l'achèvement du plafond, et le vent ayant desséché trop promptement les premiers travaux, les matériaux déjà employés s'égrenaient. Les laborieux Insectes, reconnaissant avoir fait de mauvaise besogne, détruisirent tout ce qui avait été édifié dans de fâcheuses conditions. On ne saurait vraiment se montrer plus intelligent. Dans un temps de sécheresse, Huber voulut savoir s'il parviendrait à faire travailler les Maçonnes en arrosant leur fourmilière par une pluie artificielle. Les Fourmis, sans s'inquiéter le moins du monde d'où leur arrivait la bonne fortune, se mirent au travail; « elles allèrent, dit notre auteur, se pourvoir de brins
» de terre au fond du nid, revinrent les placer sur le faîte, et
» bâtirent des murs, des caves, en un mot, un étage complet en
» quelques heures. »

D'autres Fourmis s'établissent dans les vieux troncs et sculptent le bois avec un art merveilleux. L'espèce la plus répandue de cette catégorie, est la Fourmi fuligineuse (*Formica fuliginosa*), très-facile à reconnaître à sa couleur d'un noir brillant, à sa grosse tête échancrée en arrière et à ses tarses d'un roux pâle. Ses logements défient presque toute description. Que l'on se figure des étages en quantité incroyable, presque toujours horizontaux, des plafonds et des planchers de l'épaisseur d'un papier fort, des cloisons verticales aussi minces, circonscrivant des chambres, des loges, des salles en nombre immense; sur certains endroits, au lieu de cloisons, de petites colonnettes qui ménagent des perspectives, et l'on aura à peine une idée de semblables palais où les habitants trouvent toutes les commodités, toutes les aisances de la vie.

Plusieurs sortes de Fourmis ont des habitudes analogues à celles de la Fuligineuse, et quelques-unes, comme la Fourmi échancrée (***Formica emarginata***), ne dédaignant pas de s'installer dans les poutres des maisons, altèrent singulièrement ainsi la solidité des édifices.

Les différentes Fourmis que nous venons de signaler, et beaucoup d'autres encore, se distinguant chacune par son genre de construction, paraissent se comporter toutes à peu près de la même manière dans l'éducation de leurs larves. Mais il en est, comme la Fourmi sanguine (***Formica sanguinea***), une petite espèce d'un roux ferrugineux, avec le dessus de l'abdomen et les pattes rembrunies, qui s'établit dans les nids d'autres espèces, notamment de la Fourmi brune (***F. fusca***) et quelquefois de la Fourmi mineuse; elle va aussi attaquer ces espèces pour s'emparer de leurs nymphes et se procurer des esclaves. C'est là un fait vraiment prodigieux auquel nous ne nous arrêtons pas ici, devant le retrouver dans l'histoire mieux connue d'un autre type.

Pour achever ce qui concerne en propre les espèces du genre Fourmi, il nous faut considérer les relations de ces Hyménoptères avec d'autres Insectes. Les Fourmis, sans exception, recherchent les Pucerons afin de humer la liqueur sucrée qu'ils produisent, et pour la plupart au moins elles vont, comme la Fourmi rousse, leur faire de fréquentes visites sur les végétaux auxquels ils sont fixés ; dans un but semblable, elles se rendent également auprès des Kermès, des Cochenilles, de tous ces Hémiptères enfin, souvent appelés les ***Gallinsectes***, et que l'on voit attachés aux feuilles d'une foule de végétaux. Dans les régions du monde où il n'existe ni Pucerons, ni Kermès, les Fourmis trouvent des Cicadelles qui leur rendent le même service. Cette recherche est déjà fort curieuse sans doute, mais encore pourrait-on la trouver d'un peuple assez primitif. Il est des circonstances où les Fourmis font mieux que d'aller au loin recueillir les petites gouttelettes de la liqueur toujours désirée ; elles apportent des Pucerons dans le voisinage de leur fourmilière ou dans leur fourmilière même. Les relations des Fourmis avec les Pucerons sont connues depuis longtemps. Avec sa concision ordinaire, Linné a peint le rapport de ces deux sortes d'êtres : le Puceron, a-t-il dit, est la vache des Fourmis (*Aphis Formicarum vacca*), et le grand naturaliste ne croyait pas encore dire si vrai; comme tout le monde, il pensait que les Fourmis se bornaient à aller plus ou moins loin visiter les Pucerons. Il n'en est pas autrement, en effet, pour beaucoup d'espèces ; mais plusieurs Fourmis, d'habitudes fort sédentaires, transportent les Pucerons chez elles, choisissent ceux qui vivent sur des Graminées, sur des racines, sur des plantes basses. Ces Fourmis, toujours fort attentives à bien traiter leurs Pucerons, ont donc de véritables troupeaux : « Une fourmi-» lière, dit Huber, est plus ou moins riche selon qu'elle a plus » ou moins de Pucerons ; c'est leur bétail, ce sont leurs vaches et » leurs chèvres : on n'eût pas deviné que les Fourmis fussent des » peuples pasteurs ! »

Ce n'est pas tout : depuis longtemps les entomologistes se sont aperçus que divers petits Insectes vivaient d'une manière constante avec les Fourmis dont ils ne recevaient que de bons traitements. Les amateurs de Coléoptères, qui n'ont d'autre ambition que de se procurer les Insectes pour les piquer dans leurs collections, vont tamiser les matériaux composant les fourmilières, afin d'y trouver plusieurs petites espèces : des Psélaphides, des Staphylinides. Les Psélaphides, dont on trouvera les caractères énoncés dans le chapitre suivant, et notamment les Clavigères, portent des poils tubuleux que les Fourmis lèchent fréquemment ; il paraît y avoir là une sécrétion particulière. Ces Clavigères, observés en premier lieu par le célèbre physiologiste

J. Müller, ont été récemment plus étudiés dans leurs rapports avec les Fourmis par M. Lespès, de la Faculté des sciences de Marseille. Les Clavigères, remarque ce naturaliste, ne savent pas prendre leur nourriture, ils la reçoivent de la bouche des Fourmis, qui ont l'instinct d'entretenir obligeamment les petits êtres dont elles tirent un excellent parti pour elles-mêmes.

Une Fourmi assez répandue dans l'Europe centrale est devenue le type du genre Polyergue (*Polyergus*) : c'est une Fourmi bien caractérisée, ayant des mandibules arquées, étroites, aiguës à l'extrémité. Ces mandibules méritent d'être considérées; ne pouvant se toucher dans leur milieu, privées de dentelures au bord interne, il est évident que ce ne sont pas des instruments de travail, mais des armes pour le combat. Les Polyergues, en effet, ne savent rien édifier, et cependant leurs larves réclament les mêmes soins que celles des autres Fourmis.

Le Polyergue roussâtre (*Polyergus rufescens*) est une petite Fourmi d'un roux assez clair, n'ayant pas plus de 6 à 7 millimètres de long; la femelle, qui est à peu près de la même teinte, a des marques noires sur le thorax; le mâle est d'un brun noir, avec les pattes jaunâtres.

Le Polyergue roussâtre habite des nids en terre où se trouvent ordinairement des Fourmis brunes (*F. fusca*) ou des Fourmis mineuses (*F. cunicularia*). Le Polyergue ne construisant pas son nid, ne possédant pas d'instruments de travail, le fait construire par des esclaves. La *traite* existe parmi les Fourmis depuis l'origine du monde. C'est Huber encore qui a reconnu ce fait jusque-là inouï de l'histoire des animaux. Empruntons-lui la page où il raconte la première phase de sa découverte; la simplicité de la narration n'empêche pas de voir que l'auteur sent combien a été bonne la journée du 17 juin 1804. L'histoire de la vie des êtres s'est enrichie, en effet, dans cette journée, de l'une de ses pages les plus intéressantes.

« Le 17 juin 1804, dit P. Huber, en me promenant aux envi-

» rons de Genève, entre quatre et cinq heures de l'après-midi, » je vis à mes pieds une légion d'assez grosses Fourmis rousses » ou roussâtres qui traversoient le chemin. Elles marchoient » en corps avec rapidité; leur troupe occupoit un espace de » 8 à 10 pieds de longueur sur 3 ou 4 pouces de large; en peu » de minutes elles eurent entièrement évacué le chemin: elles » pénétrèrent au travers d'une haie fort épaisse, et se rendirent » dans une prairie où je les suivis; elles serpentoient sur le » gazon sans s'égarer, et leur colonne restoit toujours continue, » malgré les obstacles qu'elles avoient à surmonter.

» Bientôt elles arrivèrent près d'un nid de Fourmis noir-» cendrées; dont le dôme s'élevoit dans l'herbe, à vingt pas de » la haie. Quelques Fourmis de cette espèce se trouvoient à la » porte de leur habitation. Dès qu'elles découvrirent l'armée » qui s'approchoit, elles s'élancèrent sur celles qui se trou-» voient à la tête de la cohorte; l'alarme se répandit au même » instant dans l'intérieur du nid, et leurs compagnes sortirent » en foule de tous les souterrains. Les Fourmis roussâtres, dont » le gros de l'armée n'étoit qu'à deux pas, se hâtoient d'arriver » au pied de la fourmilière; toute la troupe s'y précipita à la » fois et culbuta les noir-cendrées qui, après un combat très-» court, mais très-vif, se retirèrent au fond de leur habitation; » les Fourmis roussâtres gravirent les flancs du monticule, » s'attroupèrent sur le sommet, et s'introduisirent en grand » nombre dans les premières avenues; d'autres groupes de ces » Insectes travaillèrent avec leurs dents à se pratiquer une » ouverture dans la partie latérale de la fourmilière : cette » entreprise leur réussit, et le reste de l'armée pénétra par la » brèche dans la cité assiégée. Elle n'y fit pas un long séjour : » trois ou quatre minutes après, les Fourmis roussâtres res-» sortirent à la hâte par les mêmes issues, tenant chacune à » leur bouche une larve ou une nymphe de la fourmilière » envahie. Elles reprirent exactement la route par laquelle

» elles étoient venues, et se mirent sans ordre à la suite les » unes des autres..... »

Il y avait lieu d'être surpris de voir une semblable expédition, et il était difficile au premier abord d'en comprendre le but. Témoin, à diverses reprises, de pareilles scènes souvent observées depuis par divers naturalistes, Huber eut bientôt l'occasion de rencontrer ces Fourmis aux habitudes guerrières, qu'il appelle les *Amazones* ou les *Légionnaires*. Elles vivaient en paix, mêlées, confondues avec les *Noir-cendrées*. La bonne intelligence, les plus excellents rapports régnaient dans ce camp occupé par deux espèces que l'on avait pu croire ennemies acharnées. Que l'on se figure combien une semblable réunion devait paraître étrange dans un temps où l'on ne possédait aucune notion sur les faits si curieux dont chacun aujourd'hui a, tout au moins, un peu entendu parler, si son esprit n'est pas demeuré absolument confiné dans les ténèbres.

En portant sur ce sujet une attention soutenue, le naturaliste de Genève, dont la patience était incapable de se lasser, eut bientôt l'explication des actes de brigandage des Polyergues roussâtres, les hardies *Amazones*, les audacieuses *Légionnaires*; son âme dut en ressentir la plus grande joie, car jusque-là rien de pareil dans le monde des animaux n'était même soupçonné.

Les Polyergues roussâtres étant incapables de pétrir la terre, de construire des loges, des chambres, puisque leurs mandibules ne sont pas conformées pour un semblable usage; étant incapables de nourrir leurs larves, ont reçu de la nature l'instinct d'obliger les ouvrières d'une autre espèce à exécuter tous les travaux qu'elles ne peuvent exécuter elles-mêmes. Elles se gardent bien de chercher à s'emparer d'ouvrières adultes ; jamais celles-ci ne se soumettraient à l'esclavage; jamais elles ne consentiraient à rester dans une demeure étrangère. Aussi, que font les Amazones? elles s'en prennent uniquement aux nymphes. Les ouvrières qui viennent à éclore, ne connaissant pas d'autre logis que l'endroit où elles sont nées, n'ont aucune envie de fuir; obéissant à leurs instincts, elles se mettent à construire, elles soignent les larves des *Amazones*, comme elles eussent soigné les larves de leur propre espèce, sans s'apercevoir de la différence. Esclaves soumises, elles n'ont probablement pas conscience de leur servitude, et voilà comment les Noir-cendrées et les Amazones vivent en parfaite intelligence.

Une Fourmi bien étrange a été signalée, il y a près de trente ans, par un naturaliste de la Belgique, M. Wesmaël : c'est une espèce du Mexique, devenue le type d'un genre particulier (*Myrmecocystus mexicanus*), chez laquelle l'abdomen, susceptible de se distendre d'une manière prodigieuse, renferme une sorte

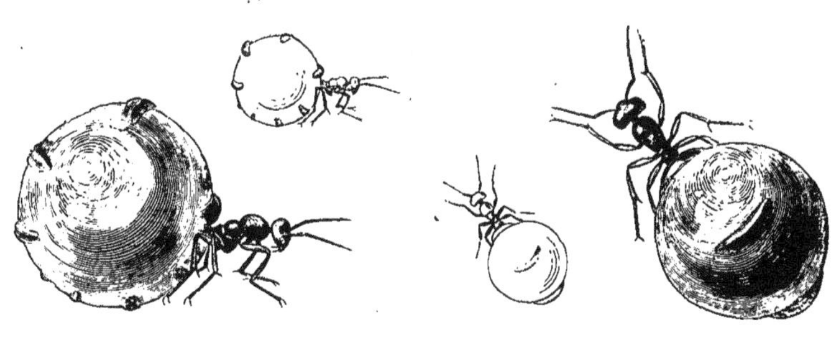

FOURMIS A MIEL

(*Myrmecocystus mexicanus*).

Individus grossis et de grandeur naturelle, vus, l'un de profil, l'autre de dos.

de miel. Les renseignements les plus circonstanciés que nous possédions encore au sujet de ce curieux Insecte sont dus à un auteur mexicain, de la Llave, renseignements qui, publiés dans un recueil à peu près ignoré en Europe, ont été traduits en français par M. Sallé, bien connu des savants par ses voyages en différentes parties de l'Amérique.

Ces Fourmis, assez abondantes, paraît-il, aux environs de la ville de Dolorès, et connues dans le pays sous le nom de *Busi-*

leras, vivent dans des demeures souterraines, qui ne s'annoncent à l'extérieur par aucune éminence. Ces Insectes ont l'abdomen de proportion ordinaire dans les premiers temps de leur vie; mais peu à peu, au moins chez un certain nombre d'individus, cette partie du corps s'élargit, et le moment arrive où elle est distendue de façon à ressembler à une boule transparente : l'intestin semble avoir subi une extrême dilatation, par suite d'une énorme accumulation de matière sirupeuse. Dans cet état de réplétion, les Fourmis à miel, incapables de marcher, demeurent suspendues au plafond des galeries de leur habitation. Les femmes et les enfants de la campagne creusent les nids pour y chercher les ***Busileras***, et, récolte faite, sucent avec délices la partie mellifère. Mais, si l'on veut en servir sur une table, on détache les têtes et les thorax, et les parties mellifères, semblables à de petites vessies, sont mises sur une assiette.

Comment est amenée cette singulière accumulation de matière sucrée dans l'intestin de la Fourmi mellifère? Quel rôle, dans la fourmilière, jouent ces individus gonflés et inertes? Le rôle de nourrice probablement. Toute certitude manque à cet égard.

Dans le groupe des Ponérites, nous comptons peu de genres. Ce sont d'abord les Ponères, dont la tête triangulaire est à peine échancrée en arrière, dont les mandibules, élargies à l'extrémité, sont garnies de plusieurs dents. Ces Insectes sont surtout répandus dans les régions chaudes du globe ; il y en a peu d'espèces en Europe, une seule dans notre pays, la Ponère resserrée (***Ponera contracta***), très-petite espèce, s'établissant dans la terre, sous des pierres, et formant des sociétés peu nombreuses.

Une autre Fourmi d'un roux pâle, ayant beaucoup de ressemblance avec les Ponères, paraissant vivre de la même manière, et très-remarquable par ce fait que toutes les ouvrières sont aveugles (les mâles et les femelles sont inconnus), a été découverte en Algérie par M. Lucas. Elle est considérée comme appartenant à un genre propre, le genre Typhlopone (*Typhlopona oraniensis*). Nulle observation de mœurs n'a été faite encore au sujet de cet Insecte. L'absence d'yeux nous donne la certitude que les ouvrières de cette espèce vivent perpétuellement dans les ténèbres, qu'elles ne doivent jamais sortir de leur retraite. Il faut croire que dans les lieux où elles s'établissent, elles trouvent leur nourriture; mais en quoi consiste cette nourriture? L'observation seule peut l'apprendre.

Des Fourmis de l'Amérique méridionale, d'assez grande taille, les Odontomaches (*Odontomachus*), se font remarquer par leur tête très-grande, fortement aplatie et échancrée en arrière et par leurs longues mandibules multidentées. Cette curieuse conformation fait naître l'idée d'aptitudes assez particulières chez ces Fourmis, mais les voyageurs nous apprennent seulement qu'elles travaillent dans le bois (*Odontomachus chelifer*).

Les Myrmicites sont représentés en Europe par de très-petites espèces; mais dans les régions intertropicales, et surtout en Amérique, où ils sont très-abondants, beaucoup de ces Hyménoptères atteignent une taille assez considérable, la plus grande connue dans la famille des Formicides.

Dans les nids de diverses Myrmicites, il existe deux formes d'ouvrières, les unes ayant une petite tête, les autres une tête énorme. Cette différence a été fréquemment reconnue chez des espèces de l'Amérique du Sud; elle a été signalée depuis longtemps à l'égard d'une espèce de notre pays, et M. Lespès l'a retrouvée chez six ou sept autres Myrmicites. On a appelé du nom de soldats les individus à grosse tête, d'après l'opinion conçue et justifiée par les récits des voyageurs, qu'ils devaient avoir pour fonction la défense de l'habitation. La supposition que ces individus plus robustes et mieux armés que les simples ouvrières pouvaient être des ***neutres mâles*** s'est naturellement présentée sans avoir été résolue jusqu'à présent par les investigations anatomiques nécessaires. Toutefois M. Lespès a vu chez nos espèces indigènes les deux sortes de neutres se livrer aux mêmes travaux dans l'intérieur du nid.

Les petites Myrmices de France, qui ont de larges mandibules et de longs palpes maxillaires, forment en général de petites réunions. La Myrmice rougeâtre (*Myrmica rubida*) s'établit sous des pierres et creuse des galeries dans la terre. Plusieurs espèces font leur installation sous la mousse, dans les bois. Quelques-unes recherchent les endroits sablonneux (*Myrm. structor*, etc.); d'autres se logent dans les vieux troncs (*M. acervorum*); une très-petite espèce, longue de 2 millimètres, la Myrmice domestique (*M. domestica*), que l'on suppose avoir été importée en Europe, vit dans les maisons, où elle mine les poutres, les boiseries. Rare en France, mais plus répandue en Angleterre, elle a causé de graves dégâts dans plusieurs villes, notamment à Brighton, rapportent MM. Shuckard et Westwood.

Une découverte curieuse, encore récente, due au professeur Schenck (de Nassau), est celle d'une sorte de Myrmice dont les mandibules, conformées comme celles des Polyergues, ne peuvent servir comme instruments de travail. Cet Insecte, dont un professeur de Pesth, qui s'est beaucoup occupé des Fourmis, M. Mayr, a fait un genre particulier (*Strongylognathus*), prend pour auxiliaires ou pour esclaves les ouvrières d'une Myrmice (*M. cæspitum*). C'est dans le groupe des Fourmis à aiguillon le représentant du Polyergue, qui est du groupe des Fourmis sans aiguillon. Les Attes, au corps inerme, et les Œcodomes, au corps épineux, sont de grandes Fourmis des pays chauds, et surtout de l'Amérique, qui ont de très-petits palpes. L'Œcodome céphalote (*OEcodoma cephalotes*) abonde au Brésil. L'ouvrière, d'un brun noir, a la tête énorme, épineuse en arrière, et le thorax garni de six tubercules; la femelle, très-grosse, avec la tête dans les proportions ordinaires, est toute brune. C'est une des espèces qui se réunissent parfois en nombre immense pour exécuter de longs voyages, une des espèces qui ont été nommées les ***Fourmis de visite***, parce qu'à certaines époques, assure-t-on, ces Fourmis, arrivant à l'improviste, envahissent les maisons, les débarrassent d'une foule d'animaux malfaisants, et s'en retournent ensuite comme elles étaient venues. Les notions qui nous ont été transmises sur ces singulières expéditions par de nombreux voyageurs sont encore bien vagues; Pierre Huber n'a pas été les observer. Il n'est pas douteux, au reste, que les grandes Fourmis des tropiques attaquent souvent des animaux pour les sucer.

L'Œcodome céphalote emploie des feuilles pour construire son nid, et ce qu'il y a de plus précis à cet égard, c'est le fait rapporté par M. Lund. Ce voyageur, passant près d'un arbre isolé en pleine végétation, est surpris d'entendre, par un temps calme, des feuilles tombant comme la pluie; il s'approche, et, sur chaque pétiole, voit une Fourmi qui travaillait de toute sa force. Le pétiole, bientôt coupé, la feuille tombait à terre. Au pied de l'arbre, la scène était plus curieuse encore : la terre était couverte de Fourmis qui découpaient en morceaux les feuilles à mesure qu'elles tombaient. En une heure, tout était fini : l'arbre dépouillé, les feuilles coupées, les morceaux emportés.

LES HYMÉNOPTÈRES FOUISSEURS

(*Mutillides, Scoliides, Sphégides, Crabronides, Odynérides*).

Les Hyménoptères que nous rapprochons ici, appartiennent à diverses familles bien caractérisées. Les uns, par leur aspect, par leur allure, rappellent les Fourmis; les autres ont une apparence qui leur est tout à fait particulière; les autres ressemblent aux Guêpes. Mais si ces Hyménoptères qualifiés *fouisseurs*, diffèrent beaucoup entre eux par leurs caractères zoologiques, ils se rapprochent d'une façon remarquable par leurs caractères biologiques. Ce sont généralement des Insectes fort industrieux, doués d'une extrême habileté pour édifier des constructions, animés d'instincts merveilleux pour préparer à leur progéniture des moyens de subsistance. Ceci s'applique, bien entendu, aux femelles, toujours armées d'un aiguillon ; jamais les mâles d'aucun groupe de la classe des Insectes ne prennent part aux travaux des femelles.

Ces Hyménoptères creusent le sol, les murailles, quelquefois des branches d'arbres, des tiges d'arbrisseaux, afin d'établir des logements pour leurs larves. Comme instruments de travail, ils ont des mandibules tranchantes et dentelées, et des jambes garnies d'épines, constituant des râteaux. Quand ils sont à l'état adulte, leur nourriture consiste en matières fluides, le miel des fleurs, la séve qui s'écoule des arbres. Quand ils sont à l'état de larves, ils ne peuvent vivre que de proie vivante.

Ce régime des larves oblige les mères à faire des chasses dont le spectacle produit toujours une impression singulière sur ceux qui en sont témoins.

Chez les représentants, fort nombreux, des familles que nous rapprochons sous la dénomination générale de Fouisseurs, il n'y a que deux sortes d'individus, des mâles et des femelles ; chez aucune espèce on ne voit d'individus neutres, d'ouvrières, comme chez les Fourmis, chez les Guêpes, chez les Abeilles. Les femelles, toujours solitaires, sans aucun secours étranger, travaillent à l'édification du nid et à son approvisionnement.

Une femelle fait choix d'un endroit déterminé; chaque espèce a ses prédilections bien arrêtées : c'est le sol, c'est un terrain coupé verticalement, c'est une muraille, une tige d'arbuste. Souvent elle profite d'une cavité déjà formée, d'une fissure, si le travail doit être plus facile, et elle se met avec une ardeur incroyable à creuser un trou. Elle n'a d'autres instruments que ses mandibules pour détacher les particules terreuses, que ses jambes converties en râteaux pour gratter et rejeter au dehors les parcelles détachées. Mais le travail de l'Insecte est si opiniâtre, sa patience si inébranlable, qu'une galerie se trouve pratiquée dans un assez court espace de temps, et au fond de la galerie une loge de forme ovalaire, quelquefois plusieurs loges ; à cet égard encore, chaque espèce a ses habitudes. Une loge étant construite, le Fouisseur, Sphex, Pompile, Crabron ou Odynère, doit s'occuper de l'approvisionnement; c'est alors qu'il va à la chasse, chaque espèce aussi ayant sa chasse particulière. Pour celle-ci ce sont des chenilles, pour celle-là des larves de Coléoptères, pour celle-là encore des Insectes adultes, des Araignées. Le Sphex ou le Crabron est doué d'un instinct comparable à celui de l'Ichneumon : s'il fournit à ses larves des Insectes d'un gros volume, il en met un seul dans chaque loge, quelques-uns si leur dimension est médiocre, beaucoup si leur taille est petite. Le Fouisseur, pour saisir sa proie, la pique de son aiguillon ; le venin plonge l'animal piqué dans un état de léthargie indéfinissable qui se prolongera fort longtemps, et dans tous les cas, sans que jamais l'individu piqué puisse se réveiller, revenir à la vie. Il serait difficile de rencontrer ailleurs un ensemble de phénomènes plus saisissants. Un besoin impérieux des larves de l'Hyménoptère fouisseur, est d'avoir pour aliments des tissus vivants ; ces larves périraient près d'un cadavre, près d'un corps en décomposition ou desséché, et ces larves à peau molle, sans défense, incapables de se déplacer, parviendraient-elles jamais à ronger un Insecte en pleine vie? n'auraient-elles pas, au contraire, tout à redouter de sa part? Dans l'admirable organisation de la nature, les difficultés qui nous sembleraient les plus insurmontables s'aplanissent comme par enchantement. Ces larves n'ont rien à craindre de leurs victimes;

victimes désormais rendues inertes par le venin de l'Hyménoptère, elles ne sauraient opposer la moindre résistance à une atteinte quelconque; condamnées à être rongées, elles semblent vivre, car leur corps ne subit aucune décomposition, sa dessiccation ne commence à se prononcer que bien au delà du temps où la larve du Fouisseur est parvenue au terme de sa croissance. Le venin semble avoir agi sur les tissus à la manière d'un agent conservateur. Des chenilles et des larves de Coléoptères piquées par des Hyménoptères ont pu être conservées dans de petites boîtes pendant plusieurs mois, sans manifester d'altération.

Un Fouisseur a-t-il approvisionné sa cellule, il y dépose un œuf, et puis il la ferme complétement avec une partie du déblai, en faisant disparaître toute trace extérieure de son ouvrage. C'est là ce qui rend fort difficile la recherche des larves d'Hyménoptères nidifiants. Le Fouisseur construit un grand nombre de loges, tantôt les unes près des autres, tantôt disséminées; il les approvisionne toutes de la même façon, et dans chacune dépose un seul œuf; son travail fini, sa ponte achevée, il ne tarde pas à mourir. Cette mère a pris des peines infinies, a déployé une instinctive prévoyance qui reste encore un sujet d'étonnement, même chez ceux qui, mille fois, ont été les témoins des mêmes faits, pour des êtres qu'elle ne verra jamais, pour une progéniture qu'elle ne connaîtra pas, en un mot, pour des enfants posthumes.

Dans toutes les familles d'Insectes nidifiants, il se trouve des espèces qui, avec la même organisation générale, le même mode de développement, sont privées d'instruments de travail et dépourvues des instincts maternels nécessaires à l'éducation de leurs larves. Nous avons vu des Fourmis réduire en esclavage des individus d'une autre espèce, afin de vaquer dans leurs demeures aux soins qu'elles sont incapables de remplir; nous verrons des Hyménoptères appartenant à divers types de Fouisseurs n'ayant d'autre souci, disons mieux, d'autre instinct que de faire manger à leurs larves les provisions amassées pour d'autres larves. Les femelles s'introduisent furtivement dans les nids des espèces laborieuses et déposent leurs œufs dans les loges déjà construites, et leurs larves, venant à naître plus tôt que celles de l'Insecte nidifiant, ont mangé une grande partie des provisions quand éclosent ces dernières. Ce sont des parasites d'une certaine nature, de vrais parasites, suivant la définition adoptée par Lepeletier de Saint-Fargeau. Ces femelles ont des mandibules impropres à égrener la terre, des jambes postérieures sans épines propres à ratisser ou à fouir.

Examinons à présent les principaux types parmi ces Hyménoptères habiles à bâtir des nids, et parmi ceux qui vivent à leurs dépens.

Les MUTILLIDES composent une petite famille que les anciens auteurs rapprochaient des Fourmis. Leurs femelles, étant privées d'ailes, courent à terre, et c'est là une analogie avec les Fourmis neutres, qui a été plus facilement saisie que les caractères distinctifs.

Les Mutillides ont une tête arrondie, des antennes filiformes insérées sur la face, un abdomen ovalaire. Ces Hyménoptères, disséminés dans toutes les régions du monde, abondent principalement dans les parties chaudes du globe. Cette famille est surtout représentée en Europe par le genre des Mutilles. Les Mutilles, Insectes pubescents, ornés de bandes et de taches vivement colorées, sont assez rares. Les mâles et les femelles diffèrent, non-seulement par la présence ou l'absence des ailes, mais encore par la forme du corps et par la coloration; aussi n'est-on bien éclairé, relativement aux distinctions spécifiques, que depuis une époque assez récente.

Nous pouvons considérer comme le type du genre la Mutille européenne (*Mutilla europæa*), l'une des espèces les moins rares dans notre pays. Le mâle est d'un bleu foncé, avec le thorax roux, les ailes enfumées, les bords des premiers anneaux de l'abdomen garnis d'une pubescence soyeuse d'un gris argenté ; la femelle noire, avec le thorax roux et des bandes grises sur les trois premiers anneaux de l'abdomen. On rencontre les femelles non pas courant, mais marchant à terre dans les bois ; on les voit entrer dans des trous ou en sortir, mais jusqu'ici on n'est pas trop parvenu à savoir ce qu'elles y faisaient.

LA MUTILLE EUROPÉENNE

(*Mutilla europæa*).

Un individu mâle au vol. — Divers individus femelles.

Comment vivent les Mutilles ? C'est ce que l'on ne sait guère encore. Un auteur avait assuré en avoir trouvé dans un nid de Bourdons, et cela avait suffi pour donner à penser que ces Insectes étaient parasites : mais divers observateurs en ont vu attaquant des Insectes ; d'autres en ont pris dans leurs trous, où ils ont rencontré en même temps, soit des débris de Sauterelles, soit des fragments de Diptères, et de ces remarques fort incomplètes on en a conclu que c'étaient les résidus des animaux qui avaient servi à la nourriture des larves de Mutilles. D'un autre côté, si l'on considère que les Mutilles femelles ont des pattes postérieures fortes et épineuses, par conséquent propres à fouir, et des mandibules dentelées, on acquiert la conviction que ces Hyménoptères font des nids et les approvisionnent comme les autres Fouisseurs.

Il y aurait peu d'intérêt à mentionner ici les divers genres de Mutillides composés d'espèces dont les habitudes sont encore inconnues. Un d'eux mérite cependant d'être cité à raison d'une observation particulière fort curieuse. En Australie, vivent des Mutillides de forme très-élégante, les Thynnes. Les mâles de ces Hyménoptères ont le corps élancé et des antennes droites, assez longues; les femelles, beaucoup plus petites que les mâles et absolument privées d'ailes, ont des antennes contournées. L'espèce la plus commune du genre est le Thynne variable (*Thynnus variabilis*), Insecte d'un brun rougeâtre luisant, avec des taches et des bandes jaunes. Nous ne savons rien des conditions d'existence de ces Hyménoptères, mais voici un fait fort étrange, sans analogue parmi les espèces européennes. Le mâle, nous assure M. J. Verreaux, dont les observations méritent toute confiance, s'envole en portant sa femelle entre ses pattes, et la tenant avec un soin extrême, on le voit se poser sur les fleurs. Parfois il arrive que d'autres mâles moins heureux, arrivant au même endroit, cherchent à lui ravir sa compagne. Une lutte s'engage, et le mâle qui devient impuissant à défendre sa femelle contre les attaques de plusieurs prend le parti de la manger. Une semblable conduite ne rappelle-t-elle pas certains exploits des personnages qui estiment plus l'honneur que la vie.

Après les Mutillides, en nous laissant guider par les affinités naturelles, nous devons nous occuper des SCOLIIDES. Les Scoliides ont ordinairement un corps massif, pesant, des antennes épaisses, souvent fusiformes. Le grand genre de la famille est celui des Scolies (*Scolia*), caractérisé par des antennes plus courtes que la tête et le thorax, surtout chez les femelles, par des mandibules fortement arquées chez ces dernières et des jambes très-épineuses. D'après la considération des nervures des ailes, ce genre a été subdivisé par les auteurs modernes, mais ce sont là des particularités dont nous ne pouvons traiter et dont on trouve le détail dans une monographie récente de MM. H. de Saussure et Sichel. Plusieurs Scolies de grande taille habitent l'Europe méridionale ; la plus commune est la Scolie à front jaune, ou Scolie des jardins (*Scolia frontalis* ou *S. hortorum*), qui est noire, poilue, avec le front et le sommet de la tête ordinairement jaunes, l'abdomen de la femelle orné de quatre taches de cette dernière nuance. Cette espèce se rencontre abondamment dans le midi de la France, en Italie, en Espagne, dans le nord de l'Afrique, etc. Jusqu'à une époque peu éloignée de nous, on s'étonnait de n'avoir rien pu apprendre des mœurs et des métamorphoses de cet Insecte ou de quelques-uns de ses congénères, qui comptent parmi les plus grands Hyménoptères. Un naturaliste de Florence, Carlo Passerini, le premier, reconnut, en 1840, les habitudes de la Scolie à front jaune.

Dans les vieux troncs de Chêne en décomposition, dans les amas de tan que l'on emploie parfois dans les jardins et les serres, et dont on fait un usage journalier dans les tanneries, vivent les énormes larves d'un Scarabée (*Oryctes nasicornis*) bien connu sous les noms vulgaires de *Nasicorne* et de *Rhinocéros*. C'est à ces larves, ordinairement assez sédentaires dans des loges formées dans la tannée, que viennent s'attaquer les femelles des Scolies. Pénétrant jusqu'à la larve du Nasicorne, la femelle la pique de son aiguillon et la plonge dans cet état d'engourdissement dont nous avons tracé une description, et tout aussitôt elle pond un œuf

MÉTAMORPHOSES DE LA SCOLIE A FRONT JAUNE

(*Scolia flavifrons*).

Le mâle et la femelle. — La larve rongeant une larve de Nasicorne. — La nymphe dans sa coque ouverte.

et le colle à la peau de la grosse larve de Coléoptère. De cet œuf naît, au bout de peu de jours, la larve de la Scolie; celle-ci, à l'aide de ses mandibules, entaille la peau du Nasicorne, enfonce dans la plaie une partie de sa tête, et commence à humer les parties fluides. Elle grossit rapidement, et chaque jour la larve, continuellement sucée, se déprime davantage. Quand celle-ci est complétement épuisée, qu'il n'en reste plus que la peau, la larve de la Scolie a pris tout son accroissement; alors elle file une coque épaisse, de couleur brune, en retenant à la surface, comme un vêtement protecteur, la dépouille du Nasicorne. Elle passe l'hiver dans cette coque et se transforme en nymphe au printemps. L'insecte adulte éclôt vers le commencement de juin. Ainsi, la Scolie n'a rien à construire pour loger ses larves; les logements de ses victimes lui suffisent.

Les larves de cet Hyménoptère ne réclament ici aucune description spéciale; la figure donne la meilleure idée possible de leur forme et de la taille à laquelle elles parviennent.

Aux îles Seychelles, à Madagascar et dans les petites îles voisines de cette terre, des Oryctès d'une taille supérieure à celle de notre espèce indigène ruinent les Cocotiers, qui fournissent l'une des ressources alimentaires les plus précieuses de ces contrées. Des Scolies les mangent, mais sans les détruire cependant en assez grande quantité pour sauver les arbres des tropiques. M. Ch. Coquerel a fait connaître, il y a douze ans, les larves de deux espèces de Scolies de Madagascar de la plus belle dimension (***Scolia oryctophaga***, ***S. carnifex***), qui mangent les larves des Oryctès du pays (***O. simiar***), et se transforment absolument de la même manière que notre grande Scolie d'Europe.

Par une communication de M. Fabre, nous savons que plusieurs Scolies de taille médiocre (***Sc. bifasciata***, ***Sc. sexmaculata***) attaquent également des larves de Coléoptères de la famille des Scarabéides, mais celles-ci choisissent des espèces de plus petites dimensions, notamment des Euchlores, sorte de petits Hannetons de couleur verte.

D'autres Fouisseurs sont les SPHÉGIDES, Hyménoptères pleins d'élégance, souvent de grande taille. Leur tête est courte et large, leur labre ou lèvre supérieure toujours bien développé ; leurs mâchoires, comme leur lèvre inférieure, sont courtes ; leurs antennes longues, assez minces, contournées dans les femelles ; leurs jambes postérieures, fort bien armées d'épines chez les femelles, sont beaucoup plus longues que les autres dans les deux sexes.

Il existe deux types principaux dans cette famille des Sphégides : les Sphégines et les Pompilines, les premiers ayant le prothorax rétréci et figurant ainsi une sorte de cou, les seconds ayant le prothorax large et sans étranglement. Sphégines et Pompilines sont abondants dans les pays chauds ; ils sont relativement en petit nombre dans l'Europe centrale, mais ceux de cette partie du monde sont presque les seuls dont les habitudes particulières soient connues.

Les espèces du genre Sphex ont une admirable agilité comme une remarquable élégance de formes. Leur corps est assez robuste, et leur abdomen est attaché au thorax par un long pédicule mince. Ces Hyménoptères possèdent de larges mandibules arquées et bidentées, où l'on reconnaît d'excellents instruments de travail et des jambes garnies d'épines aiguës, régulières, qui en font des outils d'une irréprochable construction. Le Sphex aux ailes jaunâtres (*Sphex flavipennis*), noir, finement pubescent, avec l'abdomen rouge, à l'exception du pédicule, est répandu dans la plus grande partie de l'Europe ; il nidifie dans le sable et il approvisionne ses larves de Grillons. Une autre espèce du genre (*S. albisecta*) fait la chasse aux Criquets ; le Sphex du Languedoc (*Sphex occitanica*) s'attaque à une grosse Sauterelle du genre Ephippiger. On est toujours rempli de surprise en considérant l'énorme volume des Insectes que les Sphex parviennent à transporter et à introduire dans leur nid.

Regardons au travail les ardents Hyménoptères.

« C'est par petites peuplades de dix, vingt pionniers ou davantage que l'emplacement est exploité, dit un excellent observateur, M. Fabre (d'Avignon). Il faut avoir passé quelques journées en contemplation devant l'une de ces bourgades, par un temps parfaitement calme et par un soleil brûlant, pour se faire une idée de l'activité fiévreuse, de la prestesse saccadée, de la brusquerie de mouvements de ces laborieux mineurs. Le sol est rapidement attaqué avec les râteaux des pattes antérieures. En même temps chaque ouvrier entonne sa joyeuse chanson, qui se compose d'un bruit strident, aigu, interrompu à de courts intervalles, et modulé par les vibrations du thorax et des ailes. On dirait une troupe de gais compagnons se stimulant au travail par un rhythme cadencé. »

Le travail avance, s'achève ; on va aux provisions. En arrivant avec une proie, l'Insecte la dépose au bord de son trou, pour se livrer d'abord à une visite du domicile, et vient ensuite la rechercher. M. Fabre s'avisa, à différentes reprises, d'éloigner la proie, et chaque fois le Sphex, obligé d'aller la retrouver au loin, la laissait toujours au bord du trou pour refaire une visite domiciliaire. Enfin, ayant enlevé chaque fois l'Insecte apporté par le Sphex, il a vu celui-ci murer son trou vide, ce qui semblerait indiquer que l'animal, obéissant seulement à l'instinct, croit avoir fini lorsqu'il a exécuté sa besogne. Cette absence d'intelligence ne s'accorde pas avec les actes des Hyménoptères nidifiants dans une foule d'autres circonstances.

Dans le centre et dans le nord de l'Europe, où les véritables Sphex sont rares, on rencontre en abondance des Ammophiles, qui s'en distinguent par leurs mandibules plus longues et tridentées, et surtout par leur corps presque linéaire, leur abdomen fort mince. Dans nos campagnes, on aperçoit continuellement, dans tous les endroits arides, au bord des chemins, l'Ammophile des sables (*Ammophila sabulosa*), à l'allure vive, au vol rapide, dont le corps est noir avec le quatrième anneau de l'abdomen, le bord postérieur du troisième et le bord antérieur du cinquième, d'un roux ferrugineux. Ici l'Ammophile creuse le sol, le trou est déjà profond, le sable est rejeté sur les bords; ailleurs il a achevé sa galerie et la cellule où devra vivre une de ses larves, il ap-

AMMOPHILE DES SABLES

(*Ammophila sabulosa*).

Femelle. Mâle.

porte une grosse chenille, la place dans la petite loge, dépose un œuf, puis avec un petit caillou et des grains de sable, il mure exactement l'orifice de son trou, faisant disparaître avec un soin infini toute trace de son travail. Toutes les espèces d'Ammophiles observées dans leurs habitudes prennent des chenilles pour nourrir leurs larves.

Dans les régions chaudes du monde se rencontrent des Sphégides qui se signalent par la grande longueur du pédicule de leur abdomen et par leurs mandibules arquées, ayant à peine une dent au côté interne; ce sont les Pélopées, tous de couleur noire avec des marques jaunes. A considérer leurs mandibules, on devine bien qu'ils ne doivent pas travailler de la même manière que les Sphex ou les Ammophiles. Les Pélopées, en effet, sont de véritables maçons. L'espèce du midi de la France, le Pélopée tourneur (***Pelopœus spirifex***), bâtit son nid sur des murailles, dans les encoignures, quelquefois à l'intérieur des granges ou des habitations, et presque toujours à une hauteur de plusieurs mètres du sol. L'Insecte, aux proportions grêles, qui semble peu fait pour transporter des fardeaux, va chercher des parcelles d'une terre argileuse, les pétrit avec ses mandibules, et les applique

LE PÉLOPÉE TOURNEUR ET SON NID

(*Pelopæus spirifex*).

à l'endroit choisi pour la construction de son nid. Avec cette terre, il commence par former une cellule oblongue. Cette première loge établie, le Pélopée se met en chasse ; sa chasse à lui, ce sont les

Araignées, les Araignées, les êtres de la création les plus rusés, les plus habiles pour l'attaque comme pour la défense. Sans doute, le Pélopée est armé d'un redoutable aiguillon et s'il parvient à piquer, il a vaincu, mais l'Araignée a ses fils qui enlacent et qu'elle jette avec une incomparable prestesse. La lutte s'engage, l'Hyménoptère est tout à la fois plein d'audace et de prudence ; avec précaution, il s'approche de la toile en volant et manœuvre si bien que presque toujours il parvient à frapper l'Araignée; quelquefois aussi le Pélopée est saisi par des fils agglutinants, ses mouvements sont paralysés, alors l'Araignée s'empresse de lier plus solidement son ennemi, et victorieuse, elle le mange.

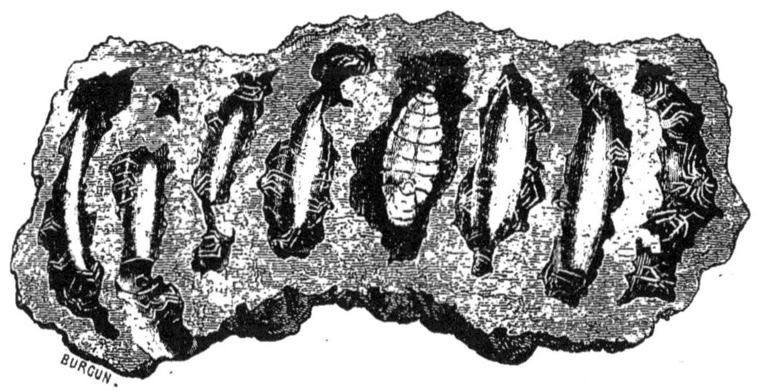

NID DU PÉLOPÉE TOURNEUR, DÉTACHÉ ET VU A L'INTÉRIEUR.

Mais le Pélopée se laisse prendre rarement, il apporte dans sa cellule une, deux, trois Araignées, suivant leur grosseur. La provision faite, un œuf est déposé, le travail de maçonnerie est continué, la cellule doit être fermée et le laborieux Hyménoptère ne ménage pas les matériaux ; les parois sont épaisses. Une première loge construite et approvisionnée, le Pélopée en fabrique une seconde à côté, sur la même ligne horizontale, et l'approvisionne de la même façon, puis une troisième, une quatrième, en général jusqu'à six ou huit. La surface extérieure du nid présente des cannelures longitudinales correspondant aux intervalles des cellules, ce qui est très-bien expliqué par le mode de construction. Si les parois de la surface du nid ont une épaisseur considérable, celle du bord inférieur est beaucoup plus mince. C'est de ce côté que sortiront les Insectes adultes venant d'éclore, il importe qu'ils ne trouvent pas de difficulté à se pratiquer une issue. Les trous que nous apercevons indiquent que les loges sont désertées.

Si nous détachons un nid avant l'achèvement des métamorphoses des larves de Pélopée, ce qui exige beaucoup de précaution tant cette maçonnerie d'Hyménoptère adhère fortement à la muraille, nous verrons les loges occupées, soit par des larves, soit par des coques construites par ces larves après l'achèvement de leur croissance. Les larves du Pélopée dont M. Lucas, le premier, a donné une description et des figures, sont assez longues avec la partie antérieure de leur corps recourbée. Les coques sont formées d'un tissu papyracé, brunâtre, lisse et luisant.

Les Pélopées de l'Inde, de l'île Bourbon, de l'Amérique, ont les mêmes habitudes que notre espèce européenne; leurs constructions sont presque identiques.

Des Sphégides de formes très-analogues à celles des Pélopées, mais ayant une couleur métallique bleue, verte ou violacée, sont les habitants des pays les plus chauds des deux hémisphères. On les appelle les Chlorions. Le Chlorion comprimé (*Chlorion compressum*) est abondant à l'île Maurice et à l'île Bourbon, et les habitants de ces deux îles ne peuvent regretter qu'une chose, c'est que l'élégant Hyménoptère ne soit pas plus commun encore, car il leur rend des services impossibles à méconnaître. Construisant leurs nids à peu près de la même façon que les Pélopées, les Chlorions ne chassent pas les mêmes sujets. Les colonies, et surtout leurs ports de mer, sont infestés par les Blattes ou Kakerlacs, qui ne respectent aucune denrée. C'est à ces Orthoptères que les Chlorions font une guerre terrible pour les besoins de leurs larves.

Souvent on est témoin de l'attaque d'un Kakerlac par un Chlorion, et de l'intelligence que ce dernier déploie pour amener à son nid et faire entrer dans son trou, assez étroit, un corps aussi volumineux que celui de la Blatte. Le Chorion se montre rôdant de divers côtés, en quête de la découverte d'une proie. Il aperçoit un Kakerlac, celui-ci reconnaît l'ennemi et s'arrête sous l'impression de la frayeur. Alors le Chlorion s'élance sur lui, le saisit avec ses mandibules entre la tête et le corselet, et lui perce l'abdomen de son aiguillon. L'acte accompli, il s'éloigne un moment, attendant la fin des convulsions de sa victime. Dès que les mouvements ont cessé, il vient la saisir et la traîne jusqu'à son nid, souvent avec des efforts inouïs, car le fardeau est pesant. Il s'agit de la faire entrer dans une cellule, mais l'ouverture est trop étroite, les pattes, les ailes de l'Orthoptère sont un obstacle insurmontable à son introduction dans l'espace resserré. Le Chlorion a compris la situation, la difficulté ne l'étonne pas. A la Blatte trop volumineuse, il coupe pattes et ailes, et ainsi diminuée, il cherche à la pousser dans son trou, mais elle est encore trop large, l'Hyménoptère sent qu'il a mieux à faire : entrant lui-même à reculons dans son étroite galerie, il saisit le Kakerlac avec ses mandibules et le tire de toutes ses forces ; les téguments de l'Orthoptère ne manquant pas d'une certaine flexibilité, le corps de l'Insecte finit par passer dans le tube où l'on n'aurait jamais cru qu'il puisse être introduit.

De tels actes de la part du Chlorion sont-ils du seul domaine de l'instinct? Qui pourrait le croire, en présence de ces manœuvres si intelligentes, variables selon les circonstances, et comme, au reste, une foule d'Hyménoptères nidifiants nous en offrent des exemples?

Les Pompilines sont des Fouisseurs travaillant avec la même perfection que les Sphégines, et chassant avec la même audace et les mêmes ruses. Les Pompiles de notre pays, Insectes de taille très-médiocre, nidifient dans le sable ou dans le vieux bois, sachant, comme tant d'autres Hyménoptères, s'épargner du travail en prenant possession de vieux trous. Tous les Pompiles observés dans leurs habitudes nourrissent leurs larves avec des Araignées. Plusieurs chassent surtout les Araignées errantes qui ne font pas de toile, mais quelques-uns vont hardiment attaquer notre grosse Araignée domestique sur sa toile. Dans notre pays, on rencontre continuellement le Pompile des chemins (*Pompilus viaticus*), un petit Hyménoptère noir avec les trois premiers anneaux de l'abdomen rougeâtres et les ailes enfumées, qui creuse ses trous dans le sol.

Des Pompilines ayant les pattes sans épines, les Céropales, semblent incapables de travailler, et Lepeletier de Saint-Fargeau en ayant vu qui entraient dans les nids d'autres Fouisseurs, on est assuré que ce sont des parasites.

Dans l'Amérique du Sud vivent les Pepsis, aux Indes orientales, et dans les Archipels de l'océan Pacifique, les Macromeris qui sont les géants parmi les Fouisseurs, et même entre tous les Hyménoptères. Ils ont le goût des Araignées comme nos Pompiles d'Europe, mais leurs nids ne nous sont pas connus.

Les Crabronides ont bien des rapports de conformation avec les Sphégides, mais ils présentent un autre aspect et quelques caractères assez prononcés permettent toujours de les distinguer. Leur corps est, en général, médiocrement élancé, leurs antennes sont droites, leur lèvre supérieure est à peine saillante, leurs pattes postérieures ne sont guère plus longues que les autres, et leurs jambes antérieures se terminent par une large pointe.

Les Crabronides sont nombreux par le monde; ils ont des formes assez variées et aussi des mœurs, des habitudes dont la diversité est une source d'intérêt.

Dans la famille des Crabronides, nous distinguons les Bembécines qui ont un gros corps, un labre bien visible, des mandibules pointues, unidentées au côté interne. Les Bembex en particulier se font remarquer par la grande longueur de leurs mâchoires et de leur lèvre inférieure constituant une sorte de trompe, aussi voit-on ces Insectes souvent posés sur les fleurs, occupés à pomper le miel. Le Bembex à bec (*Bembex rostrata*), le plus répandu entre tous, dans nos départements méridionaux, Insecte noir avec le chaperon jaune, et une bande de nuance citron sur chaque anneau de l'abdomen, a été autrefois étudié dans ses habitudes par Latreille. Cet Hyménoptère, comme tant d'autres Fouisseurs, creuse dans le sable des trous profonds, et comme toutes les espèces du même groupe, il approvisionne ses cellules uniquement avec des Diptères : Mouches, Syrphes, etc. Ses provisions faites, et sa ponte effectuée, le Bembex ferme l'orifice avec le soin ordinaire parmi les Sphégides.

Jusqu'ici, pour nos Fouisseurs, tout se passe de la même manière générale : la mère bâtit un nid, des loges pour chaque larve, remplit les loges de provisions, dépose un œuf auprès de ces provisions, ferme toutes les issues de l'habitation dans laquelle doivent se développer ses larves et meurt sans avoir jamais vu sa progéniture. Mais voilà que M. Fabre, du lycée d'Avignon, nous révèle dans les habitudes d'une espèce de Bembex (*B. vidua*), une particularité inconnue, et certainement bien rare dans l'histoire des Hyménoptères. Ici la mère laisse son terrier ouvert, y pénètre chaque jour, apportant à sa larve une proie fraîche qui est toujours un Diptère. A l'égard des Hyménoptères, nous l'avons dit ailleurs, M. Fabre nous a montré la nature plus riche en ses manifestations qu'on ne le supposait. On est émerveillé par la contemplation de ces Hyménoptères laborieux, si intelligents, agissant en toute occasion comme si la prévoyance était un résultat de leurs facultés intellectuelles, mais n'est-on pas plus charmé encore au spectacle de cette mère, frêle Insecte qui veille et nourrit ses jeunes avec une sollicitude constante? On comprend aisément pourquoi la nature a fait rares les

Hyménoptères solitaires donnant des soins journaliers à leurs larves. Les chances de destruction épargnées aux autres dans leurs inaccessibles retraites, menacent sans cesse ces derniers. Le nid est ouvert, des Insectes carnassiers peuvent y pénétrer et dévorer les larves de l'Hyménoptère. L'Hyménoptère lui-même peut être pris, tué, mangé, et alors les larves ne recevant plus de leur mère la pâture quotidienne, se trouvent condamnées à périr de faim.

Les Stizes, qui diffèrent surtout des Bembex par leurs mâchoires et leur lèvre inférieure courtes, ont été moins étudiés que ceux-ci dans leurs habitudes. M. Fabre nous en signale une espèce (*Stizus tridens*) qui approvisionne ses cellules avec des Cicadelles.

Les représentants d'une autre tribu de la famille des Crabronides, les Larrines, avec des formes moins lourdes que les Bembécines, ont leur labre presque imperceptible, et leurs mandibules pourvues, à la base, d'une profonde échancrure interne dont l'usage n'a pas encore été reconnu. Ces Hyménoptères errent dans les lieux sablonneux où ils établissent leurs nids. Plusieurs d'entre eux au moins les approvisionnent avec des chenilles.

La tribu des Crabronines est le vaste groupe de la famille ; elle comprend une multitude d'espèces d'assez petite dimension, ayant le plus ordinairement des bandes et des taches jaunes sur un fond noir, un labre aussi rudimentaire que celui des Larrines, et des mandibules sans échancrure. Ces espèces se répartissent d'une manière très-naturelle dans trois groupes : les Cercérites qui ont les antennes un peu renflées à l'extrémité, et l'abdomen contracté à la base ; les Crabronites dont l'abdomen n'offre aucun étranglement; et les Nyssonites, dont les antennes sont minces.

Les Cercéris ont des mandibules tridentées et des antennes très-rapprochées à leur insertion. Elles sont abondantes en Europe, et plusieurs d'entre elles ont été l'objet d'intéressantes observations. Presque partout on rencontre la Cercéris des sables

(*Cerceris arenaria*), au moins dans les terrains arides, sablonneux, et surtout exposés au midi; les Hyménoptères, au reste, aiment la chaleur, le plein soleil. La Cercéris creuse des trous d'assez grande profondeur, et approvisionne ses cellules avec des

LA CERCÉRIS DES SABLES.

(*Cerceris arenaria*).

1 et 2. Femelles en diverses attitudes. — 3. Mâle.

Coléoptères de la famille des Charançons. Elle ne tient pas à l'espèce, mais elle paraît tenir essentiellement aux Charançons. Les investigateurs en ont compté de dix ou douze espèces, et de genres très-différents, dans les nids de la Cercéris des sables. Ce choix étonne ; on songe à la dureté des téguments de ces Coléoptères destinés à être dévorés par des larves molles, d'une extrême faiblesse. En y regardant de près, l'étonnement diminue : l'Hyménoptère a l'instinct de s'emparer de Charançons nouvellement éclos, dont les téguments ne sont pas encore très-fermes. D'un autre côté, les larves paraissent être assez habiles pour savoir entamer leur proie dans les articulations.

La Cercéris à quatre bandes (*Cerceris quadricincta*) observée par M. Fabre, a également le goût des Charançons, mais des plus petits, des Apions, de sorte qu'il lui faut en réunir une trentaine d'individus pour chacune de ses cellules. Le pauvre Hyménoptère a fort à faire pour peu qu'il construise de vingt à trente cellules.

Une autre Cercéris étudiée dans ses habitudes par Léon Dufour, assassine les Buprestes, de jolis Coléoptères (*Cerceris bupresticida*). Manœuvrant comme tant d'autres Fouisseurs, elle apporte un de ces Insectes jusqu'au bord de sa galerie, le dépose sur le sol, entre à reculons dans son trou, puis vient ressaisir sa proie et la descendre dans sa loge.

Enfin, plusieurs espèces de Cercéris s'emparent d'Hyménoptères : la Cercéris ornée (*C. ornata*) prend des Mellifères; une autre chasse des Ichneumonides et des Chalcidides.

Il est encore un type bien curieux du petit groupe des Cercérites, le genre Philanthe, que des mandibules unidentées et des antennes écartées à leur origine distinguent du genre Cercéris. Les mœurs de l'espèce la plus commune, le Philanthe apivore (*Philanthus apivorus* ou *P. triangulum*), ont été décrites par Latreille, en l'année 1802.

Le Philanthe apivore a la tête et le thorax noirs, tachetés de jaune, l'abdomen jaune avec une tache triangulaire noire sur chacun des anneaux de l'abdomen ; ces signes suffisent à le faire reconnaître. Dans les sentiers, dans les terrains légers, il creuse des galeries qui, généralement, commencent par être verticales et deviennent ensuite horizontales en se prolongeant plus ou moins : nous en avons vu d'assez peu profondes; mais d'un autre côté on assure que ces galeries ont souvent une étendue de plus de 30 centimètres. Au reste le Philanthe nous intéresse surtout à raison de son audace particulière. Il se pose sur les fleurs, il butine nonchalamment comme s'il n'avait rien de plus à désirer, mais que l'observateur l'épie avec patience, un spectacle curieux s'offrira bientôt à ses yeux. Une Abeille survient et s'occupe de faire sa récolte ou de miel ou de pollen sans prêter la moindre attention ailleurs. Le rusé Philanthe l'examine, et jugeant la position bonne, s'élance sur elle avec toute l'impétuosité imaginable; il la saisit avec ses mandibules entre la tête et le corselet, et presque toujours parvient à la renverser sur le dos et à la piquer de son aiguillon. L'Abeille oppose la plus vive résistance, mais le

Philanthe est plus agile et rarement il manque son coup. Après avoir été piquée, l'Abeille se tord dans quelques convulsions,

LES MÉTAMORPHOSES DU PHILANTHE APIVORE

(*Philanthus triangulum*, Fabr. ; *Philanthus apivorus*, Latr.).

Des individus transportent des Abeilles ; dans une coupe du terrain on voit une loge occupée par le corps d'une Abeille que vient d'apporter un Philanthe, une autre loge où une larve déjà grosse a consommé en grande partie sa provision, d'autres loges où l'on remarque des coques à parois transparentes, laissant voir les larves dans leur intérieur.

cherche à frapper avec son aiguillon, étend sa trompe, pour finir en un moment par tomber inerte. Le ravisseur, la prenant alors avec ses mandibules et entre ses pattes, s'envole avec son lourd fardeau. En approchant de son nid, on le voit parfois s'arrêter comme s'il s'inquiétait d'un danger possible, puis reprendre son essor et arriver à son trou avec le produit de sa chasse. Un œuf est déposé, il se met à murer l'entrée de sa galerie.

Fréquemment les Philanthes sont en grand nombre dans les mêmes lieux; plusieurs centaines d'individus travaillent simultanément, déployant une ardeur infatigable, sans se préoccuper en aucune façon les uns des autres. Leur hardiesse est incroyable, car souvent ils s'approchent des ruches et osent engager des combats, là où ils ont la chance de tomber victimes de leur audace. Le Philanthe apivore est-il le *Crabro* des anciens Romains, qui combat, selon l'expression du poëte, *imparibus armis*? Peut-être, mais les naturalistes n'oseraient l'affirmer.

La larve apivore, d'une forme assez ramassée, n'offrant du reste aucune particularité qui mérite une description de notre part, a pris toute sa croissance lorsqu'elle a mangé son Abeille; elle se construit alors une coque soyeuse à parois minces, presque transparentes, tout à fait transparentes, si l'on plonge la coque dans un liquide. Cette coque mérite bien une description qui n'a jamais été faite, c'est une véritable petite bouteille allongée, dont le fond est arrondi, le goulot bien prononcé, et paraissant cachetée avec de la cire noire. En voyant les coques des Philanthes, on penserait volontiers avoir sous les yeux des objets provenant du mobilier d'un homœopathe.

Les Crabronites se distinguent des précédents par leurs antennes renflées à l'extrémité et par leur abdomen sans étranglement. Les vrais Crabrons comme les Cercéris ont le corps noir, varié de jaune. L'un des plus grands, le Crabron à grosse tête (*Crabro cephalotes*), a été observé par M. Shuckard, creusant des cellules dans le bois pourri à l'aide de ses mandibules terminées en pointe bifide. La plupart des espèces de ce genre approvisionnent leurs nids avec des Diptères.

Les Cémones, petits Crabronites noirs aux mandibules tridentées, font leurs nids dans des tiges sèches. Le Cémone triste (*Cemonus lugubris*) construit des cellules régulières dans des tiges de ronce, comme l'attestent les exemples qui nous ont été fournis par M. Fabre. Les Mellines n'ont pas les antennes coudées des Crabrons ou des Cémones ; le type du genre, le

LE CÉMONE TRISTE ET SON NID.
(*Cemonus lugubris*).

Melline des champs (***Mellinus arvensis***), insecte noir, varié de jaune, creuse son nid dans les endroits sablonneux, et approvisionne chaque cellule avec huit ou dix mouches.

Les Odynérides se rapprochent des Guêpes, au plus haut degré ; elles en ont l'aspect général, la coloration ordinaire, et ce qui est plus notable, la faculté exceptionnelle de plier en deux leurs ailes dans le sens longitudinal pendant le repos. C'étaient les

Guêpes solitaires de Réaumur et de divers auteurs. Cependant plusieurs caractères extérieurs dénotent entre les Odynérides et les Guêpes ou Vespides des différences profondes dans les habitudes.

En effet, les Odynérides ne peuvent jamais être confondues avec lės Guêpes, si l'on considère leurs mandibules fort longues, leurs antennes simplement arquées et non coudées, leurs jambes postérieures garnies d'épines dans toute la longueur. Ces Insectes, au contraire de la plupart des autres Fouisseurs, ont des mâchoires et une lèvre inférieure très-allongées, celle-ci divisée en trois ou quatre filets; conformation indiquant une parfaite aptitude à pomper le miel dans les fleurs. Les Odynérides se composent de deux grands genres, les Odynères et les Eumènes. Les premiers ont l'abdomen attaché au thorax par un court pédicule; les seconds ont l'abdomen campanulé à la base.

Elles sont charmantes ces fausses petites Guêpes noires ceinturées de jaune. Ils sont charmants ces Odynères, par leur agileté, par leurs mouvements gracieux, on dirait volontiers par leur physionomie intelligente; ils sont charmants par leur habileté à construire. Réaumur a été leur premier historien, et l'historien enthousiasmé de leurs mœurs. Audouin et Léon Dufour, en France, Shuckard, en Angleterre, ont ajouté des pages intéressantes à leur histoire.

L'Odynère des murailles (*Odynerus parietum*), ayant un point entre les antennes, le bord du thorax, deux taches sur l'écusson et le bord de tous les anneaux de l'abdomen d'un jaune vif, est très-abondamment répandu dans certaines localités. C'est l'espèce étudiée par Réaumur que bien d'autres ont étudiée après lui et que l'on étudie toujours avec bonheur.

Dans les premiers jours du mois de juin, nous trouvant dans le département du Nord, à peu de distance de Denain, en compagnie de deux amis, notre attention se trouva appelée par un ravissant spectacle. La route était bordée par un talus d'environ 2 mètres d'élévation qui la séparait d'un immense champ de luzerne. Le talus était formé d'une terre assez dense et ex-

MÉTAMORPHOSES DE L'ODYNÈRE DES MURAILLES

(*Odynerus parietum*).

posé en plein midi; des milliers, des centaines de milliers d'Odynères des murailles volaient au bord du champ de luzerne, chassant avec une incroyable ardeur sur les plantes, apportant entre leurs mandibules de petites larves vertes, creusant des trous dans le terrain, bâtissant des cheminées, murant des galeries, chaque individu poursuivant sa besogne avec une activité inimaginable, sans s'inquiéter le moins du monde des milliers de travailleurs qui l'environnent. Nulle description ne parviendrait à donner une idée complète d'un tableau aussi animé, aussi saisissant. C'est la vie sous une foule d'aspects qui se présente aux yeux de l'observateur attentif. Tous ces petits êtres si actifs semblent avoir conscience et, dans tous les cas, agissent comme s'ils avaient conscience qu'ils ont une importante mission à remplir en ce monde. N'est-ce pas là, au sein de la création, dans toutes les sociétés possibles, le sentiment qui excite chacun ; même dans la situation la plus humble, on se croit utile, on se croit important.

Voyons la scène qui se passait au pied du talus, où s'agitait la foule des Odynères. Les travaux se trouvaient à tous les degrés d'avancement, les Odynères n'étant pas tous nés en même temps. Divers individus étaient occupés à creuser le terrain ; ceux-là commençaient. Ailleurs, d'autres construisaient des cheminées. Sur beaucoup de points, les cheminées étaient totalement achevées, et les Odynères travaillaient à l'approvisionnement de leurs cellules. C'est une chose singulière que les cheminées ou les vestibules que nos Hyménoptères édifient au-devant du trou ou, si l'on aime mieux, de la galerie qu'ils ont creusée. L'appareil, d'une longueur d'environ 3 centimètres, quelquefois un peu plus, légèrement courbé du côté du sol, de façon que la pluie ne pénètre pas à l'intérieur du tube, ressemble à une dentelle façonnée avec une matière terreuse. On voit que la terre a été pétrie par petits rubans ou par petits cylindres placés circulairement les uns sur les autres, plus ou moins contournés, et laissant sur divers points des intervalles vides donnant aux parois l'aspect d'une dentelle ou d'une guipure. Ces vestibules sont ainsi d'une extrême fragilité, ils se brisent, ils se désagrégent quand on vient à les toucher, mais pour l'Insecte ils présentent une solidité suffisante. Tous les observateurs ont signalé ces sortes de cheminées que construisent les Odynères et d'autres Fouisseurs, sans que l'utilité de ces constructions ait pu être bien comprise. Dès que nos Hyménoptères ont approvisionné leur cellule et déposé leur œuf, ils détruisent en entier le vestibule extérieur, et, comme tous les autres Fouisseurs, ils murent l'entrée de leur trou avec un soin, avec une perfection qui ne laissent rien à désirer.

En quelques endroits nous entamons la terre formant le talus, et plusieurs loges situées à une faible profondeur apparaissent en diverses conditions. Ici, une galerie a servi d'entrée pour deux, trois ou quatre cellules; là, pour une seule. Toutes les loges sont approvisionnées avec la même espèce d'Insecte, la larve verte d'un Charançon du genre Phytonome (*Phytonomus variabilis*). Il y a quinze ou seize de ces larves dans chaque loge. Dans la plupart des cellules, les provisions sont intactes, on trouve l'œuf de l'Odynère, la larve n'est pas encore éclose; dans plusieurs, les provisions sont en grande partie consommées, et la larve de l'Odynère est déjà grosse; sa forme est oblongue, elle a beaucoup de ressemblance avec les larves des Pélopées, mais son corps est proportionnellement moins allongé.

Avant la fin du mois de juin, tous les Odynères ont achevé leur besogne, ils sont morts. Sur la longueur entière du talus, aucune trace extérieure des travaux de tant d'Insectes n'a persisté; personne ne pourrait se douter que cette terre a été creusée, labourée sur tous les points. Les larves des Odynères mangent, vivent, grandissent, se développent dans l'ombre, à l'abri des dangers. Leurs provisions consommées, elles ont acquis leur entière croissance; alors elles s'enferment dans une coque soyeuse et les voilà endormies jusqu'au printemps suivant, où elles se transforment en nymphes. Deux à trois semaines plus tard éclosent les Insectes adultes.

Beaucoup d'Odynères se comportent dans leurs travaux à peu près de la même manière que l'Odynère des murailles, mais il en est d'autres qui établissent leur nid dans des tiges desséchées, les tiges des ronces, du sureau, par exemple. On peut reconnaître aisément ces espèces à leurs jambes postérieures dépourvues d'épines, l'instrument propre à fouiller la terre manque. Partout existe une relation entre la conformation de l'espèce et ses conditions d'existence.

L'Odynère de la Ronce (***Odynerus lævipes*** ou ***rubicola***) a été étudié dans ses habitudes par Léon Dufour. L'industrieux Hyménoptère fait choix de tiges de ronces sèches, ayant une direction horizontale ou un peu inclinée vers la terre. Il se met à évider une tige sur une certaine longueur en enlevant la moelle; cette première opération exécutée, il va chercher de la terre, du gravier, pétrit ces matériaux, construit une loge, l'approvisionne, en construit une seconde, puis une troisième, une quatrième. Il y en a souvent de six à dix à la file les unes des autres. Par un de ces miracles de la nature dont l'explication ne serait pas facile à donner, c'est l'Insecte occupant la loge la plus rapprochée de l'issue, c'est-à-dire la dernière construite, qui éclôt le premier, frayant le passage à l'individu de la seconde loge. C'est parfait, en vérité, car si les individus occupant les cellules du fond de la galerie étaient nés les premiers, pour sortir de leur prison, ils eussent fort maltraité les nymphes reposant dans les loges voisines; mais il n'en reste pas moins difficile de comprendre comment l'individu provenant de l'œuf pondu le dernier, comment l'individu le plus jeune, en un mot, arrive le premier à l'état adulte, puis le second, puis le troisième, en finissant par les aînés.

Les Eumènes, Insectes aux formes sveltes et pleines d'élégance, habitant des régions chaudes du globe, construisent d'une manière particulière. Quelques espèces se rencontrent communément dans le midi de la France. L'Eumène pomiforme, noire, variée de jaune avec les bandes de l'abdomen très-larges, bâtit sur les murailles. Avec une terre argileuse, il fabrique de petites capsules arrondies, contenant chacune une seule loge; nous représentons ces petits nids, dont il n'a jamais été question

LES EUMÈNES POMIFORMES ET LEURS NIDS

(*Eumenes pomiformis*).

jusqu'ici, d'après des échantillons recueillis aux environs de Cannes, et que le docteur Sichel a mis à notre disposition. Sur notre image plusieurs capsules sont ouvertes, les Insectes adultes viennent de les quitter. Une autre espèce répandue dans la France méridionale, en Algérie, etc., l'Eumène d'Amédée (**Eumenes Amedœi**), d'après un renseignement qui nous est transmis par M. Fabre, construit de petits nids en forme de dôme avec une cheminée qu'il détruit après sa ponte.

LES HYMÉNOPTÈRES CONSTRUCTEURS DE NIDS DE MATIÈRES PAPYRACÉES

(*Vespides*).

Ayant fait choix de certaines particularités de mœurs, sans nous arrêter exclusivement aux affinités naturelles, pour établir quelques distinctions simples parmi les Hyménoptères, nous sommes amené à donner ici une désignation juste, qui autrement ne serait pas utile. Aussi, afin d'éviter tout embarras, hâtons-nous de dire que les Hyménoptères qui construisent des nids avec des matières papyracées sont les Guêpes, et seulement les Guêpes, les ***Guêpes sociales*** pour les anciens auteurs qui les distinguent par cette épithète des ***Guêpes solitaires***, c'est-à-dire les Eumènes et les Odynères. Ils composent une seule famille, la famille des VESPIDES, que l'on peut partager ensuite en trois groupes et en quelques genres. Chez les Guêpes comme chez les Fourmis, il existe trois sortes d'individus, des mâles, des femelles, des neutres ou ouvrières, femelles inféconCes, toujours pourvues d'ailes comme les femelles fécondes et différant assez peu de ces dernières par leur aspect extérieur. Ces Insectes forment des sociétés plus ou moins nombreuses suivant les espèces, mais généralement ces sociétés sont annuelles. Elles se dispersent aux premières atteintes de la saison rigoureuse ; les mâles sont déjà morts, les ouvrières meurent à leur tour; seules les femelles fécondes hivernent, en se réfugiant dans des trous de muraille, dans les cavités des vieux arbres, ou dans toute retraite où elles peuvent aisément se cacher et s'abriter contre un froid trop vif.

Au printemps, une femelle isolée, une mère, commence à édifier un nid ; le nid sera petit, les cellules peu nombreuses, la femelle pond un œuf dans chacune des cellules qu'elle a construites et, quand ses larves sont écloses, elle va butiner pour les nourrir; sa sollicitude pour sa progéniture sera de tous les instants. Voilà les larves de notre Guêpe parvenues au terme de leur croissance; pouvant filer un peu de soie, elles confectionnent une coque soyeuse de la capacité de leur cellule, de sorte que chaque loge semble fermée par un petit couvercle. Bien enfermées, elles se transforment en nymphes; les adultes naissent bientôt après. Ces nouvelles Guêpes sont toutes des ouvrières, des travailleuses, des femelles stériles, créées pour remplir les devoirs de la maternité envers une progéniture qui ne vient pas d'elles. A peine nées, ces ouvrières se mettent à la besogne et, dès ce moment, la femelle féconde, si laborieuse quand elle était seule, va se reposer, ne plus s'occuper en aucune façon de ses jeunes; elle a des nourrices. Les ouvrières augmentent l'étendue du nid, préparent des logements pour les larves, et ce travail achevé, la mère fait une nouvelle grande ponte; un œuf est déposé dans chaque cellule et, cette fois, les larves qui vont éclore ne donneront pas seulement des ouvrières, mais aussi des femelles fécondes et des mâles. Le nombre des couvées de chaque année n'a pas été exactement déterminé et ce nombre paraît varier selon les espèces. Souvent on remarque les alvéoles des guêpiers encore remplis de larves, ou de couvain comme on dit vulgairement, lorsque les menaces de l'hiver commencent à se manifester un peu rudement; les Guêpes comprennent que les champs ne leur donneront plus la pâture, alors elles tuent toutes les larves, et dans l'habitation, quelques jours plus tôt pleine de vie, d'animation, d'activité, de mouvement, règne la solitude.

Comme les Eumènes et les Odynères, les Vespides ont la faculté de plier leurs ailes dans le sens longitudinal pendant le repos. Non-seulement dans l'aspect, mais dans toute la conformation, il existe de grandes ressemblances entre ces Hyménoptères; mais si l'on compare les appendices entre ces divers Insectes, on découvre sans peine des différences caractéristiques consistant, la plupart, en modifications qui coïncident avec des conditions biologiques particulières. Les Guêpes travaillent, les Eumènes et les Odynères travaillent également, mais les unes et les autres n'emploient pas les mêmes matériaux et ne travaillent pas de la même manière. Chez les Odynérides nous avons trouvé des jambes postérieures constituées pour fouir, pour gratter la terre; chez les Vespides, les jambes du milieu et de derrière se terminent par deux épines mobiles, servant à prendre les matériaux de construction. Tandis que les mandibules des Eumènes et des Odynères sont longues et minces, propres à saisir des particules terreuses, celles des Guêpes sont courtes, larges, garnies de dents épaisses; on y reconnaît des instruments pour une trituration énergique, et, comme les mâchoires et la lèvre inférieure elles-mêmes assez courtes ont une flexibilité qui les rend propres à lécher plutôt qu'à mâcher, nous sommes assuré que les mandibules, instruments de trituration, servent peu à l'animal pour les besoins de son alimentation et beaucoup, au contraire, pour des travaux d'un ordre spécial. Signalons encore entre les deux types une différence qui échappe pour nous à toute interprétation et qui n'en est pas moins caractéristique : les Vespides ont des antennes coudées.

Les Guêpes construisent leurs nids avec des matières végétales, fibres ligneuses, feuilles mortes, dont elles confectionnent une sorte de papier ou de carton. Avec sa perspicacité ordinaire, Réaumur avait songé à profiter de cet enseignement donné par la nature pour créer une sorte d'industrie nouvelle, en utilisant pour la fabrication de certains papiers des matériaux qui restent sans usage. Quelques tentatives sérieuses, croyons-nous, ont été faites dans cette voie. Les Guêpes triturent ces substances entre leurs mandibules, et les imprégnant de leur salive, elles en forment une pâte homogène avec laquelle elles confectionnent les cellules et les enveloppes de leurs nids. Les nids des Vespides, ou les guêpiers comme on les appelle le plus ordinairement, sont construits selon plusieurs plans, de sorte qu'il est facile de classer ces objets indépendamment de leurs architectes. M. H. de Saussure, auteur d'une belle Monographie des Euménides et des Vespides, s'est appliqué à décrire les formes typiques des guêpiers. Le docteur Mœbius (de Hambourg) a figuré aussi plusieurs de ces jolis édifices. Il n'est pas douteux qu'il n'existe dans le mode de construction particulier à chaque espèce une relation intime avec certains détails de conformation. Il y a là, à n'en pas douter, des adaptations qui restent encore à déterminer. Un intéressant résultat pour la philosophie de la science serait certainement acquis par l'étude comparée des travaux des Guêpes et des particularités offertes par leurs instruments. On verrait à coup sûr pourquoi une espèce construit d'une façon et pourquoi telle autre espèce, bien voisine de la première par l'ensemble de son organisation, construit d'une façon assez différente.

Au reste, malgré les dissemblances si curieuses qui existent dans l'architecture des Guêpes, les parties les plus essentielles de leurs nids se ressemblent toujours au plus haut degré. Ces parties essentielles sont les loges, ou mieux les alvéoles, ainsi que l'on désigne habituellement les cellules composant les assemblages connus sous les noms de gâteaux ou de rayons dans les guêpiers comme dans les ruches des Abeilles. Au point de départ la cellule est une sorte de godet cylindrique ; des godets semblables sont bâtis les uns près des autres sur un plan horizontal et fermés à leur sommet. Dans les nids de plusieurs espèces de Guêpes, les alvéoles restent presque cylindriques, mais en général, ces alvéoles figurent des hexagones parfaits. Une cellule arrondie se trouvant en contact avec six autres cellules, les parois s'aplatissent régulièrement par la pression exèrcée d'une manière égale les unes sur les autres, les six pans se dessinent géométriquement. Il en résulte que la paroi d'un alvéole est dans chacun de ses pans la paroi d'une cellule voisine.

Il résulte de cette disposition géométrique la plus grande économie possible de substance; affaire d'importance considérable pour des êtres élevant des édifices dont les proportions, parfois gigantesques, nécessitent l'emploi d'une grande quantité de matériaux.

Les Guêpes, Insectes agiles, élégants par la forme, agréables par leur coloration la plus ordinaire, des taches, des bandes, des bigarrures jaunes sur un fond noir, sont très-redoutées. Femelles fécondes et ouvrières sont armées d'un aiguillon dont la piqûre est fort douloureuse. Les Guêpes, cependant, n'attaquent jamais si elles ne sont pas inquiétées. On approche de leur nid sans inconvénient, on les examine de près sans courir aucun danger, pourvu que l'on ne fasse aucun mouvement de nature à les effrayer. Mais malheur à l'imprudent qui veut chasser des Guêpes en s'efforçant de les frapper avec un mouchoir ou un bâton; immanquablement il sera piqué, il sera poursuivi au loin, les Guêpes semblent s'acharner comme si elles avaient une injure à venger. Les Vespides ne sont pas regardées comme des êtres malfaisants à cause du seul danger de leur piqûre. Elles aiment les fruits au delà de toute expression, et les propriétaires ne se consolent pas aisément en voyant les belles prunes, les pêches veloutées, les beaux abricots endommagés par des morsures plus ou moins profondes. Ces Hyménoptères sont même souvent attirés dans l'intérieur des maisons par la présence des fruits mûrs. Ils s'attaquent du reste à d'autres substances; il n'est pas rare de les voir posés sur des viandes fraîches humant les parties fluides; ils s'emparent aussi d'Insectes vivants.

Les larves ont la faiblesse ordinaire aux larves d'Hyménoptères, mais leur tête néanmoins est plus large, plus forte, mieux constituée que chez presque toutes les autres, leurs pièces buccales sont plus fortes; c'est qu'elles ne sont pas nourries seulement de substances fluides ou très-molles, mais aussi de morceaux de fruits ou de fragments d'Insectes dont la consistance est assez forte pour exiger une véritable trituration.

Par analogie avec les faits mieux connus de l'histoire des Abeilles, on suppose, et sans doute avec raison, que l'état des femelles fécondes ou stériles est dû à une différence dans l'alimentation. On a pensé que les larves des unes recevaient une nourriture animale, les larves des autres une nourriture végétale, mais ici rien ne va au delà d'une vague présomption, seulement des expériences pourraient être faites à cet égard plus facilement pour les Guêpes que pour les Fourmis et les Abeilles.

Les espèces pour lesquelles le nom générique de Guêpes (*Vespa*) a été particulièrement réservé par les naturalistes modernes ont le corps épais, avec l'abdomen à peine étranglé à son origine, le chaperon tronqué et un peu échancré en avant. Plusieurs de ces Hyménoptères fort abondants dans notre pays, sont remarqués de tout le monde; leurs nids particulièrement appellent l'attention. Une de nos Guêpes les plus communes est la Guêpe des bois ou des arbustes (*Vespa sylvestris*), un peu moins grande que la Guêpe commune, noire, variée de jaune avec le chaperon de cette dernière couleur et les bandes de l'abdomen légèrement échancrées. Cette espèce attache son nid aux branches d'arbres ou d'arbustes ou le suspend aux toits des habitations, aux corniches des murailles. Au printemps vous avez vu quelquefois, vous tous qui avez les yeux ouverts devant les objets curieux, de tout petits nids de forme ronde, charmants par leur délicatesse et leur perfection. L'enveloppe est faite d'un papier gris lisse, un peu lustré, flexible, imperméable à l'eau. A l'intérieur il n'existe, fixé au milieu par un pédicule épais et fort dur, qu'un seul gâteau composé de huit, dix, douze alvéoles. C'est l'œuvre de la femelle féconde qui a passé l'hiver engourdie. Son petit nid achevé, elle dépose un œuf dans chaque alvéole, puis elle élève ses larves qui lui donneront des ouvrières, des nourrices. Celles-ci nées augmentent rapidement les dimensions du nid; elles élargissent le premier rayon en y ajoutant de nouvelles cellules; elles construisent un second rayon qu'elles attachent au premier par deux ou trois piliers, un troisième qu'elles fixent à celui-ci par le même procédé, et ainsi de suite d'un quatrième, d'un cinquième, d'un sixième. Le nombre des rayons varie selon l'accroissement de la population. Ces nids de la Guêpe des arbustes ont trois enveloppes papyracées, superposées, servant à la protection des rayons avec lesquels elles ne contractent jamais d'adhérence. Les plus grands acquièrent une hauteur de 20 à 30 centimètres; plus grands ou plus petits, ils sont toujours d'un joli effet dans le feuillage de quelque élégant arbrisseau. Leur ouverture est située à la partie inférieure du nid, et l'espace vide entre les rayons et l'enveloppe est toujours suffisant pour permettre aux Guêpes une circulation facile.

La Guêpe commune (*Vespa vulgaris*) qui porte sur le chaperon, comme signe particulier, une ligne verticale noire figurant une sorte de hachette, établit son domicile dans la terre. Profitant autant que possible d'une cavité, elle apporte les matériaux propres à la construction de son nid dans le sombre réduit. Quand la population augmente, quand le nombre des rayons doit être accru, les Guêpes se trouvent obligées de se livrer à un formidable travail de déblai pour obtenir plus d'espace. Les nids de la Guêpe commune ayant, comme ceux de la Guêpe des arbustes, plusieurs enveloppes papyracées prennent souvent des proportions énormes; des milliers d'individus y sont logés. Suivant toute apparence, les sociétés de cette espèce, autrement bien protégées que les autres, ne périssent pas pendant l'hiver. Dans les localités où l'on connaît la présence d'un guêpier, il suffit d'examiner l'entrée d'une année à l'autre pour voir que l'endroit n'a cessé d'être habité par des Guêpes.

Une Guêpe bien connue, la plus redoutée à cause de sa grande taille, est le Frelon (*Vespa crabro*), si reconnaissable entre toutes les Guêpes à la coloration rousse de sa tête, de son prothorax, de son écusson. Le plus ordinairement, les Frelons s'établissent

LIBRAIRIE GERMER BAILLIÈRE. IMPR. DE E. MARTINET.

LES GUÊPES DES BOIS ET LEURS NIDS

(*Vespa sylvestris*).

dans de vieux troncs d'arbres largement excavés, car ils ont besoin de beaucoup d'espace pour établir leur vaste construction. Au sommet de la cavité, ils attachent un premier rayon au moyen d'une assez grande masse de pâte bientôt façonnée en une sorte de pédicule ou de support. Un second rayon s'ajoute au-dessous du premier, auquel il est fixé par des piliers ou des colonnettes plus ou moins nombreuses. Tous les rayons sont ainsi attachés successivement les uns aux autres. Quand les Frelons ont installé leur domicile dans une cavité dont les parois le protégent suffisamment, ils ne font d'enveloppe que pour les parties qui restent à nu. Ils savent faire mieux cependant, et beaucoup mieux même, si les circonstances l'exigent. Les vieux troncs d'arbres crevassés, pourris à l'intérieur d'un effet tout pittoresque, qui plaisent aux artistes, n'étant pas le moins du monde du goût des conservateurs des forêts, sont devenus rares en France de nos jours. Les Frelons, assez intelligents pour s'épargner un peu de besogne quand ils le peuvent, trouvent difficilement à se loger. Forcés de s'établir à découvert, ils profitent d'une toiture avancée, d'un grenier à l'abandon, et abrités par un simple plafond ils bâtissent leurs nids. Aucune paroi naturelle ne protégerait leurs rayons, alors, comme la Guêpe des arbustes, ils fabriquent des enveloppes habilement superposées.

Des guêpiers de Frelons ainsi construits, ayant jusqu'à 50 centimètres de hauteur et 35 à 40 de diamètre, sont vraiment des objets magnifiques, et plus d'une fois ils ont excité l'admiration de ceux qui les découvraient. Nous avons vu des personnes entrées en possession d'un beau nid de Frelons, s'imaginant que la vente d'un si merveilleux produit allait leur procurer une petite fortune.

Ils sont bien beaux, en effet, ces grands nids de Frelons, mais aussi comme ils sont fragiles! Les Guêpes ordinaires détachent sur les arbres vivants des fibres ligneuses, et avec cette substance, elles fabriquent un papier ferme, tenace, de bonne qualité enfin; au contraire, les Frelons prennent du bois pourri et avec cette matière ils confectionnent un papier jaune ou roussâtre, d'une teinte fort agréable à l'œil, mais un papier cassant, friable au plus haut degré, un papier de mauvaise qualité, que les habitants du nid savent ne pas endommager.

Les Guêpes au corps élancé, dont l'abdomen a son premier anneau aminci en un pédicule assez long, et dont le chaperon affecte une forme triangulaire, composent le groupe des Polistites.

Chez les espèces du genre Poliste, le premier anneau de l'abdomen, s'élargissant en arrière, prend la figure d'une clochette. Il y en a à peu près par le monde entier de ces Polistes, mais c'est assez de nous occuper de l'espèce commune de notre pays. Elle se trouve dans la plus grande partie de l'Europe, dans l'Asie Mineure jusqu'en Perse, dans le nord de l'Afrique jusqu'en Egypte, et néanmoins Linné, évidemment peu renseigné sur l'étendue de sa distribution géographique, l'a appelée la Poliste de France ou la Poliste française (***Polistes gallica***).

La Poliste de France est noire, peinte de jaune, avec les antennes de cette dernière couleur. On la voit fréquemment dans les clairières des bois, et l'on éprouve un grand charme à contempler au printemps, une femelle, une mère seule, occupée, ou de l'édification de son petit nid, ou des soins que réclament ses larves. L'observation est facile, car les Polistes attachent leurs nids à des plantes basses ou à des arbrisseaux peu élevés. Les Genêts, par exemple, leur fournissent des tiges droites, grêles, fort à leur convenance. La femelle féconde qui se montre, vers le mois de mai, ardente au travail, après son long hivernage, se met à construire, avec une substance analogue à celle dont fait usage la Guêpe des arbustes. Des fibres d'écorce sont réduites en une pâte homogène et la pâte est convertie en papier gris, ferme. L'Hyménoptère emploie d'abord une quantité de matière assez considérable pour faire une attache solide et le pédicule qui sou-

LIBRAIRIE GERMER BAILLIÈRE. IMPR. DE E. MARTINET.

LES POLISTES FRANÇAISES ET LEURS NIDS

(*Polistes gallica*).

tiendra le rayon. C'est un tout petit rayon que construit la Poliste; il aura cinq, six, huit cellules, rarement davantage. Ce rayon doit rester à découvert; il sera agrandi plus tard par l'adjonction de nouvelles cellules, mais jamais il ne sera revêtu d'aucune enveloppe.

L'observateur, se transportant chaque jour dans les localités ou nidifient des Polistes, peut suivre aisément tous les travaux des industrieux Hyménoptères, toutes les phases de la vie des larves. Sans enveloppe, sans abri, ces nids élégants et mignons semblent bien exposés, mais en y regardant de près on admire l'heureuse disposition qui garantit les larves contre les intempéries des saisons. Les nids ont toujours une direction oblique, de la sorte, l'eau ne peut ni entrer dans les alvéoles ni séjourner sur le plafond; tournés vers l'est, les plus mauvais vents et la pluie venant habituellement du côté opposé, les habitants n'ont pas grand'chose à redouter.

Notre femelle printanière ayant soigné sa petite couvée, les larves arrivent au moment de se transformer en nymphes; elles filent une coque soyeuse et voilà leurs cellules fermées comme par un petit couvercle. Les adultes ne tardent pas à éclore; c'est une nichée d'ouvrières qui vont bâtir de nouvelles cellules, mais jamais le rayon n'aura une bien grande étendue. Cinquante à soixante cellules, c'est déjà beaucoup pour le nid de notre Poliste de France; il est des circonstances cependant, circonstances rares, où la population, s'accroissant d'une manière exceptionnelle, les Polistes construisent un second rayon qu'elles attachent au premier par des piliers, exactement comme le font les vraies Guêpes.

Notre dessin donne une idée bien exacte des nids de Polistes, à diverses périodes d'accroissement. Dans le plus grand, on voit des alvéoles habités par des larves, au corps déprimé, à la tête large et forte; elles attendent la becquée de leurs nourrices. D'autres alvéoles sont clos, les larves se sont enfermées pour subir leur métamorphose, les Insectes adultes ne sont pas nés encore. Le nid a été représenté tel qu'il était avec ses hôtes pleins de vie, larves et adultes.

Des Guêpes au corps élancé comme celui des Polistes, et même plus délicat, plus élégant encore, ayant le pédicule de l'abdomen formé par le premier anneau tout entier, compose le genre des Polybies, Vespides étrangères à l'Europe, extrêmement répandues dans les parties chaudes de l'Amérique. Les Polybies se font admirer comme tant d'autres Vespides par leurs constructions tantôt immenses, tantôt petites et d'une délicatesse ravissante, et fort variées selon les espèces.

Au Brésil, à la Guyane, abonde une Polybie (***Polybia liliacea***) d'une taille bien médiocre, — son corps noir, bigarré de jaune, n'a pas plus de 12 à 14 millimètres de longueur, — qui construit un nid dont les dimensions sont prodigieuses. On en voit dans la galerie du Museum d'histoire naturelle, un échantillon, dont la partie inférieure a été détruite. M. de Saussure dit « qu'on peut, à juste titre, considérer cet édifice comme un des plus grands miracles de l'architecture des Insectes » ; il ne sera pas démenti. Le guêpier que nous connaissons de cette Polybie a une hauteur de $1^{m},10$ et les plus grands rayons n'ont pas une circonférence de moins de $1^{m},17$. Ce nid incomplet, présentant encore vingt-six rayons, contient des milliers d'alvéoles. Il est attaché à une branche d'arbre ; son enveloppe est rude, inégale, d'un brun rouge. Les rayons font corps avec l'enveloppe comme dans les constructions des Guêpes cartonnières dont nous allons signaler les particularités.

Une autre espèce du même genre propre à l'Amérique centrale (***Polybia scutellaris***), signalée il y a vingt-cinq ans par un naturaliste de l'Angleterre, M. A. White, fait également un nid gigantesque se distinguant de tous les autres guêpiers par une singularité. L'enveloppe, fort épaisse, est couverte de gros tubercules pointus dont rien jusqu'ici ne vient nous indiquer l'usage.

LIBRAIRIE GERMER BAILLIÈRE. IMPR. DE E. MARTINET.

LES POLYLIBIES DES PALMIERS ET LEURS NIDS

(*Polybia Palmarum*).

On peut également voir ce nid dans les galeries du Museum.

De toutes petites Polybies établissent leur habitation à la face inférieure des feuilles. M. de Saussure en a fait connaître deux ou trois espèces de l'Amérique du Sud. Nous en signalerons une autre, que nous appellerons la Polybie des Palmiers (***Polybia palmarum***). Elle est commune au Guatémala. Cette Guêpe mignonne, longue de 6 millimètres, a le thorax jaune avec trois bandes noires, l'abdomen brun ou noir avec des ceintures jaunes. Elle construit son nid à la face inférieure d'une feuille de palmier; elle n'a pas besoin de beaucoup de place, la largeur d'une feuille lui suffit. Ce nid de la Guêpe ou Polybie des palmiers consiste tout simplement en un rayon habituellement de forme ovalaire, revêtu d'une enveloppe percée d'une ouverture à la partie inférieure. La substance est un papier d'un jaune roussâtre assez cassant. Voilà qui paraîtra fort ordinaire, après ce que nous connaissons d'ailleurs; mais que l'on s'arrête à considérer les cellules qui n'ont pas plus de 1 à 2 millimètres et pourtant d'une régularité parfaite, d'une construction irréprochable; que l'on regarde dans leur ensemble ces petits nids pour lesquels une feuille est un abri suffisant, avec leur couleur fauve, tranchant sur la teinte du feuillage. Puis, que l'on se figure ces gentilles constructions avec leurs habitants, entraînées dans le mouvement des feuilles secouées par le vent, et l'on éprouvera en son âme une impression singulière à la pensée de ce monde si actif et si intelligent pour lequel une feuille de palmier est le séjour de prédilection.

Un dernier groupe de Vespides nous est fourni par de petites Guêpes de l'Amérique dont le corps est ramassé. Les Chartergues, qui en constituent le genre le plus important, ont l'abdomen ovale, avec le premier anneau de l'abdomen emboîtant l'origine du second. L'espèce la plus répandue est la Guêpe cartonnière de Réaumur (***Chartergus nidulans***), noire, avec l'écusson et le bord de tous les anneaux de l'abdomen jaunes. Cette Guêpe toute mignonne construit des nids d'une étonnante perfection et en même temps d'une solidité bien remarquable. Attachés aux branches d'arbres par une sorte d'anneau, ces nids sont formés d'un carton fin, blanchâtre ou d'un gris clair. Comme l'exprimait Réaumur, « ce ne serait pas assez dire que cet objet paraît de carton; il en est réellement ». En effet, on en montra un échantillon à un fabricant qui, après avoir bien examiné le produit de la petite Guêpe américaine et s'être extasié sur sa belle qualité, déclara qu'aucune maison de Paris n'était capable de fournir de pareil carton, que celui-là venait peut-être d'une fabrique d'Orléans. Ces nids, très-abondants dans l'Amérique méridionale, affectent la forme de sacs. Analogues à ceux de certaines Polybies, les rayons et l'enveloppe sont intimement unis; une ouverture, ménagée dans la partie centrale des rayons, est l'unique passage permettant la circulation de bas en haut de l'édifice. Un nid de *Cartonnière* consiste, à son origine, en un gâteau à peu près circulaire revêtu d'une enveloppe percée d'un trou. Des alvéoles étant bâtis sur la face inférieure de cette enveloppe, celle-ci devient le fond d'un nouveau gâteau; les parois sont alors prolongées et recouvrent la nouvelle construction, et il y aura ainsi des rayons successivement ajoutés jusqu'à dix ou douze.

Les Nectarinies, distinctes des Chartergues par le premier zoonite de l'abdomen très-petit, construisent encore de très-jolis nids à enveloppe papyracée. Ces petites Guêpes amassent du miel qui est fort recherché par les Indiens des pampas.

A la Guyane vit une Guêpe toute noire, avec les ailes enfumées; c'est la Guêpe Tatou (*Tatua morio*), type d'un genre particulier à raison de sa tête plus large que le thorax, de son abdomen ayant un long pédicule formé par le premier anneau tout entier, et de quelques autres caractères moins apparents. Le nid de cette espèce est l'une des étonnantes merveilles de l'architecture des Insectes. M. de Saussure attribue, à la vérité, à la

LIBRAIRIE GERMER BAILLIÈRE. IMPR. DE E. MARTINET.

LA GUÊPE TATOU ET SON NID

(*Tatua morio*).

Guêpe Tatou, un nid analogue à celui de la Guêpe cartonnière; mais pour lui attribuer la charmante construction que l'on peut voir dans les galeries du Museum et que nous représentons ici, un peu diminuée, nous avons l'autorité d'un voyageur instruit, M. Mellinon, qui explore la Guyane française, et notamment la province de La Mana, depuis nombre d'années. M. Mellinon nous a appris que le nom de Tatou, en usage à Cayenne et ailleurs, venait d'une sorte de ressemblance dans l'aspect du nid de la Guêpe avec la carapace d'un Tatou.

Pour leur installation, les Guêpes Tatous commencent par faire choix d'une branche d'arbre droite, à peu près verticale, n'ayant que peu ou point de rameaux. Cette branche devient l'axe et le support du nid. Les rayons, composés d'un nombre d'alvéoles peu considérable, sont fixés chacun à la branche, au moyen d'un pédicule très-solide. Les rayons sont assez espacés les uns des autres, et dans le nid que nous avons sous les yeux il y en a dix. Ce qui est la perfection de ce guêpier, plus encore que l'heureuse disposition des petits rayons, c'est la paroi. Que l'on se figure une enveloppe simple, en forme de fuseau, consistant en un papier ligneux, comme gaufré, presque tuyauté transversalement, ayant ainsi l'apparence d'un tissu travaillé par la main d'un artiste. Que l'on ait à la pensée que ce papier, dont les fibres sont disposées avec une étonnante régularité, est varié de bandes longitudinales, les unes d'un brun rouge, rappelant la teinte de certains bois d'acajou, les autres d'un ton pâle, comme le bois de chêne. Que l'on considère que cette enveloppe, rétrécie au sommet et à l'extrémité inférieure, est dans toute sa longueur fortement accolée des deux côtés sur la branche, à laquelle sont fixés les rayons n'offrant qu'une petite ouverture circulaire à l'extrémité inférieure. Que l'on examine à l'intérieur cette gracieuse construction, où l'on voit un espace considérable ménagé entre les parois du nid et les rayons qui en sont indépendants, où l'on se plaît à regarder le demi-jour pénétrant au travers des parois et donnant un charme indéfinissable à cette jolie demeure, et l'on ne pourra s'empêcher de rester en admiration devant l'art inimaginable des petites Guêpes noires de la Guyane.

Nous n'avons pas vu construire cet édifice, et nous restons un peu embarrassé pour dire comment a lieu son accroissement. M. de Saussure, considérant les bandes longitudinales diversement colorées de l'enveloppe, pense que l'enveloppe a été tissée dans le sens indiqué par ces bandes. Dans cette hypothèse, le nid aurait été nécessairement construit du premier coup, tel que nous le possédons. Plus volontiers nous croyons qu'il s'est augmenté successivement de nouveaux rayons, et qu'à chaque accroissement, l'enveloppe a été taillée, puis allongée. Nous sommes confirmé dans cette idée par l'examen d'un nid très-analogue de la collection du Museum, dont nous ne connaissons pas l'architecte. Celui-ci, formé d'un papier gris, est très-étroit et d'une longueur énorme, et encore a-t-il été brisé par le bas. Le nombre des rayons est très-considérable, et il paraît absolument improbable que tous aient été construits simultanément.

LES HYMÉNOPTÈRES PRODUCTEURS DE MIEL

(*Apides*).

Entre tous les Hyménoptères, et par conséquent entre tous les Insectes, les espèces nidifiantes qui recueillent le miel et le pollen des fleurs sont les plus parfaites sous le rapport de l'organisation, des plus admirables sous le rapport de leurs constructions; on dirait aussi les plus étonnantes sous le rapport des instincts et de l'intelligence, si l'on oubliait un peu les Fourmis.

Tous les représentants de cette famille des Apides, dont

l'Abeille est le type le plus connu, ont dans leur organisation les indices d'une véritable supériorité sur les autres Insectes. La centralisation de leur système nerveux est poussée plus loin que chez les autres Hyménoptères; leur appareil respiratoire acquiert un développement exceptionnel, des trachées de leur abdomen se transforment en vastes poches. Leurs appendices prennent des formes spéciales, deviennent des instruments d'une perfection dont on n'a pas d'exemple ailleurs.

Selon les types, les mandibules sont converties en tenailles propres à diviser le bois, en instruments pour entamer la terre, pour pétrir du ciment, en meules pour malaxer la cire. Chez la plupart des Apides, les mâchoires et la lèvre inférieure, fort longues, délicates, agissent comme une trompe pour humer le miel dans le nectaire des fleurs. Mais ce qu'il y a de plus admirable dans la conformation des appendices de beaucoup de ces Hyménoptères, c'est la transformation en quelque sorte de leurs pattes postérieures, notamment des jambes et du premier article des tarses, en instruments propres à la récolte du pollen comme en instruments de travail. Mais les différences sont telles ici, que la généralisation resterait nécessairement vague et qu'il faut examiner chaque type en particulier.

Les Apides ont à tous leurs états un régime végétal; les adultes se nourrissent de miel; les larves, ayant besoin d'un aliment plus substantiel, sont nourries d'une pâtée composée de miel et de pollen. Les larves de tous ces Hyménoptères, incapables de se mouvoir et destinées à vivre dans d'étroites cellules, réclament des soins maternels absolument comme celles des Guêpes et des Fouisseurs.

Parmi les Apides, les uns vivent solitaires, les autres vivent en sociétés, sociétés annuelles, sociétés permanentes. L'existence des espèces solitaires ressemble à celle des Fouisseurs. Une femelle seule construit un nid, des cellules, pour loger ses larves, et approvisionne les cellules. Les sociales ont trois sortes d'individus : des neutres ou ouvrières, femelles inféconds, outre les mâles et les femelles fécondes. Dans les sociétés annuelles, une femelle isolée fonde le premier établissement, les ouvrières l'accroissent ensuite. Dans les sociétés permanentes, les femelles fécondes ne travaillent jamais; elles sont incapables de travailler, les instruments leur font défaut.

Parmi les Apides, il y a aussi, comme parmi les Sphégides, les Crabronides, etc., les espèces incapables, les espèces qui n'ont d'autre instinct que celui de s'introduire dans le nid des espèces laborieuses et de déposer furtivement leurs œufs dans les cellules approvisionnées pour autrui. Ce sont les Parasites. Ainsi, dans la nature, tout ce qui possède est exposé à avoir des parasites, si sa vigilance est mise en défaut.

Les Apides que nous allons examiner en premier lieu diffèrent de tous les autres représentants de la famille en ce que leurs pattes postérieures sont impropres à la récolte du pollen. Ils composent la tribu des Osmiines; le genre Osmie (*Osmia*) est le grand genre de cette tribu. Ces Hyménoptères exécutent des travaux devant lesquels il est impossible de ne pas s'extasier. Ils ont des raffinements incroyables dans le choix des matériaux qu'ils prennent pour confectionner leurs cellules, et ces matériaux diffèrent pour les espèces les plus voisines. Comme les autres Hyménoptères nidifiants, ils récoltent le pollen pour en faire la pâtée de leurs larves, et nous venons de voir que leurs pattes, sans élargissement notable, ne peuvent servir à cette récolte. Une disposition simple et très-jolie des poils garnissant la portion basilaire de la face inférieure de leur abdomen remplit le but à merveille. Ces poils, assez roides et suffisamment rapprochés pour retenir les grains de pollen, remplissent l'office de petites tablettes. L'Osmie se frotte contre les étamines des fleurs et en détache le pollen; avec ses pattes, elle le ramasse sur le petit appareil qu'elle porte à son ventre, et retourne à son nid, portant une grosse provision. Son premier soin doit être de se débarrasser de sa charge; on croirait volontiers que l'Insecte peut y trouver quelque difficulté, si l'on ne connaissait pas les particularités de sa conformation. Ayant appris à les

LA CHALICODOME DES MURAILLES

(*Chalicodoma muraria*).

Un mâle au vol. — Une femelle occupée à l'achèvement de son nid. — Une autre femelle en exploration, vue par devant. — Un nid totalement achevé.

connaître, il sera aisé de comprendre comment, en peu d'instants, l'Hyménoptère a entassé dans sa loge tout le pollen apporté. L'Osmie est pourvue d'une brosse placée sous le premier article de ses pattes postérieures; avec la facilité que ces pattes ont de se plier en dedans, la brosse remplit son office; elle fait tomber non-seulement tout le pollen logé sur les tablettes spéciales, mais encore celui qui s'est attaché aux poils de toutes les parties du corps.

Sous ce rapport, toutes les Osmiines agissent de la même façon; mais elles n'agissent pas de la même manière pour construire, et de ce côté est la partie vraiment intéressante de leur histoire.

Une des Osmies les plus communes en France, aux environs de Paris, est l'*Abeille maçonne* de Réaumur. Cette espèce, qui a un corps massif, des mandibules fortes, avec quatre dents peu prononcées, est devenue le type du genre Chalicodome. Ce nom signifie maison de pierre : il n'a pas été mal choisi. L'Abeille maçonne femelle est entièrement d'un noir terne et velue; le mâle, toujours plus petit, est revêtu d'une pubescence rousse; seule, l'extrémité de son abdomen reste noire. Les naturalistes l'appellent la Chalicodome des murailles (*Chalicodoma muraria*).

Les constructions de cet Hyménoptère sont des plus remarquables. Continuellement, on découvre sur des murs exposés au midi des plaques terreuses de forme ovalaire, que l'on peut prendre aisément pour de la boue lancée contre la muraille, puis desséchée. Si l'on veut bien examiner de près ces sortes de plaques assez régulièrement voûtées, on s'aperçoit qu'elles ont une dureté à défier le ciment romain, et qu'elles sont constituées non point par de la boue, mais par du gravier et de la terre mélangés. On doit bientôt constater, après un examen même assez superficiel, que la présence de ces plaques voûtées n'est pas due au hasard. L'adhérence à la pierre de cette composition de terre et de gravier est incroyable. Le marteau et le ciseau sont indispensables pour l'en détacher. Nous avons sous les yeux, dans ces objets d'aspect grossier, des nids de la Chalicodome des murs, constructions volumineuses exécutées avec un art consommé par un Hyménoptère seul, à la fois architecte et ouvrier.

Ces travaux de la Chalicodome commencent au mois de mai, c'est-à-dire peu de temps après sa naissance. Une femelle explore une muraille et fait choix d'un emplacement. Fixée sur ce point, elle va à la recherche des matériaux, et, si vous la suivez avec patience, vous la verrez s'arrêtant sur un terrain rempli de graviers. Avec ses mandibules, notre Insecte saisit de petits graviers d'une certaine dimension, il dégorge un peu de salive, y réunit des grains de terre, et agglutine ainsi terre et gravier, pour en former le mortier qu'il doit employer à bâtir. Une petite masse se trouvant bien pétrie, il s'envole avec son fardeau, et retourne

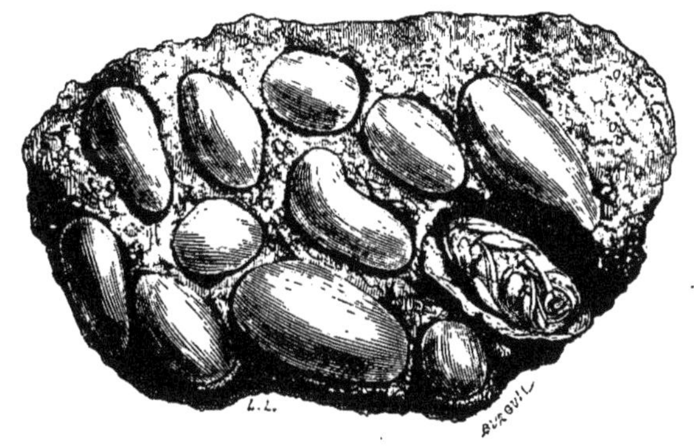

LE NID DE LA CHALICODOME DES MURS, DÉTACHÉ ET VU A L'INTÉRIEUR

à son mur appliquer cette première quantité de ciment. Le même manége se renouvelle nombre de fois ; enfin la masse de mortier étant jugée suffisante pour commencer le travail, la Chalicodome se met à gâcher sa terre, et si bien elle la pétrit en l'humectant de salive, que, dans l'espace d'une journée, une première cellule est construite. Mais cette cellule reste ouverte sur une certaine étendue, l'Hyménoptère y a pénétré plusieurs fois pour en lisser les parois. A ce moment, un autre soin doit l'occuper, il s'agit de procéder à l'approvisionnement de cette loge. La Chalicodome va récolter sur les fleurs miel et pollen ; l'un avec l'autre est mêlé, et il en résulte la pâte sucrée qui constitue la nourriture de toutes les larves d'Apides. La provision étant complète et remplissant presque en entier la cellule, un œuf est déposé. Notre Hyménoptère mure cette loge, et tout aussitôt se met à en construire une seconde tout auprès, puis une troisième, et ainsi de suite jusqu'à ce qu'il y en ait huit, dix, douze ou même davantage. Ces loges sont placées assez irrégulièrement et ne sont pas en même nombre dans tous les nids. Toutes les cellules construites, approvisionnées et hermétiquement closes, le travail n'est pas encore achevé; l'Hyménoptère façonne une couverture générale, une sorte de toit pour lequel il recueille des graviers plus gros que ceux qui sont entrés dans la composition du mortier destiné à la fabrication des cellules. La paroi extérieure du nid se trouve avoir une épaisseur énorme et la dureté prodigieuse dont nous avons parlé et qui n'est pas le caractère le moins curieux de ce genre de construction. Les larves vont vivre dans l'abondance, et, autant qu'il est possible de l'imaginer, à l'abri du danger. Au terme de leur croissance, elles s'emprisonnent encore dans une coque d'un tissu papyracé et comme vernissé. Leur transformation en nymphe s'effectue et les Insectes adultes éclosent. Comment pourront sortir de leur demeure les nouvelles Chalicodomes? Parviendront-elles à percer ce ciment plus dur que la pierre, et que les coups de marteau ne brisent pas toujours? On l'a cru, et Réaumur tout le premier; mais c'est une erreur. Tout est prévu pour ne pas donner de peines infinies aux Abeilles maçonnes voulant venir à la lumière. Quand la voûte du nid a été construite, une échancrure a été ménagée au bord inférieur, au voisinage d'une cellule, de celle dont l'habitant est destiné à sortir le premier : c'est une sorte de porte simplement masquée par une terre assez friable. L'instinct de l'architecte confond notre raison, et cet architecte n'obéit-il en toutes circonstances qu'à un instinct aveugle? Lui, si attentif à choisir et son emplacement et ses matériaux, paraissant à chaque instant examiner l'état de son travail, agit-il comme la machine montée, exécutant son mouvement uniforme? Que l'on en juge par plusieurs faits de l'histoire de notre Chalicodome. Possédant exclusivement des facultés instinctives, elle devrait accomplir toujours le même travail, le commencer et le finir de la même façon. Ce n'est pas ce qui a lieu. Des nids plus ou moins délabrés, contenant à l'intérieur des coques abandonnées, des dépouilles de nymphes, ayant les parois des cellules plus ou moins brisées, restent attachés aux murailles. Des Chalicodomes, dans leurs explorations, reconnaissent ces vieux nids, et ne manquent pas alors de s'épargner leur besogne habituelle en en prenant possession. Elles ont donc compris qu'elles s'éviteraient beaucoup de fatigues. Un pareil sentiment ne saurait être mis au compte de l'instinct. Ce n'est pas tout, cependant. Lorsqu'une Abeille maçonne s'empare ainsi de ce que nous appellerions une masure, s'il s'agissait d'une habitation construite par la main des hommes, elle est obligée de se mettre à un genre de travail bien différent de celui de l'Insecte qui bâtit son nid de toutes pièces. Il lui faut procéder à un nettoyage intérieur, enlever les débris des coques, les dépouilles de larves et de nymphes et toutes les saletés possibles. Il lui faut ensuite réparer les brèches, boucher les ouvertures ; en un mot, se rendre compte de la situation des détails et de l'ensemble. Peut-on estimer qu'aucun raisonnement n'est nécessaire en telle occurrence?

Il y a mieux encore; il arrive parfois qu'une Abeille maçonne paresseuse songe à voler autrui; elle pénètre dans le nid en construction d'un autre individu, et, trouvant l'endroit à son gré, cherche à s'y maintenir par la force.

Réaumur a bien tracé d'après l'étude d'un autre naturaliste ce côté curieux des mœurs de la Chalicodome des murs.

« Ces observations, dit-il, nous apprennent de plus que l'esprit » d'injustice ne nous est pas aussi particulier qu'on le croit;

» qu'on le trouve chez les plus petits animaux comme chez les » hommes; que, parmi les Insectes comme parmi nous, on veut » usurper le bien d'autrui et s'approprier ses travaux. Pendant » qu'une Mouche étoit allée se charger de matériaux pour ajou- » ter ce qui manquoit à une cellule, M. du Hamel a vu plus » d'une fois une autre Mouche entrer sans façon dans cette cel- » lule, s'y tourner et retourner en tous sens, la visiter de tous » côtés, travailler à la ragréer comme si elle lui appartenoit. La » preuve qu'elle le faisoit à mauvaise intention, c'est que quand » la vraye maîtresse arrivoit chargée de matériaux, la place qui » lui étoit nécessaire pour les mettre en œuvre ne lui étoit point » cédée par l'autre; elle étoit obligée de recourir aux voyes » violentes pour se conserver la possession de son bien; elle » étoit forcée de livrer un combat à l'usurpatrice, qui étoit » prête à le soutenir. »

Avec un peu de patience chacun peut voir aisément les faits que nous venons de rapporter au sujet des Chalicodomes, et se procurer un agrément fort instructif. Rien n'est plus digne des méditations du philosophe que ces manifestations de l'instinct et de l'intelligence des petits animaux, que ces actes de leur part, qui, parmi les hommes, seraient jugés les uns louables et les autres méprisables. Des individus d'une même espèce, chez les Hyménoptères industrieux, semblent n'avoir pas tous les mêmes penchants : les uns, courageux, travaillent honnêtement; les autres, paresseux, préfèrent ne pas travailler, et accaparer, soit par la ruse, soit par la force, la propriété d'autrui. Restera-t-il longtemps encore des gens assez ignorants pour voir dans les animaux de véritables machines, et ne rien comprendre à la grandeur de la création?

Ces réflexions seraient à leur place dans une foule de chapitres de l'histoire des animaux; elles se présentent ici naturellement, parce que le sujet est l'un des mieux connus et l'un des plus faciles à connaître pour quiconque veut s'instruire.

D'autres espèces de Chalicodomes, et notamment la Chalicodome de Sicile (*Chalicodoma sicula*), bâtissent leurs nids sur les branches d'arbres ou autour des tiges.

Les véritables Osmies se donnent infiniment moins de travail que les Chalicodomes ; s'établissant dans des trous de murailles, de talus ou même dans le bois, elles n'ont à fabriquer qu'une très-petite quantité de mortier pour les parois de leurs cellules,

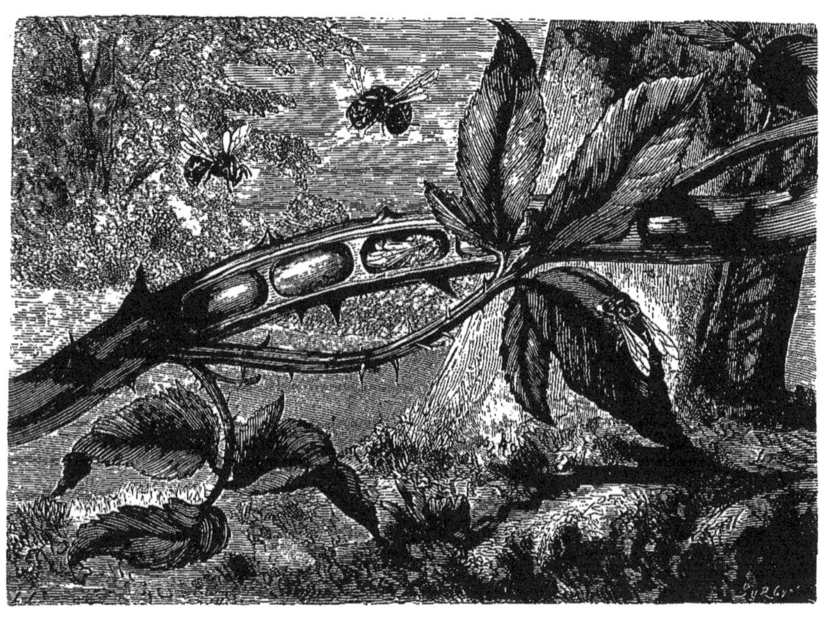

L'OSMIE DORÉE ET SON NID
(*Osmia aurulenta*).

toujours bien polies à l'intérieur. Quelques Osmies s'emparent parfois de toute cavité qu'elles rencontrent. En Algérie, des coquilles d'Hélices dont le propriétaire n'existe plus, sont souvent choisies par quelques-uns de ces Hyménoptères pour berceaux de leur postérité. Avec de la terre et de la bouse de vache, l'Insecte construit ses cellules dans la coquille de l'Hélice.

Il est des espèces qui préfèrent le bois : l'Osmie dorée (*Osmia aurulenta*) recherche des tiges sèches de la Ronce, les évide, puis construit ses cellules les unes à la suite des autres avec une petite quantité de mortier. Ici le travail est bien simple, si on le compare à celui de la Chalicodome des murs et de tant d'autres Apides.

Autrefois il y avait des villages entiers où les habitations étaient couvertes de chaume. Toute une végétation poussait sur les toits des maisons rustiques, des Insectes y trouvaient des établissements commodes. Ceux dont les souvenirs peuvent remonter à trente ans en arrière, n'ont pas oublié ces charmants hameaux si simples et si pittoresques avec leurs chaumes moussus ; ceux qui observent de près se souviennent que souvent chaque brin de chaume des humbles toitures était le berceau d'une nombreuse famille. Les maisons couvertes en chaume ont beaucoup diminué, mais il y en a encore, il y a les granges. Des Osmies de petite taille, caractérisées par de longues mandibules étroites et échancrées à l'extrémité comme par leurs palpes maxillaires de trois articles, trouvent des galeries commodes dans la paille fixée dans une situation horizontale. On les appelle des Chélostomes : leur taille est bien minime, puisqu'un fétu de paille est pour eux une spacieuse galerie. Le petit Hyménoptère a des mandibules admirablement construites pour entailler cette paille. Il évide bien proprement l'intérieur, et cette première besogne faite, il s'en va comme les autres Osmies à la recherche des matériaux nécessaires à la fabrication du mortier. Dans ce brin de chaume, il y aura une suite de loges bien maçonnées. Tout ce travail du Chélostome, la maçonnerie, l'approvisionnement des cellules, n'ont rien de plus extraordinaire que les travaux des autres espèces du même groupe, mais ici cependant tant d'habileté, tant de sollicitude maternelle de la part d'un Insecte pour lequel le tuyau d'une paille est une galerie dans laquelle s'élèvent des murailles, impressionne davantage. Du côté matériel, c'est l'exiguïté qui porte au dédain;

du côté où l'on sent l'intervention d'une intelligence suprême, c'est la grandeur qui porte à l'admiration.

Et puis il n'est pas sans charme de voir au village cette pauvre demeure d'une petite famille humaine, qui est la demeure de centaines de familles d'êtres dont la présence n'est pas même soupçonnée, familles où les mères sont laborieuses et pleines d'une sollicitude sans pareille, quand il s'agit d'assurer le sort d'une postérité qu'elles ne verront jamais.

Les Chalicodomes, les Osmies, sont certes des Insectes fort habiles, mais encore n'ont-ils pas les raffinements que nous offrent les Mégachiles, les Anthocopes, les Anthidies.

Les Mégachiles, leur nom fait allusion à la grande longueur de leurs mandibules, ont été appelées par Réaumur, les ***Coupeuses de feuilles.*** Ces Hyménoptères, en effet, coupent les feuilles; des mandibules pourvues de quatre dents parfaitement tranchantes leur ont été données pour cet usage.

La plus répandue des Mégachiles est la Centunculaire (***Megachile centuncularis***); c'est elle qu'il faut voir à l'œuvre. Elle vole dans les jardins, mais on la remarque peu. Plus petite qu'une Abeille, noire, avec des poils roux sur le thorax, un duvet blanc sur la tête, un duvet semblable formant un liséré aux trois premiers anneaux de l'abdomen chez la femelle, à tous les anneaux chez le mâle, rien dans cette humble apparence ne permet de soupçonner un être doué des plus curieux instincts.

Dans la terre battue, notre Mégachile creuse un trou perpendiculaire, et après avoir atteint une profondeur de quelques centimètres, elle pratique une galerie horizontale d'une assez grande longueur. C'est l'endroit destiné à l'établissement des cellules. Jusqu'ici rien d'extraordinaire, ce sont les procédés de la plupart des Sphégides, des Crabronides, des Apides solitaires, etc., et l'on pourrait simplement s'attendre à voir s'élever dans la galerie des cloisons de terre pour former des loges particulières. Notre Hyménoptère fait tout autre chose. Se transportant sur les

Rosiers, il se pose sur le bord d'une feuille, soit en dessus, soit en dessous, et coupe un assez large morceau de cette feuille avec ses mandibules, comme on le ferait avec une paire de ciseaux. L'Insecte va très-vite : en le voyant cramponné à la portion de feuille qu'il veut détacher, on s'attendrait à le voir tomber avec son fardeau au moment où le morceau va être entièrement coupé; il n'en sera rien, car il agite déjà ses ailes, et, dès que la pièce ne tient plus, il s'envole, la tenant entre ses pattes et ses mandibules. La Mégachile coupera ainsi dix, douze morceaux de feuilles de taille inégale, et les transportera au fond de sa galerie. Avec une merveilleuse habileté, elle contourne les différentes pièces, sans doute en les appuyant contre les parois de sa galerie, elle les imbrique les unes avec les autres, les superpose, et confectionne ainsi une sorte de godet dont le fond est un peu plus étroit que l'orifice, et qui, pour la forme, est comparé, à juste titre, à un dé à coudre. Les divers morceaux de feuilles ne sont nullement collés; mais leur ajustement est si parfait, qu'ils se maintiennent sans difficulté et se pressent d'autant mieux que s'opère la dessiccation. Hé bien, ce joli godet, profond de 8 à 10 millimètres, est une cellule, une loge pour une larve de la Coupeuse de feuilles.

L'Hyménoptère approvisionne sa loge avec la pâtée ordinaire composée de miel et de pollen, puis il pond un œuf. Il ne s'agit plus que de murer la loge : les feuilles de Rosier donneront encore les matériaux de la clôture. La Mégachile va couper un morceau bien circulaire du diamètre convenable, et vient l'appliquer sur l'orifice du godet, poussant suffisamment son bord contre les parois de la loge pour que la fermeture soit complète. Cependant notre intelligente ouvrière ne s'en contente pas, le miel s'écoule facilement par un espace étroit; elle va encore tailler au moins deux opercules semblables au premier, pour renforcer celui-ci. Les petits godets de la Mégachile sont clos ainsi par trois couvercles superposés, quelquefois par quatre.

LIBRAIRIE GERMER BAILLIÈRE. IMPR. DE E. MARTINET.

LES MÉGACHILES CENTUNCULAIRES ET LEURS NIDS

(*Megachile centuncularis*).

Une seconde cellule est construite de la même manière, dont le fond se loge dans l'ouverture de la première, et ainsi de suite d'une troisième, d'une quatrième, etc. On trouve ordinairement une série de huit ou dix de ces jolies petites loges, offrant à l'extérieur l'aspect d'un long tuyau. Nous tenons du docteur Sichel, auquel on doit nombre d'intéressants travaux sur les Hyménoptères, les nids de la Mégachile représentés sur la planche voisine.

Quand la *Coupeuse de feuilles* a achevé l'approvisionnement de toutes les cellules qu'elle a construites, elle mure son trou avec la terre rejetée au dehors, et elle le ferme si bien, qu'il est presque impossible d'en apercevoir la trace.

Réaumur, qui a décrit avec son exactitude ordinaire les habitudes de la Mégachile, raconte au sujet des nids de cet Insecte une jolie historiette. « Dans les premiers jours de juillet 1736 », dit-il, « le seigneur d'un village proche des Andelis vint voir M. l'abbé » Nollet accompagné entr'autres domestiques d'un jardinier qui » avoit l'air fort consterné. Il s'étoit rendu à Paris pour annoncer » à son maître qu'on avoit jeté un sort sur sa terre. Il avoit eu » le courage, car il lui en avoit fallu pour cela, d'apporter les » pièces qui l'en avoient convaincu et ses voisins, et qu'il croyoit » propres à en convaincre tout l'univers. Il prétendoit les avoir » produites au curé du lieu, qui n'étoit pas éloigné de penser » comme lui. A la vue des pièces, le maître ne prit pourtant pas » tout l'effroi que son jardinier avoit voulu lui donner; s'il ne » resta pas absolument tranquille, il jugea au moins qu'il pouvoit » y avoir du naturel dans le fait, et il crut devoir consulter son » chirurgien : celui-ci, quoique habile dans sa profession, ne se » trouva pas en état de donner des éclaircissements sur un sujet » qui n'avoit aucun rapport avec ceux qui avoient fait l'objet de » ses études; mais il indiqua M. l'abbé Nollet comme très-» capable de décider si l'histoire naturelle n'offroit point quelque » chose de semblable à ce qu'on lui présentoit. Ce fut donc sa

» réponse qui valut à M. l'abbé Nollet une visite qui a servi à » m'instruire. Le jardinier ne tarda pas à mettre sous ses yeux » ces rouleaux de feuilles qu'il n'avoit pu soupçonner être faits » que par main d'homme, et d'homme sorcier. Outre qu'un » homme ordinaire ne lui sembloit pas capable d'exécuter rien » de pareil, à quoi bon les eût-il faits, et à quel dessein les eût-il » enfouis dans la terre de la crête d'un sillon : un sorcier seul » pouvoit les avoir placés là pour les faire servir à quelque ma- » léfice. » L'abbé Nollet assura le brave homme que ces jolis ouvrages étaient faits par des Insectes, et comme preuve, il tira un *gros ver* de ces rouleaux. « Dès que le paysan l'eut vu », poursuit Réaumur, « son air sombre et étonné disparut : un air de » gayeté et de contentement se répandit sur son visage, comme » s'il venoit d'être tiré d'un affreux péril. » La visite finie, l'abbé Nollet n'eut rien de plus pressé que d'apporter à Réaumur les rouleaux qu'il avait eu soin de retenir, et les jolis rouleaux devinrent le sujet d'un beau mémoire.

On nous assure que notre Coupeuse de feuilles du Rosier, se trouvant en quelques endroits de la Russie où n'existe pas de Rosiers, fait son nid avec des feuilles de Saules ou d'Osiers. Une espèce de Mégachile (*M. pyrina*) choisit des feuilles de Poirier, une autre (*M. cincta*) des feuilles de Bourdaine.

D'autres Osmiines voisines des précédentes, mais faciles à distinguer à leurs mandibules tridentées et à leurs palpes de quatre articles, ont encore de plus grands raffinements dans la confection de leurs cellules : ce sont les *Abeilles tapissières* de Réaumur ; pour les naturalistes modernes, les Anthocopes ou les *Coupeuses de fleurs*. L'Anthocope du Pavot (*Anthocopa Papaveris*), qui est assez commune dans notre pays, est une petite espèce velue, noirâtre, avec du duvet blanc au bord des anneaux de l'abdomen. La femelle creuse dans les terrains secs et arides des trous perpendiculaires d'une profondeur de quelques centimètres. Le tuyau achevé, ses parois rendues bien unies, la première partie

LES ANTHOCOPES ET LEUR NID
(*Anthocopa Papaveris*).

du travail seule est faite ; il s'agit maintenant pour l'Anthocope de poser les tentures, et quelles tentures ! les plus délicates, les plus somptueuses que l'on puisse imaginer. Les pétales des fleurs de Coquelicot doivent en faire les frais. La petite Abeille solitaire va donc aux champs et coupe des morceaux de pétales des Coquelicots les plus frais, les plus nouvellement épanouis. L'Insecte emporte sa pièce d'étoffe : celle-ci, introduite dans le trou, se trouve un peu chiffonnée, mais notre *tapissière* sait s'y prendre ; l'appliquant contre la paroi, elle l'étend de façon qu'il ne reste pas un pli. Pour que la tapisserie forme une paroi un peu résistante, l'Anthocope superpose successivement trois ou quatre pièces d'étoffe, et de cette façon se trouve constitué un joli petit godet capable de recevoir la pâtée miellée. La cellule approvisionnée, l'œuf pondu, il ne s'agit plus que d'opérer la clôture. Ici encore l'industrie du petit Hyménoptère commande l'admiration ; il ne faut pas que la terre qui va servir au remblai puisse entrer dans la loge. L'Insecte commence donc par replier la partie supérieure des morceaux de Coquelicot, procédant absolument comme nous procédons lorsque nous voulons fermer un sac. Cette opération faite, la terre est poussée de manière à combler le trou et à ne laisser aucune trace extérieure de la présence du joli nid. L'Anthocope construit ainsi autant de loges isolées qu'elle a d'œufs à pondre ; on voit par là que sa vie est bien occupée.

Les habitudes des Osmiines sont si variées et toujours si curieuses, qu'on voudrait esquisser l'histoire de chaque espèce. Citons encore les Anthidies, moins velues que les autres Osmies et ornées de taches et de bandes jaunes ou roussâtres, et, surtout caractérisées par leurs palpes maxillaires très-petits, formés d'un seul article. Ces charmants Hyménoptères ont aussi des délicatesses particulières dans la construction de leurs nids. Ils les établissent au pied des arbres, ou dans des fissures de rochers, édifiant près les unes des autres douze ou quinze cellules avec un fin duvet, et notamment avec la bourre recueillie sur les fruits des

Molènes ou Bouillons-blancs. Certaines espèces du même genre fabriquent leurs cellules avec de la cire, mais jusqu'ici nous ne savons pas bien si cette matière est produite comme chez les Abeilles.

Les espèces d'une tribu de la famille des Apides, les Andrénines, se distinguent de tous les autres représentants de la famille par leurs mâchoires et leur lèvre inférieure fort courtes. Ce sont des Hyménoptères d'une forme plus élancée que les Osmies, que les Anthophores, que les Abeilles, ayant les jambes postérieures couvertes de longs poils servant à la récolte du pollen.

Les véritables Andrènes, qui, avec le premier article des tarses très-court, ont des antennes longues et les ocelles disposés en triangle sur le front, se contentent d'établir des cellules en creusant la terre dans les endroits bien exposés au midi. Les Halictes, ayant les ocelles placés sur une ligne courbe, les antennes beaucoup plus longues dans les mâles que dans les femelles, l'abdomen ceinturé par une bordure à chacun des anneaux, se comportent comme les Andrènes. D'intéressantes observations ont été faites à leur sujet, il y a juste un demi-siècle, par Walckenaer.

Les Dasypodes, Andrénines remarquables par le premier article de leurs tarses fort long et tout couvert de poils, et par leurs antennes arquées dans les mâles, creusent des trous profonds le long des sentiers. L'espèce la plus commune dans une grande partie de l'Europe centrale (*Dasypoda hirtipes*) fait d'ordinaire sa récolte de pollen sur les plantes de la famille des Chicoracées, avec une extrême rapidité, à l'aide des grands poils qui garnissent son corps et surtout ses pattes postérieures. Des Hyménoptères de la même division, chez lesquels le premier article des tarses postérieurs, tout en étant très-long, est dégarni de poils, les Collètes, confectionnent des cellules avec une substance particulière. La Collète hérissée (*Colletes hirta*), longue de 12 à 14 millimètres, noire et hérissée de poils roides d'un roux brun, ayant creusé un tube, ou ayant pris possession d'une cavité à sa convenance, dégorge une sorte de gomme liquide qui, se solidifiant à l'air, prend l'apparence d'une membrane. L'Insecte emploie cette substance à fabriquer ses loges, et comme il en place plusieurs à la suite les unes des autres, les nids ressemblent à de petits cylindres. On sait peu comment se fabrique cette substance dégorgée par la Collète; sans doute à l'aide de certaines matières végétales triturées et plus ou moins modifiées par la salive.

Des Apides solitaires, dont les mâchoires et la lèvre inférieure sont fort longues, dont les jambes postérieures sont dilatées en forme de palette, dont le premier article du tarse, également élargi, est garni d'une brosse en dessous, constituent l'intéressante tribu des Anthophorines. Dans cette division, les espèces, en général d'assez forte taille, sont extrêmement nombreuses. Beaucoup d'entre elles, habitant les régions intertropicales, n'ont pas été observées dans leurs travaux, mais plusieurs de nos espèces indigènes ont été bien étudiées.

Pendant l'été, tout le monde remarque dans les jardins, dans la campagne, le Xylocope violet (*Xylocopa violacea*), l'*Abeille perce-bois*, l'Abeille charpentière de Réaumur, gros Hyménoptère d'une taille au moins égale à celle de nos plus grands Bourdons, au corps entièrement noir, velu, avec les ailes violacées. Le Xylocope, voulant édifier son nid, se met à la recherche de branches mortes ou de pièces de bois qu'il pourra creuser sans de trop grandes difficultés. Notre gros Hyménoptère, ayant fait son choix, pratique un trou; travail long, pénible, si le bois est dur, pour l'Insecte obligé de ronger chaque parcelle avec ses mandibules. L'opération peut demander plusieurs semaines, un trou de Xylocope ayant souvent la profondeur de 30 à 35 centimètres. Mais si l'Abeille perce-bois a rencontré une galerie pratiquée dans un arbre, dont les habitants ont disparu, si elle trouve même un tube quelconque d'un diamètre convenable, elle s'en empare. Dans tous les cas, une fois le local acquis, l'Hyménoptère établit ses cellules, en fabriquant des cloisons avec de la sciure de bois qu'elle agglutine au moyen de sa salive.

LE XYLOCOPE VIOLET

(*Xylocopa violacea*).

Chez les Anthophores, dont la conformation diffère peu de celle des Xylocopes, les mandibules sont étroites, pointues et munies d'une seule dent au bord interne. Ces Insectes abondent surtout dans les parties chaudes de l'Europe et de l'Afrique.

Appelés par Réaumur du nom d'*Abeilles solitaires*, ils rappellent beaucoup, en effet, nos Abeilles domestiques dans leur apparence générale, malgré une taille plus forte et une villosité plus longue et mieux fournie. Une des espèces les plus communes, est l'Anthophore des murailles (*Anthophora parietina*), Insecte noir, revêtu d'une pubescence grise, ayant les derniers anneaux de l'abdomen roussâtres. Celle-ci pratique habituellement des trous entre les pierres des vieux murs. Tout le sable détaché est aggloméré avec une salive visqueuse et fixé au dehors du trou sous la forme de petits rouleaux. L'entrée du nid commence donc par avoir un vestibule, mais le nid achevé et approvisionné, les matériaux du tube extérieur sont repris pour murer l'orifice.

D'autres Anthophores qui s'établissent dans des talus rejettent au loin tout ce qu'ils déblayent; ils n'ont pas à craindre de ne plus trouver près d'eux de matériaux pour murer l'entrée de leur nid. Nous avons eu l'occasion de faire représenter une espèce d'Anthophore sous ses divers états. Pendant l'été de 1866, M. le docteur Dours (d'Amiens) et M. le colonel russe Radoschkovski, deux amis des Hyménoptères, faisant une excursion aux environs d'Amiens, s'arrêtèrent devant un talus fréquenté chaque année par l'Anthophore aux pieds fauves (*Anthophora personata*). Un coup de pioche donné dans le terrain mit à découvert un nid de l'Abeille solitaire. Le nid se compose de cinq ou six loges parfaitement maçonnées, s'ouvrant dans une galerie de longueur médiocre. Dans chaque loge repose, soit une grosse larve, soit une nymphe. La larve de l'Anthophore, qui demeure couchée sur le côté, est assez épaisse, surtout en arrière, et son corps est recourbé en avant; elle ne paraît nullement éprouver le besoin de changer de position de temps à autre.

Ne poursuivons pas davantage cette histoire des Abeilles solitaires, nous aurions à répéter des faits de détail analogues à ceux dont plusieurs fois il a été question, mais un moment, considérons

LIBRAIRIE GERMER BAILLIÈRE. IMPR. DE E. MARTINET.

MÉTAMORPHOSES DE L'ANTHOPHORE AUX PIEDS FAUVES

(*Anthophora personata*).

les Apides parasites. On a réuni ces parasites en un groupe particulier, en une tribu, les Nomadines. Cette réunion, peut-être, n'est due qu'à des lacunes dans nos connaissances. Il existe des Nomadines parasites, les unes des Osmies, les autres des Andrènes, les autres des Anthophores, et ces divers Parasites ressemblent, à beaucoup d'égards, aux espèces chez lesquelles ils s'introduisent, ils en ont plus ou moins l'aspect général, la coloration. Aussi ne voudrions-nous pas, en l'état actuel, affirmer que les Nomadines des Anthophores n'ont pas avec les Anthophores des relations de conformation plus étroites qu'avec les Nomadines des Andrènes. Seulement, on est frappé davantage par les analogies que présentent entre eux tous ces parasites. En effet, ces Insectes ont les pattes postérieures simples, sans dilatations, sans faisceaux de poils qui les rendent propres à la récolte du pollen, sans aucune disposition d'une autre partie du corps pouvant y suppléer. Pour eux, point d'instruments, point de travail. Leurs mâchoires et leur lèvre sont fort courtes; ils n'ont nul besoin de se gorger de miel, ce n'est pas à leurs efforts qu'ils doivent demander la nourriture de leurs jeunes.

Les vraies Nomades, Hyménoptères aux formes assez sveltes, presque glabres, ressemblant par leurs couleurs noires ou brunes, variées de jaune, à de petites Guêpes, sont les plus abondamment répandues. Elles déposent leurs œufs dans les nids des Andrènes. Le type du genre Prosopis, Insecte noir, orné de taches blanches (***Prosopis signata***), s'introduit dans les nids des Collètes. Les Mélectes au corps massif, velu comme celui des Anthophores, sont les parasites de ces derniers.

Les mœurs des Apides solitaires offrent déjà un intérêt exceptionnel dans l'histoire des animaux, mais les mœurs, les instincts, l'intelligence des espèces sociales, fournissent encore de plus grands sujets d'admiration. Les Apines, c'est-à-dire la tribu qui comprend le genre des Bourdons, le genre des Abeilles, le genre des Mélipones, nous apparaissent comme les Insectes les plus excellemment doués sous tous les rapports.

Ces Hyménoptères n'ont pas, ainsi que les autres Mellifères, à aller chercher des matériaux de construction, leur organisme leur fournit la substance la plus parfaite pour façonner des loges, des cellules, des alvéoles, comme il plaira de les appeler : la cire. Pour mettre en œuvre cette matière précieuse, les plus jolis instruments que l'on puisse trouver chez les Insectes ont été donnés aux Apines, et en même temps les instruments les plus complets pour la récolte du pollen.

Chez les Apines, les mandibules présentent à leur extrémité une surface plane, elles doivent fonctionner à peu près comme des meules, afin de malaxer la cire; les mâchoires et la lèvre ont une grande longueur pour leur permettre de pomper le miel au fond des fleurs; les jambes des pattes postérieures présentent un élargissement considérable et à leur face extérieure une petite cavité ovalaire : c'est la corbeille destinée à recevoir la provision de pollen; le premier article du tarse des mêmes pattes offre une extrême dilatation au côté externe, c'est-à-dire en dehors de son articulation avec la jambe. La forme générale de cet article est une palette carrée; extérieurement, sa surface est lisse, c'est une sorte de truelle indispensable pour façonner les parois des alvéoles; à la face interne, c'est une brosse servant à l'Insecte à débarrasser son corps de tout le pollen qui s'y est attaché. Ces instruments sont modifiés seulement dans quelques détails entre les divers types composant la tribu des Apines.

Chez les Bourdons (***Bombus***), les jambes postérieures sont pourvues, à l'extrémité, de deux épines servant à saisir les lames de cire engagées entre les anneaux de l'abdomen. Est-il utile de parler de l'aspect de ces Insectes? Tout le monde ne connaît-il pas les Bourdons, les gros Hyménoptères tout velus, ayant des couleurs généralement assez vives, faisant entendre, pendant leur vol, le bruit très-sonore qu'on appelle le ***bourdonnement***, le son caractéristique produit par le ***Bourdon***.

Les Bourdons d'Europe sont au nombre d'une trentaine d'espèces. Comme tous les animaux ayant des couleurs noires, jaunes, rousses, mélangées, empiétant plus ou moins les unes sur les autres, ils offrent de nombreuses variétés individuelles. Ces variétés ont jeté dans l'erreur plusieurs des naturalistes qui se contentent de tracer des descriptions, sans étudier la vie des êtres dont ils ont la prétention de donner l'exact signalement. A cet égard, le docteur Sichel, préférant observer ces Hyménoptères dans leurs nids, a rendu le service de préciser leurs caractères.

Les Bourdons constituent des sociétés annuelles qui commencent, grandissent et finissent comme celles des Guêpes. Au printemps, après un long hivernage, une femelle féconde se fait ouvrière et établit les premiers fondements de la cité future. Bientôt elle se trouve entourée d'un peuple d'ouvrières qui s'occupe d'agrandir le domicile. Les habitudes de ces curieux Hyménoptères avaient été étudiées par Réaumur, elles l'ont été de nouveau, et avec un grand succès, par l'admirable historien des Fourmis, Pierre Huber.

Dans notre pays, plusieurs espèces de Bourdons sont communes, le Bourdon des Mousses, le Bourdon des jardins, le Bourdon terrestre, le Bourdon des pierres.

Le Bourdon des Mousses (***Bombus Muscorum***) est une de nos espèces les moins grosses ; son corps noir est couvert de longs poils formant une épaisse toison d'un jaune roux vif. La nuance varie, il est vrai, entre les individus, mais en général la teinte jaune de l'abdomen est assez claire, celle du thorax d'un blond roux ou fauve assez intense. Sans cesse on voit le Bourdon des Mousses butiner sur les fleurs pendant la belle saison ; son nid, très-joli, n'ayant jamais une population bien considérable, comparé à la demeure des Abeilles, est, d'après le sentiment de Réaumur, une simple habitation villageoise.

Les nids de cet Insecte ne sont pas rares, et cependant il est assez malaisé de les découvrir. Établis au milieu des champs, placés dans de petites cavités ou sur les parties déclives du sol, cachés, perdus au milieu des herbes, des trèfles, des sainfoins, il faut suivre un Bourdon à la piste pour arriver jusqu'à son logis. Un moyen plus simple, c'est d'attendre le moment où l'on fauche, les nids sont alors mis à découvert et quelquefois même un peu entaillés. A l'extérieur, ils ne montrent qu'une sorte de voûte formée de brins de mousse artistement enchevêtrés les uns dans les autres. Une ouverture inférieure donne passage aux habitants. Si l'on enlève la couverture de mousse, au-dessous on rencontre une seconde voûte consistant en une épaisse lame de cire d'un gris jaunâtre. La mousse, même en masse considérable, laisserait bien vite pénétrer l'eau des grandes pluies; avec la paroi de cire, jamais danger de cette nature n'est à craindre. La seconde voûte enlevée, on est dans l'intérieur de l'habitation. Aucun luxe, aucune élégance n'existe dans cette modeste demeure. Ce sont des amas de boules entassées les unes sur les autres, d'une matière brunâtre, la pâtée destinée à la nourriture des larves. Au milieu de ces masses, entourées de cire, on voit des œufs, plus tard des larves ou des coques. Sur les côtés, il existe, à une certaine époque de l'année, des godets de cire contenant un miel très-pur.

Les larves ont l'aspect et la conformation des autres larves d'Hyménoptères mellifères. Arrivées au terme de leur croissance, chacune file une coque soyeuse. Les coques, que Réaumur compare par la forme à des œufs, sont d'un jaune pâle et pressées les unes contre les autres. Elles sont de dimensions différentes : les plus petites, toujours les plus nombreuses, sont les coques des ouvrières; les moyennes, celles des mâles; les plus grandes, celles des femelles fécondes. Lorsque naissent les adultes, la partie inférieure de ces coques est coupée régulièrement comme un couvercle qu'on aurait détaché.

LIBRAIRIE GERMER BAILLIÈRE. IMPR. DE E. MARTINET.

Aucun observateur n'a vu encore de quelle façon la femelle féconde commence son nid; mais il suffit de rencontrer un nid habité et d'y causer quelques dégâts pour voir les Bourdons au travail, ramassant les brins de mousse épars ou allant en chercher au voisinage de leur domicile. Chaque individu, isolément, femelle ou ouvrière, saisit un brin entre ses pattes postérieures et le pousse en marchant toujours à reculons. C'est seulement lorsque les matériaux sont réunis, que plusieurs Bourdons agissent en commun pour tisser la mousse.

Le Bourdon des jardins (*Bombus hortorum*) est une de nos grosses espèces; très-reconnaissable à son corps noir, avec une bande jaune sur le thorax, le premier anneau de l'abdomen de cette couleur et les derniers tout blancs. Le Bourdon terrestre (*Bombus terrestris*), qui en est voisin, s'en distingue surtout par la coloration de l'abdomen. Ici le premier anneau est noir, le second est jaune. Ces gros Bourdons, bien étudiés par P. Huber, établissent leur nid dans la terre, à une assez grande profondeur; il n'est personne qui n'ait remarqué ces Insectes pénétrant dans leur trou. La terre les protége, ils n'emploient pas de mousse, mais ils garnissent toujours la voûte de leur demeure avec des lames de cire.

Les Bourdons donnent une preuve d'intelligence vraiment remarquable. Voulant puiser le miel sur des fleurs à corolle tubuleuse, ils ne peuvent souvent parvenir, à cause de leur grosseur, à s'enfoncer suffisamment pour en atteindre le fond avec leur trompe. Cette difficulté ne les déconcerte pas. Avec leurs mandibules, ils entaillent la corolle dans sa partie inférieure et passent leur trompe par l'ouverture.

Jusqu'à une époque peu éloignée de nous, certains Hyménoptères étaient classés par tous les auteurs dans le genre des Bourdons. Un examen superficiel ne pouvait permettre de faire une distinction. Même forme, même grosseur, même système de coloration, même aspect chez les Bourdons et chez ceux qui ne sont pas de leur race. Lepeletier de Saint-Fargeau reconnut dans ces derniers des Parasites, et les nomma les Psithyres. Ces Insectes si pareils aux Bourdons n'ont que deux sortes d'individus; il n'y a pas d'ouvrières parmi eux, et les femelles sont dépourvues d'instruments propres au travail et à la récolte du pollen; leurs jambes postérieures n'ont pas de dilatation, le premier article de leur tarse n'a pas de brosse. Chaque espèce de Bourdon a son parasite, son Psithyre, et le parasite a la livrée de l'Insecte chez lequel il s'introduit; non pas identique, mais très-analogue, de sorte que d'après la disposition des couleurs, on peut se douter de quel Bourdon est parasite tel Psithyre. Les Insectes, en général, bien probablement, n'apprécient pas la forme d'une manière très-rigoureuse, tandis que les couleurs les impressionnent vivement. En effet, si entre les Psithyres et les Bourdons il y a ressemblance dans les formes et les couleurs, nous voyons que des parasites appartenant à d'autres ordres et ayant par conséquent des formes assez différentes, ressemblent par leurs couleurs aux espèces qu'elles vont visiter : par exemple, les Diptères du genre Volucelle, qui s'introduisent dans les nids de Bourdons et dans les Guêpiers.

Un des Psithyres les plus répandus, le Psithyre vestale (***Psithyrus vestalis***), dont les nuances sont assez variables, a, en grande partie, la coloration du Bourdon des jardins. Il entre dans les demeures souterraines de cette espèce, y dépose ses œufs, sans être inquiété, et, cette opération faite, s'en retourne aux champs.

Dans l'histoire des Insectes, les Abeilles offrent, sous tous les rapports, un intérêt hors de comparaison. Dans les annales de tous les peuples, il est question de l'Abeille : la ***Deborah*** des Hébreux, la ***Melissa*** des Grecs, l'***Apis*** des Latins. Un but purement matériel porte les hommes, même les plus désintéressés des choses de l'esprit, à s'occuper de ces Hyménoptères pour leurs produits : le miel et la cire. Chez les nations civilisées de l'antiquité, où l'on prisait beaucoup assurément les profits que donnent les Abeilles, il y eut des observateurs et surtout des penseurs dont l'esprit se trouva sérieusement préoccupé des

LE PSITHYRE VESTALE
(*Psithyrus vestalis*).

merveilleux travaux de ces Insectes et de leur constitution sociale. Mais les Abeilles étaient un sujet d'observations des plus difficiles, et, de ce côté, les anciens furent impuissants à poursuivre un peu loin leurs études. Quelques faits étant constatés avec plus ou moins d'exactitude, l'imagination se donnait carrière. Aristote nous a transmis les opinions qui régnaient en son temps. Aucune idée juste n'existait sur les diverses sortes d'individus composant la ruche. La femelle féconde, la mère, l'individu que tous les auteurs depuis deux siècles appellent la ***Reine***, était considéré comme un chef, on le nommait le ***Roi***. Le peuple, la foule des ouvrières, se composait d'individus laborieux, probablement hermaphrodites, puisque tous étaient semblables les uns aux autres. On le sait, les anciens ne se trouvaient jamais embarrassés pour expliquer la naissance des êtres. Quant aux mâles, auxquels un nom particulier est attribué dans tous les idiomes, les Bourdons ou les ***Faux-Bourdons*** dans le langage vulgaire, on ne s'arrêtait à aucune idée précise sur la nature de ces êtres paresseux, inférieurs aux vraies Abeilles, puisqu'ils ne possèdent pas d'arme.

Jusqu'au XVIIIe siècle, tout en admirant l'industrie des Abeilles, l'ordre qui règne dans leurs sociétés, on était dans une très-grande ignorance au sujet des mœurs, des habitudes, des conditions nécessaires à la propagation de ces Insectes. C'est donc avec la plus grande vérité que Réaumur pouvait dire : « Les plus anciens » auteurs qui ont parlé des Abeilles, et la plupart de ceux qui » sont venus après eux et qui n'ont été que leurs échos, ne » nous donnent pas plus de garantie, pas plus de preuves de la » réalité de ce qu'ils en débitent, que les auteurs des romans de » la vérité des événements par le récit desquels ils savent nous » intéresser. » Une semblable déclaration est suffisante pour dispenser tout naturaliste de s'occuper des récits de Pline, de la poésie de Virgile, etc., touchant les Abeilles.

La publication des premières observations un peu sérieuses sur ces Hyménoptères, dues à un membre de l'Académie des sciences, Maraldi, date de 1712. Beaucoup plus tôt, il est vrai, Swammerdam avait reconnu à l'égard des Abeilles des faits de la plus haute importance, mais les écrits de ce savant, nous l'avons rappelé[1], n'ont été mis au jour qu'en 1707. Swammerdam, qui fit la lumière sur la composition des sociétés de Fourmis, détermina avec le même bonheur la véritable nature des différentes sortes d'individus de la ruche. On apprit alors que le prétendu roi, le prétendu chef de toute société d'Abeilles, était une femelle. On l'appela la reine, tant l'idée du commandement et de l'autorité exerce de prestige sur les imaginations. Des recherches de Swammerdam révélèrent en même temps que les Abeilles laborieuses sont des femelles stériles, des femelles dont les organes de la reproduction demeurent atrophiés, et les Faux-Bourdons, les mâles. Ces connaissances acquises avaient une immense portée, mais ce n'était que le commencement de l'histoire des Abeilles. Réaumur vint, et les fables de l'antiquité tombèrent devant les sérieuses investigations du naturaliste. La remarquable étude de Réaumur sur les Abeilles devait toutefois être délaissée un demi-siècle plus tard, quand les *Nouvelles observations sur les Abeilles* par François Huber apportèrent de nouvelles clartés sur ce sujet. L'auteur, considéré à si juste titre comme le vrai historien des Abeilles, on le sait, était aveugle ; un simple domestique, François Burnens, se fit son collaborateur, et de cette collaboration est sorti un des plus beaux chefs-d'œuvre d'observation humaine[2]. Le travail de Fr. Huber a été augmenté par son fils Pierre Huber. Depuis cette époque, un fait considérable a été reconnu par un amateur, un pasteur protestant de la Silésie, M. Dzierzon. Ingénieux observateur, il s'est assuré que la femelle, ou la reine, comme on la nomme presque toujours, étant vierge encore, pond des œufs d'où sortent des larves qui deviennent invariablement des mâles ; que cette même reine, seulement après la fécondation, pond des œufs d'ouvrières et de femelles fécondes. Cette faculté de production d'individus d'un seul sexe sans l'intervention du mâle, ce phénomène de *parthénogenèse*,

[1] Page 24.
[2] Page 30

ainsi qu'on appelle tout enfantement par des femelles vierges, phénomène dont on possède aujourd'hui des exemples assez nombreux parmi les Animaux articulés, était assez extraordinaire pour déterminer les naturalistes à en faire l'objet d'une étude attentive. M. de Siebold, le professeur de Munich, et M. le professeur Leuckart (de Giessen), ont mis le fait hors de contestation.

Avant de résumer les faits aujourd'hui connus de l'histoire des Abeilles, nous devons examiner les particularités importantes de l'organisation de ces Insectes. Nous y verrons comment est produite la cire, la matière première des constructions; à l'aide de quels instruments cette matière se trouve saisie, malaxée, mise en œuvre; comment est recueilli le miel, et comment cette substance est tenue en réserve avant d'être apportée à la ruche; comment est ramassé le pollen et comment les Abeilles s'en débarrassent.

Lorsque chez nous on parle des Abeilles, il s'agit de l'Abeille domestique (*Apis mellifica*), l'unique espèce de notre pays, comme de toutes les parties centrales et boréales de l'Europe. Chaque région de l'ancien continent a son espèce propre d'Abeille. Dans le midi de l'Europe, on rencontre seule une espèce voisine de notre Abeille commune, l'Abeille italienne (*Apis ligurica*), l'Abeille qui fournissait autrefois le miel renommé du mont Hymette, dans la Grèce, et du mont Hybla, dans la Sicile. Cette espèce, distincte de la nôtre par la coloration fauve de son abdomen, a été souvent apportée, dans ces dernières années, en France et en Allemagne; elle venait de loin, les apiculteurs étaient disposés à la trouver préférable à leur Abeille ordinaire, à lui reconnaître plus d'ardeur à l'ouvrage. Les deux espèces ont été souvent mélangées, et l'on a eu des métis; mais les mâles n'étant jamais que le produit de la femelle, les caractères d'hybridité ne peuvent persister bien longtemps. L'Égypte a son Abeille particulière, comme l'Arabie, comme le Sénégal, comme l'Afrique australe, comme les diverses parties de l'Asie. Les Abeilles étaient inconnues au Nouveau Monde, notre espèce y a été transportée; elle s'y est acclimatée merveilleusement. Redevenue sauvage en certains endroits, elle est cultivée avec succès aux États-Unis et dans plusieurs parties de l'Amérique du Sud; le Chili envoie en quantité des miels à l'Europe, qui lui a fourni le producteur.

Les Abeilles, à l'état sauvage, s'établissent dans des cavités, celles des vieux troncs d'arbres leur conviennent particulièrement, mais ces Insectes sont peu répandus aujourd'hui dans nos forêts. Ils se plaisent partout où un logement convenable leur est offert; de là cette facilité de les tenir en domesticité, mise en pratique depuis la plus haute antiquité. Le logement d'une société d'Abeilles, c'est la ruche. Une société qui se fonde, une colonie, se compose de la foule des ouvrières et d'une seule femelle, une mère. Le travail commencé, les alvéoles se construisent; une ponte a lieu, des larves naissent, une nouvelle génération d'Abeilles est produite, et à une époque de l'année on peut compter dans une ruche, outre la reine et les ouvrières,

Femelle. Ouvrière. Mâle.

L'ABEILLE DOMESTIQUE

(*Apis mellifica*).

quelques centaines de mâles. Voilà nos trois sortes d'individus. Ils présentent entre eux des différences frappantes. Chez les Guêpes, chez les Bourdons, les femelles fécondes et les ouvrières se ressemblent extrêmement; les femelles fécondes, seulement un peu plus grosses, ne sont-elles pas ouvrières à une époque de

29

leur existence? Chez les Abeilles, la mère est incapable de travailler. Les ouvrières, ou individus neutres, d'une taille inférieure à celle des mâles et des femelles, sont bien connues; ce sont les Abeilles qui butinent sur les fleurs et que l'on voit partout.

Un des phénomènes physiologiques les plus remarquables de l'organisation de ces Hyménoptères, c'est la production de la cire. Les Abeilles portent en elles leurs matériaux de construction comme les Bourdons et les Mélipones. On crut longtemps qu'elles dégorgeaient la cire par la bouche : Réaumur n'avait pas d'autre opinion à ce sujet. Ce fut, à la fin du siècle dernier, un simple paysan de la Lusace qui reconnut la vérité. Vers la même époque, le célèbre anatomiste anglais, John Hunter, découvrait de son côté la manière dont se forme la cire. Tout le monde a remarqué chez les Abeilles, que les anneaux de l'abdomen, particulièrement en dessous, se recouvrent d'avant en arrière; or, en soulevant le bord d'un anneau, on aperçoit, à la surface de l'anneau suivant, deux larges surfaces lisses, deux aires sur lesquelles, pendant une partie de l'année, se forment deux lames minces, blanches, presque transparentes, qui ne sont autre chose que des lames de cire. La cire, amassée dans de petites glandes abdominales, transsude par conséquent au travers de la portion tégumentaire lisse; sa texture, à n'en pas douter, permet une filtration de la matière grasse. Pendant longtemps, les physiologistes demeurèrent convaincus que les Animaux, en général, et les Abeilles, en particulier, puisaient directement dans leur alimentation toute la graisse qu'ils s'assimilaient. Dans le but de s'assurer de la valeur de cette opinion, Huber avait séquestré des Abeilles et les avait nourries exclusivement avec du sucre; les Abeilles avaient continué à produire de la cire. Cependant Huber, n'ayant pas recherché la quantité de graisse préexistante dans le corps de ces Insectes, son expérience exerça peu d'influence sur les idées régnantes au sujet de la production de la graisse. En 1843, la question fut reprise dans toutes les conditions nécessaires par MM. Dumas et Milne Edwards. Des essaims furent emprisonnés, les individus composant ces essaims comptés exactement; des Abeilles en nombre déterminé furent soumises à une analyse chimique, afin de connaître rigoureusement la quantité de matière grasse existant dans chaque individu; la nourriture, consistant en miel, fut également analysée.

Les Abeilles tenues en captivité se mirent à construire, et, dans l'espace de quatre à cinq semaines, elles avaient fourni près de quatre fois autant de cire qu'elles en possédaient au début de l'expérience. Loin d'être épuisées, elles se trouvaient encore mieux pourvues que le jour où on les avait séquestrées. Il fut donc établi qu'une transformation des matières sucrées en matières grasses s'opérait dans l'économie des Abeilles.

Examinons maintenant les instruments dont ces Insectes disposent.

Les pattes postérieures de ces Hyménoptères constituent les plus merveilleux outils qu'il soit possible d'imaginer. La jambe est fortement élargie vers le bas, et elle affecte ainsi la forme d'un triangle très-allongé. Cette pièce était appelée autrefois, en raison de sa forme, la *palette triangulaire*. L'extrémité de la jambe porte une rangée de pointes acérées, de fortes épines disposées très-régulièrement : c'est une sorte de râteau, l'instrument qui permet à l'Abeille de saisir les lames de cire engagées entre les anneaux de son abdomen. A la jambe succède le premier article du tarse, la *pièce carrée;* il est d'une largeur énorme comparativement aux autres parties du tarse. Articulé avec la jambe par son angle interne, sa portion externe, surmontée de deux petites épines, constitue avec la jambe une véritable pince. Cette pièce carrée, parfaitement lisse en dehors, est la truelle; garnie en dedans de séries transversales de poils roides d'égale longueur, c'est une admirable brosse. La femelle ne travaille pas, les instruments doivent lui manquer; elle en est dépourvue en effet, mais elle en a des vestiges, comme des témoins de parties importantes chez son espèce. Il en est de même pour le mâle. Ainsi, chez les femelles et chez les mâles,

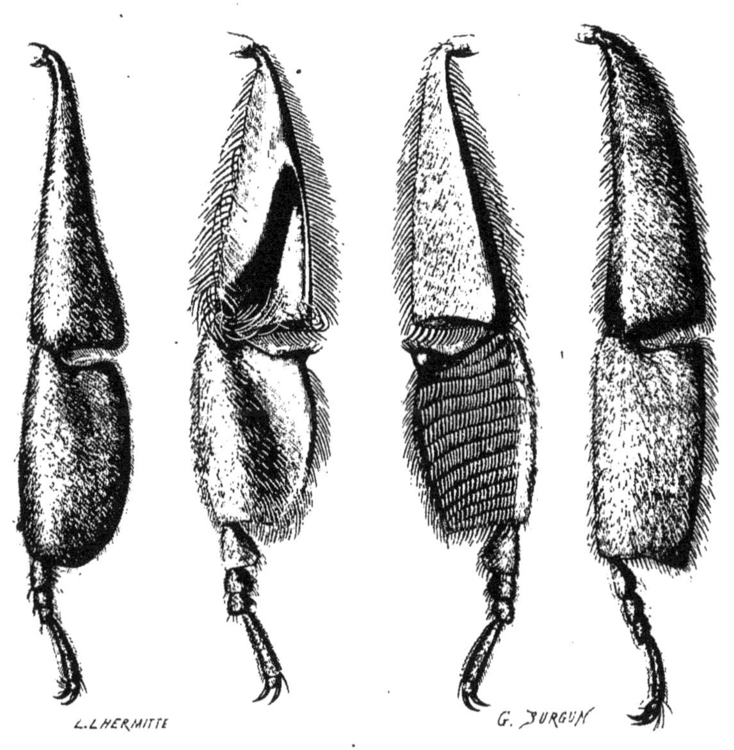

PATTE POSTÉRIEURE DE L'ABEILLE DOMESTIQUE.

1. De la femelle féconde. — 2. De l'ouvrière, vue en dehors. — 3. La même, vue en dedans. — 4. Du mâle.

la jambe et le premier article du tarse sont encore fort élargis, mais il n'y a pas de corbeille, pas de râteau, pas de pince, pas de brosse.

Si les pattes postérieures de l'Abeille ouvrière sont des outils d'une rare perfection, les pattes de devant, pour être incomparablement plus simples, sont encore de précieux instruments. Une profonde échancrure du premier article du tarse est utilisée dans le travail de construction, et de longs poils serrés forment une petite brosse capable d'atteindre où n'atteignent pas les brosses de derrière.

Les parties de la bouche ont une conformation des plus remarquables.

Les mandibules s'élargissent vers l'extrémité ; terminées par

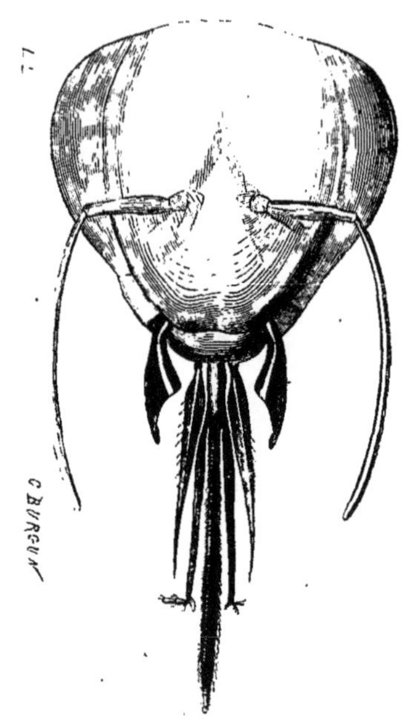

TÊTE DE L'ABEILLE DOMESTIQUE, AVEC LES PIÈCES BUCCALES ÉCARTÉES.

une surface plane, avec un rebord en saillie, elles se rapprochent l'une de l'autre par leur bout en ne laissant entre elles qu'un espace étroit, suffisant pour contenir la quantité de cire destinée à être pétrie. Les mâchoires et la lèvre inférieure, longues, flexibles, constituent, mieux encore que chez beaucoup d'autres Mellifères, l'appareil le plus parfait pour lécher et humer le miel. Les femelles et les ouvrières de presque tous les Hyménoptères nidifiants sont armées pour la défense. L'arme variant à peine d'un type à l'autre, nous avons préféré en montrer la disposition chez l'Abeille. C'est l'aiguillon, dont personne n'ignore le pouvoir redoutable. L'aiguillon se compose de deux stylets bien acérés, soutenus par des supports attachés à des écailles maintenues dans le dernier anneau de l'abdomen ; deux valves protectrices constituent le fourreau. Les glandes à venin sont deux tubes contournés débouchant dans un vaste réservoir, capsule ovalaire pourvue d'un conduit s'ouvrant entre les deux stylets. Par un effort musculaire, l'Insecte fait saillir son aiguillon retiré dans l'abdomen pendant le repos; l'aiguillon pique, et en même temps une pression des parois abdominales sur la glande détermine une petite éjaculation du venin dans la piqûre.

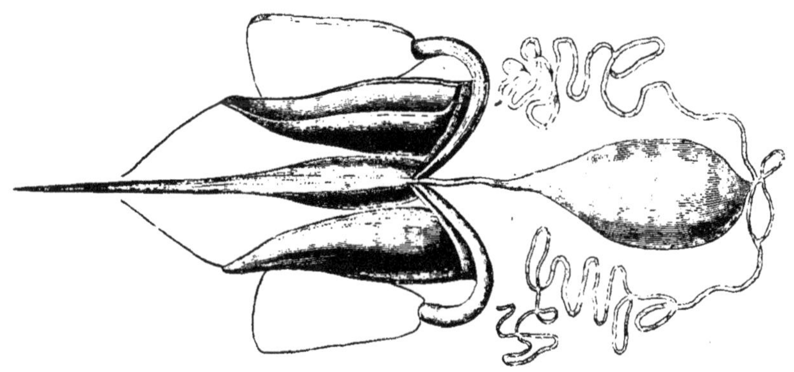

AIGUILLON ET GLANDES VÉNÉNIFIQUES DE L'ABEILLE.

Lorsqu'un essaim a pris possession d'une cavité quelconque, d'une ruche par exemple, le premier soin des ouvrières est de boucher exactement tous les interstices. C'est une substance résineuse très-bonne pour cet usage que les Abeilles emploient. Elles vont la chercher sur les bourgeons des Peupliers ou d'autres arbres. Cette matière, toujours désignée sous le nom de *propolis*, est souvent appliquée en assez grande masse au sommet de l'édifice, à l'endroit où doivent être fixés les gâteaux. Ce premier travail exécuté, des Abeilles se réunissent en groupes dans le but de construire les alvéoles. Chaque individu saisit avec la pince de sa patte postérieure une lamelle de cire, la prend avec les griffes de ses pattes de devant pour la porter à ses mandibules. Suffisamment malaxée, convertie en un petit rouleau, l'Insecte l'applique à la voûte de la ruche. Quand une certaine masse de cire se trouve accumulée, nos ouvrières y creusent des alvéoles; opérant à la fois des deux côtés, déterminant sans doute de toutes

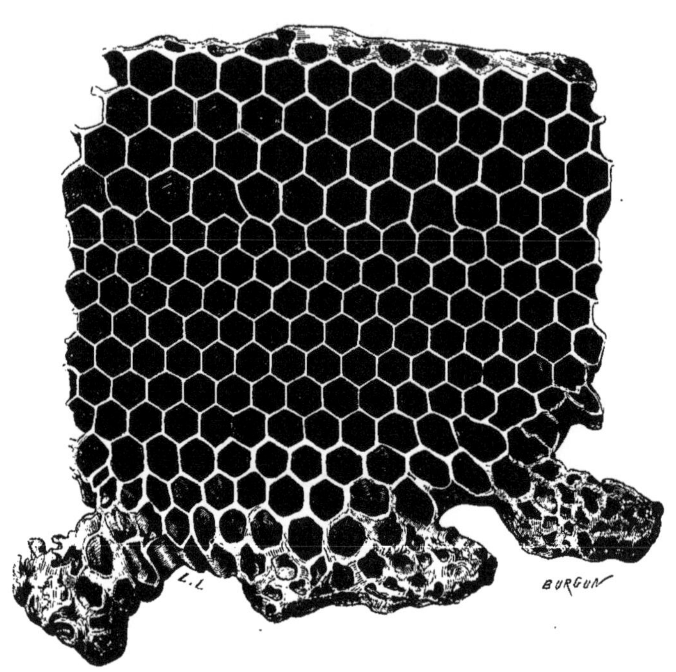

PORTION D'UN GATEAU D'ABEILLE

présentant les trois sortes d'alvéoles.

parts des pressions extrêmement égales, les cellules prennent la forme la plus régulière. Chaque alvéole est un petit godet hexagonal, avec un fond pyramidal résultant de la réunion de trois rhombes. Le gâteau est composé ainsi de deux rangs de loges adossées, de telle sorte que le fond des unes est également le fond des autres, et que la base de chaque loge se trouve correspondre à trois loges du côté opposé. Les constructions géométriques des

Abeilles réalisent de la façon la plus complète le problème qui consiste à avoir des logements avec la plus faible quantité possible de matière. Sous ce rapport, nul mathématicien n'a rien trouvé à reprendre. On peut voir, à ce sujet, un mémoire de M. Léon Lalanne, publié en 1840.

Dans une ruche dont les travaux sont avancés, parmi les gâteaux, les uns n'offrent que de petites cellules, d'autres sont formés en partie d'alvéoles plus grands, mais du même système de construction. En outre, quelques loges très-grandes, irrégulières, à parois épaisses, sont ordinairement appendues aux extrémités des gâteaux. Pour toutes les autres parties des gâteaux, la matière première est employée avec la plus stricte économie; pour les grandes cellules, toujours peu nombreuses dans la ruche, il est vrai, la cire est employée à profusion. Les petites loges hexagonales sont destinées aux larves d'ouvrières, les grandes loges hexagonales aux larves de mâles, et les grands alvéoles irréguliers aux larves de femelles fécondes ou de reines.

Les cellules de tout genre étant construites, la mère parcourt les gâteaux, et dépose un œuf dans chaque alvéole; des ouvrières lui font cortége pendant cette opération, veillant à ce que les choses se passent régulièrement. La femelle a-t-elle laissé tomber deux œufs dans la même cellule, au plus vite des Abeilles retirent l'un d'eux et le détruisent. La ponte achevée, la mère n'a de préoccupation d'aucune sorte, car elle demeure étrangère à tous les actes des ouvrières; aussi la comparaison d'une société d'Abeilles avec une monarchie, ou avec le gouvernement d'une société humaine quelconque, n'est-elle en rien justifiée.

Trois jours après la ponte, les jeunes larves éclosent, mais les Abeilles ne sont pas au dépourvu. Pendant que les unes poursuivaient leur travail de construction, d'autres allaient aux champs, recueillaient le miel et l'entassaient dans des cellules destinées à cet objet. On a cru qu'il y avait deux sortes d'Abeilles ouvrières, les cirières et les nourrices; certainement toutes les Abeilles ont les mêmes aptitudes, mais il est possible que les vieilles ouvrières soient moins bonnes cirières que les jeunes et prennent surtout le rôle de nourrices. Les larves, le *couvain*, dans le langage des éducateurs d'Abeilles, croissent rapidement, et au bout de leur carrière, elles filent une petite coque soyeuse, pour se transformer en nymphes. Ces coques tissées, les alvéoles semblent avoir un couvercle. Les larves d'Abeilles ont les caractères généraux des larves des Hyménoptères nidifiants, avec une faiblesse plus grande que la plupart d'entre elles, car elles ne peuvent prendre leur nourriture qu'en la recevant de la bouche de leurs nourrices.

Un fait des plus étranges, qui n'est pas particulier aux Abeilles, mais qui a été plus observé chez ces Insectes que chez d'autres, c'est leur pouvoir de produire à volonté des femelles fécondes ou

LARVES ET NYMPHES DE L'ABEILLE OUVRIÈRE.

1 et 2. Larve en dessus et en dessous. — 3 et 4. Nymphe en dessus et en dessous.

des femelles infécondes, c'est-à-dire des ouvrières. On a les meilleures raisons du monde, à l'égard des Abeilles, pour attribuer à la nature de l'alimentation la stérilité ou la fécondité des individus, l'avortement ou le développement des organes de la reproduction. Il arrive fréquemment que des larves d'ouvrières, placées dans le voisinage d'une cellule de reine, reçoivent quelques parcelles de la nourriture destinée à la larve de la femelle féconde. La petite quantité de *pâtée royale* qui leur est tombée aura suffi pour rendre ces ouvrières un peu fécondes. Une ruche a-t-elle perdu ses larves de reines, les Abeilles en *fabriquent* avec des larves d'ouvrières. Une larve destinée à changer de condition est choisie ; son alvéole est agrandi et les larves du voisinage sacrifiées pour cet objet. La jeune larve d'ouvrière est désormais alimentée comme une larve de femelle féconde, et elle devient femelle féconde. Aucun doute n'est possible à ce sujet, l'expérience a été mille et mille fois répétée ; la transformation réussit toujours tant que la larve ouvrière est assez jeune, et des apiculteurs ont même constaté assez récemment que cette transformation pouvait s'effectuer à un âge des larves plus avancé que ne le croyait Huber. En quoi consiste la différence dans la nourriture donnée aux larves des ouvrières et des femelles fécondes ? C'est ce qu'il a été impossible de découvrir jusqu'à présent.

Au moment de l'éclosion des adultes, ouvrières, mâles ou *faux Bourdons*, femelles fécondes ou reines, l'agitation est grande dans la ruche. Les ouvrières déchirent avec leurs mandibules les couvercles des cellules des nouveau-nés, aident ces individus, encore faibles, à sortir de leur prison. En un seul jour, la population a prodigieusement augmenté. Une émigration est nécessaire. Une nouvelle reine est éclose, quelques milliers d'ouvrières se groupent autour de la vieille reine, et voilà un essaim formé, quittant la demeure commune et allant chercher un autre établissement. La même ruche, si elle a beaucoup prospéré, donnera deux, trois, quatre essaims successifs. Si la ruche a souffert au contraire, si la population est peu nombreuse, alors pas d'essaims possibles. A un moment, deux femelles fécondes, deux reines se trouvent dans l'habitation, où il ne doit jamais en rester qu'une seule ; alors les reines se livrent un combat à coups d'aiguillon, combat à mort, dont les ouvrières restent simples spectatrices. Quand un des deux champions a succombé, les ouvrières jettent son cadavre, et la société reprend sa physionomie ordinaire.

Il n'y a jamais plus de quelques femelles, et souvent il y a jusqu'à douze ou quinze cents mâles qui naissent à peu près en même temps. Lorsque les observations d'Huber vinrent répandre la lumière sur l'histoire des Abeilles, jamais personne n'ayant réussi à voir de rapprochement entre les individus des deux sexes, il existait pour les naturalistes un fait inexplicable. Huber fut le premier à s'apercevoir que chaque reine, peu de jours après sa naissance, sort de la ruche, s'envole suivie d'une foule de mâles, et disparaît dans les airs à une grande hauteur. C'est alors que s'effectue le mariage de la reine, qui ne doit être mariée qu'une fois en sa vie. Elle revient au logis, portant des signes certains que désormais elle sera une mère accomplie. A partir de ce moment, elle vivra absolument sédentaire, et si elle doit sortir encore de la ruche, ce ne sera que pour fonder une nouvelle colonie.

Les instincts, l'intelligence des Abeilles ont de tout temps préoccupé naturalistes et philosophes. Les instincts de ces êtres sont prodigieux ; ils dirigent seuls leurs opérations dans ce qu'elles ont d'essentiel, le fait n'est pas douteux. L'Abeille bâtit des cellules régulières sans avoir appris comment elle doit les construire ; son organisation suffit. Elle va recueillir le miel, en fait des provisions ; elle prend soin des larves, connaissant la nourriture qui leur convient, guidée évidemment par l'instinct seul. Mais, nous l'avons dit au début de cet ouvrage, l'exercice de facultés instinctives très-développées n'est pas possible dans une foule de circonstances sans l'intervention d'une idée juste, de la situation, des obstacles à surmonter, des dangers à éviter. Le raisonnement intervient, il y a une intelligence en action. Les actes d'une foule d'Insectes, surtout parmi les Hyménoptères, nous ont déjà apporté bien des preuves irrécusables de cette vérité. Dans l'ensemble des phénomènes de la vie des Abeilles, nous avons en grand nombre des preuves manifestes que les Animaux ne sont pas de simples machines plus ou moins bien organisées. A ceux, s'il en est encore, qui s'imaginent tous les Animaux seulement pourvus d'instincts, et incapables d'aucun raisonnement, d'aucune idée, l'observation et l'expérience, s'ils sont assez éclairés pour savoir y recourir, les conduiront à reconnaître que la création animée est plus grande, plus belle qu'ils n'avaient voulu se le figurer.

Plusieurs fois on s'est aperçu que des Abeilles construisant des gâteaux, ayant mal travaillé, survenaient d'autres Abeilles détruisant l'ouvrage imparfait pour le recommencer. N'est-ce pas là la preuve d'une appréciation. Tout en conservant le caractère régulier de leurs constructions, ces Insectes en modifient l'arrangement d'après les exigences du local. Quand une ruche est largement approvisionnée, les Abeilles laissent vivre les mâles pendant longtemps, mais elles les exterminent bientôt si la disette est à craindre. Dans ce cas, l'intelligence de la situation n'est-elle pas évidente ? Souvent les ruches sont envahies par des Tinéides, les Galléries, dont les chenilles dévorent les gâteaux, enlaçant tout de leurs fils soyeux, détruisant le couvain : mais seulement dans les ruches ayant une population faible, les Abeilles se laissent ainsi maltraiter; lorsqu'elles sont en force, elles savent parfaitement se débarrasser de leurs ennemis. S'agit-il d'ennemis, une manifestation d'intelligence bien autrement concluante se produit chez les Abeilles. Dans certaines localités, les Sphinx tête-de-mort, dont il a été question dans une autre partie de cet ouvrage, se montrent quelquefois en assez grande abondance et s'introduisent, s'ils le peuvent, dans les ruches pour les piller. Les Abeilles ménagent d'ordinaire à leur demeure une entrée assez spacieuse, pour rendre la circulation facile aux nombreux individus qui entrent et sortent continuellement. Ont-elles reconnu le danger de recevoir les audacieux visiteurs, auxquels des téguments durs et élastiques et une épaisse toison permettent de braver les coups d'aiguillon, elles rétrécissent leur porte de façon à interdire absolument le passage aux Sphinx. C'est une gêne qu'elles s'imposent. Mais la vie des Sphinx est de courte durée; les Abeilles s'aperçoivent de leur disparition, elles défont leur ouvrage, et rétablissent l'entrée de leur ruche dans sa première condition. Serait-il possible d'agir avec plus de discernement?

Après tous ces signes qui attestent combien les Abeilles apprécient leur situation, ne faut-il pas admirer plus encore la manière dont ces Insectes communiquent entre eux. Une expérience bien simple permet de reconnaître la facilité de ces communications : une Abeille est-elle apportée dans un endroit où il y a des substances de son goût, endroit qui n'était jamais visité auparavant par aucun individu de son espèce ; bientôt, après son départ, les Abeilles arrivent en foule, paraissant avoir été bien averties.

L'habitude de voir chaque société d'Abeilles dans une ruche séparée a fait croire qu'un voisinage trop intime entre plusieurs colonies n'était pas du goût des Abeilles ; c'est là une erreur. En différentes contrées, en Égypte notamment, on voit des sociétés d'Abeilles établies si près les unes des autres, que les différentes sociétés paraissent confondues. Le spectacle d'une semblable communauté nous a été donné par M. Le Blon, à Vincennes. Dans une chambre spacieuse, très-faiblement éclairée, plusieurs ruches avaient été placées primitivement sur des tablettes ; il y avait eu de nombreux essaimages, et les essaims, trouvant la place à leur gré, s'étaient établis dans cette même pièce et avaient fixé aux tablettes leurs gâteaux, qui pendaient de tous côtés comme des stalactites dans une grotte.

Ce ne serait point assez d'avoir considéré les Abeilles dans leur merveilleuse organisation, dans leurs mœurs si admirables, dans leurs sociétés constituées d'une manière si parfaite ; ces Insectes ont dans notre économie sociale un rôle d'une importance notable. Fournissant des produits utiles et toujours recherchés, leur culture est la source d'un revenu qui mérite d'être apprécié. Il y a grande difficulté, pour ne pas dire impossibilité, à dresser la statistique exacte du nombre de ruches qui existent dans la France entière, et plus encore à connaître sûrement le chiffre de la production en cire et en miel. Cependant, d'après les renseignements qui nous ont été fournis par les apiculteurs qui se sont particulièrement occupés de la question économique, on estime à environ deux millions le nombre des colonies ou des ruches après l'essaimage. On a cru pouvoir fixer la valeur du produit annuel à 15 millions de francs, 11 millions et demi pour le miel, et 3 millions et demi pour la cire. D'après d'autres évaluations, la première estimation serait au-dessous de la vérité, et devrait être portée à 20 millions. Il n'est pas douteux qu'il serait possible d'élever au double cette production, si les gens des campagnes étaient tous éclairés sur les avantages que leur procurerait la possession de quelques ruches. Les soins que réclament six, huit, dix ruches, n'étant pas très–considérables, ne peuvent distraire des travaux habituels. Pour bien peu de peine, on se procure du miel pour les besoins du ménage, à la grande joie des enfants, et, dans les bonnes années, il en reste encore à vendre, avec une petite quantité de cire. Encourager la culture des Abeilles partout où les Abeilles trouvent à butiner, c'est donc faire chose utile. Ceux qui pratiquent l'apiculture sur une grande échelle et avec intelligence, tirent des profits considérables de leur industrie; mais ceux-là sont des gens expérimentés, n'ayant besoin des conseils de personne. On aura une idée des avantages que peut procurer l'éducation des Abeilles, quand nous rapporterons, d'après le dire des hommes pratiques, qu'une colonie du printemps, achetée au prix de 15 francs, aura rapporté, dès la fin de la saison, le capital engagé; et au printemps prochain, cette ruche, si elle est dans une bonne condition, donnera au moins un essaim, peut-être deux. Cependant il y a pour l'apiculteur de mauvaises années: c'est la sécheresse, qui arrête la floraison; ce sont les grandes pluies, qui empêchent les Abeilles d'aller aux champs. Dans diverses localités, le Sainfoin est la meilleure ressource des habitantes des ruches : le Sainfoin a disparu; les Abeilles ne trouvant guère à butiner aux alentours, on les transporte dans les bois, où elles ont les Bruyères en fleur.

Dans tous les pays d'Europe, on cultive les Abeilles, et en Russie cette culture est faite dans d'énormes proportions. On a pu voir, à l'Exposition universelle de 1867, des ruches de ce pays d'une dimension inconnue à nos apiculteurs, ayant des parois de grande épaisseur pour parer aux atteintes du froid. Sous le climat de la Russie, pendant la saison chaude, la végétation se développe avec une extrême rapidité, les Abeilles travaillent alors activement, et les grandes ruches s'emplissent. Nulle part, nous assure-t-on, la consommation du miel n'est aussi considérable que dans certains districts de la Russie. Les jours d'abstinence sont nombreux dans le cours de l'année, le thé est en usage, et le peuple estime que le miel doit être préféré au sucre, parce que du sang de bœuf étant employé au raffinage du sucre, on ne serait pas assuré de faire maigre.

Avant l'introduction de notre espèce d'Europe, l'Amérique n'avait point d'Abeilles; mais comme si dans l'ordre de la nature, il avait été établi que partout l'Homme pourrait se procurer le miel et la cire, cette partie du monde est en possession de nombreux Apines que l'on nomme les Mélipones. Le sauvage Guarani, le Moxo, le Chiquito, le Botocude, rencontrent dans la savane inculte le nid de la Mélipone, dont ils extraient le miel pour le savourer, la cire pour se procurer un peu de lumière.

Les Mélipones, plus petites que nos Abeilles, sont courtes, trapues, souvent de couleurs variées; elles ont des pattes proportionnellement plus longues que celles de nos Abeilles, et le peigne ou le râteau devant servir à prendre sous l'abdomen les lames de cire n'est pas au premier article du tarse, mais plus haut, au côté interne de la jambe. Seules, entre tous les Hyménoptères nidifiants, les Mélipones n'ont pas d'aiguillon. L'absence d'arme doit créer, à quelques égards au moins, des habitudes différentes de celles de nos Abeilles; plusieurs femelles fécondes vivent certainement en bonne intelligence, puisqu'elles n'ont pas la possibilité de se tuer. Cependant le fait n'a pu être constaté directement; il y a peu d'observateurs dans l'Amérique du Sud, et ici la recherche est difficile, parce que la ressemblance est grande entre les femelles fécondes et les ouvrières.

Les Mélipones sont nombreuses en espèces. Nous prendrons comme exemple l'une d'elles, que nous avons eue vivante à Paris, la Mélipone écussonnée (*Melipona scutellaris*), une des plus grosses du genre, ayant son prothorax couvert d'une pubescence fauve et les anneaux de son abdomen ceinturés de jaune. Les Mélipones, comme les Abeilles, s'établissent dans les creux des troncs d'arbres, mais elles acceptent parfaitement aussi une boîte, un panier. Ces inoffensives et industrieuses créatures deviennent domestiques. Admirable nid que celui de la Mélipone, dont nous n'avons pu représenter qu'une portion, à cause de son étendue ! Les Abeilles sont économes de la cire, les Mélipones en sont prodigues. Au centre de leur demeure, elles établissent les logements des larves ; ce sont aussi des gâteaux de cellules hexagones, seulement ces gâteaux n'ont qu'un seul rang d'alvéoles. Tandis que les Abeilles mettent leurs provisions de miel dans des cellules pareilles à celles des larves, les Mélipones bâtissent, de chaque côté des logements de leurs jeunes, des vases d'une énorme dimension, dans lesquels elles entassent leurs provisions de miel et de pollen. Ces vases, à parois épaisses, ces amphores, forment des magasins, des docks à part. C'est là un degré de perfection dans le mode de construction qui dépasse ce que nous connaissons partout ailleurs.

Plusieurs fois nous avons conçu l'espoir de conserver et de propager les Mélipones dans notre pays. En 1864, deux ruches de la Mélipone écussonnée du Brésil avaient été apportées au Jardin des plantes : tant que la température resta douce, les jolis Hyménoptères, pleins d'activité, allaient à la picorée comme nos Abeilles, et revenaient aussi sûrement à leur habitation ; mais, aux premières atteintes du froid, malgré le soin de les loger chaudement et de mettre du miel à leur portée, tous les individus périrent dans l'espace de deux ou trois jours.

LIBRAIRIE GERMER BAILLIÈRE. IMPR. DE E. MARTINET.

LE NID DE LA MÉLIPONE ÉCUSSONNÉE

(*Melipona scutellaris*).

X

LES COLÉOPTÈRES

Les Coléoptères sont les Insectes que l'on nommait autrefois d'une manière très-générale : les Scarabées. Répandus à l'infini dans la nature, les Coléoptères ont été les plus étudiés des Insectes sous le rapport de la caractérisation des espèces. Depuis longtemps, sur toutes les terres explorées, on les a recherchés avec prédilection, avec un soin qui n'a pas été accordé aux représentants des autres ordres. Des collections spéciales de Coléoptères ont été formées par un grand nombre d'amateurs, et ceci a engagé beaucoup de voyageurs visitant des contrées lointaines à recueillir de ces Insectes, assurés d'en tirer un profit que ne leur donneraient pas des collections d'Hyménoptères, de Diptères, etc. Des ouvrages purement descriptifs sur les Coléoptères paraissent chaque année dans les diverses parties de l'Europe comme aux États-Unis; les uns relatifs aux espèces d'une

30

famille ou d'un genre, les autres aux espèces d'une contrée. La faune de notre pays, même pour cette partie limitée, n'est pas achevée encore, mais un entomologiste de Lyon fait de vaillants efforts pour atteindre le but. Depuis vingt-cinq ans, M. Mulsant met au jour une suite de travaux destinés à faire connaître avec une rigoureuse exactitude les Coléoptères de la France.

Combien y a-t-il d'espèces de Coléoptères dans le monde entier? C'est ce que nous ne pouvons dire, ce que nous n'oserions même estimer d'une façon approximative; seulement il nous est permis d'en faire soupçonner le nombre prodigieux d'après le simple énoncé de ce fait : que si toutes les collections existantes pouvaient être réunies en une seule, on aurait sous les yeux un ensemble de plus de cent mille espèces.

En présence d'un tel chiffre, on pourrait croire à une difficulté presque insurmontable d'arriver à apprendre dans quels livres et par quels auteurs ont été nommés et décrits les Coléoptères de tous les groupes et de tous les pays. La difficulté se trouve en réalité fort amoindrie par les travaux bibliographiques. Un naturaliste plein d'érudition et doué d'un jugement sûr, M. le professeur Lacordaire, publie un ouvrage dans lequel, à la suite de la caractérisation de chaque genre, sont énumérées toutes les espèces connues, avec l'indication des livres où il en a été donné une description et une figure.

En voyant à quel degré les Coléoptères ont charmé une foule de personnes, on serait peut-être tenté de croire que ces Insectes présentent un intérêt exceptionnel. On se tromperait. Les Coléoptères n'ont guère d'industrie; ils ne possèdent que des instincts assez bornés. Dans leur histoire, on ne rencontre point, comme dans celle des Hyménoptères, de ces actes qui comptent au nombre des phénomènes les plus remarquables, les plus saisissants, les plus instructifs de la nature animée. Tout, dans la prédilection dont les Coléoptères sont l'objet, est dû à la beauté de beaucoup d'entre eux, à la solidité de leurs téguments, qui en rend la conservation facile, à la nature de leurs organes du vol, qui en rend la préparation fort simple.

Les Coléoptères ont une physionomie tellement particulière, qu'il n'est difficile à personne de distinguer un représentant quelconque de cet ordre de tous les autres Insectes. Les ailes fournissent leur caractère extérieur le plus important. Les ailes antérieures, toujours de consistance coriace, c'est-à-dire de la même consistance que les autres parties du corps, ne se croisent jamais l'une sur l'autre pendant le repos, et elles emboîtent plus ou moins exactement le corps; ce sont, comme l'indique le nom de Coléoptères lui-même (κολεὸς, étui; πτερα, ailes), des étuis, que l'on désigne sous le nom d'*élytres*. Les ailes postérieures, presque toujours plus amples, sont membraneuses et parcourues par des nervures ramifiées. Les principales nervures offrant, vers le milieu, une division transversale, les ailes, ramenées sur le corps, se plient sans effort et viennent se loger sous les élytres. Les pièces buccales sont généralement fortes et, dans tous les cas, conformées pour la mastication.

Les Coléoptères ont des métamorphoses complètes; comme les Lépidoptères et les Hyménoptères, ils naissent sous la forme de larves, et ces larves se transforment en nymphes immobiles; ces dernières, analogues à celles des Hyménoptères, semblent être le moule exact des Insectes adultes.

La diversité est grande parmi les Coléoptères; elle est très-notable sous le rapport de la conformation générale, très-considérable sous le rapport du degré de perfection organique, très-remarquable sous le rapport des conditions biologiques.

Dans beaucoup de types, les antennes filiformes, les pattes simples, c'est-à-dire sans dilatations, sans échancrures, sans épines, dénotent une infériorité relative. Chez certains types, les antennes, d'une structure moins uniforme, indiquent un degré d'organisation plus élevé. Chez quelques-uns, les antennes présentant une grande inégalité dans le développement de leurs articles, les pattes offrant des pointes, des élargissements, des dentelures qui les convertissent plus ou moins en instruments de travail, attestent la plus haute perfection qui existe dans l'ordre des Coléoptères. Les différences les plus caractéristiques que l'on observe dans l'organisation interne de ces animaux coïncident avec ces différences frappantes de la conformation extérieure. Là, où les appendices dénotent une grande supériorité relative, le système nerveux est très-centralisé; il l'est beaucoup moins chez les espèces dont les appendices sont plus simples.

Parmi les Coléoptères, le régime alimentaire est aussi varié qu'il est possible de l'imaginer; le tube digestif offre ainsi entre les types des différents groupes des modifications très-notables, en rapport avec la nature de l'alimentation. Les Coléoptères, cependant pour le grand nombre, sont phytophages. Aussi certaines espèces, venant à se multiplier à l'excès, causent souvent de graves préjudices à tous les genres de cultures aussi bien qu'aux arbres des forêts.

L'étude des premiers états des Coléoptères est d'un extrême intérêt. Dans les familles où se manifeste une grande diversité parmi les adultes, il existe une ressemblance frappante entre les larves. Dans certaines familles, les larves représentent un degré de développement très-peu avancé; elles sont dépourvues de pattes; leur aspect est celui de Vers. Dans d'autres familles, les larves, mieux partagées, ont des appendices locomoteurs, mais ces appendices sont faibles et ne permettent qu'une locomotion fort imparfaite. Ailleurs, les larves naissent dans un état qui les rapproche davantage des adultes; celles-ci sont plus ou moins agiles. Ailleurs, encore, les larves, au sortir de l'œuf, déjà remarquablement bien constituées, rappellent les allures, les attitudes des adultes. Néanmoins tous ces Insectes, plus ou moins bien organisés, doivent également achever leur évolution pendant une période d'immobilité, leur état de nymphes.

Des efforts persévérants ont été nécessaires pour conduire à la connaissance des premiers états des Coléoptères. Beaucoup de larves sont difficiles à découvrir, surtout difficiles à nourrir en captivité. Les résultats aisément obtenus avec les Lépidoptères n'ont pu être atteints, ici, qu'avec infiniment plus de recherches et plus de patience. Il y a trente ans, on connaissait seulement quelques larves de Coléoptères; à partir de cette époque, plusieurs naturalistes, attachant à ce sujet toute l'importance qu'il mérite, se sont appliqués à diriger leurs observations de ce côté, et bientôt ils ont pu donner et descriptions et figures des larves d'une longue suite d'espèces : MM. Westwood, en Angleterre; Heer, en Suisse; Ratzeburg, Erichson, en Allemagne, etc. Nous avons apporté aussi notre contingent à cette étude, et en 1853 deux jeunes naturalistes de la Belgique : MM. Chapuis et Candèze, ont dressé le catalogue de toutes les larves connues. Depuis, il y a eu foule de nouvelles observations à ce sujet, de la part de MM. Goureau, Perris, Laboulbène, etc., et, aujourd'hui, le professeur Schiodte, de Copenhague, publie un magnifique ouvrage sur les Coléoptères, qui approche autant de la perfection qu'on peut espérer l'obtenir[1]. L'auteur donne des figures d'ensemble d'une rare précision, et des figures de tous les détails, où l'on reconnaît l'étude la plus savante.

Les métamorphoses, les habitudes, les instincts des Coléoptères nous sont connus actuellement pour un nombre déjà considérable d'espèces de chaque groupe.

Les Coléoptères se répartissent dans vingt et quelques familles très-naturelles, très-bien caractérisées, mais il est impossible d'admettre des groupes d'un ordre plus élevé, réunissant plusieurs familles. Autrefois, on s'était cru assuré d'un caractère permettant de partager tous les Coléoptères en quatre divisions primaires; c'était le nombre des articles des tarses. Geoffroy, l'entomologiste du dernier siècle, fut l'inventeur de cette clas-

[1] Une première partie a paru en 1862, une seconde en 1864, une troisième est sur le point d'être publiée.

sification, longtemps fort goûtée, à cause de sa simplicité. Il y avait : les Coléoptères qui ont cinq articles à tous les tarses, les ***Pentamères;*** ceux qui ont cinq articles aux tarses antérieurs et intermédiaires, et quatre seulement aux tarses postérieurs, les ***Hétéromères;*** ceux qui ont quatre articles à tous les tarses, les ***Tétramères;*** ceux qui n'en ont pas plus de trois à tous les tarses, les ***Trimères.*** C'était charmant, en vérité; il suffisait d'avoir compté, pour être en mesure de placer sûrement l'espèce à déterminer dans sa division. Mais, si l'on trouve d'ordinaire une remarquable fixité dans le nombre des articles des tarses chez tous les représentants de certains groupes, il existe néanmoins des familles où règne, sous ce rapport, une extrême diversité. Les observations précises s'étant beaucoup multipliées, il a été constaté qu'une différence dans le nombre des articles des tarses se montrait souvent entre des espèces fort voisines, et ainsi, que la parité ou la diversité dans ce nombre ne coïncidait en aucune façon avec les affinités naturelles. C'est donc à l'ensemble des caractères qu'il faut recourir pour prendre une idée nette des formes typiques des Coléoptères.

La famille des SCARABÉIDES est peut-être la plus intéressante en même temps qu'elle est l'une des plus nombreuses de l'ordre des Coléoptères. Les Scarabéides présentent de remarquables différences dans les habitudes, dans le régime, dans les conditions d'existence, dans les formes générales. Néanmoins ces Insectes, variés sous beaucoup de rapports, constituent un ensemble des plus naturels et des mieux caractérisés.

Des antennes courtes, insérées dans une cavité sous les bords latéraux de la tête, et terminées par une massue composée de plusieurs lamelles, fournissent le caractère frappant des Scarabéides. Aussi Duméril, qui ne se préoccupait point de la simplification de la nomenclature, avait-il appelé ces Coléoptères, les ***Lamellicornes.*** A ce caractère tout à fait prédominant, on doit ajouter que les tarses sont invariablement composés de cinq articles; que le corps est toujours plus ou moins lourd, épais, massif; que chez beaucoup de représentants de la famille, les pièces buccales, même les mandibules, demeurent membraneuses, soit en partie, soit en totalité. Cet affaiblissement des appendices de la bouche est expliqué par la nature du régime.

Les Scarabéides, en général, sont d'assez forte taille, et quelques-uns parmi eux atteignent les plus grandes dimensions connues parmi les Insectes. Les principaux types de cette famille ne sont absolument étrangers à personne : ce sont les Scarabées, les Hannetons, les Cétoines, les Bousiers. A l'état adulte, les Scarabéides offrent entre eux des différences très-notables dans les caractères extérieurs, dans les habitudes; à l'état de larves, ils se ressemblent au contraire d'une manière étonnante. Ce sont toujours de gros *Vers blancs*, ainsi que l'on appelle vulgairement les larves des Hannetons, dont le corps, épais, cylindrique, recourbé en arc, est revêtu en entier d'un tégument mince, blanchâtre, garni de poils épars assez roides, servant à donner à l'animal une grande sensibilité et peut-être à favoriser sa marche. Ces larves ont une tête arrondie revêtue d'un tégument fauve ou brunâtre très-dur, des mandibules fortes, des antennes formées de quatre ou cinq articles.

Les larves des Scarabéides, étudiées pour la première fois en 1836 par un naturaliste hollandais, de Haan, ont été dans ces derniers temps l'objet d'assez nombreuses observations. Ces larves vivent toujours cachées, soit dans la terre, aux racines des plantes ou au milieu de détritus, soit dans les bois pourris. Fuyant la lumière, elles sont décolorées et assez molles; demeurant toujours dans l'ombre, elles n'ont pas d'yeux; absorbant une quantité énorme d'aliments, leur canal digestif, et surtout leur intestin, est très-volumineux. Elles marchent avec une extrême difficulté, d'autant plus que la courbure de leur corps les oblige à se tenir sur le flanc. Dans leur premier âge, elles ont encore une certaine agilité, mais elles la perdent rapidement. Les larves des Scarabéides, arrivées au terme de leur croissance, après une vie plus ou moins longue suivant les types, s'emprisonnent, pour subir leur transformation en nymphes, dans une coque arrondie ou ovalaire. Elles emploient, selon les stations qu'elles habitent, des grains de terre, des parcelles de bois, des détritus, en les agglutinant avec leur salive.

Les principaux types de la famille des Scarabéides sont autant de tribus : les Cétoniines, les Glaphyrines, les Mélolonthines, les Scarabéines, les Géotrupines, les Coprines et les Passalines.

Les Cétoniines sont de beaux Insectes, qui aiment le miel des fleurs et que l'on distingue des autres Scarabéides à leurs pièces buccales membraneuses, à leurs antennes composées de dix articles, dont les trois derniers forment la massue, aux crochets de leurs tarses simples et égaux.

Une distinction reste à faire, il y a deux groupes parmi les Cétoniines : chez l'un (Cétoniites), une pièce du mésothorax, dite axillaire, reste toujours visible entre les élytres et la base du prothorax; chez l'autre (Trichiites), cette pièce demeure cachée sous les élytres comme dans tous les autres Coléoptères.

Les Cétoines proprement dites (*Cetonia*) ont le front droit, sans aucune saillie. Le type est l'un des Insectes les plus communs de l'Europe entière et l'un des plus connus de tout le monde. Pendant l'été, et surtout pendant les mois de mai et de juin, on voit en abondance, dans les jardins, la Cétoine dorée (*Cetonia aurata*), beau Coléoptère d'un vert doré, avec de petites lignes blanches irrégulières traversant les élytres. Quand la Cétoine vole au soleil, tout son corps prend un superbe éclat métallique et des reflets chatoyants. Elle ne vole pas comme le Hanneton, comme la plupart des autres Coléoptères, en écartant les élytres en même temps que les ailes; pour étendre ses ailes, la Cétoine soulève seulement un peu ses élytres, sans jamais les écarter.

Ce beau Coléoptère aime les plus belles fleurs : il s'enfonce dans le cœur des Roses, des Pivoines; il se pose sur les Chèvrefeuilles, etc., et il en ronge les pétales, il en suce le miel. Les

MÉTAMORPHOSES DE LA CÉTOINE DORÉE

(*Cetonia aurata*).

Un individu au vol, un individu posé. — Des larves de différentes grosseurs. — Une nymphe dont la coque a été ouverte.

femelles vont pondre dans les bois pourris. Leurs larves vivent de débris ligneux au pied des arbres morts, quelquefois dans les fourmilières. Elles ont l'aspect des larves de Hannetons, mais leur tête est beaucoup plus petite, leurs pattes plus courtes et le dernier anneau de leur corps porte une petite pointe qui n'existe pas chez ces dernières. Au terme de leur croissance, dont la durée, croyons-nous, est assez longue, les larves de la Cétoine se construisent une coque ovalaire à parois épaisses au moyen d'une foule de détritus agglutinés.

D'autres Cétoines de petite taille sont encore plus abondantes dans notre pays que la Cétoine dorée. Elles paraissent beaucoup aimer les Ombellifères : telles la Cétoine hérissée (*C. hirtella*), d'une teinte noirâtre sale, vêtue de longs poils d'un gris fauve, et la Cétoine piquetée (*C. stictica*), noire, à reflets cuivreux, pointillée de blanc sur les élytres et le prothorax.

Des représentants du groupe des Cétoniites, bien remarquables par leurs belles couleurs, par leur grande taille, par les saillies ou les prolongements en forme de cornes que présente la tête des mâles, sont les Goliaths. Plusieurs espèces superbes de ce genre habitent l'Inde, les Moluques, les îles de la Sonde, mais la plupart sont propres aux contrées les plus chaudes de l'Afrique. Au Gabon, on prend le Goliath cacique (*Goliathus cacicus*) et le Goliath de Drury (*G. Druryi*), qui comptent au nombre des plus gros Coléoptères. Autrefois ces Insectes, rarement apportés en Europe, avaient une valeur énorme ; mais les voyages à la côte occidentale d'Afrique étant devenus plus fréquents, on se procure aujourd'hui ces magnifiques Insectes pour un prix assez modique.

Les Trichiites ont les mêmes mœurs que les Cétoines. C'est le genre Trichie (*Trichius*) des anciens entomologistes qui a été subdivisé d'après quelques différences dans la configuration des mâchoires et dans les dentelures des jambes. On voit partout sur les fleurs le Trichie abdominal (*Trichius abdominalis*), joli Insecte noir à duvet cendré, ayant les élytres d'un jaune vif, traversées par trois bandes noires interrompues à la suture. Ses larves vivent dans le bois mort. Une espèce voisine, le Trichie à bandes (*T. fasciatus*), dont les bandes noires des élytres ne sont pas interrompues, est moins commune dans notre pays. Une espèce d'un vert brillant et de plus grande taille que les précédentes est devenue le type d'un genre particulier, le Gnorime noble (*Gnorimus nobilis*). Un petit Trichiite noirâtre (*Valgus hemipterus*), que l'on rencontre souvent à terre, appartient au genre Valge, caractérisé par la présence de cinq épines aux jambes. La femelle est pourvue d'une longue tarière droite, qui lui permet d'introduire ses œufs dans les fissures des vieux bois fendillés.

Les Glaphyrines, qui ont des mandibules fortes, une lèvre inférieure divisée en deux languettes flexibles, des élytres faibles, un peu écartées à l'extrémité, ne nous sont pas connues dans leurs métamorphoses. La solidité des mandibules indique que ces Insectes rongent le feuillage; la contexture de leur lèvre, qu'ils sont capables de lécher sur les fleurs. Certains d'entre eux, les Glaphyres et les Amphicomes, sont de jolis Coléoptères plus ou moins velus, très-abondants dans le midi de l'Europe, en Orient, dans le nord de l'Afrique.

Les Mélolonthines ont des mandibules fortes, conformées pour ronger le feuillage, une lèvre inférieure très-courte, les crochets des tarses construits d'une manière assez variable, selon les espèces, et dénotant des aptitudes diverses. Les Hannetons (*Melolontha*) sont les représentants typiques de cette tribu. Chez les espèces pour lesquelles a été réservé, par les naturalistes de l'époque actuelle, le nom générique de Hanneton, les antennes ont dix articles, les sept derniers dans les mâles, les six derniers seulement dans les femelles formant la massue. On connaît plusieurs espèces du genre; mais c'est le Hanneton commun (*Melolontha vulgaris*), qui, à raison de son abondance extrême dans une grande partie de l'Europe, réclame attention. Les Hannetons, qui se montrent en quantité prodigieuse en certaines années, sont rares dans d'autres années, ce qui s'explique par la durée de leur développement. Quand la saison printanière est douce, ces Insectes paraissent dès le mois d'avril; mais c'est toujours dans le mois de mai qu'on les voit en grandes masses, et c'est seulement dans le mois de juin qu'ils disparaissent. Ces Insectes rongent le feuillage des arbres, des Chênes, des Hêtres, des Érables, des Peupliers, des Bouleaux, et, dans notre pays, plus encore celui des Ormes que de tous les autres. Souvent des arbres sont complétement dépouillés par les Hannetons, c'est ce que chacun constate sans peine. Insectes presque nocturnes, les Hannetons s'abritent de la chaleur du jour, et surtout du soleil, en se tenant sur les arbres touffus, cachés à la face inférieure des branches. Ils ne sont actifs que le matin, et particulièrement le soir, où ils volent en faisant entendre un bourdonnement sonore. Ces Insectes pesants, malhabiles à se diriger, se heurtent facilement contre les corps qui se trouvent sur leur passage, et pendant les belles soirées du printemps, les promeneurs, comme chacun le sait par expérience, éprouvent souvent l'ennui d'être frappés en plein visage par ces Insectes incapables d'éviter les obstacles.

Les Hannetons, à l'état adulte, commettent des dégâts considérables, mais encore leurs dégâts, qui se réduisent à la destruction momentanée du feuillage des arbres, sont-ils médiocrement graves, comparativement aux ravages que ces Coléoptères exercent dans leur état de larves.

Vers la fin de mai s'effectue, chez les Hannetons, le rapprochement des individus des deux sexes; il est ordinaire de voir les mâles et les femelles accrochés aux feuilles, demeurant unis pendant des journées entières. Après la fécondation, les femelles s'enfoncent dans les terres légères ou fréquemment remuées par la charrue, et y font leur ponte, consistant en une quarantaine d'œufs. Au bout de quatre ou cinq semaines, les larves éclosent, et au milieu des champs cultivés elles ne sont pas en peine pour trouver leur nourriture, car toutes les racines leur conviennent. Ces larves, si connues sous le nom de *Vers blancs*, dans certaines

LIBRAIRIE GERMER BAILLIÈRE. IMPR. DE E. MARTINET.

MÉTAMORPHOSES DU HANNETON COMMUN

(*Melolontha vulgaris*).

localités sous le nom de ***Mans***, croissent avec lenteur. Elles n'ont pris leur croissance entière qu'à la troisième année de leur existence. Au mois de mars ou d'avril, s'effectue leur transformation en nymphes, et quelques semaines plus tard éclosent les Hannetons. La durée du développement explique parfaitement comment ces Coléoptères ne se montrent en abondance que tous les trois ans. Mais, selon les circonstances atmosphériques, la croissance des larves peut sans doute être accélérée ou ralentie. Quelquefois il n'est pas rare que des larves se métamorphosent dès la fin de leur seconde année d'existence, et même que les Hannetons éclosent à l'automne, mais la saison froide se faisant déjà sentir, ils demeurent engourdis dans leur cellule et ne sortent de terre qu'au printemps de la troisième année.

Les larves du Hanneton, avec la forme ordinaire à toutes les larves des Scarabées, se font remarquer par leurs fortes mandibules munies d'une dent taillée en biseau, c'est-à-dire pourvues d'un instrument très-propre à couper les racines.

Les Hannetons, ou plutôt leurs larves, les *Vers blancs*, sont considérées à trop juste titre comme l'un des plus grands fléaux de l'agriculture. Ces Insectes, aujourd'hui si répandus dans la plus grande partie de l'Europe, étaient certainement fort rares à une époque ancienne. Ils se sont multipliés en même temps que la culture s'est étendue et perfectionnée. Les conditions d'existence des *Vers blancs* ne laissent, à cet égard, aucun doute possible. Jamais on ne trouve de larves de Hannetons dans des terres en friche; ces larves ne peuvent vivre se frayer des passages que dans des terres meubles; dans les temps anciens, il y avait peu de terres remuées, suffisamment légères pour convenir aux *Vers blancs*, les Hannetons ne pouvaient être communs; le développement de l'agriculture, en leur fournissant les conditions qui leur permettaient de se multiplier à l'excès, a créé le fléau qu'on laisse s'étendre et s'accroître avec une incurie digne d'un autre âge.

Les Vers blancs ne peuvent être atteints et détruits qu'au moment des labours, et encore avec une main-d'œuvre assez considérable. Il est beaucoup plus facile de recueillir les Hannetons eux-mêmes, et si cette chasse était faite et bien exécutée simultanément sur tous les points du territoire, on amènerait rapidement une diminution du mal; mais, toutes les fois que des hommes éclairés se sont occupés de la destruction des Hannetons, leurs efforts ne portant que sur un espace restreint, l'amélioration n'a pas été très-sensible. Il y a trente ans, un préfet de la Sarthe, dont le nom mérite d'être cité, M. de Romieu, avec une intelligence des intérêts du pays qu'on ne rencontre pas tous les jours chez les administrateurs, avait pris des mesures propres, avec de la persévérance, à faire disparaître une calamité dont tous les agriculteurs s'affligent, au lieu de travailler résolûment à la conjurer. Dans ces dernières années, un de nos agronomes les plus instruits, M. Jules Reiset, membre du conseil général de la Seine-Inférieure, s'est préoccupé sérieusement de cette question. Par ses soins, à l'automne de 1866, il a été recueilli 160 000 kilogrammes de *Vers blancs* dans deux arrondissements de la Seine-Inférieure, et le poids de chaque *Ver* ne dépasse guère 2 grammes. S'il était possible d'apprécier exactement sur tous les points de la France les pertes subies par le fait des Vers blancs, on serait stupéfié en présence du chiffre total, et cependant, combien de fois n'a-t-on pas plaisanté ceux qui songeaient à détruire cette cause d'amoindrissement de nos récoltes !

Avec l'incurie, le mal ne peut qu'augmenter d'année en année. Or, pour la destruction des Hannetons, nous ne connaissons que deux moyens : l'un consiste dans la chasse des Insectes faite avec soin en tout pays ; l'autre même consiste à laisser vivre et à propager les oiseaux : Corbeaux, Corneilles, Pies, Étourneaux, etc., qui mangent en grande quantité les larves des Hannetons, comme l'ont démontré de nombreuses observations de M. Florent Prévost.

On a eu l'idée de chercher à tirer parti des Hannetons. On en a extrait une huile bonne à divers usages, mais le bénéfice

LE HANNETON FOULON

Melolontha fullo).

n'était sans doute pas en rapport avec les frais, et nous croyons qu'il n'a pas été donné de suite à cette industrie.

Les espèces voisines du Hanneton commun sont assez peu répandues pour que leurs dégâts ne soient guère à redouter. Seulement, il en est une à citer, à raison de sa grande taille et de son séjour de prédilection : le Hanneton foulon (*Melolontha fullo*), bel Insecte de couleur brune, avec de petites écailles blanchâtres sur toutes les parties du corps, et notamment sur les élytres, où, devenant serrées par places, elles forment de capricieux dessins. Les mâles de cette espèce se font admirer par l'énorme dimension des lamelles de leurs antennes, semblables à de magnifiques panaches. Le Hanneton foulon affectionne le voisinage de la mer. Il n'est pas rare dans les dunes de Dunkerque et des environs d'Ostende ; on le trouve sur divers points des côtes de l'Océan et de la Baltique et sur presque toutes les côtes de la Méditerranée. Produisant au vol un très-fort bourdonnement, il exécute, au repos, une stridulation intense par le frottement de son abdomen contre les élytres.

Des Mélolonthes de médiocre dimension, ayant une grande ressemblance avec les Hannetons, sont les Rhizotrogues, chez lesquels les trois derniers articles seuls des antennes constituent la massue. Adultes, ces Coléoptères dévorent les feuilles des arbres; larves, ils rongent les racines comme les Hannetons. Sur les routes plantées d'Ormes, on voit souvent voler, le soir, le Rhizotrogue d'automne (*Rhizotrogus solstitialis*) ou le Rhizotrogue du printemps (*R. æstivus*).

Les Rutélines sont de beaux Coléoptères intermédiaires aux Mélolonthines et aux Scarabéines. Les espèces de certains genres de cette tribu ont des couleurs magnifiques, annonçant la vie au soleil, et encore, sous les climats les plus favorisés, comme les Rutèles, les Pélidnotes, les Chrysophores, etc., des régions chaudes de l'Amérique, les Anoplognathes de l'Australie. En Europe, nous n'avons rien d'aussi brillant. Les plus jolis sont les Euchlores, petits Coléoptères ayant la forme générale des Hannetons, et ordinairement une belle couleur verte, des antennes formées de neuf articles. L'une des espèces les plus répandues, est l'Euchlore de la Vigne (***Euchlora Vitis***), tout entier d'un beau vert métallique, avec les élytres striées et ponctuées, qui, assez fréquemment, occasionne des dégâts dans les vignobles. Un autre Insecte du même groupe, devenu le type du genre Phylloperthe, est une sorte de petit Hanneton de la longueur de 8 à 10 millimètres, d'un vert foncé, avec les stries d'un brun vif. C'est le Phylloperthe des jardins (***Phylloperta horticola***), que chacun, pendant l'été, remarque sur les arbres et les arbustes.

Les Scarabéines, parmi lesquels nous comptons des géants de l'ordre des Coléoptères, se signalent par leur corps lourd, massif, solidement cuirassé, par leur labre imperceptible, leurs mandibules puissantes, leur tête et leur prothorax presque toujours pourvus chez les mâles de prolongements en forme de cornes. Les espèces du genre Scarabée ont des mâchoires garnies de dents, et tout nous montre chez ces Insectes un appareil buccal construit pour la trituration de feuillages durs et même de tissu ligneux. Les cornes que portent les mâles de ces Coléoptères leur donnent une physionomie étrange. Dans l'état actuel, on cherche en vain quel peut être le rôle de ces prolongements, qui présentent une grande diversité selon les espèces. Rien dans la vie de ces animaux ne faisant soupçonner leur usage, on est conduit à les regarder comme des ornements, comme des parures. Les grandes espèces de Scarabées habitent exclusivement les contrées du monde favorisées de la plus luxuriante végétation, les Antilles, l'Amérique du Sud, les Moluques. En effet, les larves de ces énormes Insectes vivent dans les vieux troncs, et l'on s'imagine quelle consommation elles doivent faire pendant le cours de leur existence. Parmi les gros Scarabées, les plus remarquables sont : le Scarabée hercule (***Scarabæus hercules***), au corps noir, avec des élytres olivâtres, brillantes, tachetées de noir, avec le front et le prothorax portant l'un et l'autre, chez le mâle, une corne prodigieusement longue ; une espèce voisine de la Nouvelle-Grenade, le Scarabée Jupiter, aux élytres noires comme les autres parties du corps ; le Scarabée Actéon du Brésil, tout couvert d'une fine pubescence ; le Scarabée Atlas de l'île d'Amboine, ayant la teinte et le brillant du bronze, etc.

Les Scarabées de notre pays sont les Oryctes, distingués des vrais Scarabées par l'absence de dents aux mâchoires. Le type est ce gros Insecte brun luisant, pourvu sur le front d'une corne relevée, et si connu sous les noms vulgaires de Rhinocéros et de Nasicorne (*Oryctes nasicornis*). Sa larve, plus grosse que celle du Hanneton, avec les pattes plus courtes, vit dans les vieux troncs de Chênes pourris ; mais aujourd'hui on la rencontre rarement dans cette condition, tandis qu'on peut être presque assuré de la trouver dans tous les endroits où il y a des dépôts de tan.

D'autres Scarabéides composent les tribus des Géotrupines et des Coprines. Ce sont les Insectes des fumiers, des bouses et de toutes les matières stercoraires. Les Géotrupines ont les mandibules et les mâchoires faibles, mais encore les mandibules de consistance coriace, et les antennes de dix ou onze articles. Les Coprines ont les antennes de neuf articles, les mandibules et les mâchoires petites et membraneuses, ce qui indique chez ces derniers que l'alimentation consiste en matières fluides. Le principal genre de la tribu des Géotrupines est celui des Géotrupes, qui, avec les Coprines, partagent l'appellation vulgaire de *Bousiers*. Durant les belles soirées de la fin de l'été et de l'automne, sur les chemins, au voisinage des murailles près desquelles sont habituellement déposées des immondices, vole, en produisant un fort bourdonnement, le Géotrupe stercoraire (*Geotrupes stercorarius*), gros Coléoptère d'un noir luisant, passant au vert, au bleuâtre, au violacé, avec des élytres fortement striées. La femelle de cet Insecte prend des soins particuliers pour le dépôt de ses œufs. Pratiquant dans la terre une sorte de puits profond, elle façonne une loge ; dans cette loge, elle dépose un œuf et introduit dans ce berceau une certaine quantité de matière stercoraire destinée à l'alimentation de sa larve.

Les espèces d'un autre groupe de la même tribu (*Trogites*), ayant les mandibules saillantes, composent principalement le genre Trox. Les Trox, d'une dimension très-médiocre, ont une physionomie caractéristique, due à leur couleur grise et aux aspérités que présentent leurs élytres. Ces Insectes aiment la poussière, ils en ont la teinte : sur nos chemins poudreux, on rencontre le Trox des sables (*Trox sabulosus*), petit Coléoptère long de 8 à 10 millimètres, ayant les élytres cannelées et garnies de petites touffes de poils. L'adulte et la larve se repaissent de cadavres d'animaux.

Parmi les Coprines (*Coprophages* des anciens auteurs), les Insectes auxquels est échue dans la nature la mission de fumer la terre, on distingue quelques types parfaitement caractérisés. Les Aphodies, au corps oblong (groupe des Aphodites), sont nombreux en espèces, et ces espèces, disséminées dans presque toutes les parties du monde, comptent parmi les plus petits Scarabéides. On aperçoit sur toutes les bouses l'Aphodie du fumier (*Aphodius fimetarius*), Insecte long de 6 à 8 millimètres, d'un noir luisant, avec les élytres d'un beau rouge. L'Aphodie fossoyeur (*Aphodius fossor*), d'une taille un peu plus forte et entièrement d'un noir brillant, se trouve dans les mêmes lieux.

Les Onitis (groupe des Onitites), avec des dimensions plus considérables, sont surtout caractérisées par des pattes postérieures massives et par un écartement considérable des pattes intermédiaires, donnant à ces Insectes une démarche bizarre. Les Onitis, habiles à fouir, vivent seulement dans les parties les plus chaudes de l'Europe, en Orient, en Afrique.

Les Coprites, qui leur ressemblent à beaucoup d'égards, s'en distinguent aisément par l'absence d'écusson; les mâles en général portent des éminences sur le prothorax et des cornes sur la tête. Il y a dans ce groupe plusieurs genres remarquables, les Onthophages, les Copris, les Phanées. Les premiers, toujours d'assez petite taille, sont abondamment répandus dans le monde. L'un d'eux, l'Onthophage taureau (***Onthophagus taurus***), est tout noir, finement ponctué, le mâle portant sur la tête deux longues cornes arquées. Les Copris, assez gros Insectes noirs, habitent les régions chaudes et tempérées des deux hémisphères. Une seule espèce du genre se trouve dans l'Europe centrale (***Copris lunaris***), le mâle cornu, la femelle, autrefois regardée comme une espèce particulière, ayant une éminence frontale échancrée. Les plus grandes espèces sont africaines, comme le Copris d'Isis (***Copris Isidis***), de l'Égypte. Les Phanées, bien distincts des précédents par leurs tarses dépourvus de crochets, appartiennent aux régions chaudes de l'Amérique. Ce sont de magnifiques Coléoptères ayant des couleurs métalliques, dorées, vertes, bleues, violettes.

Un dernier groupe de cette tribu des Coprines est celui des Ateuchites, les ***Pilulaires*** de quelques auteurs, qui ont, comme les précédents, l'écusson caché, mais la tête, toujours dépourvue de protubérance, large, déprimée, avec son bord antérieur, ou le chaperon, plus ou moins denté, les pattes postérieures beaucoup plus longues que les autres. Dans ce groupe, les formes sont multipliées, et les genres de l'ancien continent sont représentés par d'autres genres sur le nouveau continent. Les Ateuchus, qui donnent leur nom au groupe tout entier, sont de gros insectes noirs, particulièrement répandus sur les terres qui avoisinent la Méditerranée. Leur corps large et aplati les désigne aux yeux les moins attentifs. Chez ces Coléoptères, les jambes de devant, élargies, garnies de plusieurs dents très-fortes, ne portent aucun vestige de tarse à leur extrémité. Il serait difficile de n'y pas reconnaître des instruments de travail. En considérant la tête des Ateuchus, on songe également à une adaptation à certaine condition d'existence. Tous les Ateuchus ont les mêmes habitudes; arrêtons notre attention sur l'une des plus grandes espèces, l'une des plus abondantes, le type du genre, l'Ateuchus sacré (***Ateuchus sacer***).

Cet Insecte est commun en Provence, dans toute l'Europe méridionale, en Orient, dans le nord de l'Afrique, jusqu'en Égypte. Représenté sur les monuments de la terre des Pharaons et des Ptolémées, figuré en amulettes, placé dans les sarcophages, réputé sacré chez le peuple antique qui avait

LES ATEUCHUS SACRÉS

(*Ateuchus sacer*).

le culte des animaux, on a dans ce fait l'explication du nom spécifique adopté pour notre Scarabéide. L'Ateuchus sacré, tout noir, avec la tête bituberculée, les élytres très-finement striées, les jambes antérieures quadridentées, n'a guère moins de 3 centimètres de longueur. Ce Coléoptère est doué d'instincts fort curieux. On le voit s'enfoncer dans les bouses; souvent aussi on le trouve par les chemins, roulant une grosse boule qu'il tient entre ses pattes de derrière. Quelle est cette boule? Dans quel but a lieu le travail de notre Insecte? Le besoin de mettre sa progéniture en un lieu convenable est le mobile de son activité. Une femelle pond un œuf, et au lieu de se contenter, comme les autres *Coprophages*, de le cacher au milieu d'une bouse ou dans une cavité, elle l'entoure d'une petite masse de fumier. Roulant cette masse sur le sol avec ses longues pattes postérieures, la boule est bientôt formée. L'Ateuchus doit alors l'enfouir; mais, pour trouver l'endroit où sa larve pourra vivre, il a parfois un assez long trajet à parcourir : avec le temps, il arrive à son but. Y a-t-il un accident de terrain; sur sa large tête il soulève la boule, et la vue de cette manœuvre fait comprendre aussitôt la raison de cette forme de tête assez étrange. Cependant, notre Insecte se trouve parfois arrêté par un obstacle insurmontable, la boule est tombée dans un trou; c'est ici qu'apparaît chez l'Ateuchus une intelligence de la situation vraiment étonnante, et une facilité de communication entre les individus de la même espèce, plus surprenante encore. L'impossibilité de franchir l'obstacle avec la boule étant reconnue, l'Ateuchus semble l'abandonner, il s'envole au loin. Si vous êtes suffisamment doué de cette grande et noble vertu qu'on appelle la patience, demeurez près de cette boule laissée à l'abandon : au bout de quelque temps, l'Ateuchus reviendra à cette place, et il n'y reviendra pas seul; il sera suivi de deux, trois, quatre, cinq compagnons qui, s'abattant tous à l'endroit désigné, mettent leurs efforts en commun pour enlever le fardeau. L'Ateuchus a été chercher du renfort, et voilà comment, au milieu des champs arides, il est si ordinaire de voir plusieurs Ateuchus réunis pour le transport d'une seule boule. Enfin, le but est atteint, il n'y a plus qu'à procéder à l'enfouissement. Il s'agit de creuser une fosse : les jambes de l'Insecte, avec leurs larges dents, ne sont-elles pas des bêches? et, si le tarse manque, c'est qu'une tige mince eût gêné les mouvements des jambes entamant un sol dur. Avec d'aussi bons instruments, la fosse est rapidement creusée; devenue suffisamment spacieuse, la boule y est placée; il faut la recouvrir, et alors les longues jambes postérieures, garnies d'une brosse, balayent le terrain et comblent la cavité.

On avait vu des amulettes et des peintures égyptiennes représentant un Ateuchus très-semblable de forme à l'Ateuchus sacré, mais avec une belle couleur dorée, et l'on avait cru à un embellissement de la part des artistes du pays des pyramides. On se trompait : l'Ateuchus doré des Égyptiens (*Ateuchus Ægyptiorum*), retrouvé pour la première fois en 1819 par M. Cailliaud, n'est pas rare au Sennaar.

Des Scarabéides d'Europe plus petits que les Ateuchus ont des habitudes analogues : comme les Gymnopleures, bien reconnaissables à une forte échancrure des élytres en arrière des angles huméraux, une espèce (*Gymnopleurus pilularius*) est fort commune en France; comme les Sisyphes, qui ont le corps épais et les pattes postérieures très-longues : le type (*Sisyphus Schæfferi*) se rencontre quelquefois aux environs de Paris.

Notre dernière tribu de la famille des Scarabéides, les Passalines, formée essentiellement du genre Passale, renferme des espèces de grande taille, au corps long, aplati, avec le prothorax séparé du tronc par un étranglement, aux antennes arquées, aux pattes antérieures dentées. Les Passales, tous de couleur noire brillante, habitent les deux Amériques, les Indes orientales, l'Australie. Ils vivent dans les vieux troncs et se cachent sous les écorces, comme l'indique, au moins chez la plupart des espèces, l'aplatissement du corps. Leurs larves, qui se nourrissent de bois pourri, ressemblent aux autres larves de Scarabéides, tout en offrant une curieuse particularité, caractéristique d'un degré de développement moins avancé. Leurs pattes de la première et de la seconde paire ont une longueur ordinaire, celles de la troisième paire ne sont représentées que par deux petits tubercules.

Les Lucanides constituent une petite famille parfaitement délimitée, que, longtemps, on ne sépara point des Scarabéides. Des antennes plus longues que chez ces derniers et terminées par des articles en feuillets perpendiculaires à l'axe, ce qui fait paraître la massue plutôt pectinée que lamelleuse, donnent à ces Insectes une physionomie assez différente. Pour certains auteurs, ce caractère avait suffi pour motiver une séparation. D'un autre côté, de Haan ayant reconnu chez les larves des Lucanides, très-semblables d'aspect à celles des Scarabéides, quelques différences caractéristiques, notamment la position de l'orifice anal, on eut une nouvelle indication. Plus tard il fut démontré que le système nerveux, invariablement très-centralisé chez tous les Scarabéides, était fort éloigné de cette centralisation dans les Lucanides. Aucune incertitude ne pouvait persister à l'égard de l'importance du type.

Les Lucanides sont, en général, des Insectes de grande taille, qui se font remarquer par un énorme développement des mandibules chez les mâles. Ces pièces de la bouche, diversement courbées et diversement dentées selon les espèces, affectent l'apparence de grandes pinces, du reste fort peu redoutables. Il a été impossible jusqu'à présent de se rendre compte de l'utilité de ces grandes mandibules, dont le développement est très-variable entre les individus de la même espèce. Chez les femelles, ces pièces sont de proportions ordinaires et garnies de dents qui les rendent propres à couper le feuillage des arbres.

Les Lucanides sont disséminés dans les différentes parties du monde, mais leurs espèces sont surtout abondantes aux Indes orientales, dans les îles de la Sonde, des Moluques, etc., d'où elles sont encore assez rarement apportées en Europe. Ces Insectes, qui habitent les bois, ne se montrant et ne volant que

LIBRAIRIE GERMER BAILLIÈRE. IMPR. DE E. MARTINET.

MÉTAMORPHOSES DU LUCANE CERF-VOLANT

(*Lucanus cervus*).

le soir, sont difficiles à recueillir dans les contrées où l'on n'ose guère s'aventurer la nuit au milieu des forêts. Véritablement beaux et curieux de forme, ces Coléoptères sont fort recherchés des collecteurs. Un entomologiste anglais, M. Parry, a publié récemment une liste de tous ceux que l'on connaît.

Le genre Lucane a été très-subdivisé, mais le type n'en reste pas moins l'Insecte si connu sous le nom vulgaire de ***Grand Cerf-volant*** (***Lucanus cervus***), le plus grand Coléoptère de notre pays, pour lequel une description est inutile.

A l'état de larve, il vit dans les vieux troncs de Chênes pourris. Autrefois très-répandu en France, abondant aux environs de Paris, où les amateurs allaient le prendre sur les vieux Chênes de la mare d'Auteuil, pendant les chaudes soirées du mois de juillet, il est aujourd'hui assez rare.

Un petit Lucane noir à mandibules courtes (***Dorcus parallelipipedus***), assez commun en Europe, était appelé par Geoffroy, par comparaison avec le Cerf-volant, la ***Petite Biche***. Le même auteur nommait : la ***Chevrette bleue*** (***Platycerus caraboides***), un très-petit Lucanide que l'on trouve dans les taillis, aux premiers jours du printemps, rongeant les pousses nouvelles.

Des affinités naturelles bien manifestes rapprochent des Scarabéides et des Lucanides, les HISTÉRIDES, Insectes au corps court, assez large, aux antennes terminées en une petite massue solide, ayant un degré de centralisation du système nerveux moindre que chez les Scarabéides, et cependant encore très-prononcé. Les principaux types de cette famille sont les Histérines et les Nitidulines.

Les Histérines sont de petits Coléoptères lisses, avec des élytres tronquées, ne recouvrant pas la totalité de l'abdomen, des antennes coudées, des pattes contractiles, assez courtes. Leurs jambes de devant, aplaties, anguleuses ou denticulées, indiquent leur aptitude à fouir.

Tous les Histérines, généralement d'assez petite taille, formaient autrefois le genre Escarbot (*Hister*), très-subdivisé depuis que les espèces recueillies dans le monde entier sont devenues fort nombreuses dans les collections. En effet, les Escarbots ont été récemment, de la part de M. l'abbé de Marseul, l'objet d'une monographie purement descriptive, et plus de mille espèces s'y trouvent enregistrées.

Les vrais Escarbots (*Hister*), de couleur noire et très-brillants, parfois tachetés de rouge, fouillent les bouses et les autres matières stercoraires, ou se repaissent de la chair corrompue des cadavres. Leurs larves, qui vivent dans les mêmes conditions, sont molles, blanchâtres, de forme longue et déprimée, pourvues de pattes courtes, et munies à l'extrémité de l'abdomen de deux filets biarticulés, et d'un long tubercule servant à la marche.

Sous le nom de Saprines (*Saprinus*), on distingue de petits Escarbots ordinairement de couleur bronzée, verdâtre ou bleuâtre, dont la tête est remarquablement enfoncée dans le prothorax; sous le nom de Hololeptes, d'autres Escarbots fortement aplatis, à mandibules très-saillantes. Ces derniers se nourrissent de bois pourri et se tiennent habituellement sous les écorces.

Les Nitidulines n'ont ni les antennes coudées, ni les pattes contractiles. Elles vivent sur les cadavres, dans les Champignons, dans les bois pourris et quelques-unes fréquentent les fleurs. Ces Insectes, pour la plupart très-petits, sont encore peu connus dans leurs métamorphoses. L'espèce la plus commune du genre est un Coléoptère d'un vert bronzé, long de 2 millimètres, que l'on rencontre sur les fleurs, la Nitidule bronzée (*Nitidula ænea*).

Les Silphides ont les tarses toujours composés de cinq articles, et les antennes terminées en une massue perfoliée de quatre ou cinq articles, les mandibules saillantes. Cette famille ne compte qu'un nombre très-limité de représentants, qui appartiennent principalement à l'Europe et à l'Amérique du Nord. Deux genres sollicitent notre attention, les Nécrophores et les Silphes.

Les Nécrophores ont un corps épais, des pattes robustes, avec les cuisses postérieures plus ou moins renflées. Une espèce de ce genre est particulièrement intéressante par ses habitudes, le Nécrophore fossoyeur (*Necrophorus vespillo*), commun dans une grande partie de l'Europe. Sa coloration le fait reconnaître aisé-

MÉTAMORPHOSES DU NÉCROPHORE FOSSOYEUR

(*Necrophorus vespillo*).

ment : il est noir, garni de poils jaunes sur les côtés du corps, avec la massue des antennes rougeâtre, et les élytres traversées par deux larges bandes dentelées d'un rouge vif.

Dans les champs, un cadavre de Taupe, de Musaraigne, ou de Mulot se trouve-t-il gisant sur le sol, les Nécrophores fossoyeurs arrivent bientôt en nombre plus ou moins considérable. Est-ce pour dévorer le cadavre? Point. Ils sont amenés par le besoin de déposer leurs œufs. Si le cadavre restait exposé à l'air, il se dessécherait ou il serait dévoré par les animaux; les larves seraient détruites, ou périraient, faute de subsistance. Les Nécrophores ont un instinct qui les mettra à l'abri de semblables dangers; ils enterrent le cadavre, et, de la sorte, leurs larves peuvent s'en repaître sans être inquiétées. Avec leurs grosses pattes, ils creusent le sol sous le cadavre, et la fosse devenue assez profonde, ils rejettent la terre et en recouvrent l'animal. C'est un enterrement complet. Les larves du Nécrophore fossoyeur, qui dévorent cette chair corrompue, sont oblongues, jaunâtres, avec des plaques coriaces sur les anneaux du thorax et de l'abdomen, celles de l'abdomen quadridentées. Elles ont de très-petites antennes, des mandibules massives, dentelées comme une scie, des mâchoires garnies de petites pointes, comme une sorte de peigne, des pattes courtes, propres à fouir. Tous les détails de leur conformation extérieure ont été bien représentés par le professeur Schiodte. Les larves du Nécrophore fossoyeur, qui vivent dans l'obscurité, sont pourvues néanmoins de deux yeux, mais ces yeux, distincts sur les jeunes individus, semblent s'atrophier chez les individus approchant du terme de leur croissance. Ces larves façonnent une loge pour se transformer en nymphes.

Les Silphes (*Silpha*), ou vulgairement les *Boucliers*, à raison de la forme aplatie de leur corps, et surtout de leur large prothorax avancé au-dessus de la tête, ont des antennes de dix articles, dont les quatre derniers constituent la massue, des élytres comme bordées, des pattes grêles et assez longues. Les Silphes, Insectes de moyenne taille, courent avec rapidité. De même que les Nécrophores, ils manifestent un odorat très-subtil, car à peine le cadavre d'un animal se trouve-t-il abandonné dans la campagne, qu'ils arrivent de tous côtés. Plusieurs Silphes, en effet, sous leurs différents états, recherchent les corps en putréfaction; mais quelques-uns d'entre eux vivent de proie vivante, et d'autres encore rongent des végétaux. Ce genre de Coléoptères fournit un remarquable exemple de conditions biologiques fort diverses chez des espèces très-voisines.

MÉTAMORPHOSES DU SILPHE A QUATRE POINTS
(*Silpha quadripunctata*).

Les larves des *Boucliers* ont un degré de développement fort avancé, et, dans leur aspect comme dans leurs caractères, il est impossible de ne pas reconnaître déjà le type des adultes. Aplaties, avec tous les anneaux du thorax et de l'abdomen parfaitement cuirassés, les yeux au nombre de six de chaque côté, les pattes longues et fortes, les jambes garnies d'épines, ces larves sont agiles à la course.

Le Silphe obscur (*Silpha obscura*), l'espèce la plus commune, se rencontre continuellement courant à travers les chemins. C'est un Insecte long de 15 à 20 millimètres, d'un noir terne, ayant trois côtes sur les élytres. Sa larve, qui vit sur les cadavres d'animaux, est brunâtre, avec des lignes noires. Le Silphe rugueux (*Silpha rugosa*) est également très-répandu, et il est ordinaire de voir ses larves, entièrement noires, réunies en groupes nombreux sur des charognes. Une espèce plus petite, le Silphe opaque (*Silpha opaca*), se trouve dans les champs cultivés, et au printemps; sa larve dévore les pousses des jeunes Betteraves. Le Silphe à quatre points (*Silpha quadripunctata*) habite les bois, les forêts, grimpant sur les Chênes, courant sur le feuillage, où il fait aux chenilles une chasse des plus actives. Nul Insecte n'est plus aisément reconnaissable : avec le corps tout noir, il a des élytres d'un jaune-paille, ornées de quatre points noirs. Sa larve se tient à terre, et, carnassière comme l'adulte, elle s'attaque aux Insectes qu'elle rencontre entre les herbes ou sous les feuilles tombées. Enfin, le plus grand de nos *Boucliers*, le Silphe thoracique (*Silpha thoracica*), que son prothorax d'un roux vif signale particulièrement, est également un Coléoptère carnassier, fréquentant les taillis, surtout dans les endroits humides.

Les Staphylinides composent une grande famille : c'est une multitude d'espèces, quelques-unes de moyenne taille, la plupart d'une dimension fort exiguë. Entre tous les Coléoptères, les Staphylinides se reconnaissent à leurs élytres très-courtes, ne couvrant qu'une partie de l'abdomen. Si les élytres des autres Coléoptères figurent un habit complet, celles des Staphylinides ressemblent à une veste. Cependant, chez ces Insectes, les ailes demeurent d'une ampleur ordinaire, et, comme pendant le repos elles se cachent entièrement sous les élytres, elles sont repliées au moins deux fois sur elles-mêmes. Les antennes, chez tous les représentants de cette famille, sont assez longues, filiformes ou plutôt moniliformes. Le nombre des articles des tarses est extrêmement variable.

Les Staphylinides, Insectes agiles, vivent dans les conditions les plus diverses : les uns, absolument carnassiers, ne se nourrissent que de proie vivante, ils chassent; d'autres fréquentent les bouses, les fumiers; d'autres recherchent la chair corrompue, on les trouve sur les cadavres. Les Champignons sont la pâture d'une foule de petites espèces. Les bois pourris et tous les détritus végétaux et animaux sont également du goût d'un grand nombre de ces Coléoptères.

Les Staphylinides, avec leurs pattes et leurs antennes simples, sont manifestement inférieurs aux Silphides et surtout aux Scarabéides, sous le rapport de leur organisation; mais leurs larves naissent à un degré de développement bien plus avancé que celles de ces derniers. En effet, les larves des Staphylinides, en partie cuirassées, agiles, rappellent déjà les adultes non-seulement par les formes, mais aussi par les attitudes.

Il y a vingt-cinq ans, un entomologiste de Berlin, Erichson, décrivit[1], dans un ouvrage spécial très-recommandable, tous les Staphylinides connus à cette époque, environ seize cents; depuis on en a ajouté un nombre peut-être plus considérable.

Les Staphylinides dont le labre est corné, le dernier anneau de l'abdomen rétractile, les élytres très-courtes, sont les plus grands. Dans le genre Staphylin nous comptons plusieurs espèces remarquables à divers titres. C'est d'abord le Staphylin odorant (*Staphylinus olens*), un Insecte tout noir, que l'on rencontre continuellement par les chemins. Animal carnassier, vivant uniquement de rapine, il a la hardiesse des êtres accoutumés à la lutte. Lorsqu'on l'inquiète, loin de chercher à fuir, très-souvent il s'arrête et prend une attitude menaçante. Bien campé sur ses pattes, il se redresse à la fois en avant et arrière, ouvre ses mandibules courbées et acérées, pour mordre, en même temps qu'il exhale par l'extrémité de son abdomen une odeur très-pénétrante. La larve, également carnassière, ayant la tête et les

MÉTAMORPHOSES DU STAPHYLIN ODORANT

(*Staphylinus olens*).

anneaux thoraciques cuirassés, les pattes longues, l'abdomen atténué vers le bout et muni d'un long appendice servant à la marche, est fort agile, rappelant d'une façon remarquable la démarche et les attitudes de l'adulte. Néanmoins elle se tient sous les pierres, dans les endroits cachés, et ne sort que la nuit. Elle hiverne, et, s'établissant au retour de la belle saison dans une cavité, elle se transforme en nymphe. Celle-ci, en entier d'un jaune luisant, porte une couronne de poils au bord antérieur du prothorax.

D'autres Staphylins recherchent les charognes, comme le Staphylin à grandes mâchoires (*Staphylinus maxillosus*), d'un noir brillant, et en partie couvert d'un duvet cendré, comme le Staphylin bourdon (*Staphylinus hirtus*), le plus grand de tous, qui est vêtu d'une pubescence noire, jaune, rousse, offrant une certaine ressemblance de coloration avec plusieurs de nos Bourdons.

Des Staphylinines, dont le corps est mince, presque linéaire, les Xantholins, fort abondants dans les bois humides, sous les feuilles tombées, les vieilles écorces, se nourrissent de proie vivante. La larve d'une espèce de ce genre, observée par M. Schiodte, vit sous les écorces et attaque des larves lignivores. Dans l'Amérique du Sud, on rencontre dans les mêmes conditions des Insectes voisins des Xantholins, les Sterculies, remarquables par leur grande tête et surtout par leurs couleurs éclatantes : bleues, violettes, vertes, dorées.

Un petit groupe de la même tribu (Oxyporites), caractérisé par des antennes un peu élargies et comprimées vers le bout, se compose de plusieurs genres qui méritent d'être signalés. Les Oxypores, à l'état de larves comme à l'état adulte, vivent dans les végétaux pourris, et surtout dans les Champignons. L'Oxypore roux (*Oxyporus rufus*) est d'une jolie teinte rougeâtre. Les Quédies se plaisent dans le fumier; on y trouve aussi leurs larves, qui, assurent quelques observateurs, dévorent des larves de Diptères. Une espèce de plus grande taille que les précédentes, toute noire, avec le prothorax très-élargi, présentant du reste les caractères des Quédies, le Velléie dilaté (*Velleius dilatatus*), habite constamment les nids de Frelons (*Vespa crabro*), où, sans doute, elle mange les larves des grosses Guêpes.

Les Tachyporines constituent une immense légion. Les Tachines et les Tachypores, au corps très-atténué vers le bout, rappellent la forme des Poissons. Ils se trouvent en abondance parmi les détritus végétaux humides, et dans les matières stercoraires. Les Aléochares, caractérisées par leurs antennes insérées au devant du front, ont les mêmes mœurs, tandis que les Loméchuses sont les hôtes respectés des Fourmiliers.

Des Staphylinides, appartenant à la même division, découverts dans des nids de Termites du Brésil, se signalent par l'énorme développement de leur abdomen qu'ils portent relevé et recourbé au-dessus du thorax. Cette énorme distension de l'abdomen est due à un mode de gestation unique parmi les Coléoptères. Ces Insectes ne pondent pas d'œufs; vivipares, ils donnent naissance à des larves. Nous devons la connaissance de ce fait à M. Schiodte, qui a publié, en 1864, une très-intéressante étude de ces curieux Coléoptères. Ces Insectes, de la longueur de 2 à 3 millimètres, avec leur abdomen mou, doivent demeurer cachés. Il est à supposer que les poils de leur abdomen, comme ceux des Loméchuses, sont le siége d'une sécrétion qui est recherchée des Termites.

Citons encore, parmi les types de la famille des Staphylinides, les Pœdérines, dont le corps est allongé et le dernier anneau de l'abdomen extrêmement petit. Les Pœdères vivent seulement au bord des eaux, courant dans les endroits les plus mouillés. Ils ont des couleurs rouges et bleues très-vives. L'un des plus communs, le Pœdère des rivages (*Pœderus riparius*), a les élytres bleues, le prothorax rouge, ainsi que les pattes et les quatre premiers anneaux de l'abdomen.

Les Psélaphides, tout petits Coléoptères, lisses, luisants, fort apparentés aux Staphylinides, ont aussi des élytres courtes qui ne protégent pas l'abdomen en entier. Remarquables par leurs antennes renflées à l'extrémité et leurs longs palpes, les Psélaphes et les Clavigères sont généralement les hôtes des fourmilières. Les premiers, très-agiles, se voient aussi sous les pierres, dans la mousse, etc., mais les seconds, observés en 1818, par P. L. Müller, un professeur d'Erlangen, ont absolument besoin des soins des Fourmis.

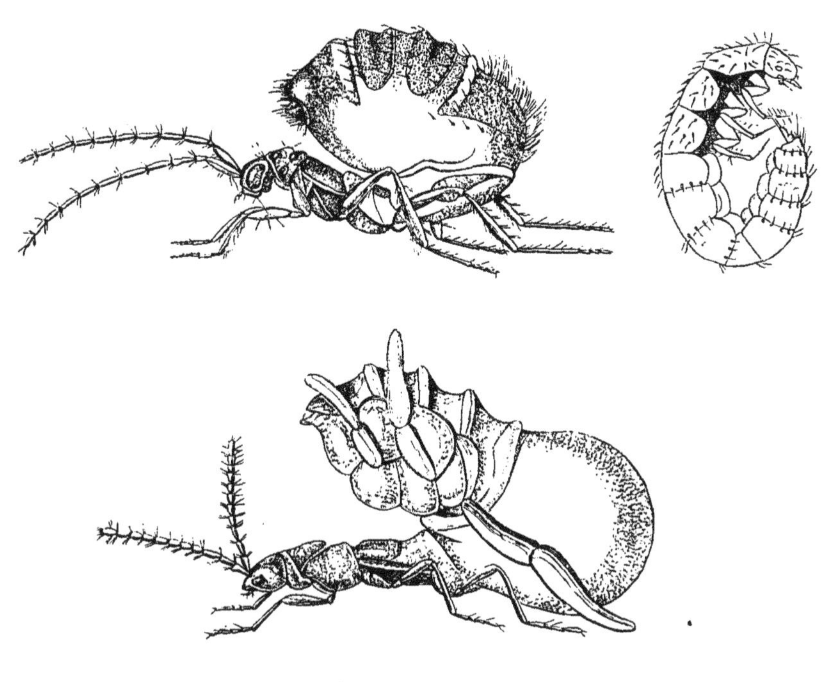

STAPHYLINS VIVIPARES
(d'après M. Schiodte).

1. *Corotoca Melantho.* — 2. Sa larve. — 3. *Spirachtha Eurymedusa.*

Il est une petite famille de Coléoptères où l'on compte au nombre des principaux représentants plusieurs espèces fort nuisibles aux matières animales que nous voulons conserver : c'est la famille des Dermestides. Ces Insectes, d'une taille toujours peu considérable et souvent très-minime, ont en général des couleurs grises, brunes, ternes ; leurs antennes sont courtes et terminées en une massue ordinairement très-forte ; leurs mandibules, petites, ne font pas saillie au devant du labre.

Au moins dans leur premier état, les Dermestines vivent de

matières animales; ils attaquent les pelleteries, les fourrures, les cuirs, les animaux conservés dans les collections, la chair desséchée des cadavres, etc. Plusieurs d'entre eux, transportés par les navires, se sont acclimatés et quelquefois singulièrement propagés, au grand dommage des habitants, à peu près dans toutes les parties du monde. Adultes, les Dermestines ont des pattes grêles contractiles; sont-ils inquiétés, il les replient aussitôt contre le corps, ils font le mort. Larves, ce sont des Insectes revêtus d'un tégument mince, élastique, garni de poils disposés en bouquets, en faisceaux, en pinceaux d'une extrême élégance. Ces larves, douées d'une certaine agilité, ont de petites pattes avec des tarses terminés par un simple crochet, une tête petite, avec les yeux ordinairement au nombre de six de chaque côté.

Les vrais Dermestes, très-reconnaissables à leur corps oblong et à leurs antennes de dix articles, dont les trois derniers forment la massue, se rencontrent dans les maisons, et surtout dans les magasins de denrées. Le type du genre, le Dermeste du lard (*Dermestes lardarius*), un Insecte noir, avec la base des élytres fauve et marquée de trois points obscurs, consomme peu de nourriture à l'état adulte, mais à l'état de larve, c'est autre chose. Cet Insecte, d'un brun noir, couvert de longs poils touffus disposés par séries assez régulières au bord de chaque zoonite, est un véritable fléau pour les fourrures, pour les peaux, etc. S'il mange du lard comme son nom l'indique, il mange également très-volontiers les peaux des Mammifères et des Oiseaux des musées d'histoire naturelle, et dans les magasins de fourrures il n'est pas moins redoutable.

Une autre espèce du genre, le Dermeste renard (*Dermestes vulpinus*), pour être répandue d'une manière un peu moins générale, n'en est pas moins quelquefois fort abondante. Elle se trouve dans les mêmes conditions que l'espèce précédente, et il y a vingt-cinq à trente ans, elle causa de si grands ravages à Londres, dans les magasins de peaux, qu'une récompense de 20 000 livres sterling, rapporte M. Westwood, fut proposée pour un remède propre à la destruction de cet Insecte. Il est

MÉTAMORPHOSES DU DERMESTE DU LARD ET DU DERMESTE RENARD
(*Dermestes lardarius* et *Dermestes vulpinus*).

facile de faire périr les Dermestes au moyen d'une évaporation de benzine, de sulfure de carbone, etc.; seulement il est nécessaire d'opérer à diverses reprises, et surtout dans le temps où les Insectes adultes éclosent, afin de les faire périr avant la ponte.

Un Dermestine de forme ovalaire, ayant des antennes de onze articles, et bien reconnaissable à sa couleur noire, avec un point blanc au milieu de chaque élytre, est le type du genre Mégatome. Le Mégatome des pelleteries (*Megatoma pellio*) se trouve très-fréquemment dans les maisons. Sa larve, d'un brun roux, couverte de longs poils lustrés, portant en arrière un pinceau figurant une sorte de queue, dévore toutes les fourrures et même les plumes.

De très-petites espèces au corps court, ramassé, presque globuleux, les Anthrènes, se voient fréquemment sur les fleurs pendant la belle saison. L'Anthrène des musées (*Anthrenus museorum*), un Coléoptère long de 2 à 3 millimètres, noirâtre, orné de trois bandes transversales blanches ou grises sur les élytres, est la terreur des entomologistes. Sa larve, couverte de poils bruns et grisâtres disposés par petits faisceaux, attaque les collections d'Insectes et exerce dans un très-court espace de temps d'irréparables dégâts. Elle se tient cachée dans l'intérieur du corps qu'elle ronge, et ne se montre guère qu'à l'époque de sa métamorphose. La nymphe reste protégée par la peau de la larve.

Les Byrrhines, qui se rattachent à la famille des Dermestides par l'ensemble de leur organisation, affectent une forme globuleuse. Comme les Dermestes, ils ont la faculté de replier leurs pattes et de contrefaire le mort pour échapper à l'ennemi, mais leurs jambes sont larges et comprimées, et cette forme caractéristique trahit chez ces Insectes l'habitude de fouir le sol.

Les Byrrhes, qui portent des antennes grêles, avec une massue formée par les cinq derniers articles, se rencontrent sous les pierres, sous les mousses. Le Byrrhe pilule (*Byrrhus pilula*), dont le nom fait allusion à la forme ronde, n'est pas rare dans notre pays. Sa larve, trouvée dans la terre, sous des gazons, est assez molle, rose, un peu courbée, pourvue de pattes de médiocre longueur.

Une multitude de petits Insectes de formes assez diverses composent la tribu des Mycétophagines; on les distingue des Dermestines et des Byrrhines à leurs pattes qui ne sont pas contractiles. Les Mycétophages, leur nom l'indique, vivent dans les Champignons. Ce sont de petits Coléoptères, au corps large, un peu déprimé, ayant souvent les élytres parées de taches ou de points jaunes ou rouges. Leurs larves ressemblent à celles des

Dermestines, mais elles s'en distinguent dans leur apparence générale par la rareté de leurs poils.

Les Hydrophilides, Insectes pour la plupart herbivores, conformés pour nager et pour vivre dans les eaux, ont des antennes courtes, insérées sous les bords latéraux de la tête, terminées par une massue formée des derniers articles, et de longs palpes filiformes pendants. L'allongement remarquable de ces appendices avait fait attribuer autrefois aux Hydrophilides le nom de *Palpicornes*.

Une des particularités les plus notables de l'organisation de presque tous les représentants de cette famille, se trouve dans la présence, chez les femelles, de glandes abdominales produisant une sorte de matière soyeuse servant à la confection d'une coque destinée à loger les œufs. Ce qui est unique parmi les Coléoptères, les Hydrophilides femelles, dont l'extrémité de l'abdomen est pourvue de deux filières affectant la forme d'appendices cylindriques, se mettent à tisser, au moment de leur ponte, une coque d'un tissu assez serré, fournissant ainsi à leurs œufs une protection qui leur est sans doute bien utile dans les eaux toujours peuplées de multitudes d'animaux voraces.

Les larves des Hydrophilides sont généralement oblongues, avec une tête avancée, sans rétrécissement postérieur en forme de cou; des mandibules grandes, courbées vers le haut, souvent dentées; des antennes de trois ou quatre articles; des plaques de consistance coriace sur les anneaux thoraciques; un abdomen plissé, avec le dernier anneau très-petit; des pattes assez longues, avec les tarses ordinairement unguiculés. Ces larves, sans avoir l'agilité de celles des Dytiques, sont cependant fort actives; se nourrissant surtout de matière végétale, elles attaquent néanmoins des Insectes. Presque amphibies, on les voit assez souvent sortir de l'eau et marcher péniblement entre les herbes du rivage. Pour se transformer en nymphes, elles s'enfoncent dans la terre ou dans la vase, où elles se façonnent une loge en imprégnant les parois de leur salive.

Sans être très-nombreuse en espèces, la famille des Hydrophilides renferme plusieurs types bien caractérisés. Nous reconnaîtrons les Hydrophilines à leur corps ovalaire, à leurs mâchoires entièrement de consistance solide, à leurs tarses dont le premier article est beaucoup plus court que les suivants.

Les Hydrophiles proprement dits sont de gros Insectes de forme ovalaire, ayant des antennes de neuf articles dont les quatre derniers constituent la massue. Ils ont une longue pointe sternale aiguë dirigée en arrière, blessant la main qui saisit l'Insecte sans précaution. Il y a des Hydrophiles dans les diverses régions du monde ; un seul habite l'Europe, et c'est le plus grand, l'Hydrophile brun (*Hydrophilus piceus*). Il est connu de tout le monde : long de plus de 6 centimètres, d'un noir olivâtre, nageant avec facilité à l'aide de ses pattes postérieures aplaties, ciliées, converties en rames, il figure très-bien dans les bocaux à Poissons rouges. On observe toujours avec intérêt la manière dont il vient respirer à la surface de l'eau ; c'est une manœuvre bien différente de celle du Dytique, qui a été minutieusement décrite par Lyonet. L'Hydrophile, de construction massive, ne saurait se maintenir à la surface de l'eau dans une position bien horizontale. Il sort de l'eau seulement l'extrémité de sa tête, et repliant contre le corps son antenne dont la massue est en partie canaliculée, il entraîne, en redescendant dans l'eau, une bulle d'air qui, par le secours de la pubescence des parties inférieures de l'Insecte, s'étend et chemine sur les côtés du thorax et de l'abdomen, et arrive ainsi jusqu'aux orifices respiratoires. L'Hydrophile n'est pas moins curieux à observer au moment de la ponte, lorsqu'il file son cocon. Accroché aux plantes aquatiques, la tête en bas, il émet ses œufs, et tout aussitôt, promenant ses filières à l'entour, il les enveloppe et façonne la coque en la fixant, soit à une feuille, soit à une tige. Cette coque, d'un gris clair et en ovale très-court, porte un

MÉTAMORPHOSES DE L'HYDROPHILE BRUN

(*Hydrophilus piceus*).

long pédicule conique. Les jeunes larves, à peine écloses, cherchent leur nourriture, et leur accroissement paraît s'effectuer rapidement. Quand elles ont atteint toute leur croissance, elles sont fort grosses, d'un gris sombre, avec les parties écailleuses de la tête et du thorax d'une couleur brune luisante. Au repos, et même pendant la marche, la tête et l'abdomen sont relevés, de sorte que le corps se trouve plus ou moins courbé en arc. A l'aide de ses pattes ciliées et de son abdomen flexible, cette larve nage avec facilité, et faisant sa nourriture en grande partie de matières végétales, elle chasse cependant des Insectes et des Mollusques. Souvent elle vient saisir à la surface de l'eau de

COQUES DE L'HYDROPHILE BRUN.

1. Coque isolée. — 2. Coque attachée à une feuille. — 3. Coque ouverte pour montrer à l'intérieur la disposition des œufs.

petits Limnées ou de petits Planorbes en renversant sa tête; elle brise la coquille et dévore l'animal. La nymphe porte au bord antérieur du thorax et sur l'abdomen des cils fort épais, dont l'usage n'a pas encore été bien reconnu.

Des Hydrophiles d'assez petite dimension, mais très-voisins des précédents par leur conformation, n'ayant toutefois la massue de leurs antennes canaliculée qu'à l'extrémité, constituent le genre Hydrous. Le type (*Hydrous caraboides*), un Insecte ovale et noir, fort abondant dans les mares, a des habitudes très-semblables à celles de l'Hydrophile brun.

D'autres Hydrophilines, caractérisés surtout par les proportions des articles de leurs palpes, les Hydrobies et les Philhydres, dont la taille est très-médiocre, forment des coques ou capsules ovigères d'une physionomie particulière. Ces coques, fixées aux plantes, sont lamelleuses. Les Béroses (*Berosus spinosus*) ont des larves dont les anneaux de l'abdomen sont pourvus sur les côtés d'une paire de très-longs appendices garnis d'une fine pubescence servant à la natation, et fonctionnant aussi bien probablement à la manière de branchies.

D'autres Coléoptères se rattachant à la même famille par l'ensemble de leur conformation en diffèrent par quelques caractères et par les habitudes : ce sont les Sphæridiines. Ceux-ci ont le corps globuleux, le lobe interne des mâchoires membraneux, et ils vivent, les uns aux bords des eaux, les autres dans les bouses. Comme les autres Hydrophilides, ils enveloppent leurs œufs dans une capsule soyeuse, mais ils enfouissent cette coque, soit dans la terre humide, soit dans le fumier.

Les espèces du genre Cercyon, toutes de petite taille, se tiennent sur la vase. On trouve communément le Cercyon des rivages (*Cercyon littoralis*). Sa larve, privée de pattes, est rampante; elle fouille la terre et se nourrit de petites larves de Diptères.

Les espèces du genre Sphéridie recherchent les fumiers. Le type, le Sphéridie scarabéoïde (*Sphæridium scarabæoides*), petit Insecte long de 6 à 7 millimètres, arrondi, noir, avec les élytres ornées de deux taches d'un jaune rouge, fréquente les bouses de Vaches. Sa larve, bien étudiée par M. Schiodte, a de très-petites pattes sans tarses, mais sa marche est singulièrement aidée par des appendices placés sur les côtés de l'abdomen.

Les Dyticides ont une parenté extrêmement étroite avec les Carabides. Comme ceux-ci, ils ont le lobe externe de leurs mâchoires converti en un palpe articulé, des mandibules acérées, des pattes ayant cinq articles à tous leurs tarses, des antennes filiformes. La principale différence entre les Dyticides et les Carabides consiste dans des adaptations à des conditions de séjour. Les Dyticides, mieux que les Hydrophiles, sont conformés pour la vie aquatique; leur corps est large, souvent très-plat, les pattes propres à la natation, les postérieures constituées en véritables rames. Au contraire, les Carabides, au corps svelte et aux longues pattes grêles, sont conformés pour la vie terrestre.

Les Dyticides vivent dans toutes les eaux dormantes et dans les petites rivières herbues dont le cours est peu rapide. Pourvus d'ailes très-amples, ils volent, et fréquemment on les voit sortir de l'eau, et se porter d'une mare dans une autre. Malgré leur genre de vie spécial, ces Coléoptères, organisés comme les espèces terrestres, sont obligés, surtout pendant la saison chaude, de venir, à de courts intervalles, à la surface de l'eau, pour les besoins de leur respiration. Une disposition bien simple permet aux Dyticides de s'approvisionner d'air. Leurs stigmates, situés à la face dorsale de l'abdomen et protégés par les élytres qui embrassent exactement les côtés du corps, ne sont pas exposés au contact de l'eau. L'Insecte montant à la surface soulève ses élytres, l'expiration a lieu; il les abaisse aussitôt que l'inspiration s'effectue, et une certaine quantité d'air se trouve retenue sous les élytres formant une sorte de voûte.

Les Dyticides sont exclusivement carnassiers; ils s'attaquent à tous les animaux aquatiques, qu'ils déchirent sans peine avec leurs puissantes mandibules. Les larves vivent comme les adultes, faisant une chasse incessante à une foule d'Insectes, à des Mollusques, à de jeunes Poissons. Ces larves, allongées, amincies en arrière, revêtues de téguments coriaces, sont véritablement cuirassées. Leur tête est large, leurs pièces buccales saillantes; leurs mandibules arquées sont perforées à l'extrémité, et ainsi propres à la succion; leurs pattes, déjà longues, ont des tarses unguiculés. Les larves des Dyticides, douées d'une grande agilité, nagent avec aisance au moyen de leur abdomen flexible terminé par deux appendices souvent foliacés. Ces Insectes, pourvus de stigmates sur les côtés de tous les zoonites abdominaux, viennent cependant respirer en élevant à la surface de l'eau l'extrémité de leur corps, où se trouve située, au voisinage de l'orifice anal, la dernière paire de stigmates. Étant sur le point de se métamorphoser, elles sortent de l'eau, et vont s'enfoncer dans la vase ou dans le sable du rivage, s'y façonnent une cellule à leur taille et se transforment en nymphes.

Jusque dans ces derniers temps, les métamorphoses n'avaient été observées que chez un très-petit nombre de Dyticides, mais les études récentes de M. Schiodte ont beaucoup accru nos connaissances sur ce sujet.

La famille des Dyticides est peu nombreuse, si on la compare à celle des Carabides. Ses espèces ont, en général, une distribution géographique très-étendue; plusieurs se trouvent répandues dans une grande partie du monde. C'est là un fait intéressant à noter : il prouve que sous des climats où les conditions d'existence sont fort différentes pour les espèces terrestres, ces mêmes conditions demeurent presque semblables pour les espèces aquatiques.

Dans la famille des Dyticides, il y a deux types bien tranchés, et par conséquent deux tribus : les Dyticines et Gyrines. Les premiers ont de longues antennes filiformes et des pattes antérieures assez courtes; les seconds, de petites antennes épaisses dont le deuxième article est prolongé en manière d'oreillette, et les pattes antérieures beaucoup plus longues que les autres.

Des espèces de la tribu des Dyticines ayant toujours cinq articles à leurs tarses, composent un premier groupe (Dyticites). Les vrais Dytiques, Insectes d'assez forte taille, ont le dernier article de leurs palpes aussi court que le précédent et leurs tarses postérieurs munis de deux crochets mobiles. Toutes les espèces du genre ont les mêmes mœurs.

Le Dytique bordé (*Dytiscus marginalis*) est abondant dans les eaux stagnantes de toute l'Europe; il vit très-longtemps à l'état adulte, de sorte que certaines personnes prennent plaisir à le conserver dans des bocaux pour s'amuser de ses mouvements agiles, et de sa voracité, quand il se jette sur une proie. Le Dytique bordé est un gros Coléoptère, en dessus d'un brun verdâtre foncé avec une bordure jaunâtre, en dessous d'un ton fauve ferrugineux avec un liséré noir à chaque anneau de l'abdomen. Le mâle a les élytres lisses; la femelle a les élytres cannelées. La femelle a les tarses antérieurs simples; le mâle a les trois premiers articles de ces mêmes tarses extrêmement élargis et garnis en dessous de nombreuses cupules ou plutôt de ventouses, deux assez grandes, les autres très-petites. Voilà, entre les individus des deux sexes, des différences considérables dont le but est facile à comprendre. Ces Insectes s'unissent dans l'eau, tout en nageant : avec des tarses simples, jamais le mâle n'aurait eu la possibilité de retenir sa femelle, avec l'appareil dont ces appendices sont pourvus, il prend adhérence sans la moindre difficulté, et la femelle ayant des élytres cannelées, l'adhérence s'effectue d'une manière bien autrement efficace que si leur surface avait été lisse.

Le Dytique détruit une foule d'Insectes et de Mollusques et dans les ruisseaux comme dans les étangs. Quelquefois des Dytiques s'attaquent à des Grenouilles; s'accrochant sur le dos de l'animal, ils en entaillent la peau avec leurs mandibules et se mettent à la ronger. La Grenouille toute saignante se débat en vain contre les morsures des Dytiques, elle finit toujours par succomber.

Les Dytiques laissent tomber leurs œufs au fond de l'eau; les jeunes larves naissent et grandissent rapidement, car leur voracité est extrême. Au terme de leur croissance, elles sont longues de près de 5 centimètres, d'un gris jaune varié de brun. Leur tête, large et arrondie, porte de chaque côté six yeux disposés en deux séries transversales; leurs pattes sont assez longues et garnies de cils qui facilitent la natation; les appendices qui terminent leur abdomen sont lancéolés et frangés, de façon à constituer de véritables rames.

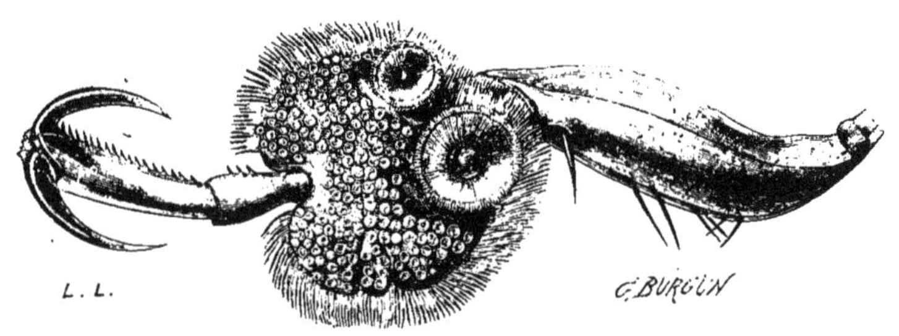

PATTE ANTÉRIEURE DU DYTIQUE BORDÉ MALE.

Vue en dessous, pour montrer les ventouses du tarse.

On donne le nom de Cybisters à des Dytiques n'ayant qu'un seul crochet immobile aux tarses postérieurs. Leurs femelles ont les élytres non pas cannelées, mais seulement striées. Le type du genre, le Cybister de Rœsel (*Cybister Rœselii*) est assez commun dans toute l'Europe. Sa larve est dépourvue d'appendices natatoires à l'extrémité du corps.

Les Hydatiques, dont la taille est médiocre, sont les plus jolis des Dyticides; leur corps, brun ou noir brillant, est orné de taches ou de bandes jaunâtres. De très-petits Dyticites, n'ayant que quatre articles aux tarses, composent un groupe particulier (Hydroporites). Les larves des Hydropores, moins allongées que celles des autres Dyticides, ont les pattes munies de longues épines et l'extrémité de l'abdomen pourvue de très-longs appendices.

Les Gyrinines sont des Coléoptères tout brillants que l'on voit pendant l'été nageant à la surface des eaux tranquilles, même sur les bassins des jardins, où ils décrivent des cercles avec une étonnante rapidité. Ce mouvement leur a valu leur nom scientifique de Gyrins (*Gyrinus*), comme leur nom vulgaire de *Tourniquets*. Leurs pattes du milieu et de derrière sont de larges rames, tandis que leurs pattes de devant, toujours fort longues, servent de gouvernail. Ces Insectes, passant une grande partie de leur existence à la surface de l'eau, avaient besoin de voir en dessus et en dessous; soit pour échapper à des dangers divers, soit pour atteindre une proie, ou aérienne ou aquatique, la nature leur a donné quatre yeux. C'est du moins l'apparence ; mais la nature n'ajoute guère à l'un ce qu'elle refuse à tous les autres, une modification simple suffit pour atteindre le but. Les Gyrins, comme tous les autres Coléoptères, n'ont en réalité que deux yeux, seulement ces yeux sont divisés par le bord latéral de la tête, et par suite de cette division, il y a deux yeux qui voient en haut et deux yeux qui voient en bas. Les Gyrins disparaissent de la surface des eaux quand viennent les froids, et se cachent au fond, sous les pierres, entre les herbes ou même dans la vase. Leurs larves sont longues, extrêmement minces, blanches, avec les parties coriaces d'un ton jaune ; la tête petite; tous les anneaux de l'abdomen pourvus sur les côtés de longs appendices ciliés, servant à la natation et fonctionnant comme des branchies, et le dernier anneau muni de quatre crochets mobiles propres au saut. Ces larves, fort agiles, très-voraces, se dérobent à l'ennemi par les sauts brusques qu'elles exécutent.

Les animaux féroces de l'ordre des Coléoptères, les Carabides, sont des carnassiers agiles, rapides à la course, possédant, dans leurs mandibules tranchantes, de puissantes armes de guerre.

Chez les Carabides, le corps est presque toujours d'une forme élancée ; les antennes longues, cylindriques, comme des fils ; les pattes propres à la course, avec leurs tarses invariablement composés de cinq articles, minces, presque cylindriques, ainsi qu'il convient pour des animaux qui courent à terre, mais ne grimpent pas ou ne grimpent que difficilement avec le secours de leurs crochets acérés. Mais c'est la conformation des mâchoires qui fournit le caractère le plus remarquable. Ces pièces buccales portent deux palpes; le lobe externe de la mâchoire étant converti en un véritable palpe divisé en deux ou trois articles, comme chez les Dyticides, qui sont les carnassiers aquatiques. Ce caractère, ne se retrouvant nulle part ailleurs, acquiert ainsi une importance considérable. Les mâles des Carabides ont les tarses de devant élargis; c'est pour retenir leurs femelles.

Les larves de ces Coléoptères ne sont pas moins carnassières que les adultes; la plupart d'entre elles s'emparent de leur proie à la course : aussi les voyons-nous solidement cuirassées; tête, anneaux du thorax et de l'abdomen revêtus de téguments de consistance coriace. Leurs mandibules arquées en forme de faux, ayant une grande dent à leur base, et chez certaines espèces d'autres dents longues et aiguës, donnent à ces parties l'aspect des plus terribles tenailles. Leurs mâchoires bilobées portent un seul palpe de quatre articles; le lobe externe, destiné à être converti en un palpe chez les adultes, ne consiste encore qu'en un petit appendice dentiforme. Leurs pattes, assez longues, se terminent ordinairement par un tarse de deux articles. L'extrémité de leur abdomen est munie le plus souvent, comme dans les Staphylinides, de deux appendices articulés et d'un tubercule inférieur servant à la marche.

Les Carabides sont en nombre immense par le monde; dans plusieurs groupes, les genres admis par les entomologistes ne sont différenciés que par les plus faibles caractères, et souvent les espèces ne se distinguent les unes des autres que par des détails assez difficiles à saisir. On s'explique cette grande uniformité chez des Insectes dont les conditions biologiques sont à peu près semblables.

La famille des Carabides a deux types principaux : les Carabines et les Cicindélines. Chez les premiers, le lobe des mâchoires est simple comme dans les autres Coléoptères, et les palpes labiaux sont aussi minces que les palpes maxillaires ; chez les seconds, le lobe des mâchoires se termine par un onglet articulé, et les palpes labiaux sont ordinairement plus épais que les maxillaires.

Le groupe le plus remarquable de la première tribu est celui des Carabes (Carabites), Insectes d'assez forte taille ayant leurs palpes terminés en forme de hachette et les jambes antérieures sans échancrure.

Les Carabes proprement dits ont un corps oblong, les élytres soudées sur la ligne médiane et emboîtant l'abdomen très-étroitement; les ailes manquent, les élytres ne doivent jamais ni être écartées, ni être soulevées. Beaux Coléoptères, toujours brillants, quelquefois parés de couleurs métalliques éclatantes, les Carabes, avec leur tête dégagée, leurs longues pattes, leur corps admirablement cuirassé, ont une vraie élégance, une allure fière, une apparence de distinction qu'on trouve ordinairement, du reste, chez les animaux carnassiers. Les Carabes, et l'on en connaît aujourd'hui plusieurs centaines d'espèces, sont répandus en Europe, surtout dans l'Europe orientale, et en Sibérie plus que partout ailleurs. Dans notre pays, l'espèce la plus commune est le Carabe doré (*Carabus auratus*). Tout le monde le connaît ce Coléoptère d'un beau vert doré, ayant les pattes et les antennes roussâtres, les élytres portant, comme si elles avaient été sculptées, trois côtes arrondies. Il court à travers les champs et même à travers les chemins, sans cesse en quête d'une proie, détruisant une foule d'animaux nuisibles aux cultures ; aussi est-ce avec bonheur que les gens des campagnes écrasent l'un des Insectes les plus utiles, que les cultivateurs auraient tant d'intérêt à voir multiplier.

Le Carabe doré, habituellement désigné sous les noms vulgaires de *Jardinier* et de *Couturière*, mange des Chenilles, des

Limaces, attaquant même des Hannetons, malgré leur poids. Au printemps, on a quelquefois l'occasion d'assister à une curieuse scène de carnage. Un Carabe saisit un Hanneton tombé à terre ; avec ses mandibules il lui entaille l'abdomen comme avec une paire de ciseaux, puis il tire les intestins et se met à les dévorer.

LES CARABES DORÉS ET LEURS LARVES

(*Carabus auratus*).

Le Hanneton continue à marcher, cherchant à se soustraire à l'ennemi, mais l'ennemi ne le lâche point, et le malheureux finit par rouler sur le dos.

Les larves du Carabe, d'un brun noir et luisant, sortent peu pendant le jour; elles se tiennent plus volontiers cachées sous des pierres, sous des mottes de terre ou dans des cavités. Elles chassent, du reste, comme les adultes.

Les autres Carabes ont absolument les mêmes habitudes; quelques espèces des Pyrénées sont vraiment magnifiques : le Carabe splendide (*Carabus splendens*), le Carabe rutilant (*Carabus rutilans*), le Carabe d'Espagne (*C. hispanus*).

Dans nos environs, on rencontre fréquemment un très-gros Carabe tout noir, devenu le type d'un genre particulier, le Procruste chagriné (*Procrustes coriarius*). En Grèce, en Turquie, dans l'Asie Mineure, vivent les plus gros Carabites, les Procères, dont les élytres sculptées sont tantôt noires, tantôt d'un beau bleu violet.

Au même groupe appartiennent les Calosomes. Ceux-ci ont le corps large et les élytres libres; ils portent des ailes, aussi non-seulement ils courent à merveille, mais encore ils volent à ravir. Le type du genre, le Calosome sycophante (*Calosoma sycophanta*) est peut-être le plus beau Coléoptère d'Europe, ou tout au moins l'un des plus beaux. Il est d'un bleu violet foncé, avec les antennes et les pattes noires, les élytres d'un vert doré chatoyant, striées et ponctuées. Superbe par sa parure, il est également superbe dans son allure, lorsqu'il court sur les troncs des grands Chênes avec une incroyable célérité.

Le Calosome sycophante est tout particulièrement avide des Chenilles processionnaires. C'est à ces chenilles qu'il fait une chasse active ; l'Insecte adulte et la larve se voient fréquemment ensemble, ainsi que nous les avons représentés[1] dévorant les chenilles, que leurs toiles tendues ne défendent pas contre les Calosomes.

La larve du Calosome sycophante, proportionnellement un peu plus large que celle des Carabes, ressemble, du reste, beaucoup à ces dernières. Au terme de sa croissance, elle s'en-

[1] Voyez pages 242-244.

fonce dans la terre à une faible profondeur, façonne une sorte de loge, et se transforme en nymphe. Cette dernière est garnie de petits bouquets de poils très–élégamment disposés.

Une autre espèce du genre (*Calosoma inquisitor*), beaucoup plus petite et de couleur bronze, se tient aussi sur les arbres des forêts, où elle recherche différentes Chenilles.

. Beaucoup de Carabides affectionnent les endroits humides et surtout le bord des eaux. Les Elaphrites, en général d'assez petite taille, se distinguent des Carabes par la présence d'une échancrure vers l'extrémité des jambes antérieures. Il y a les Nébries, qui ont le corps très–aplati; les Elaphres, qui ont une tête petite avec de très-gros yeux, les antennes un peu épaissies vers le bout, un prothorax globuleux. Ces petits Coléoptères, à la démarche vive et agile, ordinairement d'un vert bronzé avec de gros points enfoncés sur leurs élytres, imitant une véritable ciselure, se trouvent au bord des mares et des étangs, souvent entre les herbes et les roseaux. L'Elaphre des rivages (*Elaphrus riparius*), qui est très-commun, a sur ses élytres verdâtres et brillantes quatre séries de taches d'un rouge violacé. Les Omophrons, avec un corps presque hémisphérique, rappellent beaucoup l'aspect de certains Dyticides. Le type du genre, l'Omophron bordé (*Omophron limbatum*), long de 7 à 8 millimètres, de couleur fauve avec trois bandes sinueuses vertes sur les élytres et une tache sur la tête et le prothorax de la même nuance, se trouve au bord des rivières. Sa larve, observée par Desmarest, a une tête énorme et le corps très-atténué en arrière.

Le groupe des Bembidionites, composé essentiellement du genre Bembidion, est caractérisé par les palpes dont le dernier article est petit et pointu. Charmants petits Coléoptères d'une taille excédant rarement 4 ou 5 millimètres, lisses, brillants, ponctués, parés de couleurs variées et souvent très–vives, ils se plaisent dans les endroits humides, et particulièrement sur les rives vaseuses des mares et des étangs. En 1852, un auteur,

Jacquelin-Duval, en énuméra cent vingt-cinq espèces recueillies seulement en Europe.

D'autres, tout aussi petits que les Bembidionites (Tréchites), ayant le corps plat, le dernier article des palpes de la même longueur que le précédent, sont vraiment curieux par leur genre de vie. Il y a les Anophthalmes, Insectes étiolés, presque transparents, qui, vivant dans les cavernes, sont aveugles, leur nom l'indique; tandis que des espèces du genre résidant dans les parties des grottes où pénètre un peu de lumière possèdent des yeux imparfaits : M. Grenier a fait cette intéressante observation. Il y a les Blemus et les Æpus; les premiers sans armature aux tarses, les seconds avec une épine recourbée sous l'avant-dernier article. Le type du genre Blemus (***Blemus areolatus***), observé par Victor Audouin sur la côte de l'île de Noirmoutier, passe la plus grande partie de son existence sous l'eau à une grande profondeur; on ne le trouve que lors des grandes marées, lorsque la mer se retire au loin. Il se tient sous des pierres, dans des anfractuosités, où une certaine quantité d'air demeure emprisonnée, et comme notre Insecte porte des poils rares, mais très-longs, il est probable qu'il retient aisément autour de son corps de petites bulles d'air suffisantes pour les besoins de sa respiration. Les Æpus vivent dans les mêmes conditions (***Æpus fulvescens***, etc.). La larve d'une espèce de ce genre, observée par Coquerel, a une grosse tête comme les larves d'Omophrons (***Æpus Robinii***).

Les Panagéites sont des Carabides dont la tête est petite, les palpes élargis à l'extrémité, les jambes échancrées vers le milieu, pour fouiller le sol, les mandibules dentées. Le type du genre Panagée (***Panagæus crux-major***) est un joli petit Coléoptère, noir velu, ayant les élytres ornées d'une bordure et de deux bandes transversales d'un rouge ferrugineux très-vif. Cet Insecte s'enfonce habituellement dans la terre au pied des arbres.

On distingue les Chléniites, qui sont étroitement liés aux précédents, à leurs mandibules acérées. Les Chlénies, d'une taille moyenne, très-généralement d'une couleur verte et revêtus d'une fine pubescence, sont répandus dans presque toutes les parties du monde. Le Chlénie velouté (*Chlænius velutinus*), long d'une quinzaine de millimètres, d'un vert vif, avec une bordure jaune autour des élytres, se trouve parfois en bandes nombreuses sur les bords des rivières, ce qui est du reste le séjour habituel de la plupart des espèces du genre.

Une immense suite d'espèces de la famille des Carabides constitue le groupe des Féroniites, le grand genre Féronie, où les articles des tarses, assez élargis, affectent une forme triangulaire. Insectes noirs ou bronzés, les espèces se ressemblent d'une façon désespérante pour les classificateurs. Ces Insectes errent dans les champs, dans les endroits arides, rocailleux, et se réfugient sous les pierres. L'une des Féronies que l'on rencontre le plus souvent sur les chemins est la Féronie cuivrée (*Feronia cuprea*, genre *Pœcilus* de divers auteurs), qui est, en effet, d'un vert cuivreux. A ce groupe des Féroniites se rattachent les Amares, qui se reconnaissent à leur corps court et assez large, à peu près ovalaire. Ceux-ci grimpent souvent après les Graminées, et l'on a constaté que parfois ils rongeaient les épis. Ce qui mérite d'être remarqué, c'est la forme des articles de leurs tarses, leur permettant de monter sur les végétaux. Les Zabres, beaucoup plus gros que les Amares, au corps oblong, massif, voûté, grimpent avec la même facilité, et l'on croit que l'espèce la plus commune, le Zabre bossu (*Zabrus gibbus*), Insecte d'un noir brun, dévore les jeunes pousses de blé.

Les Harpalites, comme les Féroniites, sont des Insectes de taille moyenne, bronzés ou noirâtres, difficiles à distinguer les uns des autres, dont les habitudes ne présentent aucun intérêt particulier. Il est une espèce de Harpale, le Harpale bronzé (*Harpalus æneus*) que l'on rencontre à chaque pas, courant à terre sur les chemins et dans les champs. Malgré son abondance dans toute l'Europe tempérée, il n'a pas encore été étudié dans ses métamorphoses.

Les Scarites (groupe des Scaritites), qui atteignent souvent une forte taille, se font remarquer par leurs jambes antérieures élargies et comme palmées en dehors; particularité qui donne l'idée de mœurs dont les autres Carabides ne nous ont pas offert d'exemples. En effet, les Scarites, Insectes nocturnes du midi de l'Europe et des régions chaudes des autres parties du monde, ordinairement de couleur noire, habitent le bord des rivières et plus encore les rivages de la mer. Pour se cacher, ils creusent le sable à l'aide de leurs jambes antérieures parfaitement appropriées à cet usage. En Provence, on rencontre sur les bords de la Méditerranée le Scarite géant (*Scarites gigas*), qui n'a pas moins de 4 centimètres de long. Chez cet Insecte, une tête forte, des mandibules longues, acérées, annoncent le carnassier au plus haut degré. Sous les climats froids ou tempérés de l'Europe, les Scaritites sont représentés par de très-petites espèces, dont les mandibules sont peu saillantes et les jambes antérieures pourvues de trois digitations. Ce sont les Clivines, qui ont aussi l'habitude de fouir dans le sable (*Clivina arenaria*).

Il nous faut citer certains Carabides particuliers aux contrées brûlantes de l'Afrique et de l'Asie, à cause de leurs formes remarquablement caractérisées, les Graphiptérites, chez lesquels le prothorax est cordiforme et les élytres tronquées au bout.

Les Graphiptères, de taille médiocre, sont larges et aplatis; mais les Anthies, de beaucoup plus belles proportions, avec leur corps oblong, convexe, leurs longues pattes, leurs fortes mandibules, Coléoptères noirs, souvent parés de lignes ou de taches formées par un duvet blanc, sont admirablement organisés pour la course et d'un port magnifique.

Les Brachinites, qui s'en rapprochent par leur conformation générale, n'ont pas cette fière allure. Plusieurs espèces de Brachines sont communes dans notre pays. Ces Insectes, qui se tiennent habituellement sous les pierres en troupes plus ou moins nombreuses, ont un moyen de défense vraiment singulier, qui leur est propre. Sont-ils inquiétés, ils lancent par l'extrémité de leur corps, avec détonation, une vapeur qui les enveloppe comme d'un nuage ou plutôt d'une fumée. Rien de plus curieux, lorsque soulevant une pierre, on met à découvert une troupe de Brachines; tous les individus, se hâtant de se dérober, commencent par lancer leur décharge : on dirait une suite de coups de feu. Ces Carabides ont dans leur abdomen une glande rameuse dont les branches aboutissent à un conduit commun. La glande est le siége de la sécrétion d'une liqueur extrêmement volatile. L'Insecte se mettant en défense, projette le liquide par la contraction de ses muscles abdominaux, et à peine au contact de l'air, le liquide se volatilise en produisant une explosion énergique. Le nom vulgaire de *Canonniers*, aux Brachines, leur convient parfaitement. Beaucoup de noms spécifiques donnés à ces Insectes font allusion à leur étrange faculté. Nous avons le Brachine crépitant (*Brachinus crepitans*), le Brachine bombardier (*B. bombarda*), le Brachine à explosions (*B. explodens*), le Brachine pétard (*B. sclopeta*), etc., etc.

Nous avons encore une foule de petits Carabides dont les mœurs n'offrent aucun intérêt spécial : les Dromies au corps aplati, comme les Lébies, aux élytres larges, les Dryptes au prothorax étroit, les Odacanthes au corps grêle, délicat, types de groupes représentés par de nombreuses espèces.

Les Cicindélines constituent un ensemble infiniment moins considérable que les Carabines. Par les formes, ce sont les plus élégants des Coléoptères, et les nuances variées de la plupart des espèces les rendent tout à fait charmants; aussi ont-ils bien des fois excité un vif intérêt chez les naturalistes. Ces Insectes ont de grandes mâchoires, de longs palpes, des mandibules dentelées et acérées, instruments de carnage des mieux construits; ils ont des pattes longues et d'une extrême ténuité. Les Cicindèles ont été nommées par Linné les Tigres des Insectes : *Tigrides Insectorum*.

Au printemps, sur des chemins sablonneux, les jours où brille un beau soleil, c'est merveille de voir s'agiter la Cicindèle champêtre (*Cicindela campestris*). La vie ne semble se manifester nulle part avec autant d'énergie. Les Cicindèles ravissent l'observateur, leurs mouvements d'une incroyable agilité éblouissent ses yeux. Il faut considérer de près le gracieux Coléoptère qui abonde presque partout, dans les campagnes de l'Europe, dans les champs de l'Afrique et de l'Asie Mineure. L'animal, d'un beau vert de mer, a sur la tête, sur le corselet, sur les bords des élytres, des teintes cuivrées qui au soleil semblent des marques de feu.

Les Cicindèles sont bien intéressantes dans leur état de larves. Elles ont des particularités de structure, des habitudes, des ruses qu'on n'observe pas ailleurs. Dans les lieux mêmes où vivent les adultes vivent les larves. Les adultes possèdent réunis tous les avantages des animaux de proie. Puissamment armés, ils n'ont guère à craindre la résistance des Insectes destinés à être leurs victimes; couverts d'une enveloppe solide, ils n'ont point à redouter les blessures; doués d'une merveilleuse agilité, ils échappent aisément à l'ennemi trop puissant pour lui résister. Larves, les Cicindèles ont toute la voracité de leurs parents : avec leurs téguments minces, elles pourraient facilement être déchirées; avec un corps allongé et des pattes courtes, elles ne sauraient fuir avec rapidité; néanmoins ces êtres imparfaits savent atteindre leur proie sans s'exposer à de graves dangers. Ils ont des pattes courtes, épaisses, épineuses, qui leur permettent de creuser le sol, une tête aplatie avec laquelle ils rejettent au loin la terre détachée; munis de ces instruments, ils se construisent un tuyau vertical qui se courbe à une certaine profondeur et devient une galerie horizontale. La larve de la Cicindèle porte à chacun des anneaux de son corps une plaque de consistance coriace et au cinquième anneau de l'abdomen, plus renflé que les autres, deux mamelons charnus pourvus d'un crochet courbé en avant. L'Insecte monte dans son trou avec une extrême facilité; par un mouvement de contraction, il appuie la partie renflée de son corps contre la paroi, et se fixe solidement à l'aide de ses crochets. Le voilà blotti comme un ramoneur dans une

MÉTAMORPHOSES DE LA CICINDÈLE CHAMPÊTRE
(*Cicindela campestris*).

cheminée; avec sa tête susceptible de se plier en avant, il ferme l'entrée du tuyau, et dans cette attitude il attend avec une patience inébranlable qu'une Fourmi ou tout autre petit Insecte vienne à passer sur sa tête. Au premier contact, la larve de la Cicindèle descend précipitamment : le sol a manqué sous les pattes de la Fourmi; tombée dans le précipice, elle est mangée par la larve carnassière, et celle-ci, son repas fini, remonte à son poste pour recommencer son jeu de piége vivant. Au moment de se transformer en nymphe, l'Insecte mure l'orifice de son trou, et le voilà tranquille dans sa retraite.

Il y a un peu plus de cent ans, Geoffroy, l'auteur de l'*Histoire des Insectes des environs de Paris*, a, le premier, signalé la larve de la Cicindèle champêtre ; elle a été ensuite étudiée au commencement de ce siècle par Desmarest, et, depuis, de nombreux observateurs ont revu et souvent décrit les habitudes et les manœuvres de la larve de la Cicindèle la plus répandue en Europe et de quelques espèces voisines.

Une légion d'Insectes d'aspect triste, souvent presque lugubre, compose la famille des Piméliides. Ce sont des Coléoptères faciles à distinguer de ceux dont nous nous sommes occupés jusqu'ici à une différence dans le nombre des articles de leurs tarses. Chez tous les Piméliides, les tarses des pattes antérieures et intermédiaires ont cinq articles, les tarses des pattes postérieures seulement quatre articles. Au temps où les Coléoptères étaient groupés par les naturalistes d'après le nombre des articles de leurs tarses, les Piméliides, avec les Cantharidides, étaient les *Hétéromères*. En général, les représentants de cette famille ont des téguments très-durs, une tête un peu enfoncée dans le thorax, des antennes à articles grenus ou sensiblement élargis.

Sous leur première forme, les Piméliides sont allongés, presque cylindriques, ayant tous les anneaux du corps presque entièrement revêtus de plaques de consistance coriace, le dernier portant deux crochets courbes et en dessous deux mamelons servant à la marche ; ils ont de petites antennes formées de quatre articles, des mandibules fortes ne faisant pas saillie au devant de la tête, des pattes assez courtes, terminées par un tarse dont l'apparence est celle d'un petit crochet. L'Insecte si connu sous le nom de *Ver de farine* peut être pris ici comme exemple.

A raison de quelques caractères, la famille des Piméliides doit être partagée en plusieurs tribus : les Piméliines, les Blapsines, les Ténébrionines, les Hélopiines.

Les représentants des trois premières divisions, unies du reste par les affinités les plus étroites, étaient désignés par Latreille sous le nom commun de ***Mélasomes***, qui signifie : les Insectes au corps noir. En effet, la plupart des espèces sont d'un noir profond, les autres d'un gris terne, terreux.

Les Piméliines ont une forme ramassée, des mâchoires terminées par un onglet, des élytres soudées sur la ligne médiane, embrassant exactement les côtés du corps à la manière d'une carapace ; les ailes manquent. Pourvus de longues pattes, les Piméliines sont essentiellement coureurs. Ces Coléoptères sont nocturnes, leur coloration l'indique ; ils craignent la lumière, et leurs yeux, toujours petits, suffiraient pour en témoigner. Ils habitent les contrées arides, les sables des déserts de l'Afrique, de l'Asie Mineure, des Kirghises, de la Sibérie, du Tucuman, du Pérou, du Chili, et surtout les sables des bords de la mer, vivant de détritus, de matières en décomposition végétales ou animales.

Les Pimélies, dont le corps est d'ordinaire fort élargi en arrière du prothorax et l'écusson bien distinct, ont les jambes antérieures plus ou moins élargies. Cet élargissement a un but : à l'aide de leurs jambes de devant, les Pimélies fouissent le sable, dans lequel elles aiment à se cacher au moins pendant le jour. Sur nos côtes méditerranéennes, on trouve communément la Pimélie à deux points (***Pimelia bipunctata***). Parfois on s'étonne de rencontrer des Pimélies dans des endroits où tout moyen d'existence semble leur manquer ; c'est ce qui nous arriva pendant une ascension du Stromboli. A une hauteur déjà assez considérable, des Pimélies d'une espèce particulière, jusque-là inobservée (***Pimelia Stromboliana***), se trouvaient en abondance sur les cendres volcaniques.

A la tribu des Piméliines se rattachent : les Erodies et les Zophosis au corps ramassé, les Tentyries aux formes grêles, les Akis au prothorax relevé sur les côtés, Insectes vivant à peu près dans les mêmes conditions que les Pimélies.

Les Blaps, qui donnent leur nom à leur groupe (tribu des Blapsines), privés d'ailes sous les élytres comme les Pimélies, se distinguant de ces dernières par l'extrémité de leurs palpes maxillaires en forme de hachette, sont des Insectes tout à fait lucifuges, d'assez forte taille, entièrement d'un noir profond, répandant autour d'eux une odeur puante. Se nourrissant de détritus végétaux et animaux, ils se tiennent dans les endroits humides les plus retirés et les plus sombres, les caves, les grottes, etc. Presque partout où on les remarque, les Blaps sont de la part des personnes ignorantes un sujet de sinistre augure. La seule espèce du genre qui se rencontre dans l'Europe centrale, un Coléoptère long d'une vingtaine de millimètres, ayant les élytres très-finement pointillées et terminées en pointe, a reçu des noms vulgaires qui témoignent de cette superstition : c'est le Blaps porte-malheur, le Présage-mort, la Sorcière de la mort, etc. (***Blaps mortisaga***). L'innocent Insecte, qui, en réalité, ne présage rien du tout, a une larve jaune, luisante, plus large proportionnellement que le *Ver de la farine.*

Les Ténébrionines sont des espèces ailées de la famille des Piméliides. Le genre Ténébrion est représenté, chez nous, par un Insecte au corps long et étroit, d'un brun noirâtre, que tout le monde connaît bien : c'est le Ténébrion de la farine (***Tenebrio molitor***), qu'en certains pays on appelle le ***Cafard.***

Vivant de farine, de biscuit de mer, il s'établit dans les greniers, dans les moulins et surtout dans les boulangeries, car il aime une chaude température, et le voisinage du four semble lui être agréable. Sa larve, longue, cylindrique, d'un jaune fauve luisant, portant deux petits crochets à l'extrémité du corps, le *Ver de farine* enfin, ainsi qu'on la désigne vulgairement, passe son existence entière enfouie dans la farine et s'y façonne une loge pour sa transformation en nymphe. Cet Insecte amène souvent des pertes considérables dans les dépôts de farine, et les détenteurs ne sauraient trouver une compensation dans la vente des

Vers de farine aux oiseleurs et aux amateurs d'Oiseaux insectivores, qui les recherchent pour nourrir les prisonniers de leurs volières.

MÉTAMORPHOSES DU TÉNÉBRION DE LA FARINE

(*Tenebrio molitor*).

Quelques Ténébrionines ne craignent pas la lumière, et c'est ainsi que l'on rencontre fréquemment sur les chemins l'Opatre des sables (***Opatrum sabulosum***), un petit Coléoptère gris comme la poussière, ayant des antennes grenues et des élytres rugueuses.

Des Coléoptères que leurs métamorphoses comme leur organisation rattachent à la même famille que les précédents, les Hélopiines, ont des habitudes diurnes. A l'état adulte, ils se montrent sur les fleurs ; à l'état de larves, ils vivent sous les écorces, dans les bois en décomposition, dans les Champignons. Les

Hélops de notre pays ne sont pas très-brillantes, leur couleur est bronzée (*Helops caraboides*) ou bleuâtre (*H. cœruleus*) ; les espèces de l'Amérique et de l'Australie sont souvent très-belles.

Le nom de CANTHARIDIDES appartient à la famille dont la Cantharide des pharmacies peut être considérée comme le type. Le nombre des articles de leurs tarses est le même que chez les Pimélies et les Ténébrions, mais leur tête est dégagée du thorax, leurs élytres sont flexibles, et tous leurs téguments sont d'assez faible consistance. Les espèces de cette famille possèdent une singulière propriété que la médecine utilise depuis Hippocrate : les Cantharidides sont les Insectes vésicants ou les *Épispastiques*. Leurs parties tégumentaires contiennent un principe immédiat isolé pour la première fois par Robiquet, et désigné sous le nom de *cantharidine*. A ce principe les Cantharides et les espèces des genres voisins doivent de produire sur l'économie les effets si violents et si caractéristiques que chacun connaît. C'est à Arétée que l'on attribue l'idée de l'emploi de la Cantharide pour les vésicatoires.

A raison des services particuliers que l'on tire des Coléoptères vésicants, l'attention des naturalistes s'est beaucoup porté vers l'étude de ces Insectes ; la curiosité devait être d'autant plus excitée, que l'on trouvait à cette étude des difficultés exceptionnelles. Les représentants de cette famille abondent en tout pays et, néanmoins, jusqu'à une époque encore bien récente, il demeura impossible de rien apprendre touchant leurs métamorphoses. Les principaux genres de Cantharidides sont les Cantharides, les Mylabres, les Méloés, les Sitaris. Les Cantharides, caractérisées par leurs antennes grenues, sans renflement terminal, ont pour type l'Insecte d'un vert brillant employé en médecine, la Cantharide des officines (*Cantharis vesicatoria*), que l'on trouve en abondance dans certaines localités, sur les Frênes, et, de temps à autre, dans les jardins, sur les Lilas. C'est sur quelques points du midi de la France, et surtout en Espagne, que les Cantharides, fort communes, sont recueillies pour les usages médicinaux. On secoue violemment les arbres après avoir entouré le pied de

LE MÉLOÉ CHAGRINÉ ET LA SITARIS HUMÉRALE
(*Meloe cicatricosus* et *Sitaris humeralis*).

toiles pour recevoir les Insectes, que l'on fait périr immédiatement en les jetant dans des bassins remplis d'eau et de vinaigre.

En Amérique, d'autres espèces de Cantharides sont recherchées et utilisées comme l'espèce européenne.

Les Mylabres, dont les antennes sont renflées vers le bout, abondent dans toutes les parties chaudes de l'ancien continent. Ceux-ci ont le corps noir avec des taches ou des bandes, soit jaunes, soit rougeâtres, sur les élytres, ou le corps jaune avec des taches noires. Le Mylabre de la Chicorée (*Mylabris Cichorii*) se montre en quantité prodigieuse sur toutes les plantes basses dans l'Europe méridionale; encore fort commun en Provence, il est rare dans le centre de la France, et ne se trouve jamais au Nord. A la Chine, une espèce du genre remplace notre Cantharide dans la thérapeutique.

Les Méloés ne volent pas, ils n'ont pas d'ailes, leurs élytres sont très-courtes; leur corps est lourd, pesant, mollasse. Les Méloés se traînent sur les plantes basses, dans les prairies, causant quelquefois des accidents graves aux bestiaux qui les mangent en broutant l'herbe; de là le nom d'*Enfle-bœufs* donné à ces Insectes, et celui de *Buprestis* ou *Voupristis* qui leur était donné chez les Romains et dont les naturalistes ont fait une autre application.

Les Sitaris ont les antennes filiformes et les élytres courtes, amincies vers le bout. La Sitaris humérale (*Sitaris humeralis*), brune, avec les épaules jaunes, fréquente les fleurs.

C'est une curieuse histoire que celle de la découverte des métamorphoses des Cantharidides. En 1700, un auteur hollandais, Goedart, recueille des œufs de Méloés et en obtient de jeunes larves. Plus tard, de Geer arrive au même résultat, mais dans les deux cas les larves avaient péri aussitôt après leur naissance. L'observation de ces deux auteurs tombe dans l'oubli. En 1802, un entomologiste célèbre de l'Angleterre, Kirby, découvre sur des Hyménoptères de la famille des Apides et du genre des Andrènes, un tout petit Insecte à peu près semblable à la larve décrite par Goedart et de Geer; il croit y reconnaître un parasite, il le nomme le *Pou de la Mélitte*. En 1828, sur les mêmes

Hyménoptères, Léon Dufour retrouve l'Insecte ou une espèce du même groupe, et il pense avoir sous les yeux un Pou d'un genre nouveau; il l'appelle le Triongulin des Andrènes (***Triongulinus Andrenetarum***). Dans les années suivantes, divers observateurs obtiennent l'éclosion d'œufs de Méloés, de Cantharides, de Sitaris, et l'on se trouve revenu au point où en était Goedart en 1700. Cependant plusieurs investigateurs s'aperçoivent que les jeunes larves de Cantharidides, à peine nées, s'accrochent après des Insectes ailés, et surtout des Hyménoptères nidifiants. Victor Audouin ayant pris dans des nids d'Anthophores des Sitaris qui venaient d'éclore, on commence à se convaincre que les Coléoptères vésicants doivent vivre, dans leur premier âge, aux dépens des Apides. En 1845, la question se trouve singulièrement éclaircie par un mémoire de George Newport, qui, depuis une quinzaine d'années, poursuivait des recherches assidues sur ce sujet. L'habile investigateur, étudiant le Méloé proscarabée (***Meloe proscarabæus***), et surtout le Méloé chagriné (***Meloe cicatricosus***), s'était assuré des faits les plus importants; il avait vu que les jeunes larves de ces Coléoptères, s'accrochant aux poils des Anthophores, se font transporter dans leurs nids par ces Insectes, qu'elles subissent bientôt dans leurs formes un changement complet, qu'elles se nourrissent de la pâtée miellée de l'Hyménoptère, et chose bien remarquable, qu'avant de se transformer en nymphes, elles passent par une période d'inactivité, enfermées dans une sorte de pupe. En présence de tous les hasards qui doivent se rencontrer pour qu'une larve de Coléoptère vésicant rencontre toutes les conditions nécessaires à son développement, on est frappé des nombreuses chances de destruction auxquelles sont exposés ces Insectes. Mais à des chances nombreuses de destruction la nature oppose l'extrême fécondité des mères. Newport a compté les œufs d'une femelle de Méloé : il y en avait 4218. Les Méloés déposent leurs œufs en terre, à une faible profondeur; les petites larves éclosent, elles grimpent sur les plantes, et s'accrochent, si elles le peuvent, à tous les Insectes ailés qui se posent sur les fleurs, et ne reconnaissant pas suffisamment ceux qui leur conviennent, elles sont souvent emportées bien loin de tout endroit où elles pourront vivre. Le beau travail de Newport fut suivi en 1857 d'une belle étude de M. Fabre (d'Avignon) sur le même sujet, les Méloés et les Sitaris. Les premiers changements des

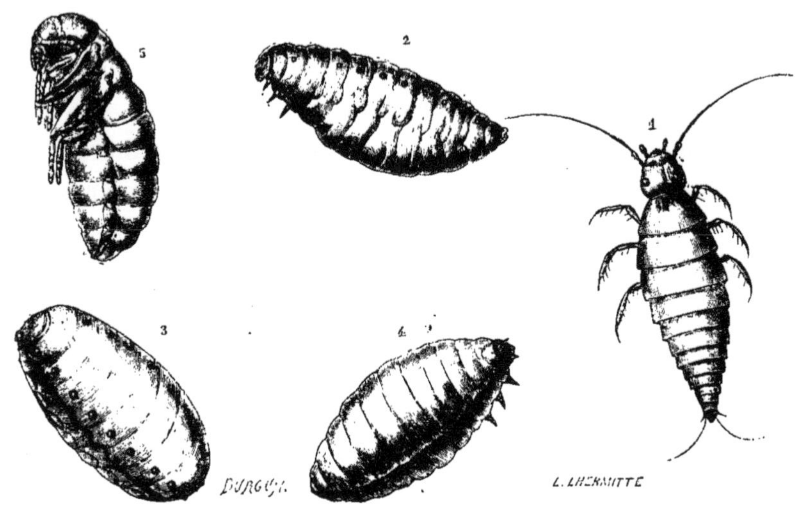

MÉTAMORPHOSES DE LA SITARIS HUMÉRALE

(*Sitaris humeralis*).

1. Larve du premier âge, très-grossie. — 2. Larve du deuxième âge. — 3. Fausse pupe ou troisième âge. — 4. Larve du quatrième âge. — 5. Nymphe. (D'après des individus envoyés par M. Fabre.)

larves, que Newport n'avait pas réussi à observer, ont été heureusement constatés par M. Fabre, qui mit à la solution de la question une grande habileté et une admirable persévérance. La petite larve, agile, pourvue de longues pattes, arrive dans le nid de l'Hyménoptère, de l'Abeille solitaire, apportée par l'Abeille solitaire elle-même. Celle-ci pond un œuf sur sa pâtée de miel, la jeune larve de Sitaris se laisse glisser sur l'œuf de l'Apide ; avec ses mandibules, elle déchire cet œuf et s'en nourrit. Elle est carnassière dans son premier âge ; mais l'œuf consommé, elle change de peau, et ne ressemblant plus à elle-même, devenue lourde, massive, elle dévore la pâtée amassée pour la larve de l'Hyménoptère. Bientôt, elle se transforme en chrysalide, en une sorte de pupe; mais après un temps de cette vie inactive, sort une larve presque semblable de forme à celle du deuxième âge, qui, après avoir pris tout son accroissement, se

MÉTAMORPHOSES DU LAMPYRE BRILLANT

(*Lampyris splendidula*).

métamorphose alors en une véritable nymphe. Ainsi, chez les Cantharidides, il y a un changement de régime et une succession de métamorphoses dont on n'a pas d'exemple ailleurs; ce que M. Fabre a appelé une ***hypermétamorphose***.

Souvent, pendant les belles soirées de l'automne, au milieu des herbes, brillent des perles lumineuses, et chacun s'écrie : Un ***Ver luisant!*** Le Ver luisant est un Coléoptère du genre Lampyre, un type de la famille des LAMPYRIDES. Les Lampyrides ont un corps élancé, des élytres flexibles, des téguments de faible consistance. Par leur aspect général et par de nombreux détails de leur conformation, ils se rapprochent beaucoup des Cantharides, mais on ne saurait jamais les confondre; les Lampyrides ont cinq articles à tous leurs tarses, et leur corselet large s'avance plus ou moins sur la tête comme un bouclier. Ce dernier caractère est très-prononcé pour les Lampyres. Chez ces Insectes, les mâles ont des élytres longues, des ailes amples; les femelles n'en ont que des rudiments, de véritables moignons : elles ressemblent à leurs larves. Ces dernières, Insectes déjà très-avancés dans leur développement, en diffèrent surtout par l'absence d'ailes et par la petitesse des antennes et des pattes. Les Lampyres sont remarquables par la propriété dont ils jouissent de produire une vive lumière entre les anneaux de l'abdomen, c'est-à-dire sur des points du corps où le tégument est très-mince. En Italie, dans des localités où ces Insectes sont rassemblés en grand nombre (***Lampyris italica***), c'est un charmant spectacle de voir les Lucioles, ainsi qu'on les appelle, comme des milliers de perles lumineuses, au milieu du feuillage ou traversant l'espace. Les espèces de notre pays, le Lampyre brillant (***L. splendidula***) et le Lampyre noctiluque (***L. noctiluca***), ne se montrent jamais en aussi grande abondance. Elles ont du reste leur utilité, surtout dans leur état de larves, car elles attaquent et dévorent les Colimaçons et les Limaces. Nous avons déjà indiqué la source de la production de lumière [1] de ces Insectes dans des glandules lamelleuses; ces parties ont été étudiées récemment par M. Max Schultze (de Bonn) et par M. Targioni-Tozzetti (de Florence).

A la famille des Lampyrides se rattachent les Malachies (***Malachius***), petits Coléoptères agiles, ayant des couleurs vertes et rouges, que l'on voit continuellement sur les fleurs, montrant

[1] Pages 148-149.

sur les côtés de leur corps des vésicules rouges, des cocardes, qu'ils font saillir quand on les inquiète ; les Téléphores, Insectes des plus communs, tels au moins, le Téléphore brun (*Telephorus*

MÉTAMORPHOSES DE L'ALAUS OCELLÉ
(*Alaus oculatus*).

fuscus), et le Téléphore livide (*T. lividus*), qui ont des larves très-carnassières, paraissant vêtues de velours.

Des Coléoptères qui appellent l'attention des moins curieux, à cause de la singularité des sauts qu'ils exécutent, sont, de leur nom vulgaire, les ***Taupins***, et, de leur nom scientifique, les ÉLATÉRIDES. Ceux-ci sont faciles à reconnaître : ils ont les téguments solides; les antennes en dents de scie ou en peignes; les tarses de cinq articles, les premiers plus ou moins élargis et garnis en dessous de lames flexibles, assurant leur marche sur des végétaux. Mais ce que ces Insectes présentent de plus caractéristique, c'est une pointe du prosternum qui s'engage à leur volonté dans une cavité du mésosternum. Les Élatérides ont le corps long, un peu convexe, et des pattes assez courtes; renversés sur le dos, ils ne peuvent guère se relever avec le secours de leurs pattes; mais par une vigoureuse contraction, la pointe sternale pénètre dans sa cavité, une brusque détente projette le corps en l'air, et l'animal a la chance de retomber sur ses pieds : s'il n'a pas réussi du premier coup, il recommence sa manœuvre tant de fois qu'il est nécessaire. Ces Insectes, répandus par le monde entier, ont une nourriture végétale, et quelques-unes de leurs larves sont fort nuisibles à nos cultures.

Les larves des Élatérides, très-caractérisées par le mode d'articulation de leurs mâchoires et de leur lèvre inférieure, ont presque l'apparence du *Ver de farine*, au moins celles de plusieurs de nos espèces indigènes, car il en est dont le corps est un peu déprimé; les larves qui nous sont connues des espèces de l'Amérique n'ont pas, comme les espèces d'Europe, les anneaux de l'abdomen cuirassés à la façon du thorax. En exemple, nous représentons sous ses diverses formes un grand et beau Taupin de la Louisiane (***Alaus oculatus***).

Les Pyrophores, qui comptent aussi parmi les plus grands de la famille des Élatérides, se font remarquer par la présence de deux plaques ovalaires situées vers la base du prothorax. Après la mort, ces plaques ont une apparence d'ivoire un peu jaune, et pendant la vie une apparence de verres de lanterne; car elles s'illuminent à la volonté de l'animal d'une lumière verdâtre assez vive pour permettre de lire dans une obscurité profonde, pour peu que l'on promène l'Insecte sur les lignes. Les Pyrophores abondent dans toutes les régions chaudes de l'Amérique, où ils sont appelés des noms de *Cucuyos* et de *Coyouyou*. En plusieurs pays, et en particulier au Mexique, les dames, pour leurs promenades nocturnes, attachent à leur chevelure de ces Insectes qui les parent de leurs globules lumineux. Des Pyrophores ont été apportés du Mexique à Paris dans ces dernières années, et avec quelques soins nous avons pu en conserver de vivants pendant plusieurs mois. Ces Coléoptères, au fin pelage cendré, avec leurs

LE PYROPHORE DU MEXIQUE
(*Pyrophorus strabus*).

lumières vertes comme les lanternes de certaines voitures publiques, et faisant briller une lumière analogue entre les anneaux de l'abdomen, ravissaient tous ceux qui étaient appelés à les contempler. Nos Taupins indigènes ne brillent d'aucune manière, et ils sont petits. L'un des plus communs et des plus nuisibles, est le Taupin des moissons (*Elater segetis*, genre *Agriotes*). Sa larve, comme celles de plusieurs autres espèces, ronge les racines de divers végétaux.

A certains égards, les Clérides, de jolis Coléoptères très-mignons, ornés pour la plupart de couleurs vives et variées, se rapprochent des Taupins. Ils se rapprochent également et peut-être davantage des Dermestides; les affinités naturelles de chaque groupe étant multiples, une série linéaire ne peut jamais les représenter toutes. Les Clérides ont la tête et le corselet plus étroits que les autres parties du corps, des antennes pectinées ou renflées à l'extrémité, des tarses de quatre ou cinq articles. Leurs téguments, sans être aussi flexibles que ceux des Lampyrides, sont cependant d'une résistance médiocre. Adultes, les Clérides courent sur les troncs d'arbres, voltigent sur les fleurs; larves, ils ont une forme allongée, très-analogue à celle des larves de Téléphores, de petits pattes, deux pointes à l'extrémité du dernier anneau de l'abdomen, et dans cette première condition de leur existence ils sont très-carnassiers. Caractérisées par des antennes grêles avec les trois derniers articles élargis, les espèces dont on a formé le genre Trichode s'introduisent dans les nids des Apides pour y déposer leurs œufs. La larve du Trichode mange la larve de l'Apide, et peut-être même la pâtée de celle-ci. Le Trichode des alvéoles (*Trichodes alvearius*), ayant les élytres d'un noir bleuâtre avec trois bandes et l'extrémité rouges, entre dans les nids des Osmies : aux environs de Lyon, M. J. Künckel l'a pris avec sa larve dans le nid d'un Anthophore (*A. retusa*). Le Trichode des Abeilles (*Trichodes apiarius*), qui a les élytres noires à l'extrémité, a les mêmes mœurs. Le type du genre Clairon (*Clerus formicarius*), petit Insecte roux, avec la tête, la partie antérieure du corselet, les élytres, sauf leur portion basilaire, et les pattes noires, est assez commun. Sa larve vit sous les écorces, où elle mange des larves lignivores. De très-petits Clérides, les Nécrobies, se montrent souvent dans les maisons, car, de même que les Dermestes, ils se nourrissent dans leur premier état de matières animales desséchées. La Nécrobie bleue, la Nécrobie violette (*Necrobia chalybæa* et *N. violacea*), d'une couleur métallique uniforme, sont loin d'être rares.

De petits Coléoptères bruns ou grisâtres, composant la famille des Bostrichides, ont des larves lignivores, bien différentes de celles que nous avons examinées jusqu'ici et très-ressemblantes, au contraire, par l'ensemble de leur conformation, aux larves des Scolytes et des Charançons; elles ont l'apparence de

Vers blancs, courts, ramassés, un peu contournés. Il y a deux types principaux dans cette petite famille, les Anobiines et les Bostrichines. Chez les premiers, les antennes sont minces à l'extrémité; chez les autres, elles sont renflées vers le bout.

MÉTAMORPHOSES DU TRICHODE DES ALVÉOLES

(*Trichodes alvearius*).

Parmi les Anobiines, les Anobies, qui portent le nom vulgaire de ***Vrillettes***, attaquent les bois morts. Tout le monde connaît ces petits trous arrondis dont se trouvent percés les vieilles boiseries des appartements et les vieux meubles; c'est l'ouvrage d'une Vrillette (***Anobium pertinax***). Les larves ont rongé le bois, elles se sont transformées dans une cellule, et, pour sortir de leur prison, les Insectes adultes venant d'éclore ont pratiqué les trous extérieurs. Les Anobies s'appellent dans la nuit : un mâle avec ses mandibules frappe le bois, une femelle lui répond, et le petit bruit sec devient quelquefois un motif de crainte chez les gens superstitieux. Les vieilles femmes de la campagne assurent que ce bruit nocturne est l'*horloge de la mort*.

Les Bostriches, au prothorax rugueux, épais, figurant un capuchon, n'attaquent que les bois vivants. Le type du genre, le Bostriche capucin (***Bostrichus capucinus***), noir, avec les élytres rouges, l'un des plus grands parmi les représentants de la famille, est assez commun dans les bois. Sa larve vit dans les branches des Chênes.

Des Coléoptères de taille exiguë, qui comptent au nombre des plus redoutables, sont les Scolytides. Les grands arbres des forêts

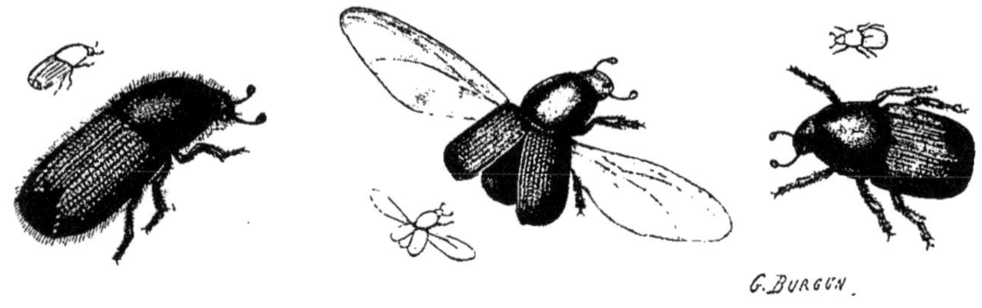

LE TOMIQUE TYPOGRAPHE (*Tomicus typographus*). LE SCOLYTE DESTRUCTEUR (*Scolytus destructor*).

et des routes, attaqués par ces Insectes, qui se multiplient d'une façon prodigieuse, périssent de leurs atteintes renouvelées d'année en année. Les Scolytides ont une tête un peu saillante, des antennes coudées et terminées en massue, des mandibules fortes, des mâchoires petites, réduites à un seul lobe, et des palpes très-courts. Ces Insectes ont des habitudes vraiment curieuses. A l'état adulte, ils entaillent l'écorce des arbres pour en sucer la

EM. BLANCHARD. PAGE 510.

séve. Les Scolytes déposent les œufs sur les arbres dont la séve

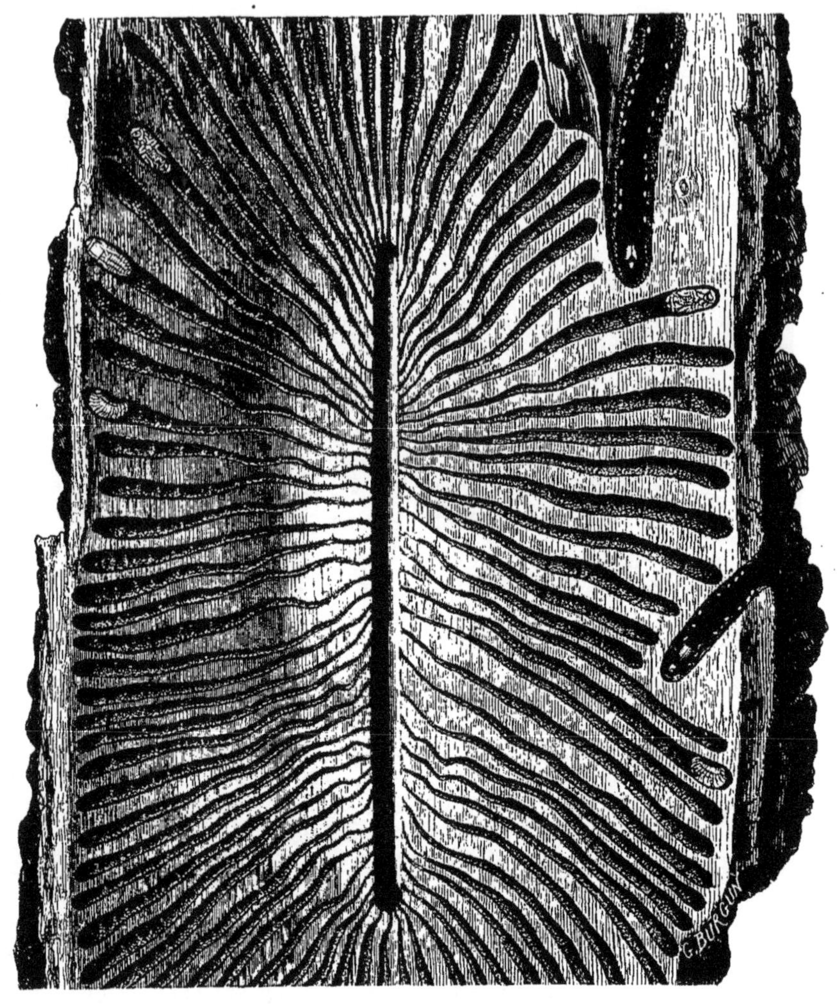

ÉCORCE D'ORME TATOUÉE PAR LE SCOLYTE DESTRUCTEUR

(*Scolytus destructor*).

Au centre, la galerie pratiquée par une femelle.—A l'entour, les galeries des larves.—A l'extrémité de quelques-unes, des larves au terme de leur croissance ou des nymphes. — Deux femelles opérant leur ponte.

n'est pas très-active, et c'est dans cette opération qu'il est intéressant de les observer. La femelle pénètre sous l'écorce, et cheminant entre l'écorce et l'aubier, elle creuse une galerie qui a le diamètre de son corps; en avançant, elle pratique sur les côtés et à d'égales distances de petites encoches, et dans chacune dépose un œuf. A peine nées, les larves se mettent à ronger le bois; c'est le commencement de leurs galeries, qu'elles poursuivent toujours dans une direction déterminée. Aussi les bois et les écorces des arbres attaqués par les Scolytes présentent-ils des dessins presque invariables pour chaque espèce; tatouages qui, sur des bois durs, le Frêne particulièrement, pourraient être présentés comme des œuvres d'art. Tous les Scolytides ont des habitudes analogues, et il y en a de beaucoup d'espèces que l'on rattache à divers genres. Dans son ouvrage sur les Insectes nuisibles aux forêts, M. Ratzeburg a donné de belles figures des altérations produites par les espèces les plus répandues dans l'Europe centrale. Parmi les Scolytes proprement dits, Insectes bruns, avec les élytres striées et ponctuées, nous signalerons le Scolyte destructeur (*Scolytus destructor*), qui souvent fait périr les grands Ormes de nos routes et de nos boulevards; le Scolyte pygmée (*Sc. pygmæus*), l'un des plus nuisibles aux Chênes de nos forêts.

Parmi les Tomiques, dont la forme du corps, des tarses et des élytres s'éloigne notablement de celle des Scolytes, nous citerons comme type une espèce très-nuisible aux Pins, le Tomique typographe (*Tomicus typographus*).

La plus nombreuse famille de l'ordre des Coléoptères est celle des Curculionides, les Insectes bien connus sous leur nom vulgaire de *Charançons*. Cette famille est si naturelle, malgré le nombre immense de ses représentants, que nul auteur n'a songé à restreindre ses limites. Un aspect propre permet de reconnaître un Charançon, pour peu que l'attention se soit déjà arrêtée sur quelques espèces de cette grande division. Les Curculionides ont une tête prolongée en avant comme une sorte de museau plus ou moins long. C'est, si l'on veut, l'apparence d'un bec; de là le nom de ***Porte-bec*** ou de Rhynchophores souvent appliqué à ces Insectes; mais il n'y a que l'apparence. Ce prolongement de la tête n'est nullement un bec; à son extrémité il porte un labre, des mandibules, des mâchoires, une lèvre inférieure, libres comme chez les autres Coléoptères, avec cette différence que ces pièces, très-petites, sont difficiles à désarticuler, et que les palpes des mâchoires et de la lèvre sont en général peu développés. Les Curculionides, qui se font remarquer par la dureté et l'épaisseur de leurs téguments, ont aussi tous les tarses composés de quatre articles, les trois premiers le plus souvent élargis, comme il convient à des Insectes grimpant après des tiges ou marchant sur le feuillage des plantes. A cet égard, cependant, on observe de nombreuses nuances qui coïncident avec les conditions d'existence particulières aux différentes espèces. Les Charançons, Insectes essentiellement phytophages, s'attaquent à tous les végétaux, mais c'est à l'état de larves qu'ils sont réellement préjudiciables. Il est peu de plantes, sans doute, qui ne nourrissent plusieurs espèces de Curculionides, et, d'après ce fait, on s'explique la prodigieuse multiplicité de ces Coléoptères dans toutes les parties du monde. Ils atteignent rarement une dimension un peu forte : les uns ont une taille très-moyenne, les autres, et les plus nombreux, une taille tout à fait exiguë.

Ces Coléoptères, qui, à part quatre ou cinq formes nettement caractérisées, se rattachent à un type modifié seulement dans les détails, sembleraient n'avoir qu'un attrait médiocre pour les classificateurs. Ils ont pourtant excité à un haut degré l'intérêt de quelques-uns d'entre eux. Un entomologiste de la Suède, Schœnherr, a consacré vingt-cinq années de sa vie à faire des descriptions des Charançons, sans s'occuper le moins du monde des habitudes ou des métamorphoses de ces Insectes. Son principal ouvrage n'a pas moins de seize volumes. Il est curieux sous un rapport; on y voit l'effet produit par une préoccupation constante sur l'esprit d'un homme qui passe sa vie absorbé dans un sujet étroit. Rien n'existe plus pour lui en dehors de ce sujet, la notion de l'importance relative des faits s'efface, les moindres détails prennent d'incroyables proportions. Pour Schœnherr, évidemment, les Charançons occupaient la première place dans le monde, et dans ce groupe naturel il établissait des divisions qui, pour lui, devenaient des classes, des ordres, etc.

Dans leur premier état, les Curculionides sont des larves presque toujours épaisses, massives, un peu recourbées à la manière des larves des Scarabéides, décolorées, blanches ou jaunâtres, avec des téguments flexibles. Ces Insectes vivent cachés, dans des troncs, dans des tiges, dans des graines. Ils n'ont pas de pattes, ou n'en possèdent que des rudiments, des vestiges, qui, chez une infinité d'espèces, se manifestent sous la forme de tubercules. Leur tête est forte et revêtue d'un tégument coriace, leurs antennes très-petites, leurs mandibules puissantes et souvent dentées; à part quelques exceptions, les yeux manquent.

Dans cette vaste famille, on distingue trois formes principales: les Bruchines, dont le rostre est court et large, dont les antennes ne sont pas coudées; les Attelabines, qui ont aussi les antennes droites, mais le rostre long et presque cylindrique; les Curculionines, dont le rostre est plus ou moins long et les antennes toujours coudées après le premier article.

Le plus grand genre de la tribu des Bruchines est le genre Bruche. Il n'est personne qui n'ait vu des Pois secs percés d'un petit trou parfaitement circulaire, qui n'ait remarqué en même temps, sortant de ces graines, un petit Coléoptère long de 3 ou 4 millimètres, noirâtre et marqué de lignes ou de taches blanches. C'est l'espèce la plus commune du genre Bruche, le Bruche du Pois (*Bruchus Pisi*). Lorsque les Pois approchent de leur maturité, ce Charançon pond ses œufs. Chaque larve pénètre dans une graine et la dévore à l'intérieur. Vers le moment de sa métamorphose, elle ronge en un point jusqu'à l'enveloppe extérieure, ne laissant qu'une mince pellicule; l'adulte venant d'éclore n'a plus que cette pellicule à briser pour venir à la lumière. Les Fèves, les Lentilles, toutes les Légumineuses ont leur Bruche d'espèce particulière.

Parmi les Attelabines, il faut citer le genre Attelabe, caractérisé par un rostre assez court, élargi à l'extrémité, et des antennes de onze articles, terminées par une massue perfoliée de trois articles. C'est un charmant Insecte que l'Attelabe curculionide (*Attelabus curculionoïdes*), avec son corselet et ses élytres rouges. Ses habitudes ont été bien observées par M. Goureau. La femelle de l'Attelabe dépose un œuf à l'extrémité d'une feuille de Chêne; puis, entaillant la grosse nervure médiane à de faibles distances, elle plie cette feuille, en forme un rouleau, et assure ainsi à sa larve une retraite.

Les Apodères, distingués des précédents par leurs antennes

LE RHYNCHITE BACCHUS
(*Rhynchites bacchus*).

L'APODÈRE DU COUDRIER
(*Apoderus Coryli*).

de douze articles, et les Rhynchites, reconnaissables à leur rostre long et mince, ont l'instinct d'entailler les pédicules des feuilles ou les extrémités des tiges pour opérer le dépôt de leurs œufs; leurs larves ne peuvent vivre qu'aux dépens des feuilles flétries. L'Apodère du Coudrier, Insecte d'un beau rouge, avec la tête et les appendices noirs, roule les feuilles du Noisetier. Le Rhynchite bacchus, tout soyeux et d'un rouge violacé, contourne les feuilles de la Vigne; d'autres Rhynchites (*R. Populi*, *R. Betuleti*) coupent les extrémités des tiges des arbres fruitiers. Les Apions, les plus petits de leur groupe, vivent, dans leur premier âge, dans des tiges ou dans des graines.

De la foule des Curculionines, les Charançons proprement dits, nous ne pouvons citer que quelques types parmi les mieux caractérisés. Les plus grandes et surtout les plus belles espèces de Charançons, celles de l'Amérique du Sud, sont splendides. Les éclatantes couleurs qui les font admirer, sont dues à de petites écailles analogues à celles des Lépidoptères. Chez nos Curculionides indigènes, c'est la couleur grise qui domine.

Les Cléones (*Cleonus*), au rostre épais et sillonné, ont une multitude de représentants dans l'Europe orientale. Les Hylobies, au rostre long, courbé et presque cylindrique, au corps brun tacheté de blanc, ont quelques espèces fort nuisibles aux Pins (*Hylobius Pini*, *H. Abietis*, etc.). Les Otiorhynques, reconnaissables à leur corps épais, à leur rostre élargi à l'extrémité, à leurs cuisses renflées, vivent dans leur premier état aux dépens des racines. Pendant une grande partie de l'été, on rencontre sur tous les chemins poudreux un assez gros Charançon, long de 10 à 12 millimètres, tout gris comme la poussière qu'il affectionne : c'est l'Otiorhynque de la Livèche (*Otiorhynchus Ligustici*).

Des Charançons minces, longs, avec les pattes grêles, composant le genre Lixe, vivent sous leur première forme dans les tiges des plantes. Le plus répandu dans notre pays, le Lixe paraplectique (*Lixus paraplecticus*), a une larve qui mange la moelle de certaines Ombellifères (*Phellandrium*). Les Larines, Insectes trapus, avec les cuisses renflées, se rencontrent particulièrement sur les terres qui avoisinent la Méditerranée. Ils se font remarquer par leurs élytres couvertes d'une efflorescence figurant des taches ou des nuages. Leurs larves vivent dans la partie charnue du réceptacle des fleurs composées. Telle on trouve, aux environs de

Montpellier, dans la fleur des Echinops (*E. Ritro*), la larve du

MÉTAMORPHOSES DE LA CALANDRE DES PALMIERS
(*Calandra Palmarum*).

Larine tacheté (*Larinus maculosus*). Sur la plante représentée, deux fleurs ont été ouvertes pour montrer les larves dans leurs cellules.

Les Calandres forment une division assez tranchée; elles ont des antennes composées de sept à dix articles et terminées par une massue spongieuse. De grosses espèces habitent les parties chaudes du globe. Une petite est devenue le fléau des greniers de l'Europe. A la Guyane, la Calandre des Palmiers (*Calandra Palmarum* — genre *Rhynchophorus*), Insecte d'un noir velouté dans son état adulte, est dans son état de larve un gros *Ver* qui ronge les troncs des Palmiers. Pour se transformer en nymphe, la larve se forme une grosse coque avec des lanières du tissu ligneux artistement enchevêtrées.

La Calandre du Blé (genre *Sitophilus*) est un Insecte bien ciselé, d'un brun foncé, long de 4 millimètres. Elle dépose un œuf sur

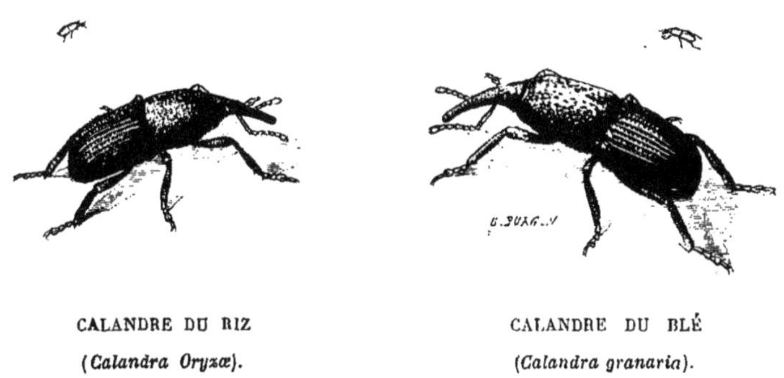

CALANDRE DU RIZ (*Calandra Oryzæ*).

CALANDRE DU BLÉ (*Calandra granaria*).

un grain de Blé; la larve pénètre dans ce grain et en ronge l'intérieur. Lorsque les Calandres sont très-multipliées, elles causent ainsi des pertes immenses. La Calandre du Riz, plus petite que celle du Blé, est de même un Charançon bien redoutable pour la graine qui nourrit la plus grande portion des peuples de l'Asie.

Lorsqu'on veut parler de la beauté par excellence des Coléoptères, de leur merveilleuse richesse de couleurs, de leur éclat presque incomparable, on cite les Buprestides; une famille représentée dans notre pays par des espèces modestes, et dans les

LIBRAIRIE GERMER BAILLIÈRE. IMPR. DE E. MARTINET.

MÉTAMORPHOSES DU LARINE TACHETÉ

(*Larinus maculosus*).

régions chaudes du globe par des espèces grandes et somptueusement parées : les *Richards*, de leur nom vulgaire. Les brillants Buprestides n'ont pas l'élégance de la forme ; leur corps est long, avec le prothorax large ; leurs pattes sont assez courtes, ayant des tarses de cinq articles ; leurs antennes sont aplaties et un peu en dents de scie, et, caractère unique parmi les Coléoptères,

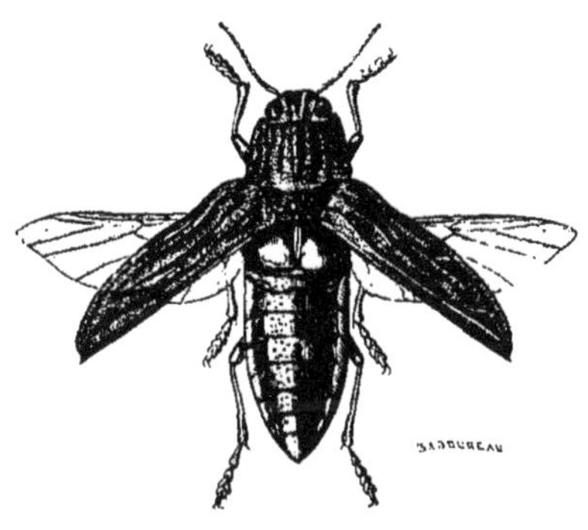

BUPRESTE AVEC LES AILES ÉTENDUES

(*Chalcophora mariana*).

leurs ailes ne sont pas plus longues que les élytres. Ces Insectes se rapprochent beaucoup des Cérambycides ; ils ont à peu près les mêmes mœurs, les mêmes instincts, les mêmes métamorphoses. Les larves des Buprestides, vivant dans les troncs et les tiges comme celles des Capricornes, ont quelques particularités bien caractéristiques. Larves blanches, privées de pattes ou n'en ayant que des vestiges sous forme de petits tubercules, elles ont une tête rétractile, dont la portion antérieure seule est de consistance coriace, et l'anneau prothoracique extrêmement large, revêtu d'une plaque coriace, granuleuse ou tuberculée. Ces Insectes peuvent donc faire grand tort aux arbres, mais ils sont peu abondants en Europe, et ce n'est pas chez nous qu'on a beaucoup à redouter les Buprestides.

Il y aurait peu d'intérêt à énumérer les divers genres des Buprestides; ce serait parler de détails de formes, répéter des

MÉTAMORPHOSES DU BUPRESTE MARIANA
(*Chalcophora mariana*).

expressions admiratives sur la beauté, sur la richesse, sur l'éclat des espèces. Parmi les plus grands Buprestes que l'on rencontre en Europe, nous comptons ceux du genre Chalcophore. Le Chalcophore Mariane, un Insecte tout bronzé et joliment sculpté, est répandu dans les forêts de Pins de nos départements méridionaux, de l'Italie, de l'Allemagne; sa larve creuse d'énormes galeries dans les troncs de ces arbres.

Mais les Buprestides ordinaires de nos climats sont les Anthaxies et les Agriles, petits Coléoptères : les premiers au corps aplati, les seconds au corps long et tout étroit.

Nous arrivons à une grande famille de l'ordre des Coléoptères, ayant en partage l'élégance des formes, souvent la beauté des couleurs, plus souvent encore une grande taille. On l'appelle la famille des Cérambycides, du nom de *Cerambyx*, qui se traduit en français par celui de *Capricorne*. Chez les Cérambycides, les antennes, semblables à de longues tiges cylindriques, acquièrent, surtout chez les mâles, une longueur énorme, ce qui explique l'appellation de *Longicornes* autrefois attribuée à ces Insectes. Les pattes, toujours assez longues, sans aucune dilatation, sans aucune armature, mais ayant des tarses conformés pour grimper après les troncs ou les branches des arbres, pour se tenir sur des feuilles, ordinairement de quatre articles, dont les trois premiers larges, garnis de brosses en dessous et l'avant-dernier bilobé, indiquent que ces Coléoptères ne se livrent à aucun travail, qu'ils marchent, qu'ils se promènent. Les Cérambycides ont des mandibules toujours très-fortes, souvent énormes, diversement dentelées selon les types; les mâchoires et la lèvre inférieure, d'ordinaire échancrée dans son milieu, offrant des modifications sensibles dans la forme des lobes. Ces Coléoptères, tous phytophages, rongent les feuilles des arbres; or, la diversité que nous constatons dans leurs pièces buccales est en rapport avec la nature des végétaux dont ils se nourrissent. Il y a ici des coïncidences analogues à celles que nous avons signalées à l'égard des chenilles; seulement, pour préciser l'importance de chaque fait à l'égard des Cérambycides, la difficulté est plus grande dans l'état actuel.

Les espèces de la famille des Cérambycides sont disséminées dans le monde entier, mais leur abondance est en rapport avec la richesse de la végétation des différentes contrées : l'Amérique du Sud, l'Inde, Ceylan, les îles de la Sonde, les Moluques, etc., sont les terres sur lesquelles vivent en grand nombre les plus beaux et les plus grands des Capricornes. Cette famille, dont on connaît environ de huit à dix mille espèces, constitue un ensemble parfaitement naturel; les caractères typiques, de même que les habitudes, du reste fort simples chez ces Insectes, ne se modifiant que dans des limites étroites, il est impossible de jamais confondre un Cérambycide avec tout autre Coléoptère.

A l'état de larves, la ressemblance entre tous les Cérambycides n'est pas moins remarquable que chez les Scarabéides. Ce sont toujours de gros *Vers* allongés, blanchâtres ou d'un blanc jaunâtre, ayant tous les anneaux du corps un peu boursouflés et très-semblables les uns aux autres, le premier cependant plus gros et couvert en dessus comme en dessous d'une plaque coriace; la tête revêtue d'un tégument dur, en partie rétractile dans l'anneau prothoracique, avec les antennes rudimentaires. Ces larves vivent dans les troncs et dans les branches des arbres, dans les tiges de certaines plantes herbacées. Demeurant toujours cachées, elles sont incolores, elles ont des téguments mous. Se nourrissant du bois dans lequel elles creusent des galeries, elles ont des mandibules très-puissantes, et pour que ces appendices puissent soutenir un effort considérable, elles ont une tête robuste. Ne devant cheminer que très-peu dans une étroite galerie, elles n'ont pas de pattes, ou si ces appendices existent, c'est dans un état absolument rudimentaire; leurs anneaux boursouflés leur suffisent pour exécuter un mouvement de reptation. Nous trouvons donc ici des analogies frappantes avec les larves lignivores des Lépidoptères et des Hyménoptères. Pour les mêmes conditions d'existence, il faut des adaptations semblables, quelles que soient les différences d'organisation qui existent entre les types. Nous venons de rappeler que les larves des Cérambycides vivent dans des troncs et des tiges ligneuses, ou dans des tiges herbacées, naturellement assez peu résistantes; aussi la puissance des mandibules est-elle en rapport pour chaque espèce avec la dureté du tissu qu'elle doit ronger.

Arrivées au terme de leur croissance, sans sortir de leur retraite, ces larves lignivores, avec des fragments, des parcelles de bois qu'elles agglutinent au moyen de leur salive, se façonnent une coque ovalaire, et, ainsi emprisonnées, se transforment en nymphes.

Dans cette immense famille des Cérambycides, nous reconnaîtrons cinq types principaux, cinq tribus : les Spondylines, où l'on peut constater cinq articles à tous les tarses, tandis que l'on n'en découvre pas plus de quatre dans les autres groupes ; les Prionines, remarquables entre tous par leur labre rudimentaire, presque imperceptible ; les Cérambycines, dont la tête est horizontale et les palpes à dernier article plus ou moins élargi ; les Lamiines, à la tête verticale et aux palpes terminés par un article ovoïde ou pointu, et les Lepturines, qui ont la tête rétrécie en arrière de façon à figurer une sorte de cou.

Les Spondylines ne sont pas nombreux : il y en a un seul en Europe, le type du genre Spondyle ; un Insecte noir, avec des antennes aplaties, un prothorax arrondi, le Spondyle buprestoïde (*Spondylis buprestoïdes*), très-répandu dans le nord de l'Europe et dans les Alpes. Sa larve vit dans les troncs des Pins.

La division des Prionines, au contraire, est représentée par une longue suite d'espèces magnifiques et quelquefois d'une dimension dépassant celle de tous les autres Coléoptères. A la Nouvelle-Grenade vivent les Psalidognathes, remarquables par leurs élytres ciselées, chagrinées, d'un vert doré splendide ou d'un bleu magnifique ; par leurs mandibules semblables à des cisailles ; par les jambes antérieures des mâles, élargies, creusées en cuiller et garnies de poils en dedans, pour un usage encore ignoré (*Psalidognathus superbus*). Dans l'Amérique du Sud habitent les Macrodonties aux longues mandibules dentées, au prothorax épineux sur les côtés. Le Macrodontie cervicorne (*Macrodontia cervicornis*), assez commun à la Guyane, est ce grand Coléoptère aux élytres fauves avec des rayures noires, souvent exposé aux vitrines des marchands d'objets d'histoire naturelle. C'est dans la même contrée, où croissent des arbres immenses qui peuvent être rongés par d'énormes larves, que vit le plus grand des Coléoptères, le Titan (*Titanus giganteus*), un Insecte d'un brun noir, pourvu de grosses mandibules dentées, et portant trois pointes de chaque côté du prothorax. C'est dans l'Inde que se rencontrent les Acanthophores aux longues mandibules, aux antennes munies d'une petite épine à chacun des articles. L'Acanthophore aux antennes en scie (*Acanthophorus serraticornis*), d'un brun passant au ferrugineux sur les élytres, n'est pas rare à Pondichéry. Sa larve est énorme, comme le montre la figure qui en est ici donnée pour la première fois. Elle se construit pour sa métamorphose une coque immense à parois épaisses, avec des fragments de bois taillés d'une manière très-uniforme. Les Prionines de notre pays font pâle figure à côté de ces espèces des régions tropicales. Les Priones, avec leurs antennes dont les articles présentent une dilatation latérale, sont encore fort remarquables cependant pour des Insectes européens. Le Prione chagriné (*Prionus coriarius*), un Insecte entièrement brun, long de 5 à 6 centimètres, est devenu rare en France, depuis que l'on abat avec tant de sollicitude les arbres rongés par de grosses larves. Il en est de même pour un autre Prione à antennes grêles, devenu le type du genre Ægosome (*Ægosoma scabricorne*).

Les Cérambycines n'atteignent pas les dimensions des Prionines, mais ils sont infiniment plus nombreux, et ils nous fournissent une multitude de formes curieuses. Il y a dans l'Amérique du Sud les Trachydères et les Lissonotes, dont les élytres lisses, luisantes, comme vernissées, portent d'ordinaire des taches et des bandes tantôt rouges, tantôt jaunâtres ; les Eburies, dont

LIBRAIRIE GERMER BAILLIÈRE. IMPR. DE E. MARTINET.

MÉTAMORPHOSES DE L'ACANTHOPHORE SERRATICORNE

(*Acanthophorus serraticornis*).

les élytres sont ornées de taches semblables à des plaques d'ivoire.

En Europe, nous avons les vrais Capricornes (*Cerambyx*). Qui ne connaît notre Capricorne (*Cerambyx heros*), un Insecte svelte, long de 5 centimètres, d'un brun foncé, avec les élytres plus rougeâtres et chagrinées. Il est plein d'élégance cet Insecte, inclinant et relevant son prothorax pendant la marche et agitant ses longues antennes. Aujourd'hui rare, il était commun naguère aux environs de Paris, et des entomologistes se souviennent avec plaisir qu'au temps où les vieux Chênes délabrés entouraient la mare d'Auteuil, ils allaient le soir prendre les grands Capricornes se promenant sur les arbres séculaires. La larve pratique de vastes galeries dans les troncs des Chênes, et à bon droit les forestiers la considèrent comme extrêmement nuisible.

Les Purpuricènes, dont les antennes sont grêles, appellent l'attention par la couleur rouge d'une partie plus ou moins étendue de leurs élytres. Les Callichromes ont de grandes antennes, les cuisses un peu renflées, les jambes postérieures comprimées, élargies à l'extrémité, et presque toujours une belle couleur verte. Nous en avons une espèce, le Callichrome musqué (*Callichroma moschata*, genre *Aromia* des auteurs modernes), que l'on voit assez fréquemment à la fin de l'été sur les Osiers et les Saules qui bordent les rivières et les canaux. Ce bel Insecte exhale une odeur de rose que beaucoup de personnes jugent fort agréable.

Maintenant, parmi les Cérambycines de petite taille, nous en avons un certain nombre, comme les Clytes au corps étroit, au prothorax arrondi, aux élytres variées de jaune, comme les Callidies, au corps déprimé, aux antennes de médiocre longueur, aux cuisses renflées en massue. Qui n'a vu, vers la fin de l'hiver, se promenant sur quelque bûche que l'on allait mettre au feu, ce joli petit Coléoptère en dessus d'un rouge vermillon velouté, avec les parties inférieures, les pattes et les antennes noires? C'est le type du genre Callidie (*Callidium sanguineum*). Il vient d'éclore quand nous le voyons dans nos appartements, il vient de sortir d'une bûche de Chêne où il avait vécu pendant son état de larve.

Les Lamiines ne sont ni moins nombreuses, ni moins variées que les Cérambycines. A la Guyane encore, cette terre privilégiée, se trouvent les Acrocines, qui ont des pattes antérieures d'une longueur démesurée et un prothorax muni de chaque côté d'un tubercule porté sur un gros mamelon mobile. Le type du genre, que l'on apporte continuellement en Europe, est bien connu sous le nom vulgaire d'Arlequin de Cayenne (*Acrocinus longimanus*). Des dessins rouges et noirs sur le fond gris de ses élytres justifient cette appellation. L'Acrocine grimpe après les arbres, et l'utilité de ses longues pattes nous échappe; et quant aux mamelons mobiles du prothorax, il nous est impossible, en l'absence d'observations suffisantes sur les habitudes de l'Insecte, d'en découvrir l'usage.

On a réservé le nom générique de Lamie pour une espèce européenne d'un noir terne (*Lamia textor*), qui a des antennes relativement courtes et le prothorax unidenté sur les côtés. Sa larve vit dans les troncs de Saules.

Des Lamiines qui, par leur aspect, ressemblent beaucoup à cette dernière, en ont été distinguées sous le nom de Morimes. Ceux-ci n'ont pas d'ailes sous leurs élytres. Le Morime lugubre (*Morimus lugubris*) n'est pas rare dans notre pays.

Il est impossible de se promener dans la campagne, au printemps, sans apercevoir, traversant les chemins poudreux ou grimpant après les murailles, après les herbes salies du bord des routes, un petit Capricorne au corselet unituberculé, aux antennes courtes pour un Insecte de la famille des Cérambycides, au corps ovale et bombé. Ce Coléoptère est le type du genre Dorcadion (*Dorcadion fuliginator*).

Il faut aller en Amérique pour rencontrer des Lamiines offrant le trait de mœurs le plus curieux, l'instinct le plus remarquable.

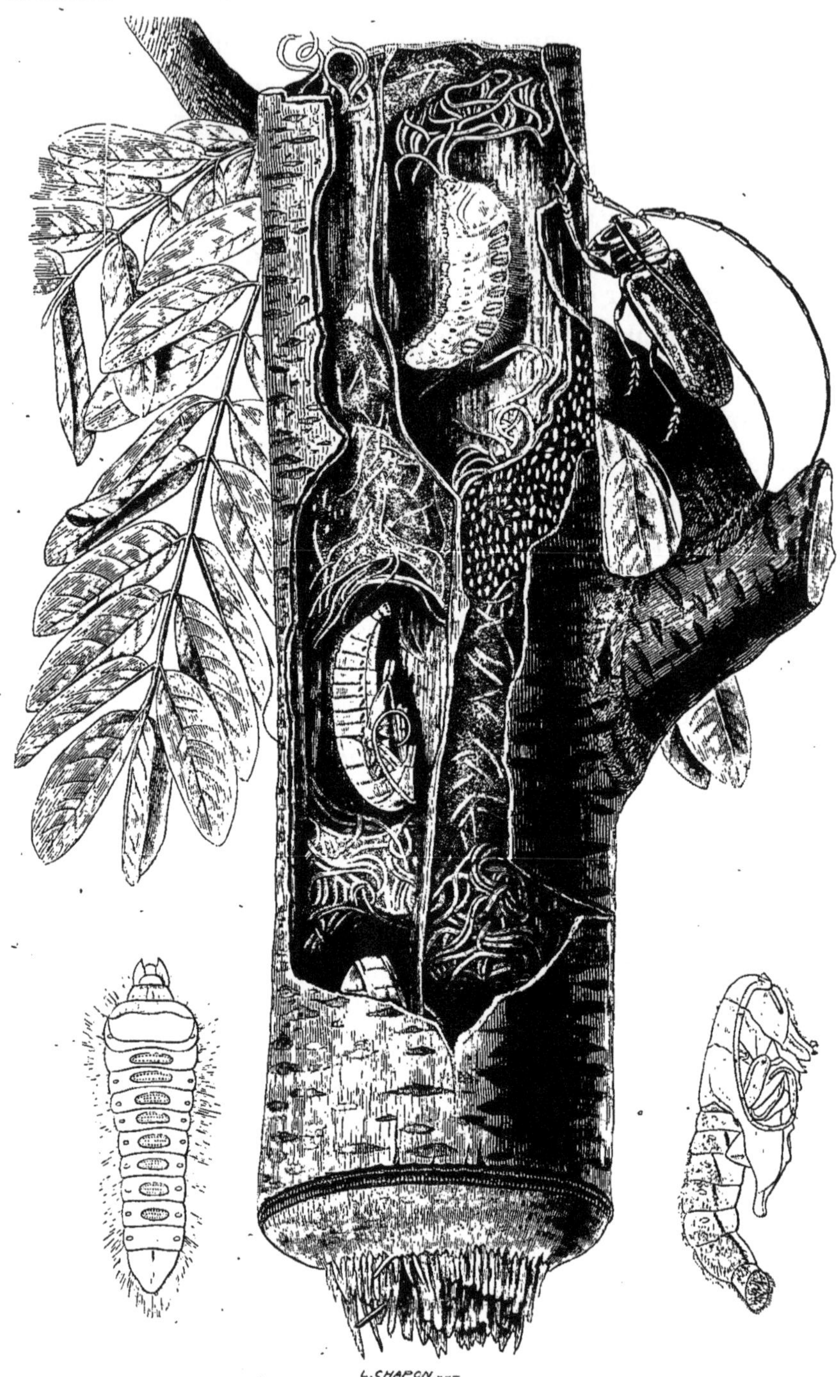

LIBRAIRIE GERMER BAILLIÈRE. IMPR. DE E. MARTINET.

MÉTAMORPHOSES DE L'ONCIDÈRE GRANULEUSE

(*Oncideres vomicosa*).

Ces Lamiines, ayant de longues antennes très-écartées à leur origine, un prothorax très-court, composent le genre Oncidère. Il y a quarante ans, un naturaliste anglais que nous avons déjà cité, Lansdown Guilding, fit connaître les habitudes d'une espèce de ce genre (*Oncideres amputator*). Nous avons eu l'occasion d'observer les métamorphoses d'une espèce voisine (*O. vomicosa*).

M. Houllet, aujourd'hui le jardinier en chef des serres chaudes du Museum d'histoire naturelle, se trouvait dans une habitation des environs de Rio-Janeiro, et chaque nuit il entendait le bruit de branches d'arbres, l'Acacia Lebbeck, qui tombaient à terre. Ces branches étaient sciées circulairement, et comme leur partie centrale était seule respectée, elles se brisaient par leur propre poids ou par les secousses imprimées par le vent. A qui imputer pareil méfait? Aux nègres de l'habitation sans doute, animés de l'envie de causer au maître une petite vexation. Mais le voyageur du Museum s'aperçut bientôt que souvent il y avait une Lamie sur une branche coupée; le Coléoptère était donc l'auteur du dégât. Une branche d'Acacia fut rapportée; elle contenait vivantes larves et nymphes de l'Oncidère : c'est cette même branche ouverte et ainsi habitée que nous représentons. Le but de l'Insecte est facile à comprendre, il faut que ses larves ne soient pas noyées par une séve trop abondante.

Nos Saperdites, au corps mince et au corselet cylindrique, assez nombreuses en Europe, ont des espèces dont les larves vivent dans des tiges herbacées, comme l'*Aiguillonnier* (*Agapanthia marginella*), observé par M. Guérin-Méneville dans les chaumes du Blé.

Les Lepturines ont aussi d'assez nombreuses espèces que nous voyons habituellement sur les fleurs.

Des Coléoptères phytophages, de taille médiocre, plus nombreux encore que les Cérambycides, constituent la famille des Chrysomélides. Ceux-ci ont le corps ramassé, souvent arrondi; les antennes filiformes ou peu renflées vers le bout; des tarses de quatre articles, les trois premiers plus ou moins larges. Les Chrysomélides, objet d'une belle monographie de M. Lacordaire, s'attaquent au feuillage de tous les végétaux. Beaucoup de ces Insectes sont ornés de brillantes couleurs ; le nom de Chrysomèle

MÉTAMORPHOSES DU CRIOCÈRE DU LIS

(*Crioceris merdigera*)

Une nymphe isolée, vue en dessus. — Une nymphe grossie, vue en dessous.

lui-même fait allusion à des nuances dorées. Les larves de ces Coléoptères, pour le plus grand nombre, vivent à découvert : massives, ramassées, pourvues de très-petites pattes, elles sont lentes dans leur marche ; plusieurs d'entre elles, ayant des téguments mous, ont recours à des moyens de protection qui s'offrent comme le côté le plus curieux de leur histoire.

D'après quelques caractères tirés de la forme du corps et surtout de la configuration des mâchoires, on distingue les Criocérines, les Cassidines, les Chrysomélines, les Gallérucines.

Des espèces de la première division, d'une forme plus élancée que les autres représentants de la famille, les Donacies, au corps vert ou bronzé, affectionnent le bord des eaux et courent sur les plantes aquatiques. Ce sont ces mêmes plantes, les Nénuphars, les Sagittaires, les Lenticules, que leurs larves blanches, décolorées, rongent au collet.

Les Criocères sont oblongs, avec la tête et le prothorax beaucoup plus étroits que les parties postérieures du corps. Sur les tiges et les feuilles des beaux Lis blancs que l'on cultive dans les jardins, on voit continuellement ce charmant petit Coléoptère tout brillant, noir, avec le corselet et les élytres d'un beau rouge vermillon. Sa larve n'est pas jolie, mais comme elle montre un curieux instinct! Destinée à vivre à découvert, avec des téguments minces et sans consistance, la nature lui a donné un singulier moyen de protection. Elle se fait une épaisse couverture de ses déjections; son orifice anal étant placé de façon que les matières sortant de son intestin puissent être versées sur son dos. Ainsi cachée sous ce misérable vêtement, la larve du Criocère a moins d'ennemis à redouter et se trouve garantie du soleil. Enlevez-lui son abri; pour, au plus vite, en fabriquer un nouveau, elle se met à manger avec une extrême avidité. Dans les potagers, une autre espèce de Criocère (*Crioceris Asparagi*) est fort commune sur les Asperges.

Les Cassidines ont un corps presque orbiculaire, le prothorax large comme une sorte de bouclier, et dans la grande majorité des espèces fort avancé au-dessus de la tête. Il y en a de bien belles dans le monde des Cassides; il y en a qui semblent vêtues d'or. Celles de notre pays sont petites, et nous n'en citerons qu'une en particulier, la Casside verte (*Cassida viridis*), tout entière en dessus d'un vert frais. Vous la verrez sur les Chardons qui bordent la route, sur les Artichauts du potager. Vous y trouverez aussi sa larve, une larve bien singulière, large, plate, portant sur les côtés de longues pointes ciliées ou épineuses et à l'extrémité de l'abdomen un appendice fourchu recourbé au-dessus du corps. L'orifice anal est situé à la base de cet appendice, les déjections sont reçues sur cette fourche, et la larve de la Casside est ainsi pourvue d'un parasol : il lui suffit d'un mouvement brusque pour s'en débarrasser à sa volonté.

Dans la grande tribu des Chrysomélines, il y a plusieurs types bien caractérisés. Les Chrysomèles sont presque orbiculaires, avec la tête dégagée du thorax ; leurs larves, ayant des téguments colorés et d'une certaine résistance, ne cherchent pas d'autres abris que le feuillage des plantes. Il y en a beaucoup dans notre pays : la Chrysomèle du Gramen (*Chrysomela Graminis*), d'un vert doré métallique ; la Chrysomèle ensanglantée (*Chr. sanguinolenta*), noire, avec une bordure rouge, etc. A raison d'un élargissement des antennes vers leur extrémité, on a distingué des Chrysomèles les Linas. Les Peupliers sont quelquefois singulièrement maltraités par une espèce de ce genre, la Chrysomèle ou Lina du Peuplier. L'adulte est d'un vert bronzé, avec des élytres rouges ; la larve est jaune, avec des taches d'un noir brillant. C'est la larve surtout qui détruit le feuillage ; comme tant d'autres Chrysomélides, elle ronge le parenchyme et respecte toutes les nervures : les feuilles ressemblent alors à une dentelle. Sur le point de se métamorphoser, cette larve s'attache par l'extrémité postérieure ; sa peau se fend, la nymphe se montre, mais encore retenue par la dépouille de la larve.

Les Eumolpes, avec leur prothorax moins large que les élytres, ont les derniers articles des antennes très-grands. Il y en a de magnifiques dans les pays chauds ; il y en a un, assez petit, noir, avec des élytres ferrugineuses, qui est très-commun dans nos vignobles, l'Eumolpe de la Vigne (*Eumolpus Vitis*). Les vignerons l'appellent l'*Écrivain*, et en considérant les dessins irréguliers que l'Insecte trace sur les feuilles en les découpant par petites lanières, le nom paraît bien justifié.

Les Galérucines se distinguent des précédents par leurs antennes plus longues, par le dernier article de leurs palpes très-grand, etc. Elles ont, du reste, dans leurs différents états, des

MÉTAMORPHOSES DE LA CHRYSOMÈLE DU PEUPLIER

(*Lina Populi*).

mœurs analogues à celles des Chrysomèles. Il y a deux types dans cette division, les Galéruques et les Altises : les premières ont les pattes postérieures simples, elles ne sautent pas ; les autres ont les cuisses postérieures très-renflées, elles sautent comme des Puces. La Galéruque de l'Orme (*Galeruca calmariensis*), ayant

36

les élytres jaune-citron, parées de deux raies grisâtres, est extrêmement commune sur les Ormes de nos routes. Sa larve ronge les feuilles à la manière des Chrysomèles. L'Altise du Chou (*Altica oleracea*), petit Insecte lisse, luisant, d'un vert sombre, maltraite les plantes potagères et quelquefois la Vigne.

Des Chrysomélides de forme cylindrique, avec la tête enfoncée dans le thorax (Cryptocéphalines), les genres Clythre et Gribouri (*Cryptocephalus*), ont des larves qui se construisent des fourreaux mobiles, à la manière de certaines chenilles.

Une dernière famille de l'ordre des Coléoptères, les Coccinellides, comprend de petits Insectes auxquels chacun accorde sympathie. L'espèce de notre pays, la plus abondante et la mieux connue de tout le monde, ne s'appelle-t-elle pas, dans le langage vulgaire, la *Bête à Dieu* ou la *Bête à bon Dieu?* Il est rare que le sentiment populaire tombe aussi juste. Cette *Bête à bon Dieu*, la Coccinelle à sept points des naturalistes (*Coccinella septempunctata*), inoffensive à tous, a pour rôle, dans la nature, d'empêcher la multiplication excessive des Pucerons. Si l'Insecte adulte, qui ne réclame de description pour personne, mange peu, la larve fait une consommation énorme des petits êtres malfaisants à tous les végétaux. Dans les jardins, sur les Rosiers, les Sureaux, etc., dans les vergers, vous observez facilement la larve poursuivant son œuvre de destruction. Cette larve, d'un gris plombé, avec une large tache jaune au devant de la tête, trois petites taches rouges sur les côtés, des points noirs, de petits bouquets de poils, ayant un peu l'aspect de certaines larves de Chrysomélides, saisit un Puceron, le dévore, passe à un autre, et en détruit ainsi une énorme quantité en un seul jour. Pour se transformer en nymphe, l'Insecte s'attache à une feuille, tout comme une chenille de Papillon ou de Polyommate.

Il y a une foule considérable de Coccinellides de tous les pays, dont M. Mulsant a donné les descriptions. Beaucoup d'entre elles ont les mêmes mœurs que la Coccinelle à sept points : elles mangent les Pucerons, les Kermès, tous ces suceurs si nuisibles à la végétation; mais quelques-unes cependant ont une nourriture végétale. Les Coccinellides sont bien reconnaissables à leur corps

MÉTAMORPHOSES DE LA COCCINELLE A SEPT POINTS

(*Coccinella septempunctata*).

arrondi, à leurs antennes courtes et épaisses, à leurs palpes terminés en hachette, et surtout à leurs tarses invariablement composés de trois articles.

XI

LES ORTHOPTÈRES

Les formes typiques sont peu nombreuses parmi les Orthoptères; nous n'en trouverons pas plus de sept, la plupart au moins, un peu connues de tout le monde, les Perce-oreilles, les Grillons, les Sauterelles, les Criquets, par exemple.

Un haut intérêt s'attache à la comparaison des Orthoptères avec les Coléoptères. Sous le rapport de la conformation, les ressemblances sont grandes; sous le rapport de la marche du développement, la différence, au premier abord, paraît énorme. Les Orthoptères sont des Insectes masticateurs ou broyeurs comme les Coléoptères. Leurs pièces buccales, libres, puissantes, n'offrent guère de différences plus considérables que celles que l'on trouve entre des types de familles appartenant au même ordre. Les organes du vol distinguent les Orthoptères de tous les autres Insectes. Les ailes antérieures, d'une texture et d'une forme générale différente des ailes postérieures, sont de consistance semi-coriace, et, à une seule exception près, elles croisent l'une sur l'autre pendant le repos. Les ailes postérieures sont extrêmement caractéristiques; membraneuses, très-veinées, avec leurs grandes nervures semblables à des baguettes droites, elles se plient dans le sens longitudinal, exactement à la manière d'un éventail : de là le nom d'Orthoptères (ορθος, droit; πτερα, ailes).

Si l'on ne trouve entre les Orthoptères et les Coléoptères adultes que des différences médiocres, entre ces mêmes Insectes considérés dans la première période de leur existence, la dissemblance paraît prodigieuse. Au sortir de l'œuf, le Perce-oreille, le Grillon, la Sauterelle, ont la forme, l'apparence, presque tous les caractères et absolument le genre de vie des adultes. Tandis que le Lépidoptère, l'Hyménoptère, le Coléoptère, naissent dans un état embryonnaire peu avancé, et prennent tout leur accroissement sous cette première forme, l'Orthoptère naît dans une condition voisine de l'adulte, et ne subit que des changements peu considérables pour devenir tout à fait adulte. Ces changements consistent dans le développement des organes du vol et des organes de la reproduction. Les changements peuvent même se réduire à l'apparition de ces derniers organes et à l'augmentation de la taille. Il est nombre d'Orthoptères qui éprouvent un arrêt de développement. Ceux-ci n'ont jamais d'organes de vol; ils arrivent à l'état adulte sans avoir acquis le perfectionnement organique des espèces du même groupe. Il n'y a dans cette assertion aucune vue théorique, c'est l'énoncé d'un fait dont la démonstration est fort simple.

L'Orthoptère le mieux constitué, à chaque période d'accroissement, a subi une mue ou changement de peau. Trois mues successives ont eu lieu, et l'animal a conservé les caractères qu'il offrait au moment de sa naissance; une quatrième mue s'est effectuée, et l'Insecte s'est montré avec des rudiments d'ailes emmaillottés; est survenue une cinquième mue, et il s'est trouvé avoir de grandes ailes parfaitement développées. L'Orthoptère qui ne prend jamais d'organes de vol ne subit que les trois premières mues; l'Orthoptère qui acquiert des rudiments d'ailes ne dépasse pas la quatrième mue. Sans croire le nombre des mues identique chez les espèces les mieux douées, ces arrêts de développement à des degrés divers peuvent être mis au nombre des faits les mieux établis.

Les Orthoptères n'ont dans le cours de leur existence aucune période d'inactivité; on les nomme des Insectes à métamorphoses incomplètes, car, dans l'usage, on appelle larves les individus qui n'ont encore aucun vestige d'ailes, et nymphes ceux qui en ont des rudiments. Les nymphes ont la même vie que les larves et les adultes.

Les espèces d'Orthoptères, disséminées à la surface entière du globe, sont surtout abondantes dans les régions chaudes du monde où la végétation étale toutes ses richesses. Rien n'est plus concevable, car les Orthoptères herbivores, et ce sont les plus nombreux, consomment de grandes quantités de nourriture. Les Orthoptères sont souvent de beaux Insectes parés de vives et fraîches couleurs plus ou moins agréablement nuancées; mais, à cet égard, il existe une telle diversité suivant les types, qu'il faut se garder de trop généraliser.

Les Orthoptères sont unis entre eux par les affinités naturelles les plus évidentes, néanmoins l'ordre dans son ensemble n'a pas tout à fait le caractère d'homogénéité que présente, soit l'ordre des Lépidoptères, soit l'ordre des Coléoptères. Un type en particulier, celui des Perce-oreilles, se sépare en une certaine mesure des autres types. Il est devenu pour quelques naturalistes un ordre à part; mais, par suite d'une plus juste appréciation des rapports zoologiques de ces êtres, on divise les Orthoptères en deux sections : celle des Euplexoptères, comprenant la famille des Forficulides seule; celle des Dermaptères, comprenant tous les autres représentants de l'ordre, ou les familles des Blattides,

des Mantides, des Phasmides, des Gryllides, des Locustides et des Acridides.

Les Forficulides, que tout le monde en France désigne par l'épithète de *Perce-oreilles* et dans les autres pays par des appellations équivalentes, offrent certaines particularités de conformation tout à fait frappantes. La présence à l'extrémité de leur corps d'appendices courbés en manière de crochets et formant la pince, donne à ces Insectes une apparence étrange. Les Perce-oreilles, du reste, se voyant inquiétés, redressent leur abdomen et semblent menacer de cette arme peu redoutable. Une singulière croyance, sans doute bien vieille, mais encore aujourd'hui persistante parmi les personnes médiocrement éclairées, a rendu ces Orthoptères un sujet d'effroi. Avec l'audace de l'ignorance, on a affirmé qu'ils pénétraient dans les oreilles des personnes endormies, et qu'à l'aide de leur instrument, ils parvenaient à s'introduire dans la tête, et le nom de Perce-oreille a été imaginé. S'il faut en croire certaine version, le nom serait venu d'une ressemblance de l'instrument des Forficulides avec la pince des joailliers autrefois en usage pour percer les oreilles auxquelles on voulait attacher des pendants, et le nom donné, son application aurait bientôt couru à l'erreur. En réalité, les Perce-oreilles ne sont dangereux que pour les plantes du potager ou du jardin.

Les organes du vol méritent considération chez les Forficulides. Les ailes antérieures, véritables petites élytres, sont courtes comme celles des Coléoptères de la famille des Staphylinides, et elles ne se croisent point comme celles des autres Orthoptères. Les ailes postérieures, amples, charmantes à voir étendues, après s'être ployées en éventail, se plient ensuite dans le sens transversal, afin de se loger sous les élytres pendant le repos : de là ce nom d'Euplexoptères, qui signifie des ailes bien ployées.

La famille des Forficulides se compose du genre Forficule, que des auteurs ont subdivisé, en se fondant sur des caractères de la plus faible importance, ici sans intérêt. Nous avons en Europe plusieurs espèces de Forficules, et l'une d'elles est connue de tout le monde. Les Perce-oreilles sont nocturnes; si on ne les

LE PERCE-OREILLE COMMUN

(*Forficula auricularia*).

dérange pas, on ne les voit guère pendant le jour. Parfois ils se tiennent blottis sous les feuilles; plus souvent ils se cachent sous des pierres ou sous de vieilles écorces plus ou moins détachées du tronc. C'est là que fréquemment on trouve une famille entière : individus jeunes sans ailes, individus plus âgés ayant des rudiments d'ailes, vieux individus ailés : les pères et les mères savent s'envoler. Les Forficules n'ont aucune industrie, mais les femelles sont d'excellentes mères ; elles veillent sur leurs œufs, et si un danger les menace, comme dans le cas où la pierre qui les abritait a été enlevée, elles les transportent ailleurs. Ces Insectes attaquent indifféremment beaucoup de végétaux sur pied; mais le fait n'est pas douteux, ils se nourrissent volontiers de substances végétales ou animales en décomposition.

Les Blattides comptent, pour nous, au nombre des animaux les plus désagréables. Ils ne flattent point la vue; ils blessent l'odorat par leur odeur vraiment repoussante ; ils excitent l'antipathie par les dégâts qu'ils occasionnent. D'une remarquable agilité, courant avec une étonnante rapidité, les Blattides ont dans leur aspect, dans leurs allures, quelque chose de très-particulier. Chez presque tous, le corps est large, plat, revêtu de téguments coriaces, mais d'une extrême flexibilité; la tête en grande partie cachée sous le prothorax, les antennes longues et minces comme des fils; les pattes simples, avec les jambes garnies d'épines, les tarses formés de cinq articles ; l'abdomen terminé par des filets articulés. On voit peu de Blattes dans nos villes intérieures et dans nos campagnes, mais il en est autrement dans les ports de mer, dans les colonies ou même à bord des navires. Vulgairement on les nomme ***Kakerlacs*** ou ***Cancrelats***, et quelquefois ***Ravets***, ou simplement ***Bêtes noires***. Ces Orthoptères, en effet, Insectes de la nuit, ont des couleurs ternes, sombres, grises, brunes, noires.

Les Blattides se dissimulent avec la plus grande facilité. A la faveur de l'aplatissement de leur corps et de l'élasticité de leurs téguments, ils s'introduisent par les fissures les plus étroites. Animaux omnivores, les Blattes s'attaquent à toutes les substances animales ou végétales desséchées ; les denrées coloniales, les viandes conservées, les cuirs, tout leur est bon. Plusieurs Blattes ainsi vivent dans les habitations, dans les magasins où séjournent des marchandises, dans les navires; partout où elles se multiplient, elles deviennent un fléau. Fréquemment des comestibles que l'on transporte dans des caisses ou des barils, atteints par ces Insectes, sont affreusement endommagés, quelquefois entièrement détruits. Les Blattes voyagent ainsi avec la plus parfaite commodité, et plusieurs espèces se sont tellement acclimatées sur des points du globe tout à fait opposés, que l'on ne saurait dire aujourd'hui de quel pays sont originaires certaines espèces. Celles-ci, il est vrai, sont devenues domestiques en quelque sorte, car beaucoup de Blattides vivant dans les bois, se cachant sous les écorces et les feuilles mortes, ne sont pas cosmopolites.

Les Blattides ne pondent pas leurs œufs isolément comme tant d'autres Insectes; ils les renferment dans une capsule de consistance coriace. Ces Insectes sont pourvus d'un appareil glandulaire sérifique qui consiste en tubes nombreux, où se produit la matière destinée à former l'enveloppe des œufs. Cette capsule, qui affecte ordinairement la forme d'une fève ou d'un haricot, présente sur toute sa longueur une arête garnie de dentelures très-serrées. C'est le point par lequel a lieu la déhiscence au moment de l'éclosion des jeunes, car la capsule a deux valves partagées à l'intérieur en plusieurs compartiments contenant chacun un œuf. Les Blattes montrent une certaine sollicitude pour leur progéniture : on les voit porter leur coque ovigère appendue à l'extrémité de leur abdomen; on les a remarquées aidant leurs jeunes à sortir de la capsule ovigère et fendre cette enveloppe peut-être imparfaitement ramollie par la salive des nouveau-nés. Un auteur russe, Hummel, est souvent cité pour une observation très-attentive des soins qu'une des petites Blattes européennes (*Blatta germanica*) donnait à ses larves sortant de l'œuf.

La famille des Blattides, très-nombreuse en espèces, a été partagée en une longue suite de genres par les naturalistes modernes. On peut prendre comme type la Blatte américaine, ou

LA BLATTE AMÉRICAINE
(*Blatta americana*).
Larve et adultes.

Kakerlac d'Amérique (*Blatta americana*), que l'on voit courir bien fréquemment sur les quais des ports de mer, après s'être échappée des caisses et des ballots déchargés des navires. Dans nos villes et plus encore dans nos campagnes, se trouve la Blatte orientale (*Blatta orientalis*), moins grande que la précédente, avec les organes du vol peu développés. Cette espèce se cache dans les fissures des vieilles cheminées.

Parmi les Orthoptères, il est une grande famille composée d'espèces absolument carnassières, la famille des MANTIDES. Insectes vraiment singuliers que les Mantides. Des formes bizarres, des attitudes étranges, des armes puissantes, une lenteur de mouvements peu ordinaire aux animaux carnassiers, sont autant de traits qui les signalent d'une façon toute particulière.

Ces Orthoptères ont un corps élancé, un prothorax d'une longueur énorme; une tête dégagée, d'une extrême mobilité, portant de gros yeux; des mandibules aiguës et tranchantes; ils ont des ailes amples, des pattes de devant conformées pour saisir une proie, des pattes intermédiaires et postérieures grêles; un abdomen terminé par des filets articulés. Il faut examiner leurs pattes antérieures, détournées de l'usage ordinaire. Ces appendices ont pris un volume considérable dans presque toutes leurs parties : la hanche, devenue énorme, a une grande mobilité; la cuisse est très-épaisse, et la jambe, garnie d'un rang d'épines, se replie sous la cuisse jusque dans une gouttière formée par deux rangées de pointes que porte cette dernière. S'imagine-t-on l'effet d'une pareille pince saisissant une proie qu'elle transperce de toutes parts. Jamais pince préhensile ne fut plus redoutable.

Les Mantides ont généralement une assez grande taille, de fraîches nuances, et quelquefois de jolis dessins de couleurs variées sur les ailes postérieures, toujours plus ou moins transparentes. Ces Orthoptères se traînent sur les broussailles, où, pendant des heures entières, ils demeurent dans un état d'immobilité absolue, la partie antérieure de leur corps dressée, les pattes de devant repliées. Cette attitude calme n'éveille point l'attention des Insectes qui volent dans le voisinage. Une Mouche s'approche; par un mouvement brusque, la Mante étend sa patte ravisseuse et la Mouche est saisie. Les Mantides enveloppent leurs œufs dans une capsule d'un tissu peu résistant, et attachent cette

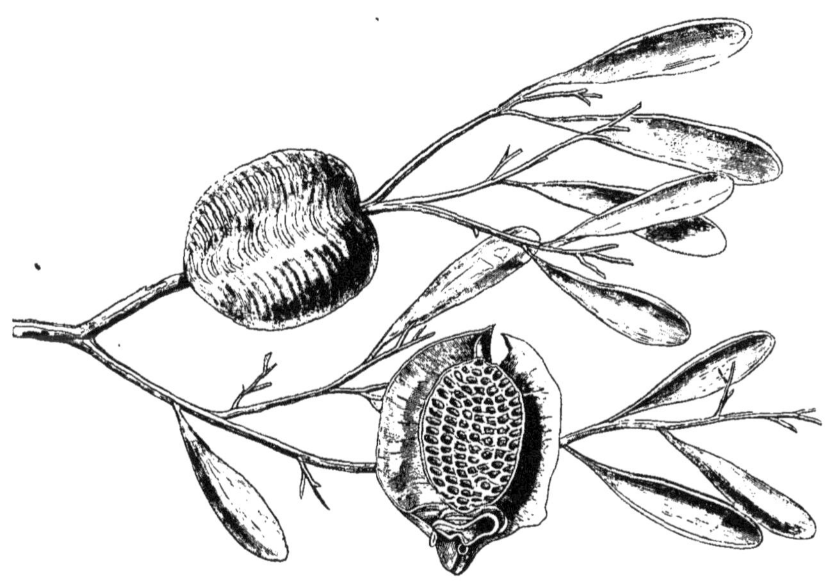

COQUE OVIFÈRE DE LA MANTE RELIGIEUSE.

Une coque attachée à une tige. — Une coque coupée par le milieu.

coque ovifère par une sorte d'anneau autour des tiges des plantes. La ponte a lieu vers la fin de l'été; les jeunes larves éclosent et s'accroissent comme tous les autres Orthoptères. Les espèces de cette famille habitent les contrées chaudes de l'Europe et des autres parties du monde, et dans tous les pays ces Insectes, par leur attitude posée, comme méditative, ont inspiré le respect, la vénération et surtout des idées superstitieuses. Le type du genre Mante, caractérisé par le prothorax très-long, les antennes fines comme des soies, les cuisses simples, la Mante religieuse (*Mantis religiosa*), élégant Insecte d'un vert tendre, abonde en Provence, surtout au voisinage de la mer, et on la nomme *Prega-Diou*, Prie-Dieu en France comme en Italie. Ces idées sur les Mantes sont bien répandues, et à une époque plus ancienne elles étaient fort accréditées : Mouffet, le vieil auteur anglais que nous avons déjà cité, rapporte comme un fait tout naturel que si un enfant, s'adressant à une Mante, lui demande son chemin, elle le lui indique en étendant la patte, et le trop crédule naturaliste ajoute qu'elle se trompe rarement ou jamais. Voyez plutôt les paroles mêmes de Thomas Mouffet : « *Tam divina censetur bes-* » *tiola, ut puero interroganti de via, extento rectam monstret, atque* » *raro vel nunquam fallat.* »

Bien plus élégantes encore que les Mantes proprement dites sont les Empuses, avec leur tête surmontée d'un long appendice foliacé, leurs antennes courtes, doublement pectinées dans les mâles, leur thorax grêle, leurs cuisses garnies de folioles; expansions bizarres qui semblent être plutôt des ornements que des parties d'un usage quelconque. Dans la région du Var et des Alpes-Maritimes habite une charmante Empuse (*Empusa pauperata*) que nous avons représentée ici sous ses diverses formes, d'après des individus vivants que M. Millière nous a fait parvenir des environs de Cannes. Sur le corps de l'Empuse, c'est un mélange de teintes grises, verdâtres, blanchâtres, violacées, d'une incomparable délicatesse, et sur les ailes des adultes une teinte vert d'eau semi-transparente, avec un bord et des nervures lilas.

Les plus étranges par les formes, entre tous les Orthoptères et même entre tous les Insectes, sont les Phasmides, que l'on nomme aussi les *Spectres*, et auxquels les noms vulgaires ne manquent pas dans les pays où ils sont abondants. Ce sont les *Feuilles ambulantes*, les *Bâtons ambulants*, le *Cheval du diable*, le *Grand Soldat de Cayenne*, et bien d'autres sans doute que nous ignorons.

Paisibles créatures, inoffensives, se traînant avec lenteur, grimpant avec peine après les branches, les Phasmides ne man-

MÉTAMORPHOSES DE L'EMPUSE APPAUVRIE
(*Empusa pauperata*).

gent que le feuillage. Ces Insectes ont le prothorax moins long que les autres parties du thorax, qui, chez beaucoup d'espèces, sont fort longues; ils ont une tête dégagée, assez mobile, des mandibules courtes, des pattes longues, seulement propres à la marche, toujours faibles, souvent garnies d'expansions foliacées. Il est un grand nombre de Phasmides qui n'acquièrent jamais d'organes de vol; leur développement s'arrête de bonne heure, ils restent dans la condition des larves ou des nymphes. Ceux-là ont tellement l'aspect de tiges vertes ou de petites branches grises d'arbustes, qu'il est facile de s'y tromper. Ces Orthoptères acquièrent-ils des ailes, une singularité dans ces organes se fait remarquer : les ailes antérieures demeurent très-petites et généralement en forme de cuillerons, tandis que les ailes postérieures ont une ampleur considérable.

Les Phasmides atteignent souvent une très-grande taille : chez certaines espèces, le corps a une longueur de 25 à 30 centimètres et les ailes une envergure de 20 à 25 centimètres. Ces Insectes, incapables d'échapper au danger par la fuite, ont dans leur couleur et dans leur forme un moyen de se dissimuler; ils possèdent un moyen de défense dans l'émission d'un liquide d'apparence laiteuse, d'une odeur pénétrante et désagréable : l'Insecte inquiété, l'éjaculation a lieu par deux pores ouverts sur les côtés du thorax. Les Phasmides déposent leurs œufs isolément, en les attachant aux végétaux à l'aide de la matière visqueuse dont ils sont enduits. Les œufs de certaines espèces sont ovalaires; ceux d'autres espèces ont des côtes, des arêtes, et ressemblent, à s'y méprendre, à des graines.

Les Phasmides sont inconnus dans l'Europe centrale et boréale. Dans nos départements méridionaux et dans tous les pays que baigne la Méditerranée, on rencontre seulement deux ou trois espèces grêles, toujours privées d'ailes, ayant des antennes courtes et en grains de chapelet. Elles composent le genre Bacille (*Bacillus Rossii*, etc.). Aux îles Mascareignes, à Madagascar, dans l'Inde, vivent des Phasmides de moyenne taille, mais très-bizarrement construits. On les appelle des Phyllies, tant ils ressemblent à des feuilles. Les mâles ont les antennes assez lon-

LIBRAIRIE GERMER BAILLIÈRE. IMPR. DE E. MARTINET.

LE PHYLLIE FEUILLE-SÈCHE

(*Phyllium siccifolium*).

gues et les ailes postérieures fort amples; les femelles ont les antennes très-courtes et les ailes antérieures seules très-développées; dans les deux sexes, les pattes offrent des dilatations foliacées et épineuses tout à fait bizarres. Plusieurs fois la Phyllie feuille-sèche de l'Inde (*Phyllium siccifolium*) a été apportée vivante en Europe. Nous avons fait représenter le jeune et la femelle d'après des individus qui ont excité la curiosité des visiteurs du Jardin d'acclimatation du Bois de Boulogne, et que le directeur de cet établissement a bien voulu mettre à notre disposition. Les Phasmides sont nombreux dans toutes les régions intertropicales, mais leurs espèces sont surtout multipliées en Australie. Sur cette terre, habitent les espèces les plus grandes que l'on connaisse, les plus joliment colorées, les plus étranges par les formes.

Tous les Orthoptères que nous venons de signaler étaient autrefois réputés les *Marcheurs*, et ceux dont nous allons nous occuper, les *Sauteurs*. Il y a, en effet, peu d'exceptions de part et d'autre.

Les LOCUSTIDES, ce sont les Sauterelles, mais seulement, qu'on y fasse attention, les *vraies Sauterelles*, c'est-à-dire les Orthoptères ayant les cuisses postérieures renflées, propres au saut, les tarses composés de quatre articles, les antennes très-longues, l'abdomen terminé par une paire d'appendices articulés et pourvu, chez les femelles, d'une grande et robuste tarière dont la forme rappelle un sabre ou un yatagan.

Chez la plupart des Sauterelles, les organes du vol sont bien développés, les ailes antérieures ou élytres sont longues, les ailes postérieures fort amples. Il est des espèces où ces organes demeurent toujours à l'état rudimentaire. Mais, dans tous les cas, les ailes de la première paire, chez les mâles, offrent une disposition des plus curieuses, qui les convertit en instruments de musique. A la base des élytres, les nervures, diversement contournées et toujours très-élevées, laissent entre elles un espace plus ou moins grand, occupé par une mince membrane transparente bien tendue, que l'on nomme le *miroir*. L'animal, soulevant un peu ses ailes, les frotte-t-il avec force et rapidité, l'une sur l'autre, qu'un son se manifeste, rendu intense par la membrane mise en vibration. Ainsi est produite la stridulation aiguë, pénétrante, des mâles qui, le soir, appellent leurs femelles, et sans doute les charment par leur chant.

Les Locustides, qui volent assez facilement, malgré leur corps lourd, marchent péniblement à cause de la disproportion qui existe entre leurs pattes de devant et leurs pattes de derrière. C'est par des sauts répétés qu'ils se portent d'un point à un autre. Le mode d'exécution est simple : les jambes, mues par des muscles très-volumineux logés dans les cuisses, forment avec ces dernières arc-boutant pendant la contraction musculaire ; la contraction venant à cesser, les cuisses se redressent subitement sur les jambes, et le corps de l'animal est projeté en l'air. Il faut ajouter que des rangs d'épines garnissant les jambes assurent encore la fixité du point d'appui.

Les Locustides font usage de leur tarière, ou oviscapte, pour entailler le sol et y enfouir leurs œufs. Cette ponte a été plusieurs fois observée pour nos espèces indigènes, et de vieux auteurs ont représenté des Sauterelles dans l'attitude qu'elles prennent en accomplissant cet acte important de leur vie. Tous les Locustides vivent à peu près dans les mêmes conditions, mais pour effectuer leur ponte, ils n'agissent pas tous de la même façon ; si l'observation directe manque, les formes et les dimensions variées de la tarière, selon les espèces, nous en fournissent la certitude, bien que personne ne paraisse y avoir encore songé.

Les vraies Sauterelles (*Locusta*) portent sur le front une éminence tuberculiforme et possèdent des élytres plus longues que les ailes postérieures. Le type du genre, la grande Sauterelle verte (*Locusta viridissima*), que les habitants du centre et du nord de l'Europe qualifient si improprement de *Cigale*, est bien connue de tout le monde.

On distingue, sous le nom de Dectiques, des Sauterelles chez

LIBRAIRIE GERMER BAILLIÈRE. IMPR. DE E. MARTINET.

MÉTAMORPHOSES DE LA SAUTERELLE VERTE

(*Locusta viridissima*).

lesquelles le front, large et bombé, n'offre aucune éminence. Plusieurs espèces de ce genre sont communes dans notre pays; elles ont leurs ailes tachetées de brun : tel le Dectique ronge-verrues (*Decticus verrucivorus*), ainsi nommé parce que cet Insecte, qui mord volontiers ce qu'on lui présente avec ses fortes mandibules, était souvent pris par les gens de la campagne pour mordre et détruire les verrues qu'ils avaient aux mains.

BARBITISTE PORTE-SELLE, MALE ET FEMELLE
(*Barbitistes ephippiger*).

Sous le nom de Barbitistes, les naturalistes désignent les Locustides dont les ailes rudimentaires affectent la forme d'écailles. L'espèce la plus répandue, le Barbitiste porte-selle (*Barbitistes ephippiger*), est quelquefois nuisible aux vignobles.

Qui n'a vu le Grillon des champs, le Grillon domestique? qui ne connaît aussi le Taupe-Grillon? Les Grillons et les Taupes-Grillons ou Courtilières sont les types de la famille des Gryllides.

Ces Insectes ont de grands rapports avec les Sauterelles, et cependant leur aspect est bien différent. Les Gryllides sont des Insectes nocturnes, de couleurs sombres, brunes, grises; les Locustides, des Insectes qui aiment la lumière, tout en se plaisant à faire entendre leur cri d'amour pendant les chaudes soirées.

Comme les Sauterelles, les Gryllides portent de longues antennes minces; ils ont de même des pattes propres au saut, seulement il n'y a d'ordinaire que trois articles à tous les tarses. Les élytres des mâles ont un très-large appareil musical; chez les femelles, il existe une tarière longue, mais très-frêle.

Dans cette famille, nous comptons deux types principaux : les Gryllines, où les pattes de devant sont simples, et les Gryllotalpines, où les jambes antérieures sont palmées. Pour une foule de gens, les Grillons sont tout simplement les *Cri-cris*, car ces Insectes, que l'on ne voit pas dans le jour, s'annoncent la nuit dans les champs et dans les maisons par la stridulation des mâles. Les Grillons sont, au reste, en tout autre temps que celui de la pariade, de véritables solitaires. Chaque individu creuse un trou, se cache dans son terrier, ne sort de sa retraite que pour des excursions nocturnes. Il en est ainsi de notre Grillon des champs (*Gryllus campestris*), que les enfants de la campagne réussissent à prendre dans son trou en lui faisant mordre un fétu de paille. Le Grillon domestique (*Gryllus domesticus*), plus petit, d'un jaune gris, avec quelques marques brunes, se tient dans les crevasses des vieilles murailles ou des vieilles cheminées. Il est frileux, il cherche les endroits chauds et les endroits où il trouvera de la nourriture. Dans les villes, c'est dans les boulangeries qu'on l'entend, là où il peut trouver du pain à discrétion; dans la campagne, il affectionne les cuisines des humbles maisonnettes, où des débris de toute nature lui fournissent de copieux repas.

Le genre Taupe-Grillon (*Gryllotalpa*) a une espèce européenne, la Courtilière (*Gryllotalpa vulgaris*). Ici le type *Grillon* est notablement modifié, il y a des adaptations à un genre de vie particulier. Les Taupes-Grillons demeurent dans la terre, et sortent peu de leurs retraites. Leur corps presque cylindrique, leurs pattes trapues, les jambes de devant courtes, étonnamment larges, digitées en quelque sorte, sont des instruments des plus parfaits pour fouir le sol. Aussi, comme s'en acquittent les Taupes-Grillons! les véritables Taupes de la classe des Insectes. Ces Orthoptères, cependant, choisissent des terres meubles

LIBRAIRIE GERMER BAILLIÈRE. IMPR. DE E. MARTINET.

MÉTAMORPHOSES DU TAUPE-GRILLON

(*Gryllotalpa vulgaris*).

pour s'y établir, celles des jardins et surtout des potagers. Ils pratiquent des galeries, coupant les racines, mangeant des racines et aussi les Vers ou les larves qu'ils rencontrent en cheminant.

MÉTAMORPHOSES DU GRILLON DES CHAMPS
(*Gryllus campestris*).

L'auteur d'un mémoire sur la Courtilière, Le Féburier, a affirmé que cet Orthoptère était uniquement carnassier; c'est une erreur: le Taupe-Grillon mange volontiers des Vers ou des Insectes, comme tant d'autres Orthoptères phytophages, mais sa nourriture habituelle est en grande partie végétale. Les terriers du Taupe-Grillon consistent en un puits vertical plus ou moins profond et en galeries horizontales. C'est dans l'une de ces galeries que les femelles déposent leurs œufs. La fécondité de ces Insectes est considérable.

Les Orthoptères qui nous restent à examiner sont les ACRIDIDES, ou vulgairement les *Criquets*. Les Criquets sautent comme les Sauterelles ou mieux les Locustides; leurs pattes postérieures sont conformées à peu près de la même manière : aussi la confusion entre les Criquets et les Sauterelles est-elle faite par les personnes un peu dépourvues de connaissances en histoire naturelle. Le 1er juillet 1866, chacun a pu lire dans le *Moniteur universel :*

« D'épaisses colonnes de Sauterelles, venues des profondeurs » du Sud, se sont abattues dans les champs du Tell, et, après avoir » dévoré une partie des récoltes sur pied et jusqu'aux feuilles » des arbres, ont donné naissance à d'innombrables légions de » Criquets qui attaquent aujourd'hui tout ce que la première » invasion avait épargné. »

Des Sauterelles qui ont donné naissance à des Criquets! C'est de la même force que si l'on disait que des Chevaux ont donné naissance à des Bœufs. Chez les Acridides, les antennes sont courtes et plus ou moins épaisses, les tarses n'ont jamais plus de trois articles; il n'y a pas d'appareil musical, de miroir à la base des premières ailes des mâles; il n'y a pas de tarière saillante ou de sabre à l'extrémité de l'abdomen des femelles.

Si les Criquets manquent de l'appareil musical des Sauterelles, ils ne sont pas moins de bons musiciens; leur instrument est autre, voilà tout. Leurs élytres ont des nervures très-saillantes, leurs cuisses postérieures des arêtes sur leur face interne; l'animal frotte l'une de ses cuisses contre l'élytre, à la manière d'un archet sur les cordes d'un violon. Musique monotone que celle des Criquets! Un naturaliste, Al. Yersin, a noté cette musique primitive, à laquelle nos grands artistes ne trouveraient rien de savant; elle suffit cependant aux femelles des Criquets.

MÉTAMORPHOSES DU CRIQUET VOYAGEUR

(*Acridium peregrinum*).

Bien vaste famille que celle des Acridides, représentée avec prodigalité dans toutes les contrées du monde, et surtout dans les pays chauds, où vivent les plus belles et les plus grandes espèces. Dans l'Europe centrale, on ne voit d'ordinaire que les petits Criquets qui sautent partout dans les champs cultivés. Chacun remarque à l'automne ces espèces qui, en s'envolant, montrent leurs ailes rouges ou bleues. Mais l'espèce qui, depuis l'antiquité, inquiète les nations civilisées, est le Criquet voyageur (*Acridium peregrinum*), l'*Arbeth* de la Bible, cause de la huitième plaie d'Égypte, l'*Acris* des Grecs, la *Locusta* des Romains, dont les ravages sont mentionnés dans les annales de tous les peuples. Cette espèce, abondante en Afrique et en Orient, se multiplie en certaines années d'une façon prodigieuse. Alors les Criquets, répandus par centaines de millions, dévastent les contrées où ils sont nés, et lorsqu'ils ont détruit toute la végétation, ils s'envolent en longues colonnes, en masses épaisses, et s'abattent sur les pays encore épargnés. On a noté les années d'invasion des Criquets en Europe et en Afrique comme on a noté les années de froid excessif.

Le Criquet voyageur dépose ses œufs en terre, à une faible profondeur, enfermés dans une sorte de petit tuyau. Le Criquet émigrant (*OEdipoda migratoria*), dont le sternum n'a pas de pointe, comme chez le précédent, est le plus répandu en Europe.

Au IVe siècle, d'après saint Augustin, tout le nord de l'Afrique fut dévasté; les Criquets, poussés dans la mer par la violence des vents, ayant été rejetés sur le rivage, les exhalaisons de leurs corps en putréfaction causèrent une peste qui fit périr une infinité d'hommes. Dans les années 1747, 1748, 1749, les provinces danubiennes sont envahies; Charles XII est arrêté en Bessarabie avec son armée par une pluie de Criquets. Engagés entre les montagnes, serrés les uns contre les autres, ces Insectes s'entrechoquant, tombaient de tous côtés. Les années 1780, 1789, comptent parmi les plus funestes pour les États barbaresques. Personne encore n'a perdu le souvenir de l'année 1866.

XII

LES THYSANOPTÈRES

Que l'on se figure des Insectes noirs au corps étroit, déprimé, de la longueur de 2 millimètres (Thrips de Latreille) ; des Insectes si répandus dans la nature, que vous ne pouvez presque pas prendre une fleur, ou l'épi d'une Graminée, sans en voir plusieurs individus. Deux auteurs anglais, MM. Westwood et Haliday, ont précisé les caractères des Thrips. Le premier a étudié leurs pièces buccales ; le second a observé les caractères des espèces, et il a établi l'ordre des Thysanoptères.

Les Thysanoptères (θυσανος, franges ; πτερα, ailes), dans leur état complet, ont quatre ailes membraneuses, fort étroites, sans plis ni réticulation, mais garnies sur leurs bords de longs cils formant une frange d'une finesse, d'une élégance qui dépassent toute description. Ces Insectes ont des mandibules longues et minces, des mâchoires et une lèvre munies de palpes. La conformation de la bouche les rapproche des Orthoptères. La tête porte des antennes filiformes de longueur médiocre, de gros yeux latéraux et ordinairement trois ocelles sur le front. Les pattes des Thysanoptères sont encore très-caractéristiques : les tarses, de deux articles, se terminent par une sorte de vésicule propre à contracter adhérence sur les feuilles ou sur les pétales des fleurs.

Chez ces Insectes, le développement est analogue à celui des Orthoptères : les jeunes ont la forme des adultes ; seulement,

MÉTAMORPHOSES DU THRIPS DES CÉRÉALES
(*Thrips Cerealium*).

ils manquent d'ailes, et leur corps est pâle, jaune ou rougeâtre ; après quelques mues, se montrent des rudiments d'ailes, ce sont les nymphes, nymphes actives ; après un dernier changement de peau, ce sont des adultes. Les Thysanoptères courent vite, ils volent prestement ; avec leurs petites mandibules ils rongent les feuilles à la surface.

L'ordre des Thysanoptères se compose d'une seule famille, la famille des Thripsides, où l'on reconnaît deux types, selon que les espèces ont deux articles aux palpes et les ailes sans aucune nervure (Phlœothripsines), ou trois articles aux palpes et deux nervures aux ailes antérieures (Thripsines). Parmi les dernières, la plupart appartiennent au genre Thrips. Le Thrips des céréales (*Thrips Cercalium*), d'une couleur brune avec les pattes et les antennes annelées de blanc, est signalé comme nuisible au Blé dans les circonstances où il s'est très-multiplié. Le petit Insecte s'engage entre les valves et la graine, se blottit dans le sillon du grain et le ronge. Il n'enlève pas beaucoup de substance à la fois, et cependant il détermine un appauvrissement très-sensible du grain.

XIII

LES NÉVROPTÈRES

Dans l'ordre des Névroptères, on observe tous les genres de métamorphoses. Les uns n'ont dans leur existence aucune période d'inactivité, ils n'éprouvent pas de changements plus considérables que les Orthoptères. Les autres, avant l'âge adulte, passent par deux phases aussi tranchées que chez les Lépidoptères ou les Hyménoptères. Ceux-ci éprouvent donc des métamorphoses absolument complètes. D'autres Névroptères n'ont qu'un temps d'immobilité très-court; leurs nymphes perdent leur activité et changent de condition presque au moment de l'éclosion des adultes. Des métamorphoses aussi variées entre des Insectes appartenant au même ordre enseignent que les périodes d'évolution sont parfois bien loin d'être identiques chez des animaux liés par d'étroites affinités naturelles.

Les Névroptères sont caractérisés par leurs organes de vol. Leurs quatre ailes nues, membraneuses, sont parcourues par de nombreuses nervures et présentent généralement une réticulation serrée (νεῦρον, corde, nervure; πτέρα, ailes). Les Névroptères sont les Insectes aux ailes très-veinées et même réticulées. A ce caractère il faut ajouter qu'ils ont des pièces buccales libres, des pattes faibles, un corps presque toujours assez élancé.

Il existe des Névroptères de formes assez différentes; certaines modifications conduisent à reconnaître plusieurs types, d'un rang plus élevé que les familles. Ainsi, d'un côté, il y a les Névroptères dont les ailes transparentes ont des nervures transversales (***Hyaloptères***), et, d'un autre côté, les Névroptères dont les ailes poilues, offrant des nervures branchues, n'ont aucune réticulation transversale (***Trichoptères***), et, parmi les premiers, les représentants de quelques familles montrent avec les Orthoptères des rapports assez manifestes pour qu'il semble naturel de les isoler un peu des Névroptères les mieux caractérisés.

Sous le rapport des conditions d'existence, les Névroptères offrent un bien grand intérêt. Les uns, êtres industrieux, vivent en sociétés nombreuses, édifient des demeures quelquefois immenses, et, dans un autre ordre, représentent les Fourmis. Les autres, et ce sont les plus nombreux, ne possèdent ni talent, ni instincts particulièrement remarquables; mais ils donnent le spectacle de curieux phénomènes dans la diversité de leurs conditions d'existence, suivant qu'ils sont à l'état de larves, à l'état adulte.

Une des plus intéressantes familles, non-seulement de l'ordre des Névroptères, mais encore de la classe des Insectes tout entière, est celle des TERMITIDES. Les Termites forment des sociétés nombreuses où il y a des mâles et des femelles, des individus neutres de plusieurs sortes, des larves et des nymphes actives. Ils édifient de gigantesques demeures, avec des multitudes de chambres et de galeries, et travaillent toujours dans l'ombre. Ont-ils besoin de se porter d'un point à un autre, admirables ingénieurs, ils construisent de véritables tunnels. Leurs mœurs, leur habileté à construire, les ont fait comparer aux Fourmis, et dans toutes les contrées intertropicales, où ces mineurs et ces

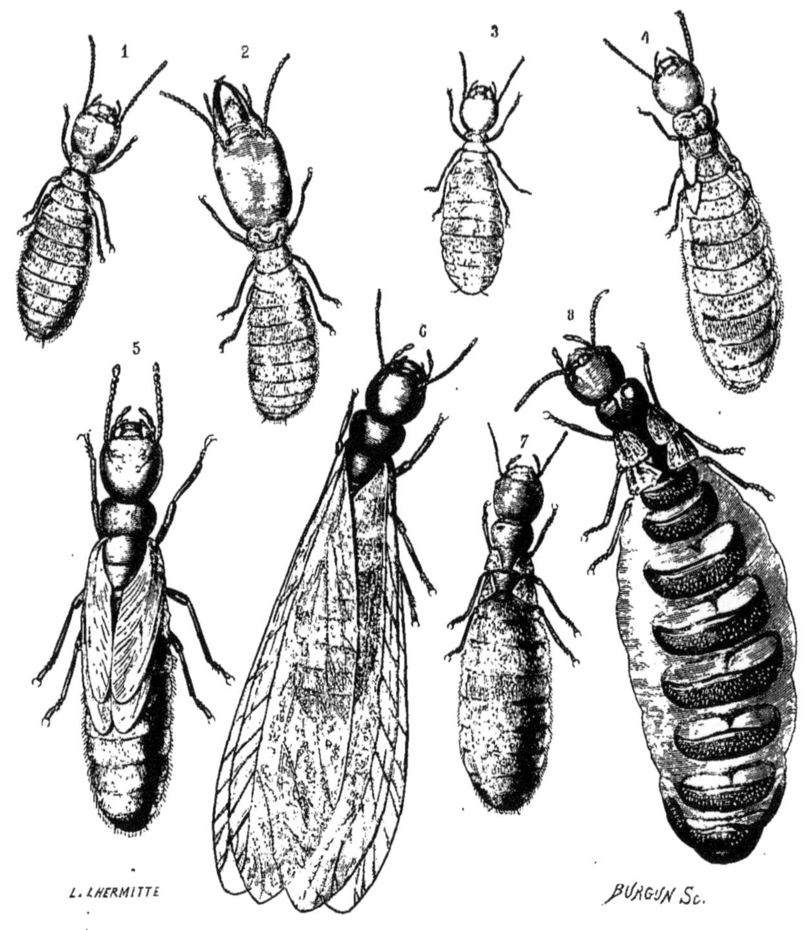

LES DIVERS INDIVIDUS D'UNE TERMITIÈRE

(*Termes lucifugum*).

1. Ouvrier. — 2. Soldat. — 3. Larve. — 4. Nymphe à petits étuis. — 5. Nymphe à longs étuis. — 6. Mâle. 7. Petite femelle. — 8. Grande femelle. (Tous très-grossis.)

dévastateurs de toutes choses sont un fléau, on les nomme les *Fourmis blanches*.

Les Termites ont donné lieu à une foule d'écrits, il nous suffira d'en citer deux des plus récents et des plus importants : une monographie très-bien faite du professeur Hagen (de Kœnigsberg), une étude spéciale sur le Termite lucifuge par M. Lespès.

Les Termites mâles et femelles ont des ailes amples dont les nervures transversales sont rudimentaires, une tête forte portant trois ocelles entre les gros yeux. Les neutres, toujours privés d'ailes, sont de deux sortes : les uns, c'est-à-dire les ouvriers, avec une tête ronde et des mandibules assez courtes; les autres, avec une tête plus longue, très-forte et de grandes mandibules, que l'on appelle les *soldats*, dans l'idée que ces individus ont pour mission la défense du nid.

Par les observations de M. Lespès, on a appris que dans les habitations de la petite espèce de France, le Termite lucifuge (*Termes lucifugum*), il existe, outre les larves des neutres et des individus sexués, outre les neutres, ouvriers et soldats, des nymphes de deux sortes, les unes de petite taille, avec des étuis ou rudiments d'ailes très-courts, les autres plus grandes, avec de longs étuis; et enfin, fait vraiment étrange et encore inexpliqué, deux sortes de mâles et de femelles : les uns, petits, paraissent vers le mois de mai; les autres, beaucoup plus grands, que l'on ne voit qu'au mois d'août. M. Lespès appelle les premiers, les petits rois et les petites reines; les seconds, les grands rois et les grandes reines. Après la fécondation, un seul couple d'ordinaire se trouve dans l'intérieur du nid. Ces individus ont perdu leurs ailes, appendices caducs chez les Termites et ne persistant pas après l'union des mâles et des femelles. Les ouvriers, d'une teinte blanchâtre, ont une taille variable de 3 à 5 millimètres; les soldats, chez lesquels M. Lespès a reconnu des neutres des deux sexes, ont une taille d'au moins 5 millimètres et une coloration rousse sur les parties antérieures. Les mâles sont d'un noir de poix, avec la bouche et les tarses jaunâtres et les ailes enfumées. Le corps des petits mâles a 7 millimètres de long, celui des petites femelles 8 à 9; le corps des grands mâles et des grandes femelles a au moins 2 millimètres de plus, surtout chez ces dernières, dont l'abdomen est distendu par les œufs.

Le Termite lucifuge est commun dans les landes de Gascogne, où il s'établit dans les souches des vieux Pins; mais depuis longtemps déjà il a envahi les maisons des villes de la Charente-Inférieure, la Rochelle, Rochefort, Tonnay-Charente, Saintes, etc., et aujourd'hui il se montre dans quelques quartiers de Bordeaux. On a prétendu que le Termite de la Rochelle était d'une autre

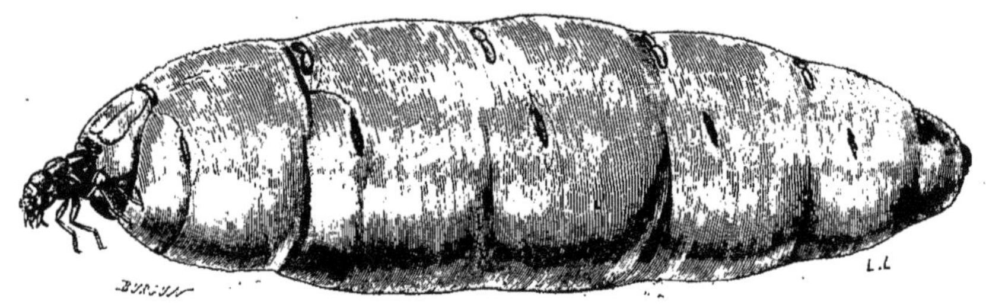

TERMITE FEMELLE DE LA CÔTE DE GUINÉE

De grandeur naturelle, d'après un individu de la collection du Muséum.

espèce que celui des Landes, mais la comparaison d'individus des deux provenances ne permet pas de regarder cette opinion comme ayant le moindre fondement. Des maisons entières sont minées par le Termite, et comme les surfaces extérieures sont toujours respectées, on peut ne point soupçonner le danger; de là des accidents plus ou moins graves. La préfecture de la Rochelle est depuis longtemps envahie; à une époque, ses archives ont été détruites. Mais nous n'avons rien vu de plus curieux dans cet édifice que les tunnels ou les minces colonnettes descendant de la voûte au sol, que les Termites construisent dans les caves.

C'est dans les pays chauds que les Termites sont prodigieusement multipliés et qu'ils atteignent une assez forte dimension. On assure qu'à Ceylan, le tiers du pays plat est miné par les

Termites. Mais les renseignements les plus précis que nous possédions encore sur les habitations des espèces exotiques sont ceux de Smeathman, le voyageur anglais dont le récit et les figures ont été cent fois reproduits. L'espèce désignée sous le nom de Termite belliqueux (*Termes bellicosus*) élève des monticules d'une hauteur de 3 ou 4 mètres, flanqués de tourelles, et d'une telle solidité, que Smeathman rapporte qu'il put monter à l'extrémité d'un de ces édifices avec quatre de ses compagnons, sans l'ébranler. Vient-on à faire une brèche à l'un de ces nids, les soldats, qui ont une forte taille et de grandes mandibules, se portent aussitôt à la défense. La femelle de cette espèce, comme les femelles d'autres Termites des pays chauds, acquiert, par suite de l'extrême distension de l'abdomen rempli d'œufs, un volume inimaginable.

Nous avons de très-petits Névroptères de mœurs assez insignifiantes, que leur conformation rapproche beaucoup des Termites : ce sont les Psocides, qui ont les ailes peu veinées, la tête fort grosse, avec trois ocelles sur le front, les antennes sétiformes, les pattes très-grêles. Ces Insectes se trouvent sur les mousses, sur les troncs d'arbres, sur les vieilles murailles. Une toute petite espèce habite nos maisons, où elle se montre souvent parmi les vieux papiers un peu humides. Comme elle n'acquiert jamais d'ailes, elle a l'aspect d'une larve ou plutôt d'un petit Pou ; comme elle fait parfois entendre un bruit en frappant avec ses mandibules, on l'a nommée le Psoque pulsateur (*Psocus pulsatorius*).

Les Perlides composent une famille bien caractérisée. Ce sont des Névroptères de taille médiocre, ayant les ailes postérieures amples et plissées vers leur origine, les antennes sétiformes, les pièces buccales bien développées, et, comme celles des Termites, des Psoques, offrant des ressemblances manifestes avec celles des Orthoptères. Nous devons à M. Pictet (de Genève) de bien connaître sous leurs différents états les espèces européennes de cette famille. Les Perlides ont des métamorphoses incomplètes; les larves sont aquatiques, carnassières, agiles, souvent pourvues d'organes respiratoires extérieurs, consistant en petites touffes de filaments attachés à la partie inférieure des anneaux thoraciques; les nymphes, toujours actives, ne diffèrent des larves que par la présence de rudiments d'ailes. A un moment, elles sortent de l'eau et s'accrochent sur les pierres ou après les plantes du rivage. Bientôt leur peau se dessèche, se fend

MÉTAMORPHOSES DE LA PERLE BORDÉE
(*Perla marginata*).

sur la ligne médiane du dos, l'adulte se dégage de cette enveloppe et prend son essor.

Nous avons deux grands genres dans cette famille des Perlides, les Perles et les Némoures; les premières portent à l'extrémité de l'abdomen deux longs filets articulés qui manquent chez les secondes. La Perle bordée (***Perla marginata***) est une de nos espèces les plus répandues, un Insecte brunâtre avec une bordure fauve au mésothorax, les ailes comme enfumées. Sa larve, d'un jaune-citron, tachetée de noir, se trouve dans les rivières, dans les ruisseaux au cours rapide. Les Némoures, aux formes plus grêles que les Perles, vivent dans les mêmes conditions. Dans leur premier âge, ils portent des filets à l'abdomen comme les larves des Perles, et ces filets disparaissent chez les adultes. Tandis que les ailes sont toujours parfaitement développées chez les femelles, elles sont courtes, rudimentaires chez les mâles de plusieurs espèces : la dégradation qui, dans les autres ordres, atteint quelquefois les femelles, porte donc ici sur les mâles.

Il est une famille de Névroptères, les Éphémérides, où volontiers on cherche des impressions poétiques. Les Éphémères, le nom l'exprime, c'est la vie qui commence au lever du soleil et finit à son déclin le même jour. Les Éphémères, c'est la délicatesse des formes, la légèreté du corps. Les Éphémères, c'est la réalisation du rêve des mystiques apparitions sortant des eaux, lorsque, par un beau soir d'été, des milliers, des millions de ces créatures aériennes voltigent à la surface des étangs ou des rivières.

Les Éphémérides sont faciles à distinguer. Ils ont de petites antennes de trois articles, dont le dernier est une soie extrêmement fine ; des ailes délicates, les antérieures larges, les postérieures très-petites ; le corps terminé par deux ou trois longs filets articulés. Les parties de la bouche sont molles, incapables de servir à aucune fonction : des êtres dont la vie dure quelques heures ne prennent aucune nourriture. Ils naissent, et tout aussitôt les mâles et les femelles se recherchent et s'unissent ; les femelles sont fécondées ; en un paquet elles laissent tomber leurs œufs dans l'eau. Les petites larves éclosent, et leur croissance marche avec plus ou moins de rapidité, selon les espèces. Les larves des Éphémérides sont des Insectes aquatiques, organisés pour respirer dans l'eau ; leur abdomen porte, sur les côtés, des branchies, ou mieux des filets ou des lamelles minces, traversées par de nombreuses ramifications trachéennes. Entre les larves d'Éphémères, il y a, du reste, dans la conformation générale,

G. BURGUN

des différences notables qui entraînent des différences dans les conditions d'existence. Cependant tous ces Insectes, également carnassiers, ont des mandibules pourvues de pointes acérées et des mâchoires épineuses; ils deviennent nymphes en acquérant des rudiments d'ailes. Lorsque approche le moment de l'éclosion de l'adulte, la nymphe monte sur les herbes ou les plantes; ses téguments se gonflent, la peau se fend sur la ligne dorsale, et le Névroptère ailé s'échappe de cette enveloppe. Mais, fait unique, cet Insecte adulte est revêtu dans toutes ses parties, son corps, ses ailes, d'une membrane, sorte de tunique dont il doit se dépouiller avant d'être apte à remplir aucune fonction. Les naturalistes donnent le nom de ***Pseudimago*** à l'Éphémère encore enveloppée de sa membrane, l'ancien nom d'***Imago*** des anciens auteurs correspondant à celui d'Insecte parfait.

Les Éphémérides d'Europe ont été étudiés avec talent par M. Pictet. Les espèces pour lesquelles a été réservé le nom d'Éphémères ont les ailes pourvues de nombreuses nervures transversales, l'abdomen muni de trois longs filets. La plus répandue dans notre pays, est l'Éphémère commune (***Ephemera vulgata***), aux ailes tachetées de brun. Sa larve et sa nymphe, comme celles de toutes les espèces voisines, sont longues, cylindriques, avec des mandibules saillantes, des pattes élargies, tranchantes, qui leur servent à fouir la vase. Ces Insectes creusent des galeries, et s'y blottissent pour se mettre à l'abri des dangers. Leurs branchies, qu'elles ramènent habituellement sur le dos, sont étroites, effilées et garnies de cils. Les plus jolies parmi les larves des Éphémérides sont celles des Cloés. Frêles, délicates, presque diaphanes, pourvues de branchies en lamelles, qu'elles agitent sans cesse avec rapidité, ayant des pattes grêles, des appendices abdominaux larges et frangés, servant de rames, ces petites larves, pleines d'élégance, vivent à découvert, nagent avec facilité, atteignent leur proie et échappent à leurs ennemis par la prestesse de leurs mouvements. Adultes, les Cloés ont des ailes peu veinées, seulement deux filets à l'extrémité de l'abdomen ; et, chez les mâles, les yeux partagés de telle sorte que chaque œil paraît surmonté d'un autre œil : ce qui a valu à l'espèce la plus commune, un Insecte au thorax fauve et aux ailes transparentes et incolores, le nom de Cloé bioculée (*Cloe bioculata*).

La grande famille de l'ordre des Névroptères, la famille où les caractères de l'ordre apparaissent au plus haut degré, est celle des LIBELLULIDES. Ce sont les Insectes qui, pendant l'été, volent continuellement au bord des rivières et surtout des étangs, et que chacun appelle des *Demoiselles;* un nom que leur ont valu leur forme élancée, leur allure élégante, leurs fraîches couleurs, leurs ailes de gaze. Ces Insectes ont des ailes presque égales en longueur et prodigieusement réticulées, répondant ainsi de la manière la plus complète à la dénomination de Névroptères; ils ont une grosse tête, de grands yeux, des antennes toutes petites, très-semblables à celles des Éphémères, des tarses de trois articles. Les Libellulides, les attrayantes *Demoiselles*, sont exclusivement carnassières et d'une férocité sans égale ; dans leur vol rapide, elles atteignent les Mouches, les Papillons, et les déchirent en un instant. Leur bouche est munie de mandibules à dents acérées, constituant de terribles tenailles; de mâchoires fortes, ayant un seul lobe terminé par des pointes aiguës ; d'une lèvre inférieure extrêmement large, avec des palpes courts et épais. Contre de tels armes, la plupart des Insectes ne peuvent opposer qu'une vaine résistance. Ces Névroptères portent des appendices à l'extrémité de leur abdomen, et chez les mâles ces appendices forment une véritable pince. Le mâle à la poursuite d'une femelle la saisit par le cou avec cet instrument, et la traîne ainsi captive jusqu'à ce qu'elle cède à ses désirs. Les femelles fécondées laissent tomber leurs œufs dans l'eau, sans prendre aucune précaution spéciale. Comme les Perles, comme les Éphémères, les Libellulides ont des métamorphoses incomplètes; ces Insectes, les plus aériens à l'état adulte, sont, dans leur état de larves ou de nymphes, des Insectes aquatiques se traînant dans la vase. Bien curieuses par leur genre de vie et par leur conformation sont les larves et les nymphes des Libellulides. Elles ont le corps plus massif, la tête plus aplatie, les yeux moins grands et plus écartés que les adultes. Non moins carnassières, elles sont lentes dans leur marche, et c'est à peine si elles ont l'instinct de s'embusquer. Malgré tout, elles n'éprouvent aucune difficulté à saisir des Insectes assez agiles; larves et nymphes possèdent dans leur lèvre inférieure le plus singulier instrument. Cette lèvre, extrêmement longue, a des palpes formant une pince; articulée sur le menton, qui est lui-même très-long, elle présente un coude, et pendant le repos se rabat sous le thorax. La larve de la Libellule est presque immobile; une proie passe à une certaine distance devant elle, soudain sa lèvre se détend comme un ressort, et l'animal qui semblait hors de portée est saisi par la pince. Les larves et les nymphes des Libellulides, absolument dépourvues de tout organe analogue à des branchies, ont un mode de respiration unique : elles respirent par l'anus. L'animal écarte les appendices qui terminent son abdomen, et fait entrer à de courts intervalles une masse d'eau assez considérable dans son gros intestin. Sur ce gros intestin se ramifient une multitude de trachées qui s'emparent de l'air dissous dans l'eau. La faculté dont jouissent les larves des Libellulides de faire entrer de l'eau dans leur gros intestin, pour leur respiration, leur procure un avantage. Ces Insectes, marchant avec lenteur, se dérobent en un clin d'œil à l'ennemi qui les menace, en expulsant violemment l'eau contenue dans leur rectum. Cette expulsion les projette en avant avec une vigueur extrême.

Sur le point de subir son dernier changement la nymphe de Libellulides sort de l'eau et s'accroche sur les plantes; sa peau se dessèche, se fend, et se montre l'Insecte ailé.

La famille des Libellulides renferme une multitude d'espèces disséminées par le monde, dont les caractères ont été déjà trèsétudiés par MM. Rambur, Burmeister, de Selys-Longchamps, Hagen, etc. On reconnaît trois types principaux dans cette famille, les Libellulines, les Æschnines, les Agrionines.

Chez les Libellules, le corps est assez large et les palpes de la lèvre n'ont que deux articles ; les larves ont le corps très-ramassé. Nous en avons une espèce bien commune au bord des eaux pendant l'été, c'est la Libellule déprimée (*Libellula depressa*), le mâle ayant le corps bleuâtre en dessus, la femelle toute fauve. Chez les Æschnes, le corps est robuste et arrondi, les palpes de la lèvre ont trois articles. On y distingue deux types : ceux dont les yeux énormes sont contigus sur la ligne médiane (*Æschnites*), et ceux dont les yeux sont écartés (*Gomphites*). L'Æschne tachetée (*Æschna maculatissima*), noire, avec des bandes et des taches jaunes, est l'une de nos belles Libellulides. Sa larve et sa nymphe sont d'un vert sombre nuancé de brun. Chez les Agrions, le corps est grêle, l'abdomen cylindrique comme une baguette, et les palpes de la lèvre de trois articles. On a réservé le nom d'Agrion pour nos plus mignonnes Libellulides, au corps d'un bleu gris de perle (*Agrion puella*, etc.), et l'on en a distingué, sous le nom de Caloptéryx, les espèces les plus grandes. Tout le monde remarque cette charmante espèce, l'Agrion vierge (*Calopteryx virgo*), le mâle d'un bleu métallique, avec une large bande bleu verdâtre sur les ailes, la femelle d'un vert brillant.

A considérer certains représentants de la famille des Myrméléonides, on croirait volontiers avoir sous les yeux des Insectes peu différents des Libellules. Il y a, en effet, des rapports assez intimes entre les Myrméléonides et les Libellulides à l'état adulte; néanmoins, dans les conditions d'existence des larves, dans les métamorphoses, les différences sont des plus considérables. Les Myrméléonides vivent à terre dans leurs premiers états ; ils subissent des métamorphoses complètes : leurs larves, courtes, élargies, toujours carnassières, ne rappelant en rien les formes des

EM. BLANCHARD. PAGE 598.

adultes, se construisent pour la plupart un cocon, et se transforment en une nymphe immobile.

Adultes, les Myrméléonides ont des ailes moins réticulées que les Libellulides, des yeux plus petits, des antennes multiarticulées, des tarses de cinq articles. Leurs mandibules sont aiguës; leurs mâchoires et leur lèvre, assez étroites, portent de longs palpes. Il y a des types assez variés dans cette famille.

MÉTAMORPHOSES DU FOURMILION COMMUN
(*Myrmeleon formicarium*).

Les Myrméléonines ont les antennes renflées vers le bout. Chez les Myrméléons, que l'on nomme vulgairement les ***Fourmilions***, ces appendices sont très-courts. Le type du genre, le Fourmilion commun (***Myrmeleon formicarium***), est un Insecte qui intéresse à raison des habitudes et des ruses de sa larve. Dans les endroits sablonneux, sur les monticules bien exposés au soleil, il est ordinaire d'apercevoir de petites cavités en forme d'entonnoirs. C'est l'ouvrage des Fourmilions, Insectes d'un gris rosé un peu sale, ayant sur les côtés de petits bouquets de poils noirs, les pattes antérieures et intermédiaires dirigées en avant, les postérieures plus robustes, peu mobiles et serrées en arrière contre le corps. Ces larves ne peuvent marcher qu'à reculons; en s'enfonçant dans le sable, elles décrivent des tours qui diminuent graduellement; se servant de leur tête large et plate comme d'une pelle, elles lancent le sable au loin, et forment ainsi un entonnoir. Le travail achevé, le Fourmilion, enfoncé dans le sable, ne laisse paraître que deux longues mandibules. L'endroit où il s'est établi est fréquenté par des Fourmis et d'autres Insectes. La Fourmi qui passe au bord de la cavité trébuche sur le sable mouvant; elle fait des efforts pour ne pas tomber dans le précipice, mais notre larve lui lance des pelletées de sable et la fait rouler ainsi jusqu'au fond; la saisissant alors entre les extrémités de ses mandibules, elle la suce: ses mandibules sont perforées et propres à la succion. C'est une des particularités remarquables de l'organisation des larves de Myrméléonides. Au terme de sa croissance, le Fourmilion s'emprisonne dans une petite coque soyeuse parfaitement ronde; mais la soie produite par une filière située à l'extrémité du corps n'étant pas abondante, il en fortifie les parois avec des grains de sable. Les adultes, d'un gris sombre, avec des taches jaunâtres, ont de grandes ailes transparentes, ornées de quelques petites marques noires.

Dans les régions chaudes du globe, on rencontre de grands Myrméléons (genre ***Palpares***), dont les ailes, larges, sont tachetées de brun et de noir. Une espèce de Provence, le Myrméléon libelluloïde (***Palpares libelluloides***), en est le type. Sa larve se cache dans le sable, mais ne fait pas d'entonnoir.

Des Névroptères d'un petit groupe (***Ascalaphites***), de la tribu des Myrméléonines, sont de charmants Insectes qui affectent un peu l'apparence des Lépidoptères. Les Ascalaphes ont de longues antennes terminées par un large bouton, comme celles des Argynnes; des ailes joliment nuancées, le plus souvent d'un jaune vif avec des dessins noirs. Plusieurs de ces Insectes habitent l'Europe méridionale; leurs larves paraissent avoir une assez

MÉTAMORPHOSES DU MYRMÉLÉON LIBELLULOÏDE

(*Palpares libelluloides*.)

grande ressemblance avec celles des Myrméléons, mais jusqu'ici nous connaissons peu leur histoire.

Un autre type (*Némoptérites*) appelle l'attention par des formes tout à fait élégantes. Les Némoptères, Insectes des contrées que baigne la Méditerranée, ont des antennes minces, mais ils sont surtout remarquables par leurs ailes postérieures toutes longues, tout étroites, un peu élargies à l'extrémité à la manière d'une spatule. Le Némoptère coa (*Nemoptera coa*),

LE NÉMOPTÈRE COA ET L'ASCALAPHE LONGICORNE
(*Nemoptera coa* et *Ascalophus longicornis*).

avec ses ailes jaune-soufre, tachetées de noir et comme gaufrées, est une des ravissantes créatures du monde ailé.

Les Hémérobiines, Insectes délicats, Myrméléonides réduits à de minimes proportions, portent de longues antennes minces et des ailes larges bien veinées. Sur les arbustes des jardins,

Rosiers, Sureaux, etc., vous voyez souvent posés sur le feuillage des Névroptères que leur corps d'un vert tendre, les nervures de leurs ailes de la même nuance, et surtout leurs yeux saillants qui

MÉTAMORPHOSES DE LA PANORPE COMMUNE

(*Panorpa communis*).

ont l'éclat de l'or, signalent à l'attention. On les appelle, de leur nom vulgaire, les ***Demoiselles terrestres***, de leur nom scientifique, les Hémérobes. Insectes destinés à courir sur les plantes, ils ont entre les crochets des tarses une petite pelote propre à assurer leur marche. Sans doute, comme moyen de défense, ils exhalent une odeur stercoraire très-pénétrante, qui contraste avec leur apparence délicate et élégante. Les Hémérobes attachent leurs œufs aux feuilles des arbustes par de longs et minces pédicules formés par la matière qui les enduit. A voir des groupes de ces petits corps ovalaires portés sur des tiges, on croirait à des plantes cryptogames, et l'on y a cru autrefois. Les larves, avec une forme plus svelte, ressemblant à celles des Fourmilions, se dispersent sur le feuillage, où elles font la chasse aux Pucerons. Après le lion des Fourmis, nous trouvons ici les *lions des Pucerons*. Au terme de leur croissance, ces larves filent une petite coque de soie pure, toute blanche et toute ronde, qu'elles attachent aux feuilles; la transformation en nymphe a lieu; deux semaines plus tard sortent les adultes.

Les Panorpides, aisément reconnaissables, dans leur forme adulte, à une tête prolongée en avant et figurant un long museau, ont les ailes assez étroites et les antennes effilées. Nous avons en Europe la Panorpe commune (*Panorpa communis*), la *Mouche Scorpion* de Geoffroy, qui recherche les endroits humides. Ses ailes diaphanes sont élégamment tachetées de brun. Le mâle porte à l'extrémité de son abdomen une sorte de pince qui lui permet de retenir sa femelle dans les airs; les appendices abdominaux, simples chez une foule d'Insectes, se convertissent parfois en instruments très-spéciaux. La Panorpe femelle peut distendre ses derniers anneaux et faire saillir un long oviducte : c'est qu'elle doit pondre ses œufs dans la terre humide et à une certaine profondeur. Les transformations de la Panorpe commune ont été bien observées par un naturaliste de Vienne, M. Bräuer; mais depuis longtemps nous avions été mis en possession de la larve de cet Insecte par un amateur, M. Vaudouer (de Nantes), qui charma sa vie à voir de ses yeux ce que lui apprenaient les mémoires de Réaumur.

Les larves des Panorpes, de forme presque cylindrique, avec de petites pattes thoraciques, et aux anneaux de l'abdomen, des

MÉTAMORPHOSES DU SEMBLIS DE LA BOUE
(*Semblis lutaria*).

tubercules servant à la marche, des poils rares, une teinte d'un gris rougeâtre, vivent dans la terre humide, à une profondeur de 2 ou 3 centimètres, se creusant des galeries et se nourrissant de débris organiques. Elles s'établissent dans une loge pour leur transformation en nymphes.

La famille des SEMBLIDES a peu de représentants en Europe. Ce sont encore des Névroptères à métamorphoses complètes. Leurs ailes ont les nervures transversales peu nombreuses, leur prothorax est plus ou moins long, leurs antennes ressemblent à de longues soies. Le type du genre Semblis, caractérisé par des mandibules très-courtes, le Semblis de la boue (*Semblis lutaria*), est un Insecte aux ailes enfumées qui a été bien étudié dans ses métamorphoses par M. Pictet. On le voit fréquemment au bord des mares, où il dépose ses œufs par plaques sur les tiges des plantes. Les larves du Semblis, qui portent de chaque côté de l'abdomen de petits appendices respiratoires articulés, se tiennent dans la vase, où elles chassent des Insectes. Bien différentes des autres larves aquatiques de Névroptères, elles sortent de l'eau quand approche le temps de leur métamorphose, et vont se former dans la terre humide une loge dans laquelle elles subissent leur transformation en nymphe.

En Amérique, il existe de grands Semblides pourvus d'énormes mandibules arquées, les Corydales : MM. Leidy et Haldeman ont observé les premiers états d'une espèce de la Caroline.

Une dernière division de l'ordre des Névroptères, la famille des PHRYGANIDES, s'isole très-manifestement de tous les autres types. Les Phryganides, Insectes à métamorphoses complètes, de même que les précédents, offrent quelques affinités avec les Lépidoptères. Leurs ailes, sans réticulation transversale, portent de petits poils implantés à la manière des écailles des Papillons; les pièces de la bouche sont molles, rudimentaires, impropres à tout usage; leurs antennes, assez épaisses, sont longues et terminées en pointe; leurs pattes sont grandes, avec les jambes garnies d'épines et les tarses composés de cinq articles. Les Phryganides, très-nombreuses en espèces sous les climats tempérés, ont généralement une teinte grisâtre, brune ou jaunâtre. Ces

Insectes volent le soir, dans les marécages, au bord des étangs, au bord des rivières. Les femelles laissent tomber leurs œufs dans l'eau, et ces œufs étant toujours enveloppés d'une sorte de gelée

MÉTAMORPHOSES DES PHRYGANES

(*Phryganea flavicornis, Ph. rhombica, Ph. fusca*).

transparente, les paquets s'attachent aux pierres et aux plantes aquatiques. Les Phryganides sont surtout intéressantes dans la première condition de leur existence. Larves très-carnassières, avec des téguments mous, elles se fabriquent des étuis, des fourreaux avec des corps étrangers réunis par un peu de soie, à la manière de certaines chenilles, telles que les Psychés et diverses espèces de Tinéines. Comme ces dernières, elles portent leur abri, ne sortant que la partie antérieure de leur corps. Un danger les menace-t-il, au plus vite elles rentrent tout à fait dans leur fourreau. Chaque espèce travaille à sa façon et montre une prédilection très-marquée pour des matériaux déterminés. Il est des larves de Phryganides qui confectionnent leurs tuyaux invariablement avec des graviers, d'autres avec de petites coquilles, d'autres toujours avec des bûchettes, d'autres avec des fétus ou des brins d'herbe, de sorte que l'inspection d'un fourreau permet de reconnaître par quelle espèce il a été construit. Quelques-unes se logent dans des abris fixes (*Hydropsychés*).

Les larves de Phryganides, vivant constamment dans l'eau, portent sur les côtés de l'abdomen des filaments propres à la respiration aquatique ; elles ont une tête écailleuse, les anneaux thoraciques revêtus de plaques de consistance coriace, des pattes très-longues, un abdomen à peau molle, terminé par deux crochets servant à l'animal à retenir sa demeure portative. Au terme de leur croissance, ces Insectes fixent leur fourreau contre un corps quelconque, le ferment hermétiquement, et se transforment en nymphes. Celles-ci ont le même mode de respiration que les larves. Aujourd'hui, on connaît un grand nombre d'espèces de Phryganides, c'est à M. Pictet que l'on doit la plus belle étude des caractères et des métamorphoses de ces curieux Névroptères.

Parmi nos espèces les plus communes, nous citerons la Phrygane à antennes fauves (***Ph.*** ***flavicornis***), qui, à l'état de larve, construit son fourreau avec de grosses bûchettes ; la Phrygane rhombifère (***Ph. rhombica***), qui choisit de petits brins de plantes aquatiques ; la Phrygane brune (***Ph. fusca***), qui fabrique un tuyau central avec de petits graviers, y ajoutant à l'extérieur des fétus d'une longueur surprenante.

XIV

LES HÉMIPTÈRES

Énoncer ce fait, que dans l'ordre des Hémiptères, on réunit les Punaises, Punaises de bois et Punaises domestiques, les Cigales, les Pucerons, les Cochenilles, c'est donner à chacun une première notion de l'ensemble de cette grande division de la classe des Insectes. Chez les Hémiptères, les ailes, au nombre de deux paires, sont membraneuses, avec des nervures en baguettes plus ou moins ramifiées, mais sans réticulation transversale. Chez un grand nombre, ces organes ont la même consistance dans toute leur étendue, tandis que chez les autres, ceux de la première paire sont en quelque sorte partagés en deux moitiés de consistance fort inégale : la portion basilaire est coriace, l'autre portion membraneuse, ce qui a inspiré le nom d'Hémiptères (ἡμισυς, demi; πτερα, ailes). L'appareil buccal est très-caractéristique; les Hémiptères sont les Insectes suceurs par excellence. Leur labre est une pièce étroite et aiguë; leurs mandibules, de véritables stylets, minces et acérés; leurs mâchoires, d'autres stylets où l'on retrouve à peine le vestige d'un palpe, et la lèvre inférieure, ordinairement divisée en plusieurs articles, une gaîne qui, dans l'état de repos, renferme les autres pièces buccales. Il y a ici un exemple remarquable des merveilleux procédés de la nature pour atteindre un but, pour adapter des organes à différents usages, en apportant les plus légères modifications possibles. Les mandibules et les mâchoires ayant été rendues très-grêles, un étui capable de les empêcher de s'écarter, et, en s'écartant, de fonctionner comme suçoir, leur était indispensable; par une simple modification de la lèvre, tous les avantages désirables sont obtenus. Le suçoir, toujours replié dans l'état de repos sous la tête et le thorax, de façon à ne pas gêner les mouvements de l'animal, est plus ou moins long, suivant les conditions dans lesquelles l'Insecte doit puiser sa nourriture.

Parmi ces Insectes, les uns sucent le sang de l'Homme et des Animaux; les autres, infiniment plus nombreux, sucent la séve des végétaux. Toujours pourvus de glandes salivaires extrêmement volumineuses, ils versent dans la plaie occasionnée par la piqûre une certaine quantité du produit de ces organes, ce qui détermine sur l'Homme et les Animaux une vive irritation locale, sur les végétaux un afflux de séve.

Les Hémiptères n'ont pas de véritables métamorphoses; de même que les Orthoptères, ils naissent avec des formes peu différentes de celles des adultes. Les larves subissent plusieurs changements de peau, et deviennent nymphes après avoir acquis des rudiments d'ailes, pour passer à l'état adulte en subissant une dernière mue. Les œufs de ces Insectes sont souvent très-jolis; diversement cannelés ou ciselés, selon les espèces, ils affectent la forme de petits barillets avec une sorte de couvercle. Ceux des espèces phytophages sont déposés par plaques sur les feuilles ou les tiges.

A raison de la texture des ailes et du mode d'insertion du

suçoir, plusieurs auteurs ont vu deux types d'ordres parmi les Hémiptères; cependant tous ces Insectes étant liés par les affinités naturelles les plus évidentes, l'expression de leurs relations demeure infiniment préférable, si l'on conserve dans son ensemble l'ordre dés Hémiptères, en le partageant en deux sections : les Hétéroptères, où les ailes, coriaces dans leur moitié antérieure, sont transparentes dans le reste de leur étendue, où le suçoir naît de la partie inférieure de la tête; les Homoptères, où les ailes sont entièrement membraneuses, où le suçoir naît de la région frontale.

Dans la section des Hétéroptères, nous reconnaîtrons quatre familles : les Scutellérides, les Lygéides, les Réduviides et les Népides; quatre également dans la section des Homoptères : les Cicadides, les Fulgorides, les Aphidides et les Coccides.

Les SCUTELLÉRIDES sont les Insectes auxquels s'applique particulièrement le nom de ***Punaises de bois***. Ayant le corps court et large, ils se font surtout remarquer par l'énorme dimension de leur écusson. On distingue deux types principaux : les Scutellérites, chez lesquels l'écusson couvre tout le corps en arrière du prothorax, et les Pentatomites, dont l'écusson triangulaire n'en couvre qu'une partie.

Les premiers ont peu de représentants dans notre pays; ceux qui composent le genre Tetyra (***Tetyra maura*** et ***T. hottentota***), Insectes d'un gris ou brun terne, sont parfois nuisibles aux céréales. Les espèces de l'Inde, des Philippines, des Moluques, etc., sont parées de couleurs métalliques ou de vives nuances.

Parmi les Pentatomites les plus communs, nous avons le Pentatome gris (***Pentatoma grisea***), que l'on rencontre en groupes plus ou moins nombreux sur une infinité de plantes basses, que l'on voit aussi grimpant après les murailles; puis le Pentatome orné ou le Pentatome du Chou (***P. ornata***), de taille un peu moindre, offrant sur tout son corps un mélange de noir et de rouge. Des centaines d'individus se trouvant parfois rassemblés sur les Choux et les tiges d'autres Crucifères, deviennent fort nuisibles. L'odeur caractéristique de ***Punaise*** est très-prononcée chez ces Hémiptères.

MÉTAMORPHOSES DU PENTATOME GRIS
(*Pentatoma grisea*).

Les Lygéides ont une forme assez élancée et un écusson toujours assez petit. Ils offrent trois types principaux : les Lygéines, aux antennes insérées au-dessous des yeux, avec le dernier article en fuseau; les Mirines, distincts par le dernier article des antennes très-grêle, et les Coréines, qui ont les antennes insérées sur la même ligne que les yeux, et les tarses pourvus entre leurs crochets de deux lamelles qui n'existent pas chez les précédents.

Parmi les Lygéines, il y a une espèce devenue le type du genre

L'ASTEMME APTÈRE
(*Astemma aptera*).

Astemme (*A. aptera*), caractérisé par l'absence d'ocelles, que l'on rencontre à chaque pas pendant l'été, dans les jardins comme dans la campagne; un Insecte noir et rouge, qui court à terre par les chemins et les avenues. Cet Hémiptère offre une intéressante particularité : ses ailes sont d'ordinaire imparfaitement développées, leur partie membraneuse demeure rudimentaire. Quelquefois, cependant, il arrive au même degré de perfection que les autres Lygéines; nous en représentons un individu chez lequel les ailes sont complètes.

Les vrais Lygées ont des ocelles sur le front. En général, ils sont de couleur noire et rouge, ou d'une teinte plombée avec des espaces rouges rehaussés par des taches noires. Ces Insectes se tiennent habituellement en groupes, serrés les uns contre les autres sur les tiges des plantes (*Lygeus militaris*, *L. equestris*, etc.).

Les Mirines, c'est la foule des Hémiptères les plus mignons, les plus élégants, les plus joliment peints de fraîches nuances, que l'on puisse imaginer. Les Miris et les Phytocoris voltigent et courent avec une étonnante prestesse sur tous les végétaux.

Les Coréines vivent sur les plantes comme les Lygéines, mais en demeurant d'ordinaire plus isolés. Le type du genre Corée est d'un brun uniforme, et comme son abdomen élargi déborde sur les côtés, on l'appelle le Corée bordé (*Coreus marginatus*). Jeune, ses antennes paraissent énormes, et les dilatations de son abdomen, un peu festonnées et relevées, donnent à l'Insecte une physionomie assez étrange.

Les Réduviides constituent une grande famille, où l'on compte plusieurs formes nettement caractérisées. Ces Hémiptères se reconnaissent à leur tête rétrécie en arrière, de façon à figurer une sorte de cou, et à leurs yeux globuleux très-saillants. La plupart des Réduviides sucent le sang des Animaux et même celui de l'Homme ; mais il en est de phytophages, qui, par l'ensemble de leur organisation, s'éloignent médiocrement des espèces carnassières. Nous distinguons dans cette famille : les Aradines, ayant une tête avancée, presque pointue; les Réduviines, dont la tête, petite proportionnellement au volume du corps, est très-rétrécie en arrière; les Hydrométrines, ayant seulement deux articles aux tarses, tandis qu'il y en a trois dans les autres divisions; les Saldines, dont la tête, à peine rétrécie en arrière, porte de gros yeux très-proéminents.

Parmi les Aradines, nous avons les Tingis, tout petits Insectes des plus charmants; leur corselet a des expansions latérales, et ces expansions, de même que les élytres, sont admirablement réticulées : à la loupe, on croirait voir les plus jolies ciselures,

MÉTAMORPHOSES DU CORÉE BORDÉ
(*Coreus marginatus*).

les plus délicates broderies. Ces Hémiptères, ayant une nourriture végétale, deviennent parfois très-nuisibles dans les localités où ils se multiplient. C'est ainsi que le Tingis du Poirier (*Tingis*

Piri) cause souvent de graves préjudices dans les vergers. Les Arades, au corps aplati, aux antennes épaisses, vivent sous les écorces, où ils sucent d'autres Insectes. Le nom de Punaises (*Cimex*), qui s'appliquait pour les anciens auteurs à presque tous les Hémiptères hétéroptères, a été réservé aux espèces dont le corps est ovalaire, la tête peu rétrécie en arrière, les antennes minces vers le bout. Le type est connu de tout le monde, c'est la Punaise des lits (*Cimex lectularius*). Cet Insecte se nourrit exclusivement du sang de l'Homme. Qui ne connaît ses habitudes? Pendant le jour il se tient caché sous les tentures, dans les fissures des murailles, dans d'étroits interstices; il sort la nuit pour chercher ses victimes, déployant un instinct surprenant. Des personnes éloignent leur lit des murailles, dans l'idée de se mettre à l'abri de visites trop intimes; les Punaises montent au plafond, et parvenues au-dessus des dormeurs, elles se laissent tomber : leur but est atteint. Elles déposent leurs œufs dans les endroits un peu cachés; les jeunes croissent avec plus ou moins de rapidité, suivant que les circonstances leur sont plus ou moins favorables. Ces Insectes n'ont que des rudiments d'ailes; adultes, ils représentent donc l'état de nymphe des autres Hémiptères : c'est ce qui est attesté par le nombre de leurs mues. On suppose que la Punaise des lits a été importée d'Amérique, et l'on assure qu'elle n'avait pas été vue en Angleterre avant le XVIIe siècle; à cet égard, la certitude est impossible à obtenir. On a décrit deux ou trois autres espèces de Punaises; l'une d'elles se trouve dans les pigeonniers.

Les Réduviines, aux formes sveltes, ont beaucoup de représentants dans les régions chaudes du monde, mais peu d'espèces en Europe. Nous avons un Réduve assez singulier, qui vit dans les maisons malpropres : le Réduve masqué (***Reduvius personatus***). A l'état de larve ou de nymphe, cet Insecte, en effet, est toujours masqué; il se tient dans la poussière; il en couvre son corps avec des filaments de toute sorte, et dissimule ainsi sa présence, tant qu'il demeure immobile. Il suce les Punaises des lits. Adulte, son masque est tombé; il vole dans les campagnes, et revient dans les habitations pour y pondre. Sa piqûre est extrêmement douloureuse.

Les Hydrométrines sont les Réduves aquatiques. Sur les eaux stagnantes, on aperçoit fréquemment, pendant l'été, un Insecte

MÉTAMORPHOSES DU RÉDUVE MASQUÉ

(*Reduvius personatus*).

tout effilé, avec de longues pattes grêles, qui semble mesurer l'espace : c'est l'Hydromètre des étangs (***Hydrometra stagnorum***). Les Gerris, dont le corps est plus épais et les pattes de devant assez courtes, se promènent sur l'eau de la même façon, et l'on a recueilli dans les mers équatoriales des espèces au corps très-ramassé, les Halobates, marchant sur les vagues avec la même facilité. Ces Insectes ont le corps garni en dessous d'une pubescence très-serrée, qui retient une mince couche d'air; il ne leur en faut pas davantage pour marcher sur les eaux avec une parfaite sécurité.

Les Népides, ou les ***Punaises d'eau***, carnassiers comme les Réduves, se distinguent par leurs antennes très-courtes, cachées dans des cavités au-dessous des yeux, et par deux tiges à l'abdomen, constituant un siphon respiratoire. Nous en avons de plusieurs groupes. Il y a les Népines, pourvus de pattes grêles, les antérieures ravisseuses, la jambe se repliant sous la cuisse comme chez les Mantides. C'est à l'aide de ces instruments que les Népines saisissent leur proie. Ces Insectes déposent leurs œufs par plaques sur les plantes aquatiques ou sur les pierres, et plusieurs d'entre eux les portent sur leur dos. Les Ranatres ont le corps long et mince et de très-grandes pattes; les Nèpes, le corps assez large et tout plat. Les Bélostomes, les géants de l'ordre des Hémiptères, sont particuliers aux contrées les plus chaudes du monde. On en a découvert une espèce en Algérie.

Les Notonectines sont les vrais nageurs de la famille des Népides; ils ont une grosse tête, des pattes antérieures courtes, des pattes postérieures en longues rames. On distingue les Corises, ayant des tarses antérieurs d'un seul article, qui nagent sur le ventre, et les Notonectes, ayant des tarses de deux articles et un corps très-convexe, qui nagent sur le dos. On les a nommés quelquefois les Punaises à avirons. Les Corises et Notonectes attachent leurs œufs sur les plantes aquatiques. Dans les lacs du Mexique, et particulièrement dans le lac Tezcuco, abondent une espèce de Notonecte et une espèce de Corise, et à une époque de l'année les habitants du voisinage fauchent les herbes chargées des œufs de ces Insectes. Les œufs, détachés, sont convertis ensuite en une sorte de farine dont on fabrique des galettes ou du pain que l'on appelle, dans le pays, du nom de *haulle*, et que l'on vend sur les marchés de Mexico. Ce pain, assurent des voyageurs, n'est pas désagréable à manger, malgré une saveur de poisson assez prononcée. L'usage de cet aliment existait parmi les anciens Aztèques, il s'est transmis chez les nouveaux habitants du Mexique.

Sans transition bien manifeste on passe des Hémiptères hétéroptères aux Homoptères. Les Cicadides constituent une famille des mieux circonscrites et des mieux caractérisées. Elles diffèrent

LES NÉPIDES.

Le Ranatre linéaire (*Ranatra linearis*). — La Nèpe cendrée, larve et adulte (*Nepa cinerea*). Le Notonecte glauque (*Notonecta glauca*).

entre elles si médiocrement, qu'on pourrait dire qu'elles appartiennent toutes au même genre : le genre Cigale (*Cicada*). Dans l'Europe méridionale, les Cigales, célèbres depuis l'antiquité, sont connues de tout le monde. Dans le centre et dans le nord de l'Europe, elles n'existent pas, et le vulgaire donne volontiers leur nom à des Insectes d'un autre ordre, comme les Sauterelles. Les Cigales, dont la taille est généralement grande, ont un gros corps, de petites antennes de trois articles terminées par une soie grêle, des ocelles très-apparents, de gros yeux, des tarses de trois articles, et ce qui est bien plus frappant, de grandes plaques sous l'abdomen des mâles, recouvrant un appareil musical.

L'appareil du chant des Cigales est en effet fort remarquable; il n'existe rien d'analogue ailleurs. C'est un appareil situé à la base de l'abdomen, qui consiste en deux cavités, recouvertes chacune séparément par une sorte de volet susceptible de se soulever et de s'abaisser. A l'intérieur, les deux loges, séparées par une cloison, offrent en avant une membrane molle; en arrière, une membrane mince, tendue, que l'on nomme le miroir; de chaque côté, une membrane plissée, appelée la timbale, adhérente à une pièce triangulaire de consistance solide. Des muscles puissants attachés à cette pièce mettent les timbales en vibration. Le son se produit dans la cavité, et résonne avec plus ou moins de force, suivant que les volets s'élèvent ou s'abaissent. Les Cigales femelles sont muettes; elles ont un appareil musical rudimentaire. Le chant des Cigales, rauque, désagréable, plaisait beaucoup aux Grecs, si l'on en croit leurs écrivains, et surtout leurs poëtes. Dans la patrie d'Homère et de Platon, des amateurs prenaient plaisir à conserver de ces Insectes en cage, ainsi qu'on le fait encore aujourd'hui en Chine. La vie des Cigales offre un médiocre intérêt : quand on chante, on ne travaille pas. Cependant il est curieux de voir les femelles opérer le dépôt de leurs œufs. Pourvues d'une sorte de scie, elles agissent à peu près à la façon des Tenthrédides; sur les troncs ou les branches, à l'aide de leur tarière, elles pratiquent des entailles et mettent un œuf dans chaque fente. La tarière, en effet, se compose de deux valves et de deux stylets dentelés extérieurement, unis à une pièce médiane aiguë. Les métamorphoses des Cigales, un peu plus considérables que celles des autres Hémiptères, sont analogues à celles des Libellulides. Les larves, à peine nées, descendent au pied de l'arbre et s'en-

LIBRAIRIE GERMER BAILLIÈRE. IMPR. DE E. MARTINET.

MÉTAMORPHOSES DE LA CIGALE DU FRÊNE

(*Cicada Fraxini*).

foncent dans la terre pour sucer les racines. Elles ont une forme un peu différente de celle des adultes ; des pattes épineuses, avec les cuisses très-renflées, sont les instruments qui leur permettent de fouir dans la terre. A un moment, les nymphes sortent de terre et s'accrochent au tronc, ou aux plantes du voisinage. Après un temps d'immobilité assez court, leur peau, qui s'est desséchée, se fend sur le dos, et l'Insecte parfait, quittant cette dépouille, grimpe sur les arbres.

Dans nos départements méridionaux, sur les Frênes et les Oliviers, on trouve la Cigale du Frêne (***Cicada Fraxini***) et la Cigale de l'Orne (***Cicada Orni***). Ces deux espèces ont été prises quelquefois dans la forêt de Fontainebleau. Nos Cigales indigènes ont des ailes transparentes, incolores ; mais, parmi les espèces de l'Inde, des îles de la Sonde et de l'Afrique australe, il en est dont les ailes sont magnifiquement colorées.

C'est une immense famille par le nombre que celle des Fulgorides. Les espèces, assez peu nombreuses en Europe, existent en foule dans les régions chaudes du monde. Insectes très-jolis en général, par leurs couleurs vives et infiniment variées, on ne saurait jamais les confondre avec les Cicadides, car ils ne possèdent point d'appareil musical. Cette famille a plusieurs types bien caractérisés. Les Fulgorines ont les antennes insérées dans des fossettes au-dessous des yeux. Chez les vrais Fulgores, Insectes de grande taille, le front est prolongé en une sorte de vessie fort longue et aussi large que la tête. Dans la nuit, cette partie s'illumine d'une vive clarté. A la Guyane et au Brésil, le voyageur qui s'est emparé d'un Fulgore porte-lanterne se réjouit à la vue de la magnifique lueur qu'il répand. Madame Sibylle de Mérian a raconté comment, une belle nuit, elle avait été effrayée en ouvrant une boîte où plusieurs Porte-lanterne avaient été logés pendant le jour ; elle ne s'attendait pas à voir une illumination.

D'autres Fulgores (genre ***Pyrops***) ont le front prolongé en une sorte de tube. A la Chine, vit le Fulgore porte-chandelle (*Pyrops candelaria*), qui est d'un jaune fauve avec les ailes ornées de bandes verdâtres tachetées de noir.

LE FULGORE PORTE-LANTERNE

(*Fulgora laternaria*).

Des Fulgorines, sans prolongement frontal, tels que les Flates, les Lystras, les Phénax de l'Amérique du Sud, n'émettent aucune lumière, mais ils sécrètent à la surface et, surtout à

LIBRAIRIE GERMER BAILLIÈRE. IMPR. DE E. MARTINET.

LE FULGORE PORTE-CHANDELLE

(*Pyrops candelaria*).

l'extrémité de leur abdomen, une sorte de cire blanche comme l'albâtre, qui tombe en longs flocons.

Des Fulgorides ayant les antennes insérées au devant des

L'APHROPHORE ÉCUMANTE
(*Aphrophora spumaria*).

yeux et le prothorax étendu sur une grande partie ou sur la totalité du corps (Membracines), une taille toujours très-médiocre, affectent les formes les plus bizarres. Ils portent de singulières dilatations du prothorax, des arêtes, des vessies, des pointes, des tiges terminées par des globules. L'Amérique du Sud est la patrie de la plupart de ces curieux Insectes.

Il est des Fulgorides qui, avec les antennes insérées comme chez les précédents, ont un prothorax de forme ordinaire : les Cercopines, ou de leur nom vulgaire, les *Cicadelles*. Beaucoup de ces Insectes, ayant les pattes un peu renflées, sautent avec une extrême facilité. Un des mieux parés est le Cercope ensanglanté (*Cercopis sanguinolenta*), noir avec trois taches d'un rouge carmin sur les élytres. Une espèce d'un genre voisin, l'Aphrophore écumante (*Aphrophora spumaria*), plus petite et toute grise, a dans son premier âge un singulier moyen de se dissimuler. Au bord des rivières et des canaux, vous apercevez souvent sur les feuilles des Saules, des Osiers, de petits amas d'une sorte de mousse ou plutôt de salive; cherchez dans cette matière, et vous y trouverez une larve ou une nymphe d'Aphrophore : l'Insecte a la faculté de produire une abondance de salive pour un but qu'on n'aurait pas soupçonné sans l'observation.

Les Aphidides, ou les Pucerons, ont toujours les ailes plus minces, plus diaphanes que celles des plus petites Cicadelles; seulement deux articles aux tarses, des antennes longues formées de sept articles. En outre, les Pucerons ont une petite tête et point d'ocelles comme les Fulgorides; ils portent à l'extrémité de leur abdomen deux appendices, ou plutôt deux tuyaux en communication l'un et l'autre avec une glande versant la liqueur sucrée dont les Fourmis se montrent si friandes, liqueur qui, d'après quelques observateurs, serait recherchée des Pucerons nouveau-nés. Il y aurait ainsi une sorte d'*allaitement* chez ces petits êtres; mais le fait aurait besoin d'être étudié de nouveau. Les mâles des Pucerons portent toujours de grandes ailes; les femelles en sont privées la plupart du temps.

Les Pucerons offrent dans leur mode de propagation un phénomène qui longtemps parut isolé. Réaumur, de la Hire, etc., avaient vu des femelles absolument séparées d'individus mâles qui mettaient au monde des petits vivants. De leur observation, ils avaient conclu que ces Insectes étaient hermaphrodites, opinion abandonnée après les expériences de Charles Bonnet, reprise néanmoins depuis peu par un habile micrographe, M. Balbiani. A l'automne, il est ordinaire de voir sur les plantes des Pucerons

LE PUCERON DU ROSIER, MALE ET FEMELLE
(*Aphis Rosæ*).

des deux sexes. A cette époque, les femelles pondent et fixent leurs œufs sur les tiges. Au printemps, les jeunes éclosent, tous sont des femelles; dans l'espace de dix à douze jours, ces femelles ont pris tout leur accroissement, elles commencent à mettre au monde des petits vivants. Chacune produit en moyenne quatre-vingt-dix Pucerons, à raison de trois, quatre, cinq, six ou sept par jour. Tous ces jeunes sont encore des femelles, qui deviennent habiles à la reproduction aussi rapidement que leur mère. Neuf, dix ou onze générations de Pucerons femelles se succèdent ainsi pendant le cours de la belle saison; mais, lorsque s'abaisse la température automnale, se trouvent des mâles et des femelles, femelles ovipares. Pour s'assurer de la faculté que possèdent les Pucerons vivipares de produire sans l'intervention d'aucun mâle, Bonnet avait séquestré de jeunes individus dès leur naissance; ses expériences ont été poursuivies avec toutes les précautions imaginables, et cent fois répétées par divers naturalistes. On a vu avec quelle rapidité les Pucerons devenaient adultes, combien est grande la fécondité de ces Insectes. Un auteur a aisément calculé qu'un Puceron était la souche annuelle d'un quintillion d'individus. Il est donc aisé de comprendre l'extrême multiplication de ces Hémiptères sur une foule de plantes, où ils n'avaient pas d'abord été remarqués. Tout récemment, MM. Balbiani et Signoret ont reconnu que certains Pucerons différant un peu dans leurs formes de ceux de leur type étaient des individus stériles. Par suite de quelle influence ces individus demeurent-ils stériles? On n'a pas réussi à le savoir mieux pour les Pucerons que pour les Truites, qui offrent des exemples analogues.

Les Pucerons (***Aphis***) demeurent en groupes sur les tiges ou les feuilles qu'ils affectionnent, amenant par leur succion le dépérissement du végétal. Il y a cependant à l'automne, lorsque les individus sont ailés, des émigrations.

Quelques espèces de la famille des Aphides, telles que le Puceron lanigère (genre ***Lachnus***), qui est très-préjudiciable aux Pommiers, exsudent par tous les points de leur corps une matière cireuse qui les protége et tombe en flocons blancs d'aspect cotonneux. Certains Aphides, comme le Puceron à bourse (***Aphis bursarius***), vivent par groupes, enfermés dans des galles qu'ils déterminent sur divers végétaux.

La famille des Coccides, étroitement liée à la précédente par ses affinités naturelles, est aussi des plus intéressantes. Tous ses représentants se distinguent aisément des Aphides : leurs tarses n'ont qu'un seul article; les mâles seuls possèdent des ailes, et ils n'en ont qu'une seule paire. Une dégradation organique très-remarquable existe chez ces Hémiptères, surtout chez les femelles. Ces Insectes sont très-nuisibles à la végétation, mais plusieurs d'entre eux nous fournissent des matières précieuses pour l'industrie, de magnifiques matières tinctoriales, des cires susceptibles d'être employées à divers usages.

LA COCHENILLE FINE

(*Coccus Cacti*).

Individus femelles. — D'après des échantillons provenant des pépinières d'Alger, envoyés par M. Hardy.

Les Coccides femelles, en naissant, ont une certaine agilité, mais bientôt elles se fixent sur les feuilles et les tiges en enfonçant leur bec dans le tissu de la plante pour ne plus l'en détacher. Elles grossissent alors, et prennent une forme lenticulaire ou globuleuse; leurs pattes ne prenant aucun accroissement, il est permis au premier abord de reconnaître difficilement des Insectes dans les petits corps dont les appendices sont atrophiés, dont les annulations ont presque disparu. Ces femelles pondent, sans se déplacer; après leur ponte, elles meurent, elles se dessèchent : leur corps devient

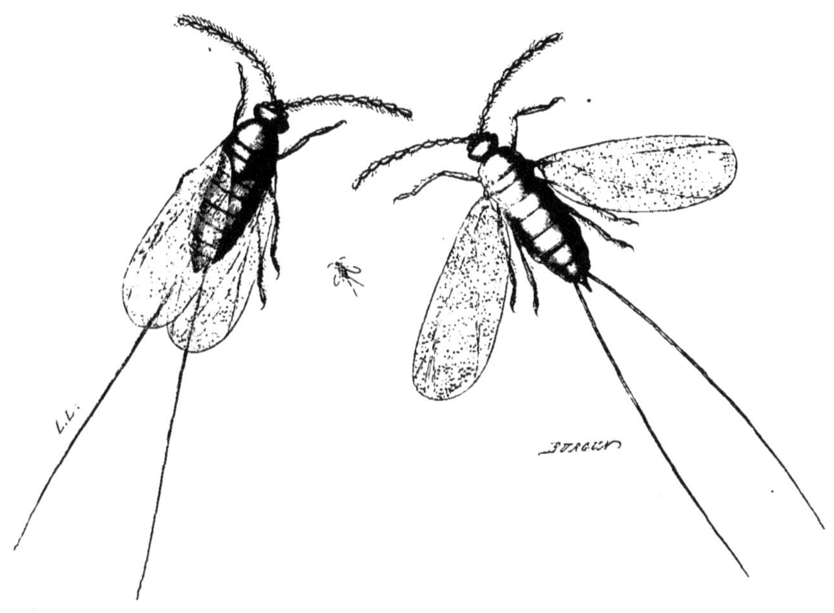

LE MALE DE LA COCHENILLE, TRÈS-GROSSI
(*Coccus Cacti*).

un abri pour leurs œufs et pour les nouveau-nés. D'après quelques observations de M. Leuckart, elles engendrent seules comme les Pucerons, au moins pendant une période de leur existence. Les mâles, toujours très-petits relativement au volume des femelles, ne paraissent qu'à un moment de l'année. Les Coccides femelles sécrètent par la peau en plus ou moins grande abondance une matière cireuse, qui a pour but de les garantir de la pluie et de les protéger contre une foule d'ennemis.

Le genre important de cette famille est celui des Cochenilles

(*Coccus*). La Cochenille fine (*Coccus Cacti*) est celle qui donne la plus belle matière tinctoriale. Originaire du Mexique, elle a été transportée avec succès dans plusieurs des Antilles, dans diverses parties de l'Amérique du Sud, en Espagne, plus récemment aux îles Canaries, et enfin en Algérie. La femelle est un Insecte globuleux, rougeâtre, se montrant toujours saupoudré de matière cireuse, et portant en arrière deux petits filets très-courts. Le mâle, long de 1 à 2 millimètres, a des antennes assez longues, un abdomen muni de deux longs filets, un bec rudimentaire ; il ne prend aucune nourriture.

La Cochenille est devenue une source de richesse pour diverses contrées. Aux Antilles et sur plusieurs points du continent américain, on cultive les Nopals sur de vastes étendues, pour nourrir le précieux Insecte. La récolte en est faite à des époques fixes. Un traité sur cette culture a été publié en 1787 par Thierry de Ménonville.

Beaucoup d'espèces fournissent une couleur plus ou moins belle : la Cochenille de Pologne (*Coccus polonicus*), objet autrefois d'un commerce considérable, devenue le type du genre Porphyrophore ; la Cochenille du Chêne vert (*Coccus Ilicis*), employée pour les teintures en cramoisi. Une espèce d'Algérie a été signalée comme capable de fournir un beau produit ; une espèce observée sur les Fèves par M. Guérin-Méneville donne également une matière tinctoriale. La laque qui nous vient de l'Inde est fournie par une espèce du même genre (*Coccus lacca*).

Divers Coccides, habituellement désignés sous le nom de Kermès, fournissent de la cire. Dernièrement, MM. Targioni-Tozzetti et Sestrini ont montré qu'on pouvait tirer un excellent produit du Kermès du Figuier (*Chermes Ficûs*), qui est très-répandu dans l'Europe méridionale. Depuis quelques années, l'Angleterre achète sur le marché de Shang-Haï une sorte de cire d'un blanc d'albâtre qui provient d'une espèce de Kermès vivant sur des Frênes (*Chermes sinensis*).

XV

LES APHANIPTÈRES — LES STREPSIPTÈRES

Les Aphaniptères sont des Insectes que tout le monde connaît; les Strepsiptères, des Insectes que personne n'a vus, si ce n'est un petit nombre de naturalistes. Les Aphaniptères, ce sont les Puces, Insectes des plus intéressants par leur conformation, et des plus curieux par leurs habitudes, par leurs instincts, par leurs métamorphoses. Les Puces sont des suçeurs comme les Hémiptères, et cependant leur appareil buccal est construit d'une manière assez différente. Le labre est une tige acérée; les mandibules, de longues lames aplaties, finement denticulées sur leurs bords; les mâchoires, de petites pièces triangulaires, avec des palpes avancés sur le rostre, de façon à offrir l'aspect d'antennes; la lèvre inférieure, une lame membraneuse supportant de grands palpes. Chez les Aphaniptères, les yeux, situés sur les côtés de la tête, paraissent être simples; les antennes sont fort petites; les ailes n'existent qu'à l'état de vestiges sous forme d'écailles : de là le nom d'Aphaniptères. Les pattes sont robustes et épineuses les postérieures, plus longues que les autres, avec les cuisses renflées, sont propres au saut.

Les Aphaniptères ont des métamorphoses complètes; des larves vermiformes, des nymphes inactives. L'unique famille de cet ordre, les Pulicides, se compose du genre des Puces (*Pulex*). Chaque espèce est propre à un Mammifère, une espèce particu-

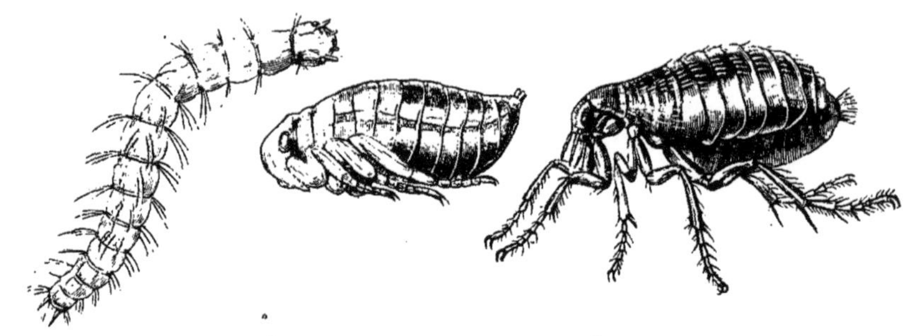

MÉTAMORPHOSES DE LA PUCE DE L'HOMME

(*Pulex irritans*).

lière à l'Homme. Celle-ci est bien reconnaissable à sa tête lisse, à ses anneaux du thorax et de l'abdomen ne portant sur leurs bords que des cils roides. On n'apprendrait rien à personne en rapportant de quelle façon vivent les Puces. Ces Insectes multiplient prodigieusement dans les pays chauds, et dans certaines conditions, ils acquièrent un volume qui n'est pas ordinaire. Sur les plages fréquentées par des baigneurs, on observe des Puces d'une dimension double ou triple de celles que l'on voit partout ailleurs, cependant elles sont bien de la même espèce.

Si tout le monde sait comment les Puces sucent le sang, avec quelle vigueur elles sautent, tout le monde ne se doute pas combien ces petits êtres se montrent intelligents pour soigner leur progéniture. Les Puces vont déposer leurs œufs dans les interstices des carreaux et des planchers, au milieu de la poussière. Leurs larves, privées de pattes, condamnées à demeurer où elles sont nées, ne peuvent vivre que de la nourriture des adultes. Abandonnées, elles périraient; mais elles ont des mères qui ne les abandonnent pas, et dont la mort seule peut amener leur perte. Après s'être gorgée de votre sang, la Puce, si c'est une mère, va trouver ses jeunes, et leur dégorge une partie de la nourriture qu'elle a puisée. Au terme de leur croissance, les larves s'enferment dans une petite coque soyeuse et subissent leur transformation en nymphe. Les naturalistes des XVIIe et XVIIIe siècles, Leeuwenhoek, Rösel, de Geer, ont observé les Puces dans leurs soins maternels et dans leurs métamorphoses. De nos jours, un amateur ayant peine à croire à des instincts remarquables chez des êtres qu'il estimait stupides, lorsqu'il lui arrivait de sentir leur piqûre, eut recours à l'expérience. Des œufs de Puces furent mis dans de petites boîtes ouvertes, suffisamment garnies de poussière, les mères furent respectées, on observa les manœuvres que nous avons rapportées.

La Puce du Chien (***Pulex Canis***), plus petite que la Puce de l'Homme, en est très-distincte : elle porte au front et au thorax une rangée de fortes pointes. Accidentellement, les Puces du Chien attaquent l'Homme ; il est donc vrai de dire que les Chiens *donnent des Puces*.

Il est une Puce des chaudes contrées de l'Amérique, bien connue sous le nom de Chique (***Pulex penetrans***). Très-petite à sa naissance, effilée, roussâtre, elle s'introduit sous la peau, où elle demeure en prenant un volume inusité. Ce volume est dû à une surprenante dilatation de l'abdomen causée par l'abondance des œufs. Ainsi cette Puce toute gonflée a l'apparence d'une vésicule de la grosseur d'un pois. Le mâle conserve toujours sa taille exiguë et sa liberté. Les Chiques déterminent des ulcérations extrêmement graves, et les personnes atteintes n'ont pas de meilleure ressource pour s'en débarrasser que la main de vieilles négresses fort habiles à extraire les dangereux Insectes.

Les Strepsiptères sont des Insectes fort singuliers, aussi bien par leurs caractères que par leur genre de vie et leur mode de développement. A la fin du siècle dernier, un professeur de Pise,

Rossi, en fit connaître une espèce parasite des Guêpes (*Xenos Vesparum*), qu'il crut voisine des Ichneumons. Quelques années plus tard, Kirby découvrit en Angleterre un Insecte du même type. L'ordre des Strepsiptères fut établi. Des caractères très-frappants signalaient en effet ces parasites d'un nouveau genre. Les Strepsiptères ont les ailes antérieures rudimentaires, affectant la forme de petits balanciers longs et étroits ; les ailes postérieures,

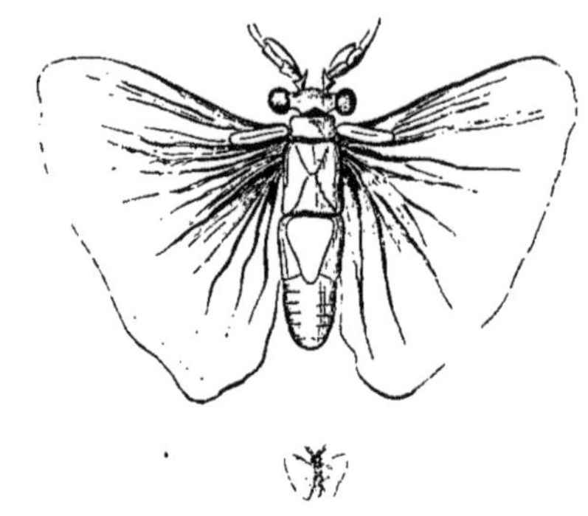

STYLOPS NOIR, MALE

(*Stylops aterrimus*). — Grossi et de grandeur naturelle.

au contraire, très-développées, membraneuses, susceptibles de se plier en éventail; les yeux globuleux et grenus, les antennes courtes, les pièces buccales libres.

On s'aperçut que l'on connaissait seulement les mâles, et en 1843 M. Siebold, qui avait déjà trouvé des œufs, put observer les larves et apprendre que les femelles des Strepsiptères sont des êtres aveugles, privés de pattes; conservant l'apparence de larves, ne quittant jamais le corps des Insectes sur lesquels ils ont vécu en parasites. George Newport compléta l'histoire de ces curieux Insectes par l'étude d'une espèce parasite d'un Apide du genre Andrène, le Stylops noir (*Stylops aterrimus*).

Nulle part il n'existe de différence aussi prononcée entre les individus des deux sexes que chez les Strepsiptères : les mâles sont libres, ils volent, ils vivent de la vie des autres Insectes; les femelles sont condamnées à l'immobilité. Chez elles, la tête et les anneaux thoraciques s'unissent complétement, et l'abdomen, très-grand, reste fort mollasse : tout le corps semble n'être formé que de deux parties, un céphalothorax et un abdomen. Ces Insectes sont vivipares. Les jeunes larves, agiles, allongées, munies de longues pattes, grimpent sur les poils de l'Hyménoptère. Elles se

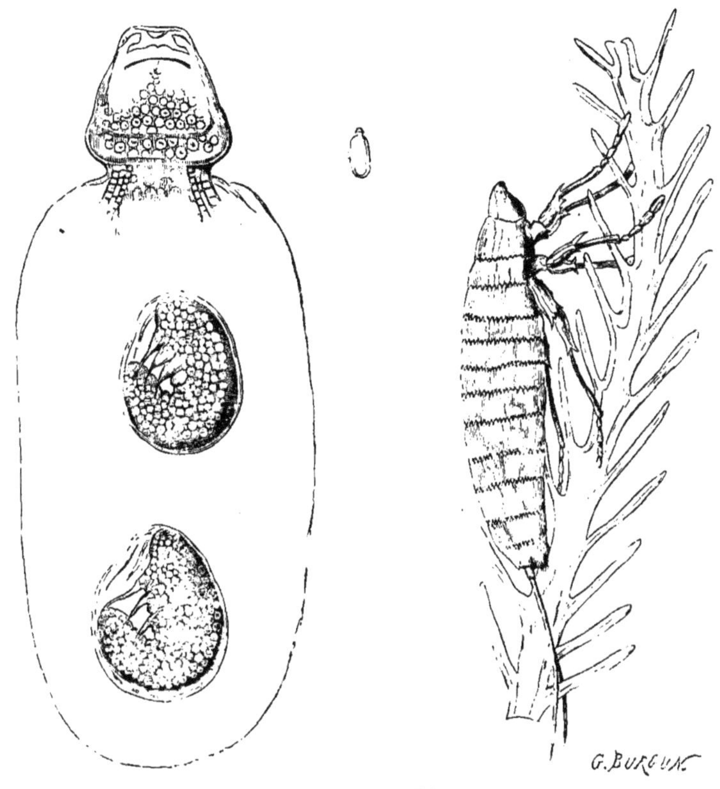

LE STYLOPS NOIR

1. La larve (très-grossie) à sa naissance, grimpant sur un poil d'Hyménoptère. — 2. La femelle, très-grossie, montrant dans son abdomen les embryons. — 3. La larve, de grandeur naturelle. (D'après George Newport.)

comportent comme les larves des Méloés et des Sitaris; transportées dans le nid de la Guêpe ou de l'Andrène, elles attaquent sa larve, et une fois fixées, après un changement de peau, leur forme devient toute différente, leurs pattes sont atrophiées. Mais ces parasites, ayant une taille très-exiguë, ne tuent pas la larve de l'Hyménoptère : ils la sucent à la manière des Ichneumons et lui laissent accomplir toutes ses métamorphoses.

XVI

LES DIPTÈRES

Peut-être y a-t-il dans le monde presque autant de Diptères que d'Insectes de tous les autres ordres réunis. Les Diptères qui, généralement, abondent sous toutes les latitudes, même dans les contrées les plus froides, pullulent avec une étonnante rapidité. Les Diptères sont les Mouches, les ***Mouches à deux ailes***, ainsi qu'on les désigne vulgairement, ainsi que les naturalistes nomment les représentants de la famille la plus considérable de l'ordre. Ces Insectes, si nombreux, sont unis par des caractères communs qui les isolent de tous les autres, et cependant, dans leur ensemble, ils paraissent constituer une division plus importante qu'un ordre. Dans leur organisation, dans leur mode de développement, dans leurs métamorphoses, les principaux types présentent entre eux des différences plus prononcées que celles qui existent entre les familles de Coléoptères ou d'Hyménoptères. Aussi a-t-il été possible de penser que les Insectes à deux ailes, ou les Diptères, formaient en quelque sorte une réunion comparable à l'ensemble des Insectes à quatre ailes; mais il y a de ce côté une exagération évidente.

Les organes du vol fournissent le caractère le plus général, le plus frappant, peut-être le plus important des Diptères. Il n'existe que deux ailes bien développées, nues et membraneuses; celles de la première paire offrent en arrière, chez beaucoup d'espèces, un appendice en forme de coquille, appelé le *cuilleron;* les ailes de la seconde paire, tout à fait rudimentaires, ayant la forme de petites tiges terminées par un élargissement, sont désignées sous le nom de *balanciers*. Les Diptères sont des Insectes suçeurs; mais leur suçoir, construit d'une façon assez différente de celui des Hémiptères ou des Aphaniptères, présente des modifications remarquables dont on n'avait pu comprendre la nature avant certaines recherches qui datent de moins de vingt ans. Dans quelques groupes de Diptères, les six pièces ordinaires de la bouche sont faciles à reconnaître: le labre lancéolé; les mandibules en forme de glaives; les mâchoires plus ou moins aiguës, portant un palpe; la lèvre inférieure, large, très-flexible, n'ayant aucune ressemblance avec la lèvre engaînante et articulée des Hémiptères. Savigny avait choisi ces exemples pour mettre en évidence la parfaite identité du plan fondamental de la bouche dans tous les ordres de la classe des Insectes. Il avait gardé un silence absolu à l'égard de tous les Diptères où l'on trouve moins de six pièces distinctes. Les classificateurs n'avaient rien trouvé de mieux que de distinguer les Diptères à 6 soies, à 4 soies, à 2 soies, désignant de la sorte les pièces buccales. Par suite de recherches anatomiques délicates, il a été établi, contrairement à tout ce que l'on savait d'ailleurs, que les mandibules et les mâchoires peuvent se souder. On ne trouve alors que des pièces impaires.

Les Diptères ont des métamorphoses complètes. Les larves, ordinairement vermiformes, toujours placées dans des conditions où elles peuvent vivre sans aucun secours étranger, sont douées pour la plupart d'une assez grande agilité, qu'elles doivent à la faculté d'avancer et de reculer par un mouvement de reptation. Suivant les types, les Diptères présentent de curieuses différences dans leur condition de nymphes. Ici les nymphes sont actives, bien qu'elles ne prennent aucune nourriture ; là elles sont inactives au même degré que les chrysalides des Lépidoptères, que les nymphes des Coléoptères ; ailleurs, parfaitement immobiles, elles sont devenues nymphes sans se dépouiller de la peau de larve : ces sortes de nymphes, comme les Mouches proprement dites en offrent le grand exemple, sont habituellement désignées sous le nom de *pupes*.

Un caractère très-apparent permet de partager l'ordre des Diptères en deux grandes sections : les Némocères et les Brachocères. Les premiers ont des antennes en fils ; les seconds, de très-courtes antennes, ayant seulement trois articles bien distincts et une soie grêle, que l'on nomme le style.

Les Némocères se font remarquer par leur corps long et frêle, par leurs ailes longues, par leurs grandes pattes d'une extrême ténuité. Ce sont les Cousins et les Tipules, ou les familles des Culicides et des Tipulides.

Les Culicides, les Cousins, terrible famille qui effraye les plus courageux. Chacun connaît l'avidité de ces petits Insectes pour le sang de l'Homme, l'effet douloureux de leur piqûre ; chacun a entendu parler des supplices que font éprouver aux voyageurs visitant les pays chauds ou les régions circumpolaires, les Cousins ou Moustiques, en abondance prodigieuse dans ces contrées. Aussi n'est-ce pas à ces faits qu'il convient de s'arrêter. L'histoire des Cousins est pleine d'intérêt; examinons en particulier la vie de notre espèce commune, le Cousin piquant (*Culex pipiens*). En observant cet Insecte, on est frappé de la délicatesse de ses formes, et l'on s'étonne de trouver un être malfaisant dans un corps si fragile. Le Cousin possède une armature buccale des mieux déliées et néanmoins fort résistante ; toutes les pièces sont libres, les mandibules en forme de lames acérées et denticulées sur leurs bords. Les Cousins abondent dans les endroits marécageux ; leurs larves sont aquatiques et ne vivent que dans

MÉTAMORPHOSES DU COUSIN PIQUANT

(*Culex pipiens*).

les eaux stagnantes : les tonneaux des jardins, dont l'eau destinée à l'arrosage est plus ou moins altérée, sinon corrompue, leur conviennent à merveille.

Les Cousins mâles ont de jolies antennes ciliées, ressemblant à de petites plumes; les femelles ont des antennes presque nues; et comme il est facile, d'après cette différence, de reconnaître les individus des deux sexes, on s'assure que les femelles surtout

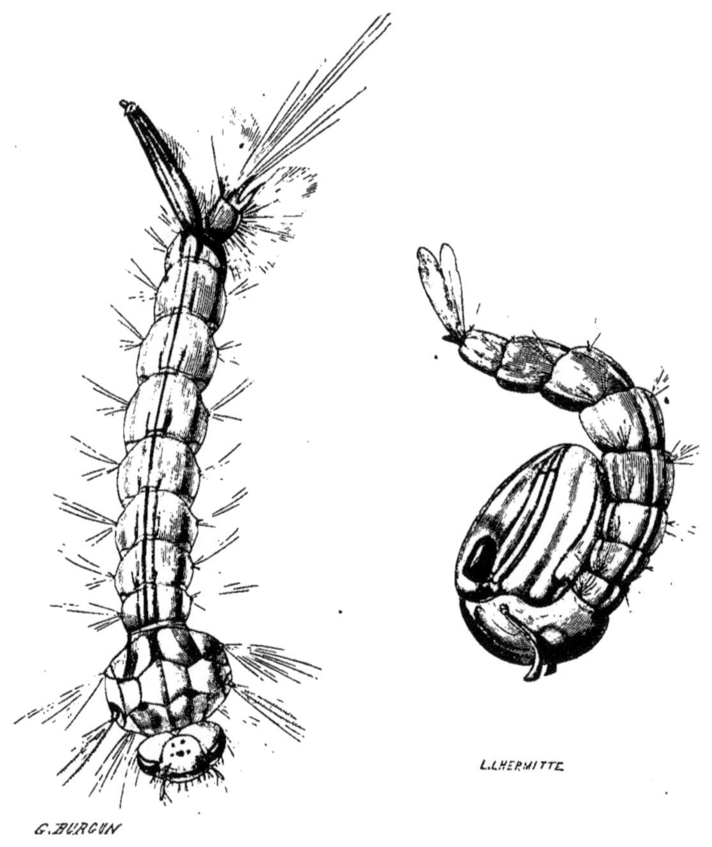

LARVE ET NYMPHE TRÈS-GROSSIES DU COUSIN PIQUANT (*Culex pipiens*).

sont avides de sang. Ces Insectes, s'aidant de leurs pattes postérieures, déposent leurs œufs à la surface des eaux, tous agglutinés les uns aux autres et formant de petites masses flottantes. Les larves éclosent bientôt et grandissent avec une extrême rapidité. Elles nagent avec toute l'agilité imaginable, montant et descendant d'une manière continuelle. La souplesse, les ondulations de leur corps, la transparence de leurs tissus, la délicatesse des cils qui les garnissent, leur donnent un charme incroyable. Ces Insectes demeurent presque constamment la tête en bas et l'extrémité du corps en haut. La tête est pourvue de deux antennes et garnie de cils servant à amener les aliments vers la bouche; le premier anneau du thorax est large; les anneaux du corps vont en diminuant jusqu'au dernier, qui porte des touffes de cils natateurs, tandis que l'avant-dernier est pourvu d'une sorte de tube percé à l'extrémité d'un orifice respiratoire. Survient pour ces larves un dernier changement de peau, et les voilà devenues nymphes. Ces dernières sont actives, et cependant elles sont emmaillottées et incapables de prendre aucune nourriture. On voit qu'il existe chez les Insectes tous les intermédiaires possibles entre les nymphes absolument inactives et les nymphes qui vivent comme les adultes. Les nymphes des Cousins nagent au moyen de deux grandes lamelles qu'elles portent en manière de queue. Souvent ces nymphes viennent à la surface de l'eau présenter une partie de leur dos, sur laquelle s'élèvent deux petits tubes respiratoires. Le moment arrive où doit avoir lieu l'éclosion des Cousins. Une scène des plus curieuses va réjouir l'observateur. Les petites nymphes flottent en foule à la surface de l'eau; demeurant à peu près immobiles, le tégument de leur région dorsale exposée à l'air se dessèche et se fend au milieu, comme cela arrive aux nymphes des Libellules, des Éphémères, des Cigales, etc. Alors se montre le Cousin. Il dégage sa tête, puis une partie de son thorax; il se soulève lentement sur ses longues pattes; son enveloppe de nymphe est devenue pour lui une nacelle, il paraît prendre d'infinies précautions pour ne pas faire chavirer son frêle esquif. Peu à peu il se dresse, ses ailes s'étendent, et quand il est raffermi, ce qui arrive vite si la température est chaude, il s'envole : le voilà sauvé. Tout se passe sans accident, si l'air est calme; mais qu'un jour d'éclosions, l'air soit un peu agité, les naufrages sont nombreux : les Cousins, encore mal affermis, sont renversés ; les trop légères nacelles formées des dépouilles de nymphes sont chavirées, et l'Insecte qui a mouillé ses ailes est perdu.

LA TIPULE DU CHOU

(*Tipula oleracea*).

Les Tipulides sont des Diptères qui, par les formes générales, diffèrent à peine des Cousins. Certaines Tipulides seraient même prises immanquablement pour des Culicides, si l'on ne portait attention sur les caractères qui distinguent les deux types. Il ne faut donc pas s'étonner que beaucoup de naturalistes aient rattaché ces Insectes à la même famille. Mais, tandis que les Cousins, pourvus d'une armature buccale terrible, sont des êtres avides de sang, les Tipulides, n'ayant à leur bouche que des pièces molles, lèchent les parties fluides sur les végétaux et sur les matières en décomposition. Chez ces Insectes, la lèvre supérieure et les mandibules sont avortées; les mâchoires et la lèvre inférieure, réunies, constituent une petite trompe accompagnée des palpes maxillaires longs et pendants. Cette famille des Tipulides est immense, et l'on y reconnaît quatre types principaux, quatre groupes, les Chironomites, les Tipulites, les Mycétophilites et les Cécidomyites.

Les premiers, ornés de jolies antennes plumeuses, sont ceux qui ressemblent surtout aux Cousins par la taille et par l'aspect. Le Chironome plumeux (*Chironomus plumosus*) est des plus abondants au voisinage des eaux stagnantes. Dans ces mêmes eaux, vit sa larve, sorte de Ver d'un rouge de sang, fort estimée des pêcheurs à la ligne pour séduire certains poissons. Cette larve porte à l'extrémité du corps une houppe de filaments locomoteurs et respirateurs.

Les Tipulites, Insectes des prairies et des endroits marécageux, ont des antennes filiformes garnies de poils verticillés, des pattes d'une longueur et d'une ténuité extrêmes. Les femelles, pourvues d'une assez longue tarière, introduisent leurs œufs dans la terre; les larves rongent les racines. Parmi les vraies Tipules, qui sont nombreuses en Europe, nous citerons la Tipule du Chou (*Tipula oleracea*). L'Insecte adulte est d'une couleur tannée, avec des raies obscures sur le dos et les ailes enfumées. La larve, d'une teinte terreuse avec la tête noire, a le dernier anneau du corps tronqué, percé dans son milieu des orifices respiratoires, et les bords de la troncature pourvus de quatre tubercules. La nymphe, plus ramassée, presque immobile, peut cependant cheminer à l'aide des épines dont elle est garnie, pour se rapprocher de la surface du sol au moment de l'éclosion. Cette espèce est souvent nuisible dans les potagers et les prairies.

Les Mycétophilites, petites Tipulides ayant trois ocelles sur le front, des antennes grêles, vivent sous leur première forme dans les Champignons et dans les bois en décomposition.

Les Cécidomyites sont de très-petits Diptères, dont les antennes,

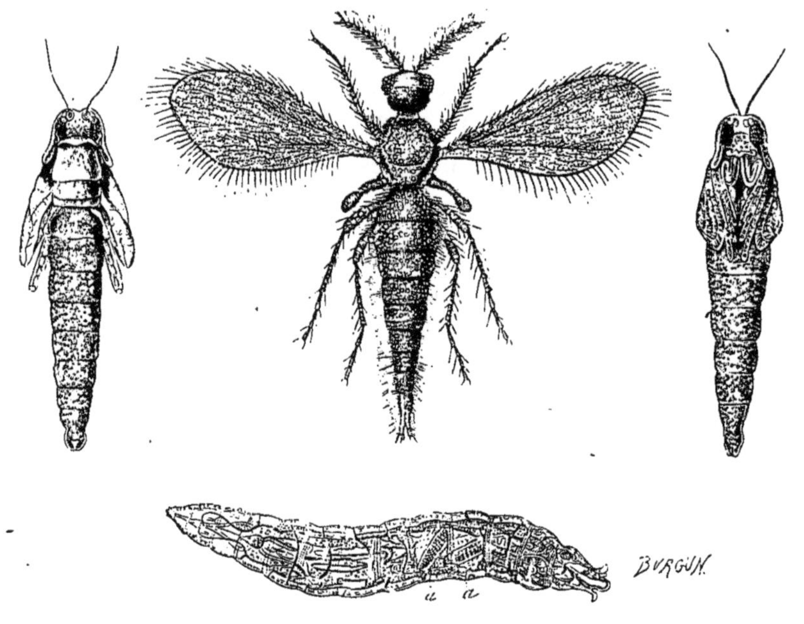

CÉCIDOMYIE A LARVES VIVIPARES.

1. Insecte adulte. — 2. Larve : *aa*, petites larves. — 3 et 4. Nymphe en dessus et en dessous. (D'après M. N. Wagner.)

surtout chez les mâles, sont en grains de chapelet. Comme les Cynips, ces Insectes déterminent des galles sur les végétaux, et c'est dans l'intérieur de ces excroissances que vivent et se développent leurs larves. Il est des espèces du groupe, cependant, qui ne produisent point de galles : telle la Cécidomyie du Blé (*Cecidomyia Tritici*). Sur le Blé en fleur, les larves, mangeant le pollen, empêchent la fécondation, et se rendent ainsi fort nuisibles. Une Cécidomyie abondante aux États-Unis, considérée comme voisine de la précédente, la *Mouche de Hesse* (*Cecidomyia destructor*), cause de grands dégâts dans les mêmes conditions.

Récemment, un fait extraordinaire, des plus intéressants pour la physiologie générale, a été découvert par un professeur de Kazan, M. Nicolas Wagner. Des larves de Cécidomyites, vivant sous les écorces, ont la faculté d'engendrer. Au printemps, la petite Cécidomyie pond ses œufs ; il en sort des larves, et dans des loges particulières de leur abdomen se constituent d'autres larves, qui, en naissant, déchirent le corps de leur mère. A leur tour, elles engendrent de la même manière : les générations se succèdent ainsi pendant toute la belle saison. D'abord, les naturalistes ne purent croire à cette étrange parthénogenèse, mais les observations furent reprises par MM. de Baer, Pagenstecher, Meinert, etc. : le doute n'était plus possible.

La grande division de l'ordre des Diptères, celle des Brachocères, comprend une série de familles : les Asilides, les Tabanides, les Stratiomyides, les Syrphides, les Muscides, les Œstrides et les Ornithomyides.

Les Asilides, Insectes agiles, ont un suçoir redoutable ; les deux mandibules, complétement soudées, forment un glaive acéré. Plusieurs types se rattachent à cette famille, mais nous ne pouvons signaler que le plus important.

Les Asilines, au corps élancé, ont une trompe courte, un glaive puissant; les plus grands percent le cuir des Chevaux et des Bœufs. Adultes, ces Diptères sucent le sang des Animaux, attaquant quelquefois l'Homme lui-même. Les Asiles, reconnaissables à leurs antennes, dont le troisième article, effilé, est surmonté d'un style de deux articles, sont nombreux dans le midi de l'Europe, en Orient, en Afrique. L'un des plus répandus dans notre pays, l'Asile crabroniforme (*Asilus crabroniformis*), se distingue par sa coloration, qui rappelle la livrée de certains Hyménoptères, un fond noir et des parties jaunes. Cet Insecte vole en plein soleil dans les campagnes arides; lorsqu'on en est atteint, le sang jaillit de la blessure faite par son arme buccale, comme d'un coup qui serait donné par une petite lan-

L'ASILE CRABRONIFORME
(*Asilus crabroniformis*).

cette. Il pique parfois les gros Animaux, mais d'ordinaire il attaque des Insectes, surtout des chenilles, et suce leur sang. Ce Diptère, si carnassier dans son état adulte, paraît vivre de matières végétales dans son premier âge. On trouve les larves des

Asiles dans la terre, rongeant les racines, d'après les observations des anciens auteurs, Frisch, de Geer, etc. Les nymphes restent à nu dans une loge formée par la larve.

Parmi les TABANIDES se trouvent les plus robustes et les plus redoutables Diptères. Corps large et épais; ailes grandes; yeux superbes, brillants, tellement gros, que chez les mâles ils sont presque contigus sur le sommet de la tête; antennes courtes, avec un dernier article à plusieurs divisions; trompe très-grande, dépassant quelquefois la longueur du corps; terrible suçoir fort différent de celui des Asiles, les deux mandibules étant séparées l'une de l'autre : tels sont les signes caractéristiques des Tabanides.

Le principal genre de cette famille est celui des Taons (*Tabanus*), toujours faciles à distinguer entre les autres Tabanides par l'absence d'ocelles entre les yeux et par la forme du dernier article des antennes, qui est élargi à son origine et échancré dans le milieu. Les espèces de Taons sont en nombre considérable par le monde, mais la plupart aiment les pays chauds; nous en avons peu dans l'Europe centrale. L'une d'elles est connue de tout le monde, c'est le Taon des bœufs (*Tabanus bovinus*), un de nos plus beaux et de nos plus gros Diptères, au corps gris avec des bandes noires sur le thorax, aux yeux d'un vert magnifique. Le Taon est souvent très-commun en été, à la lisière des forêts ou dans les clairières; les amateurs de promenades sous bois le redoutent pour leurs chevaux, qui s'effrayent du bourdonnement de l'Insecte, et se cabrent ou lancent des ruades en sentant ses piqûres. Les Taons, si avides de sang, ont bien changé depuis leur première condition. Les larves vivent dans la terre; vermiformes, privées de pattes, elles paraissent avoir une nourriture végétale; les nymphes sont immobiles et portent à l'extrémité du corps six épines.

Des Tabanides de petite taille sont fort communs : tels les Chrysops, qui ont des yeux brillants comme l'or, avec des taches obscures qui en relèvent l'éclat (Chrysops aveuglant, — *Chrysops cæcutiens*); les Hæmatopotes, qui boivent le sang, dit leur

MÉTAMORPHOSES DU TAON DES BŒUFS

(*Tabanus bovinus*).

nom, avec des ailes tachetées de noir, comme un vêtement de demi-deuil (*Hæmatopota pluvialis*).

Les STRATIOMYIDES ont dans leur conformation de grands rapports avec les Tabanides; leurs mandibules, plus faibles, sont également libres, mais leurs mâchoires sont fort réduites et leurs antennes beaucoup plus grandes. Les Stratiomes, aux antennes terminées en une longue massue, au corps aplati, paré de vives taches jaunes sur un fond d'un noir brillant, comptent parmi nos plus beaux Diptères. Par leurs métamorphoses, ils sont au nombre des plus intéressants. Le Stratiome caméléon (*Stratiomys chamæleo*) est le plus commun dans notre pays. Adulte, il fréquente les fleurs, où il rencontre des Insectes dont il aime à sucer le sang. Sa larve vit dans les eaux stagnantes. Très-longue, ayant des téguments coriaces, elle se traîne dans les endroits peu profonds. Sa tête est toute petite, pourvue de deux crochets qui ne sont autre chose que les mandibules; ses derniers anneaux minces, atténués, susceptibles de rentrer un peu les uns dans les autres ou de s'allonger, forment une sorte de tube percé à l'extrémité de deux orifices respiratoires entourés d'une couronne de cils. L'animal a-t-il besoin de respirer, il dresse cette partie postérieure de son corps, de façon à prendre une provision d'air. Arrive le moment où la larve du Stratiome flotte à la surface de l'eau; rien n'est changé dans sa forme, et cependant alors elle n'est plus larve. Que l'on fende ce corps au milieu, on trouve une nymphe : la peau de la larve est devenue une coque, un bateau pour la Mouche qui viendra à éclore.

De charmants Diptères de la même famille (*Sargus*), ayant les antennes terminées par un long style, le corps allongé, parés de couleurs métalliques, bleues, vertes, violettes, ont des larves qui vivent dans la terre ou le bois pourri, et des nymphes qui demeurent, comme celles des Stratiomes, dans la peau des larves.

Une grande famille, celle des SYRPHIDES, comprend une foule de jolies espèces qui se ressemblent beaucoup, dans leur état adulte, par leurs caractères les plus essentiels, leur aspect, leur système de coloration, et qui diffèrent considérablement par leurs formes et par leurs conditions d'existence pendant leur état de larves. Les Syrphides se distinguent de tous les autres Diptères par leur trompe courte et épaisse, les mandibules réunies formant une lame simple, les mâchoires peu développées, la lèvre

MÉTAMORPHOSES DU STRATIOME CAMÉLÉON

(*Stratiomys chamæleo*).

très-large, très-flexible, très-propre à lécher. Ces Insectes aiment le miel des fleurs. Cette famille fournit quelques genres bien remarquables. Citons les Volucelles, grosses Mouches ayant de jolies couleurs noires et jaunes ou roussâtres, et le style des antennes plumeux. Elles vont déposer leurs œufs dans les nids des Hyménoptères qui vivent en société : la Volucelle bourdonnante (*Volucella bombylans*) va chez les Bourdons; la Volucelle zonée (*V. zonaria*) va chez les Guêpes, dont elle semble avoir emprunté la coloration pour tromper sur sa qualité. Les larves de la Volucelle, d'un blanc sale, épineuses, avec le dernier anneau tronqué, percé dans le milieu des orifices respiratoires et entouré de longues pointes, ayant des pattes membraneuses gar-

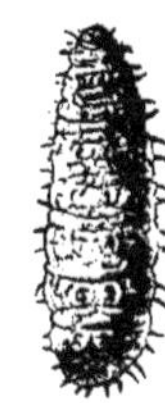

MÉTAMORPHOSES DE LA VOLUCELLE ZONÉE
(*Volucella zonaria*).

nies de petits crochets, dévorent les larves des Guêpes. Arrivées à la fin de leur croissance, elles se transforment en nymphes. Celles-ci, demeurant à découvert, sont ramassées, et elles portent sur la région prothoracique deux petits tuyaux ouverts à l'extrémité, qui communiquent avec le système trachéen : ce sont des tubes respiratoires analogues à ceux des Cousins. Citons les Éristales et les Hélophiles, les premiers ayant les cuisses minces, les autres les cuisses épaisses et les jambes arquées. Les larves de ces Diptères vivent dans les eaux croupissantes; n'ayant que de très-petites pattes, pattes écailleuses thoraciques, pattes membraneuses abdominales, elles marchent lentement sans pouvoir s'élever à la surface du liquide, et cependant elles ne sont pas conformées pour une respiration aquatique. Une curieuse particularité supplée aux défauts de leur organisation. Leur corps se termine par une queue, et cette queue, formée d'articles susceptibles de rentrer les uns dans les autres ou de se tirer à la manière des tubes d'une lunette, peut devenir très-longue; ce qui a valu aux larves des

Éristales et des Hélophiles le nom de ***Vers à queue de Rat***. Prenons pour exemple l'Éristale gluant (***Eristalis tenax***) : le nom fait allusion à la larve. L'Insecte adulte a un gros corps noirâtre

MÉTAMORPHOSES DE L'ÉRISTALE GLUANT
(*Eristalis tenax*).

avec de larges taches rousses sur l'abdomen ; sa larve, pourvue d'assez gros yeux et d'une queue mince, vit dans les mares puantes, peu profondes, dans les matières liquides qui s'écoulent des fumiers. Pour l'observer, on peut la mettre dans de l'eau pure, elle n'y périra qu'après un certain temps. Alors on peut se procurer un curieux spectacle. La larve de l'Éristale est couverte d'une faible quantité d'eau; sa queue, dressée pour prendre l'air par les orifices placés à son extrémité, est courte. De l'eau est ajoutée ; la queue s'allonge en proportion, de façon à toujours atteindre la surface, et quand la hauteur du liquide commence à devenir trop considérable, cette queue s'allonge jusqu'à sa dernière limite; un peu encore, et l'animal est noyé. Les larves des Hélophiles (*Helophilus pendulus*), plus longues, plus minces que celles des Éristales, vivant dans les mêmes conditions, sont susceptibles encore d'un plus grand allongement.

Les Syrphes ont le corps étroit et comme déprimé; petits Diptères au corps bronzé, bleu, verdâtre, etc., avec des ceintures jaunes, ils sont en foule sur les fleurs pendant la belle saison, et leurs espèces sont nombreuses. Toutes ont les mêmes mœurs, les mêmes métamorphoses. Ces Insectes déposent leurs œufs sur les arbustes ou autres végétaux. Les larves qui en naissent, ayant le corps atténué en avant, marchent sur le feuillage par un mouvement de reptation et en s'aidant de leurs mandibules en crochets. Le Syrphe ceinturé (*Syrphus balteatus*) est un des plus communs dans les jardins; ses larves, d'une teinte verte pâle, se voient fréquemment sur les Rosiers, où elles saisissent des Pucerons et les sucent avec une merveilleuse rapidité. Beaucoup de larves de Syrphes attaquent des chenilles, et s'enfoncent même en grande partie dans le corps de ces Insectes. Leurs orifices respiratoires étant placés au dernier anneau de l'abdomen, elles ne courent aucun risque en s'engageant de la sorte.

La famille des Muscides, des véritables Mouches, est de toutes les familles de la classe des Insectes la plus immense et en même temps l'une des plus naturelles. Il y a des milliers de Mouches qui se ressemblent d'une manière désespérante pour les classificateurs, et cependant toutes ces Mouches sont bien différentes, car chacune vit dans des conditions qui lui sont propres. Un entomologiste, Robineau-Desvoidy, a été le premier à comprendre que l'on ne connaîtrait bien ces Insectes qu'après avoir étudié l'histoire entière de chacun d'eux.

Les Muscides ont une grande trompe formée de toutes les pièces buccales réunies, et surtout de la lèvre inférieure grande, plissée, douée d'un tact très-sensible. Les mandibules, en

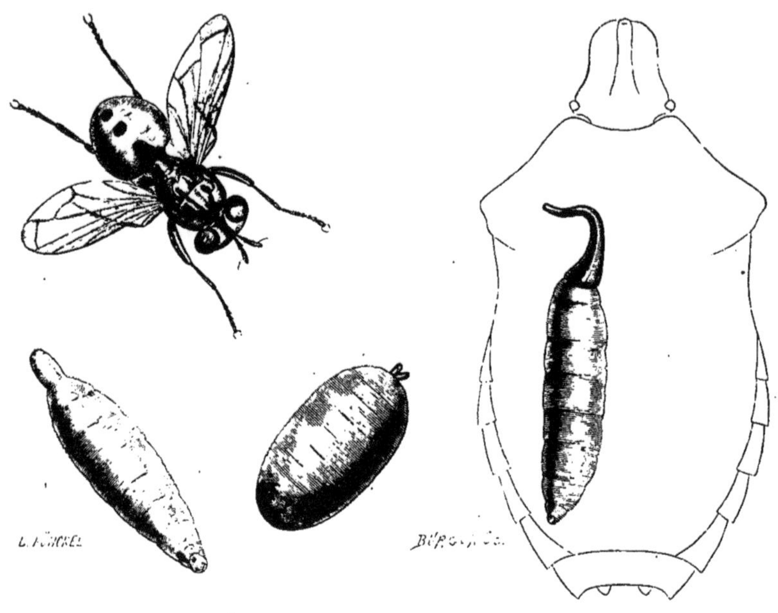

MÉTAMORPHOSES DU GYMNOSOME ARRONDI

(*Gymnosoma rotundata*).

partie soudées, constituent une lame aiguë supportée par deux tiges. Sous leur première forme, ces Diptères, qui vivent dans les conditions les plus diverses, se ressemblent tous. Ce sont toujours ces *Vers* blanchâtres avec la tête munie de deux pètits crochets représentant les mandibules, que l'on désigne sous le nom d'*asticots,* larves chez lesquelles il n'y a point de mue pour la transformation en nymphes. Le corps se raccourcit, la peau se durcit, et prend une couleur brune : c'est l'état de pupe.

Il y a une infinité de Mouches reconnaissables au style des antennes, qui est nu (Tachinines) : les Echinomyies, les Tachines, les Ocyptères, les Gymnosomes, vivant comme les Ichneumonides, dans le corps d'autres Insectes. Les chenilles sont ainsi très-fréquemment atteintes. Nous donnons comme exemple le Gymnosome arrondi (*Gymnosoma rotundata*), jolie Mouche à abdomen d'un jaune fauve tacheté de noir. M. Jules Künckel a observé la larve de cet Insecte dans le corps d'un Hémiptère, le Pentatome gris, espèce chez laquelle Léon Dufour rencontra autrefois la larve d'un Ocyptère (*O. bicolor*). Fait curieux, pour les besoins de leur respiration, ces larves ont la propriété de se constituer un tuyau, un siphon, dans lequel se trouve engagée leur partie postérieure, qui communique ainsi avec l'un des stigmates de l'Insecte qu'elles dévorent.

C'est à la même division de la famille des Muscides qu'appartient la Mouche *Tsétsé* (*Glossina morsitans*), qui, au rapport de plusieurs voyageurs en Afrique, et notamment de Livingstone, pique les Bœufs et les fait périr. Dans notre pays, des accidents terribles sont parfois occasionnés par des Tachines, Mouches piquantes, qui viennent piquer après avoir été se repaître de charognes. On cite de temps à autre des personnes qui ont succombé aux accidents déterminés par la piqûre de ces Insectes.

Les Muscines, distinguées des précédentes par le style des antennes velu ou plumeux, ont dans leur premier état un genre de vie fort différent. La plupart de celles dont la Mouche de nos appartements (*Musca domestica*) est le type, se nourrissent de chair corrompue.

Nous avons vu des Coléoptères dont la mission est d'anéantir les matières animales ou végétales en décomposition; mais cette mission est dévolue bien plus encore aux larves des Mouches. Il suffit de signaler la grosse Mouche bleue de la viande (*Calliphora vomitoria*), la Mouche vivipare (*Sarcophaga carnaria*), la Mouche verte (*Lucilia cæsar*), dont les larves, ou asticots, dévorent tous les cadavres. M. Ch. Coquerel a signalé une espèce de ce groupe observée à Cayenne (*Lucilia hominivorax*), dont les larves, introduites en quantité considérable dans les sinus frontaux et les fosses nasales d'un homme, ont occasionné la mort.

MÉTAMORPHOSES DES MOUCHES DE LA VIANDE
(*Calliphora vomitaria* et *Sarcophaga carnaria*).

Beaucoup de Muscides (Scatophagites), comme la Scatophage du fumier (*Scatophaga stercoraria*), ont des larves qui se repaissent de toutes les matières stercoraires.

Les larves d'une foule de petites Muscides sont nuisibles à la végétation. Une des plus petites, le Dacus de l'Olivier (*Dacus Oleæ*), dévore la pulpe des olives. Plusieurs Chlorops, Mouches toutes mignonnes, ayant un corps jaune, avec des lignes noires sur le thorax, déposent leurs œufs sur les Céréales. La larve du Chlorops rayé (*Chlorops lineata*), rongeant les tiges du jeune Blé, occasionne parfois de graves préjudices.

Les Œstrides sont de grosses Mouches massives, velues, ayant de très-petites antennes, une trompe rudimentaire. A l'état adulte, les Œstrides ne prennent aucune nourriture; mais comme ils poursuivent les Chevaux, les Bœufs, les Moutons et tous les Ruminants, qu'ils effrayent par leur bourdonnement, il a été quelquefois parlé de la piqûre des Œstres, qui sont absolument incapables de piquer. Les Taons s'acharnent après les grands Animaux pour sucer leur sang; les Œstres, pour déposer leurs œufs. Les larves de ces derniers vivent en parasites sur les Mammifères. Les Œstrides, dont les conditions d'existence sont si curieuses, ont été l'objet de nombreux écrits. Nous citerons seulement une étude sur les espèces des Animaux domestiques, de M. Joly, publiée en 1846, et un travail récent de M. Brauer, de Vienne. Parmi les Œstrides, on compte plusieurs genres distingués les uns des autres par quelques détails de la configuration des antennes. Le genre Œstre proprement dit a pour type une espèce très-commune, l'Œstre du Cheval (*OEstrus Equi*). Le gros Diptère bourdonne derrière les chevaux, épiant le moment favorable pour opérer sa ponte. Il attache ses œufs, enduits d'une matière agglutinante, aux poils, sur les genoux, sur le poitrail, aux endroits que l'animal à l'habitude de lécher. Les larves de l'Œstre éclosent; en se léchant, le Cheval en avale, et les larves, arrivées dans l'estomac, se fixent dans la muqueuse au moyen de leurs mandibules en crochets. Tous les anneaux de leur corps sont garnis de pointes acérées qui servent encore merveilleusement à les retenir. Les larves, se détachant, se laissent expulser

LIBRAIRIE GERMER BAILLIÈRE. IMPR. DE E. MARTINET.

LES ÉTOURNEAUX CHERCHANT LES ŒSTRES SUR UN DAIM

(*Hypoderma Diana*).

par les voies naturelles, et, aussitôt tombées, se changent en pupes.

La Céphalémyie du Mouton (*Cephalemyia Ovis*), qui cause la terreur dans les troupeaux, vit à l'état de larve dans les sinus frontaux des Moutons. D'autres espèces, les Hypodermes, pondent sur divers Ruminants ; mais c'est sous la peau de ces animaux que se développent les larves, où elles déterminent des tumeurs, comme l'Hypoderme du Bœuf (***Hypoderma Bovis***), l'Hypoderme Diane (***H. Diana***) qui attaque les Chevreuils, et que M. Lucas a trouvé aussi sur des Daims pourchassés par des Étourneaux cherchant les Œstres pour les manger. En Amérique, des Œstrides du genre Cutérèbre ont été observés vivant, au moins accidentellement, sous la peau de l'Homme, par MM. Roulin, Goudot, etc. (***Cuterebra noxialis***).

Les Ornithomyides, enfin, forment une petite famille des plus curieuses par les caractères, l'organisation, les mœurs. Ces Diptères ont un suçoir analogue à celui des Anoplures, des antennes

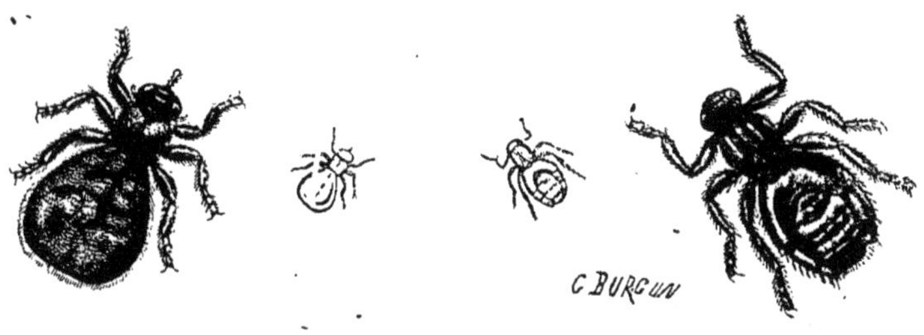

LE MÉLOPHAGE DU MOUTON (*Melophagus Ovis*). LEPTOTÈNE DU CERF (*Leptotæna Cervi*).

d'un seul article, des ailes rudimentaires, ou même point d'ailes. Les Ornithomyides ne pondent pas d'œufs. Un seul embryon à la fois se développe dans le corps de chaque femelle, et se trouve expulsé à l'état de pupe. Ces Insectes sucent le sang des Mammifères et des Oiseaux. L'Hippobosque se trouve sur le Cheval (***Hippobosca Equi***), les Ornithomyies sur les Oiseaux. Ceux-ci ont des ailes étroites, ils peuvent se porter d'un animal à un autre. Le Leptotène du Cerf (***Leptotæna Cervi***), le Mélophage du Mouton (***Melophagus Ovis***), n'en ont pas : ils vivent tout à fait en parasites.

XVII

LES ANOPLURES — LES THYSANURES

Voici les êtres les plus dégradés de la classe des Insectes, les êtres chez lesquels n'existent jamais les attributs les plus remarquables du type auquel ils appartiennent. Les espèces de ces deux ordres, les Anoplures et les Thysanures, sont toujours privées d'ailes; elles deviennent adultes en demeurant dans la condition de larves. Par suite de cet arrêt de développement, l'appréciation rigoureuse de leurs affinités naturelles reste incertaine. Plusieurs auteurs ont été d'avis que des espèces groupées ensemble n'avaient de commun que leur imperfection organique, et qu'elles étaient les représentants inférieurs de divers types. Parmi les Anoplures, c'est-à-dire les parasites de l'Homme et des Animaux, les uns sont pourvus d'un appareil buccal qui rappelle celui des Orthoptères, les autres d'un suçoir dont toutes les parties sont intimement unies, qui a les plus grands rapports avec celui des Diptères de la famille des Ornithomyides. Les Anoplures ont des pattes d'égale dimension, avec les tarses terminés par des crochets diversement conformés, selon la nature des animaux sur lesquels ils se fixent. De là cette possibilité de discuter si les Anoplures appartiennent à des types essentiellement distincts, ou s'ils appartiennent à un même type général, modifié pour s'adapter à des conditions d'existence particulières. C'est de ce côté que nous croyons être la vérité, tout en reconnaissant que l'organisation interne de ces Insectes est loin encore d'être connue suffisamment dans tous ses détails, pour permettre une démonstration complète.

Pendant longtemps, les Anoplures n'eurent pas d'autre nom que celui de *Parasites*. Celui qui est adopté aujourd'hui, proposé il y a cinquante ans par Leach, fait allusion à l'absence de toute armure à l'extrémité du corps de ces animaux (α, privatif; οπλον, arme; ουρα, queue). Ces êtres qui répugnent, offrant un intérêt par leur genre de vie et leur multiplication d'une incroyable rapidité, ont été l'objet d'une foule d'écrits. En 1668, Francesco Redi a donné des descriptions et des figures d'un certain nombre d'espèces; en 1842, M. H. Denny a publié une monographie des Anoplures de la Grande-Bretagne. Faut-il s'étonner que l'on ait fait de nombreux portraits de ces parasites, quand un médecin de Montpellier, Amoreux, déclare, dans un livre sur les Insectes venimeux, publié en 1789, qu'un Pou est des plus curieux à voir en peinture.

Dans cet ordre des Anoplures, il y a deux types très-tranchés, deux grandes divisions : l'une est celle des Poux, ou les Parasites à suçoir; l'autre, celle des Ricins, ou les Parasites à mandibules et à mâchoires libres. Les premiers s'attachent exclusivement aux Mammifères; les seconds sont les Poux des Oiseaux.

Les espèces à suçoir composent la famille des Pédiculides. Aux parasites de l'Homme a été réservé en particulier le nom générique de Poux (*Pediculus*). Ces Insectes ont des pattes crochues, offrant à l'extrémité des jambes, au-dessus de l'articulation du tarse, une pelote servant à l'animal à prendre forte adhérence après les cheveux et les poils. Parmi ces Insectes, les mâles sont peu nombreux relativement aux femelles. Swammerdam, ayant trouvé des ovaires chez tous les individus qu'il avait observés, s'était persuadé que les Poux étaient hermaphrodites; mais Leeuwenhoek réussit à trouver les mâles. Une femelle donne une cinquantaine d'œufs; le savant hollandais constata, par expérience, qu'au bout de deux mois, deux femelles avaient été la souche de 18 000 individus. Les œufs de ces parasites, connus sous le nom de *lentes*, sont fixés aux cheveux et aux poils. En naissant, les Poux sont presque adultes; peu de jours leur suffisent pour être en état de se reproduire. Selon toute apparence, la parthénogenèse s'étend très-loin chez ces Insectes.

Les Poux, proprement dits, qui s'attachent à l'espèce humaine

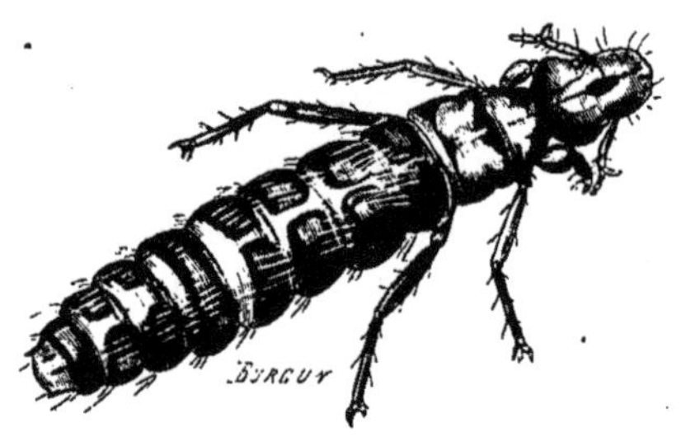

LE RICIN DU PYGARGUE
(*Philopterus sulcifrons*).

LE POU DE LA TÊTE
(*Pediculus capitis*).

sont au nombre de trois : le Pou de la tête (***Pediculus capitis***), qui s'accroche après les cheveux et se multiplie à foison sur les têtes malpropres; le Pou du corps (***Pediculus vestimenti***), qui pullule parmi les agglomérations d'hommes où l'on se dispense de soins hygiéniques; et le Pou des maladies (***Pediculus tabescentium***), cause d'une hideuse affection connue sous le nom de *phthiriasis*, devenue rare aujourd'hui, mais fréquente autrefois. N'assure-t-on pas qu'à cette horrible maladie succombèrent, dans l'antiquité, Hérode, le gouverneur de la Judée; le poëte Alcman, dont la célébrité fut grande dans la Grèce; le maître de Pythagore, Phérécyde de Syrie; le dictateur Sylla; dans les temps plus rapprochés de nous, le roi des Espagnes et des Amériques, Philippe II?

Les Singes sont très-fréquemment affectés par des parasites, et toutes les personnes qui ont visité des ménageries les ont vus faire la chasse, soit sur eux-mêmes, soit sur leurs frères, et manger aussitôt le produit de leur chasse. Ils mangent qui les mangent; rien de plus juste, si l'on n'est pas dégoûté. On affirme que les Africains et les Australiens n'agissent pas autrement.

Les Anoplures à mâchoires libres, les Poux des Oiseaux, forment la famille des Philoptérides. Il y en a d'une infinité d'espèces, car tous les Oiseaux peuvent être atteints par des parasites même de plusieurs espèces. Ces parasites entaillent les plumes pour les sucer; on comprend donc l'utilité de leurs mandibules tranchantes. En général, on a donné aux Philoptérides les noms des animaux sur lesquels ils vivent : ainsi, les Philoptères de la Pintade, du Moineau, du Cygne, etc. (*Philopterus Numidæ, P. Fringillæ, P. Cygni*).

Les Thysanures, comme les précédents, sont des Insectes de petite taille, qui ne subissent aucune métamorphose, de leur sortie

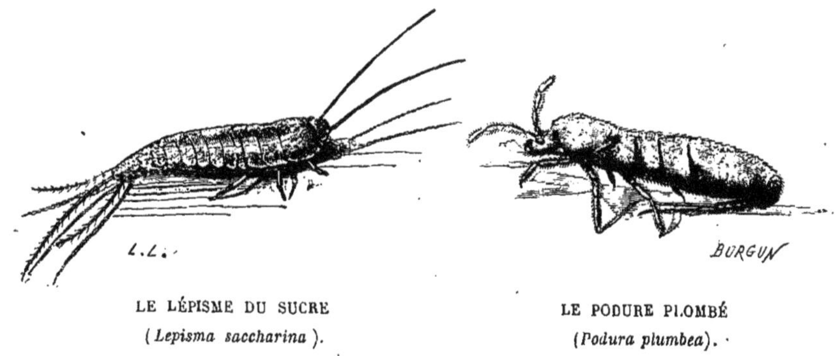

LE LÉPISME DU SUCRE (*Lepisma saccharina*). LE PODURE PLOMBÉ (*Podura plumbea*).

de l'œuf à l'état adulte. Leur corps porte à son extrémité, soit un long appendice habituellement replié sous le ventre, soit de longs filets plus ou moins ciliés qui rappellent beaucoup les filets des Éphémères. L'appareil buccal des Thysanures, composé de pièces libres, mais faibles, affecte une ressemblance manifeste avec celui de certains Névroptères. Les Thysanures, et surtout les représentants d'une famille de cet ordre, ont des rapports frappants avec des Névroptères, et en particulier avec les Éphémérides. Malgré tout, quand on compare rigoureusement ces Insectes dans leur conformation, dans leurs habitudes, dans leurs conditions d'existence, il semble bien difficile de les associer.

Dans l'ordre des Thysanures, il y a deux types bien tranchés, c'est-à-dire deux familles : les Podurides et les Lépismides. Chez les premiers, l'abdomen porte un appendice fourchu propre au saut; chez les autres, de longs filets. Ces Insectes se nourrissent de détritus, de matières en décomposition, molles, plus ou moins fluides. Les Podurides, tous d'une très-petite dimension, 2, 3, 4 millimètres, se rencontrent sous les pierres, au milieu des mousses humides, sous les écorces, sous les feuilles tombées. Les Podures ont les articles des antennes à peu près égaux et le corps oblong; les Smynthures, les derniers articles des antennes très-petits et le corps massif. Les uns et les autres sautent avec une vigueur extrême au moyen de leur appendice caudal. Cette longue tige bifurquée repliée sous l'Insecte, étant fortement contractée, se redresse comme un ressort lorsque cesse la contraction, et l'animal est projeté en l'air à une hauteur considérable. Mécanisme simple, dont certains jouets d'enfants donnent une idée exacte.

Les Lepismides sont de plus grande taille et bien moins nombreux en espèces. On distingue les Lépismes, ayant de petits yeux et seulement trois filets à l'abdomen, et les Machiles, ayant de gros yeux et cinq filets à l'abdomen. Tout le monde connaît le type du genre Lépisme, et le désigne sous le nom de *petit Poisson d'argent :* c'est le Lépisme du sucre (*Lepisma saccharina*). Il vit dans nos maisons. Sa forme rappelle de loin celle des Poissons, son vêtement a le brillant du métal, et c'est bien un vêtement, car la couleur d'argent est due à la présence de petites écailles implantées dans le tégument. On assure qu'il est venu d'Amérique avec les caisses ou les barils de cassonade. Peut-être; mais à coup sûr, il ne mange pas notre sucre blanc, ce serait trop dur pour ses petites mandibules et ses faibles mâchoires.

XVIII

LES MYRIAPODES

Les Myriapodes, de leur nom vulgaire les ***Mille-pieds***, étaient considérés autrefois comme appartenant à la classe des Insectes. L'étude s'est portée sur la conformation de ces animaux, et alors on les a isolés. Dans nos méthodes naturelles, ils figurent comme une classe particulière. Il suffit d'un rapide examen des caractères de ces êtres pour voir combien cette séparation est justifiée; il suffit aussi de les connaître dans les premiers temps de leur vie, pour apprécier les rapports qu'ils présentent avec les Insectes, rapports qu'on ne soupçonnerait pas, si l'on s'occupait exclusivement des adultes.

Ce qui caractérise manifestement les Myriapodes, même pour des yeux peu accoutumés à l'observation, c'est l'existence d'une multitude de pattes, toutes à peu près semblables les unes aux autres. Dans le corps de tout Insecte, il y a trois parties toujours bien distinctes, la tête, le thorax et l'abdomen; chez les Myriapodes, il y a une tête, puis une longue suite d'anneaux portant chacun une ou deux paires de pattes. Il est donc difficile, impossible même, de distinguer chez ces animaux un thorax et un abdomen. Ce qui caractérise surtout les anneaux thoraciques dans les autres classes de l'embranchement des Articulés, c'est la présence des appendices de la locomotion, les pattes; or, dans les Myriapodes, tous les zoonites supportent des pattes, car en vérité, on ne saurait voir un abdomen dans un anneau tuberculiforme sans appendice, qui termine le corps. Les Myriapodes apportent la preuve déjà si bien fournie, du reste, par le développement des Insectes, que tous les anneaux ou zoonites des Animaux annelés sont construits sur un plan uniforme, qu'ils appartiennent à la tête, au thorax ou à l'abdomen. Un exemple frappant de cette vérité nous est offert par le système appendiculaire : les Myriapodes, comme les Insectes, ont leur appareil buccal composé d'un labre, de deux mandibules, de deux mâchoires, d'une lèvre inférieure ou seconde paire de mâchoires, mais à ces pièces s'ajoutent, d'une manière plus ou moins complète, les deux ou trois premières paires de pattes, que Savigny regarde avec raison comme correspondant aux trois paires de pattes thoraciques des Insectes.

L'organisation interne des Myriapodes s'éloigne peu de celle des Insectes. Le système nerveux est formé d'une chaîne ganglionnaire dont les noyaux sont en nombre égal à celui des zoonites. L'appareil respiratoire est un système de trachées, diffus comme celui des Insectes. L'appareil circulatoire et le mode de circulation du sang ne diffèrent de ce qui existe chez les Insectes que dans les détails. Il y a un cœur, consistant en un vaisseau dorsal divisé en une longue suite de chambres, et de ce cœur naît une aorte qui fournit plusieurs artères, ainsi que l'ont appris de minutieuses recherches de George Newport.

Les ovaires ne sont pas des gaînes analogues à celles des Insectes, mais des sacs auxquels se trouvent appendus des loges ovifères.

La marche du développement chez les Myriapodes est d'un haut intérêt. Ces animaux, qui à l'état adulte rappellent les allures de certains Vers marins, les Néréides par exemple, et diffèrent d'une façon alors si frappante des Insectes, ressemblent à ces derniers dans leur premier âge. Les Myriapodes n'ont d'abord que trois paires de pattes. Le fait fut constaté au siècle dernier

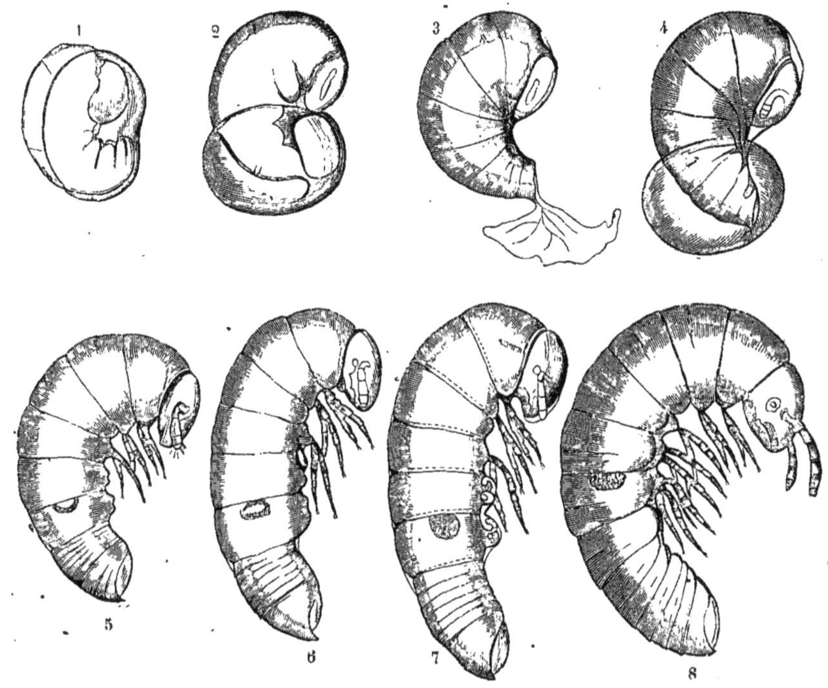

DÉVELOPPEMENT DU IULE TERRESTRE
(*Iulus terrestris*).

1. L'embryon au moment de la rupture de l'œuf. — 2 et 3. Nouveau-né à la fin du premier jour. — 4. Le jeune, à son neuvième jour. — 5. Au dix-septième jour. — 6. Au dix-neuvième jour. — 7. Au vingtième jour. — 8. Au vingt-sixième jour. (Ces figures sont empruntées au mémoire de Newport.)

par de Geer. En 1823, un professeur de Pise, M. Savi, poussa un peu plus loin les investigations; MM. Brandt, Waga, Gervais, firent de nouvelles observations sur le développement de ces animaux, et en 1841 Newport ajouta beaucoup à ce que l'on connaissait déjà sur ce sujet, par l'étude très-attentive d'une de nos espèces les plus communes.

Comme le remarque ce savant, tandis que, chez les Insectes

arrivant à leur état parfait, s'opère une soudure des anneaux, qui se traduit par une diminution apparente dans leur nombre, chez les Myriapodes, au contraire, le nombre des anneaux du corps ne cesse de s'accroître jusqu'à la fin du développement.

Dans le type observé par Newport (Iule), le jeune qui, au sortir de l'œuf, est recouvert d'une enveloppe, porte une attache à l'extrémité de son corps : il a alors neuf anneaux distincts après la tête. L'accroissement de l'Animal marche rapidement, les anneaux se montrent bientôt avec plus de netteté, et l'on commence à apercevoir les premiers vestiges des pattes. Les anneaux se multiplient, et à un moment l'animal a trois paires de pattes; il continue à s'allonger, de nouveaux anneaux se dessinent, de nouvelles pattes se forment d'avant en arrière, comme les figures en donnent l'idée la plus exacte.

La classe des Myriapodes a été partagée en deux ordres : les Chilognathes, chez lesquels les pièces buccales sont assez faibles, les pattes courtes, attachées par double paire à chacun des anneaux du corps; et les Chilopodes, chez lesquels les pièces de la bouche sont fortes, la seconde paire de mâchoires auxiliaires très-développée, les pattes attachées par paire simple à chacun des anneaux du corps.

Les Chilognathes se cachent dans la terre humide, où ils vivent de substances végétales en décomposition; quelques-uns attaquent aussi les jeunes pousses des plantes. La famille des Iulides est la plus importante de l'ordre. Les Iules sont au nombre des Myriapodes qui méritent le mieux le nom de *Mille-pieds;* ils n'en ont jamais mille, il est vrai, mais parfois quelques centaines. Ces animaux, ayant le corps fort long et cylindrique, se contournent en spirale et s'échappent en glissant, car leur surface est lisse et luisante. Dans tous les champs, dans les jardins, dès qu'on remue un peu la terre, on découvre le Iule terrestre (*Iulus terrestris*), qui est d'un noir bleu, avec les bords des anneaux jaunâtres. Dans l'Amérique du Sud, il existe des Iules très-semblables à nos petites espèces indigènes par tous leurs caractères, qui atteignent une très-grande dimension, jusqu'à 35 ou 40 centimètres.

Les Glomeris sont des Iulides de forme large, assez raccourcie, ayant la faculté de se contourner en boule quand on les inquiète. De la sorte, n'exposant que les parties tégumentaires

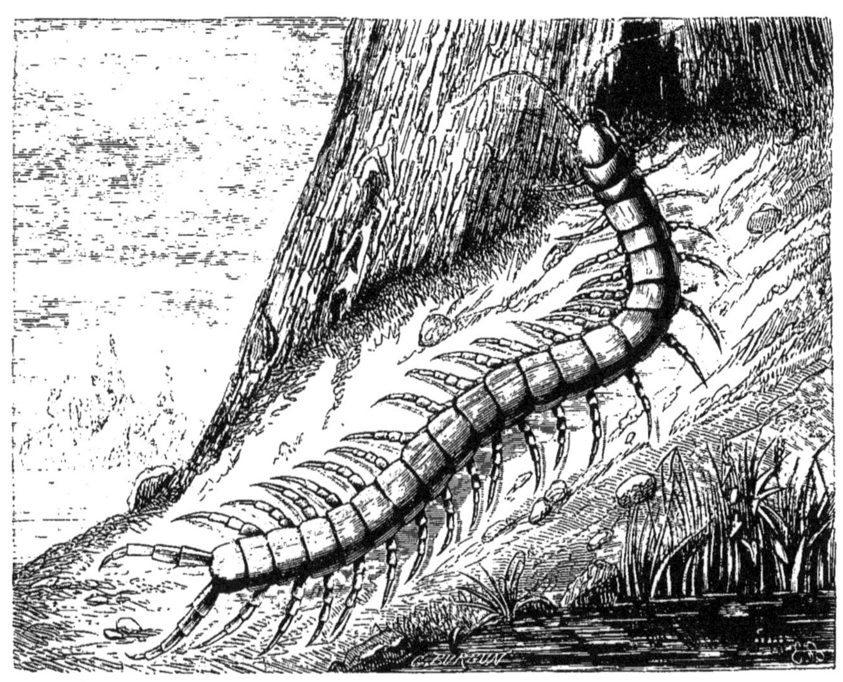

LA SCOLOPENDRE MORDANTE
(*Scolopendra morsitans*).

dorsales, qui sont fort dures, ils protégent leurs appendices et les parties de leur corps les plus vulnérables. Nous en avons quelques espèces dans notre pays, et leur aspect rappelle beaucoup la physionomie des Cloportes.

Les Chilopodes sont des animaux carnassiers, extrêmement agiles. Ils se tiennent sous les pierres, sous les écorces, dans des fissures étroites, où ils pénètrent sans difficulté à la faveur de l'aplatissement de leur corps.

La famille des SCOLOPENDRIDES est la grande famille de cet ordre; elle comprend essentiellement le genre Scolopendre, où l'on trouve des antennes assez longues, amincies vers le bout, des mâchoires auxiliaires de la seconde paire très-puissantes, portant un robuste crochet perforé. Ces Myriapodes saisissent leur proie à la course, percent leurs victimes avec ces crochets, qui donnent passage à un liquide salivaire venimeux. Les Scolopendres sont redoutées dans les contrées du monde où elles sont fréquentes. Il n'existe aucun de ces Myriapodes dans l'Europe centrale, mais nous en avons une espèce d'assez forte taille en Provence, du reste, très-commune sur toutes les terres voisines de la Méditerranée : c'est la Scolopendre mordante (*Scolopendra morsitans*), celle du moins à laquelle il convient de conserver ce nom qui a été indifféremment appliqué à une foule d'espèces de tous pays, car les Scolopendres se ressemblent extrêmement entre elles. Plusieurs espèces des pays chauds sont d'une taille énorme.

Dans les parties de l'Europe où il n'existe pas de vraies Scolopendres, ce genre est représenté par une espèce de taille très-médiocre, que l'on trouve sous les pierres, et dont on a formé le genre Lithobie. C'est le Lithobie fourchu (*Lithobius forficatus*).

Mais notre Myriapode le plus étrange est la Scutigère (*Scutigera coleoptrata*), qui a de longues antennes et d'énormes pattes, avec les tarses multiarticulés.

La famille des GÉOPHILIDES se compose d'espèces ayant le corps extrêmement allongé, mincé, délicat, avec une multitude de pattes. Les Géophiles, qui sont très-répandus en Europe, se tiennent habituellement dans la terre ou sous les écorces, faisant la chasse à de petits Insectes. Leur couleur est ordinairement d'un jaune pâle ou d'un jaune roux; ils marchent avec rapidité, et s'échappent en se tortillant comme des Serpents, surtout quand on veut les saisir.

XIX

LES ARACHNIDES

Pour tous les observateurs, les Arachnides comptent au nombre des êtres les plus intéressants du monde animé. Chez les représentants les plus parfaits de cette classe de l'embranchement des Animaux articulés, il y a une richesse d'organisation dans des corps réduits à de minimes proportions, qui est une des plus étonnantes merveilles que les anatomistes aient découvertes. Ces mêmes représentants de la classe des Arachnides, si admirablement organisés, fournissent le spectacle des plus curieux instincts, et souvent d'une intelligence qui se manifeste par les actes les mieux réfléchis. Dans la classe des Arachnides, cependant, le type se dégrade, et chez une foule de petites espèces on ne trouve rien de plus remarquable que chez les Insectes les moins parfaits.

Dans leur ensemble, les Arachnides se distinguent d'une manière assez nette des autres Articulés, bien qu'il existe des différences profondes dans l'organisation des divers types qui composent cette classe; de là une impossibilité de formuler avec précision une série de caractères convenant à la fois à tous les Arachnides, à l'exclusion de tous les Crustacés et de tous les Insectes.

Ces animaux, qui naissent pour la plupart avec toutes les formes des adultes, n'ont jamais d'ailes. Ils ont la tête et le thorax confondus, de manière à former un tronc antérieur, que les zoologistes désignent sous le nom de céphalothorax ; les pattes ambulatoires, toujours au nombre de quatre paires chez les adultes ; les pièces buccales ordinaires, nulles ou rudimentaires, et remplacées par une paire de pattes-mâchoires ; des yeux simples dans tous les cas ; des antennes extrêmement variables sous le rapport de leur forme et appropriées à différents usages.

Les Arachnides sont tous conformés pour une respiration aérienne, s'effectuant, soit au moyen d'organes localisés, désignés généralement sous le nom de poumons ou de sacs pulmonaires, soit au moyen d'organes ramifiés dans les différentes parties du corps, c'est-à-dire de trachées plus ou moins semblables à celles des Insectes.

Avec la connaissance des faits que nous avons énoncés touchant l'organisation des Insectes, on parviendra aisément à saisir les rapports qui établissent un lien entre les Arachnides inférieurs et les Insectes, les particularités qui caractérisent au plus haut degré les Arachnides supérieurs.

Un des traits frappants de la conformation des Arachnides, c'est l'absence très-ordinaire des divisions annulaires. En effet, chez un Arachnide inférieur comme un Acarien, le corps ne présente pas d'anneaux distincts, la tête n'est pas nettement séparée du thorax, le thorax et l'abdomen paraissent se confondre ; chez un Arachnide supérieur, une Araignée par exemple, le corps semble n'avoir que deux parties, le céphalothorax et l'abdomen. C'est une union intime des pièces tégumentaires qui s'opère de très-bonne heure. Des séparations annulaires existent chez les embryons des Araignées, ainsi qu'il a été constaté autrefois par Herold et Rathke, et récemment par M. Claparède.

Dans quelques types, cependant, les Scorpions par exemple, les annulations persistent dans certaines parties du corps. Le système musculaire, dans les types les plus parfaits, est d'une puissance admirable ; les muscles des appendices de la locomotion se trouvent si heureusement partagés, qu'il en résulte pour l'animal une précision et une sûreté de mouvements qui dépassent ce que l'on voit chez les autres Animaux articulés. Le système nerveux des Arachnides affecte les mêmes dispositions et, selon les groupes, la même diversité de centralisation que chez les Insectes. S'il y a une différence, elle porte seulement sur le système nerveux de la vie organique, et consiste dans des détails dont la description ne saurait trouver ici sa place.

Les appareils de la vie de nutrition des Arachnides ont des caractères qu'il importe de considérer. Le tube digestif se porte presque toujours en droite ligne de l'extrémité antérieure à l'extrémité postérieure du corps. L'estomac offre, chez la plupart des types, des prolongements plus ou moins considérables, des *diverticulum* dans le langage des anatomistes, qui souvent s'étendent jusqu'à la base des appendices. Curieuse disposition organique ayant pour but de retenir et de faire circuler les matières ingérées, disposition fréquente chez les animaux qui vivent surtout de substances fluides. Les glandes salivaires, au moins chez les Arachnides les plus parfaits, demeurent sans connexion intime avec l'appareil alimentaire, et sont converties en organes vénénifiques s'ouvrant à l'extrémité des antennes, ici détournées des usages qu'on leur trouve dans les autres classes d'Articulés. L'organe hépatique, réduit à de simples canaux chez les Insectes, n'est pas dans une autre condition chez quelques Arachnides inférieurs ; mais, chez les Arachnides les plus élevés en organisation, le foie forme une masse énorme enveloppant tout l'intestin. Il est constitué par une multitude d'utricules s'ouvrant dans d'étroits canaux et présentant l'apparence de grappes.

L'appareil respiratoire, dont le caractère général est d'une fixité absolue, avec les dispositions particulières médiocrement diversifiées chez les Insectes, est au contraire très-modifié entre les divers Arachnides. Dans les types inférieurs, c'est un système de trachées disséminées par tout le corps, s'ouvrant au dehors par des stigmates. Dans les types supérieurs, ce sont des organes localisés à la base de l'abdomen. Il peut y en avoir une paire, deux paires ou quatre paires, ce qui est rendu sensible à l'extérieur par le nombre des orifices. Chacun de ces organes semble, à un premier examen, être l'assemblage de lamelles fort minces empilées les unes contre les autres, et que Treviranus, le premier anatomiste qui s'est occupé avec un certain succès de l'organisation des Arachnides, a comparées aux feuillets d'un livre. Par un examen approfondi, on s'assure que ces lamelles ne sont autre chose que de petits sacs aplatis, recevant l'air dans leur intérieur, ayant, comme les trachées des Insectes, des parois formées de deux tuniques, entre lesquelles se trouve interposé un tissu aréolaire répondant au fil spiral des trachées. Il faut ajouter que cet ensemble de petits sacs respiratoires est revêtu d'une membrane assez résistante, constituant une véritable poche. Ces organes respiratoires localisés des Arachnides supérieurs ont été appelés ordinairement des poumons ou des poches pulmonaires. Peut-être est-il préférable de ne pas chercher une autre désignation; seulement il importe de se convaincre que ces organes respiratoires des Arachnides n'ont de commun avec les poumons des Vertébrés que d'être localisés sur un point de l'économie, et qu'ils n'ont aucun rapport de conformation ou de structure. Pendant longtemps, on a pu croire à une différence très-nette, très-considérable entre les Arachnides à poches pulmonaires et les Arachnides à trachées, en d'autres termes, à organes respiratoires localisés ou diffus. Une découverte du célèbre naturaliste de Montpellier, Dugès, apprit l'existence simultanée de ces deux sortes d'organes chez la même espèce : c'était montrer l'identité fondamentale de leur nature.

L'appareil de la circulation du sang affecte entre les types d'Arachnides les modifications les plus intéressantes. Chez les espèces où les organes de la respiration sont diffus, le système vasculaire est très-simple, un peu moins toutefois que chez les Insectes ; les organes respiratoires sont-ils en partie localisés, en partie diffus, le système vasculaire se complique, et il devient d'une complication, d'une richesse incroyable dans les types où les organes respiratoires sont tout à fait localisés. Le cœur occupe exactement la même position que chez les Insectes : c'est un vaisseau dorsal. Dans les types les plus élevés seulement, ce tube, assez large, surtout en avant, a des parois épaisses et un péricarde résistant, en continuité de tissu avec des vaisseaux latéraux chargés de reporter le sang, des poches pulmonaires au cœur. Là, où il y a des trachées, il n'existe pour tout système artériel qu'une aorte et quelques branches ; de même que chez les Insectes, le sang, pour se porter aux organes, emprunte la périphérie des trachées. Là, où il y a des poumons, une aorte naît de la chambre antérieure du cœur, pénètre dans le céphalothorax et s'y partage en grosses artères qui se ramifient à l'infini, et de la dernière chambre du cœur part une artère postérieure. Le sang, parvenu dans toutes les profondeurs de l'économie par une multitude d'artérioles, tombe alors dans des réseaux capillaires et des canaux veineux, sans parois propres, mais admirablement endigués par les tissus environnants et par une certaine quantité de tissu conjonctif. Le sang veineux conduit aux organes respiratoires, s'infiltre dans les sacs pulmonaires par des canaux particuliers, d'où il est ramené dans le cœur par les vaisseaux latéraux (pneumocardiaques) au moyen d'un mécanisme analogue à celui d'une pompe foulante.

La classe des Arachnides se partage de la manière la plus naturelle en cinq ordres : les Aranéides, les Pédipalpes, les Tétracères, les Holètres, les Acariens.

Les Aranéides sont les animaux que tout le monde appelle les

Araignées. Animaux de grande utilité dans la nature, parce qu'ils détruisent une foule d'Insectes nuisibles; animaux industrieux, pleins de ruse, il est vrai, mais aussi pleins d'habileté. Un préjugé insensé, qui se transmet de génération en génération, ferait croire que les Araignées sont des êtres malpropres ou malfaisants. Jamais de toutes les erreurs accréditées par des personnes ignorantes, il n'y en eut de plus complètes. Les Araignées ne peuvent nuire; quant à leur propreté, nulle part ailleurs elle n'est plus grande. Leurs poils souvent barbelés comme des plumes, leurs fins duvets examinés même sous le microscope, se montrent toujours d'une netteté irréprochable, et, quant à leur régime, il n'est pas de nature à inspirer le dégoût. Qui ne sait que les Araignées se nourrissent de proie vivante et se laisseraient périr de faim plutôt que de toucher à un cadavre.

L'ordre des Aranéides, établi par Walckenaer en 1805, répond au genre Araignée (*Aranea*) de Linné, de tous les anciens auteurs, nous pourrions dire de tout le monde. Défini avec la précision qui convient à la science, il comprend les Arachnides, qui ont le corps revêtu ordinairement d'un tégument assez flexible; toute la partie supérieure du céphalothorax d'une seule pièce; des yeux, au nombre de six ou de huit, diversement groupés suivant les genres, mais toujours situés sur le devant du céphalothorax; des antennes-pinces pourvues d'un crochet ou doigt mobile replié en dessous, percé à son extrémité inférieure d'une très-petite fente destinée à livrer passage à un venin; des pattes-mâchoires en forme de petites pattes, ayant dans les mâles le dernier article conformé pour servir d'organe copulateur; un abdomen pédicellé, sans annulations, portant autour de l'orifice anal des mamelons cylindriques ou coniques, percés de petits trous pour le passage de fils soyeux.

Il faut ajouter que les chélicères ou antennes-pinces de ces Arachnides renferment des glandes destinées à la sécrétion d'un venin; que leur respiration s'effectue, tantôt au moyen exclusif de sacs pulmonaires, au nombre soit de deux, soit de quatre, tantôt au moyen tout à la fois de sacs pulmonaires et de trachées.

Walckenaer, et après lui les auteurs qui se sont occupés des Aranéides, se sont attachés à donner une représentation fidèle de la position des yeux dans chaque type ; c'était un moyen de classification qui a été fort utile. La manière dont ces organes sont groupés suffit à nous éclairer sur le genre de vie des espèces. Les pattes se terminent par des crochets; les crochets sont tantôt simples, tantôt garnis de dents régulières qui les font ressembler à de petits peignes, tantôt divisés dans le sens de la longueur, de façon à constituer des fourches. Savigny avait remarqué ces curieuses modifications, et il a donné d'excellentes figures des crochets d'un certain nombre d'Aranéides. Ces petites pièces sont souvent préparées comme objets curieux à regarder au microscope.

Très-curieux, en effet; mais ne nous bornons pas à une simple contemplation; l'étude comparative conduit à voir de quelle façon travaille telle ou telle Araignée à la seule inspection des crochets de ses tarses; instruments d'autant plus compliqués que le travail doit être plus parfait. Au nombre des particularités remarquables de l'organisation des Araignées, il faut noter la faculté de produire de la soie, qui a souvent valu à ces animaux l'épithète d'Arachnides fileuses. Les organes producteurs de soie sont des glandes ayant des conduits qui aboutissent à l'extrémité des petits tuyaux de l'abdomen, c'est-à-dire les filières. Certaines Araignées ne produisent qu'une sorte de soie; d'autres, de deux sortes; d'autres, de trois sortes. Chez les premières, toutes les glandes sont pareilles; chez les secondes, il y en a de deux sortes, et chez les dernières, de trois sortes différentes. Quand on veut exprimer la ténuité, on prend pour terme de comparaison le fil de l'Araignée; or, ce fil d'une admirable finesse est déjà formé d'une multitude de fils, car l'extrémité de la filière, percée de nombreux petits trous, est un véritable crible.

Plusieurs volumes pourraient être employés à la narration des mœurs et des instincts des Aranéides. Nous disposons de quelques pages, c'est juste assez pour une mention touchant les types les plus curieux.

Les Aranéides de la famille des MYGALINES ont des formes robustes et des pattes épaisses ; des filières au nombre de quatre; des orifices respiratoires et des poches pulmonaires au nombre de deux paires; des yeux au nombre de huit, rassemblés sur un mamelon et groupés de telle sorte que l'animal peut voir dans toutes les directions à la fois, en avant, en arrière, sur les côtés.

L'Araignée ainsi favorisée est chasseresse; elle ne saisit pas sa proie au piége, elle court le pays; elle avait donc besoin de voir partout autour d'elle, autant pour s'emparer d'une proie que pour n'être pas surprise par un ennemi redoutable. Les grandes Mygales de l'Amérique du Sud, les géants parmi les Araignées, produisent peu de soie; elles se cachent dans des creux d'arbres, derrière des écorces détachées; la nuit, sortant de leurs retraites, elles se jettent non-seulement sur des Insectes, mais aussi sur de petits Oiseaux et sur des Lézards.

Au midi de l'Europe, il y a des Mygales. Bien petites à côté des grandes espèces velues de la Guyane et du Brésil, elles sont autrement intéressantes. Elles ne prennent point, comme les autres, une cachette de hasard. Chaque individu, ingénieur habile, ouvrier excellent, se construit une ravissante demeure. Examinons en particulier le logis d'une espèce de la Corse, la Mygale pionnière (*Mygale fodiens*); mais d'abord examinons un peu le constructeur. Ses antennes-pinces sont garnies d'une rangée de pointes figurant une sorte de râteau; les crochets de ses tarses portent des dents qui les font ressembler à de petits peignes. Râteaux des antennes-pinces, crochets des tarses, voilà les instruments dont notre Araignée fait un admirable usage. Dans une terre argileuse rougeâtre, la Mygale creuse un puits profond, cylindrique, un peu évasé en haut, dans lequel elle pourra mon-

LA MYGALE PIONNIÈRE ET SON HABITATION

(*Mygale fodiens*).

ter et descendre bien à son aise. Il serait trop long de parler de la patience nécessaire pour enlever une si grande masse de terre, à peu près, grain à grain. Pendant le travail, les parois du puits sont consolidées avec de la matière soyeuse ; mais encore l'Araignée ne se contente pas d'une muraille nue, elle la couvre d'une tenture de soie fine, plus douce que le satin. La demeure construite, une porte est nécessaire, et c'est ici que toutes les expressions admiratives seraient impuissantes à donner une juste idée de l'œuvre de notre Mygale. Cette porte, sorte de couvercle, est formée de couches de terre liée par de la matière soyeuse; le disque, qui a une grande épaisseur, est élargi de bas en haut, de façon à emboîter exactement la partie évasée du trou. A l'extérieur, la porte est toute raboteuse, comme le sol environnant, pour que rien ne trahisse l'habitation; à l'intérieur, au contraire, elle est couverte d'un tissu de soie semblable à celui qui garnit la muraille du logis. C'est bien d'avoir une porte, seulement il faut pouvoir l'ouvrir et la fermer. Une charnière et une serrure sont donc indispensables. La charnière est construite avec une petite masse de soie épaisse et résistante; du côté opposé, la serrure est représentée par un cercle de petits trous. La Mygale est dans son terrier ; entendant qu'on rôde près de sa demeure, que peut-être on cherche à y pénétrer, elle se porte aussitôt vers l'entrée ; enfonçant ses griffes dans les petits trous, se roidissant contre les parois, elle s'efforce d'empêcher toute violation de son domicile. La nuit, pour sortir et aller en chasse, il lui suffit, comme aux habitants des caves de quelques villes du nord de la France, de soulever sa porte, et de la laisser retomber; au retour, elle la tire avec ses griffes et se glisse dans son réduit.

Malgré leurs habitudes solitaires, les Mygales pionnières s'établissent en certain nombre près les unes des autres.

Victor Audouin a décrit leurs nids en 1833. Mais, depuis 1758, on connaît l'habitation de la Mygale maçonne (*Mygale cæmentaria*), observée pour la première fois par l'abbé de Sauvages, aux environs de Montpellier. Le nid de la Maçonne ne diffère de celui de la Pionnière que par sa dimension beaucoup plus petite et par sa couleur. La Maçonne, dont les habitudes ont été suivies en plusieurs circonstances, pond ses œufs vers la fin de l'été; elle garde longtemps ses jeunes dans sa demeure, et l'on a affirmé qu'à une époque, elle cohabite avec le mâle, ce qui n'est pas dans les habitudes ordinaires des Araignées.

Les Aranéides de la famille des Ségestriides méritent d'être connues. Comme les Mygalides, elles ont quatre orifices respiratoires, mais les deux premiers seuls conduisent à des poches pulmonaires, les autres sont en rapport avec des trachées. Elles n'ont que six yeux rangés sur le front, et les crochets pectinés. Les principaux genres de cette famille sont les Ségestries et les Dysdères. La Ségestrie florentine (*Segestria florentina*), l'une de nos plus belles Araignées, est noire avec des reflets violacés et des antennes-pinces d'une couleur verte, métallique, éclatante. Sous des rebords de murailles ou dans des trous, elle se construit un long tube de soie blanche et se tient à l'affût dans cette demeure. N'aperçoit-on pas aussitôt la coïncidence qu'il y a entre cette habitude et la position des yeux de l'animal. L'Araignée n'a besoin que de voir en avant; les yeux postérieurs, nécessaires aux espèces qui vivent à découvert, lui étaient inutiles; ils n'existent pas. Le type du genre Dysdère (*Dysdera erythrina*), jolie Araignée ayant le céphalothorax et les pattes rouges et l'abdomen d'un blanc laiteux, est fréquente dans les bois. Cette espèce établit son nid sous les pierres, souvent au voisinage des fourmilières, faisant une guerre acharnée aux Fourmis.

Les Drassides ont huit yeux, un corps trapu, un abdomen un peu déprimé. A cette famille on est tenté de rattacher les Argyronètes; mais nos études sur l'organisation de ce type ne sont pas encore suffisantes pour apprécier nettement sa parenté zoologique. Malgré tout, l'Argyronète — on connaît une seule espèce du genre — est l'Araignée la plus extraordinaire par ses habitudes.

Les formes de l'animal ne trahissent aucune singularité. C'est une Araignée d'un brun noir, couverte d'une pubescence serrée, qui a les yeux disposés sur deux rangs. L'intérêt ne commence qu'avec l'histoire des mœurs, de l'instinct, de l'industrie de notre Aranéide. Cette espèce vit dans l'eau, et, ne pouvant respirer que dans l'air, elle se construit une cloche, une véritable cloche à plongeur. On a bien raison de dire que les hommes n'ont à peu près rien inventé qui ne se trouve en modèle dans la nature. Prise pour la première fois en 1744 dans une petite rivière près du Mans par l'abbé de Lignac, elle a été retrouvée dans l'Erdre, près de Nantes, quelques années plus tard, par cet observateur, qui a fait un charmant et naïf récit des mœurs de l'Araignée aquatique. L'Argyronète, rencontrée en Suède, en Allemagne, par divers naturalistes, avait été vue également aux environs de Paris à la fin du dernier siècle par Walckenaer. Personne en France n'avait pu se la procurer depuis cette époque. Un jour que nous vénions de rappeler cette circonstance, un jeune savant de la Belgique, M. Félix Plateau, nous apprit que l'Argyronète n'était pas rare dans les fossés des environs de Gand, et qu'il nous en ferait parvenir des individus. Ce sont ces mêmes individus qui se sont mis au travail dans de petits vases dont nous donnons les portraits dans leurs différentes attitudes.

Nous avons suivi le travail de l'Araignée comme le fit le père de Lignac, cent vingt ans auparavant. L'Argyronète se tient fréquemment sur les feuilles des plantes aquatiques qui flottent à la surface de l'eau. Si son domicile est à construire, elle plonge rapidement la tête en bas, entraînant avec le duvet qui la recouvre une certaine quantité d'air attaché à la surface de son corps comme un vêtement d'argent. Se plaçant sous quelque enchevêtrement de tiges, et frottant rapidement son corps avec ses pattes, elle détache les petites bulles d'air, qui se réunissent en une masse retenue par les plantes. Elle remonte à la surface, et recommence la même manœuvre jusqu'à ce que la masse d'air soit un peu considérable. Alors elle emprisonne cet air dans un réseau de fils qui, peu à peu, devient un tissu fin et serré. Des cordages, fixés aux plantes ou aux pierres, maintiennent la cloche. Dans de bonnes conditions, l'Araignée lui donne la forme

L'ARGYRONÈTE AQUATIQUE

(*Argyroneta aquatica*).

d'un dé à coudre, souvent un peu rétréci par en bas, de façon à se garantir contre les visites importunes. La cloche achevée, si elle n'est pas suffisamment remplie d'air, l'Argyronète s'y prend pour combler la mesure, comme elle l'avait fait au début de son travail. Le domicile bien établi, son propriétaire s'y blottit et guette les Insectes au passage. Le père de Lignac a vu le mâle construire sa cloche près de celle d'une femelle, établir une galerie pour communiquer avec celle-ci après avoir fait une ouverture dans la paroi.

Les Drasses, petites Aranéides brillantes, s'établissent dans l'herbe, sous des pierres et sous d'autres abris, et s'y construisent une petite tente soyeuse simple ou double. Les femelles enveloppent leurs œufs dans un cocon qu'elles veillent avec une constante sollicitude. Les Clubiones fabriquent leurs logements entre les feuilles des plantes, sous des écorces et même sous des pierres. Ici les logements sont des coques d'une soie bien blanche. Au mois de juillet, dans les champs de la Beauce, nous avons vu un grand nombre de jolies coques artistement installées entre les tiges d'Avoine; ici l'Araignée bien cachée dans son nid et veillant ses œufs, là l'Araignée sur sa coque, entourée de ses petits, qu'elle semblait garder avec inquiétude.

Les THÉRIDIONIDES, qui sont une nombreuse famille d'Aranéides, fabriquent des toiles et demeurent sédentaires, prenant leur proie dans leurs filets. Leurs yeux, au nombre de huit, sont placés sur le front et disposés en trois groupes. Les Théridions sont de mignonnes Araignées, établissant entre les feuilles des plantes ou sur les murailles un réseau lâche, mais régulier, et logeant leurs œufs dans un cocon formé de bourre de soie. On a donné le nom de Théridion bienfaisant (*Theridion benignum*) à une toute petite espèce qui installe son domicile sur les Vignes. Bienfaisant en vérité, il mange une foule d'Insectes nuisibles à la Vigne. Les Linyphies, aux formes assez sveltes, aux antennes-pinces longues dans les mâles, très-nombreuses en espèces, très-répandues dans nos bois et dans nos campagnes, tissent des toiles en nappe. A Madagascar, rapporte M. A. Vinson, des Linyphies viennent s'établir sur les grandes toiles des Epéires pour y glaner les petites proies. Elles cherchent une protection contre les Oiseaux qui redoutent les fils des grandes Araignées. A cette famille des Ara-

LA CLUBIONE ERRANTE
(*Clubiona erratica*).

néides confectionnant des toiles en nappe se rattache le genre Tégénaire, dont l'espèce type est notre grosse Araignée domestique (*Tegenaria domestica*), la *grosse Araignée noire* des gens qui en ont peur. Tout le monde connaît sa grande toile, un peu relevée sur les bords, établie ordinairement dans les encoignures des murailles, où elle est maintenue comme un hamac par des cordages tendus dans diverses directions. Outre cette toile d'un blanc éclatant quand elle est neuve, toute grise quand, déjà vieille, elle est souillée par la poussière, la Tégénaire domestique construit à l'un des angles un tube soyeux dans lequel elle se tient blottie et d'où elle s'élance sur sa toile, quand une Mouche est venue s'y jeter. A l'approche du moment de la ponte, notre Araignée file un gros flocon de soie blanche, l'entoure ensuite d'un sac de soie brune, le leste avec des débris d'Insectes, quelquefois avec de petits cailloux, et l'attache au-dessous de sa toile. Elle fait sa ponte, loge ses œufs dans un cocon de soie fine, et va cacher le cocon dans le sac, au milieu du gros flocon blanc, pour ne plus quitter son dépôt. Ne travaille-t-elle pas bien cette mère toujours vigilante?

Parmi les Araignées, les fileuses par excellence sont les Épéirides, les plus belles Araignées du monde : grandes, parées de fraîches nuances, souvent de couleurs éclatantes, elles étalent leur beauté au grand jour. Les Épéirides ont huit yeux partagés en trois groupes écartés, les crochets de leurs tarses merveilleusement construits, les uns en peigne, les autres en fourche, propres à maintenir le fil qui doit être posé sur un point déterminé. Les Épéirides forment entre les branchages de grandes toiles qui sont d'admirables réseaux à rayons concentriques. A l'automne, on voit, dans tous les jardins, bien campée au milieu de sa toile, la grosse Épéire de notre pays, l'Epéire diadème (*Epeïra diadema*), qui a reçu son nom des ornements qui se dessinent sur la teinte rosée de son abdomen.

Dans la toile de cette belle Araignée, on distingue les cordages qui soutiennent l'édifice, les rayons et les cercles formant la trame. Au début de son travail, l'Épéire tire un fil, s'y sus-

G. BURGUN.

pend pour l'allonger, puis le laisse entraîner par le vent; le voyant accroché à une branche, elle s'élance sur cette corde tendue et va l'assujettir; revenant au milieu, elle descend avec un fil qu'elle maintient perpendiculaire, dispose ensuite les rayons, et établit enfin les cercles. L'Epéire, qu'il serait pour nous trop long de suivre dans tous les détails de son opération, répare avec une intelligence parfaite les déchirures faites à sa toile, sans jamais se donner plus de besogne qu'il n'en est besoin. Notre Araignée des jardins enferme ses œufs dans un cocon, et, comme elle doit périr aux approches de l'hiver, comme ses jeunes ne doivent naître qu'au printemps, de son mieux elle cache son cocon dans une cavité ou sous une pierre.

La toile de l'Epéire diadème est jolie, mais les immenses toiles des grandes Epéires de l'Inde, des îles de la Sonde, de la Polynésie, de Madagascar, souvent suspendues au-dessus des rivières, accrochées aux arbres des deux rives, sont admirables, nous disent les voyageurs.

A l'île Bourbon et à Madagascar, il est une Araignée, l'Epéire de Maurice (***Epeïra Mauritia***), qui, au milieu de sa toile, tend un énorme fil d'un blanc d'argent plié en zigzag. Des Mouches, des Insectes légers viennent à se jeter sur sa toile, l'Araignée jette quelques fils légers et les enlacent. Survient-il une Sauterelle, un gros Insecte, que les fils ordinaires seraient impuissants à retenir, aussitôt l'Epéire détache son gros fil, son câble, et enroule le volumineux animal. Voilà ce que nous a appris le docteur A. Vinson.

Les Salticides sont de petites Araignées parées des couleurs les plus vives et les mieux nuancées; ayant un corps court et large, un céphalothorax carré; des pattes courtes et trapues; des yeux au nombre de huit, quatre sur le front, les deux du milieu énormes, et quatre en arrière, disposés en carré. Ces yeux placés sur divers points permettent à l'animal chassant au grand jour, de voir partout autour de lui; ces pattes si robustes lui permettent de sauter, et ainsi de saisir une proie ou d'échapper à un danger. Les Saltiques, comme le dit leur nom, sont les Araignées sauteuses; ils produisent peu de soie; ils se confectionnent seulement de petites cellules, et souvent ils errent sur les murailles et les troncs d'arbres.

Les Lycosides, aux couleurs sombres, se voient partout, errant à travers les chemins, courant au bord des eaux et même sur les plantes aquatiques. Ce sont les *Vagabondes* pour Valckenaer, car elles ne construisent pas de toiles, elles chassent et se retirent dans tous les endroits qui peuvent leur fournir des abris. Elles enveloppent leurs œufs dans un cocon de soie pure, et, mères excellentes, elles portent constamment avec elles ce précieux fardeau et souvent aussi leurs nouveau-nés, au besoin, défendent cette progéniture avec le plus brillant courage. Il y a dans notre pays beaucoup de petites espèces de ce genre; il y en a de grosses dans le midi de l'Europe, notamment la Tarentule (*Lycosa tarentula*) du midi de l'Italie. Chacun a entendu parler des accidents qu'occasionne la piqûre de cette espèce. Que l'on demeure bien assuré que, pour nous, l'effet de sa piqûre est insignifiant. La fable de la Tarentule a été inventée par les Napolitains ou par les habitants de la Pouille, afin de se donner un prétexte pour danser la *tarentola*.

L'ordre des Pédipalpes comprend le genre des Scorpions et quelques formes voisines. Ce sont les Arachnides qui ont le corps revêtu d'un tégument de consistance coriace; l'abdomen formé d'anneaux très-distincts; deux yeux sur la ligne moyenne du céphalothorax, et sur les côtés, des yeux plus petits en nombre variable; des antennes-pinces pourvues d'un doigt mobile, et ne donnant passage à aucune sécrétion; de grandes pattes-mâchoires terminées, soit en pince, soit en griffe. Ces Arachnides sont dépourvus d'organes affectés à la sécrétion de la soie; leur respiration s'effectue par des sacs pulmonaires en nombre variable, ouverts à la base de l'abdomen.

La grande division de l'ordre des Pédipalpes est la famille des Scorpionides, ou les Scorpions. Ces animaux, propres aux pays chauds, sont un sujet de terreur pour une infinité de gens, et ici la crainte est un peu justifiée.

Les Scorpions, animaux vivipares, ont toujours un corps allongé; des yeux au nombre de six, de huit, de dix ou de

LE SCORPION ROUSSATRE

(*Scorpio occitanus*).

douze; des antennes constituant des pinces préhensiles; de grandes pattes-mâchoires terminées en forme de main; deux lames pectinées situées à la base de la région ventrale; un abdomen rétréci en arrière et figurant une sorte de queue composée de six zoonites, dont le dernier, terminé par un crochet ou aiguillon, livre passage à un venin reproduit par une double glande. Voilà, en effet, le caractère singulier des Scorpionides : *in cauda venenum*. Dans l'attaque ou dans la défense, ces animaux, redressant la partie postérieure de leur corps, frappent de leur aiguillon, dont l'effet est justement redouté. Seulement, les Scorpions vivent sous des pierres, ils chassent pour leurs besoins; mais s'il y a des personnes qui se font piquer par ces animaux, c'est par suite d'une grande maladresse ou d'une grave imprudence, car les Scorpions sont inoffensifs pour qui ne les touche point.

Nous n'avons en France que deux espèces de Scorpions, et encore ces espèces ne se trouvent-elles qu'au voisinage de la Méditerranée : l'une est le Scorpion roussâtre (*Scorpio occitanus*), long de 8 à 9 centimètres; l'autre, noirâtre, de petite taille, peu dangereux, ayant la queue mince, se cachant souvent dans les maisons, dans les interstices des boiseries, est le Scorpion d'Europe (*Scorpio europæus*). C'est principalement avec le Scorpion roussâtre qu'ont été faites les expériences dans le but de déterminer les effets du venin. On a constaté que la piqûre des Scorpions est mortelle pour eux-mêmes, comme pour de petits animaux. En effet, si l'on place plusieurs individus dans une même boîte, ils ne tardent pas à se frapper, et bientôt il ne reste plus qu'un individu vivant. Les anciens, cherchant toujours le merveilleux dans leur imagination, assuraient que les Scorpions se piquaient eux-mêmes dans des circonstances désespérées, par exemple si on les entourait d'un cercle de feu; personne n'a été témoin d'un pareil suicide. Tout Scorpion est disposé à piquer ce qui l'approche, mais jamais à se piquer lui-même, si mauvaise que soit la situation où il se trouve.

A l'ordre des Pédipalpes se rattachent encore deux types dont nous n'avons aucun représentant en Europe, les Télyphones et les Phrynes (familles des Télyphonides et des Phrynides). Les premiers, ayant une longue queue mince, éjaculent par deux petits pores un liquide d'une saveur acide; ce qui leur fait donner aux Antilles le nom de *Vinaigriers;* les Phrynes, avec de très-longues pattes-mâchoires et le corps aplati, n'ont aucune arme.

L'ordre des Tétracères comprend un seul type, celui des Galéodes, ou la famille des Galéodides. Ce sont, comme tous ceux qui viennent à la suite, des Arachnides à respiration trachéenne, d'une belle conformation, au corps élancé, aux anneaux thoraciques séparés, aux antennes-pinces didactyles d'une grande puissance. Les Galéodides ont en outre deux petites antennes grêles; de sorte qu'il existe ici deux paires d'antennes, comme chez la plupart des Crustacés, et seulement deux yeux placés sur le front. Les Galéodes sont propres aux pays chauds; généralement d'assez grande taille, très-velues, de couleur fauve, d'une extrême agilité, n'ayant d'autres armes que les antennes-pinces, ne possédant aucune industrie, elles chassent bravement. Les voyageurs qui les ont

LES ACARIENS.

1. Hydrachne géographique. — 2. Sa larve. — 3. Sarcopte de la gale, vu en dessous.

vues attaquer ou faire tête à l'ennemi, admirent leur intrépidité. Il y en a une belle espèce en Algérie (*Galeodes barbara*), qui a été découverte par M. Lucas.

L'ordre des Holètres se compose d'Arachnides dont les mœurs sont de peu d'intérêt. Chez ces animaux, le thorax et l'abdomen, en continuité sur toute leur largeur, semblent ne former qu'une seule masse; les antennes sont des pinces didactyles; les pattes-mâchoires affectent la forme de palpes déliés. Les principaux types sont les Faucheurs et les Pinces, les familles des Phalangiides et des Chéliférides.

Les Phalangides se composent essentiellement du genre Faucheur. Tout le monde connaît ces Arachnides aux pattes grêles, démesurément longues, qui arpentent les murailles. Nous en avons une espèce bien vulgaire, le Faucheur commun (***Phalangium opilio***). Nous ne connaissons pas le développement de ces curieux animaux, qui naissent probablement sous une forme différente de celle des adultes.

L'ordre des Acariens comprend une prodigieuse multitude de petites espèces vivant dans les conditions les plus diverses. Ces Arachnides, qui naissent n'ayant que trois paires de pattes, ont un corps dont toutes les parties sont plus ou moins confondues, les antennes en pinces ou en griffes, la bouche conformée le plus ordinairement pour la succion.

Les Trombidiides se tiennent dans les Mousses, sous les pierres, dans tous les endroits humides. Les jeunes, au sortir de l'œuf, ressemblent aux adultes, mais ils n'ont alors que trois paires de pattes. Une espèce de l'Inde, d'assez forte taille et d'un beau rouge, fournit une matière tinctoriale (***Trombidium tinctorium***) ; une petite espèce ayant la même coloration est commune dans notre pays : c'est le Trombidion soyeux (***Trombidium holosericeum***).

Les Hydrachnides vivent dans l'eau, venant prendre l'air à la surface, en grimpant sur les plantes. Ces Arachnides ont de curieuses métamorphoses ; leurs larves, avec le corps en forme de poire, de très-petites pattes, vivent en parasites sur des Insectes aquatiques, les Dytiques, les Nèpes, les Ranatres. Découvertes par Victor Audouin, qui croyait observer un type nouveau, leur véritable nature a été bientôt reconnue par Dugès et Burmeister.

Les Ixodides, qui ont un long suçoir, vivent du sang des animaux. Les Chiens sont fréquemment atteints par l'Ixode ricin ou la ***Tique*** (***Ixodes ricinus***). Les Gamasides, Oribatides, Acarides, sont les plus petits. Les Sarcoptides, aux pattes courtes, terminées par des ventouses et de longs filets, sont les Acarus de la gale de l'Homme et des Animaux (*Sarcoptes scabiœi*, etc.).

XX

LES CRUSTACÉS

Les Insectes, les Myriapodes, les Arachnides sont les Articulés terrestres. Parmi eux, à la vérité, certaines espèces vivent dans l'eau, mais c'est une condition de séjour transitoire, ou une condition qui ne les empêche pas de conserver le caractère essentiel de la vie des Animaux terrestres, c'est-à-dire une respiration aérienne. Au contraire, les Crustacés sont les Articulés aquatiques, et si quelques-uns d'entre eux séjournent à terre, ils n'en conservent pas moins le caractère des êtres destinés à vivre dans l'eau, une respiration aquatique.

Les Crustacés, formant dans leur ensemble une division très-naturelle, présentent néanmoins peu de particularités, communes à toutes les espèces, que l'on puisse opposer aux caractères des animaux appartenant aux trois autres classes de l'embranchement des Articulés. Le caractère tiré de leur respiration est le plus général. Les Crustacés respirent par des branchies, ou simplement par la peau. Le nombre des pattes, souvent de cinq à sept paires chez les Crustacés, a été pris comme signe propre à faire distinguer ces animaux de ceux des autres classes ; mais le caractère perd toute sa valeur avec les espèces qui restent toujours dans un état d'imperfection très-marquée, comme nous en avons de nombreux exemples. Aussi, quand un zoologiste éminent, de Blainville, proposa une classification des Articulés, où les grandes divisions étaient distinguées les unes des autres d'après le nombre des appendices de la locomotion, le résultat fut complétement malheureux à l'égard des Crustacés.

Quoi qu'il en soit à cet égard, les Crustacés ont ordinairement, outre les pattes ambulatoires, une à trois paires d'appendices analogues, s'ajoutant aux pièces buccales ordinaires, et que l'on nomme des pattes-mâchoires, deux paires d'antennes, un abdomen pourvu d'appendices, les orifices des organes de la reproduction doubles.

Chez ces Animaux, les téguments sont formés des mêmes éléments que chez les Insectes et que chez les autres Articulés; seulement, dans une infinité de Crustacés, particulièrement ceux de l'organisation la plus parfaite, il se fait un dépôt de sels calcaires dans la couche épidermique, constituée essentiellement par la chitine, et le test acquiert de la sorte une épaisseur considérable et la dureté de la pierre. Dans les Crustacés supérieurs, de même que chez les Arachnides, les anneaux de la tête et du thorax se soudent d'une manière complète, et, les pièces dorsales unies, deviennent cette *carapace* des Crabes, des Écrevisses, etc.

Les muscles, généralement d'un beau blanc chez les Crustacés, ont les mêmes caractères que chez les Insectes. Il n'en est pas autrement pour le système nerveux. Le nombre des centres médullaires peut être plus considérable, puisqu'il est toujours en rapport avec celui des zoonites et des appendices, mais la disposition reste semblable. Le phénomène de centralisation du système nerveux est soumis à la même loi que chez les Insectes et les Arachnides; cette centralisation se prononce d'autant plus, que tout l'organisme se perfectionne davantage. C'est ce qui a été démontré, il y a quarante ans, par les belles recherches de MM. Audouin et Milne Edwards.

Chez les Crustacés, les organes de la vision manquent rarement. Il y a, chez la plupart des espèces, des yeux composés présentant des facettes soit hexagonales, soit carrées, et dans quelques genres, à la fois des yeux composés et des yeux simples. Tout donne à penser, mieux encore pour les Crustacés que pour les Insectes, que l'audition s'effectue au moyen des antennes; car, dans les types les plus parfaits, à la base des antennes internes, il existe de chaque côté une cavité pourvue d'une sorte de capsule auditive, et fermée, soit par une membrane tendue, soit par un petit opercule pierreux. L'existence de l'odorat est facile à constater chez ces animaux, car on les attire avec des substances de leur goût; mais le siége de ce sens n'a pas été mieux déterminé ici que chez les Insectes. Le tact, sans doute fort émoussé sur le corps, doit s'exercer au moyen de poils et d'épines mobiles.

Chez les Crustacés, animaux carnassiers et très-voraces pour la plupart, le tube digestif est droit. Dans les groupes supérieurs, l'estomac, vaste, globuleux, à parois épaisses, est garni d'un appareil osseux ou cartilagineux propre à triturer; dans les groupes inférieurs, les suceurs, par exemple, l'estomac a souvent des prolongements latéraux. Le foie se modifie comme chez les Arachnides; dans les types les plus parfaits, il consiste en grappes de vésicules agglomérées, en simples canaux biliaires dans les types dégradés.

L'appareil de la circulation du sang, dont la connaissance a été acquise pour les types supérieurs par les recherches de MM. Audouin et Milne Edwards, se modifie considérablement suivant les types. Dans les Crabes et les Écrevisses, le cœur est une poche musculeuse, occupant la base du céphalothorax; dans les types inférieurs, un vaisseau dorsal qui s'étend dans la longueur de l'abdomen. Le système artériel est très-complet dans les premiers; mais, chez tous, le sang veineux circule et se porte aux organes respiratoires par des canaux moins bien endigués que chez les Arachnides, pour être ramené des branchies au cœur par des canaux branchio-cardiaques.

Longtemps on demeura persuadé que les Crustacés ne subissaient pas de métamorphoses, qu'ils naissaient ayant déjà à peu près toutes les formes des adultes. L'observation des Écrevisses et de quelques autres espèces au sortir de l'œuf ne permettait pas de soupçonner ce que bientôt on devait rencontrer chez le plus grand nombre des Crustacés. Mais, en 1830, un naturaliste de la Grande-Bretagne, John Vaughan Thompson, annonçait l'existence de métamorphoses presque aussi remarquables que celles des Insectes, chez des Crabes et d'autres Crustacés. Il avait reconnu, dans de petits êtres sortant des œufs d'une espèce de Crabe, des animaux considérés comme appartenant à un type tout particulier. On se refusa d'abord à croire à l'exactitude des observations de l'auteur anglais. Cependant, vers la même époque, par l'étude des premières phases de la vie des Lernées, parasites classés par Cuvier avec les Zoophytes, Nordmann s'était assuré que ces animaux possèdent dans leur jeune âge les caractères essentiels de certains petits Crustacés de nos eaux douces. A l'égard des Cirrhipèdes, rattachés à l'embranchement des Mollusques par tous les auteurs, un résultat analogue avait été obtenu. Depuis trente ans, les recherches sur le développement des Crustacés se sont extrêmement multipliées. MM. Spence Bate, Fritz Müller, Gerbe, Hesse, etc., ont beaucoup étendu nos connaissances sur ce sujet, et aujourd'hui il est constaté que les Crustacés, naissant, pour le très-grand nombre, avec des formes et une organisation très-différentes de celles des adultes, subissent, après leur sortie de l'œuf, des changements des plus considérables, de véritables métamorphoses, mais sans qu'il y ait jamais chez ces animaux de période d'inactivité comparable à l'état de nymphe ou de chrysalide des Insectes.

Après les travaux de Desmarest en 1825, les études sur les espèces des côtes de la Grande-Bretagne par Leach, de 1815 à 1826, l'exposé de Latreille dans le *Règne animal* de Cuvier, l'ouvrage où l'on trouve les divisions de la classe des Crustacés bien définies, et les espèces rigoureusement déterminées, est celui de M. Milne Edwards, publié de 1835 à 1840. Cet ouvrage a été le point de départ de tous les travaux les plus récents sur cette branche de la zoologie. Les écrits sur les Crustacés sont nombreux aujourd'hui, et parmi les plus importants, il faut citer un grand ouvrage d'un savant naturaliste des États-Unis, M. James Dana; une série de mémoires par un zoologiste du Danemark, M. Kröyer; une belle étude de M. Van Beneden sur les Crustacés du littoral de la Belgique; divers mémoires sur les Crustacés inférieurs par M. Hesse (de Brest), et de nouvelles études approfondies sur les espèces de plusieurs grandes familles par M. Alphonse Milne Edwards, le fils de notre illustre zoologiste.

La classe des Crustacés comprend plusieurs ordres : les Podophthalmes ou les Décapodes, et les Stomapodes, les Edriophthalmes, les Entomostracés, les Xiphosures, les Cirrhipèdes.

L'ordre des Décapodes comprend les Crustacés ayant cinq paires de pattes; les yeux portés sur des pédoncules mobiles; l'appareil buccal composé des parties ordinaires et de trois paires de pattes-mâchoires; la tête et le thorax confondus et formant une carapace; les branchies attachées à la base des pattes et cachées sous cette carapace; l'abdomen pourvu d'appendices servant, chez les femelles, à porter les œufs. Les Décapodes sont en nombre immense dans les mers. Parmi ces animaux, chacun reconnaît aisément deux formes principales : les Crabes, dont l'abdomen, très-peu développé relativement aux autres parties du corps, est reployé sous le thorax : les Décapodes à courte queue, ou les *Brachyures;* les Écrevisses, les Langoustes, etc., dont l'abdomen, très-développé, se termine par une nageoire en éventail : les Décapodes à longue queue, ou les *Macroures*. Une autre forme, intermédiaire aux deux autres, distinguée par M. Milne Edwards sous le nom de Décapodes *Anomoures*, comprend des espèces chez lesquelles les pattes de la cinquième paire, très-réduites, sont en général impropres à la locomotion, et l'abdomen de forme anomale. Le type le plus connu de cette division est celui des Pagures, ou *Bernard-l'hermite.*

On compte quatre familles de Brachyures : les Maiides, les Cancérides, les Gécarcinides et les Leucosiides.

Les Maiides sont les Crabes habituellement désignés sur nos côtes sous le nom d'*Araignées de mer*. Leur corps affecte plus ou moins la forme d'un triangle, le front étant toujours assez étroit pour figurer un rostre. Ces Crustacés ont généralement la carapace inégale, hérissée de tubercules et d'épines, de sorte qu'on les trouve toujours salis par des corps étrangers. Les types de cette famille, les Maias et les Inachus, sont au nombre des plus répandus dans nos mers; les premiers ont un gros corps et des pattes de médiocre longueur. Sur les côtes de la Bretagne, on mange les Maias squinade et verruqueux (*Maia squinado* et *M. verrucosa*). Les Inachus ont une petite dimension et des pattes grêles, extrêmement longues : tel l'Inachus scorpion (*Inachus scorpio*), que l'on trouve parmi les Fucus. Une espèce gigantesque des côtes du Japon, dont la conformation s'éloigne peu de celle de nos petits Inachus, se distingue par sa taille supérieure à celle de tous les autres Décapodes. Un individu mâle, figurant dans les galeries du Museum d'histoire naturelle, mesure, les pattes étendues, 2^{m},60. Les larves des Maias ressemblent au plus haut degré à celles des Crabes.

Les Cancérides ont une carapace d'ordinaire beaucoup plus large que longue; le front assez large, nullement avancé en manière de rostre; les pédoncules oculaires très-mobiles, pouvant se loger en entier dans une longue fossette. Il y a dans cette famille des espèces dont les pattes en baguettes sont conformées uniquement pour la marche (Cancérines), et des espèces

dont les pattes postérieures, larges, aplaties plus ou moins en rames, sont en un mot conformées pour la natation (Portunines).

Les représentants de la tribu des Cancérines sont particulièrement abondants dans les mers des régions tropicales. Nous en avons sur nos côtes une très-grande espèce roussâtre, avec le bord antérieur de la carapace festonné. Bien connue sous les noms vulgaires de *Tourteau* et de Crabe poupart (*Cancer pagurus,* — genre *Pseudocarcinus*), on la voit habituellement sur nos marchés, où elle est recherchée des gourmets, qui l'estiment pour le volume et la délicatesse de son foie. Le Tourteau a de très-petits œufs, et ses larves, que nous a fait connaître M. Gerbe, très-petites à leur naissance, diffèrent peu de celles dont nous allons nous occuper.

Les Portunines sont les nageurs ; cependant l'espèce qui est le type du genre Carcin, ayant les pattes postérieures peu élargies, est un animal marcheur. Il n'est personne ayant été au bord de la mer qui n'ait remarqué sa démarche singulière. Les Crabes marchent de côté, la largeur de leur carapace et le mode d'articulation des différentes pièces de leurs appendices locomoteurs ne leur permettent pas de progresser d'une autre façon ; ce qui ne les empêche pas de déployer une surprenante agilité. Le Crabe enragé fait volontiers des séjours de plusieurs heures hors de la mer ; sa carapace contient assez d'eau pour que ses branchies demeurent longtemps mouillées. C'est chez cette espèce que les métamorphoses ont été le mieux observées. Dès l'année 1830, Thompson avait reconnu que ce Crustacé subit des changements considérables depuis sa naissance jusqu'à son état adulte, et qu'il passe par deux formes déjà connues sous les noms de Zoés et de Mégalopes, et considérées comme des types tout particuliers. Ces observations furent confirmées par plusieurs naturalistes, et en 1857 M. Spence Bate a publié l'étude la plus complète qui ait encore été faite sur ce sujet. Au moment où le jeune Crabe sort de l'œuf, il a une carapace bombée, de grands yeux sessiles, des antennes appliquées sur le front, des pièces buccales peu développées, deux paires de pattes, en arrière les premiers vestiges des autres pattes et un long abdomen sans appendices. Une mue survient, et déjà l'animal a subi un énorme changement : ce qui alors frappe surtout chez ce petit Crustacé,

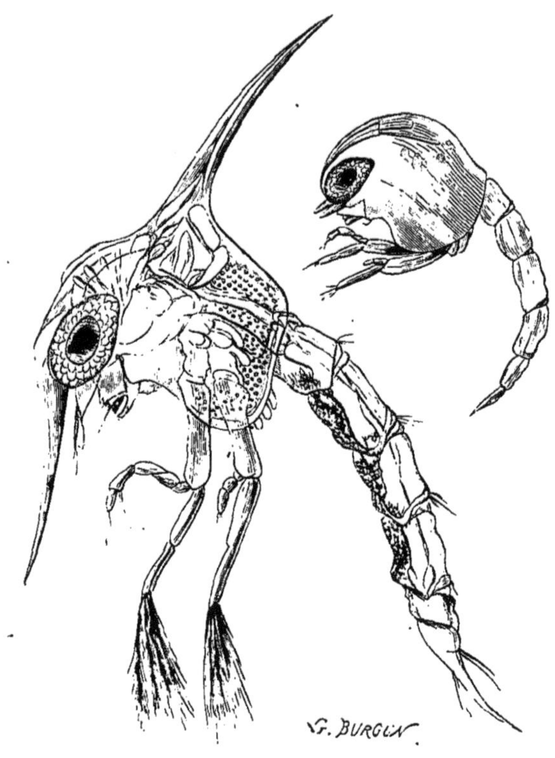

LARVES DU CRABE ENRAGÉ
(*Cancer mænas*).

1. Larve au sortir de l'œuf (figure empruntée au mémoire de S. Bale). — 2. Larve après sa première mue : *Zoé* (figure inédite par M. Gerbe).

d'un aspect étrange, c'est une longue pointe frontale et un prolongement postérieur de la carapace également terminé en pointe, dont nous ne soupçonnons pas l'usage.

Tels sont les caractères des Zoés décrits par les naturalistes qui les avaient remarqués, étant loin de soupçonner qu'ils observaient des Crabes dans une des premières phases de leur existence. Sous cette forme, le petit Crustacé, délicat, presque transparent, est pourvu des deux paires d'antennes ; ses mandibules, ses mâchoires de la première et de la seconde paire, ont déjà un certain développement; les pattes-mâchoires de la première paire, encore très-rudimentaires, sont avancées vers la bouche, tandis que les appendices destinés à devenir les pattes-mâchoires de la seconde et de la troisième paire sont alors très-

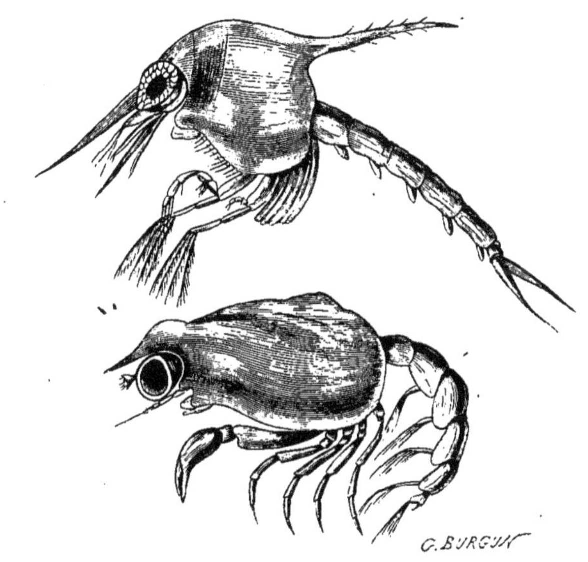

LARVES DU CRABE ENRAGÉ

(*Cancer mœnas*).

1. Larve après sa troisième ou quatrième mue. — 2. Larve après plusieurs nouvelles mues : *Megalope*.
(Figures empruntées au mémoire de M. Spence Bate.)

grands et les seuls organes locomoteurs. En arrière, les pattes ambulatoires ne se montrent que sous la forme de tubercules, et celles de la quatrième et de la cinquième paire sont à peine distinctes. Au reste, pour la configuration de chaque partie de l'animal, on s'en forme une idée plus nette avec les figures qu'avec une longue description. Une, deux nouvelles mues surviennent, le Zoé se modifie notablement : les pointes de la carapace se raccourcissent, les pattes se dessinent comme des tiges égales, les appendices des anneaux de l'abdomen se développent. De nouvelles modifications continuent à se manifester à chaque changement de peau, mais le nombre des mues n'a pu encore être rigoureusement déterminé par aucun observateur. Quoi qu'il en soit, arrive le moment où les pointes antérieure et postérieure de la carapace se trouvent très-réduites, où les deux grandes paires de pattes du Zoé ont passé entièrement dans la bouche, et sont devenues la seconde et la troisième paire de pattes-mâchoires, où les cinq paires de pattes ambulatoires ont acquis un assez grand développement, où les pédoncules des yeux commencent à se manifester, où l'abdomen, déjà petit relativement au céphalothorax, tend à se courber. Une nouvelle mue, et la pointe postérieure de la carapace a disparu, la pointe antérieure est devenue une simple saillie frontale ; les branchies, qui n'existaient pas dans les premiers temps, commencent à se montrer. Avec des individus de ces dernières formes on avait fait le genre des Mégalopes (*Megalops*), et le genre avait été placé dans la section des Anomoures ; mais avant les observations qui ont tout éclairci, M. Milne Edwards, avec son tact habituel, avait exprimé le doute que les Mégalopes fussent des animaux adultes. Dans cette condition de Mégalopes, les jeunes Crabes ont encore plusieurs mues à subir, et à chacune de ces mues on voit la carapace s'élargir, l'abdomen diminuer proportionnellement, tandis que les appendices prennent de plus en plus leurs caractères définitifs. La forme du Crabe est enfin constituée ; l'abdomen est reployé sous la carapace, seulement cette carapace est encore plus longue que large ou à peu près carrée. Après une nouvelle mue, la carapace a pris les proportions qu'on lui trouve chez l'adulte, et cependant le petit Crustacé n'a pas plus de quelques millimètres dans sa plus grande largeur.

Voilà donc un animal qui, par les progrès de l'âge, se modifie prodigieusement, un animal respirant par des organes spéciaux, des branchies très-développées, qui, dans les premières phases de son existence, respire seulement par la peau. L'histoire des métamorphoses du Crabe commun est celle de la plupart des Crustacés supérieurs ; les formes générales seules des petites larves offrent, selon les genres, des différences d'ordre secondaire.

Les Gécarcinides ont généralement une carapace plus large que longue, avec le front très-incliné et souvent tout à fait vertical. Un des caractères les plus notables servant à distinguer ces Crabes de ceux de la famille précédente, est fourni par les orifices de l'appareil mâle, qui, au lieu de se trouver, comme dans les autres Décapodes, à la base des pattes de la cinquième paire, sont situés dans le plastron sternal. Il y a dans cette famille plusieurs types qui forment autant de tribus.

Les Thelphuses ont de grands rapports avec les Cancérides et ne s'en séparent guère qu'à raison de la conformation de leur appareil respiratoire. Ce sont des Crustacés fort curieux, qui vivent dans l'intérieur des terres, au bord des fleuves, ou même dans les forêts humides. La Thelphuse fluviatile (*Thelphusa fluviatilis*) est commune au bord des ruisseaux et des torrents, en plusieurs endroits de l'Italie, en Sicile, en Grèce : c'est le Crabe que l'on voit représenté sur beaucoup de médailles antiques.

Les Gécarcins, ou *Crabes terrestres*, sont remarquables par l'élévation et la convexité de leur carapace. Ces Crustacés, qui naissent avec les formes des adultes, demeurent habituellement à terre, dans les endroits humides, sous les pierres, entreprenant parfois de grands voyages. Sous leur haute carapace, une grande quantité d'eau se trouve en réserve, tenant les branchies toujours mouillées ; ainsi s'explique la possibilité d'un genre de vie si différent de celui des autres Crabes. Ces Crustacés habitent seulement les régions tropicales des deux hémisphères, et dans les Antilles, où ils sont connus sous le nom de *Tourlourous*, on assure qu'ils voyagent en grandes troupes, dévastant les champs sur leur passage, car ils ont une nourriture végétale. Petits

Crabes à carapace presque circulaire, les Pinnothères se logent sous le manteau des Mollusques acéphales. Tout le monde a vu le Pinnothère pois (*Pinnotheres pisum*), que l'on trouve communément dans les Moules.

Les Ocypodes, habitants des parties chaudes du monde, Crustacés à carapace presque carrée, remarquables par leurs pédoncules oculaires prolongés en une sorte de corne, sont de tous les Crabes les plus rapides à la course. Les voyageurs assurent qu'un homme peut à peine les suivre. Frileux, les Ocypodes se cachent l'hiver dans des terriers. Les Gélasimes, qui en sont voisins, se signalent, au moins les mâles, par l'énorme dimension de l'une de leurs pattes antérieures. C'est un bouclier pour le combat.

Les Grapses ont une carapace assez aplatie, et ces Crustacés, qui se tiennent au milieu des rochers, loin d'avoir la hardiesse des espèces qui vont à terre, se dérobent à la moindre apparence de danger : il y en a une espèce sur nos côtes (*Grapsus varius*).

Les LEUCOSIIDES ont une carapace ordinairement arrondie ou au moins arquée en avant, et ces Crabes diffèrent de tous les autres par le cadre buccal affectant une forme triangulaire. Il y a dans cette famille les Calappes, auxquels une carapace large, très-bombée, et des pattes antérieures très-grandes, avec la main comme surmontée d'une crête, donnent un aspect singulier. Nous avons, sur les côtes de la Méditerranée, le Calappe granuleux (*Calappe granulata*). Les Leucosies ont une carapace globuleuse, les pattes de la première paire courtes et épaisses. Ce sont de jolis Crustacés lisses, luisants, qui habitent les mers de l'Inde.

Dans la section des Anomoures, il existe plusieurs types assez tranchés. Les uns ressemblent aux Brachyures par leurs formes générales ; les autres, comme les Pagures, rappellent davantage les Macroures. Chez les PAGURIDES, remarquables par l'état de mollesse de leur abdomen, les pattes antérieures forment une pince didactyle peu différente de celle des Écrevisses, et l'abdomen, assez long, porte des appendices à son extrémité. Les Pagures sont répandus dans toutes les mers, et on les connaît partout sous le nom vulgaire de *Bernard-l'hermite*. Un long abdomen mou est une partie qui réclame protection, car il se déchire aux roches, et il tente l'appétit des carnassiers. Afin de l'abriter, le Pagure s'empare d'une coquille abandonnée, dont la dimension lui convient à peu près, et le voilà traînant sa maison, comme la Psyché ou la Phrygane porte son fourreau. Quand cet abri devient trop étroit, il le quitte et en cherche un autre. Assez fréquemment, paraît-il, des Pagures combattent pour la possession d'un logement; on assure qu'ils attaquent quelquefois les Mollusques, s'ils n'ont trouvé aucune coquille vide; mais la difficulté doit être grande pour le Bernard-l'hermite. A la première menace, le Mollusque se retire, et son opercule ferme si bien sa coquille, qu'il doit être difficile à déloger. Les Pagures naissent sous une forme analogue à celle des Crabes, la forme de Zoé.

Il y a, dans cette même division des Anomoures, les Porcellanes, petits Crustacés à forme de Crabes, dont ils se distinguent au premier coup d'œil par une nageoire caudale en éventail. MM. Thompson, Fritz Müller, Gerbe, ont observé les larves de Porcellanes. Rien de plus curieux que ces larves; ce sont des *Zoés* ayant une pointe frontale et une pointe postérieure huit ou dix fois plus longues que le corps.

La section des Macroures, ou Décapodes à longue queue, comprend quatre familles : les Palinurides, les Thalassinides, les Astacides, les Palémonides.

Les Palinurides, qui ont pour type principal le genre des Langoustes, sont des Crustacés à plastron sternal très-large. Les Langoustes sont assez connues pour rendre toute description inutile; leur carapace rugueuse, avec un profond sillon, leurs grandes antennes simples, leurs pattes antérieures terminées par un doigt, les font distinguer, à la première inspection, des autres Macroures. Les Langoustes sont des animaux de grande taille, dont le test, très-dur, les protége sur les côtes rocailleuses et rocheuses qu'ils affectionnent particulièrement.

La Langouste commune (*Palinurus vulgaris*) est la seule espèce des mers de l'Europe. Nous n'avons pas besoin de dire combien

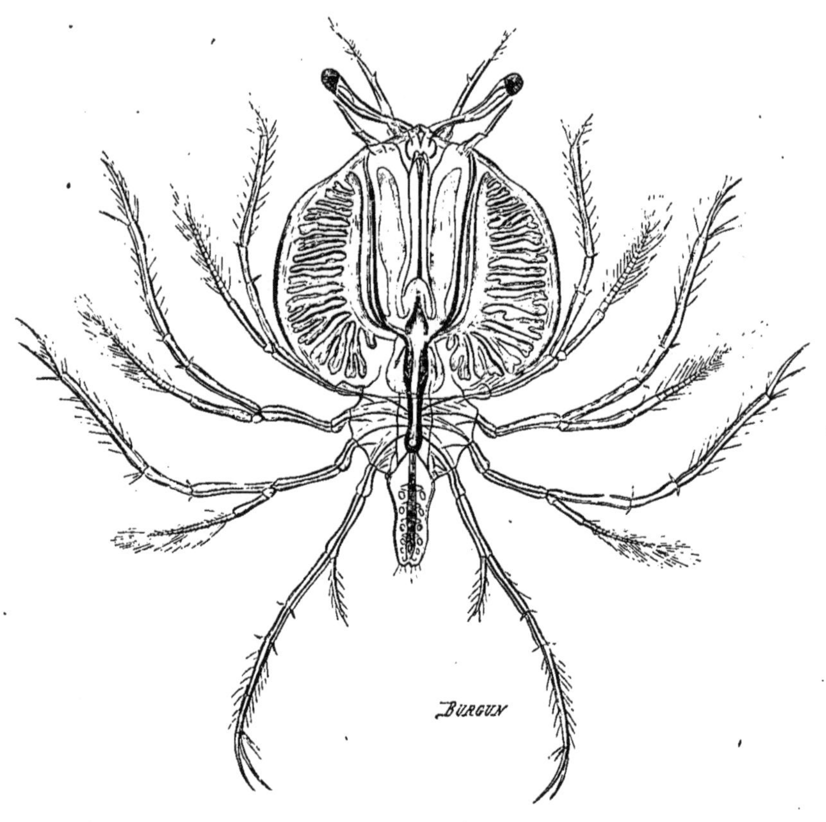

LARVE DE LA LANGOUSTE COMMUNE
(*Palinurus vulgaris*).
Individu très-grossi, où l'on voit par transparence l'appareil alimentaire et les vaisseaux artériels.
(Figure inédite tirée du mémoire de M. Gerbe.)

elle est estimée, pour la table. Jusqu'à une époque toute récente, on ne savait rien absolument des premiers états de cet animal ou d'aucun autre représentant de la famille à laquelle il appartient. Des êtres très-singuliers, larges, aplatis comme une feuille de papier, transparents comme du verre, ayant une tête

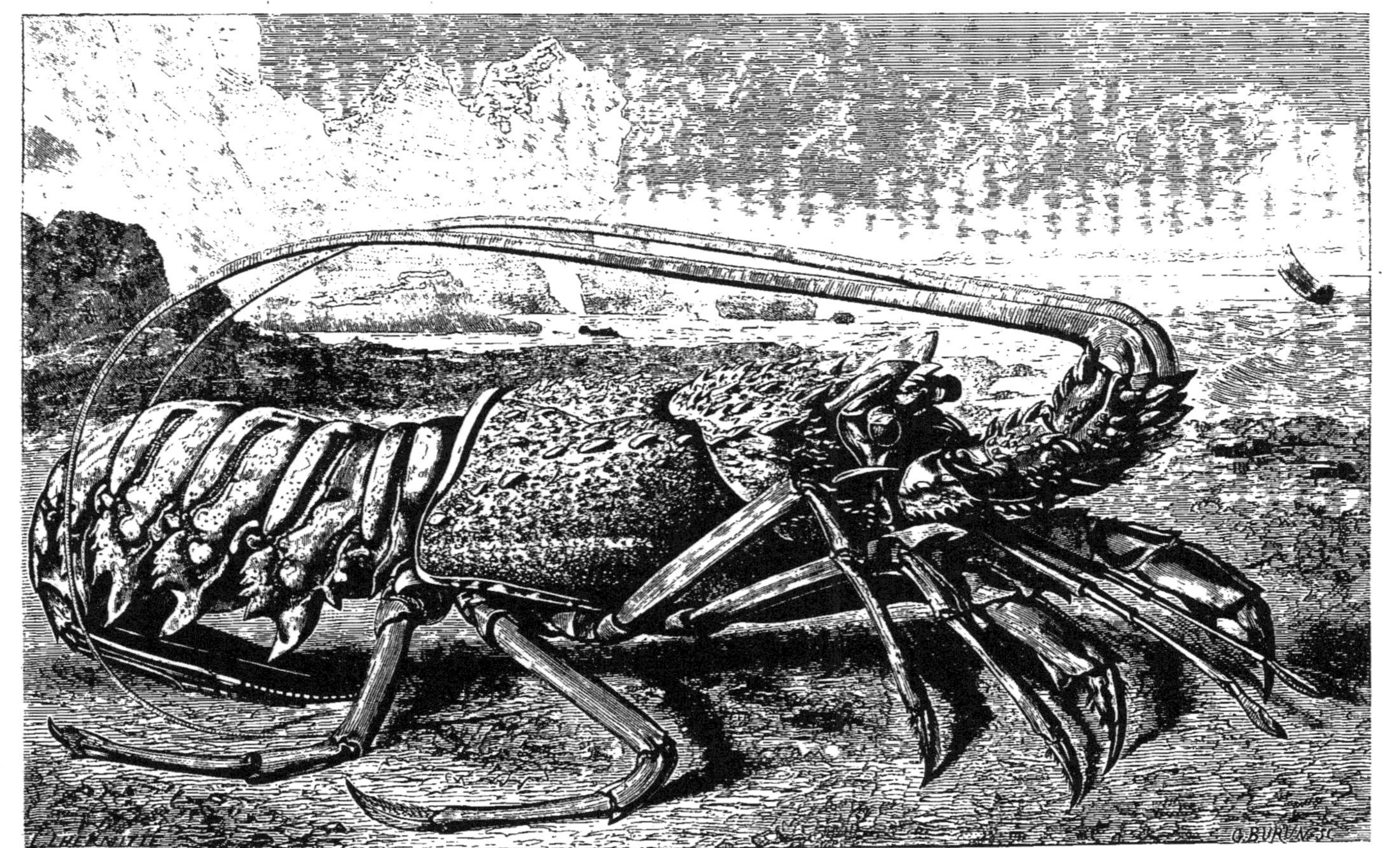

LIBRAIRIE GERMER BAILLIÈRE. IMPR. DE E. MARTINET.

distincte du thorax, des yeux pédonculés, une bouche refoulée en arrière jusque vers le milieu de la carapace, des pattes grêles, ciliées, au nombre de sept paires, avaient été recueillies assez souvent en haute mer, où la belle couleur bleue de leurs yeux les désigne à l'attention des navigateurs. Ces Crustacés, n'ayant ni organes respiratoires spéciaux, ni organes de reproduction, ont reçu le nom de Phyllosomes; on les classait dans l'ordre des Stomapodes. Un naturaliste du Collége de France, très-bon observateur, M. Z. Gerbe, étudiant les œufs des Langoustes, obtint l'éclosion de jeunes : c'étaient des Phyllosomes. Découverte pleine d'intérêt et tout à fait inattendue.

M. Gerbe, qui a mis obligeamment tous ses dessins inédits à notre disposition, a constaté, par l'observation microscopique, la disposition de l'appareil alimentaire, qui se fait remarquer par ses ramifications, le cœur et les vaisseaux artériels, dont la disposition est déjà semblable à ce que l'on trouve chez l'adulte.

Les différences entre les Langoustes adultes et les petits Phyllosomes sont énormes. On sent l'intérêt qui s'attacherait à la connaissance des formes intermédiaires; les naturalistes éprouveraient, à n'en pas douter, la surprise de voir des états de la Langouste, que l'on prend aujourd'hui pour des formes permanentes.

Les Astacides, ou les Écrevisses et les Homards, sont des animaux bien connus, ayant le plastron sternal étroit, les antennes externes pourvues d'une lame mobile au-dessus de leur pédoncule, les pattes antérieures fort grandes, terminées par une pince didactyle. Ces Crustacés naissent ayant à peu près toutes les formes des adultes. Ils subissent dans l'œuf leur évolution presque complète, qui a été étudiée avec soin par Rathke et ensuite par Lereboullet, chez l'Écrevisse. Après la naissance, les changements qui s'opèrent à l'extérieur consistent dans le développement des pattes et dans les divisions de la nageoire caudale. Les Écrevisses, Crustacés des eaux douces, dont les espèces sont disséminées dans les différentes parties du monde, ont le rostre triangulaire et le dernier anneau du thorax mobile. L'Écrevisse de rivière (*Astacus fluviatilis*) est le type du genre. M. Lereboullet en a décrit deux autres espèces, dont l'une, l'espèce à pattes blanches, était déjà distinguée sur les marchés. Les Homards, Crustacés marins, se distinguent des Écrevisses par leur rostre grêle et épineux sur les côtés, et par leur dernier anneau thoracique

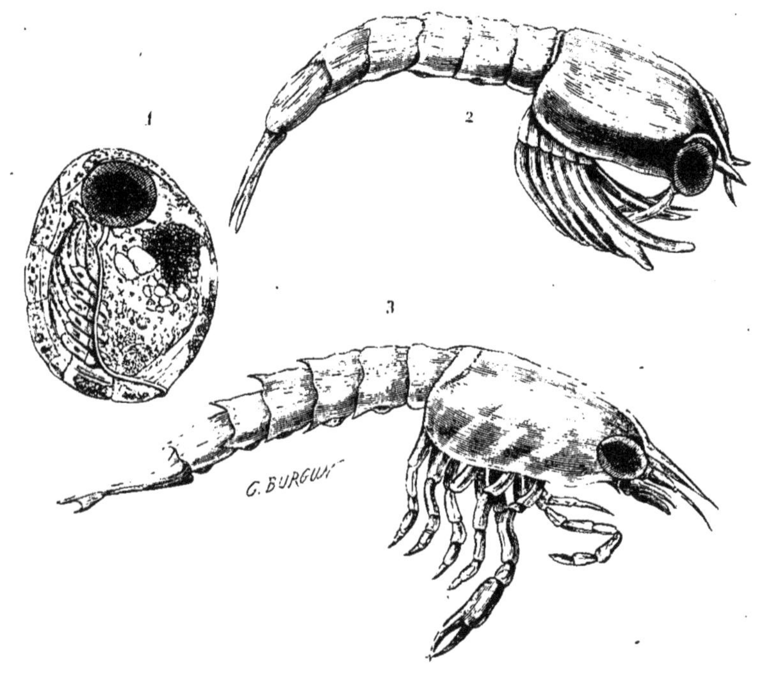

JEUNES HOMARDS.

1. L'animal dans l'œuf. — 2. Le jeune au sortir de l'œuf. — 3. Le jeune après la première mue.

soudé au précédent. Le Homard commun (*Homarus vulgaris*) se pêche sur nos côtes de Bretagne et de Normandie; on le prend en tendant des piéges, sorte d'appareils d'osier que l'on nomme des *casiers*. Un appât suffit pour y attirer les Homards, qui, une fois introduits, ne peuvent plus sortir. Ces Crustacés, très-abondants sur les côtes de la Norvége, sont l'objet d'un commerce très-considérable avec l'Angleterre. M. Gerbe a étudié avec grand soin les modifications que subissent les jeunes Homards, dans la

C. LAPLANTE. S.

forme de leurs pattes et de leur queue, pour nous faire regretter de ne pouvoir utiliser à cet égard toutes les intéressantes observations qu'il nous a communiquées.

Les Palémonides forment une immense famille de Crustacés que chacun appelle des Crevettes, et que l'on nomme souvent des Salicoques. Un corps svelte, comprimé latéralement, des antennes pourvues à la base d'une grande lame mobile, des téguments flexibles, sont les signes distinctifs de ces animaux. On y distingue plusieurs types. Les Crangons (tribu des Crangonines) ont les antennes insérées sur la même ligne. Le Crangon commun (*Crangon vulgaris*), notre délicieuse Crevette, donne lieu à une pêche continuelle sur les côtes de la Manche et de l'Océan. Les Palémons (tribu des Palémonines), ayant les antennes insérées sur deux rangs et le rostre très-grand et dentelé, ont des espèces de grande taille dans les régions chaudes du monde. Le Palémon scie (*Palæmon serratus*), et quelques espèces voisines, qui se trouvent communément sur nos côtes, se vendent sur nos marchés sous les noms de *Crevettes*, de *Salicoques*, de *Bouquet*. Les Alphées (tribu des Alphéines) diffèrent surtout des Palémons par leur rostre très-petit. Une espèce de cette division, la Caridine de Desmarest (*Caridina Desmarestii*), qui se trouve dans les ruisseaux de nos départements méridionaux, a été, dans son développement, l'objet d'une belle étude de M. Joly. Les Palémonides subissent généralement des métamorphoses : les uns naissent avec des formes peu différentes de celles des adultes, mais avec les pattes incomplétement développées; d'autres avec une forme de Zoés, d'autres avec une forme rapprochée de celle des Monocles.

Les Crustacés de l'ordre des Stomapodes ont, comme les Décapodes, des yeux portés sur des pédoncules, et ce caractère a conduit à les associer, malgré des différences importantes dans leur organisation. Les Stomapodes ont sept paires de pattes, une nageoire caudale, des branchies extérieures, formées de cylindres rameux et attachées ordinairement à la base des appendices abdominaux. Les SQUILLIDES sont les principaux représentants de ce groupe. Leurs anneaux thoraciques sont mobiles les uns sur les autres; la carapace est un bouclier qui ne couvre qu'une partie du thorax. Les pattes de la première paire, correspondant aux secondes pattes-mâchoires des Décapodes, sont ravisseuses, et d'une conformation très-analogue à celle des pattes antérieures des Insectes Orthoptères de la famille des Mantides. Nous avons, dans la Méditerranée, la Squille mante (*Squilla mantis*), un joli animal long d'environ 15 centimètres, semi-transparent, d'un vert tendre avec des teintes rosées. Les Squilles sont charmantes à voir nager, agitant leurs belles houppes branchiales. M. Fritz Müller a signalé, il y a peu d'années, les larves de ces Crustacés, qui ressembleraient extrêmement à des Alimes, classés dans un autre groupe de l'ordre des Stomapodes.

Les espèces de la division des EDRIOPHTHALMES ont les trois parties du corps, tête, thorax et abdomen, nettement séparées, point de carapace, les yeux sessiles, les pattes ambulatoires au nombre de sept paires. Ces animaux n'ont pas de véritables branchies, mais seulement des expansions membraneuses ou vésiculeuses, dépendantes, soit des pattes thoraciques, soit des appendices de l'abdomen. Il y a dans cet ordre quatre formes principales, et ainsi quatre sections : les AMPHIPODES, qui ont des vésicules branchiales sous le thorax et les appendices des cinq premiers anneaux de l'abdomen propres à la locomotion; les ISOPODES, sans vésicules sous le thorax, ayant les appendices de l'abdomen propres à la respiration; les LÆMODIPODES, avec un appareil respiratoire analogue à celui des Amphipodes, qui ont un abdomen rudimentaire.

Dans la division des Amphipodes, nous avons la famille des GAMMARIDES, ou les Crevettines, dont les pattes-mâchoires recouvrent toute la bouche. Parmi ces Crustacés, les uns, au corps comprimé latéralement, sautent au moyen d'appendices en stylets qui terminent leur abdomen; les autres, au corps plus large, ayant les derniers appendices de l'abdomen convertis en lames natatoires, marchent, mais ne sautent pas. Plusieurs Crevettines vivent dans les eaux douces, comme la Crevettine des ruisseaux (*Gammarus fluviatilis*) et la Crevettine puce (*G. pulex*). Les HYPÉRINES forment une seconde famille d'Amphipodes se distinguant de la première par des pattes-mâchoires assez petites, par un corps large et une grosse tête. Ces Crustacés nagent, et la plupart d'entre eux s'attachent à des Poissons, quel-

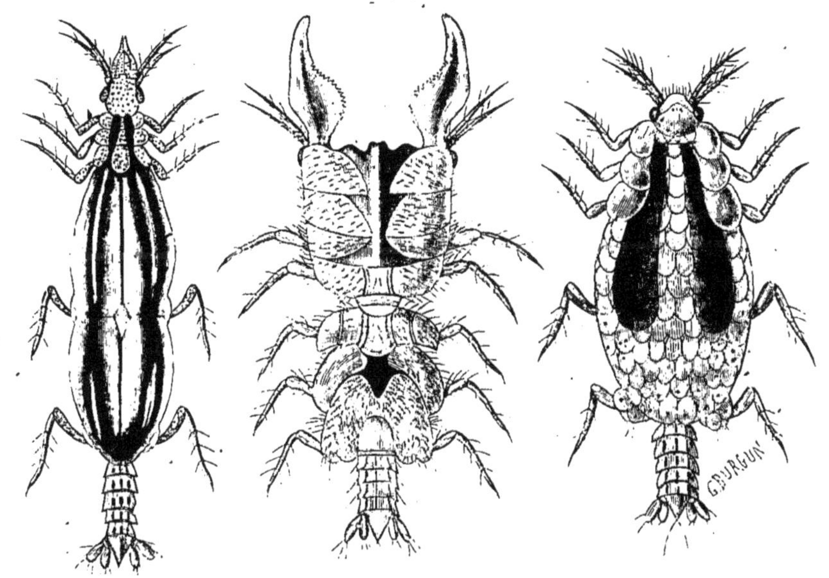

MÉTAMORPHOSES DE L'ANCÉE MANTICORE

(*Anceus manticorus*).

1. Larve ou Pranize. — 2. Mâle adulte. — 3. Femelle adulte.

quefois à des Méduses. Le développement de ces animaux n'a pas encore été étudié.

La seule famille des CYAMIDES compose l'ordre des Læmodipodes. Les Cyames ont des pattes crochues plus ou moins préhensiles; ils sont connus sous le nom de ***Poux de Baleines***, et en effet ils se fixent sur ces énormes Cétacés et rongent leur peau.

La forme typique des Isopodes est celle des Cloportes, mais les représentants de cette division sont en nombre très-considérable, et ils se rangent dans une suite de familles que nous ne pouvons même énumérer. Les espèces marines, telles que les Idotéides et les Asellides, se rencontrent près des côtes, parmi les Fucus. Les Oniscides ou les Cloportes ont des espèces marines et des espèces terrestres. Les vrais Cloportes, pour les besoins de leur respiration, ne peuvent vivre que dans les endroits chargés d'humidité. Tout le monde connaît le Cloporte des murailles (*Oniscus murarius*). D'autres Isopodes nagent au moyen d'appendices lamelleux qui terminent leur abdomen. Les Ancéides ont des formes singulières, et, en général, de vives couleurs. Les adultes, surtout les mâles, se font remarquer par leur énorme tête. Longtemps on pensait qu'il y avait deux genres bien distincts dans cette famille : les Pranizes et les Ancées. M. Hesse (de Brest) a constaté la métamorphose des Pranizes en Ancées : les premiers étaient les larves, les autres les adultes.

En se dégradant, les caractères des Crustacés deviennent très-variables : c'est ainsi que dans l'ordre des Entomostracés, on est conduit à réunir des formes assez diverses, la plupart fort curieuses. Sous le nom de Branchiopodes, on désigne de petits Crustacés dont les membres thoraciques, devenus foliacés, servent à la respiration aussi bien qu'à la locomotion. Les Apusides ont le dos couvert d'une carapace en forme de bouclier. L'Apus cancriforme (*A. cancriformis*) se trouve quelquefois par milliers dans nos eaux stagnantes. Les Limnadies, d'une taille très-inférieure, ont une carapace qui ressemble à une coquille bivalve. Les Branchipides n'ont pas de bouclier, mais le corps grêle et allongé. Le Branchipe des étangs (*Branchipus stagnalis*) est une espèce des eaux douces, longue de 10 à 12 millimètres, qui naît avec une forme très-différente de celle de l'adulte et très-analogue à celle des Monoculides. Les Daphnides ont une tête distincte, de grandes antennes divisées en deux ou trois branches, le corps revêtu d'une carapace formée de deux valves. La Daphnie puce (*Daphnia pulex*), longue de 3 à 4 millimètres, abonde dans toutes nos eaux

LIBRAIRIE GERMER BAILLIÈRE. IMPR. DE E. MARTINET.

L'ANATIFE LISSE

(*Lepas anatifera*).

stagnantes. Chez les Cyprides, où la carapace ressemble également à une coquille, les pattes ne sont pas foliacées. Il y a un grand nombre d'espèces de Cypris vivant en compagnie des Daphnies. Les Monoculides, qui habitent dans les mêmes conditions, n'ont pas de carapace, mais ils sont caractérisés surtout, comme l'exprime leur nom, par la présence d'un seul œil au milieu du front. Ils naissent avec des caractères tout différents de ceux des adultes, n'ayant d'abord qu'une paire d'antennes et deux paires de pattes.

C'est particulièrement à ces petits Crustacés que ressemblent dans leur jeune âge des types que l'on croirait s'en éloigner considérablement à l'état adulte. Les Lernéides, ou Crustacés suceurs, sont les représentants les plus bizarres de la classe.

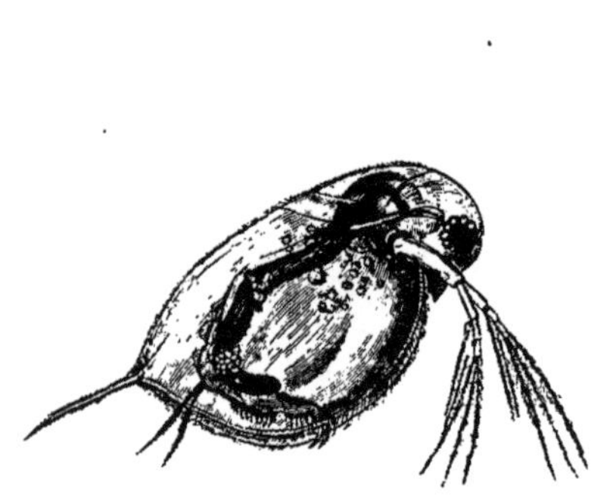

LA DAPHNIE PUCE (*Daphnia pulex*).

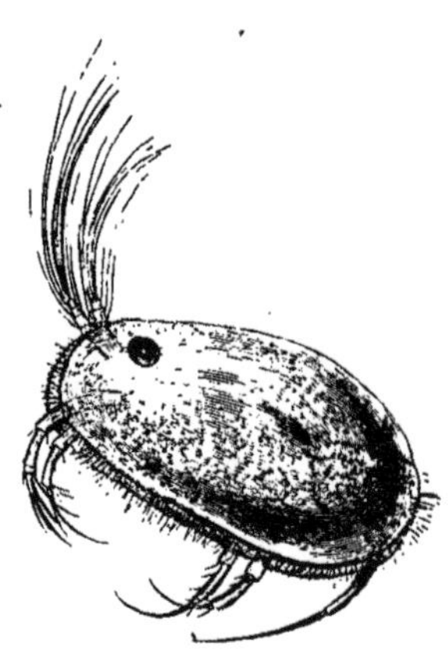

LE CYPRIS BRUN (*Cypris fusca*).

Parmi les Lernéides, les uns, qui pourraient être pris pour des Monocles, quand on les observe dans leur jeune âge, ont trois ou quatre paires de pattes et plusieurs anneaux thoraciques distincts; les autres, privés de pattes, ont le thorax sans divisions. Ces animaux, parasites sur des Poissons, venant à se fixer de bonne heure, leurs membres s'atrophient bientôt, et leur corps ne conserve rien de sa forme primitive.

Les Xiphosures sont d'étranges Crustacés offrant certains rapports avec les Arachnides, comme les Isopodes en offrent avec les Insectes. Animaux de grande taille, ils ont un large bouclier céphalothoracique, un abdomen bien séparé et une queue articulée. Privés de mandibules et de mâchoires, des pattes en remplissent les usages. Ces Crustacés composent la famille des Limulides, dont on connaît plusieurs espèces, des Moluques, des mers de Chine, des Antilles, des côtes de l'Amérique septentrionale.

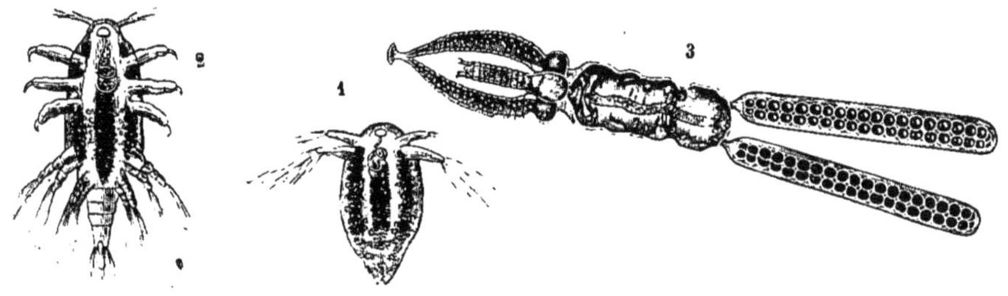

MÉTAMORPHOSES D'UN LERNÉIDE : LE TRACHÉLIASTE DES CYPRINS (*Tracheliastes polycolpus*).

1. Individu nouveau-né. — 2. Individu après une mue. — 3. Femelle adulte. (Figures empruntées au mémoire de Nordmann.)

Les Cirrhipèdes, animaux hermaphrodites, enveloppés dans une coquille à plusieurs valves, ayant des pattes multiarticulées, en forme de cirrhes, vivent fixés sur divers corps. Comme l'ont montré les observations de MM. Thompson, Burmeister, Martin Saint-Ange, ils naissent libres, et ressemblent alors à des Monocles. Les jeunes Cirrhipèdes s'attachent bientôt par une saillie de la région frontale, qui devient, chez certains d'entre eux, comme les Anatifes, un tube d'une longueur énorme. Nous représentons comme exemple les Anatifes (*Lepas anatifera*), à coquille formée de plusieurs pièces, que l'on trouve souvent attachés en grandes masses à des bois flottants ou à la coque des navires. Ces Animaux, condamnés à l'immobilité, attirent vers leur bouche, à l'aide de leurs pattes frangées, les corpuscules qui doivent servir à les nourrir.

FIN.

TABLE DES MATIÈRES

TABLE DES FIGURES

INTERCALÉES DANS LE TEXTE

PHYSIOLOGIE DES INSECTES.

LÉPIDOPTÈRES.

HYMÉNOPTÈRES.

COLÉOPTÈRES.

ORTHOPTÈRES.

THYSANOPTÈRES.

NÉVROPTÈRES.

HÉMIPTÈRES.

APHANIPTÈRES.

STREPSIPTÈRES.

DIPTÈRES.

ANOPLURES.

THYSANURES.

MYRIAPODES.

ARACHNIDES.

CRUSTACÉS.

TABLE DES PLANCHES

HORS TEXTE

Paris. — Imprimerie de E. Martinet, rue Mignon, 2.

www.ingramcontent.com/pod-product-compliance
Ingram Content Group UK Ltd.
Pitfield, Milton Keynes, MK11 3LW, UK
UKHW012138240726
13966UKWH00001B/46

9 782013 407816